普通高等教育“动画与数字媒体专业”规划教材

三维数字建模技术

——以3ds Max 2017为例

张泊平　编著

清华大学出版社
北京

内 容 简 介

本书主要介绍了三维数字建模技术，以 3ds Max 2017 为例，讲解了几何体建模、多边形建模、材质、贴图、灯光、渲染等技术。为了便于理解，每一部分都设计了丰富的案例。本书力求理论表述通俗易懂，内容新颖实用，尽量用实例来诠释概念和方法，使读者能够轻松地掌握三维数字建模的方法和技巧。

本书可以作为高等院校数字媒体技术、数字媒体艺术、图形图像、计算机应用等本科相关专业高年级学生的教材，也可作为相关领域设计人员的参考资料。

图书在版编目(CIP)数据

三维数字建模技术：以 3ds Max 2017 为例/张泊平编著. —北京：清华大学出版社，2019(2024.3重印)
(普通高等教育"动画与数字媒体专业"规划教材)
ISBN 978-7-302-53114-2

Ⅰ. ①三… Ⅱ. ①张… Ⅲ. ①三维动画软件－高等学校－教材 Ⅳ. ①TP391.414

中国版本图书馆 CIP 数据核字(2019)第 104482 号

责任编辑：白立军　战晓雷
封面设计：常雪影
责任校对：胡伟民
责任印制：刘海龙

出版发行：清华大学出版社
网　　址：https://www.tup.com.cn，https://www.wqxuetang.com
地　　址：北京清华大学学研大厦 A 座　　**邮　　编**：100084
社 总 机：010-83470000　　**邮　　购**：010-62786544
投稿与读者服务：010-62776969，c-service@tup. tsinghua. edu. cn
质量反馈：010-62772015，zhiliang@tup. tsinghua. edu. cn
课件下载：https://www.tup.com.cn，010-83470236
印 装 者：三河市龙大印装有限公司
经　　销：全国新华书店
开　　本：185mm×260mm　　**印　　张**：25.25　　**字　　数**：630 千字
版　　次：2019 年 9 月第 1 版　　**印　　次**：2024 年 3 月第 7 次印刷
定　　价：69.00 元

产品编号：073589-01

Foreword

前言

三维数字建模也叫三维数字化设计，是指在三维空间中对场景表面以及地表以上的各种自然与人工对象进行三维模拟表现，以便产生能给人以真实场景体验、感知与印象的数字景观。因此，建立三维数字模型的任务是：依据不同类型的对象的特点，建立能够反映其特征的三维模型，构建出在外形、光照、质感等各方面都与真实对象相似的模型，以尽可能真实地表现真实景观。

三维数字建模技术是虚拟现实的基础。随着相关技术难题不断被突破，三维数字化设计产品将会在军事航天、娱乐休闲、教育培训等领域有更深入、广泛的应用。

为了适应当前教学的发展要求，满足数字媒体技术、数字媒体艺术、风景园林、环境设计、城乡规划等专业的教学需要，作者根据数字媒体技术等专业的教学大纲，结合国外和国内的先进教学方法与诸多案例，并参考同类教材，总结多年的教学和实践经验，编写了本书。

全书分为9章，从三维数字建模的基本流程入手，逐步介绍三维建模、材质、贴图、渲染、场景动画、粒子动画、MassFX动画等技术，并给出具体案例和详细的设计过程，以方便学生自学和创新。本书力求保持三维数字建模技术理论与方法的完整性、系统性，循序渐进地展开教学内容，可使读者全面、扎实地掌握3ds Max 2017建模技术。

强调实例分析和应用训练是本书的主要特色。本书针对初学者的特点，力求理论表述通俗易懂，内容新颖实用，尽量用实例来诠释概念和方法，使读者能够轻松地掌握三维数字建模技术的方法和技能，进而快速成长为优秀的三维设计师。

本书适合作为数字媒体技术、数字媒体艺术、风景园林、环境设计、城乡规划等专业的教材，也可供相关领域设计人员参考。

作　者

2018年4月28日

Contents

目录

第1章 三维数字建模基础

本章学习重点

- 了解常用的三维建模方法。
- 熟悉 3ds Max 2017 工作界面。
- 理解对象的概念和属性。
- 掌握对象的编辑方法,包括选择、群组、复制、阵列等方法。
- 掌握 3ds Max 2017 文件管理方法。
- 了解 3ds Max 2017 界面与环境设置。

三维数字建模也叫三维设计,是指在三维空间中对场景表面以及地表以上的各种自然与人工对象进行三维模拟表现,以便产生能给人以真实场景体验、感知与印象的数字景观。因此,三维数字建模的任务是:依据不同类型的对象的特点,建立能够反映其特征的三维模型,以尽可能真实地表现真实景观。

三维场景建造质量直接关系到实时三维漫游的效果。要在计算机中模拟现实世界,就必须构建出在外形、光照、质感等各方面都与真实对象相似的模型。

1.1 常用的三维建模方法

三维数字建模方法有两种,一种是精确数字建模,另一种是人工辅助建模。

精确数字建模技术中,三维场景需要依据多种数据来构造,包括数字化高程模型、遥感影像数据、二维矢量数据、图片数据、三维模型数据等。要想准确、真实地对工程施工过程进行仿真模拟,就必须使虚拟模型具有满足工程应用需要的精度。为了获得足够精确的三维模型,需要使用基于 CAD(计算机辅助设计)的建模方法。在 CAD 系统中,物体三维模型是通过对图形进行实体拉伸和计算各种设计参数来实现的。CAD 系统在三维空间数据处理方面的应用已经取得较大的进展,其在图形处理与三维建模方面具有独特的技术优势。基于 CAD 建模的优点是可以逼真地表现规划设计成果的精细结构和材质特征,可以达到较高的精细程度。这种方法的缺点是建模过程包含复杂的人机交互过程和大量的手工操作,建模时间长、成本高。

人工辅助建模技术借助于三维建模软件,在计算机中模拟现实世界,构建在外形、光照、质感等各方面都与真实对象相似的模型。常用的三维辅助建模方法有几何建模、复合对象建模、样条线建模、修改器建模、网格建模、NURBS 建模和多边形建模。这些建模方法在

3ds Max 中都已实现。

三维建模是设计的第一个任务，一般分为下面 4 个步骤完成。

(1) 分析模型，确定建模方法。

(2) 建立基础模型，制作出模型的基本轮廓，做到形似。

(3) 对模型进行细化，做到神似。

(4) 完成模型。

三维数字建模工具包括 3ds Max、Maya、AutoCAD、Cinema 4D、3D GIS 等。其中，3ds Max 是目前最为流行的工具之一，具有涉及范围广、功能强大、容易操作等特点，受到业界的好评。本章以 3ds Max 工作环境为例，介绍常用的三维建模方法。

1.1.1 3ds Max 人工建模

3ds Max 人工建模方法大体可以分为几何体建模、修改器建模、网格建模、NURBS 建模、面片建模、多边形建模 6 种。这些建模方法各有优缺点，在三维建模时选择合适的建模方法有利于高效地进行建模。下面对这几种建模方法进行简单介绍。

1. 几何体建模

在 3ds Max 中，几何体分为标准几何体和扩展几何体，标准几何体主要有 Box(长方体)、Sphere(球体)、Cone(锥体)、Cylinder(圆柱体)、Torus(圆环体)等，扩展几何体则有 Hedra(异面体)、Capsule(胶囊体)、Prism(软管)等。利用已有的几何体可以实现参数化和快速构建场景中形状规则的物体，配合修改器可建立更为复杂的物体。

2. 修改器建模

修改器建模就是指给已创建的对象添加相应的修改器命令，然后对修改器的相关参数进行设置以达到编辑效果。其功能主要有以下几点。

(1) 改变对象的几何造型，如 Bend、Taper 修改器。

(2) 改变对象的创建参数。

(3) 将对象转换为可编辑物体，如 Edit Mesh、Edit Poly 等修改器。

(4) 对对象的子对象进行编辑。

3. 网格建模

创建了几何体后，可以给几何体添加“编辑网格”命令，或者直接转换为 EditMesh，即可编辑网格物体，将几何体变为一个网格对象，可以对网格对象的点、边、面、多边形等子对象进行编辑。网格对象有点、边、面、多边形和元素 5 个子对象级别，可分别对其进行点的位移变换，边的焊接、切角、分割，多边形的切割、挤压和倒角等，这些子对象的编辑是网格建模的关键。

4. NURBS 建模

NURBS 是 Non-Uniform Rational B-Splines(非均匀有理 B 样条曲线)的缩写，是计算机图形学中的数学概念，是用数学表达式构建的。NURBS 是一种非常优秀的建模方法，能够比传统的网格建模方法更好地控制物体表面的曲线，从而能够创建出更逼真、生动的造型。

NURBS 曲线和 NURBS 曲面在传统的制图领域是不存在的，是为使用计算机进行 3D

建模而专门建立的。NURBS曲线和曲面用来表现轮廓和外形。

5. 面片建模

面片建模是介于网格建模和NURBS建模之间的一种建模方法。面片建模的效果优于普通的网格建模。面片的边是Bezier曲线,因此面片可以变形。面片建模的另外一个优点是它能有效地表示对象的几何形状。面片只在每个角上有一个控制顶点。

6. 多边形建模

多边形建模技术用三角形、矩形或其他多边形等小平面来对曲面进行模拟,从而简单、方便和快速地构建各种形状的三维物体,但是在构建光滑曲面时略显不足,比较适合构建形状规则的物体。如果能够较好地把握模型结构和控制模型网格分布,多边形建模应该是虚拟现实建模的理想选择。

另外,AutoCAD在三维制图方面虽然比其他参数化三维软件略有欠缺,但随着AutoCAD的版本不断升级,其三维制图功能必将越来越完善。AutoCAD 2018版新增了扫掠、放样、螺旋、多段体等三维功能,同时在渲染上也有了很大的进步,越来越接近3ds Max的渲染方式。因此,在不远的将来,AutoCAD的三维功能必将有质的飞跃,像其强大的二维功能一样,在三维制图方面同样会更加优秀。

Maya是一个功能强大的软件,可以制作三维模型。其动画功能更为优秀,可直接制作角色动画。Maya是一款面向高端应用的影视动画制作软件,在3D数字艺术领域有一定的影响力。由于许多经典的电影和动画使用了Maya,使其在业界有很高的声誉。但随着时代的发展,Maya的缺点开始显现,这就是它在操作上的复杂性。虽然Maya的新版本加入了3ds Max的一些元素,但没有从根本上改变其操作的复杂性。

1.1.2 3ds Max程序建模

MaxScript语言是为了扩展3ds Max的功能而专门设计的脚本语言,是面向对象编程语言中的一种。MaxScript可以运用各种数学工具来完成高级、复杂的程序设计任务,可以对含有大量对象的集合进行操作。例如,在复杂的场景中选择物体,把大量物体放置在精确的位置上(例如在山上或路边放置一些树木),使用MaxScript操作起来非常方便。

3ds Max程序建模是指利用3ds Max自带的脚本语言MaxScript实现精确建模,但其应用范围相对人工建模要窄很多,主要用来创建一些形状规则、结构简单、密集排列的单体模型,同时还可以对其位移、位置、角度、缩放等进行参数化精确控制,这是其相对于人工建模的一大优势。MaxScript建模为3ds Max精确建模提供了一个很好的发展方向,也为利用3ds Max实现工程精确建模提供了一个可能的平台。

1.2 3ds Max发展历程

3ds Max全称3D Studio Max,是Autodesk公司推出的多媒体动画制作软件,专为Windows NT、多处理器、图形加速器以及网络环境下的渲染而设计,因此性能卓越,成为广大3D工作者的首选软件,目前是全球用户最多的三维动画软件,广泛应用于工业设计、电影特效制作、影视动画设计(包括广告、片头)、建筑装潢、游戏制作(交互式和电影式)、虚拟现实设计、Internet 主页设计等领域。

3ds Max 系列软件在三维动画领域有悠久的历史，在 1990 年以前，只有少数几种可以在 PC 上应用的渲染和动画软件，这些软件或者功能极为有限，或者价格非常昂贵，或者二者兼而有之。作为一种突破性产品，3D Studio 的出现打破了这一僵局。3D Studio 为在 PC 上进行动画渲染制作提供了价格合理、专业化、产品化的工作平台，并且使计算机动画制作成为一种热门行业。

DOS 版本的 3D Studio 诞生在 20 世纪 80 年代末，那时只要有一台 386 DX 以上的微机就可以圆一个电脑设计师的梦。但是进入 20 世纪 90 年代后，随着 PC 及 Windows 95/98 操作系统的进步，DOS 下的设计软件在颜色深度、内存、渲染和速度上的严重不足日益凸显。同时，基于工作站的大型三维设计软件 Softimage、LightWave、Wavefront 等在电影特技行业的成功使 3D Studio 的设计者决心迎头赶上。与前述软件不同，3D Studio 从 DOS 向 Windows 的移植要困难得多，因而 3D Studio Max 的开发几乎是从零开始的。

随着 Windows 平台的普及以及其他三维软件开始向 Windows 平台发展，三维软件技术面临着重大的技术改革。在 1993 年，Autodesk 公司果断地放弃了在 DOS 操作系统下创建的 3D Studio 源代码，而开始使用全新的操作系统（Windows NT）、全新的编程语言（Visual C++）、全新的结构（面向对象）编写了 3D Studio Max，从此，PC 上的三维动画软件问世了。

3D Studio Max 1.0 版本问世后仅一年，Autodesk 公司又重写了代码，推出了 3D Studio Max 2.0。这次升级是一个质的飞跃，作了上千处的改进，尤其是增加了 NURBS 建模、光线跟踪材质及镜头光斑等强大的功能，使得该版本成为一个非常稳定和全面的三维动画制作软件，从而占据了三维动画软件市场的主流地位。

随后的几年里，3D Studio Max 先后升级到 3.0、4.0、5.0、6.0、7.0、8.0、9.0 等版本，目前依然在不断地升级更新，每一个版本的升级都包含了许多革命性的技术更新。目前最高版本是 3ds Max 2018。

3ds Max 在应用上有很多成功案例。比如周星驰的大片《功夫》，在这部片子里 80% 的特效是在 3ds Max 环境下完成的，特别是“如来神掌打击楼体”这一情节，是运用 3ds Max 中强大的粒子流功能 PF Source 得以实现的。3ds Max 在电视领域也有广泛的应用，比如 *Tom and Jerry*（《汤姆和杰瑞》）、*Scooby Doo*（《史酷比》）、*Powerpuff Girls*（《飞天小女警》）等，把观众带入了全新的世界，这里既有购物广场、剧院、地铁、火箭车，也有众多的机器人。澳大利亚 Animal Logic 公司首席动画师 Geof Valent 说：“3ds Max 这套系统所具备的丰富功能和良好的访问性能，让我们有更多时间享受实现理念的过程，并将诸多设想创作出来。作为一个工具，它使得我们能够投入到创作工作中，而不用去顾及无谓的技术障碍。这就是我们喜欢上 3ds Max 的原因，它确实易用，易上手，而且易于完成制作任务。”3ds Max 在游戏方面有更优秀的表现，美国的《魔兽争霸 3》是一个经典，炫酷的片头动画，精致的游戏模型，让玩过它的爱好者无不被其中的场面所震撼。3ds Max 在游戏《热血传奇》和《传奇世界》中产生的效果也是有目共睹的。

1.3 熟悉 3ds Max 的工作界面与布局

在 Windows 桌面执行“开始”→“所有程序”→Autodesk→3ds Max 2017→3ds Max 2017 Simplified Chinese 命令，启动 3ds Max，出现欢迎屏幕，然后会显示 3ds Max 的开始界面，如图 1-1 所示。在开始界面的“启动模板”部分可以选择各种场景设置，以帮助用户快速创建新场景。

图 1-1 3ds Max 开始界面

3ds Max 的主界面如图 1-2 所示。

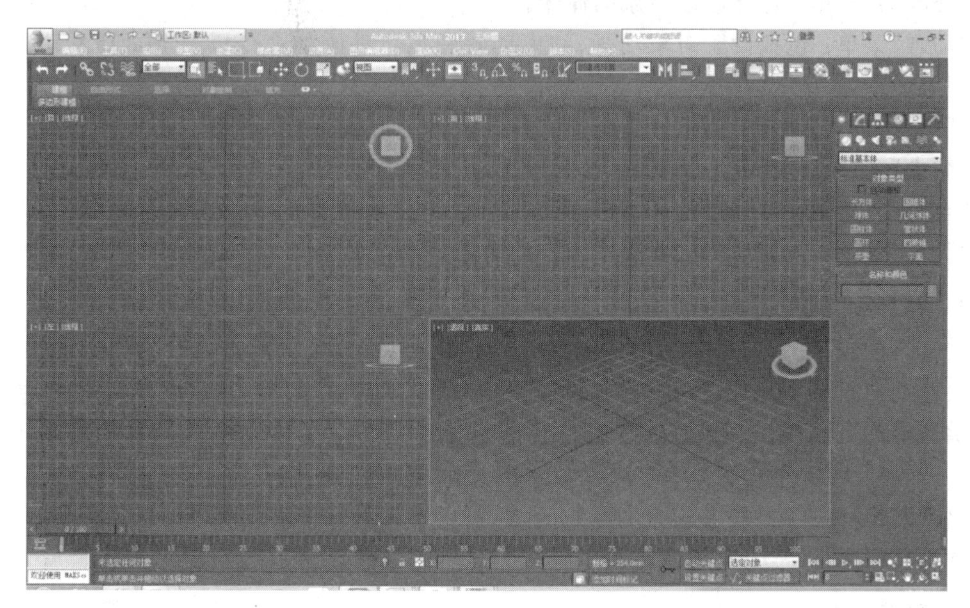

图 1-2 3ds Max 的主界面

下面介绍 3ds Max 各个功能区的主要功能。

1. 标题栏

标题栏包含文件名和版本信息，还有 3ds Max 快速浏览器按钮、快速访问工具栏和信息中心等几个功能区。

3ds Max 快速浏览器按钮 包含了早期版本中“文件”菜单的大部分命令，如打开、保存、重置、导出、导入等。

快速访问工具栏包括一般 Windows 程序中常见的新建、打开、保存等命令。

信息中心是 Autodesk 公司为用户提供的软件信息服务接口，用户通过它可以迅速获得最新的软件信息和技术支持服务。

2. 菜单栏

菜单栏包括 Windows 的标准菜单，如编辑、帮助等，还包括一些 3ds Max 特有的菜单，如图 1-3 所示。

图 1-3 3ds Max 的菜单栏

“工具”菜单：包括操作对象的常用命令。

“组”菜单：包括管理组合对象的命令。

“视图”菜单：包括设置和控制视图的命令。

“创建”菜单：包括创建对象的命令。

“修改器”菜单：包括修改对象的命令。

“动画”菜单：包括设置对象动画、约束动画和角色动画的命令以及 MassFX 动力学系统的相关命令。

“图形编辑器”菜单：包括使用图形的方式编辑对象和动画的命令。

“渲染”菜单：包括渲染、Video Post、光能传递和环境命令。

“自定义”菜单：可以自定义用户界面。

“脚本”菜单：包括编辑内置脚本语言的命令。

3. 主工具栏

主工具栏包括一些常用工具，如选择、移动、旋转、缩放等。单击主工具栏上的按钮，就可以快速地执行某个操作。有些按钮的右下角有一个小三角符号，按住该按钮不放，可以看到可供选择的更多按钮。还有的按钮在不同时刻可以切换为不同的图标，从而实现不同的功能。

双击并拖动主工具栏左端或右端的竖线，可以将工具栏拖动到屏幕的任何位置，使其成为浮动工具栏。按 Alt+6 组合键可以隐藏和显示工具栏。

4. 建模功能区

建模功能区也叫石墨建模工具，是一套专门用于多边形建模的按钮工具集合，其中提供了编辑可编辑多边形曲面所需的全部工具。它包括 5 个选项卡，如图 1-4 所示。

“建模”选项卡：集合了多边形建模的全部工具，还增加了大量用于创建和编辑几何体的新工具，其发展趋势可以成为编辑网格和多边形对象的新规范。

图 1-4　石墨建模工具

“自由形式”选项卡：采用笔刷绘制的方式创建和修改多边形，主要包括多边形绘制和绘制变形两套工具。

“选择”选项卡：提供了多套子对象选择方案，如法线选择、对称选择、数值选择等，为多边形选择提供了便利。

“对象绘制”选项卡：提供了一套对象绘制工具，利用这些工具可以在场景或特定曲面上任意绘制对象，并且可以在绘制时调整对象的绘制比例。利用这些工具不仅可以将一个模型分布在另一个模型的表面，而且还能分布带有动画的对象。

“填充”选项卡：可以快速地向场景中添加设置了动画的角色。这些角色可以沿路径行走，还可以在“空闲”区域闲逛。

5. 视图

4 个视图占据了主界面的大部分空间，可以在视图中查看和编辑场景。要对某一视图中的对象进行操作时，首先需要单击或右击该视图，将视图激活。

通过快捷键可以迅速切换视图，一般以视图的英文单词的第一个字母作为切换到相应视图的快捷键。常用的视图切换快捷键如下。

- 顶视图(Top)，快捷键为 T。
- 前视图(Front)，快捷键为 F。
- 左视图(Left)，快捷键为 L。
- 透视图(Perspective)，快捷键为 P。
- 底视图(Bottom)，快捷键为 B。
- 摄影机视图(Camera)，快捷键为 C。
- 用户视图(User)，快捷键为 U。
- Alt＋W：单视图与四视图切换键。

右视图和后视图没有快捷键。

默认情况下，对象在顶视图、前视图、左视图中以线框形式显示，在透视图中以“真实”方式显示，如图 1-5 所示。

每个视图的左上角有[+] [透视] [真实] 3 个标签，单击任意一个标签，可以弹出一些视图设置选项，它们被称为视图菜单。这 3 个标签的视图菜单如图 1-6 所示。

6. 命令面板

在主界面的右侧为命令面板，它是 3ds Max 的核心，提供了大量的工具，主要用来执行建模、灯光、摄影机、编辑模型、动画控制特性设置、显示控制等操作，提供了创建、修改、层次、运动、显示、实用程序 6 个命令面板，如图 1-7 所示。

创建面板：包含所有创建对象的工具。

修改面板：包含修改器和编辑工具。

层次面板：包含链接和反向运动学参数。

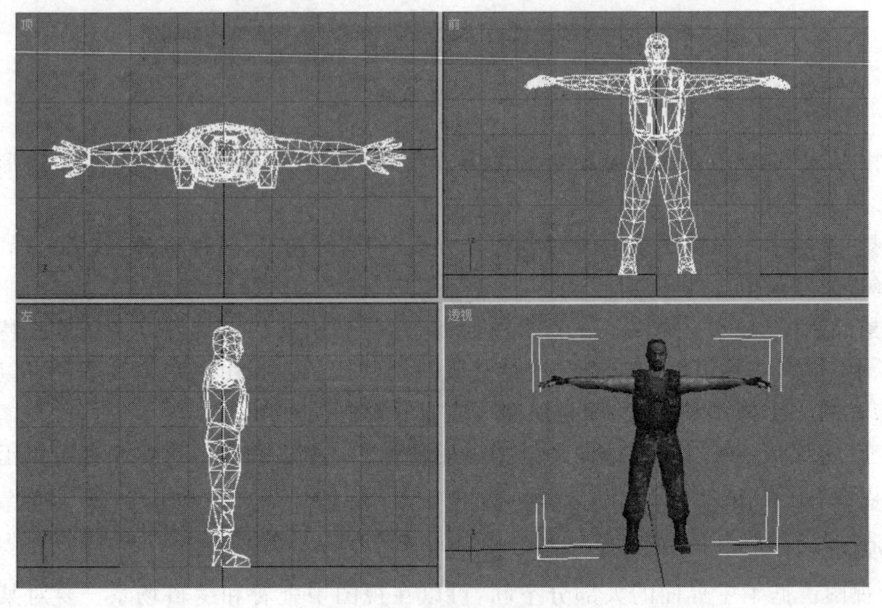

图 1-5 视图的显示

摄影机
灯光
透视 P
正交 U
顶 T
底 B
前 F
后
左 L
右
还原活动透视视图(A)
保存活动透视视图(S)
扩展视口
显示安全框 Shift+F
视口剪切
撤消视图 缩放 Shift+Z
重做视图 缩放 Shift+Y

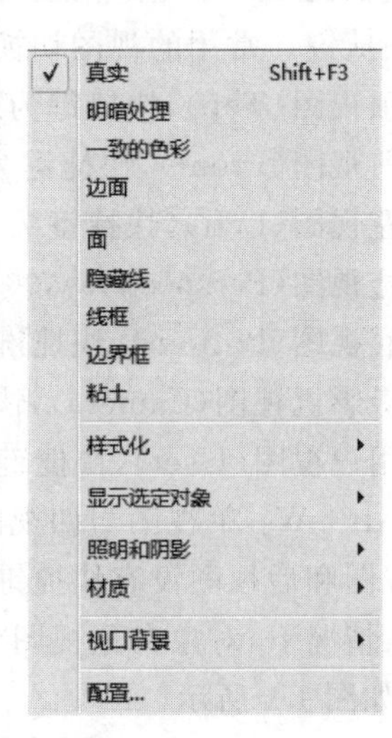

图 1-6 视图菜单

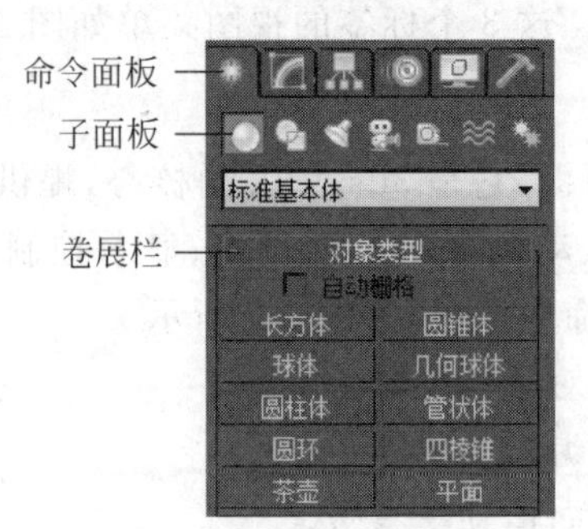

图 1-7 命令面板

运动面板：包含动画控制器和轨迹。

显示面板：包含对象显示、隐藏、冻结等控制工具。

实用程序面板：包含其他一些有用的工具。

不显示命令面板的界面称为专家模式界面，按 Ctrl＋X 组合键可以切换专家模式和用户模式。

7. 视图控制区

观察场景时，经常需要放大或缩小视图中的对象，或者局部放大某个范围进行细节调整，或者改变视角，这时可以使用屏幕右下角的视图控制区来实现，如图 1-8 所示。

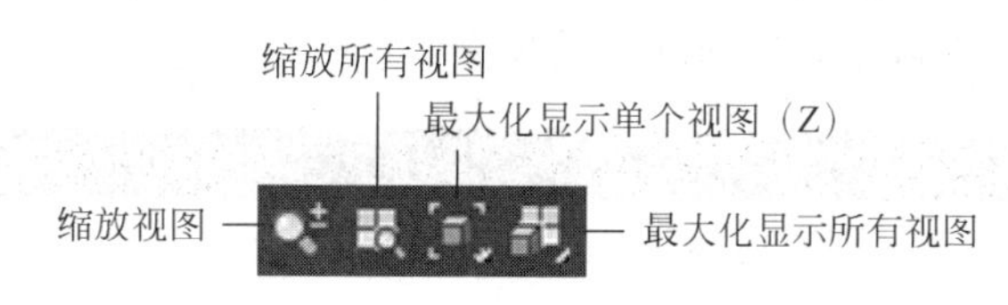

图 1-8　视图控制区

8. 状态栏

状态栏有许多用于帮助用户创建和处理对象的参数，如图 1-9 所示。状态栏包括两部分，左侧下面一行信息用来提示用户如何进行下一步的操作，上面一行信息用来提示用户当前的状态。X、Y 和 Z 显示区显示当前选择物体的位置或当前物体被旋转、移动、缩放的数值。当单击工具栏上的不同工具时，X、Y 和 Z 显示区的数值也会随之改变，也可通过直接改变数值来改变对象的位置、旋转角度、缩放大小等状态。

图 1-9　状态栏

用于孤立显示一个对象。当场景中对象比较多时，孤立显示更便于编辑。

单击此图标可以锁定选定的物体，再次单击则解除锁定。

单击此图标可在绝对和相对键盘输入模式间切换。

9. 动画控制区

动画控制区上方的时间滑块和帧用来设置和观察动画，右边的播放器按钮用来控制动画的播放，播放器按钮左侧是设计动画时需要的一些功能，如图 1-10 所示。

图 1-10　动画控制区

（自动帧按钮）用来打开或关闭动画模式。

设置关键点 用于在手动设置动画时设置关键帧动画。

关键点过滤器... 用于打开“关键帧过滤”对话框，可在其中设置当前允许记录关键帧的轨迹类型。

用于控制动画播放，可以前进一帧，可以后退一帧，可以回到动画的第一帧和直接跳到最后一帧。

是关键帧模式开关。

用于显示当前帧号。

是时间设置面板按钮，单击此钮会弹出时间设置面板，可对帧速率、时间显示、播放和动画进行设置。

10. 时间控制区

时间控制区也称为动画控制区，如图 1-11 所示。它像一个媒体播放器，主要用来进行动画记录、动画帧选择、动画播放及动画时间控制。

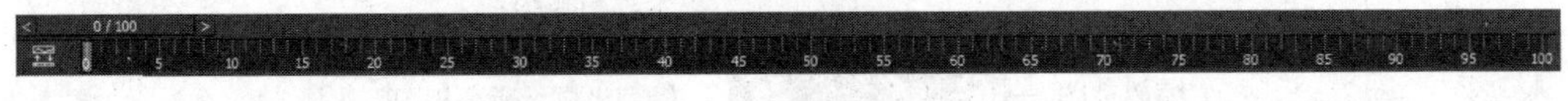

图 1-11 时间控制区

11. 视图导航控制区

视图导航控制区在屏幕右下角，包含 4 个图标，如图 1-12 所示，主要用于改变视图中对象的观察效果，但并不改变视图中对象本身的大小及结构。

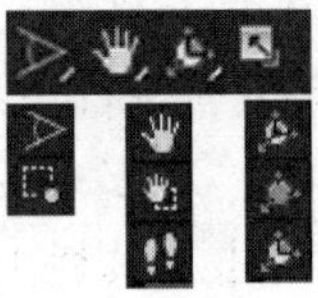

图 1-12 视图导航控制区

用于放大或缩小当前激活的视图区域。这是一个弹出按钮，还包括下面的按钮：

- ：放大或缩小所有视图区域。

用于沿任意方向平移视图，但不能拉近或推远视图。这是一个弹出按钮，还包括下面的按钮：

- ：2D 平移缩放模式，用于平移或缩放视图。
- ：穿行，是启用穿行导航的一种方法，只对透视图有效，正交视图或者聚光灯视图不显示穿行按钮。

用于围绕场景旋转视图。这是一个弹出按钮，还包括下面的按钮：

- ：围绕选择的对象旋转视图。
- ：围绕子对象旋转视图。

是最小化/最大化切换按钮，用于在单视图和四视图之间切换。

1.4 创建与修改对象

在 3ds Max 中，创建对象非常重要，它往往是一项工作的开始。创建对象的方法有很多，可以使用“创建”面板中提供的基础对象，并结合编辑修改器直接创建，也可以通过复合对象创建，还可以使用网格、多边形、面片和 NURBS 建模方法来创建复杂的场景对象。

1.4.1 对象及其分类

在场景中创建的任何物体都称为对象。每个对象都有自己的属性，根据属性可以把场景中的对象分为 3 种，分别是参数化对象、非参数化对象和复合对象。在图 1-13 中，(a)是参数化对象——球体,可以通过修改球体的半径来改变球体大小;(b)是非参数化对象,没有具体的参数,对象的形状通过顶点、边、边界、多边形和元素来描述,这类对象可以通过修改次一级对象——顶点、边、多边形来改变;(c)是复合对象,是由两个或两个以上的对象通过命令复合而成的,可以通过添加编辑多边形命令修改次一级对象——顶点、边、多边形来改变。利用这 3 种对象可以创建多种三维模型。

1.4.2　创建对象

在 3ds Max 的创建面板中可以创建 7 类基本对象,分别是几何体、图形、灯光、摄影机、辅助对象、空间扭曲、工具。单击[标准基本体]向下的箭头,可以看到每一类对象下还有子面板,如图 1-14 所示。

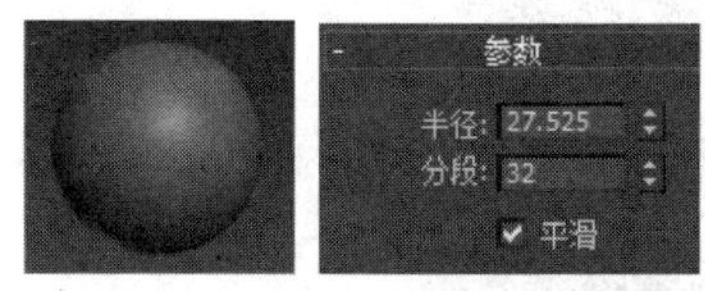

(a) 参数化对象

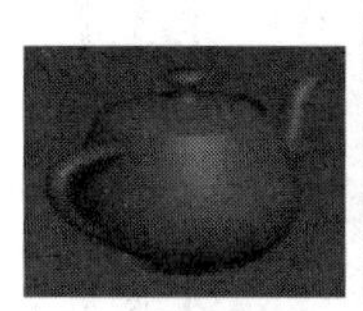

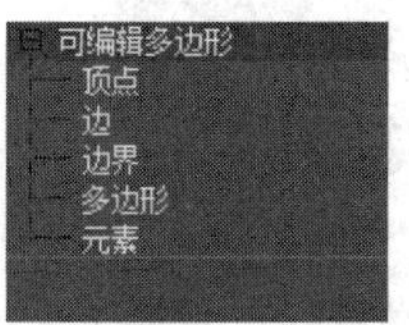

(b) 非参数化对象

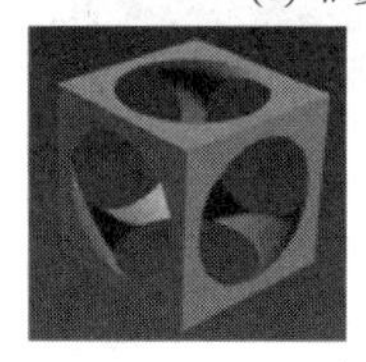

布尔

(c) 复合对象

图 1-13　对象的种类

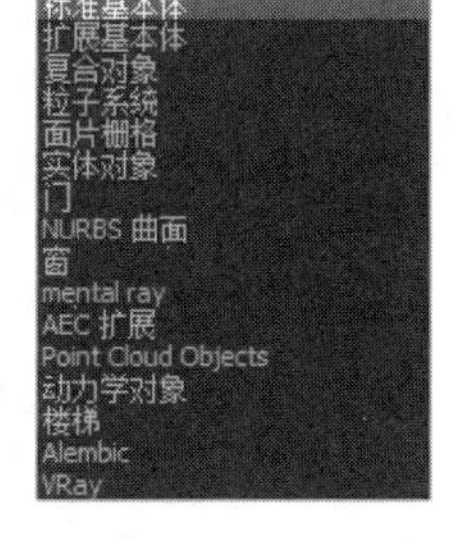

图 1-14　创建面板

一般来说,创建对象以后,需要修改对象。可以使用修改面板中的命令编辑对象,以修改对象和子对象。一般需要通过多个命令配合使用才能达到最终效果。

用户使用过的命令都会放在"修改器列表"下方的列表框中,该列表框称为修改器堆栈,如图 1-15 所示。

图 1-15　修改器堆栈

1.4.3　对象的显示、隐藏与冻结

1. 对象的显示

对象在场景中有 4 种显示方式,分别是实体显示、线框显示、实体+线框显示和透明显示,前 3 种显示方式如图 1-16 所示。

实体显示、线框显示、实体+线框显示 3 种方式可以通过视图左上角的"[真实]"标签切换,快捷键是 F3;透明显示模式的快捷键是 F4。

 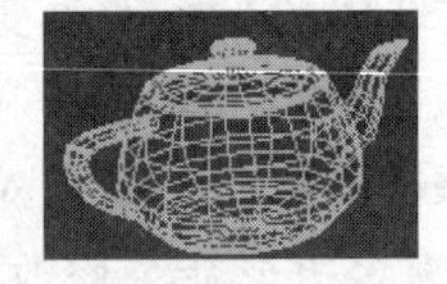 

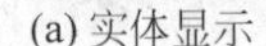
(a) 实体显示　　(b) 线框显示　　(c) 实体+线框显示

图 1-16　对象显示方式

有时为了看清楚对象内部的其他对象，需要让对象透明显示。在对象上右击，在弹出的快捷菜单中选择“对象属性”命令，在“对象属性”对话框中勾选“透明”复选框，单击“确定”按钮，对象就会透明显示，如图 1-17 所示。

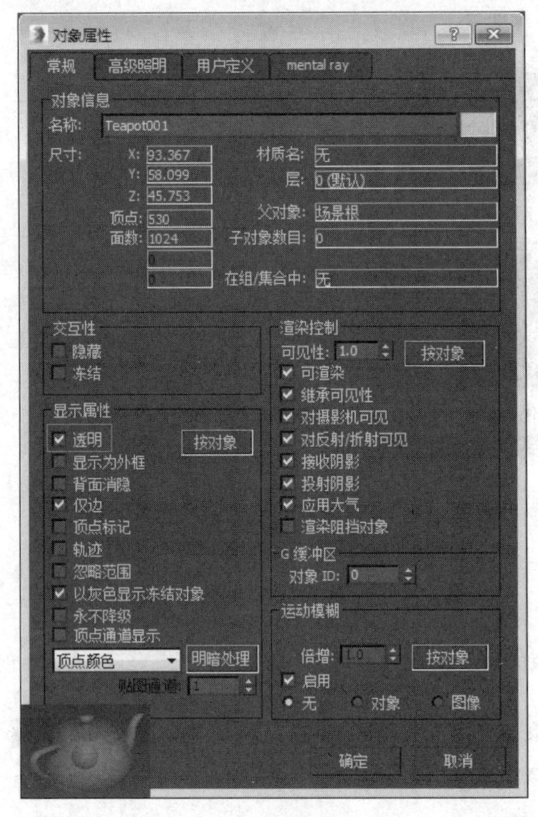

图 1-17　“对象属性”对话框

2. 对象的隐藏与冻结

如果视图中有多个对象，一部分对象已经编辑完毕，后续的命令会影响已经编辑好的对象，这时可以隐藏或冻结这些已经编辑好的对象。在需要隐藏或冻结的对象上右击，在弹出的快捷菜单中选择相应的命令，如图 1-18 所示。

被隐藏的对象在视图中看不见，不能被选择，不可以编辑，不能被渲染。

被冻结的对象在视图中呈现为灰色，不能被选择，不可以编辑，但能被渲染。

被隐藏或冻结的对象可以通过显示浮动框查看和修改。选择“工具”菜单下的“显示浮动框”命令即可调出显示浮动框。

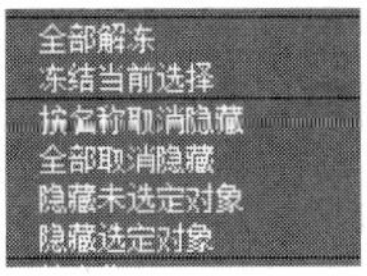

全部解冻
冻结当前选择
按名称取消隐藏
全部取消隐藏
隐藏未选定对象
隐藏选定对象

图 1-18　隐藏或冻结对象的命令

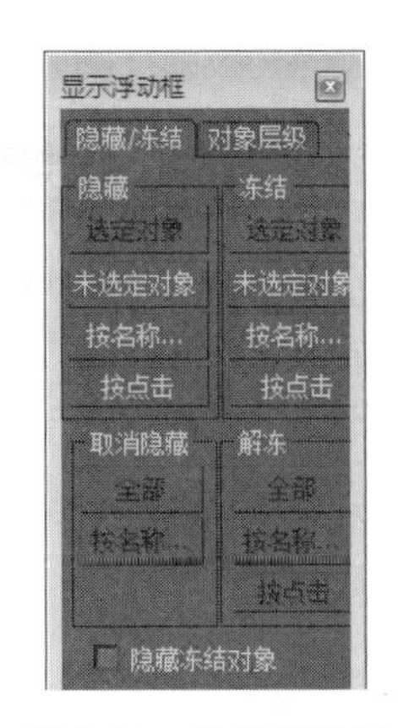

图 1-19　显示浮动框

图 1-19 中，在“隐藏/冻结”选项卡中，左列为“隐藏”，右列为“冻结”，选项基本相同，分别用于对选定对象或未选定对象的隐藏和冻结操作。

1.4.4　对象群组

在 3ds Max 中，常常需要将多个不同对象组合起来，以便实现统一操作，被组合在一起的对象称为组。组也是一个对象，包含在其中的对象都被称为该组的成员。对组可以执行创建组、解组、打开、关闭、添加成员、从组中分离成员、炸开组中成员等操作，其相关操作命令都集中在“组”菜单中。此外，一个群组中还可以包含另一个群组。图 1-20 是对象成组的操作过程。

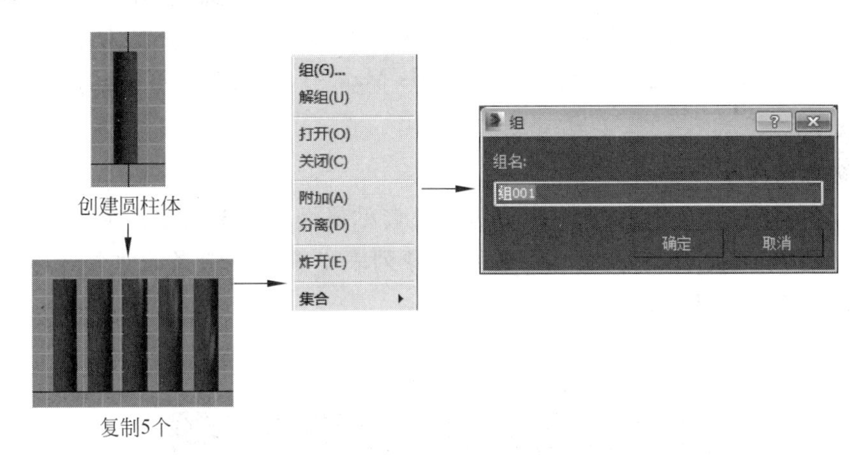

图 1-20　对象成组

1.4.5　选择对象

在对一个对象(或对象群组)进行操作之前需要选择该对象。选择对象的方法有直接选择、按区域选择、按名称选择、使用选择并变换工具选择、使用选择集名称选择、使用选择过滤器选择 6 种，在不同的情况下可以使用不同的选择方法。选择工具如图 1-21 所示。

1. 直接选择

在 3ds Max 中，单击主工具栏上的直接选择工具按钮，然后在场景中单击要选择的

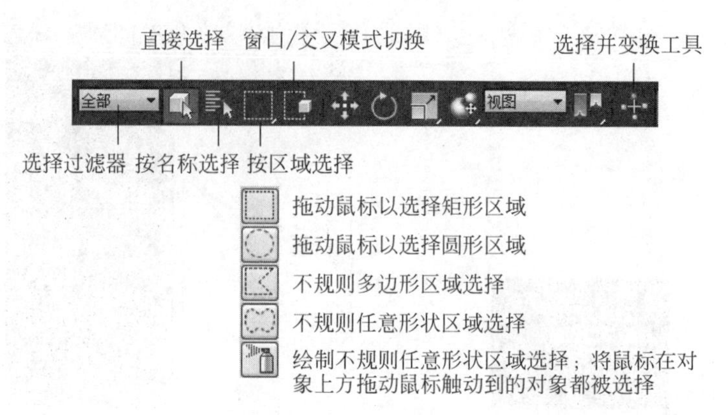

图 1-21　选择工具

对象。

如果在选择对象的同时按住键盘上的 Ctrl 键,则可以加选对象。

如果在选择对象的同时按住键盘上的 Alt 键,则可以减选对象。

如果选择了多个对象并希望这些对象一直被选中,可以按键盘上的空格键进行锁定。

2. 按区域选择

区域选择有窗口和交叉两种模式,由窗口/交叉模式切换按钮来切换。在窗口模式下,完全位于选择区域内的对象被选中;在交叉模式下,选择区域内或与区域边界相接触的对象都被选中。

区域选择的方法是:单击主工具栏上的区域选择工具按钮,使用鼠标在场景中拖出一个矩形虚线区域,将特定对象包含在内,释放鼠标按键后,该区域内的对象都被选中。长按区域选择工具可以切换选择区域类型。在 3ds Max 中,工具右下角带有黑色三角表示有更多选择方式。

3. 按名称选择

当场景中的对象数量较多时,可以通过对象名称属性来选择对象。单击主工具栏上的按名称选择工具按钮,在打开的对话框的对象列表中单击要选择的对象名称,最后单击"确定"按钮,如图 1-22 所示。

图 1-22　按名称选择

4. 使用选择并变换工具选择

可以利用主工具栏上的选择并移动、选择并旋转、选择并缩放等变换工具选择对象。

5. 使用选择集名称选择

创建选择集的方法是：在场景中选择几个对象，单击主工具栏上的编辑命令选择集按钮，在“命名选择集”对话框的文本框中输入选择集的名称，按回车键结束。单击主工具栏上的创建选择集按钮，在下拉列表中单击选择集名称，即可选定选择集中的所有对象，如图 1-23 所示。

6. 使用选择过滤器选择

使用选择过滤器可按不同类型选择对象。在选择过滤器下拉列表中包括各种可以使用的选择过滤器，如图 1-24 所示。

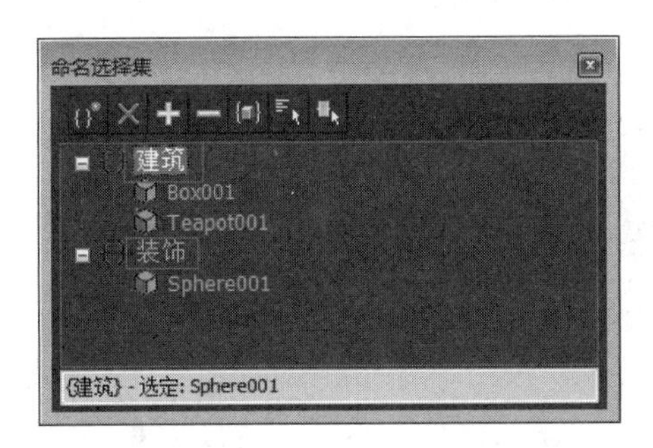

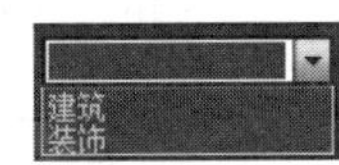

图 1-23 使用选择集

图 1-24 选择过滤器列表

1.4.6 对象的基本变换

对象的基本变换包括移动、旋转和缩放。

1. 移动对象

使用主工具栏上的选择并移动工具，可以使选中对象沿任何一个坐标轴或坐标平面移动。快捷键是 W。

在主工具栏的选择并移动工具上右击，在快捷菜单中选择“移动变换输入”命令，会弹出“移动变换输入”对话框，如图 1-25 所示，左侧为绝对坐标，右侧为偏移坐标。输入对象位置的新坐标后，该对象将自动移动。

技巧：配合移动工具在状态栏的坐标微调器上右击，可以使选择对象中心坐标归零。

2. 旋转对象

使用主工具栏上的选择并旋转工具，可以使选中对象沿任何一个坐标轴或坐标平面移动或者以一个点为中心旋转。快捷键是 E。

在主工具栏的选择并旋转工具上右击，在快捷菜单中选择“旋转变换输入”命令，会弹出“旋转变换输入”对话框，如图 1-26 所示，左侧为绝对旋转量，右侧为偏移旋转量。输入对象的旋转量后，该对象将自动旋转。

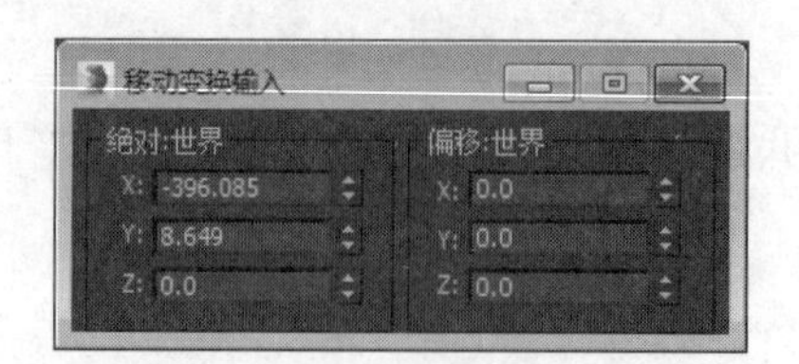

图 1-25 “移动变换输入”对话框

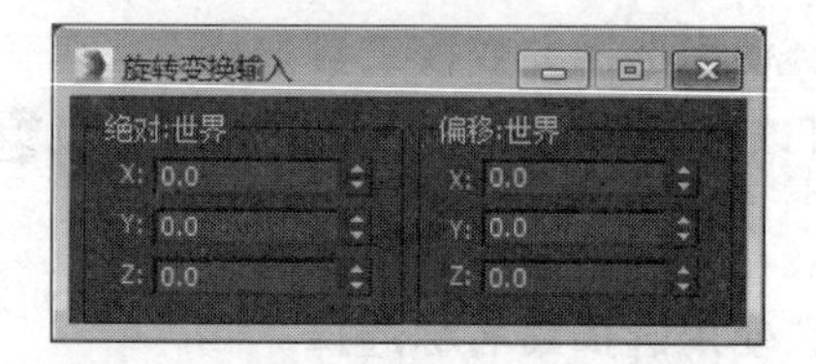

图 1-26 “旋转变换输入”对话框

技巧：配合角度捕捉工具可准确地旋转需要的角度。

3. 缩放对象

使用主工具栏上的选择并缩放工具，可以使选中对象按比例改变大小。快捷键是R。缩放有 3 种方式：均匀缩放、非均匀缩放和挤压缩放，如图 1-27(a)所示。均匀缩放可使选定对象在两个轴向上等比例缩放；非均匀缩放可使对象在两个轴向上缩放的比例不同；挤压缩放可使对象在一个轴向上缩小，同时在另一个轴向上放大。

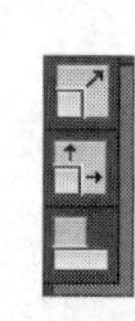

(a) 缩放方式

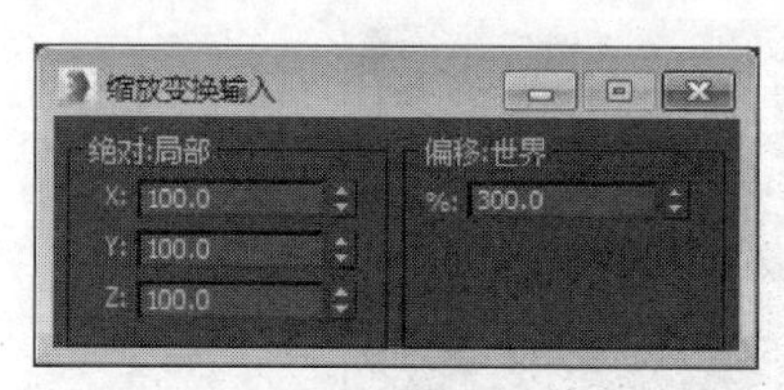

(b) “缩放变换输入” 对话框

图 1-27 缩放对象

在主工具栏的选择并缩放工具上右击，在快捷菜单中选择“缩放变换输入”命令，会弹出“缩放变换输入”对话框，如图 1-27(b)所示，左侧为绝对缩放比例，右侧为偏移缩放比例，输入对象的新比例后，该对象将自动缩放。

4. 对象的选择变换中心

所有的变换都是基于一个中心点进行的。对象的选择变换中心指在当前坐标系统中选中的对象的中心。对于一个或多个对象，可以基于其选择变换中心对其进行旋转或缩放。选择变换中心是可以调整的，方法是：在主工具栏上长按选择变换中心工具按钮，可以看到，3ds Max 有 3 种类选择变换中心，分别是基准点中心、选择集中心和变换坐标中心，如图 1-28 所示。

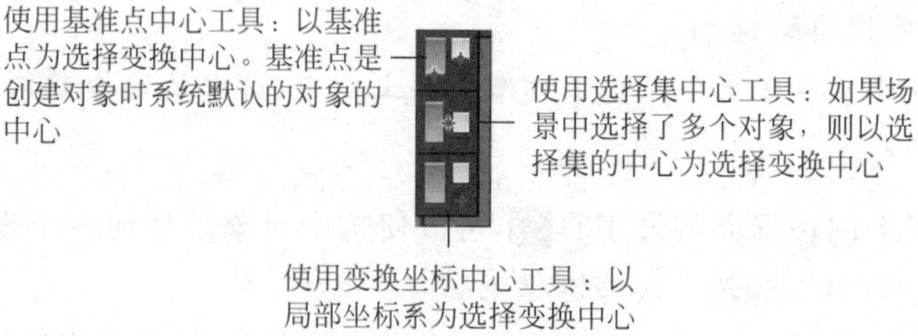

图 1-28 对象的选择变换中心

动手演练 使用基本几何体制作毛毛虫模型

本例使用基本几何体工具和变换工具创建一个毛毛虫模型，如图 1-29 所示。

图 1-29 毛毛虫模型

01 制作毛毛虫的头部。在前视图中创建球体，作为毛毛虫的头部。创建两个小球作为毛毛虫的眼睛，使用移动工具调整小球的位置，使小球对称地分布在头部两侧。创建一个小球作为毛毛虫的嘴巴，使用缩放工具沿 Y 轴缩小，从前视图中看，其外形是扁扁的，如图 1-30 所示。

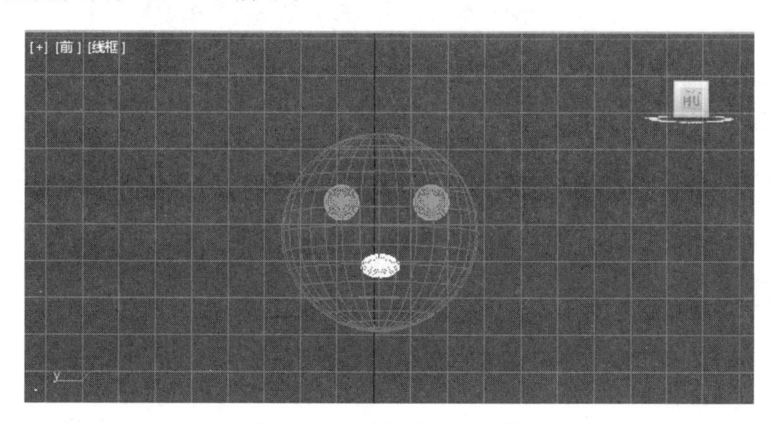

图 1-30 制作毛毛虫头部

02 制作毛毛虫身体。在前视图中创建一个大小合适的小球，再另外创建两个小球，调整小球的位置，并将这 3 个小球成组，命名为“单节”，如图 1-31 所示。

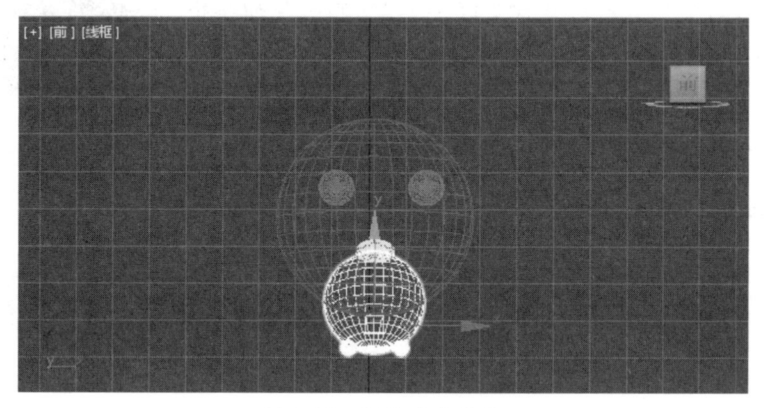

图 1-31 制作单节身体

选择单节身体，复制出6个，在左视图中使用移动工具调整位置，如图1-32所示。

图1-32　制作毛毛虫的身体

03　制作毛毛虫的头部触角和尾部触角。在头部和尾部分别创建一个圆锥体，使用变换工具调整位置和角度，渲染得到如图1-29所示的毛毛虫模型。详细参数请参考素材文件"\第1章 3ds Max基础知识\素材文件\毛毛虫.max"。

1.5　对象的复制

对象的复制一般是通过菜单命令或者键盘快捷键实现的。3ds Max提供了6种复制方式，包括克隆、变换、镜像、间隔、快照、阵列。

1.5.1　克隆

克隆的方法是执行"编辑"→"克隆"菜单命令，或者按Ctrl+V组合键，打开"克隆选项"对话框，如图1-33所示。

克隆的方法有3种，分别是复制、实例和参考。

复制的副本对象与母本对象之间没有任何关系，副本仅仅是参考母本对象而已。

实例的副本对象与母本对象有关联关系，当修改任何一个对象时，凡有关联关系的对象都会随之改变。

参考的副本对象具有自己的编辑修改器，当修改母本对象时会影响副本对象，当修改副本对象时不影响母本对象。

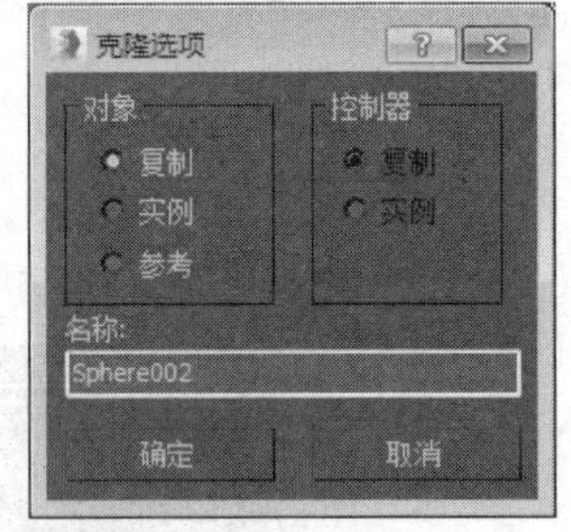

图1-33　"克隆选项"对话框

1.5.2　变换

变换是一种快捷的复制方式。按住键盘上的Shift键，同时使用变换工具，可实现在复制的同时执行变换操作。具体如下：Shift+移动工具是移动复制，Shift+旋转工具是旋转复制，Shift+缩放工具是缩放复制。

1.5.3 镜像

镜像主要用于结构对称的对象的复制，比如人体、动物等。制作这类模型时，可以先制作对象的一半，然后再使用镜像生成另一半。实现镜像功能的“镜像：世界坐标”对话框如图 1-34 所示。

该对话框包括“镜像轴”和“克隆当前选择”两个选项。

在“镜像轴”选项中，X、Y、Z 是 3 个对称轴，XY、YZ、ZX 表示 3 个对称平面 XOY、YOZ、ZOX。

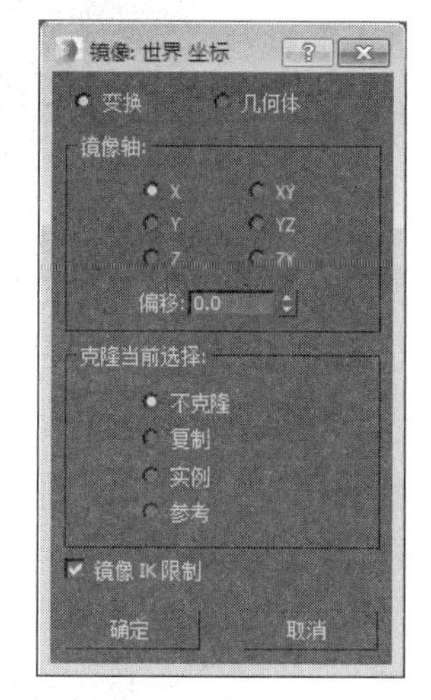

图 1-34 “镜像：世界坐标”对话框

1.5.4 间隔

间隔工具用于沿着指定曲线复制对象。首先绘制一条空间曲线和需要复制的对象，选择需要复制的对象，执行“工具”→“对齐”→“间隔工具”菜单命令，会弹出“间隔工具”对话框，如图 1-35 所示，单击“拾取路径”按钮，在场景中拾取曲线，然后在“计数”文本框中输入复制的个数，最后单击“应用”按钮，完成间隔操作。

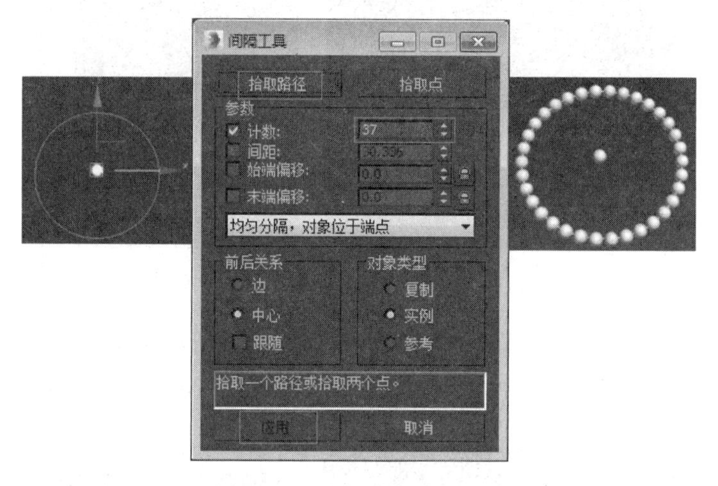

图 1-35 “间隔工具”对话框

间隔的最终效果可以参考本章的素材文件“间隔复制-珍珠项链.max”。

1.5.5 快照

快照工具按时间参数复制对象，可以将运动对象在运动过程中不同时刻的状态记录下来，在动画播放中可以看到。

在使用选择并移动工具的情况下，快照一般通过执行“工具”→“快照”菜单命令实现。下面通过一个实例来说明快照工具的使用方法。

01 创建一个半径为 15mm 的小球。再创建一条螺旋线，参数如图 1-36 所示。

02 制作小球的动画。选择小球，单击运动面板◎下的“轨迹”子面板，在“采样”文本

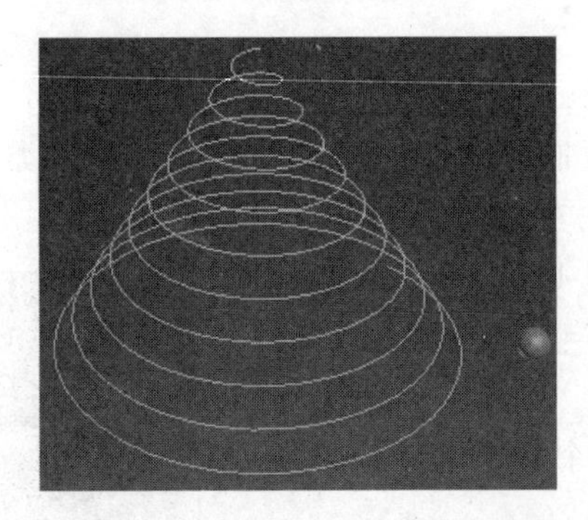

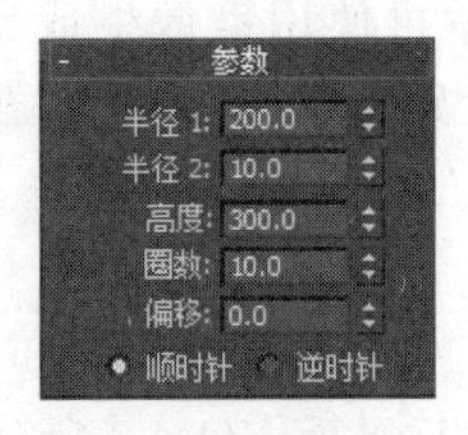

图 1-36 螺旋线及其参数

框中输入采样个数 90,单击“转化自”按钮,在场景中拾取螺旋线,把小球的运动轨迹指定为螺旋线,如图 1-37 所示。单击“播放动画”按钮▶,观察小球的动画效果。

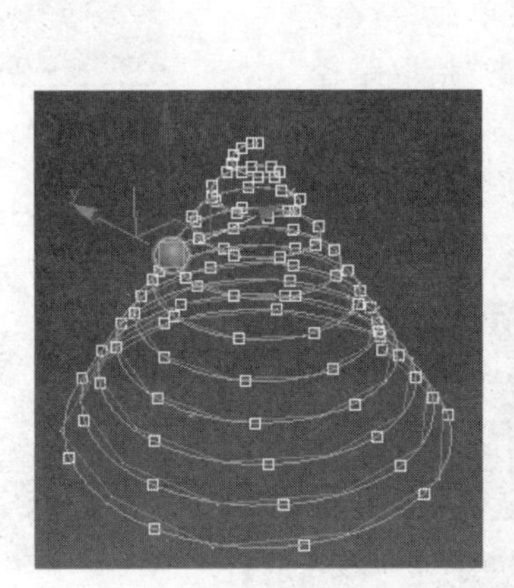

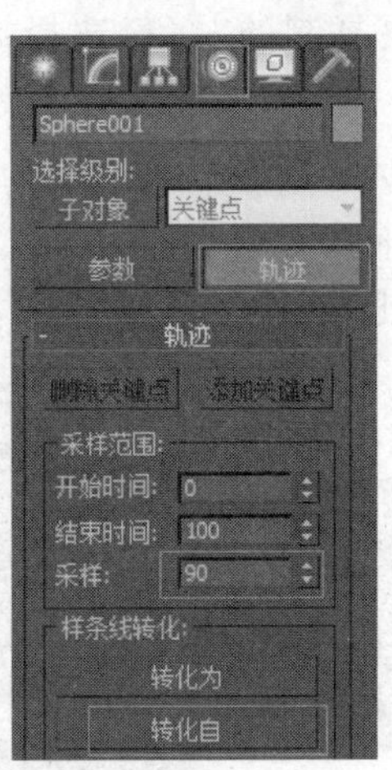

图 1-37 把小球的运动轨迹指定为螺旋线

03 执行“工具”→“快照”菜单命令,弹出“快照”对话框,如图 1-38 所示。在“副本”数值框中输入 90,单击“确定”按钮。最终效果可以参考本章的素材文件“快照复制.max”。

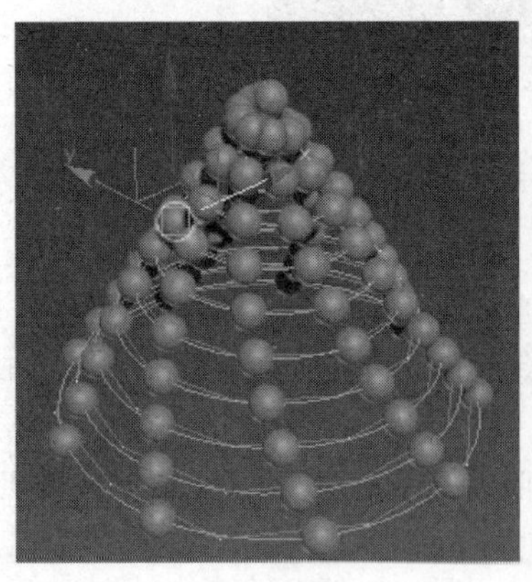

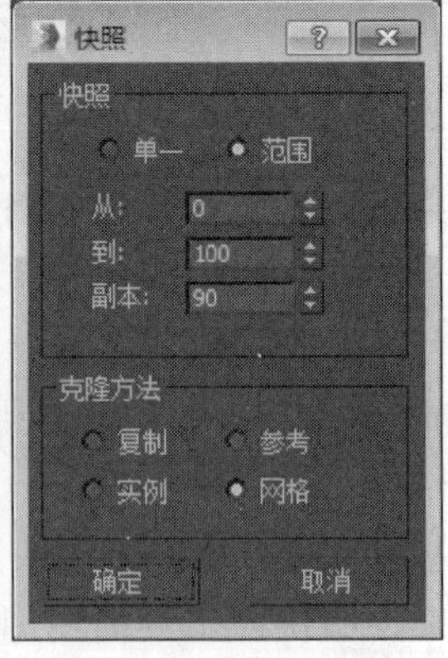

图 1-38 快照复制

1.5.6　阵列

阵列用于大批量对象的复制，可以把对象沿着各个方向按不同的距离进行复制，复制后的对象在三维空间排列成阵列，如大楼的窗户和阳台、堆积的水果、饮料等。

阵列的方法是：选择需要阵列的对象，执行“工具”→“阵列”菜单命令，会弹出“阵列”对话框，如图 1-39 所示。该对话框比较复杂，包括阵列变换、对象类型、阵列维度等内容。

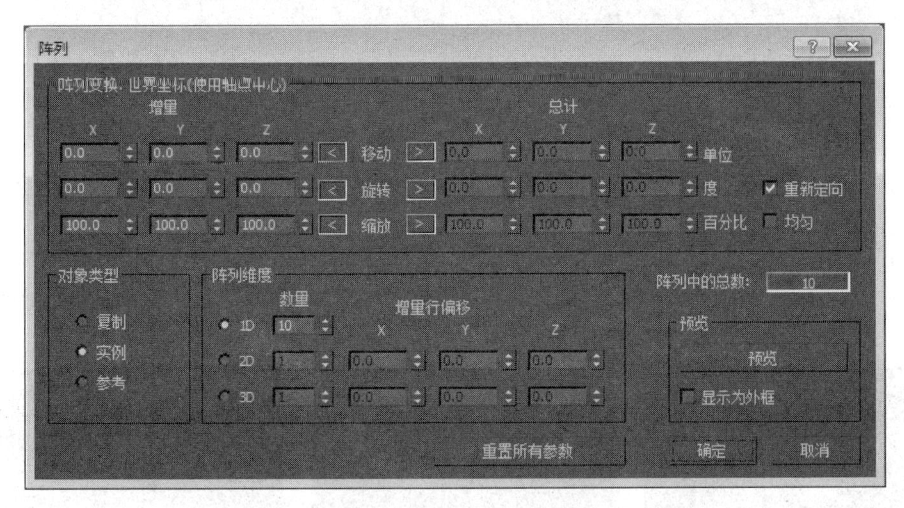

图 1-39　“阵列”对话框

“阵列变换”栏中包括“增量”和“总计”两项。在“增量”的 X、Y、Z 下的值表示复制出来的对象相对于前一个对象的位置(移动时)、角度(旋转时)、比例(缩放时)的变化。“总计”的 X、Y、Z 下的值是通过以下公式自动计算得到的：数量×增量＝总计。

在“对象类型”栏中可以选择 3 种复制对象的类型，和克隆操作相同。

“阵列维度”栏中的 1D、2D、3D 用于设定阵列的对象维度，使阵列后的对象按一维、二维、三维分布。“数量”表示每一维的对象数量，“增量行偏移”表示对象之间的距离。

阵列在三维数字建模中应用广泛，其中应用较多的是线性阵列和环形阵列。下面通过实例说明这个工具的应用。

动手演练　线性阵列

线性阵列是指对象沿直线、在平面上或空间中以行、列的形式排列。

01　在顶视图中创建一个半径为 10、高为 5、圆角为 2 的切角圆柱体。

02　执行“工具”→“阵列”菜单命令，在弹出的“阵列”对话框中输入 X 的增量 30，在“阵列维度”中选择 1D，“数量”设置为 5，参数设置如图 1-40 所示。单击“预览”按钮，阵列效果如图 1-41(a)所示。

03　在 02 步骤的基础上，在弹出的“阵列”对话框中输入 Y 的增量 30，在“阵列维度”中选择 2D，“数量”设置为 5。单击“预览”按钮，阵列效果如图 1-41(b)所示。

04　在 03 步骤的基础上，在弹出的“阵列”对话框中输入 Z 的增量 20，在“阵列维度”中选择 3D，“数量”设置为 5。单击“预览”按钮，阵列效果如图 1-41(c)所示。详细参数设置参考本章的素材文件“三维阵列.max”。

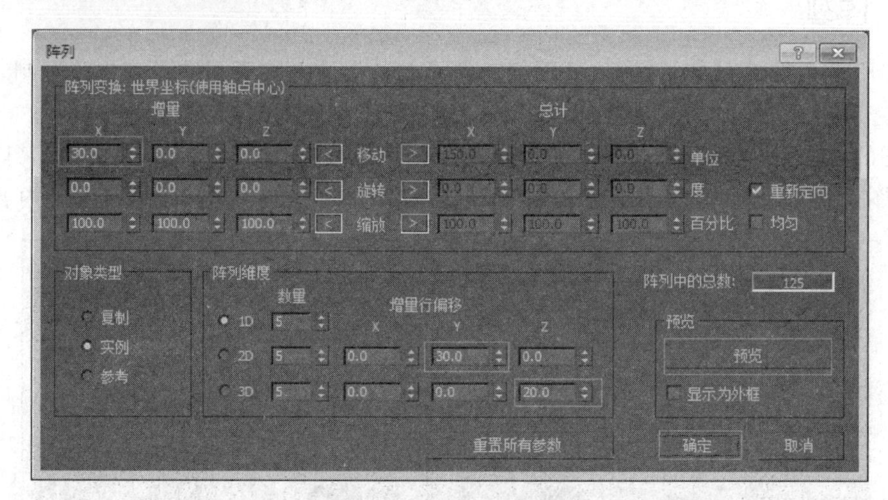

图 1-40　阵列参数设置

(a) 一维阵列

(b) 二维阵列

(c) 三维阵列

图 1-41　不同维度阵列效果

下面介绍一个旋转阵列的实例。

动手演练　制作一个 DNA 分子链

01　制作单个 DNA 分子。在顶视图中创建一个半径为 10 的小球，复制出一个小球，再创建一个半径为 3 的圆柱体，调整高度和位置，将 3 个对象成组，命名为“单个 DNA 分子”，如图 1-42 所示。

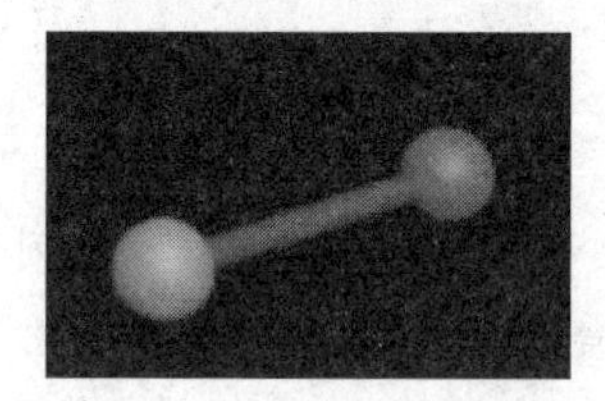

图 1-42　单个 DNA 分子

02　在前视图中选择“单个 DNA 分子”，执行“工具”→“阵列”菜单命令，在弹出的“阵列”对话框中输入 Y 的移动增量 30，在“阵列维度”中选择 1D，“数量”设置为 30，输入 Y 轴的旋转增量 30，参数设置如图 1-43 所示。单击“预览”按钮，旋转阵列效果如图 1-44 所示。详细参数设置参考本章的素材文件“旋转阵列-DNA 分子链.max”。

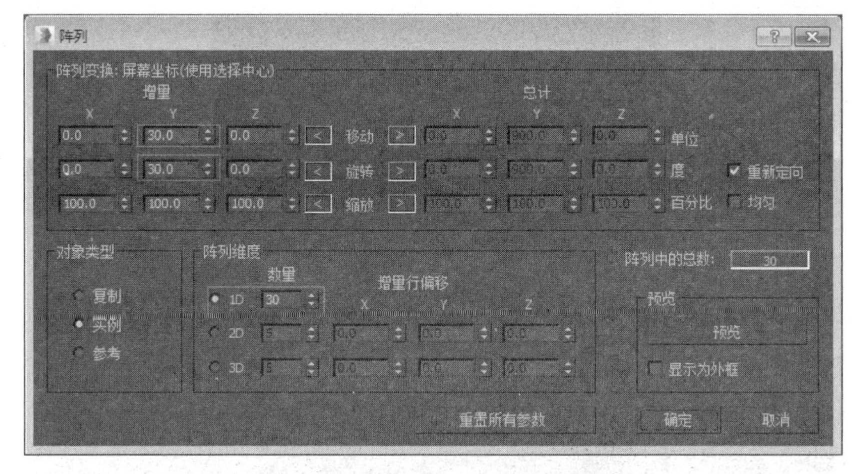

图 1-43 DNA 分子链阵列参数

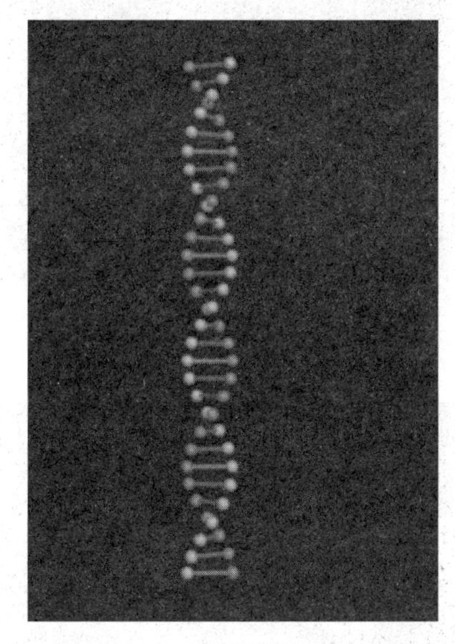

图 1-44 DNA 分子链阵列效果

动手演练 环形阵列

环形阵列是将对象以基准点为圆心按环形排列。下面通过实例学习环形阵列的制作。

01 在顶视图中创建一个半径为 30 的茶壶。单击窗口右侧的层次面板按钮，在层次面板中单击“仅影响轴”按钮，在场景中移动茶壶的轴，使茶壶的轴偏离原来的位置，如图 1-45 所示。

02 选择茶壶，执行“工具”→“阵列”菜单命令，在弹出的“阵列”对话框中单击“旋转”右侧的按钮，在右侧 Z 轴的“总计”中输入总的旋转角度 360，在“阵列维度”中选择 1D，“数量”设置为 8，参数设置如图 1-46 所示。单击“预览”按钮，阵列效果如图 1-47 所示。详细参数设置参考本章的素材文件“环形阵列.max”。

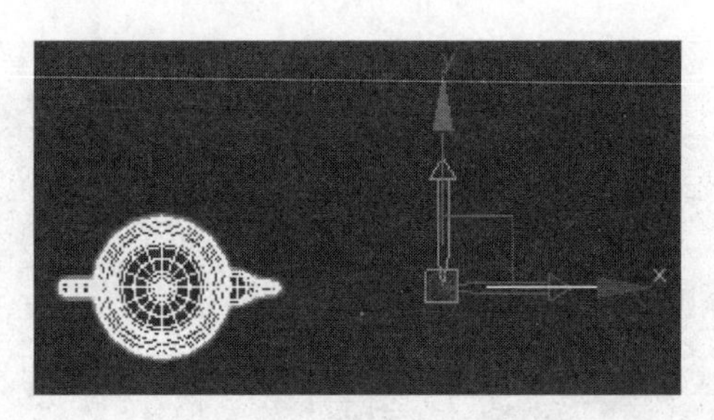

图 1-45 移动茶壶的轴

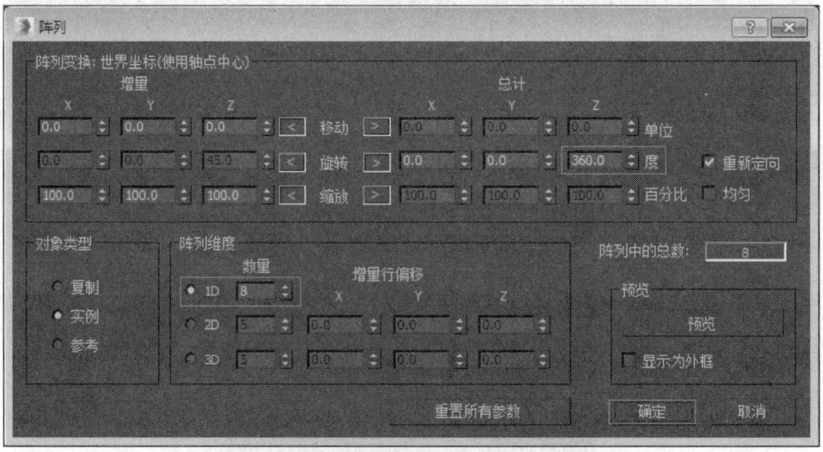

图 1-46 环形阵列参数设置

图 1-47 环形阵列效果

1.6 渲染与输出

渲染是场景对象或场景动画主要的显示输出方式。只有对场景进行渲染后，才能看到场景中材质、照明、阴影的最终效果。用户利用渲染功能可以边制作、边观察、边修改。

如果需要观察场景的静帧效果，可以激活一个视图，然后在主工具栏中单击渲染产品按钮，即可对视图进行渲染。渲染窗口如图 1-48 所示。也可以按 Shift+Q 键或 F9 键进行渲染。按 F10 键可以对渲染环境进行设置。

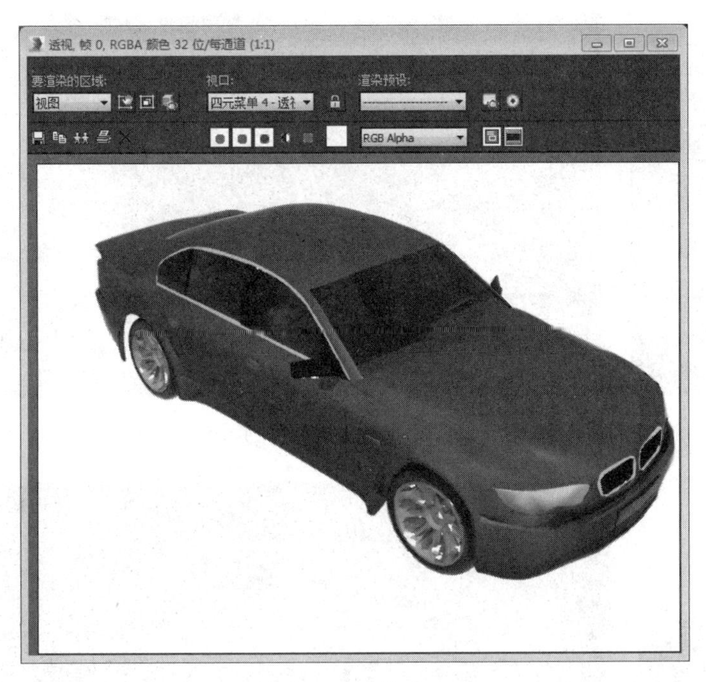

图 1-48 渲染窗口

动手演练 使用基本几何体制作手推车

本实例使用基本对象工具、变换工具、阵列工具制作手推车模型和动画，如图 1-49 所示。

图 1-49 手推车模型

01 制作车轱辘。在左视图中创建一个圆环，命名为“车圈”，参数如图 1-50 所示。

在顶视图中创建一个长方体，命名为“车条”，使用对齐工具，使得车条的轴心与车圈的中心对齐，如图 1-51 所示。

选择车条，执行“工具”→“阵列”菜单命令，打开“阵列”对话框，在 Z 轴的“总计”中输入总的旋转角度 360，“数量”设置为 16。阵列效果如图 1-52 所示。

在左视图中创建一个圆柱体，命名为“短轴承”，使用对齐工具，使其与车圈对齐，如图 1-53 所示。

在左视图中再创建一个圆柱体，命名为“长轴承”，使用对齐工具，使其与车圈对齐。选择场景中除了“长轴承”以外的所有对象，使用镜像复制工具复制出另一侧的轮子，移动其位置，并将两个轮子成组，命名为“车轱辘”，如图 1-54 所示。

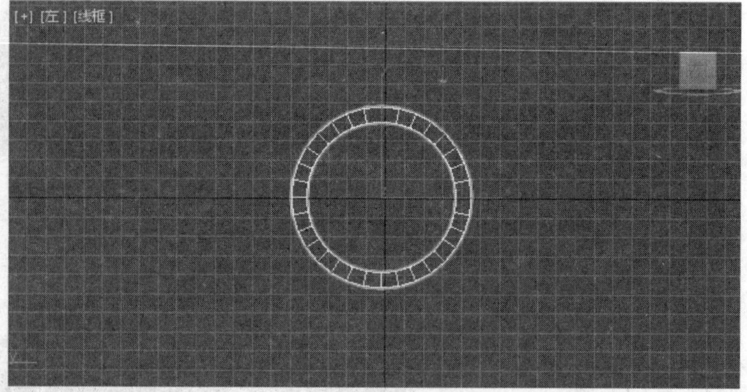

图 1-50　制作手推车的车圈

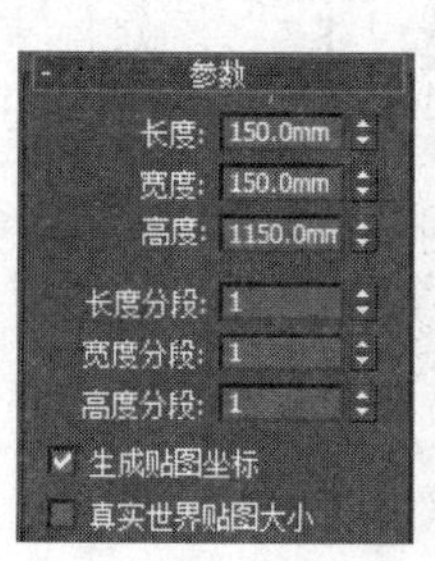

图 1-51　创建车条

图 1-52　阵列车条

02　制作车厢。在顶视图中创建一个长、宽、高分别为 5000、1700、200 的长方体，作为车厢底板，与车轱辘对齐。再创建一个长、宽、高分别为 150、150、1500 的长方体，放在车厢的合适位置，复制出两个，作为护栏立柱。再创建一个长、宽、高分别为 4200、200、200 的长方体，放在上述长方体的上方，作为一侧的护栏，复制出另一侧的护栏。将上面的对象成组，命名为“车厢”，如图 1-55 所示。

图 1-53　创建短轴承

图 1-54　制作车轱辘

图 1-55　制作车厢

03　制作车把。在前视图中创建两个半径 1 为 100、半径 2 为 50、高度为 1500 的圆锥体，与车厢底板对齐，如图 1-56 所示。

04　制作移动动画。在透视图中，把场景中的所有模型移动到视图左侧，单击 自动关键点 按钮，把指针移动到第 0 帧，单击设置关键帧按钮，将第 0 帧设置为关键帧。然后将指针移动到第 100 帧，再将场景中的所有模型移动到场景的最右侧，

图 1-56 制作车把

再次单击设置关键帧按钮，将第 100 帧设置为关键帧。单击播放动画按钮，可以看到手推车在场景中移动，但是车轱辘不能旋转，看起来动画很不真实。下面制作车轱辘旋转的动画。

05 制作车轱辘旋转动画。保持场景中的车轱辘被选中。在透视图中，把指针移动到第 0 帧，单击旋转工具或按 E 键，单击设置关键帧按钮，将第 0 帧设置为旋转的关键帧。然后将指针移动到第 100 帧，将车轱辘旋转一定角度(打开角度捕捉会更准确)，再次单击设置关键帧按钮，将第 100 帧设置为旋转的关键帧。单击播放动画按钮，可以看到车轱辘在手推车移动过程中是旋转的。

06 渲染输出。执行"渲染"→"渲染设置"菜单命令，或者按 F10 键，打开"渲染设置"对话框。在"公用参数"卷展栏中的"时间输出"参数组中选择输出的"范围"为 0 帧至 100 帧。在"渲染输出"卷展栏中勾选"保存文件"复选框，并输入文件的保存路径和文件名，如图 1-57 所示。然后单击"渲染"按钮，完成动画制作。详细参数请参考素材文件"手推车.max"。

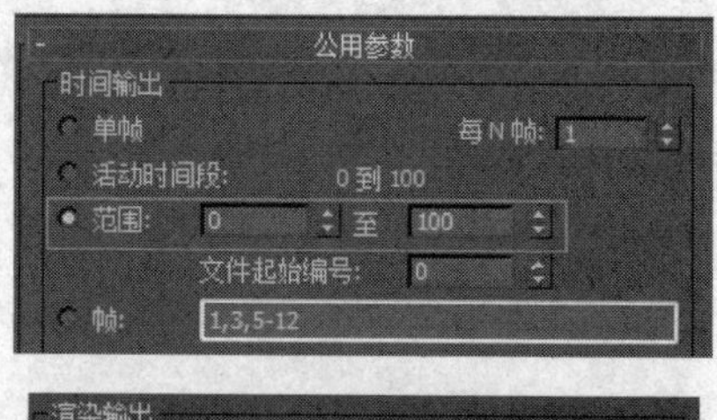

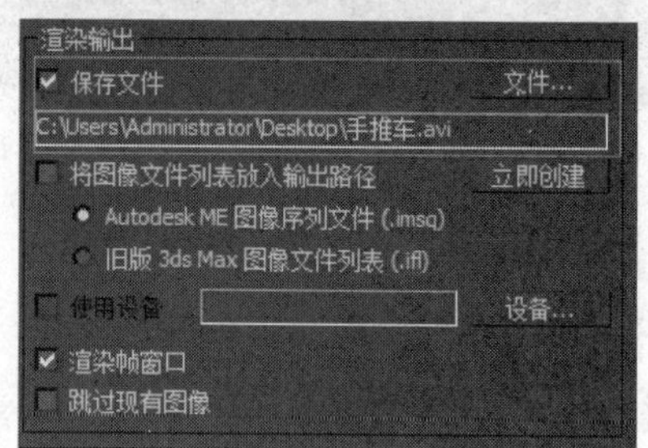

图 1-57 渲染参数设置

1.7 文件管理

1. 新建文件

3ds Max 系统每次只能打开一个场景文件，启动软件时系统会自动建立一个新场景。如果要建立新文件，可以执行“文件”→“新建”菜单命令，或按 Ctrl+N 键。

另外，执行“文件”→“重置”菜单命令也可以重置一个场景。重置文件与新建文件的区别在于：新建文件时，场景中的材质、环境参数设置不会丢失；而重置文件将把所有的参数恢复到系统的初始状态。

2. 保存文件

场景设计完成以后，可以执行“文件”→“保存”或“另存为”菜单命令，或按 Ctrl+S 键保存文件，文件的类型为. max。

另外，执行“文件”→“另存为”菜单命令时，鼠标悬停在“另存为”命令上，会弹出“归档”子命令，用于将当前场景文件及全部外部文件打包成一个压缩文件。

3. 打开文件

如果要打开一个已经存在的文件，可以执行“文件”→“打开”菜单命令，或单击快速访问工具栏中的打开工具，可以打开. max 类型的文件，也可以打开. chr 类型的文件。打开. max 类型的文件时，若系统找不到场景文件使用的资源（如贴图），会弹出“缺少外部文件”对话框，如图 1-58 所示。

图 1-58 “缺少外部文件”对话框

在该对话框中单击“继续”按钮，可以不使用该文件而继续进行渲染。若单击“浏览”按钮，会打开“配置外部文件路径”对话框，可添加丢失的文件所在的路径。

4. 合并文件

如果要把两个场景文件集成为一个场景文件，可以执行“文件”→“导入”→“合并”菜单命令。在打开的对话框中，选择其他场景对象并加载到当前场景中。如果需要用其他场景中的一个同名对象替代当前的对象，可以执行“文件”→“替代”菜单命令。

5. 导入文件

如果需要将非本系统产生的文件导入当前场景，可以执行“文件”→“导入”菜单命令。在打开的对话框中选择要导入的文件名和文件类型。

3ds Max 可以导入不同格式的文件类型，主要包括如下几种。

- . fbx：是由 Autodesk 创建的文件。

- .3ds：是由 3ds Max 的前身 3D Studio 创建的文件，是一种二进制存储文件，具有一定的结构体。
- .ai：是由 Adobe Illustrator 创建的文件。
- .dwg：是由 AutoCAD 创建的文件。
- IGES 文件：包括.ige、.igs、.iges，是基本图形转换标准文件。
- VRML 文件：包括.wrl、.wrz，是虚拟现实建模语言文件，这两种文件定义了由嵌入 Web 浏览器中的 VRML 解释的场景。

6. 导出文件

如果需要将本系统产生的文件导出到其他系统（比如 Unity 3D）的场景中，可以执行“文件”→“导出”菜单命令。在打开的对话框中选择要导出的文件名和文件类型。

3ds Max 可以导出不同格式的文件类型，主要包括如下几种。

- .fbx：可以在 Unity 3D、Maya 等软件环境下应用。
- .3ds：用于进一步编程。
- .ai：用于平面设计。
- .dwg：用于 AutoCAD 建模。
- IGES 文件：包括.ige、.igs、.iges，用于基本图形转换。
- VRML 文件：用于其他虚拟现实建模语言的场景。

7. 浏览文件

如果需要显示当前目录下的所有缩略图图像和场景文件，可以单击实用程序面板上的“资源浏览器”按钮，打开“资源浏览器”窗口，如图 1-59 所示。在该窗口中，可以将选定的场景文件直接拖动到系统标题栏上，系统将打开这个场景文件。也可以将选定的图像文件拖放到视图中打开，或者将图像拖动到视图中，设置为视图背景和渲染背景。

图 1-59 “资源浏览器”窗口

8. 查找文件

如果需要搜索指定目录下的场景文件，可以单击实用程序面板上的“更多”按钮，打开“实用程序”对话框，如图1-60所示。需要启用某个实用程序时，可以在该对话框中选中该程序，然后单击“确定”按钮。

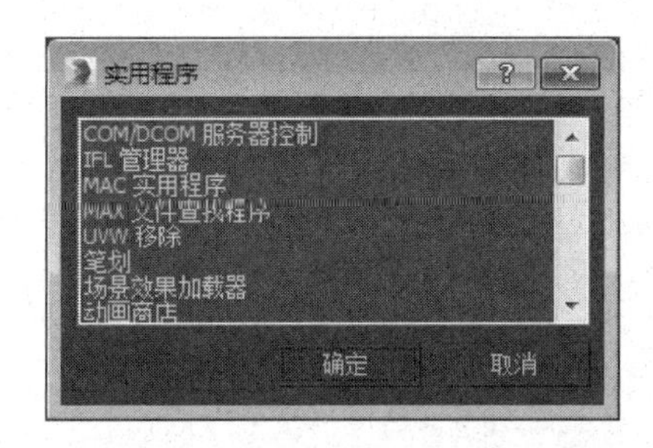

图1-60　“实用程序”对话框

1.8　设置界面与环境

3ds Max 提供了友好的系统交互平台，用户可以使用系统默认的界面，也可以设置个性化的工作界面，以提高工作效率。

1.8.1　自定义工具栏

主工具栏默认以图表方式显示工具按钮。显示器分辨率大于1280像素时可以显示所有的工具按钮；显示器分辨率低于1024像素时，主工具栏不能全部显示，可以使用鼠标左右拖动的方式显示全部工具按钮，也可以采用浮动工具栏的方式显示未能显示的工具按钮，只是这样会给用户带来不便，同时主工具栏也占用了屏幕位置，因此，可以将主工具栏以小图标的形式显示。设置的方法是：执行“自定义”→“首选项”菜单命令，在打开的“首选项设置”对话框中选择“常规”选项卡，在“用户界面显示”选项组中取消“使用大工具栏按钮”复选框，如图1-61所示。

默认情况下工具栏上不能显示全部的工具，需要时可以把这些隐藏的工具调出来，方法是：在工具栏的空白处右击，在快捷菜单中选择“自定义工具”命令，弹出“自定义工具栏”对话框，勾选需要使用的工具，如图1-62所示，该工具按钮就出现在工具栏中。

1.8.2　调整视图布局

默认情况下系统可以在4个大小相同的视图中编辑对象，用户可以根据需要对视图布局进行调整，执行“视图→视图配置”菜单命令，在“视口配置”对话框[①]中选择“布局”选项卡，选择其中一种布局方式，如图1-63所示。

---

① 在3ds Max中，视图也称为视口。

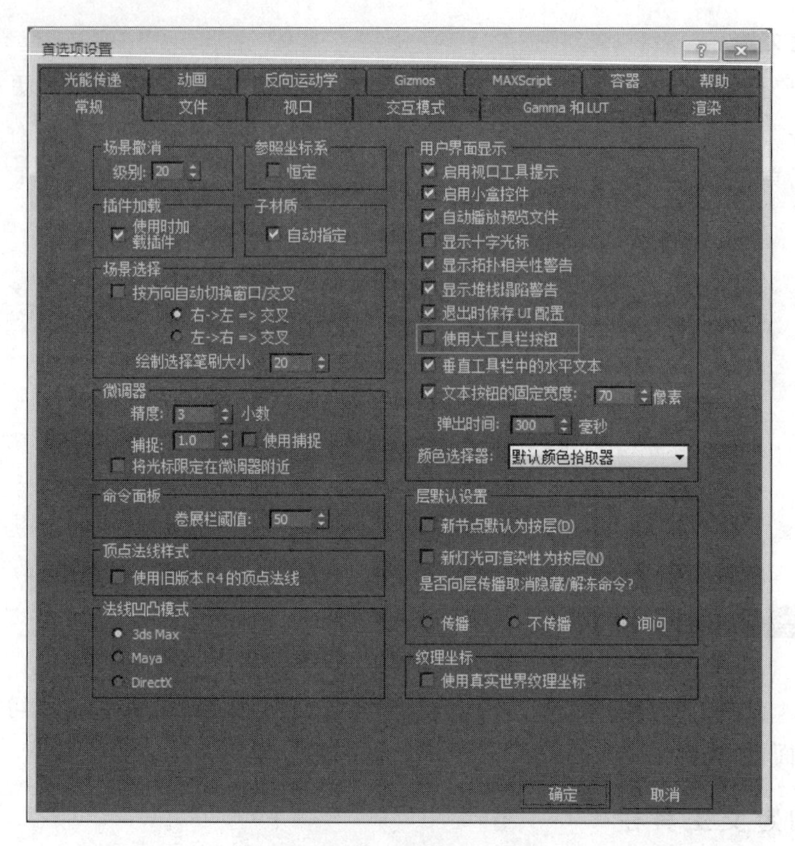

图 1-61 “首选项设置”对话框

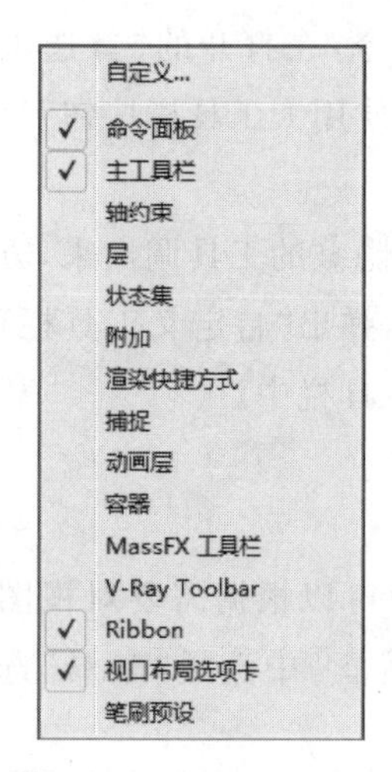

图 1-62 自定义工具栏

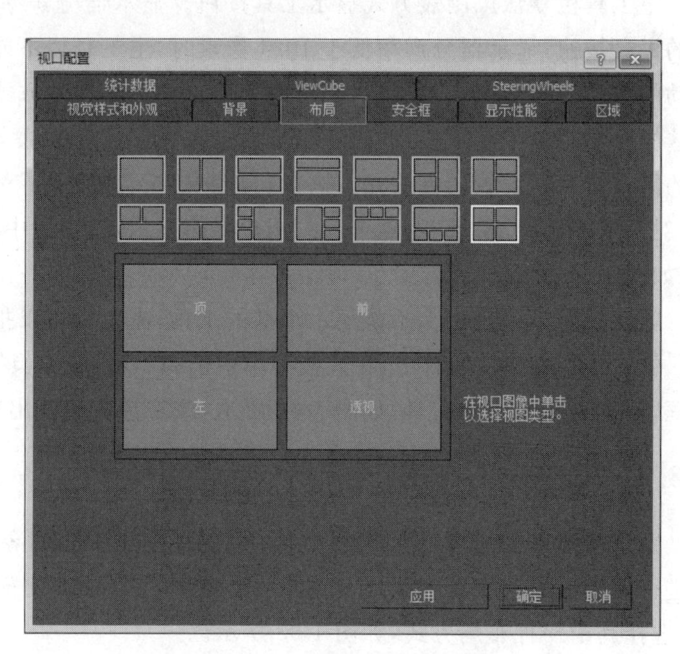

图 1-63 “视口配置”对话框

1.8.3 调整栅格属性

栅格是一种建模辅助工具，默认情况下相邻栅格线的间距为 10。用户可以根据需要重新定义栅格属性，具体方法参见 2.2 节。

1.8.4 设置视图安全框

视图安全框是视图中用来标示画面裁剪边缘位置的一些辅助线。可以通过执行“视图”→“视图配置”菜单命令，在打开的“视口配置”对话框的“安全框”选项卡中进行设置，如图 1-64 所示。

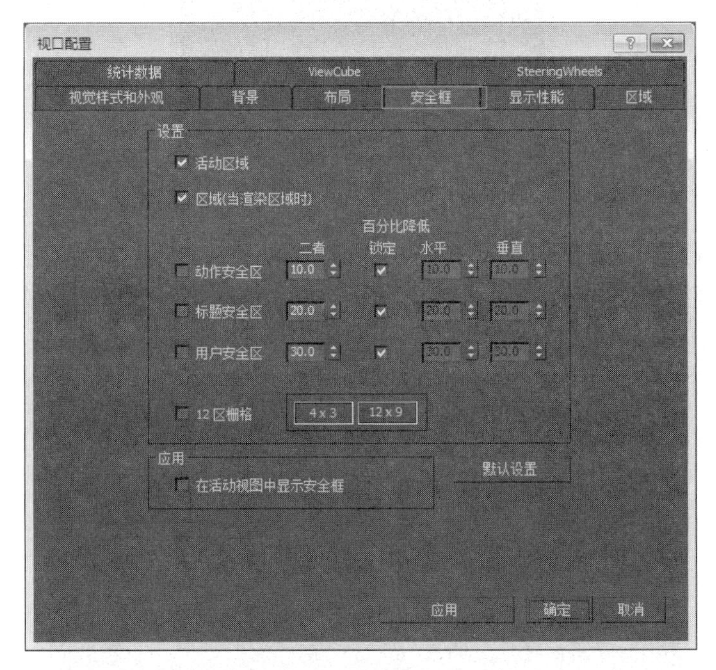

图 1-64 设置视图安全框

1.8.5 设置系统单位

系统单位是 3ds Max 坐标值的测量单位，与使用键盘定义的参数一致。因此，在开始建模前应设置好系统单位。3ds Max 系统提供了不同的系统单位，包括公制、美国标准和自定义系统单位。

如果需要指定一种系统单位，可以执行“自定义”→“单位设置”菜单命令，打开“单位设置”对话框，如图 1-65 所示。

系统默认单位为英寸。系统默认的网格尺寸是每格 10 个单位，所以网格尺寸为每格 10in。如果系统单位设置为毫米，则显示单位也设置为毫米，则此时网格尺寸为每格 10mm，在视图中网格用 10 格来表示 100mm。

1.8.6 调整界面颜色

在 3ds Max 中，颜色通常用于标识系统当前所处的模式。用户可以根据需要设置界面

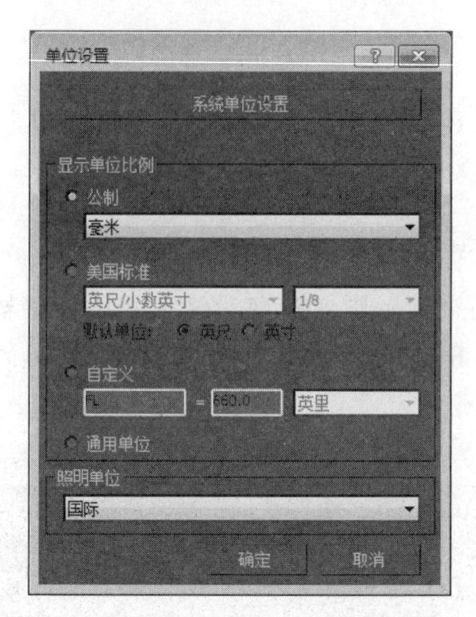

图 1-65　系统单位设置

元素的颜色。执行“自定义”→“自定义用户界面”菜单命令，打开“自定义用户界面”对话框的“颜色”选项卡，如图 1-66 所示。

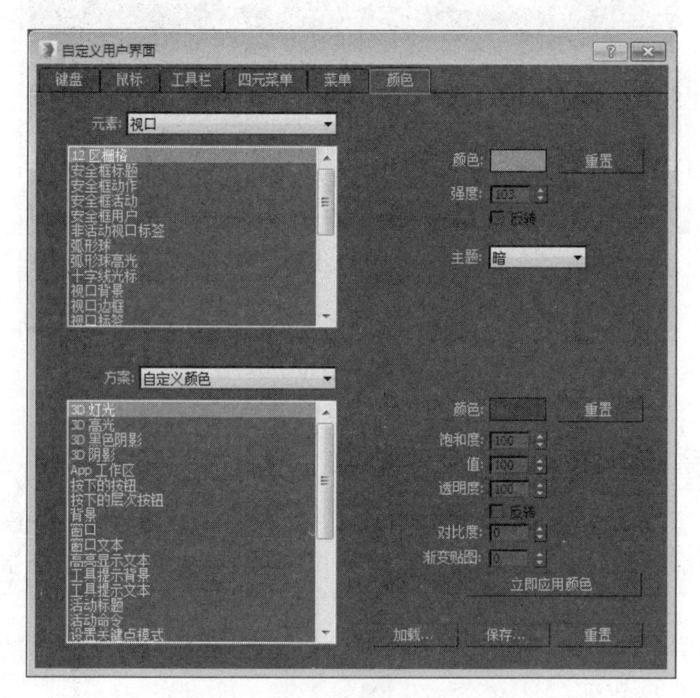

图 1-66　自定义用户界面颜色

“颜色”选项卡包括上下两个窗格。在上面的窗格中，“元素”下拉列表框列出了可设置颜色的界面元素，当选定窗口中一个元素后，颜色将出现在右侧的颜色样本中，可以调整其强度值。在下面的窗格中，“方案”下拉列表框列出了可改变颜色的方案。窗口中显示出可以改变颜色的项目，这些颜色将影响界面的外观，可调整其饱和度、值及透明度。单击“立即应用颜色”按钮时，将设置的颜色应用于界面。单击“保存”按钮，把颜色设置保存到.clr 文件中，下次启动时可以通过执行“自定义”→“加载用户界面”菜单命令使用已保存为.clr 文件的用户界面颜色设置。

本章小结

本章详细介绍了 3ds Max 基础知识，包括软件的界面布局、对象的创建、修改与渲染，还介绍了文件的管理模式与建模环境设置。通过本章的学习，读者应掌握 3ds Max 三维建模的基本方法和流程，会使用 3ds Max 软件建立基本模型。

第 2 章 Chapter 2

基础建模技术

本章学习重点

- 了解三维建模的基本概念。
- 熟练使用建模辅助工具。
- 掌握内置模型的建模方法，包括挤出、倒角、倒角剖面、车削、放样等。
- 掌握复合对象的建模方法。

建模技术是三维动画的基础，也是三维动画学习的重点和难点，在建模时，首先分析模型，确定建模方案，然后才能开始建模。3ds Max 建模技术包括基础建模、高级建模和特殊建模 3 种。本章主要讲解基础建模技术。

2.1 3ds Max 建模方法概述

建模就是在场景中创建二维或三维模型，是 3ds Max 的基本功能，3ds Max 更高级的功能，如材质、灯光、渲染等技术，都依赖于模型，没有模型，这些功能就失去了根本。3ds Max 的建模技术可以分为基础建模、高级建模和特殊建模 3 种，其分类示意图如图 2-1 所示。

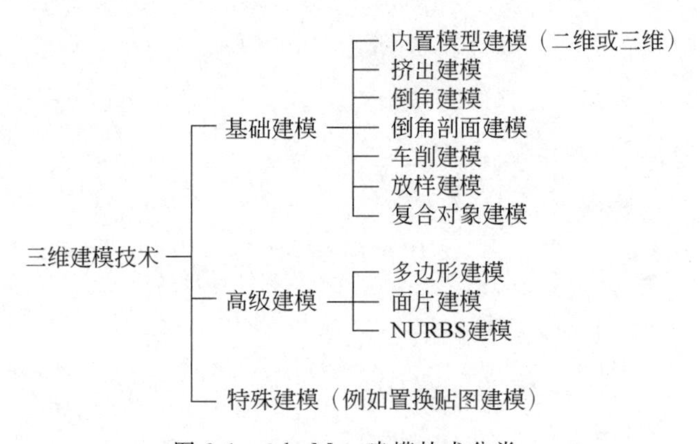

图 2-1 3ds Max 建模技术分类

基础建模主要利用 3ds Max 提供的内置模型建立二维或三维模型，同时还可以使用挤出、倒角、倒角剖面、车削、放样、复合对象等修改器建立更复杂的模型。

高级建模包括多边形建模、面片建模、NURBS 建模等方式。其中多边形建模是目前主流的建模技术，通过对点、线、面、边界、元素 5 个级别的编辑，建立符合用户需求的模型。

特殊建模简洁实用，操作简单，实现效率高。例如，置换贴图建模方法多用在地形建模中，可用于建立啤酒的泡沫、海浪、沙滩、山等对象。

任何复杂的高级模型都是由基础模型经过修改得到的，因此本章从学习基础建模开始。工欲善其事，必先利其器。在学习建模之前，首先学习几种建模辅助工具。

2.2　建模辅助工具

为了帮助用户准确地建模，3ds Max 提供了栅格工具、捕捉工具和对齐工具。栅格工具可以方便用户使用指定的面创建并对齐对象。捕捉工具帮助用户在创建或变换对象时精确控制对象的尺寸和位置。

2.2.1　栅格工具

栅格是一种建模辅助工具，是与图纸类似的二维线网，在 3ds Max 中使用捕捉栅格的方式建立场景。栅格可以方便用户按照指定的面创建并对齐对象，也有助于用户精确控制对象的尺寸和位置。默认情况下，每 10 条栅格线有一条主栅格线，如图 2-2 所示。按 G 键可以显示/关闭栅格（或执行菜单“视图”→“栅格”→“显示主栅格”命令）。

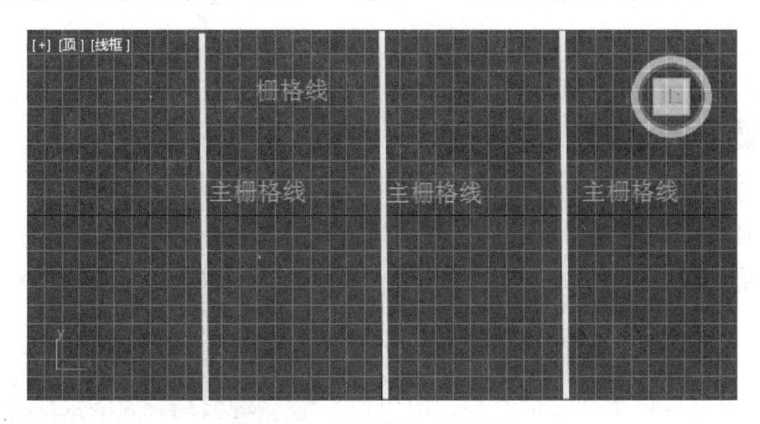

图 2-2　栅格线和主栅格线

用户也可以根据需要调整栅格线，方法是：在捕捉工具 上右击，在快捷菜单中选择“栅格和捕捉设置”命令，弹出“栅格和捕捉设置”对话框，在该对话框中单击“主栅格”选项卡，如图 2-3 所示。

图 2-3 中，“栅格间距”数值框用于设置栅格线的间距；“每 N 条栅格线有一条主线”数值框用于设置每两条主栅格线之间的栅格线数，一般设置为 5、10、12 较为合适；“透视视图栅格范围”数值框用于设置透视视图中主栅格线的数量；若勾选“禁止低于栅格间距的栅格细分”复选框，则当放大视图时，若低于栅格间距值，将不显示细分栅格线；若勾选“禁止透视视图栅格调整大小”复选框，则可抑制透视视图中的栅格数量。“动态更新”参数组用于确定是更新活动视口还是更新所有视口。

栅格对象适用于用户在其他平面上创建对象的情况。栅格对象的创建可以在辅助对象 面板中进行，操作如下。

单击辅助对象工具 ，单击“栅格”，在顶视图中创建一个栅格对象。然后旋转栅格并右击栅格，在弹出的快捷菜单中（图 2-4）选择“激活栅格”。创建茶壶对象，会发现新创建的茶壶是基于新创建的栅格对象所在的平面建立的。

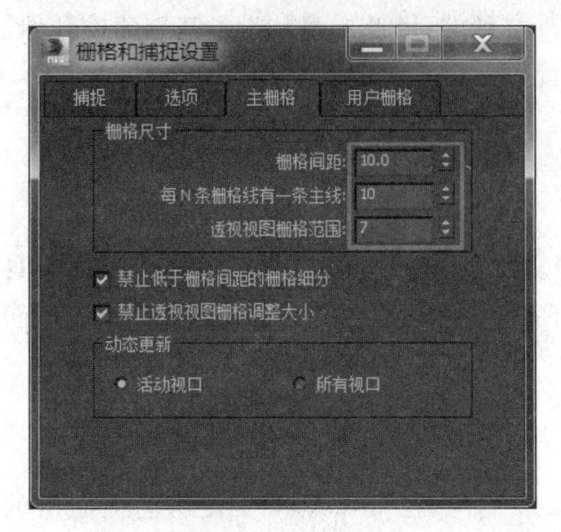

图 2-3 “栅格和捕捉设置”对话框

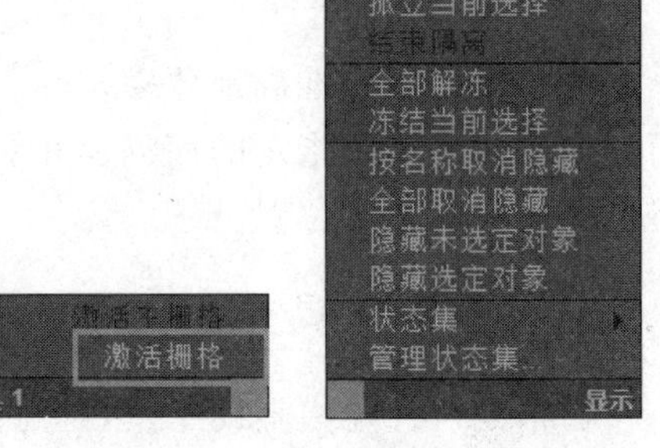

图 2-4 激活栅格

2.2.2 捕捉工具

捕捉工具将新创建的对象精确地置于某个几何位置或角度上。3ds Max 提供的捕捉工具有 4 个，分别是几何位置捕捉工具、角度捕捉工具、百分比捕捉切换工具、微调器捕捉切换工具，比较常用的是几何位置捕捉工具、角度捕捉工具。

1. 几何位置捕捉

几何位置捕捉可以通过单击打开和关闭，快捷键是 S。按住该工具右下角的箭头不放，会弹出、、这 3 种捕捉方式，如图 2-5 所示，分别用于二维、二维加阴影、三维情况下的捕捉。

在图 2-3 中单击“捕捉”选项卡，如图 2-5 所示，在该选项卡中可以设置捕捉的类型。图中捕捉点的功能如下。

图 2-5 几何位置捕捉

- 栅格点：捕捉到栅格交叉点。
- 轴心：捕捉对象的轴心点。
- 垂足：捕捉样条曲线的垂足。
- 顶点：捕捉对象的顶点。
- 边/线段：捕捉位于边上的位置。
- 面：捕捉表面上的任意点。
- 栅格线：捕捉位于栅格线上的位置。
- 边界框：仅捕捉边界框的一个角。
- 切点：捕捉样条曲线的切点。
- 端点：捕捉样条曲线的端点或多边形的一条边的端点。
- 中点：捕捉样条曲线的中点或多边形的一条边的中点。
- 中心面：捕捉表面的中心点。

2. 角度捕捉

角度捕捉用于在旋转对象时捕捉到一个精确的角度，快捷键是 A。在图 2-3 中单击“选项”选项卡，如图 2-6 所示，在该对话框中可以设置捕捉的角度。旋转时“角度”默认为 5°，捕捉按 5°的倍数增加或减少。

2.2.3 对齐工具

对齐工具用于对齐多个对象，可通过“工具”→“对齐”菜单命令或工具栏中的对齐工具执行对齐操作，快捷键是 Alt+A 组合键。按住该工具右下角的箭头，会出现按钮组，如图 2-7 所示。

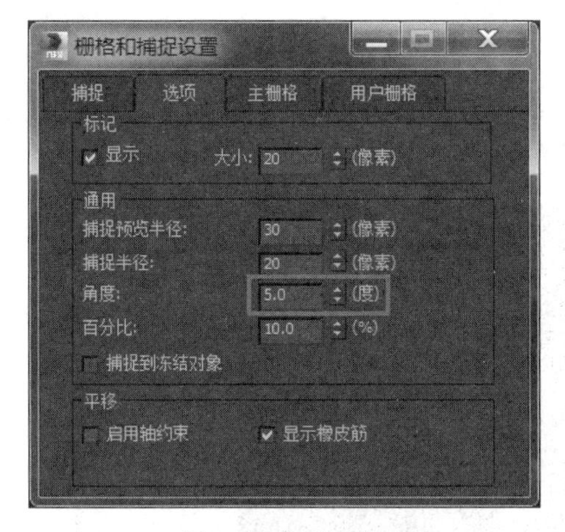

图 2-6　角度捕捉

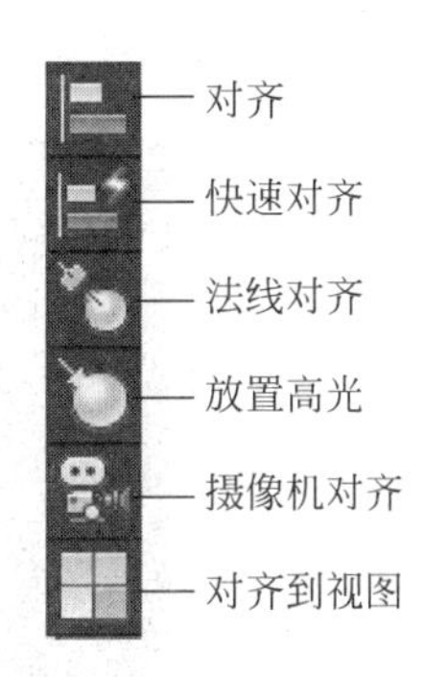

图 2-7　对齐工具按钮组

该按钮组有 6 个命令按钮。

- 对齐：可以将选定对象按照指定的方式与目标对象对齐。
- 快速对齐：可以将选定的多个对象快速按轴心点对齐。
- 法线对齐：可以根据每个对象面上所选择的法线方向将对象对齐。
- 放置高光：可以将灯光或对象与另一个对象对齐，以便确定其高光和反射。
- 摄影机对齐：可以将摄影机与选定对象的法线对齐。
- 对齐到视图：可以将对象或子对象选择的局部轴与当前视图对齐。

2.3 基本体建模

为了方便用户操作，3ds Max 2017 提供了多组常用的内置模型资源，可以快速地在场景中创建基本体。基本体分为标准基本体和扩展基本体，用户只需要选择基本体的类型，然后在场景中拖动就可以创建相应的对象，并且可以进入修改命令面板编辑基本体的参数。

1. 标准基本体建模

打开创建面板主命令面板下的几何体子面板顶部的类型下拉列表，选择“标准基本体”，就可以创建 10 种标准基本体，并修改其参数，如图 2-8 所示。

图 2-8 基本体

2. 扩展基本体建模

打开创建面板主命令面板下的几何体子面板顶部的类型下拉列表，选择“扩展基本体”，就可以创建 13 种扩展基本体，并修改其参数，如图 2-9 所示。

图 2-9 扩展基本体

下面以软管和环形波为例介绍基本体建模的应用。

动手演练 制作机器人小宝

01 在顶视图中创建一个半球，命名为“头”，如图 2-10 所示。

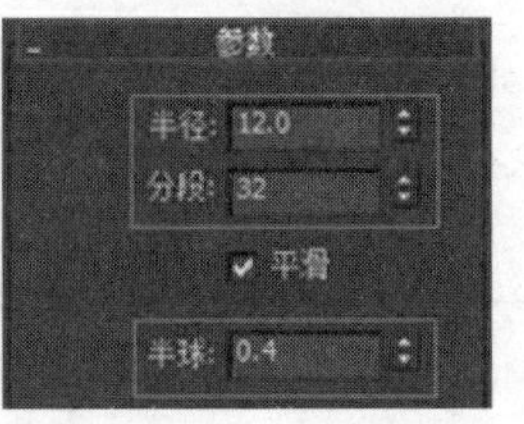

图 2-10 创建一个半球

02 在顶视图中创建圆柱体，命名为“身体”。在前视图使用“对齐”命令，首先使身体与头中心对齐，如图 2-11(左)所示；然后使身体的上部与头的下部沿 Y 轴对齐，如图 2-11(中)所示。

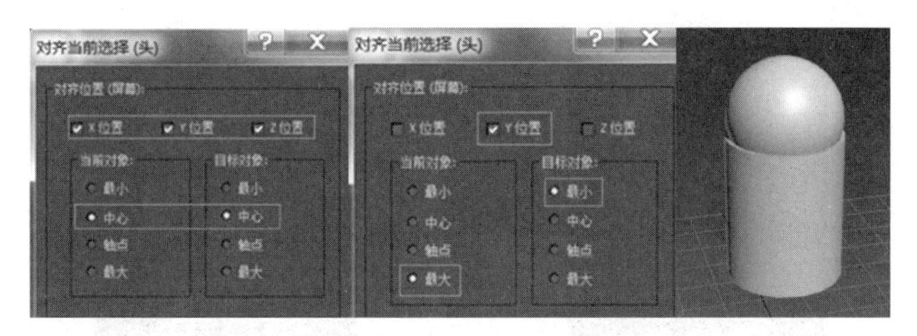

图 2-11 身体与头对齐

03 在顶视图中创建圆柱体,命名为“右腿”。在前视图中使用“对齐”命令,使右腿的上部与身体的下部沿 Y 轴对齐,如图 2-12 所示。

04 在顶视图中创建切角长方体,命名为“右脚”。在前视图中使用“对齐”命令,使右脚的上部与右腿的下部沿 Y 轴对齐,如图 2-13 所示。

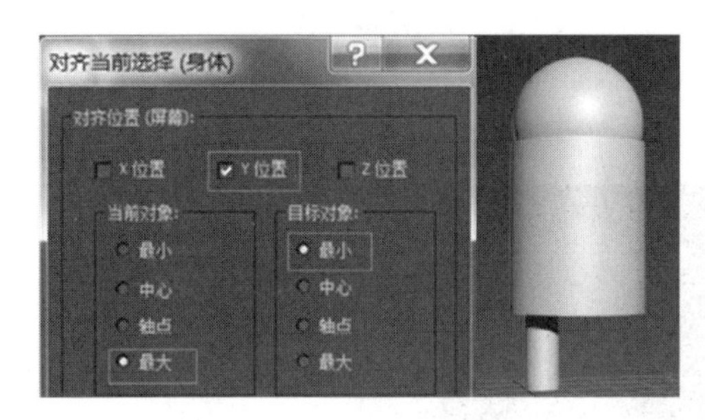

图 2-12 右腿的上部与身体的下部沿 Y 轴对齐

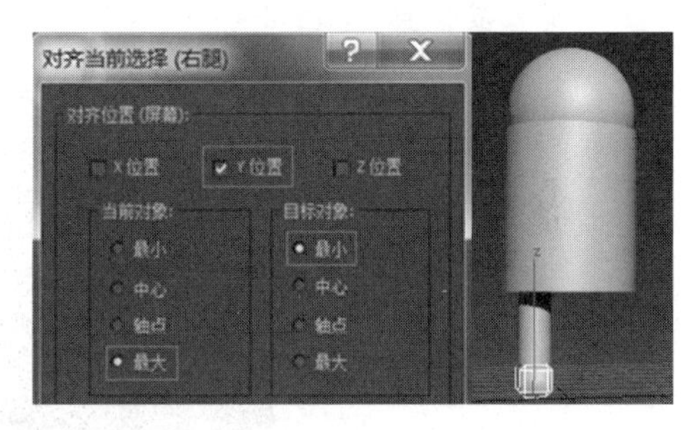

图 2-13 右脚的上部与右腿的下部沿 Y 轴对齐

05 在前视图中,选择右脚和右腿,使用镜像工具复制出左脚和左腿,如图 2-14 所示。

06 在左视图中创建圆柱体,命名为“右臂”,使用旋转命令使右臂向上,做上举的动作,如图 2-15 所示。

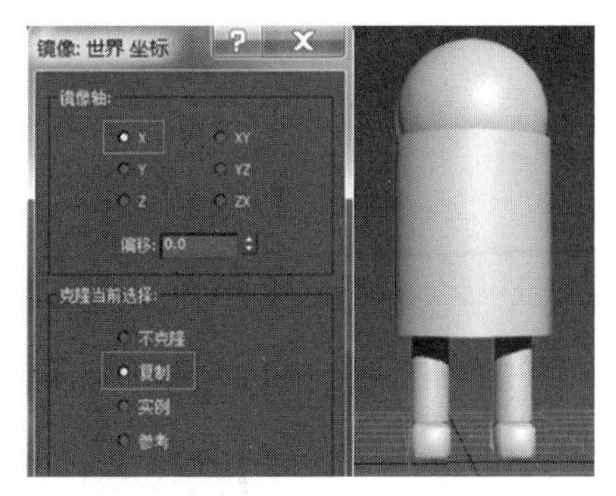

图 2-14 复制出左脚和左腿

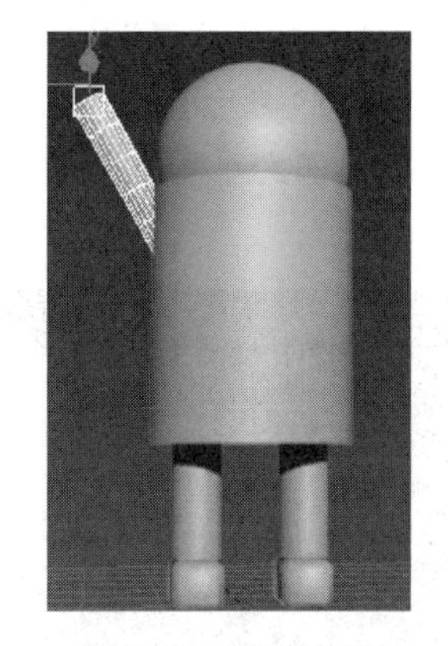

图 2-15 创建右臂

07 使用镜像工具复制出左臂,并使用旋转工具使左臂向下,如图 2-16 所示。

08 在顶视图中创建圆柱体,命名为“左传感器”,使用旋转和移动工具调整其位置,如图 2-17 所示。

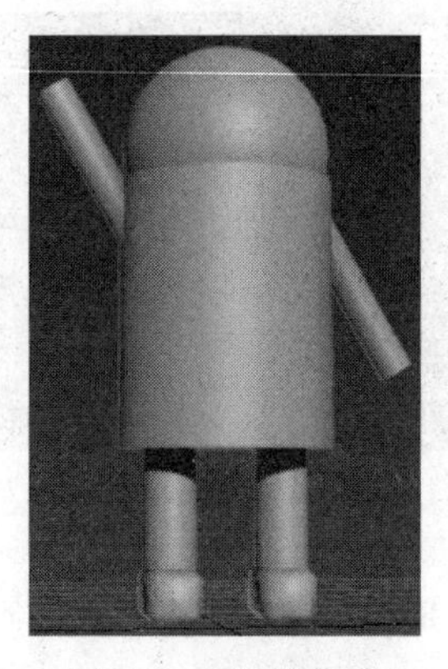

图 2-16　复制左臂

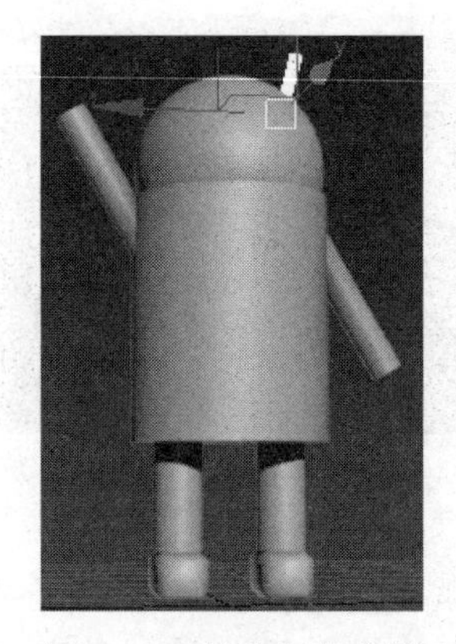

图 2-17　创建左传感器

09　在前视图中，选择左传感器，使用镜像工具复制出右传感器，使用旋转和移动工具调整其位置，如图 2-18 所示。

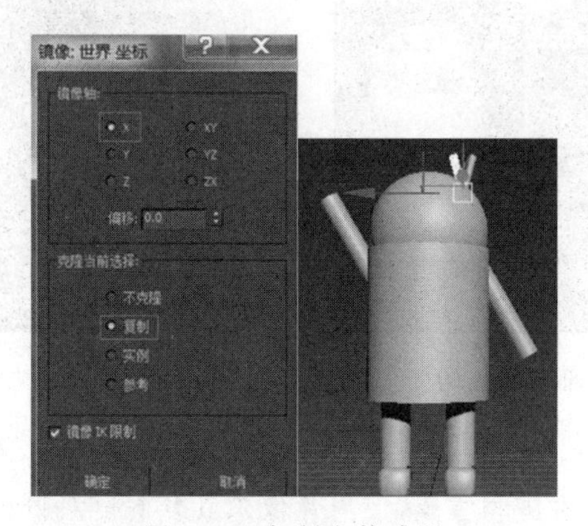

图 2-18　复制右传感器

10　现在开始细化“机器人小宝”的头部。制作出圆柱体，勾选“启用切片”复选框，在“切片起始位置”数值框中输入 90，调整其位置，使眼睛露出脸部外侧一部分，如图 2-19 所示。

至此，“机器人小宝”制作完毕，图 2-20 是制作的最终效果。

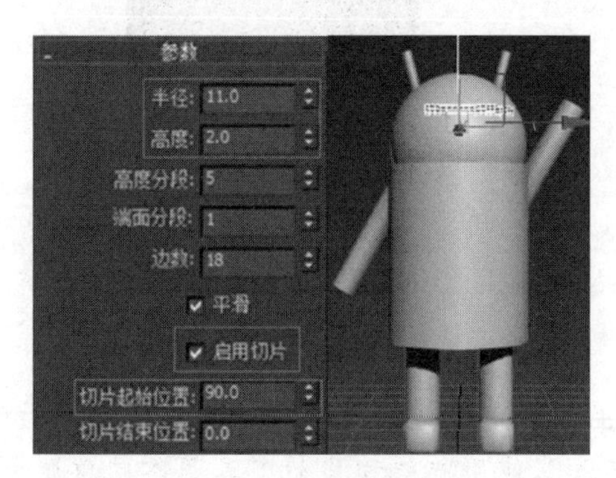

图 2-19　创建眼部

图 2-20　“机器人小宝”最终效果

动手演练 创建软管张力动画

01 在创建面板的几何体子面板下，单击黑色箭头，选择“扩展基本体”，然后选择“软管”，在顶视图中创建软管模型，在“自由软管”模式下，修改软管的参数，如图 2-21 所示。

02 在顶视图中使用标准基本体再创建一个直径与软管直径差不多的小球，并复制出另一个小球，如图 2-22 所示。

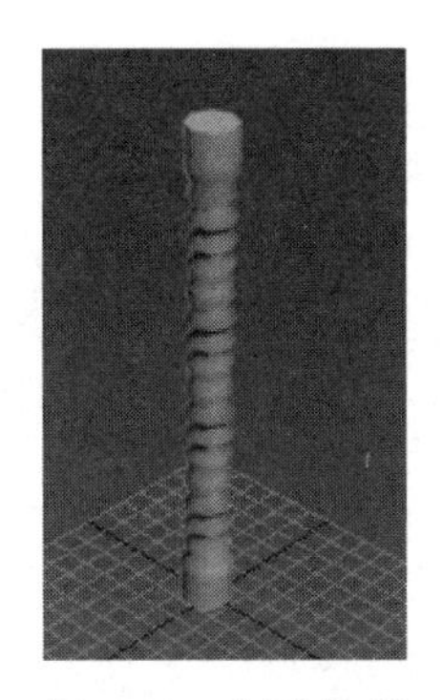

图 2-21 创建软管

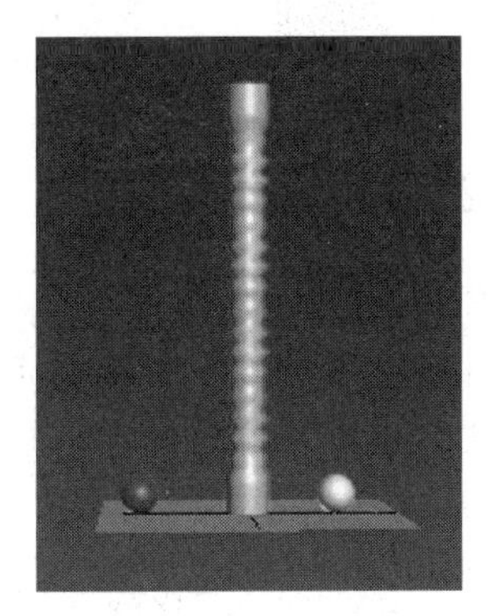

图 2-22 创建小球

03 选择软管，进入修改面板，在“端点方法”参数组中选择“绑定到对象轴”单选按钮，如图 2-23 所示。

04 在“绑定对象”参数组中单击“拾取顶部对象”按钮，在场景中拾取左侧蓝色小球；然后单击“拾取底部对象”按钮，在场景中拾取右侧绿色小球。结果如图 2-24 所示。

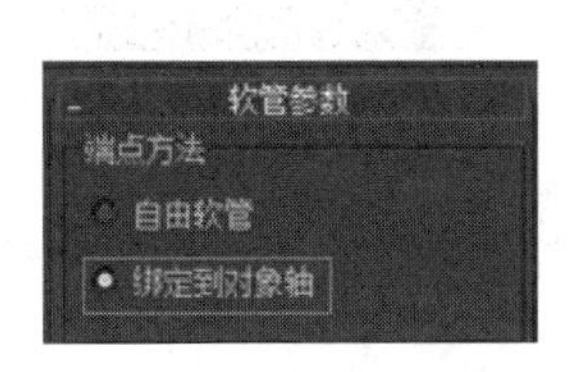

图 2-23 软管参数

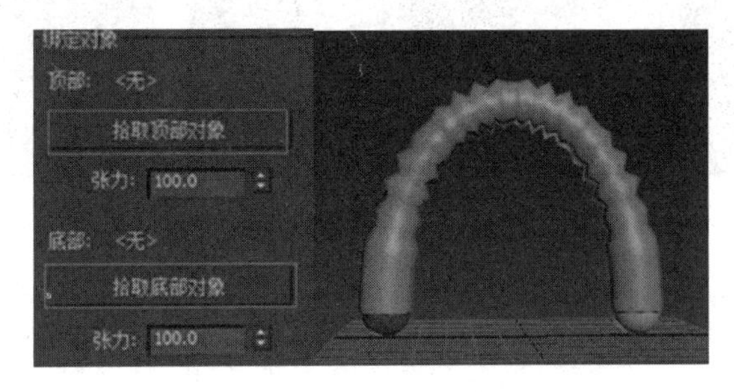

图 2-24 绑定对象

05 制作张力动画。单击底部动画窗口中的“自动”按钮，把关键帧指针定位到第 0 帧，单击设置关键点按钮，如图 2-25 所示。然后把关键帧指针拖动到第 100 帧，并修改顶部和底部的张力，再次单击设置关键点按钮。单击播放动画按钮，查看张力动画的效果，如图 2-26 所示。

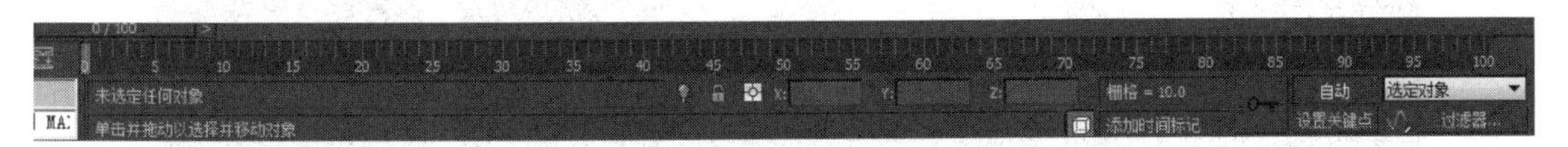

图 2-25 设置关键帧

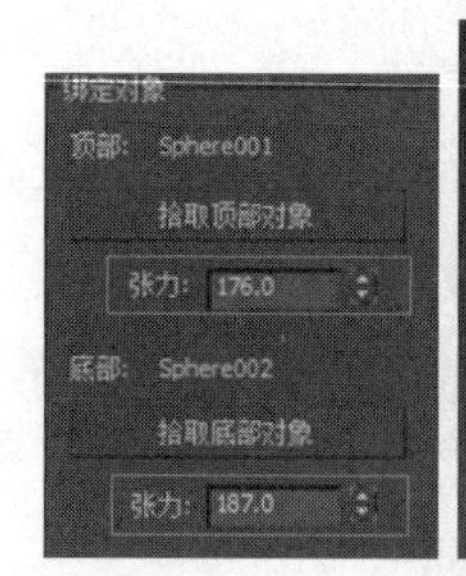

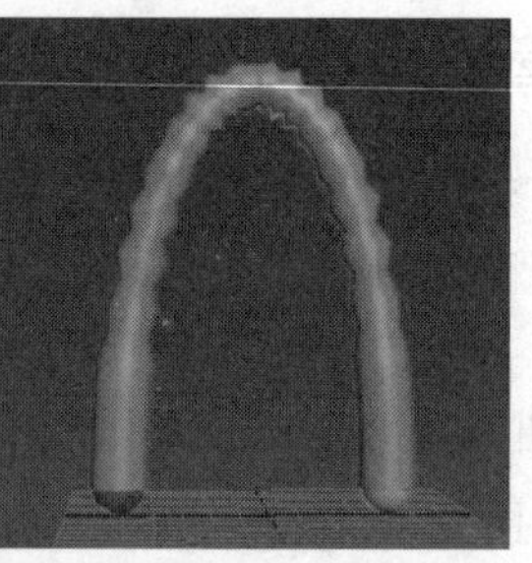

图 2-26 张力动画

动手演练 创建环形波动画

01 在创建面板的几何体子面板下，单击黑色箭头，选择“扩展基本体”，选择“环形波”，在顶视图中创建环形波模型，如图 2-27 所示。单击播放动画按钮，查看环形波默认的动画效果。

02 在“环形波计时”参数组中有“无增长”“增长并保持”“循环增长”3 类动画效果，如图 2-28 所示。“无增长”选项表示环形波没有增长动画，“增长并保持”选项表示环形波产生单个生长周期动画，“循环增长”选项表示环形波产生重复增长的动画。分别选择这 3 项，单击动画播放按钮，查看动画效果。

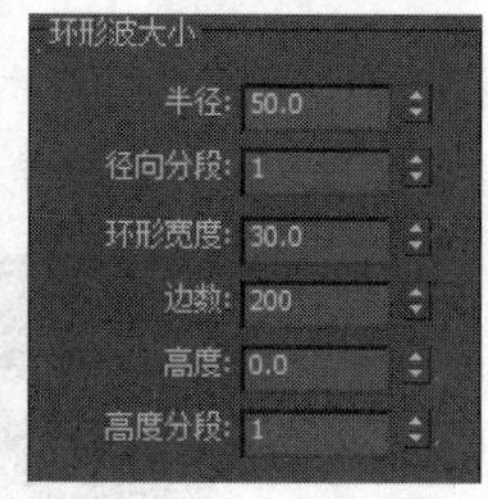

图 2-27 创建环形波

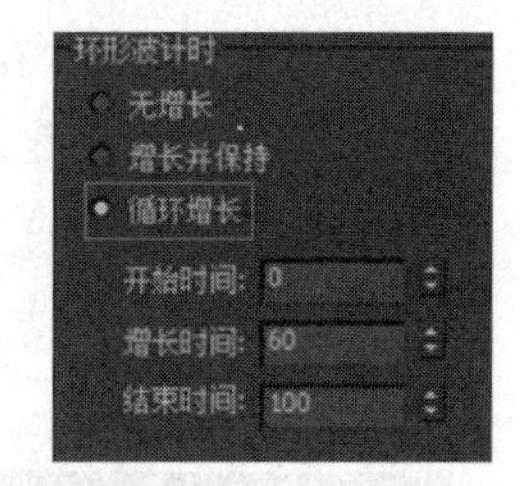

图 2-28 环形波参数

03 在“外边波折”参数组中可以勾选“启用”复选框，通过修改参数设置外边波折动画。图 2-29 是该参数设置下第 61 帧的动画效果。

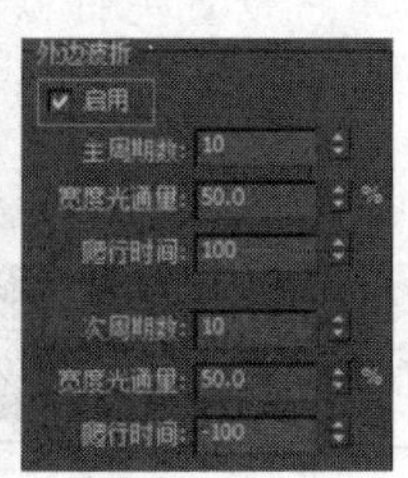

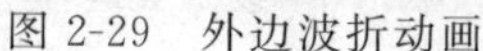
图 2-29 外边波折动画

2.4　使用修改器建模

2.3 节介绍了基本体的建模方法。在复杂场景中大多是非规则的复杂模型，基本体建模无法满足要求。为了满足用户需求，3ds Max 2017 提供了多种针对基本体模型的修改器，使用这些修改器，能够在一定程度上满足三维建模的需求。

2.4.1　修改命令面板

在 3ds Max 中创建对象以后，就可以进入修改面板更新对象的原始参数，也可以在对象上使用修改器。图 2-30 是修改面板。

第 1 部分是名称颜色区，显示被选对象的名称和颜色。

第 2 部分是被选对象上加载的修改器列表。

第 3 部分是修改器堆栈，用于存储建模操作和编辑操作的区域。3ds Max 中创建的每个对象都有自己的修改器堆栈，该堆栈以树形结构记录了该对象创建和编辑的全过程。通过修改器堆栈可以很方便地改变对象创建和编辑时的参数。

第 4 部分是参数面板，用于修改对象创建时的参数，以卷展栏的形式列出被选对象的参数。

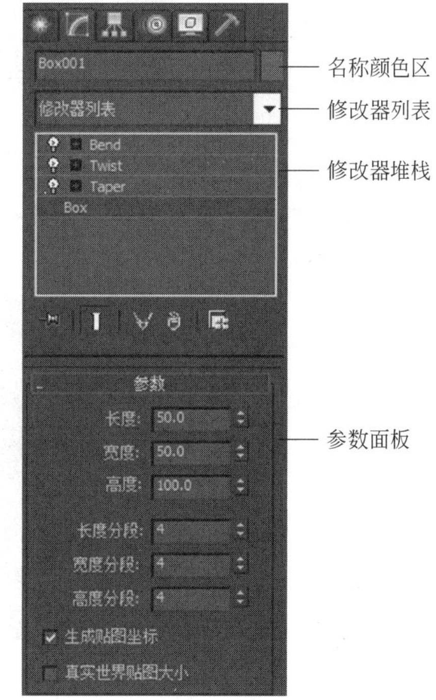

图 2-30　修改面板

2.4.2　修改器操作

一个对象可以加载几个不同的修改器，对象所加载的修改器只作用于当前对象，对其他对象没有影响。

1. 加载修改器

01　在场景创建一个标准基本体“长方体”，进入修改面板，可以看到长方体的参数，如图 2-31 所示。

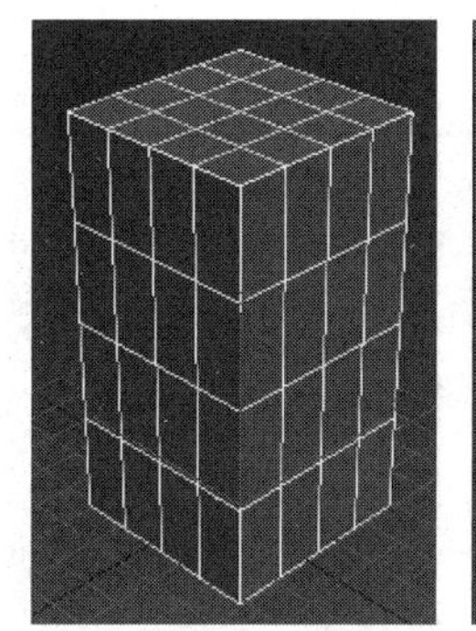

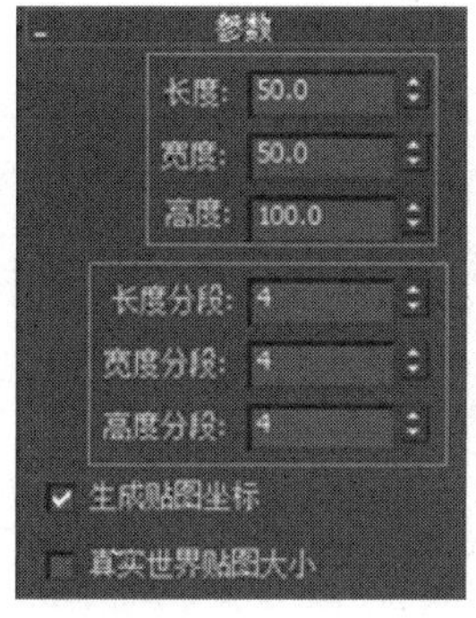

图 2-31　长方体参数

02 加载“锥化”修改器。在修改面板中，单击添加按钮▾，在下拉列表中选择“锥化”修改器，在“数量”数值框中输入−1.0，会看到如图 2-32 所示的变化。

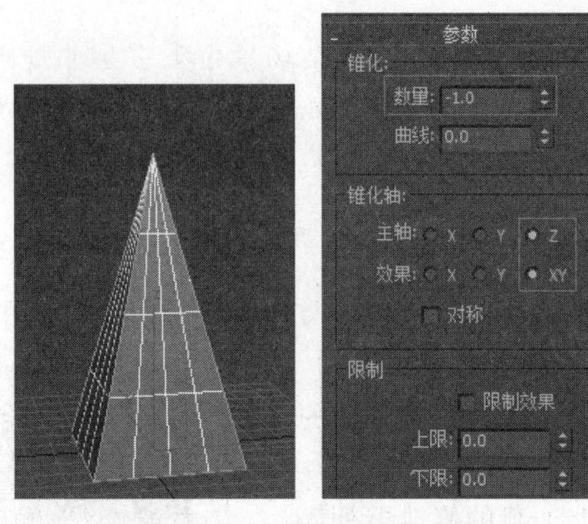

图 2-32 加载“锥化”修改器

03 加载“扭曲”修改器。在修改面板中，单击添加按钮▾，在下拉列表中选择“扭曲”修改器，在“角度”数值框中输入 360.0，会看到如图 2-33 所示的变化。

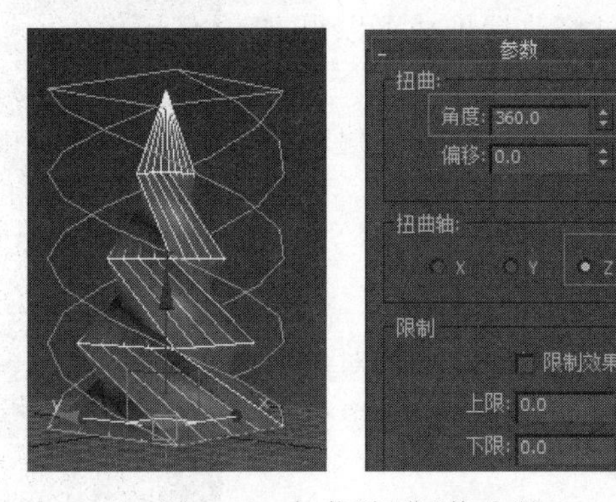

图 2-33 加载“扭曲”修改器

04 加载“弯曲”修改器。在修改面板中，单击添加按钮▾，在下拉列表中选择“弯曲”修改器，在“角度”数值框中输入 90.0，会看到如图 2-34 所示的变化。

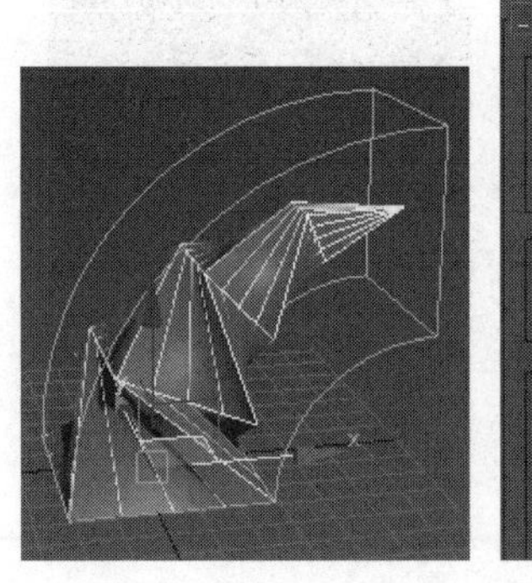
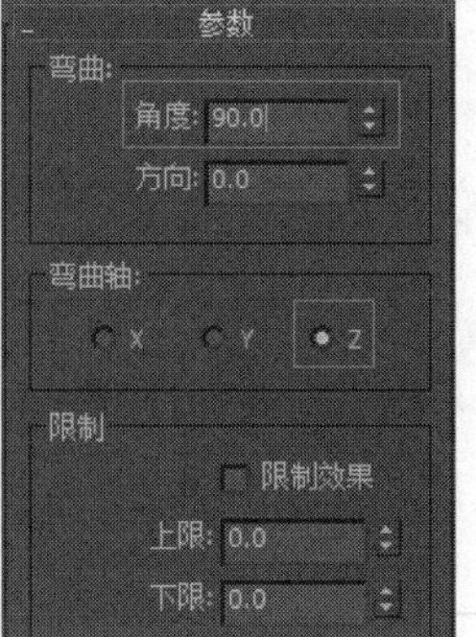

图 2-34 加载“弯曲”修改器

2. 调整修改器顺序

不同的修改器作用在同一个对象上时，效果是不同的。当多个修改器加载到同一个对象上时，加载顺序不同，作用效果也不同。

改变修改器顺序的方法是：选择需要调整的修改器，将其拖动到另一个修改器的上方或下方。在拖动时，会呈现出一条蓝色线条以表示修改器的新位置。

3. 删除修改器

如果需要删除某个修改器，首先选择该修改器，然后单击从堆栈中删除按钮，或者右击该修改器，从弹出的快捷菜单中选择"删除"命令，即可删除该修改器。

4. 塌陷修改器堆栈

在复杂建模中，随着堆栈中修改器数量的增加，堆栈所占用的内存空间也会增加，系统运行速度会降低。对不再需要修改的修改器堆栈进行塌陷操作，可以提高系统运行的速度。

选择要塌陷的堆栈，在该堆栈上右击，在快捷菜单中选择"塌陷"或"塌陷全部"命令，或者右击该对象，在快捷菜单中选择"转换为"→"可编辑多边形"命令。

2.4.3　常用的修改器

1. 弯曲修改器

弯曲修改器能够将对象弯曲一定的角度，还可以只将对象的某一部分弯曲。图2-35是弯曲修改器的参数面板。

在"弯曲"参数组中，"角度"参数可以设置垂直方向弯曲的角度，"方向"参数可以设置水平方向弯曲的角度。

弯曲轴可以是X、Y、Z轴中的任意一个。

在"限制"参数组中，可以设置对象部分弯曲。首先勾选"限制效果"复选框，然后设置"上限"或"下限"的数值。

动手演练　使用弯曲命令制作灯笼模型

本例使用"弯曲"命令制作灯笼模型，如图2-36所示。

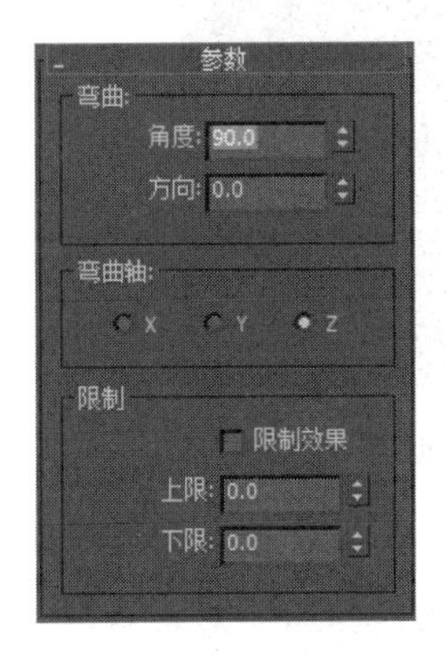

图2-35　弯曲修改器参数面板

图2-36　灯笼模型

01　在顶视图中创建长方体,命名为“灯笼”,如图 2-37 所示。

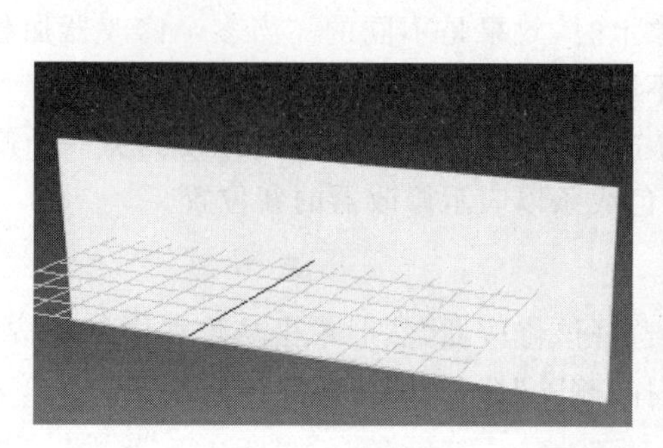
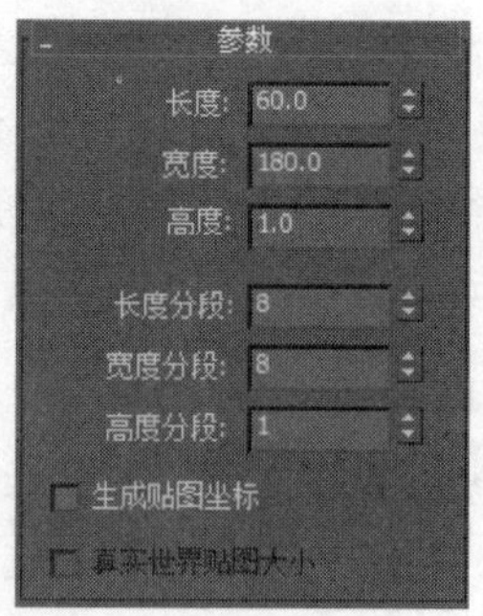

图 2-37　创建长方体

02　给灯笼添加“弯曲”命令,如图 2-38 所示。

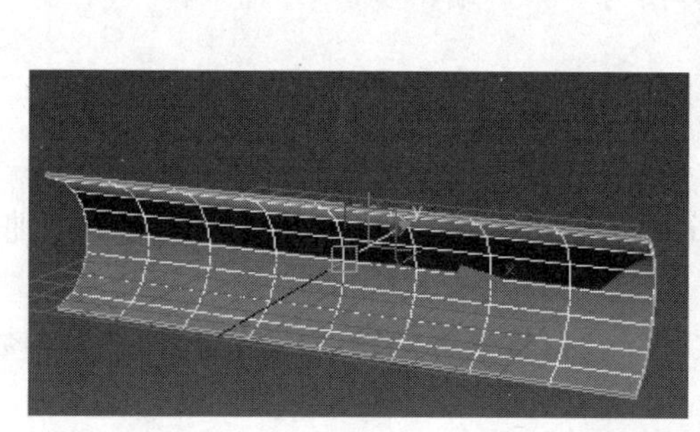
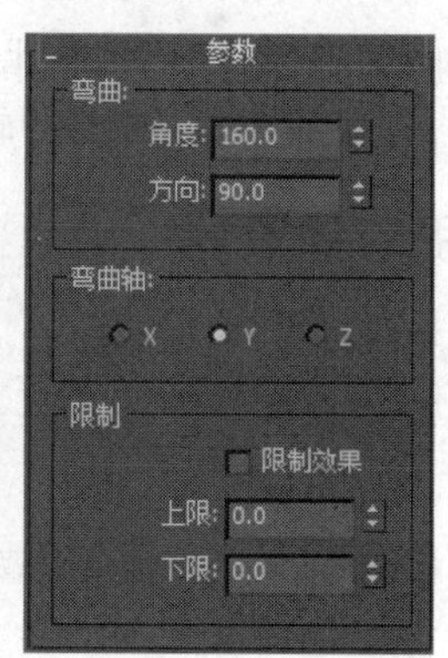

图 2-38　添加“弯曲”命令

03　再次给“灯笼”添加“弯曲”命令,如图 2-39 所示。

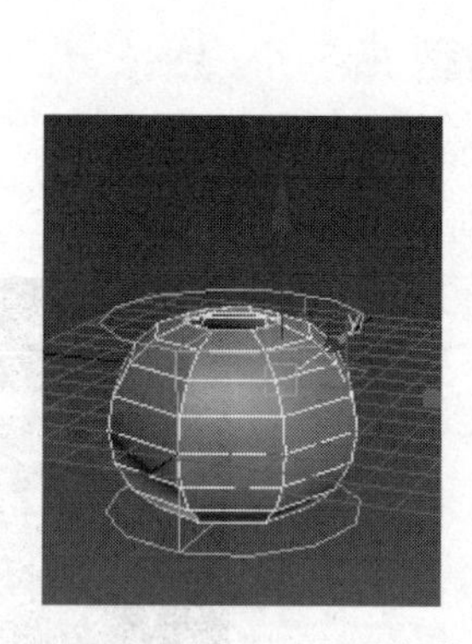
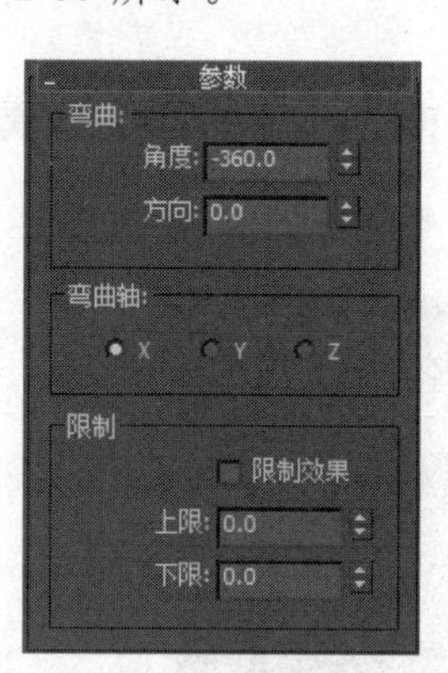

图 2-39　添加第二个“弯曲”命令

04　移动中心轴。为了让对象的轴位于对象的几何中心,在修改面板中单击层次子面板按钮,单击“轴”选项卡,单击“仅影响对象”按钮,将对象移动到顶视图的中心,如图 2-40 所示。

05　创建灯笼的上下木托。在顶视图中创建一个管状体,命名为“上木托”。单击按

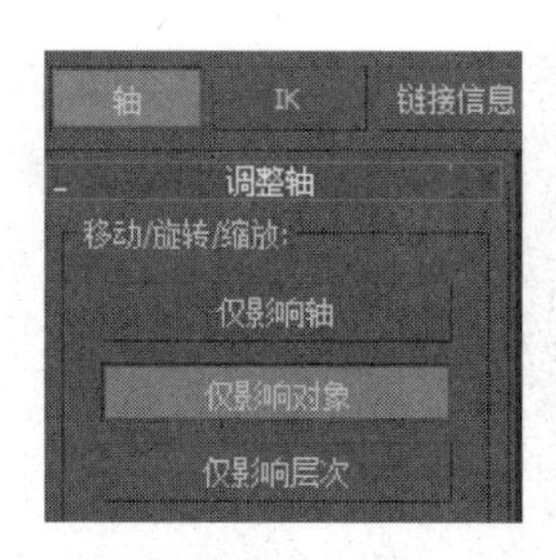

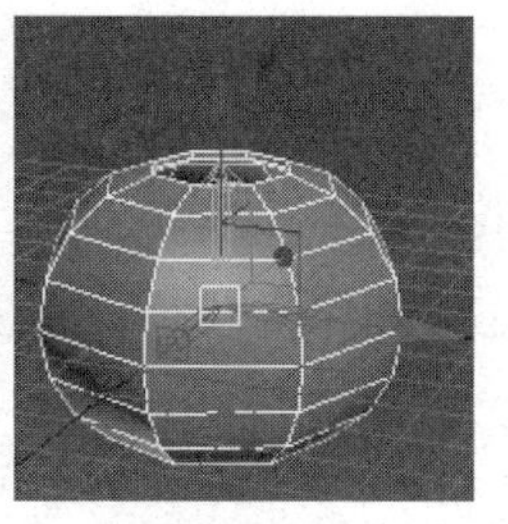

图 2-40 移动中心轴

钮，进入层次面板，单击“轴”选项卡，单击“仅影响轴”按钮，使上木托与灯笼的轴重合，然后使用“对齐”命令使其与灯笼的顶部对齐。复制出另外一个对象，并使其与灯笼的底部对齐，命名为“下木托”，效果如图 2-41 所示。

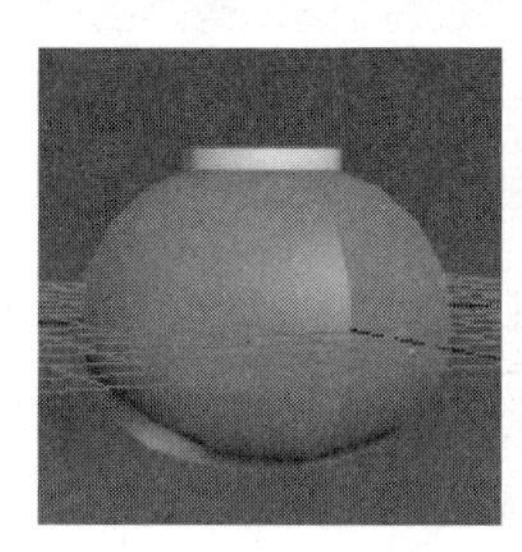
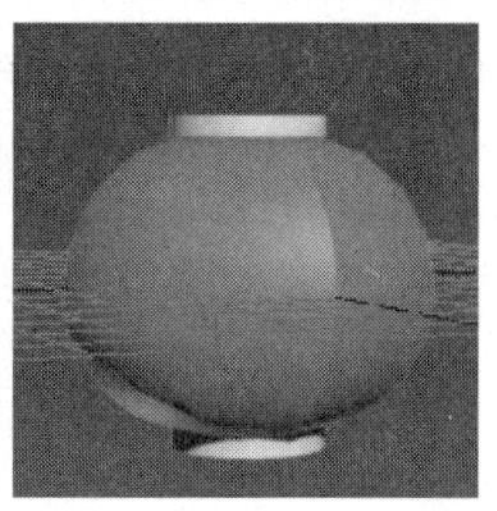

图 2-41 创建灯笼的上下木托

06 在顶视图中创建一个圆柱体，命名为“灯笼穗”。单击按钮，进入层次面板，单击“轴”选项卡，单击“仅影响轴”按钮，使之与灯笼的轴重合，如图 2-42 所示。

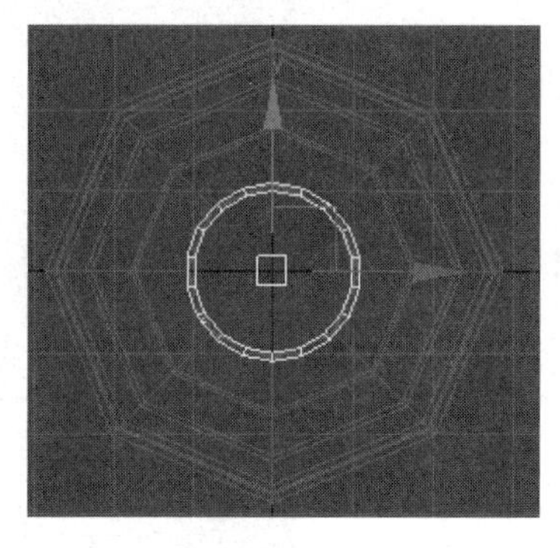
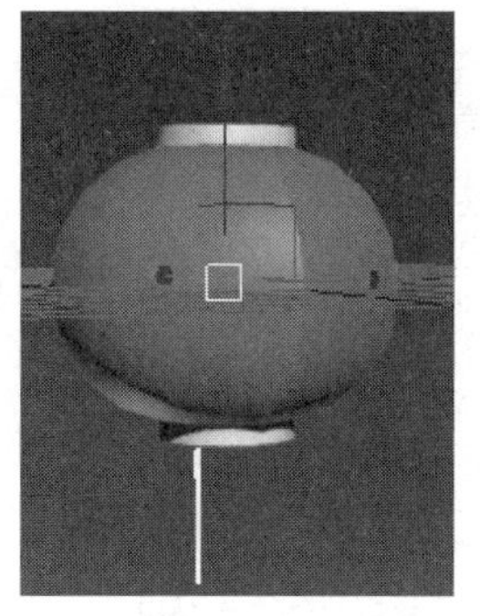

图 2-42 创建灯笼穗

07 阵列灯笼穗。在顶视图中执行“工具”→“阵列”命令，如图 2-43 所示。至此，灯笼的建模就完成了，最后的效果如图 2-36 所示。

2. 扭曲修改器

扭曲修改器能够将对象扭曲一定的角度，还可以只将对象的某一部分扭曲。图 2-44 是扭曲修改器的参数面板。

在“扭曲”参数组中，“角度”参数可以设置垂直方向扭曲的角度，“偏移”参数可以设置水平方向扭曲的角度。

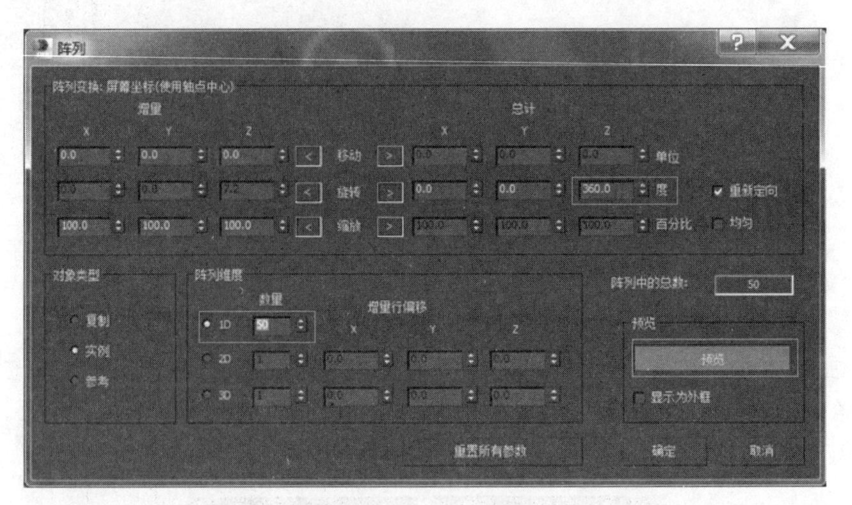

图 2-43 阵列灯笼穗

扭曲轴可以是 X、Y、Z 轴中的任意一个。

在“限制”参数组中,可以设置对象部分扭曲。首先勾选“限制效果”复选框,然后设置“上限”或“下限”的数值。

3. 锥化修改器

锥化修改器通过缩放对象两端顶点,使几何体产生锥状的形态,用户可以控制锥化的程度和曲线。图 2-45 是锥化修改器参数面板。

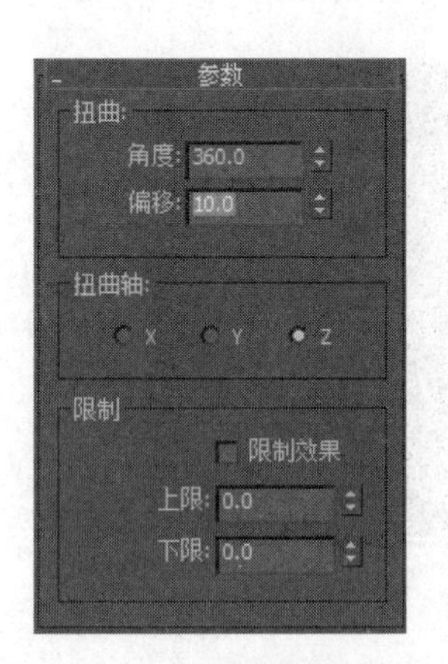

图 2-44 扭曲修改器参数面板

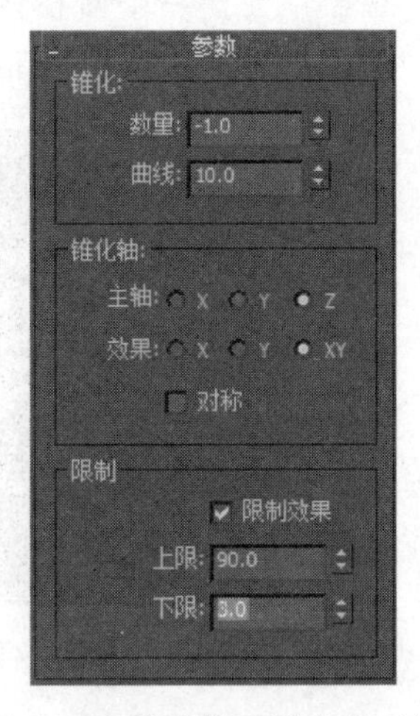

图 2-45 锥化修改器参数面板

在“锥化”参数组中,“数量”是锥化的程度,“曲线”控制对象侧面的曲率。

锥化轴可以是 X、Y、Z 轴。

在“限制”参数组中,可以设置对象部分锥化。首先勾选“限制效果”复选框,然后设置“上限”或“下限”的数值。

创建如图 2-46 所示的长方体,为其添加锥化修改器,图 2-47 是“曲线”的值为 10 时的曲面形状,图 2-48 是“曲线”的值为－10 时的曲面形状。

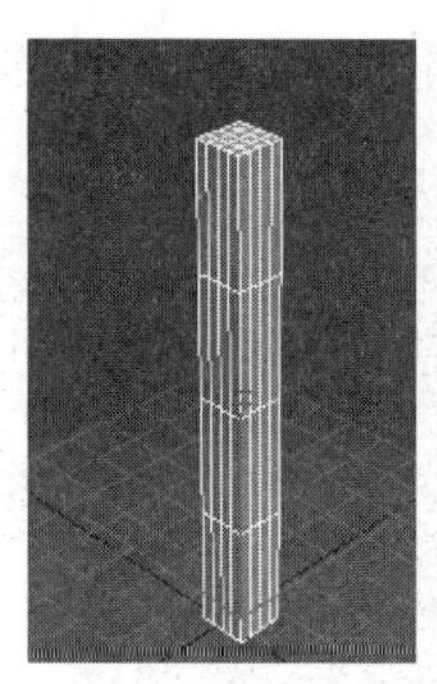
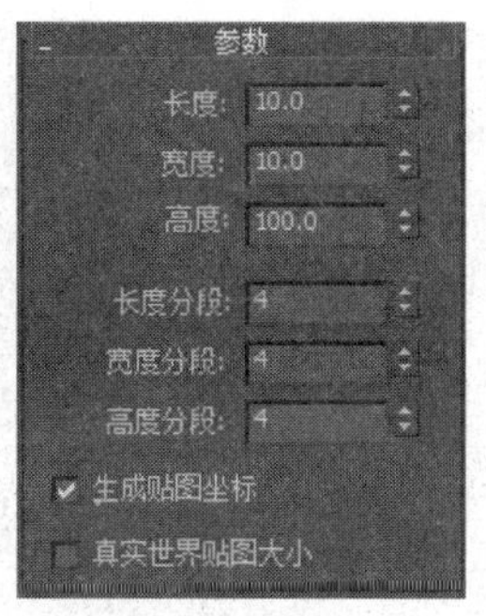

图 2-46　创建长方体

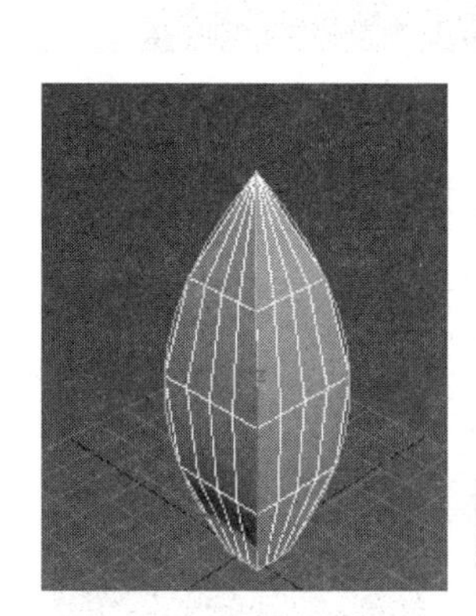
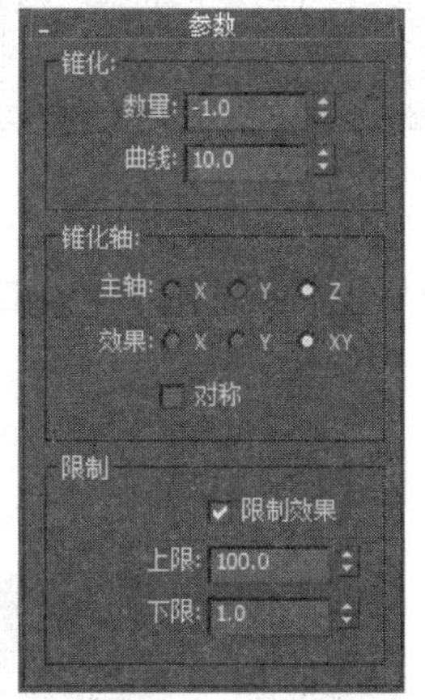

图 2-47　锥化修改器参数 1

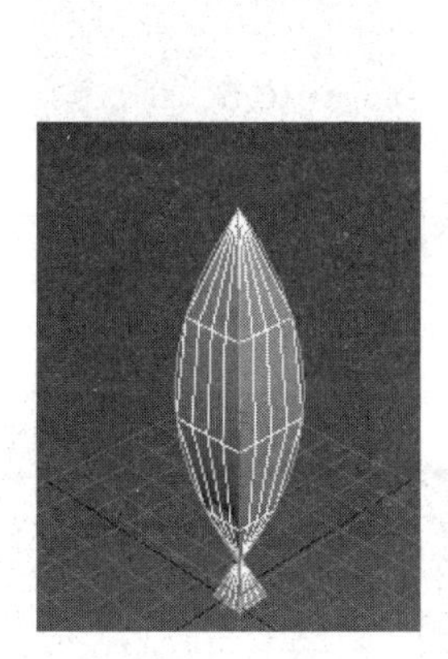
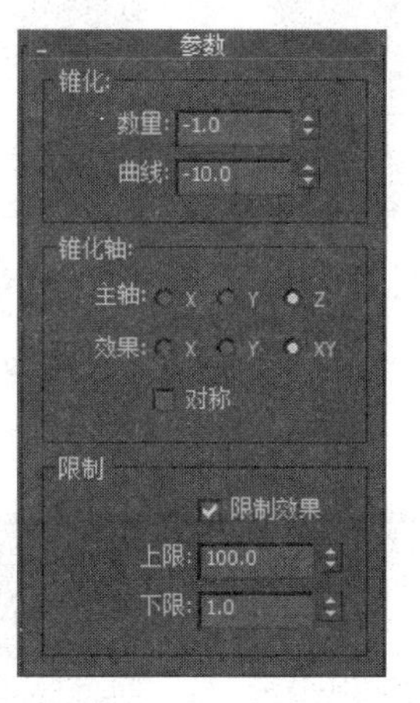

图 2-48　锥化修改器参数 2

动手演练　使用锥化和扭曲命令制作冰激凌

01　创建一个长方体，复制出两个长方体，将这 3 个长方体修改成不同颜色，然后使它们成组，并命名为“冰激凌”，如图 2-49 所示。

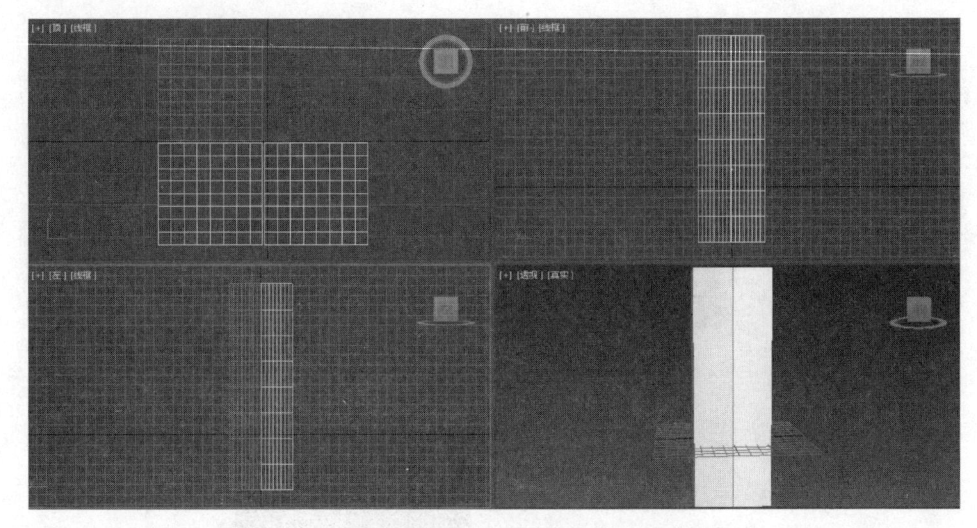

图 2-49　创建长方体

02　为冰激凌对象添加“锥化”命令，如图 2-50 所示。

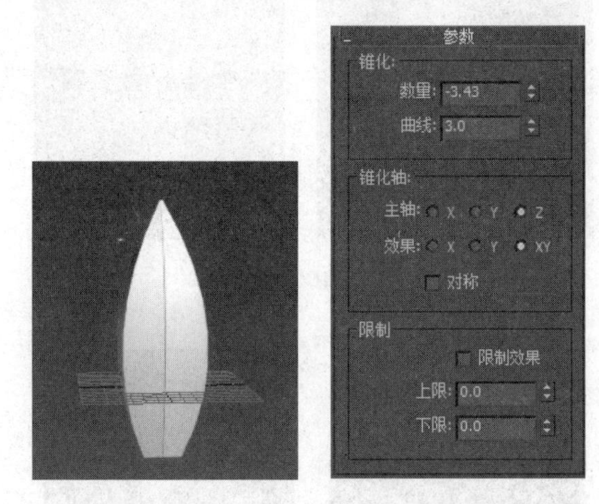

图 2-50　冰激凌锥化参数

03　为冰激凌对象添加“扭曲”命令，如图 2-51 所示。

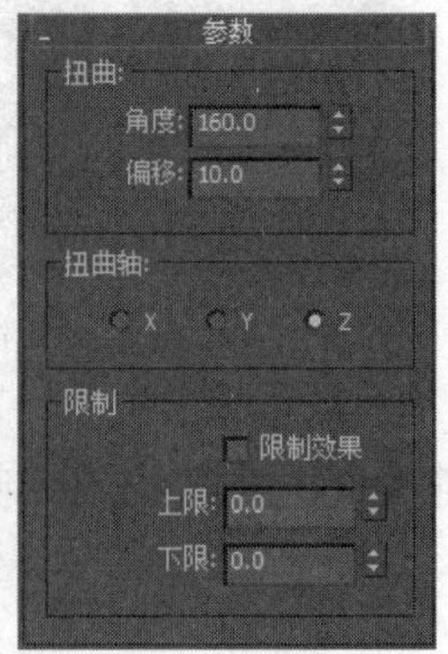

图 2-51　冰激凌扭曲参数

04　制作圆锥体，并调整其位置，使它对齐到冰激凌对象的底部，如图 2-52 所示。

4. 噪波修改器

噪波修改器可以在 X、Y、Z 轴 3 个方向上对物体施加不同强度、不同随机效果的噪波值，使对象有凹凸效果。噪波修改器常用于模拟水面，也可以用来模拟飘扬的旗帜和衣服等。图 2-53 是噪波修改器参数面板。

图 2-52　制作冰激凌底部的圆锥体

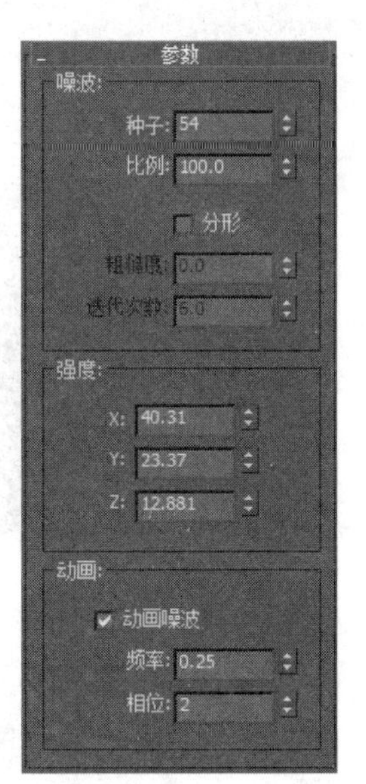

图 2-53　噪波修改器参数面板

下面通过动手演练来了解各个参数的作用。

动手演练　使用噪波命令制作海平面

01　打开素材文件“噪波-海平面”，场景中有背景和海平面两个对象，选择海平面，添加噪波修改器，如图 2-54 所示。

图 2-54　为海平面添加噪波修改器

02 在“噪波”参数组中，“种子”参数可以创建出不同的噪波效果；“比例”参数用来设置噪波影响的强弱，比例越大，噪波影响越强；勾选“分形”复选框后，将使用分形算法生成噪波效果。修改“粗糙度”和“迭代次数”可以调整波形的外观。

03 在“强度”参数组中，3 个参数均可设置 X、Y、Z 方向的强度，如图 2-55 所示。

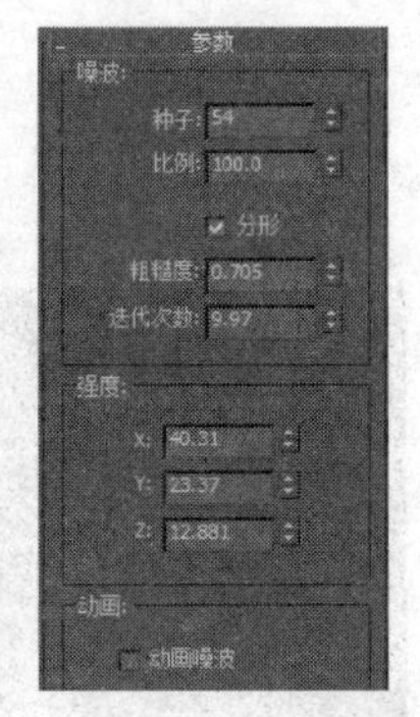

图 2-55 噪波参数设置

04 勾选“动画噪波”复选框，如图 2-56 所示，然后单击播放动画工具按钮▷，可以看到噪波动画。

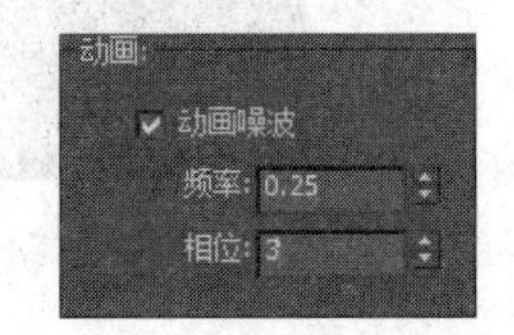

图 2-56 动画噪波设置

5. FFD 修改器

FFD 是 Free Form Deformation 的缩写，意思是自由变形，其作用是对三维形体的外形进行任意编辑。FFD 修改器有 5 个，分别是 FFD2×2×2、FFD3×3×3、FFD4×4×4、FFD(圆柱体)、FFD(长方体)，用户根据需要可以使用不同的 FFD 修改器。

动手演练 制作苹果

本例使用 FFD(圆柱体)修改器制作苹果模型。

01 创建球体，添加 FFD(圆柱体)修改器，单击修改器前面的加号，进入“控制点”级别，在顶视图中，框选上面的控制点并向下移动，框选下面的控制点并向上移动，使上下顶点向内凹进，效果如图 2-57 所示。

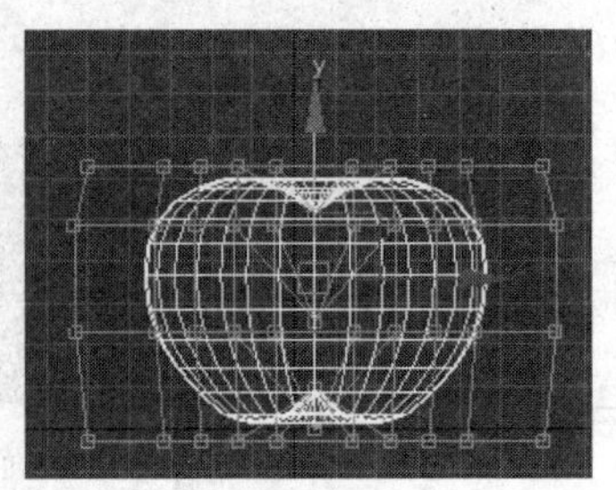

图 2-57 为苹果添加 FFD(圆柱体)修改器

02 在前视图中框选上半部的控制点，使用缩放工具放大，对其他控制点进行调整，效果如图 2-58 所示。

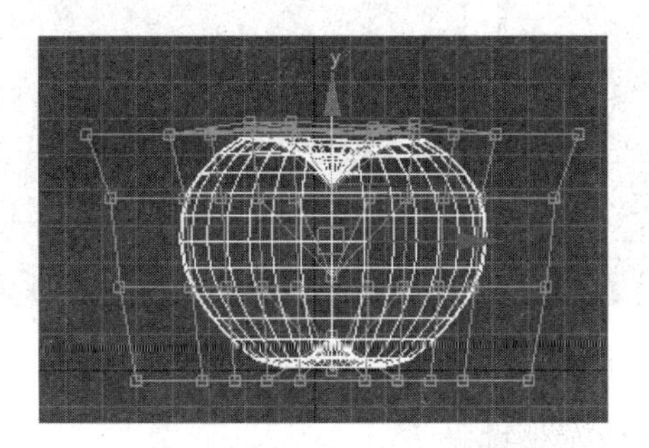

图 2-58 调整上半部的控制点

03 制作苹果的柄。在创建面板中，选择圆环对象，创建圆环，勾选"启用切片"复选框，修改"切片起始位置"参数，效果如图 2-59 所示。

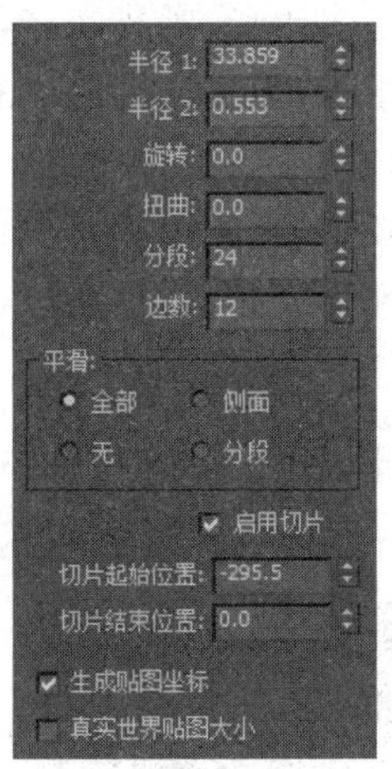

图 2-59 制作苹果的柄

2.5 二维图形建模

3ds Max 不仅提供了三维建模，还提供了二维图形建模。对二维图形使用挤出、倒角、车削、放样等命令可以生成三维模型。

2.5.1 创建样条线

对于简单的图形，可以直接使用样条线或扩展样条线绘制，并通过参数的调整形成二维图形。

1. 创建样条线

在样条线面板中提供了 12 种用于创建规则二维图形的命令按钮，如图 2-60 所示。

- 线：创建任何不规则二维图形，只要创建曲线上的点即可。
- 矩形：创建矩形，需指明长和宽。

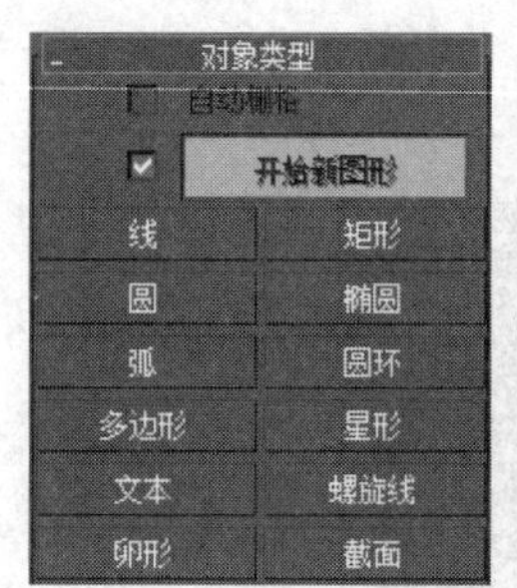

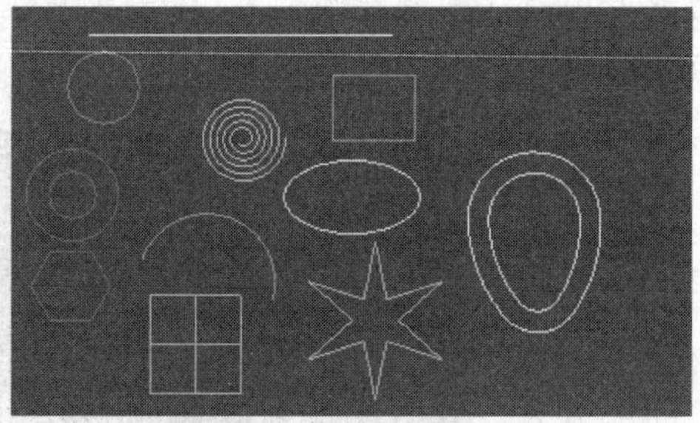

图 2-60 创建样条线

- 圆：创建圆形，只指明半径即可。
- 椭圆：创建椭圆，需指明左下角和右上角。
- 弧：创建圆弧，需指明起始位置、终止位置及半径。
- 圆环：创建同心圆，由内外两个圆组成，需指明内径和外径。
- 多边形：创建多边形，需指明半径和边数。
- 星形：创建星形，需指明内外半径和边数。
- 文本：创建任何一种文字图形。
- 螺旋线：创建螺旋线，需指定 X、Y、Z 坐标值。
- 卵形：创建卵形样条线，需指定长度、宽度、厚度、角度值。
- 截面：截取任何三维物体的某一截面。

2. 创建扩展样条线

扩展样条线是对原始样条线集合的增强。扩展样条线有 5 种，如图 2-61 所示。

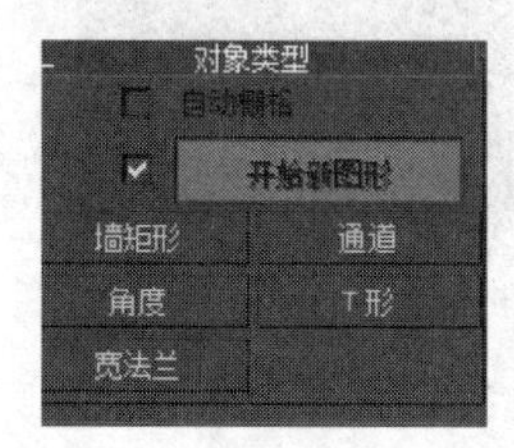

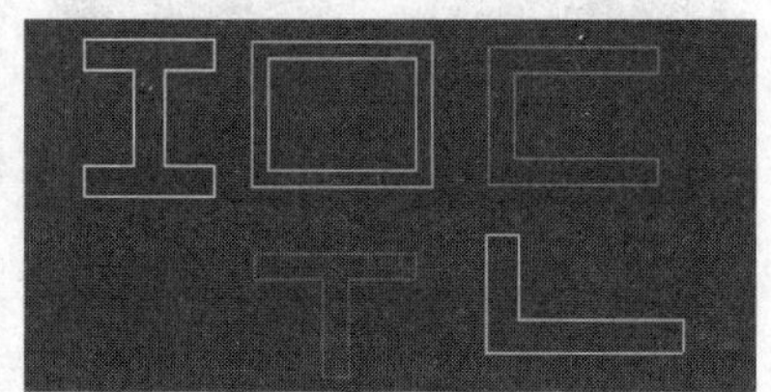

图 2-61 创建扩展样条线

- 墙矩形：用于通过两个同心矩形创建封闭的形状，每个矩形都有 4 个顶点。墙矩形与圆环工具相似，只是其使用矩形而不是圆。
- 通道：用于创建一个闭合的形状为 C 的样条线。用户可以选择指定该部分的长度(通道垂直网的高度)、宽度(通道顶部和底部水平腿的宽度)、厚度(角度的两条腿的厚度)以及垂直网和水平腿之间的外部角(角半径 1)和内部角(角半径 2)。
- 角度：用于创建一个闭合的形状为 L 的样条线。可以指定该部分的垂直腿和水平腿之间的内部角。
- T 形：用于创建一个闭合的形状为 T 的样条线。可以指定该部分的垂直网和水平凸缘之间的内部角。
- 宽法兰：用于创建一个闭合的形状为 I 的样条线。可以指定该部分的垂直网和水平凸缘之间的内部角。

2.5.2 二维图形的渲染

二维图形的渲染是比较特殊的，因为二维图形只有形状，没有厚度，默认情况下是不能被渲染着色而显示出来的。

如果要对二维图形进行渲染着色，首先要勾选“在渲染中启用”复选框，然后设定“厚度”值，以定义构成二维对象的线的宽度，如图 2-62 所示。

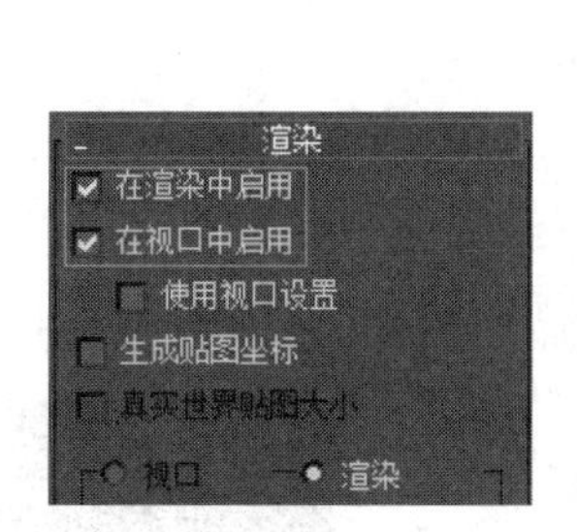

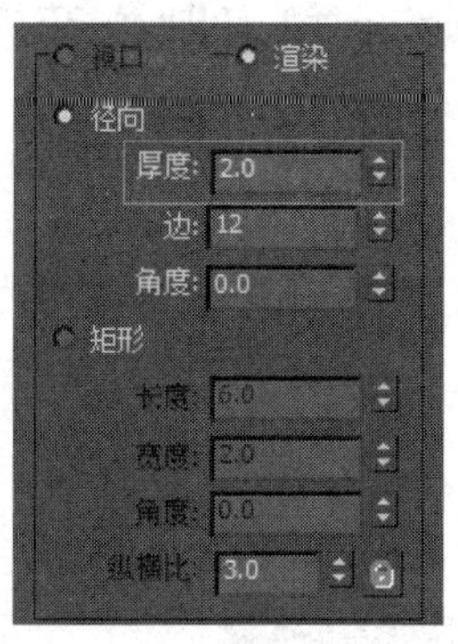

图 2-62 二维图形渲染选项

例如，分别使用圆角矩形和圆制作如图 2-63 所示的两个二维图形，勾选“在渲染中启用”复选框，并设定“厚度”值为 2，渲染效果如图 2-63 所示。

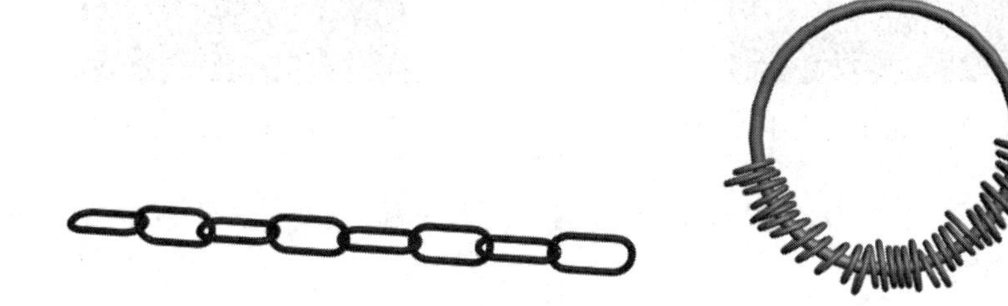

图 2-63 二维图形渲染效果

2.5.3 编辑样条线

利用“线”工具可以绘制出任何复杂的二维图形。绘制时，首先画出大致的轮廓，然后使用编辑样条线修改器或者将其转换为可编辑样条线，对子对象进行编辑处理，通过顶点调整形状和位置，最后得到一个复杂的二维模型。

转换后的样条线有 3 级子对象，分别是顶点、线段、样条线。每一级子对象都能够进行相应的编辑，如图 2-64 所示。

1. 顶点子对象

在顶点级别的常用命令有调整顶点的类型、优化顶点、切角与圆角等。

1）调整顶点的类型

顶点子对象有 4 种类型：线性、平滑、Bezier 和 Bezier 角点，如图 2-65 所示。

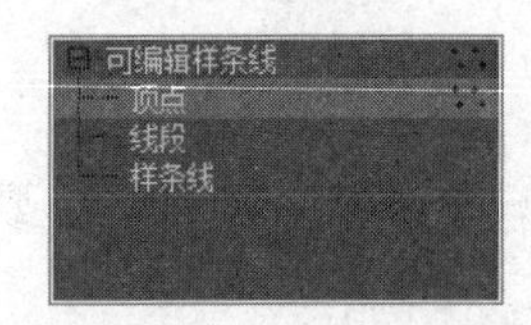

图 2-64 可编辑样条线

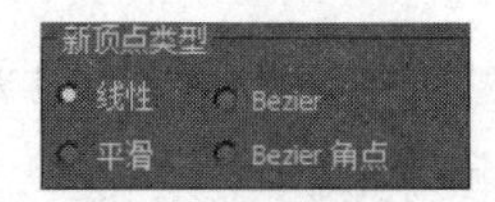

图 2-65 顶点的类型

动手演练 利用 Bezier 角点制作花瓶曲线

01 在前视图中单击创建面板下的图形子面板，单击线按钮，沿垂直轴线的右侧绘制花瓶的右半部分折线，如图 2-66 所示。

02 在修改面板中，单击 line 前面的加号，打开子对象层级，进入顶点级别，使用选择工具选中所有顶点，右击，在弹出的快捷菜单中选择“转换为”→“Bezier 角点”命令，然后使用移动工具调整顶点的位置和形状，如图 2-67 所示。

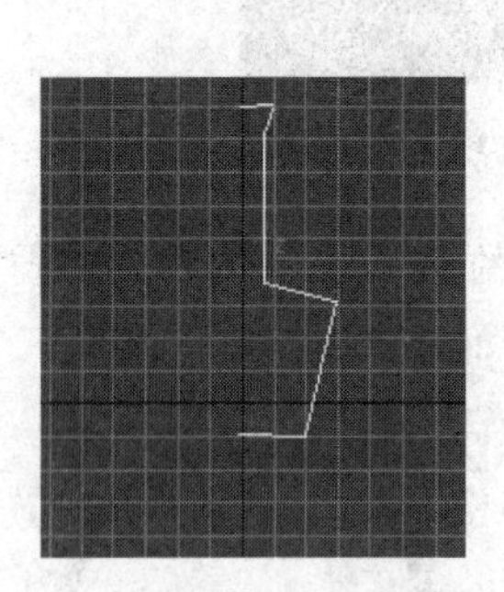

图 2-66 绘制花瓶的右半边折线

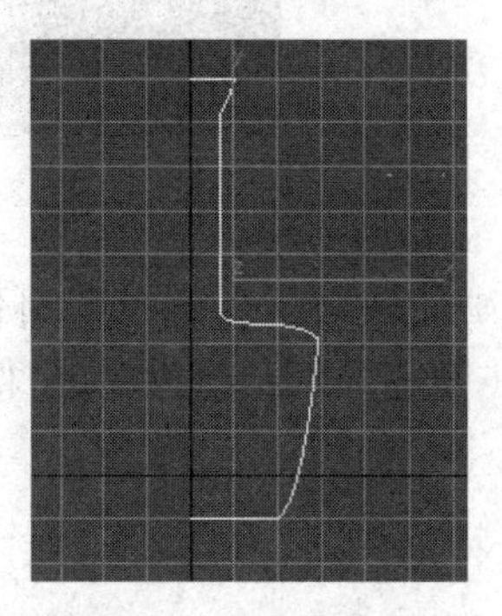

图 2-67 转换顶点类型

03 返回到上一层级，进入层级面板，单击“仅影响轴”按钮，把轴移动到 Y 轴上(X=0 处)，如图 2-68 所示。

04 沿 Y 轴镜像出花瓶的左半部分，如图 2-69 所示。

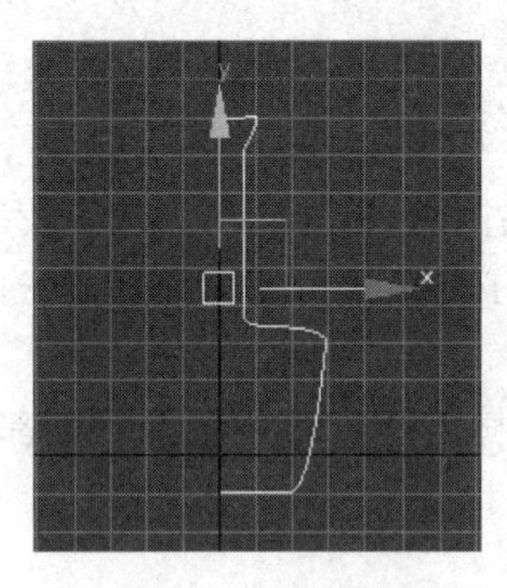

图 2-68 移动轴

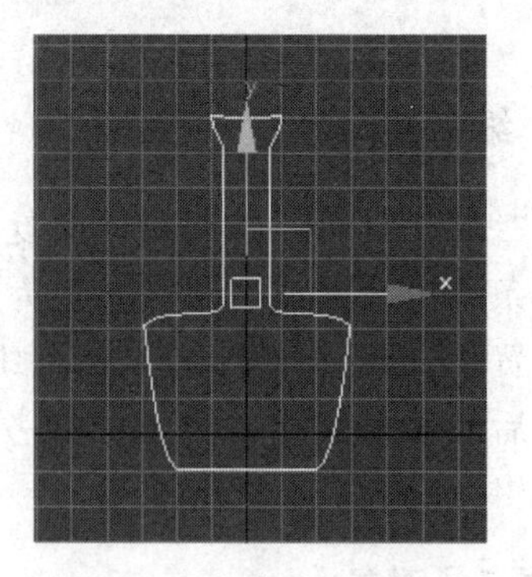

图 2-69 镜像出左半部分

2) 顶点子对象的优化

“优化”命令可以为样条线的边增加顶点。

绘制一个圆，转换为可编辑样条线。进入顶点级别，单击“优化”按钮，可以在圆周上增加点，如图 2-70 所示。

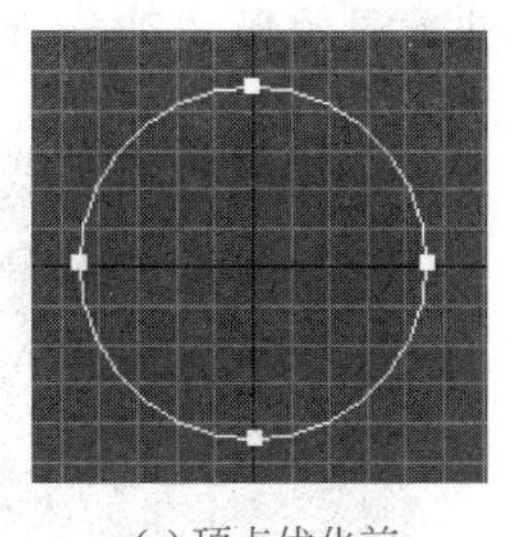
(a) 顶点优化前

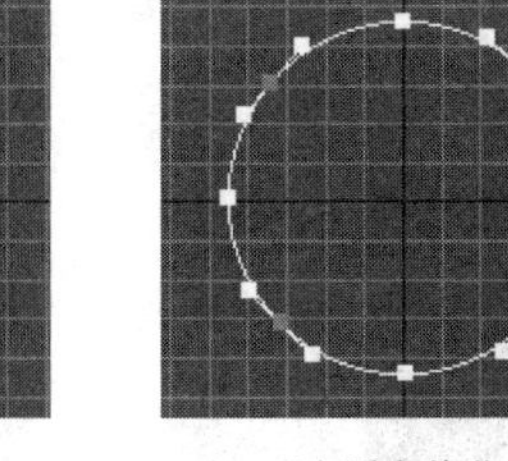
(b) 顶点优化后

图 2-70 顶点子对象的优化

3）焊接

“焊接”命令用于将空间的两个或多个顶点合并为一个顶点。

创建如图 2-71 所示的两条线段，把其中一条转换为可编辑样条线。进入修改面板，附加另外一条线段。进入顶点子对象层级，选择相近的两个顶点，如图 2-72 所示，在“端点自动焊接”参数组中输入合适的“阈值距离”值，如图 2-73 所示，单击“焊接”按钮，焊接结果如图 2-74 所示。

图 2-71 创建两条线段

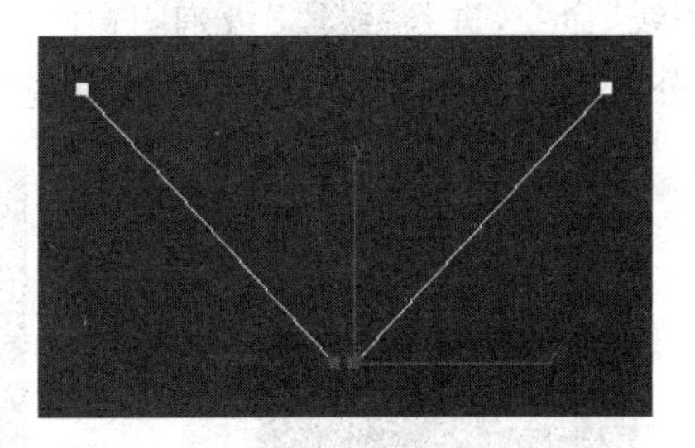
图 2-72 选择顶点

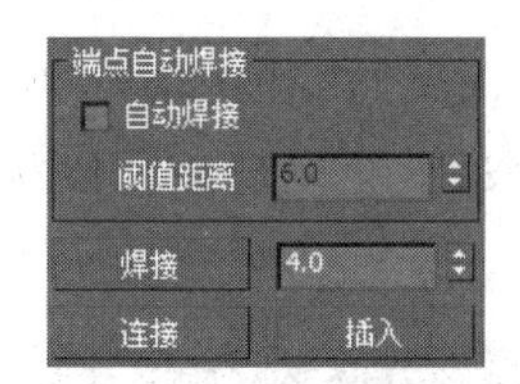

图 2-73 焊接参数

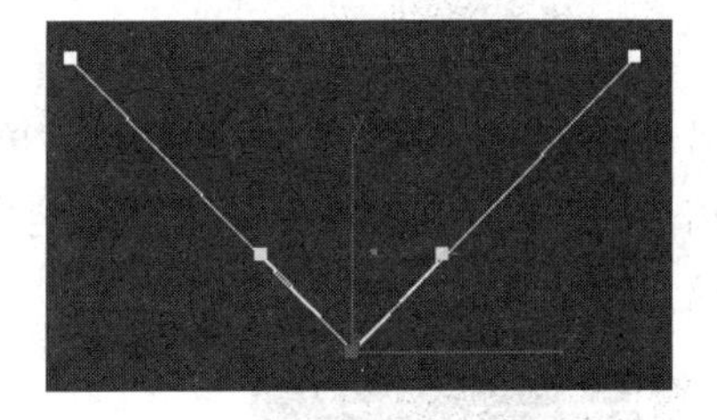
图 2-74 焊接后的顶点

4）“圆角”与“切角”命令

圆角命令可以把角点转变为圆角。切角命令可以把角点转变为切角。

动手演练 利用“圆角”与“切角”命令制作十字路口曲线

01 打开素材文件“圆角与切角.max”，在顶视图中选择“圆角十字路口”对象，复制一个对象，命名为“切角十字路口”。

02 在修改面板中单击加号，进入顶点级别，选择路中间的 4 个顶点，在修改面板中的“圆角”命令后面的数值框中输入 40，圆角效果如图 2-75 所示。

03 在修改面板中单击加号,进入顶点级别,选择路中间的4个顶点,在修改面板中的“切角”命令后面的数值框中输入40,切角效果如图2-76所示。

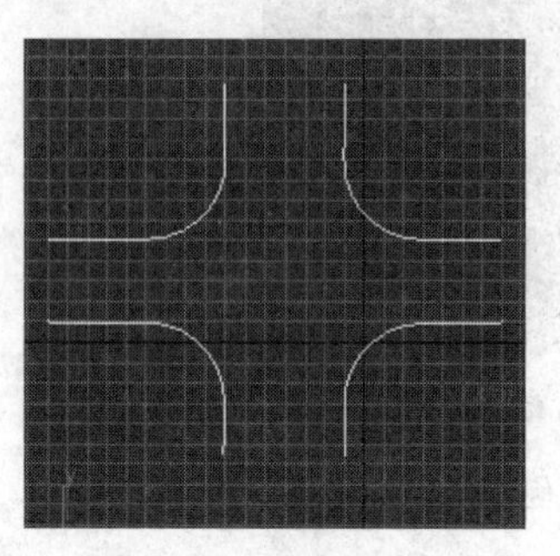

图2-75 圆角效果

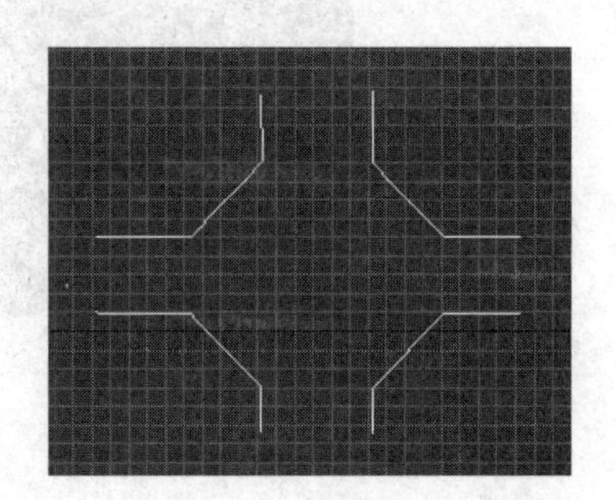

图2-76 切角效果

2. 线段子对象的拆分与分离

线段子对象的拆分用于把样条线拆分为多个线段。线段子对象的分离用于把线段从样条线中分离出来,成为一个独立的图形。

例如,在顶视图中绘制一个长方形,右击该长方形,在快捷菜单中选择“转换为”→“可编辑样条线”命令,进入“线段”级别,选中一条线段,在“拆分”后面的文本框中输入3,然后单击“拆分”按钮,如图2-77所示,可以发现一条线段被拆分为3段,如图2-78所示。

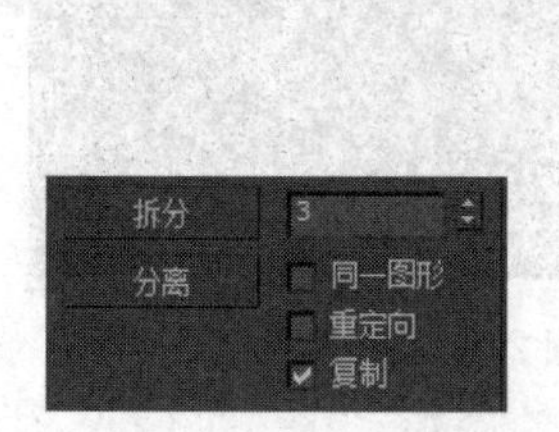

图2-77 线段拆分参数

图2-78 线段拆分结果

选择另外一条线段,如图2-79所示。单击“分离”按钮,会弹出如图2-80所示的对话框,在“分离为”文本框中输入分离对象的名字,单击“确定”按钮,会发现该线段从原来的样条线中分离出来。

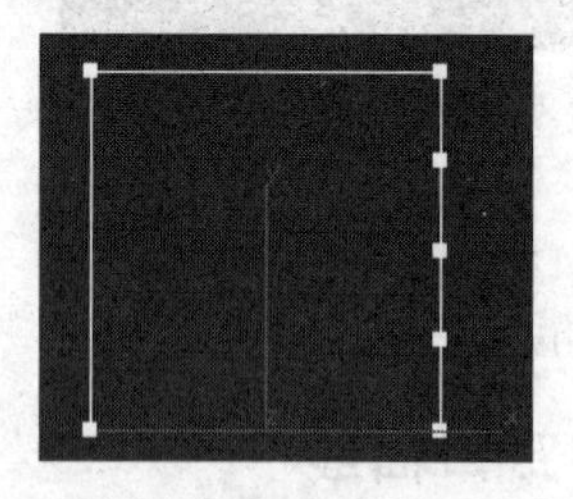

图2-79 选择要分离的线段

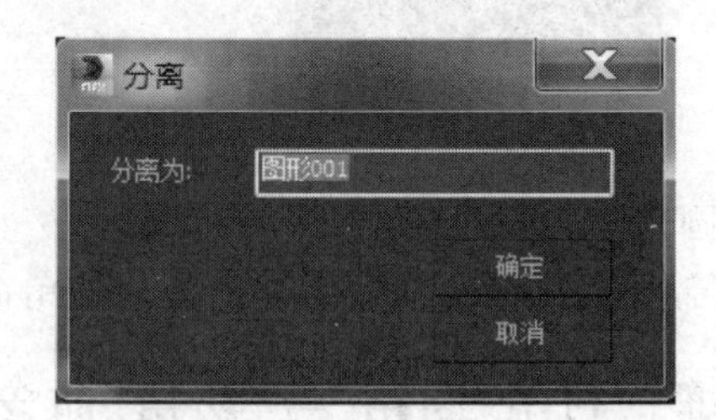

图2-80 分离线段

如果分离时勾选“同一图形”复选框,分离出来的图形还是原来的样条线中的一条独立的线段,如图2-81(a)所示。

如果分离时勾选“重定向”复选框,分离出来的图形成为一个独立的图形,并且重定向其位置,如图 2-81(b)所示。

如果分离时勾选“复制”复选框,分离出来的图形在原来的位置复制出一个独立的图形,如图 2-81(c)所示。

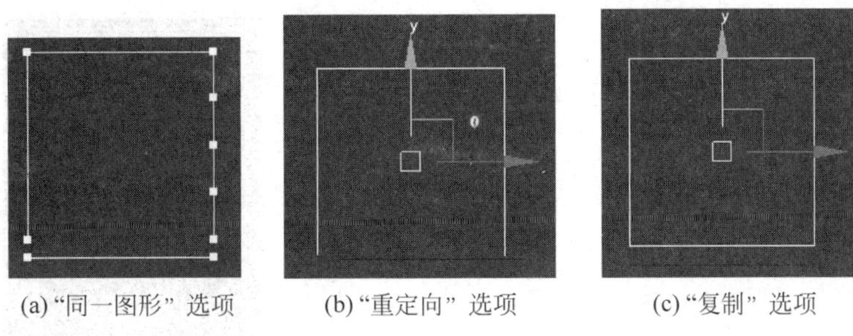

(a)“同一图形” 选项　(b)“重定向” 选项　(c)“复制” 选项

图 2-81　3 个分离选项的结果

3. 样条线子对象

样条线子对象由多个线段子对象组成,样条线在二维模型中独立存在。在样条线级别常用的命令有修剪、轮廓、布尔运算。

1) 修剪

修剪可以删除两条样条线之间的重叠部分,使端点接合在一个点上。

注意: 如果一个复杂的图形由多个图形组成,必须首先通过附加操作使其成为一个对象,然后才能修剪。修剪时,首先选择样条线子对象,然后单击“修剪”按钮,再单击要修剪的样条线部分。

动手演练　利用修剪命令创建复杂图形

01　分别使用“线”和“圆”命令绘制出如图 2-82 所示的 3 个图形。

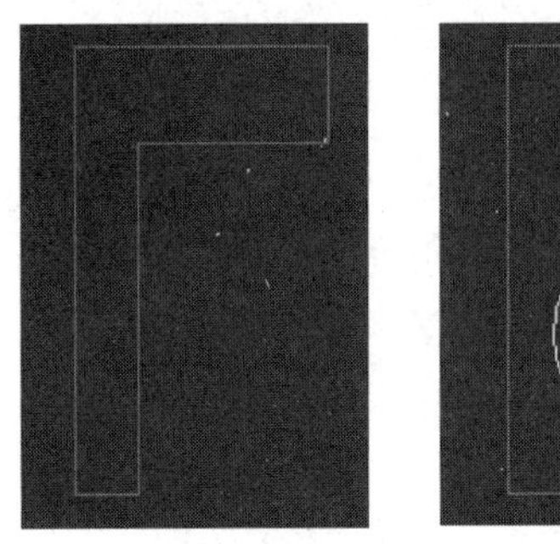
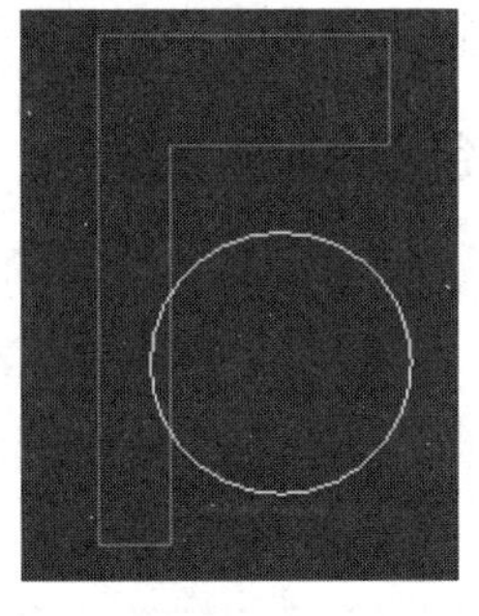
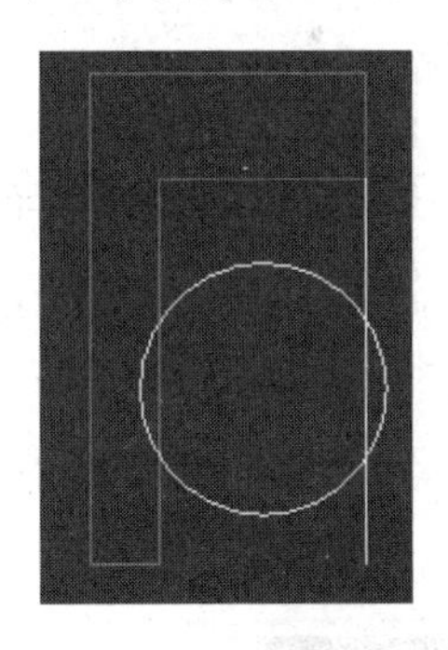

图 2-82　绘制样条线

02　把图 2-82 中 3 个图形的任意一个转换为可编辑样条线,进入修改面板,单击“附加”按钮,然后把鼠标移至场景中拾取另外两个图形。

03　选择样条线子对象,单击“修剪”按钮,在场景中单击不需要的部分,修剪为如图 2-83 所示的图形。

图 2-83　修剪后的样条线

2) 轮廓

制作样条线的副本,对应的边线的距离偏移量由“轮廓”的值确定。修改面板中的轮廓命令如图 2-84 所示。

选择图 2-83 中的样条线,然后使用微调器动态地调整轮廓位置,或单击“轮廓”按钮后在视图中拖动样条线,如图 2-85 所示。

图 2-84 轮廓命令

图 2-85 调整轮廓位置

如果样条线是开口的,通过上面的操作生成的将是一个闭合的样条线。还可以进入生成的样条线的顶点子对象进行编辑修改。

3) 布尔运算

布尔运算是通过两个相交图形的并集运算、差集运算和交集运算,生成一个新的形状更为复杂的图形。修改面板中的布尔运算命令如图 2-86 所示。

布尔

图 2-86 布尔运算命令

二维图形需要满足 3 个条件才能进行布尔运算。

(1) 各图形的样条线必须封闭,且自身的各条线不能相交。

(2) 两条样条线必须有重叠。

(3) 两条样条线必须属于同一个二维图形。

动手演练 利用布尔运算命令创建复杂图形

01 在顶视图中使用矩形和圆命令绘制如图 2-87 所示的图形,并把它们叠加在一起,命名为“并集运算图形”。

02 复制出两个上述图形,分别命名为“交集运算图形”和“差集运算图形”,如图 2-88 所示。

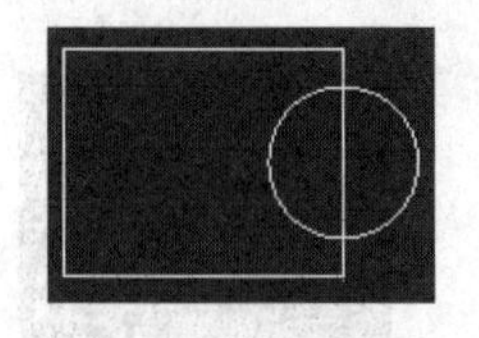

图 2-87 绘制样条线

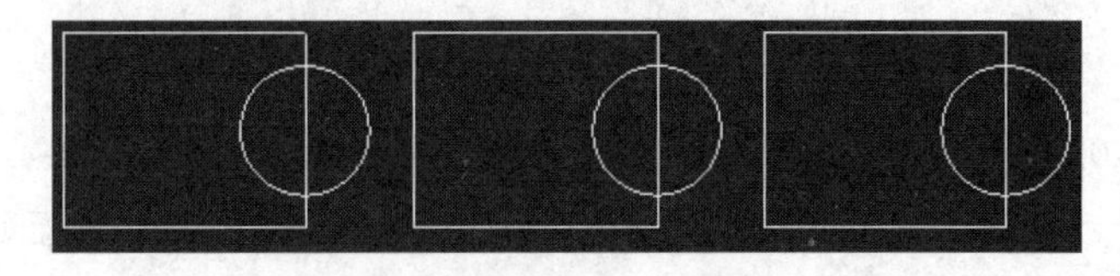

图 2-88 复制出两个图形

03 选择并集运算图形对象,在修改面板中选择样条线子对象,再选择长方形样条线,单击“并集”命令按钮,再单击“布尔”命令按钮  布尔 ,然后在场景中拾取圆形样条线,就完成了两条样条线的并集运算,结果如图 2-89(b)所示。

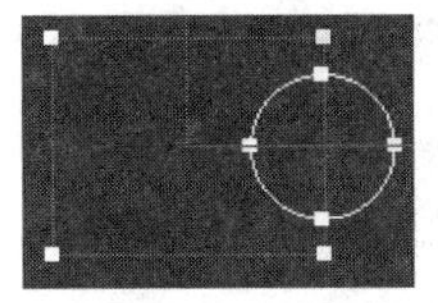

(a) 选择样条线子对象

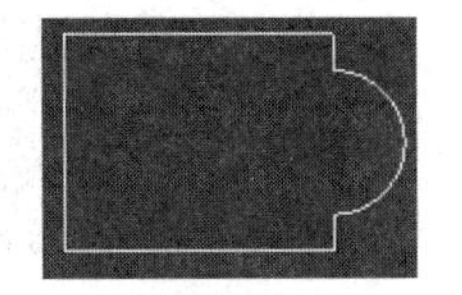
(b) 并集运算结果

图 2-89 并集运算

04 用同样的方法完成交集运算，如图 2-90(a)所示，再完成差集运算，如图 2-90(b)和图 2-90(c)所示。注意，在差集运算中，选择样条线的次序不同，得到的结果也不同。

(a) 交集运算结果

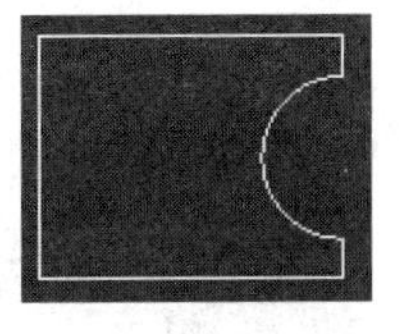
(b) 差集运算结果1

(c) 差集运算结果2

图 2-90 交集运算和差集运算

2.6 针对二维图形的编辑修改器

二维模型要想转换为三维模型，需要在修改面板中施加修改器才能实现。常用的二维模型修改器有挤出、倒角、倒角剖面、车削。

2.6.1 挤出

“挤出”命令是以封闭的二维图形为截面，沿其法线方向挤出，生成形状相同但厚度可调的三维模型。挤出时，先绘制出三维物体的截面图形，应用样条线修改器修改，在确定拉伸高度后使用“挤出”命令，使截面图形沿其法线方向挤出，生成一个三维图形。

图 2-91 是“挤出”命令面板。

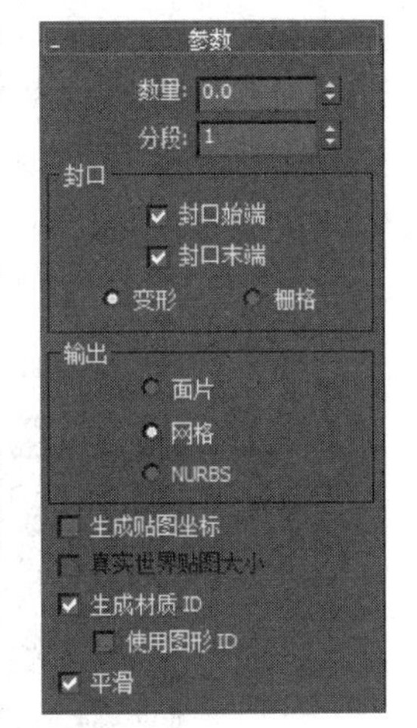

图 2-91 “挤出”命令面板

例如，对图 2-89(b)和图 2-90 中的 3 个图形挤出三维模型的步骤如下。

01 打开“第 2 章 基础建模技术\素材文件\布尔运算-完成.max”文件，选择所有图形，进入修改面板，为其添加“挤出”修改器。命令面板中出现“挤出”命令的修改参数，在“数量”数值框中输入挤出的数量 50，效果如图 2-92 所示。

02 “分段”参数可以设置挤出对象的线段数量，输入分段值为 3。

03 “封口”参数组中有两个复选框，分别是“封口始端”和“封口末端”，默认两个复选框都处于选定状态，禁用这两项后顶面和底面将会消失。下面的“变形”和“栅格”两个单选按钮用来设置封口面的生成方式。

04 “输出”选项用于设置挤出对象输出的类型，包括面片、网格和 NURBS 3 种类型。

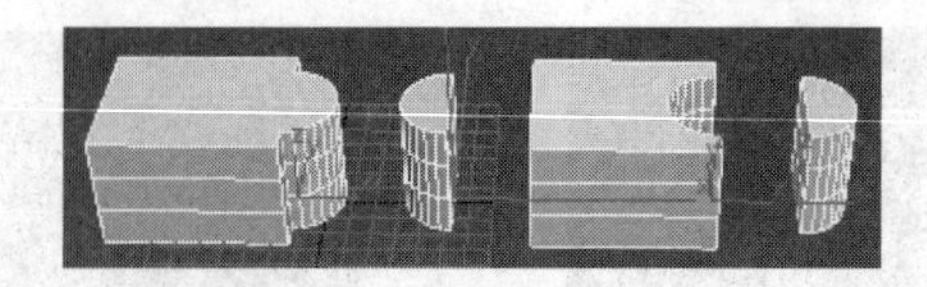

图 2-92　挤出建模效果

动手演练　使用“挤出”命令制作 LOGO

使用“挤出”命令可以制作公司的 LOGO 等。以下给出制作如图 2-93 所示的“图书馆”LOGO 的步骤。

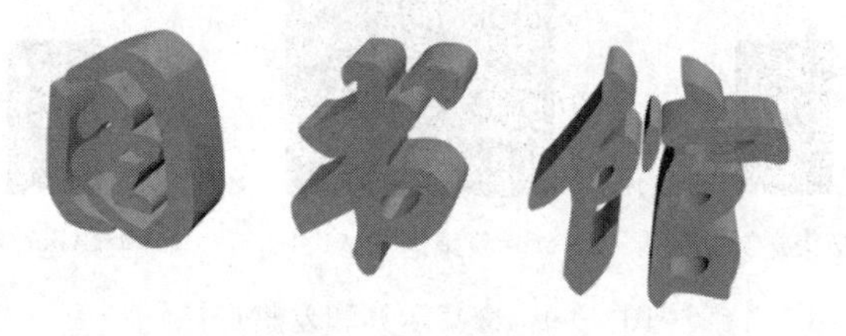

图 2-93　“图书馆”LOGO

01　在前视图中创建一个平面，如图 2-94 所示。

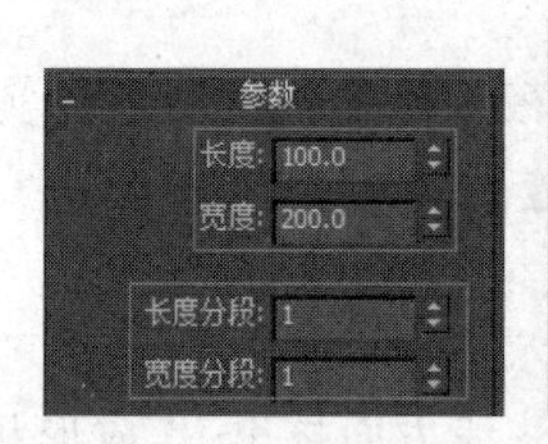

图 2-94　创建平面

02　在工具栏上单击材质编辑器，弹出如图 2-95 所示的材质编辑器窗口。单击“漫反射”后面的贴图通道按钮，选择“第 2 章 基础建模技术\素材文件\二维挤出建模-图标 LOGO 参考图\图书馆.jpg”，此时贴图通道按钮上会出现字母 M，单击“确定”按钮，然后单击将材质指定给选定对象按钮。

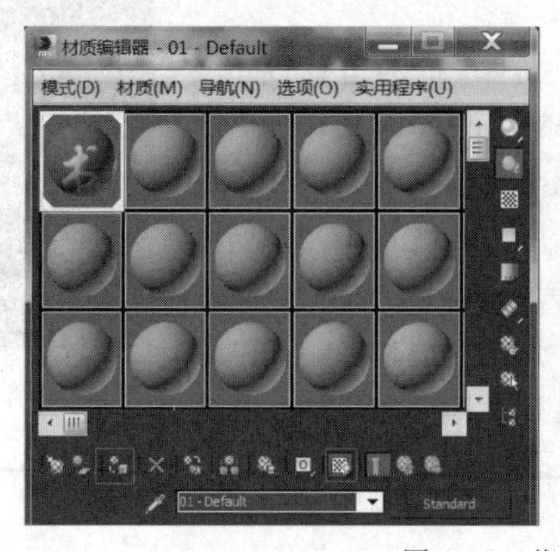

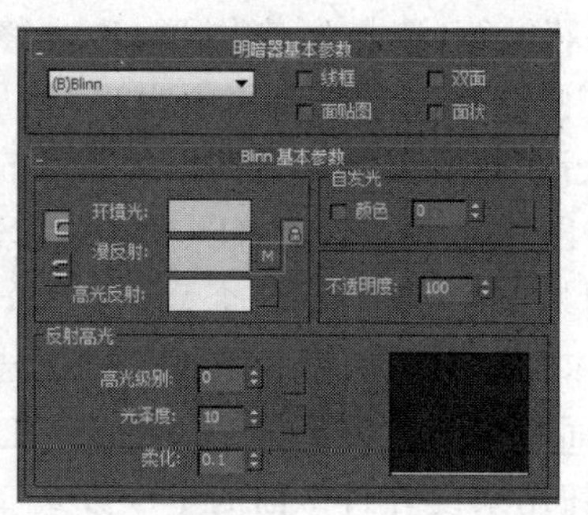

图 2-95　指定贴图

03 进入修改面板，为平面添加“UVW 贴图”修改器，参数如图 2-96 所示，效果如图 2-97 所示。

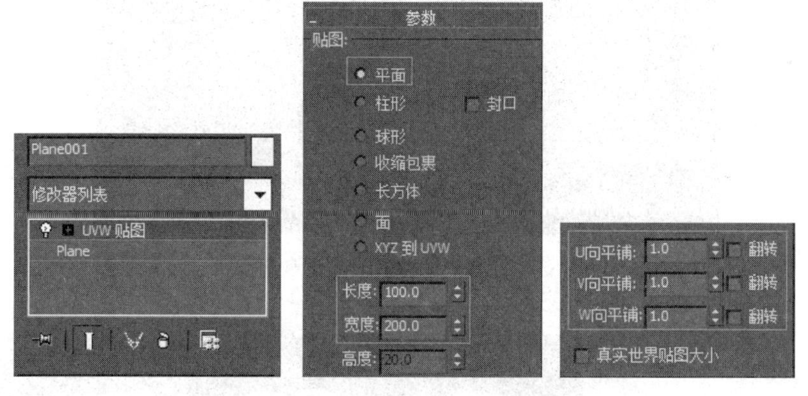

图 2-96 “UVW 贴图”修改器

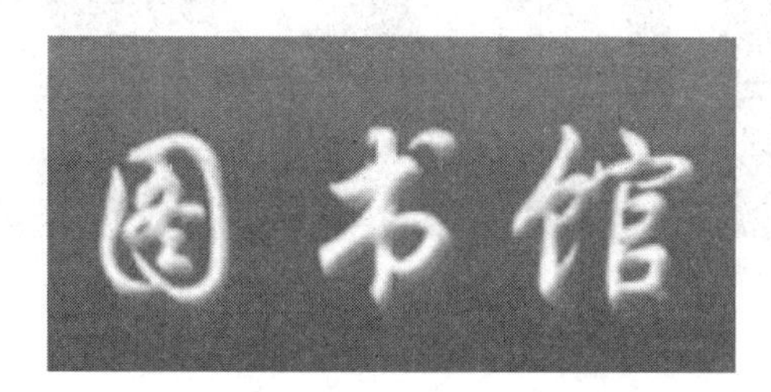

图 2-97 贴图效果

04 在前视图中使用线工具，在场景中描出 LOGO 文字的轮廓线，并把所有轮廓线附加在一起，利用 Bezier 角点调整轮廓线，使它紧贴 LOGO 文字的边缘，命名为“轮廓线”，如图 2-98 所示。

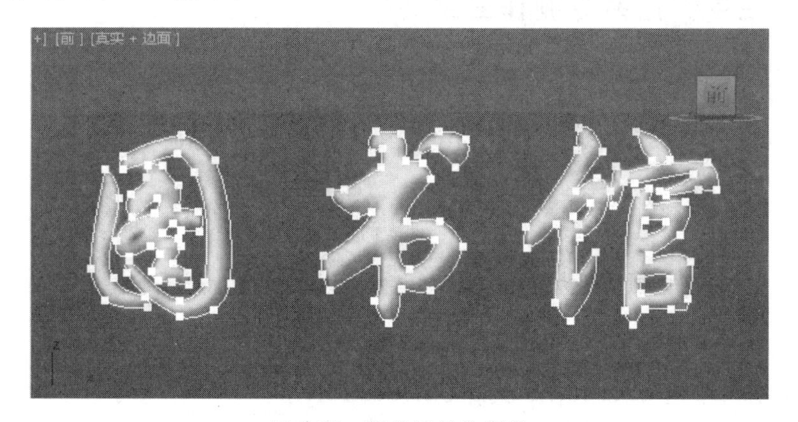

图 2-98 调整后的轮廓线

05 隐藏平面对象，如图 2-99 所示。

06 选择轮廓线，为其添加“挤出”命令，挤出的“数量”值为 20。选择原来的平面，右击该平面，在弹出的快捷菜单中选择“隐藏选中对象”命令，效果如图 2-100 所示。

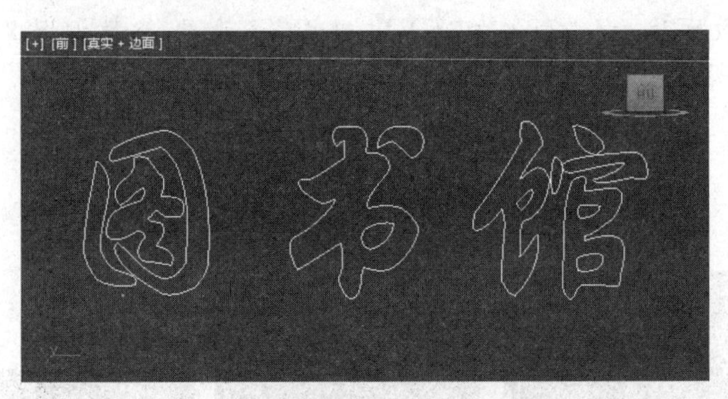

图 2-99 隐藏平面后看到的轮廓线

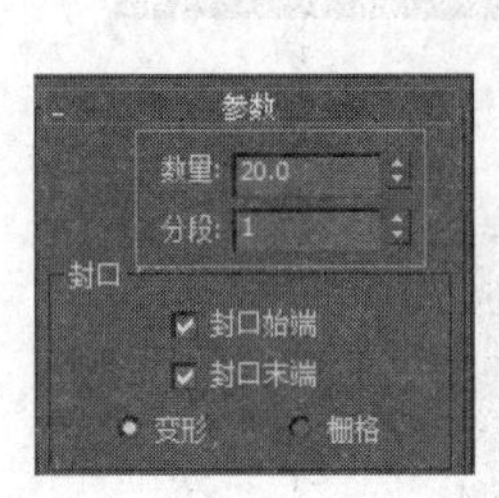

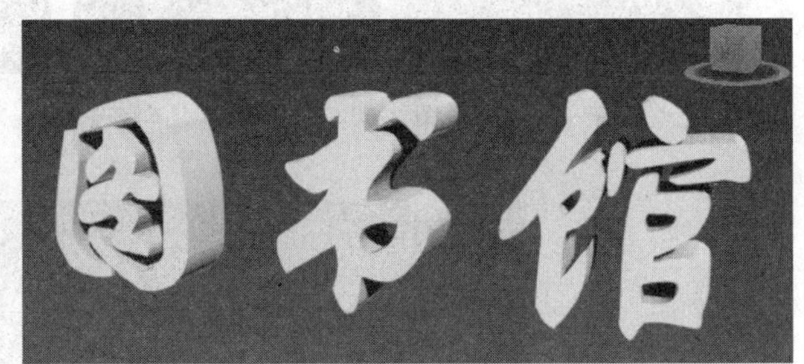

图 2-100 添加“挤出”命令生成的模型

2.6.2 倒角

“倒角”命令可以在对二维图形执行挤出建模操作的同时在边缘形成方形或圆形倒角，一般用来制作立体文字和 LOGO。

动手演练 使用倒角命令制作三维文字

本例要创建如图 2-101 所示的三维文字。

图 2-101 三维文字效果图

01 在前视图中使用文本工具添加文字“3ds MAX”，命名为“文字”。

02 选择文字，为其添加“倒角”命令，面板中出现“倒角”命令的相关参数，如图 2-102 所示。

03 在“倒角值”卷展栏中，“起始轮廓”用来设置轮廓与原始图形的偏移距离；“级别 1”下的“高度”用来设置级别 1 的高度，“轮廓”用来设置与起始轮廓的偏移距离，将级别 1 的“高度”设为 5.0，“轮廓”设为 2.0。

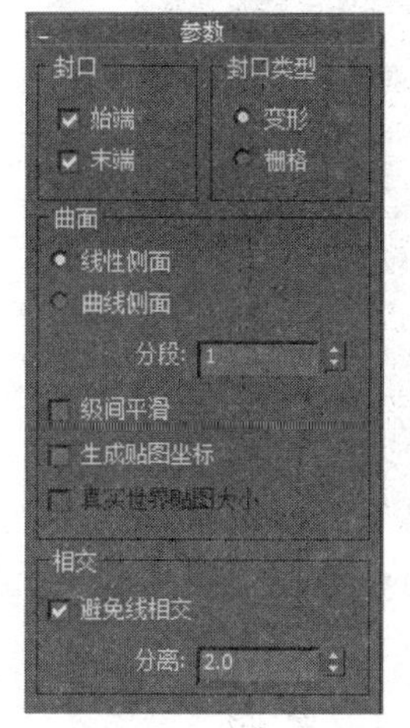

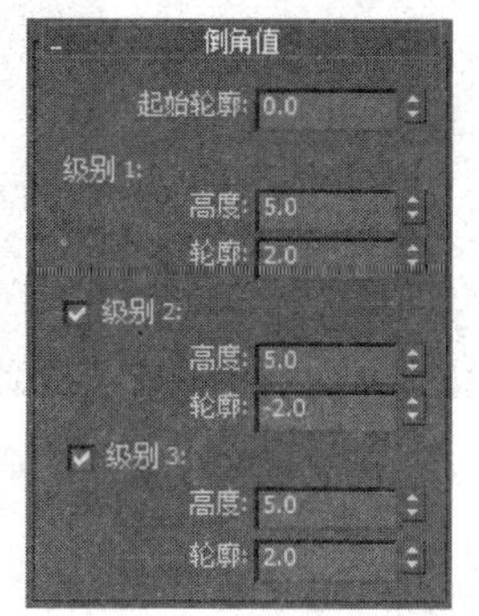

图 2-102 “倒角”命令参数

04 勾选“级别 2”复选框，将“高度”设为 5.0，将“轮廓”设为－2.0。

05 勾选“级别 3”复选框，将“高度”设为 5.0，将“轮廓”设为 2.0。

06 在“参数”卷展栏中，勾选“避免线相交”复选框，防止样条线相互交叉。设置“分离”值为 2.0，增加边与边之间的距离。

07 在“封口”和“封口类型”参数组中，可以设置倒角的始端和末端是否封口以及封口的类型。

至此，利用倒角命令完成了三维文字的制作。

2.6.3 倒角剖面

“倒角剖面”修改器可以对二维模型执行倒角操作。倒角时可以参考剖面的形状，所以使用“倒角剖面”修改器对二维模型建模时，不仅要绘制截面轮廓，还要绘制想要生成的三维模型的剖面图形，然后再使用“倒角剖面”修改器拾取该剖面图形，从而生成具有指定倒角形状的三维模型。

动手演练 使用倒角剖面

01 在顶视图中绘制如图 2-103 所示的两条样条线，分别命名为“轮廓”和“剖面”。

02 选择轮廓，为其添加“倒角剖面”修改器，在面板上会出现“参数”卷展栏，如图 2-104 所示。单击“拾取剖面”按钮，在场景中拾取剖面样条线，效果如图 2-105 所示。

其他参数可以参考 2.6.2 节中的介绍。

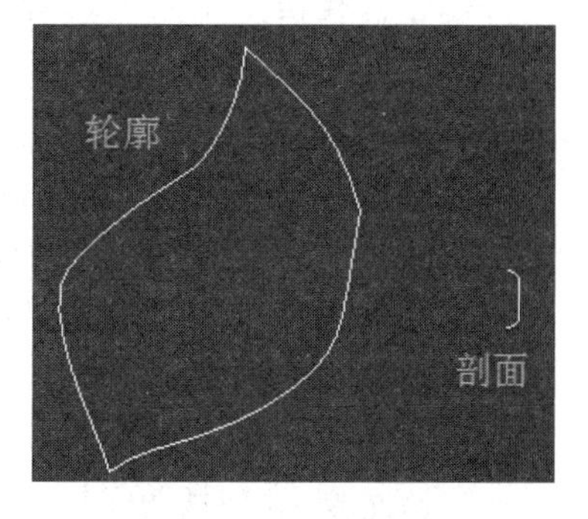

图 2-103 创建轮廓和剖面

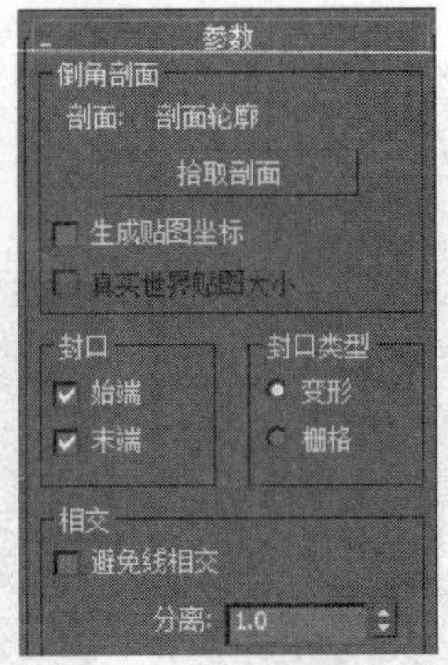

图 2-104 倒角剖面参数

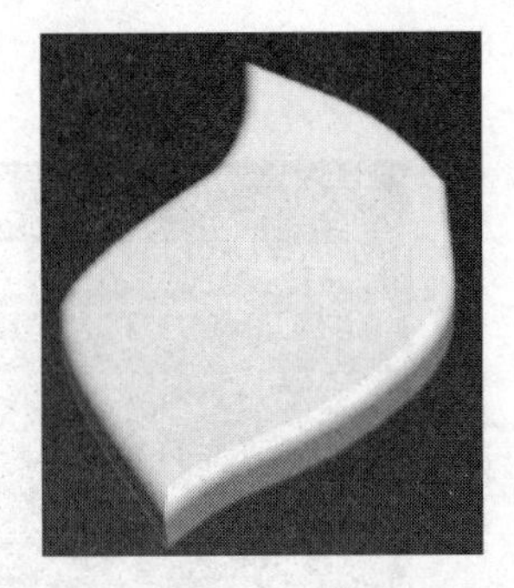

图 2-105 拾取剖面后的三维效果

2.6.4 车削

现实生活中，许多物体或物体的一部分是旋转对称的，可以通过该物体的某一剖面轮廓线绕中心轴旋转，从而形成三维造型，例如图 2-106 所示的花瓶、碗、茶杯等。

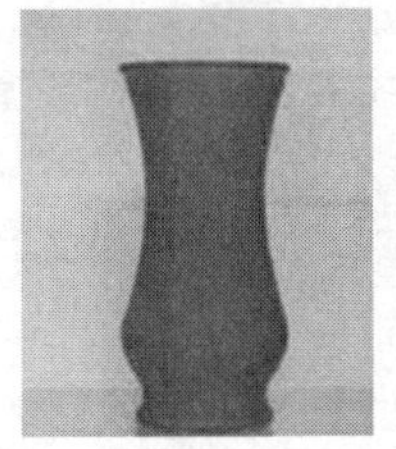

图 2-106 旋转对称物体

“车削”修改器从一个旋转对称物体中分解出一个剖面轮廓线，可以利用样条线修改或布尔运算得到该轮廓线的一半，在确定车削的轴向和角度后，应用“车削”修改器使剖面轮廓线沿中心轴旋转，从而生成一个旋转对称的三维模型。

动手演练 使用“车削”命令制作酒瓶

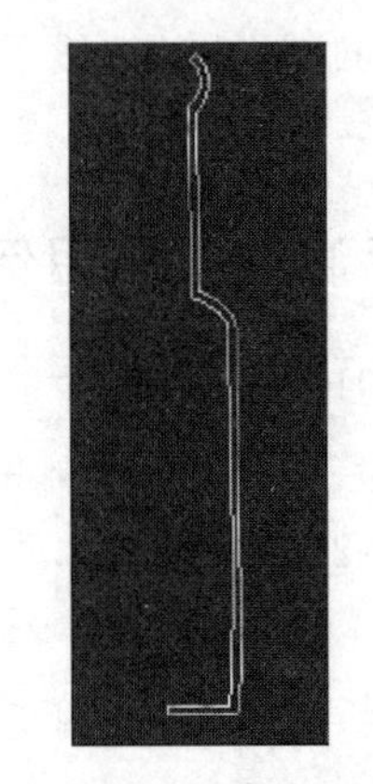

图 2-107 酒瓶轮廓线

01 在前视图中使用“线”命令创建样条线，命名为“路径”。进入样条线子对象，调整其轮廓，使之有适当厚度，如图 2-107 所示。

02 选择“路径”对象，在修改面板中为其添加“车削”命令，这时可以看到“车削”修改器的参数，如图 2-108 所示。

03 进入修改面板，在“轴”子对象级别，移动轴的位置，如图 2-109 所示。

04 在“参数”卷展栏的“度数”数值框中输入车削截面旋转的角度，这里为 360.0。启用“焊接内核”复选框，可以将旋转轴的顶点焊接以简化网格。如果对象表面是黑色的，就需要勾选“翻转法线”复选框。“分段”数值越大，网格就越平滑。

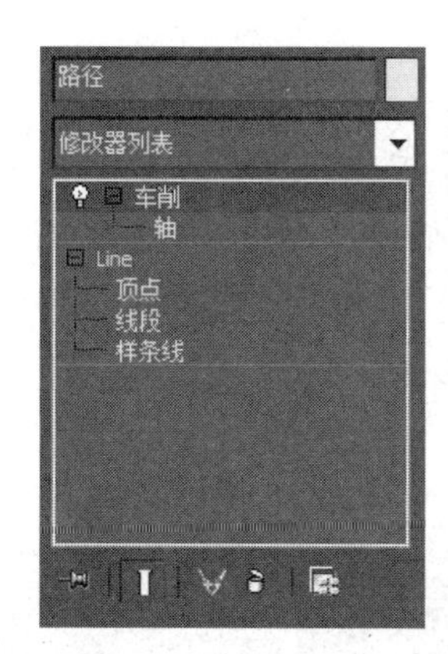

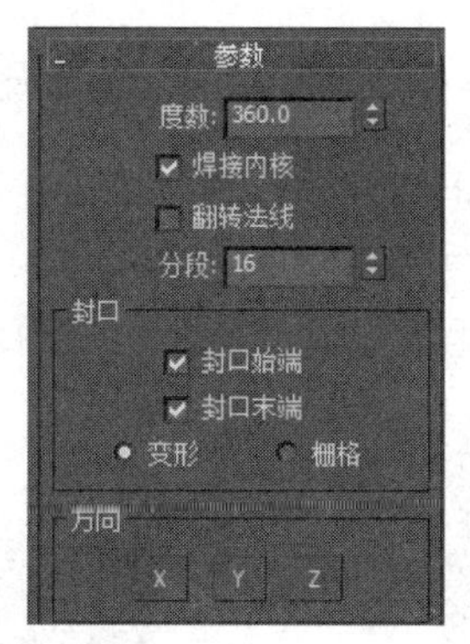

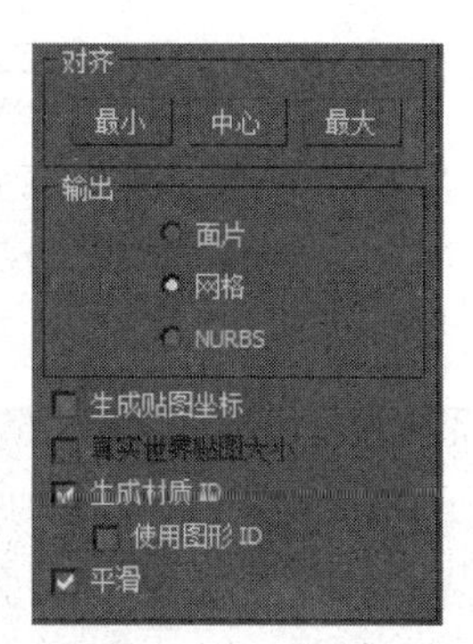

图 2-108 添加"车削"命令

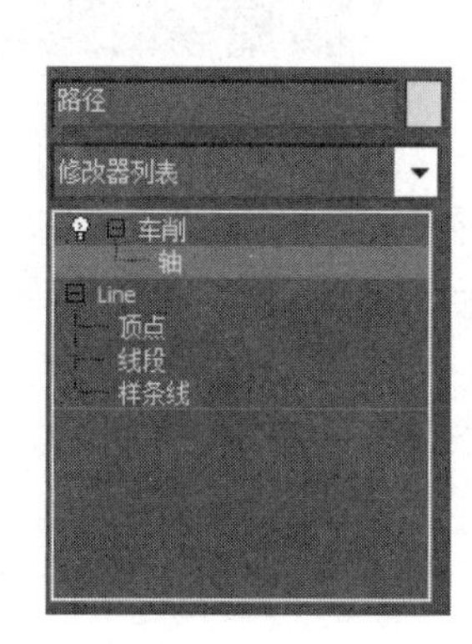

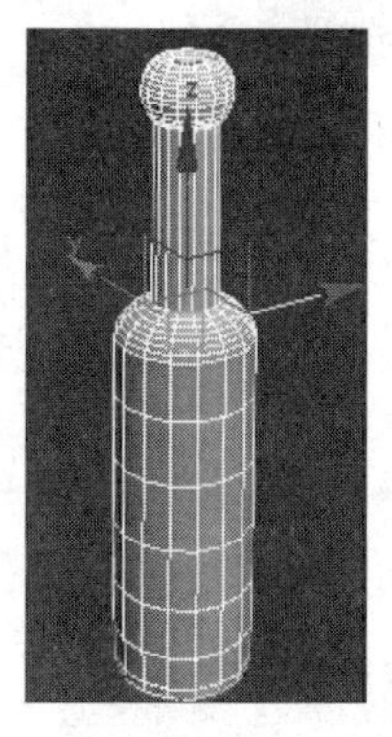

图 2-109 移动轴

2.7 复合建模技术

3ds Max 提供了复合建模技术，可以将两种或两种以上的对象合并，构成复合对象。复合对象不能直接在场景中创建，它是在现有对象的基础上创建的，如果场景中没有符合条件的对象，则"复合对象"命令将不可用。复合对象在创建面板中，单击右侧的下拉箭头，选择"复合对象"次级对象，进入"复合对象"创建面板，如图 2-110 所示。

2.7.1 放样建模

放样指在同一路径上放置一个或多个不同的二维图形截面，并使这个截面或这些截面沿该路径进行组合而生成一个三维造型。

放样有两个要素：放样路径和放样截面。放样路径可以是开口的线段，也可以是封闭的曲线；放样截面可以是开口的线段，也可以是封闭的曲线，数量没有限制，可以是一个或多个。

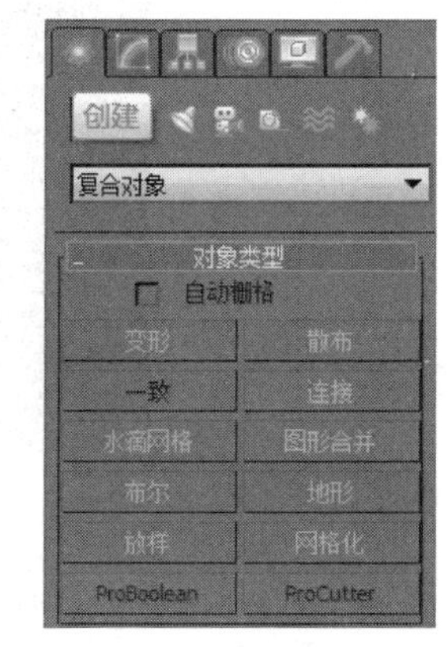

图 2-110 "复合对象"创建面板

放样包括单截面放样和多截面放样两种类型。

动手演练 单截面放样——使用放样命令制作公路

01 使用“线”命令在前视图中绘制出如图 2-111 所示的样条线，然后使用“镜像”命令复制出右侧部分，将左右两侧样条线附加在一起，并把中间的顶点焊接在一起，形成放样截面，命名为“公路截面”，效果如图 2-112 所示。

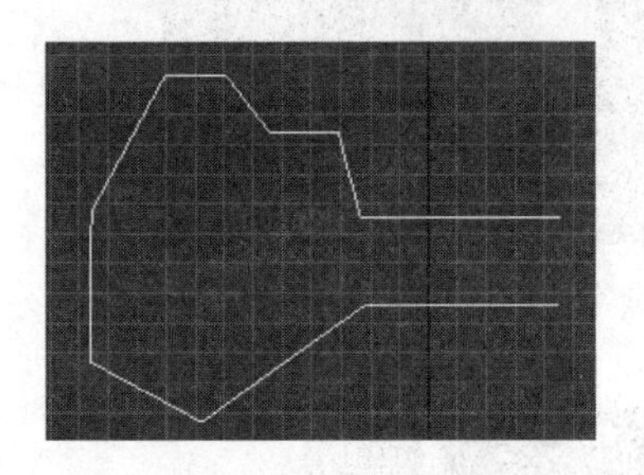

图 2-111 左侧截面

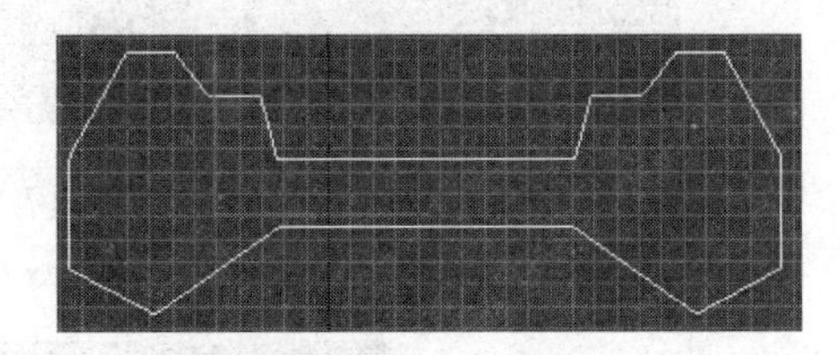

图 2-112 放样截面

02 使用“线”命令在顶视图中绘制放样路径，命名为“路径”，效果如图 2-113 所示。

03 选择路径对象，在创建面板中，单击右侧的下拉箭头，选择“复合对象”，进入“复合对象”创建面板。单击“放样”命令按钮，面板中会出现如图 2-114 所示的“创建方法”卷展栏。单击“获取图形”按钮，在场景中拾取公路截面，场景中会生成公路的三维模型，如图 2-115 所示。

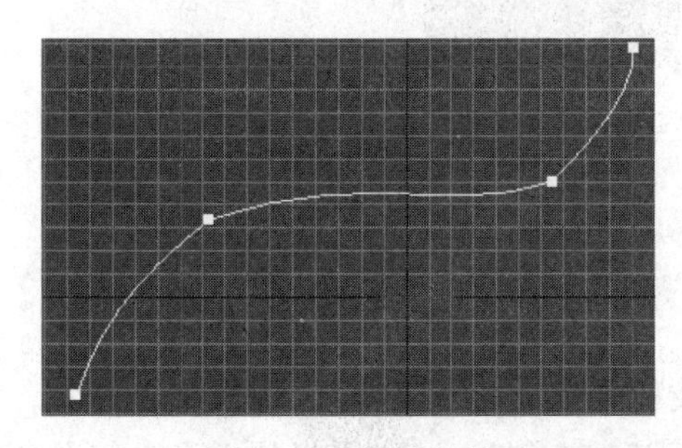

图 2-113 放样路径

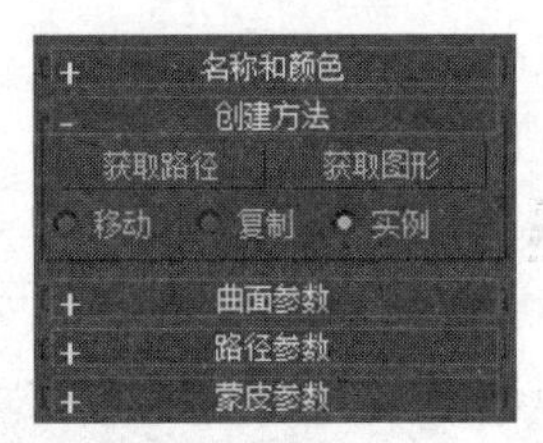

图 2-114 “放样”命令的“创建方法”卷展栏

图 2-115 公路的三维模型

04 “蒙皮参数”卷展栏用来控制放样对象表面的网格密度、渲染方式和对象的显示，如图 2-116 所示。

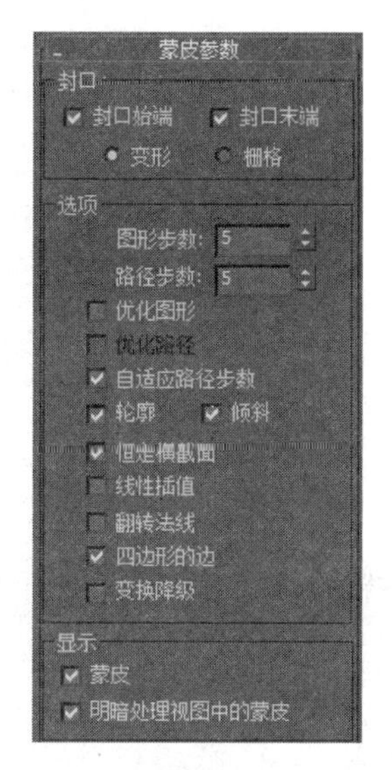

图 2-116　“蒙皮参数”卷展栏

在“封口”参数组中，“封口始端”和“封口末端”表示对路径的第一个和最后一个顶点处的放样端进行封口。

在“选项”参数组中，“路径步数”参数可以设置路径的每个主分段之间的步数。图 2-117 给出了 3 种图形步数和路径步数设置情况下的三维模型效果。

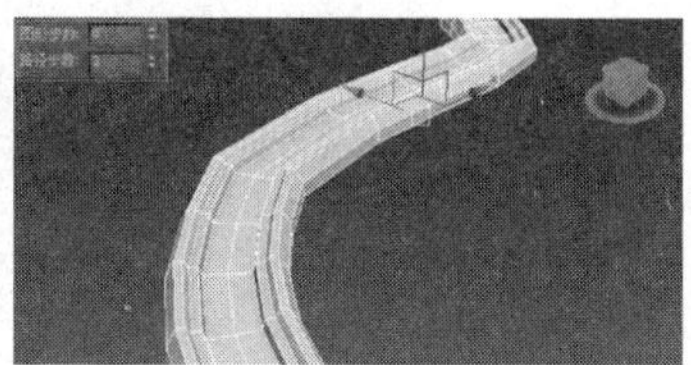
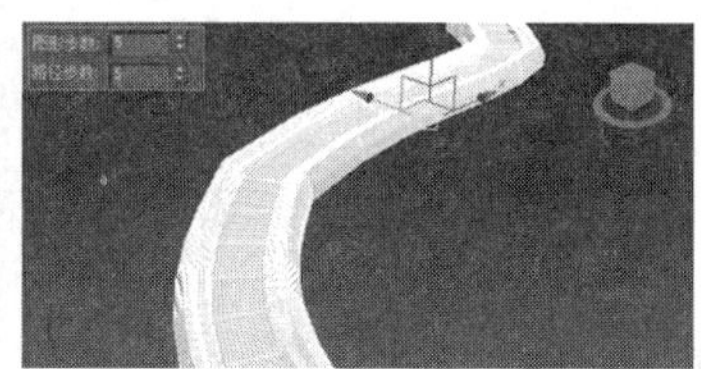

图 2-117　图形步数和路径步数不同的三维模型效果

动手演练　使用多截面放样制作罗马柱

01　在顶视图中，进入创建面板，选择二维图形，单击“圆”命令按钮，在场景中绘制出半径为 60 和 10 的圆，分别命名为“大圆”“小圆”。首先让两个圆中心对齐，如图 2-118 所示，然后把小圆的圆心移到大圆 Y 轴的最大值处，如图 2-119 所示。

02　打开三维捕捉，在“栅格和捕捉”设置对话框的“捕捉”选项卡中选择“轴心”复选框，如图 2-120 所示。

03　进入层次面板，单击“轴”，再单击“仅影响轴”按钮。移动小圆的轴心，当大圆的轴心呈黄色时松开鼠标，这时发现小圆的轴心与大圆的轴心重合，如图 2-121 所示。再次单击“仅影响轴”按钮，关闭它，同时关闭三维捕捉，以进行下面的操作。

04　选择小圆，对其执行环形阵列操作，如图 2-122 所示。

05　选择大圆，转换为可编辑样条线。进入“修改”面板，单击“附加多个”按钮，把所有样条线附加在一起。在“样条线”子对象级别单击差集按钮，再单击“布尔”按钮，在场景中分别拾取 10 个小圆，把最后的样条线命名为“主体截面”，效果如

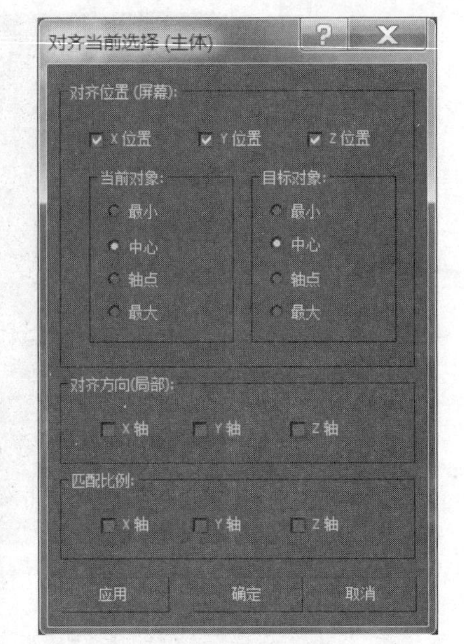

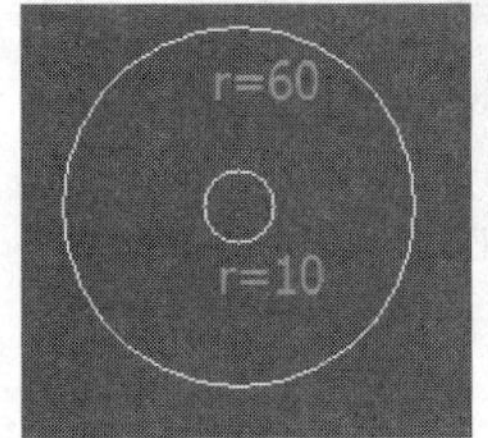

图 2-118　绘制出半径为 60 和 10 的圆

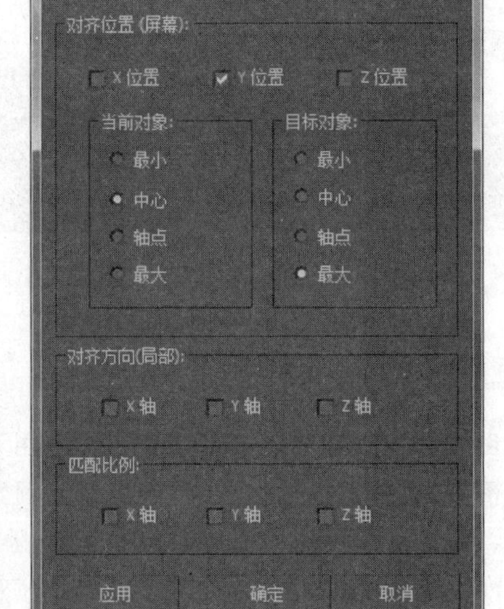

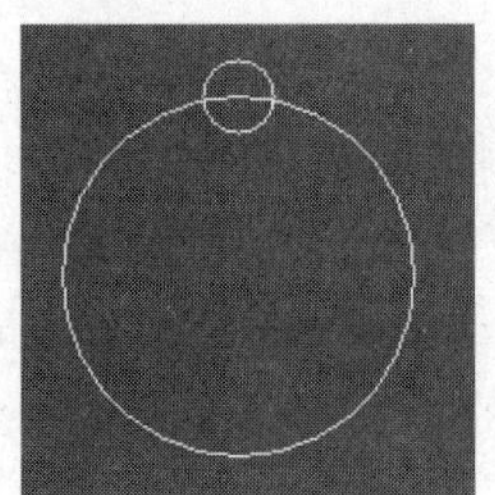

图 2-119　移动小圆的圆心

图 2-123 所示。至此就完成了罗马柱的一个主截面。

06　在顶视图中，再次使用“圆”工具，绘制出两个半径为 60 和 50 的圆，分别命名为“顶截面”和“颈部截面”，如图 2-124 所示。

07　在前视图中，使用“线”工具绘制出一条样条线作为放样路径，命名为“路径”，如图 2-125 所示。

图 2-120　选择“轴心”复选框

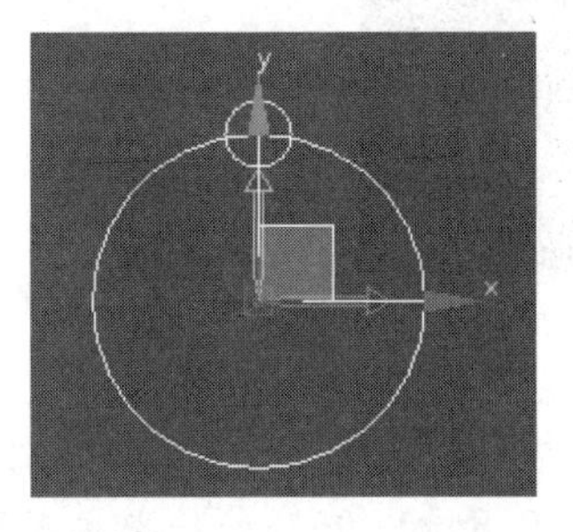

图 2-121　移动轴

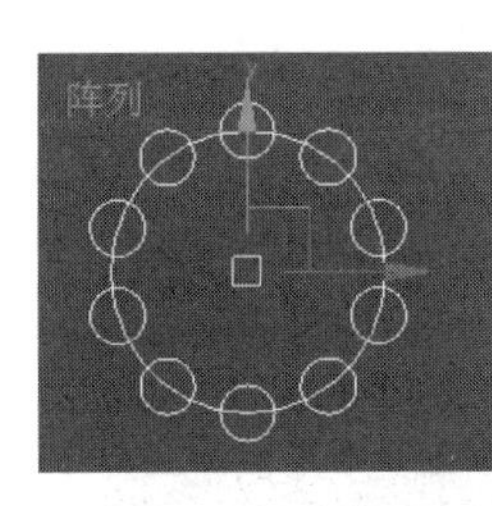

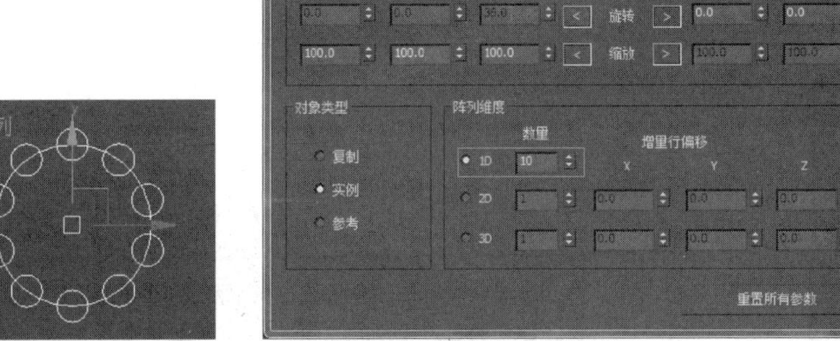

图 2-122　环形阵列

08　在“路径参数”卷展栏中，可以设置在不同位置上选择不同的截面图形，如图 2-126 所示。选择“百分比”单选按钮表示确定位置的方式是路径的百分比，选择“距离”单选按钮表示确定位置的方式是路径的实际距离。当“启用”复选框被勾选时，可以根据路径的值进行捕捉。选择“路径步数”单选按钮将图形置于路径步数和顶点上，而不是作为沿着路径的一个百分比或距离。

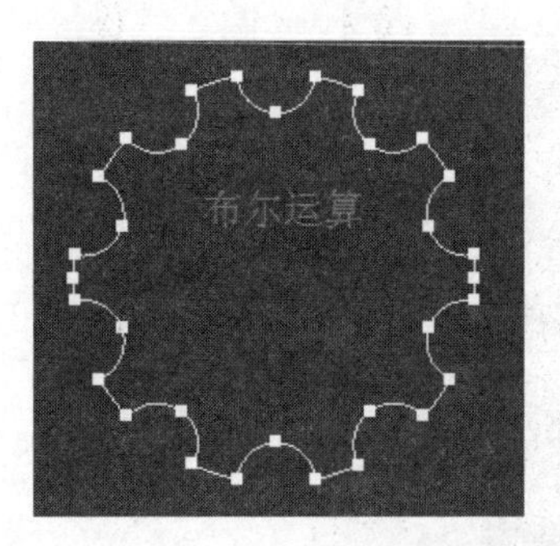

图 2-123　罗马柱的主截面

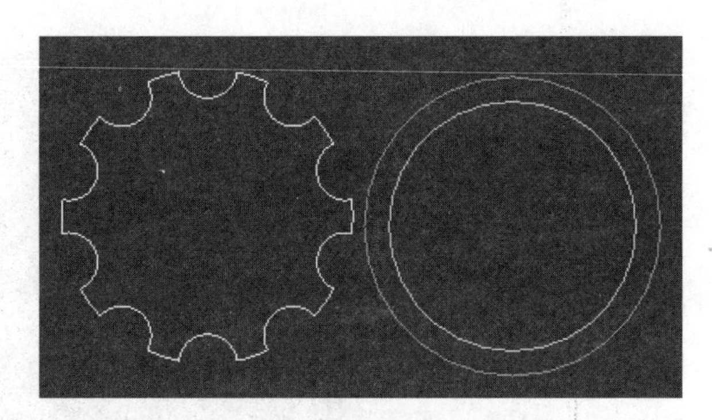

图 2-124　顶截面和颈部截面

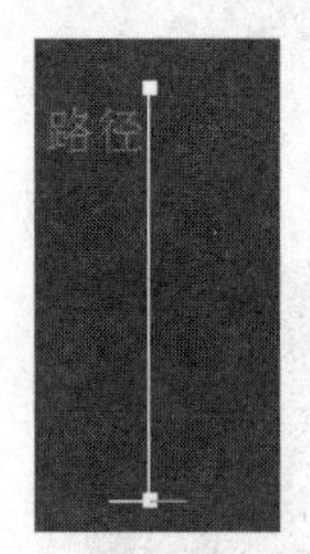

图 2-125　绘制放样路径

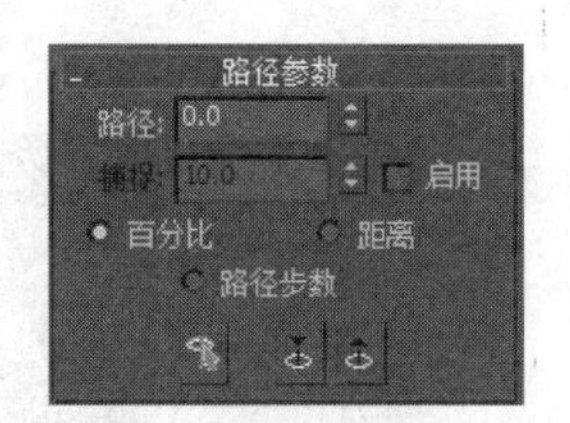

图 2-126　“路径参数”卷展栏

09　分别在 0 和 5%路径上拾取顶截面图形，分别在 5.5%和 9%处拾取颈部截面图形，分别在 9.5%和 95%处拾取主截面图形，在 95.5%处拾取顶截面图形，得到如图 2-127 所示的三维模型。

10　现在解决放样截面发生扭曲的问题。这是因为截面图形的首顶点没有对齐。在修改面板中单击 Loft 前的加号，展开该命令，选择“图形”子对象级别，如图 2-128 所示。打开“图形命令”卷展栏，单击“比较”按钮，会弹出如图 2-129 所示的窗口。单击拾取图形按钮，在场景中拾取所有的截面，会发现截面图形的首顶点没有对齐。在场景中选择截面，使用旋转工具使它们对齐，如图 2-130 所示。

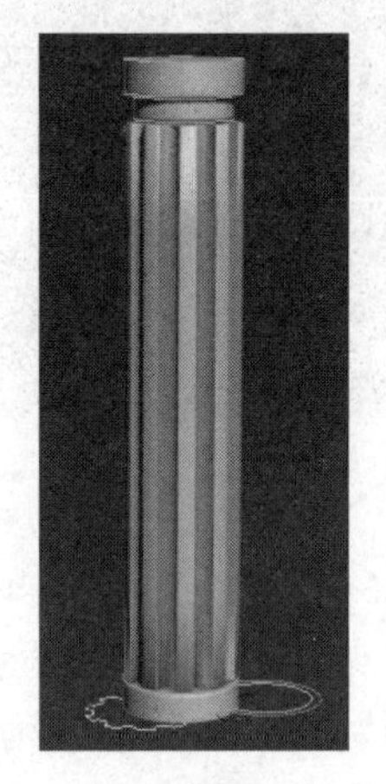

图 2-127　拾取截面得到的三维模型

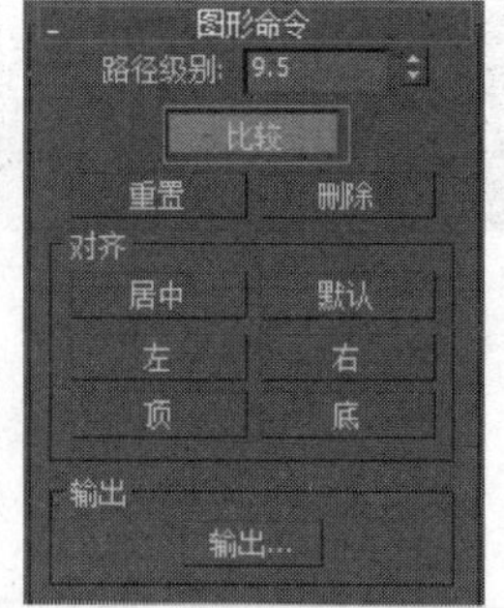

图 2-128　进入“图形”子对象级别

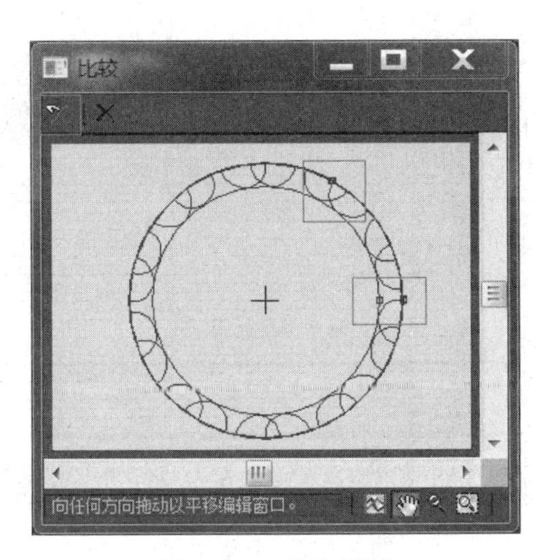

图 2-129 拾取图形

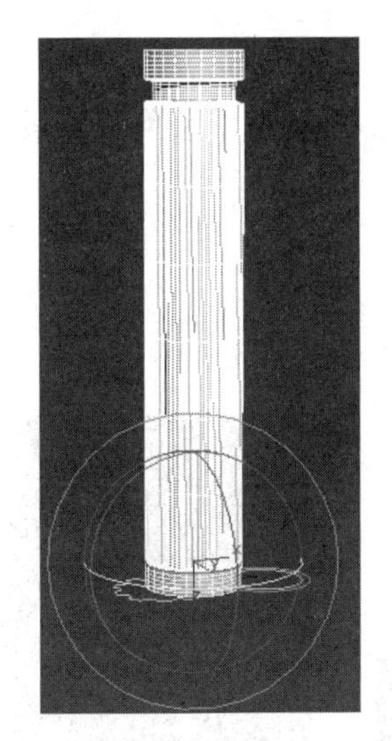
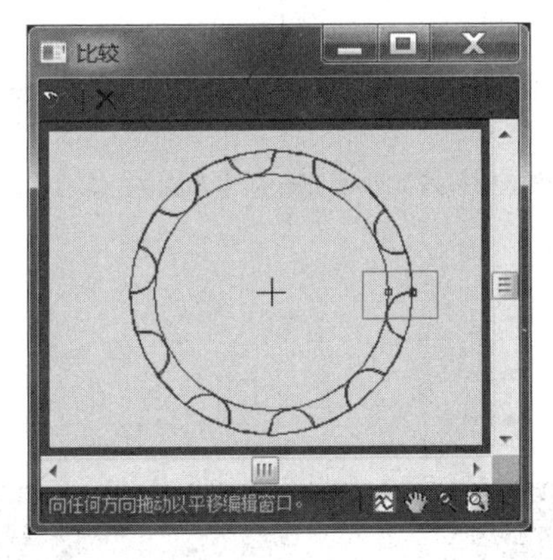

图 2-130 旋转截面

11 如果对模型不满意，可以在“变形”卷展栏中(如图 2-131 所示)进行修改。在“变形”卷展栏中，单击“缩放”按钮，会弹出如图 2-132 右侧所示的窗口，使用插入角点工具添加角点，使用移动工具移动角点，也可以右击角点，利用快捷菜单命令把角点转换为 Bezier 角点再进行调整，直到满意为止。

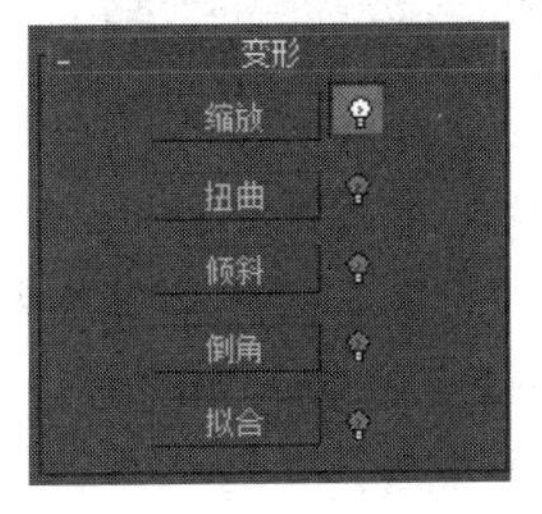

图 2-131 “变形”卷展栏

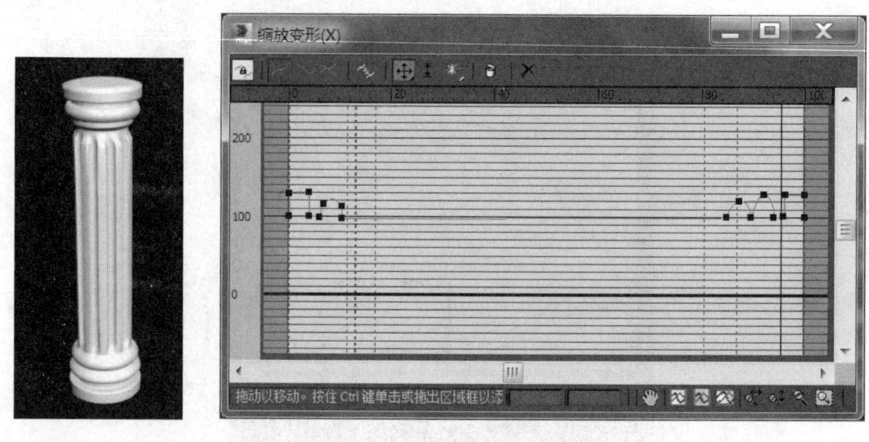

图 2-132 缩放截面

2.7.2 布尔建模和 ProBoolean 建模

布尔建模是两个或多个相交的物体通过并集、交集、差集以及剪切等运算生成新的复合体对象的建模方法。

动手演练 使用布尔建模方法制作烟灰缸

01 创建切角圆柱体，将其命名为“圆柱体 1”，如图 2-133 所示。

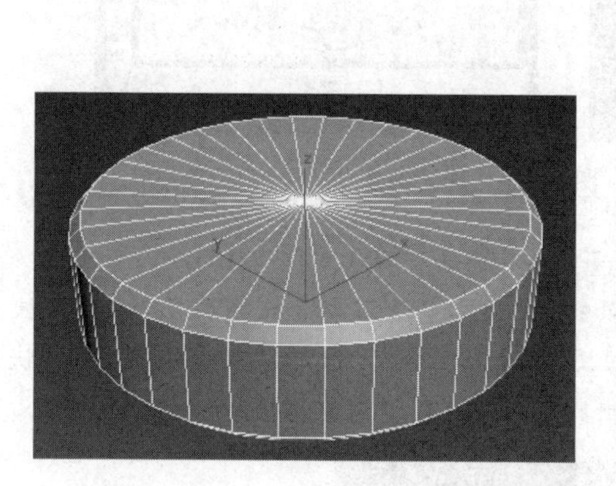

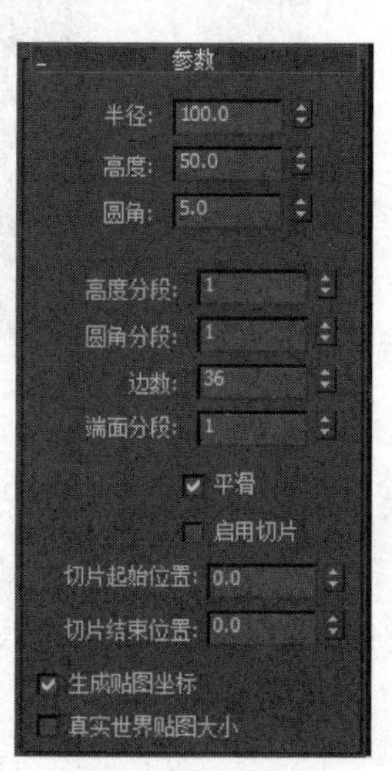

图 2-133 创建切角圆柱体 1

02 创建第二个切角圆柱体，将其命名为“圆柱体 2”，如图 2-134 所示。

03 在前视图中，使用“对齐”工具使上述两个圆柱体中心对齐，然后在“移动”工具上右击，在快捷菜单中选择“移动变换输入”命令，弹出如图 2-135 所示的对话框，在“偏移”参数组中的 Y 轴数值框中输入 15。

04 选择圆柱体 1，在“复合对象”面板下，单击“布尔”按钮，面板中会出现“拾取布尔”卷展栏，在“操作”选项组中选择“差集(A－B)”单选按钮，再单击“拾取操作对

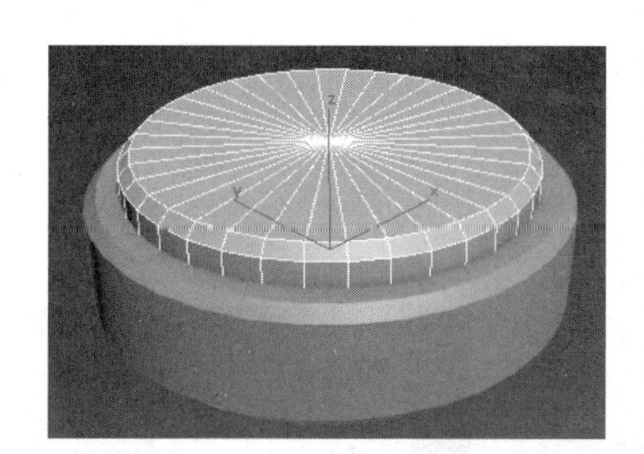

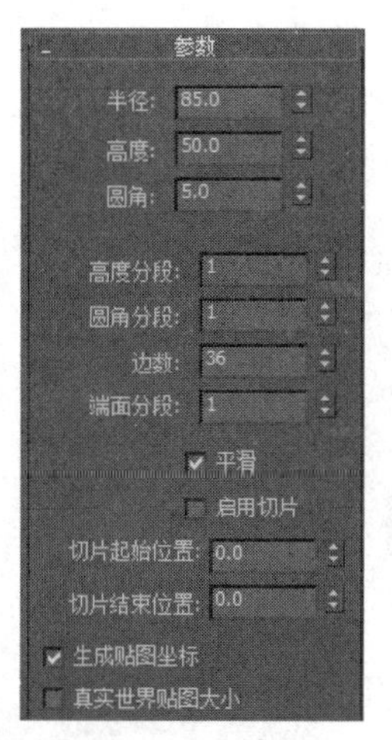

图 2-134　创建切角圆柱体 2

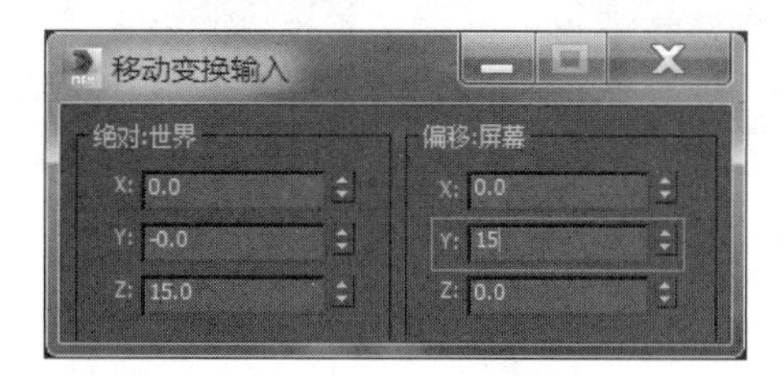

图 2-135　“移动变换输入”对话框

象 B”，在场景中拾取圆柱体 2，结果如图 2-136 所示。将新生成的对象命名为“烟灰缸”。

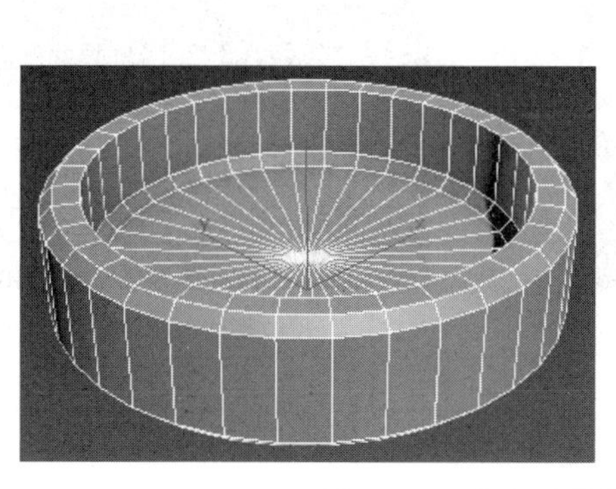

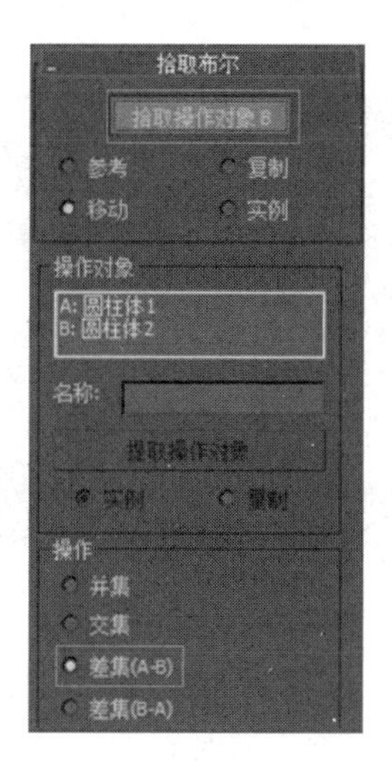

图 2-136　布尔运算结果

05　在左视图中，创建第三个圆柱体，将其命名为“圆柱体 3”。在前视图中使用“对齐”命令，使它的中心与烟灰缸的中心对齐，再使它的中心与烟灰缸 Y 轴的最大值处对齐，如图 2-137 所示。

用同样的方法制作第4个圆柱体，将其命名为“圆柱体4”，如图2-138所示。

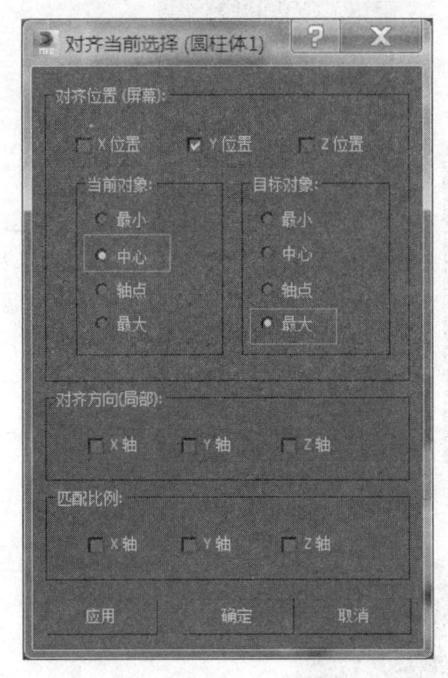

图 2-137　对齐

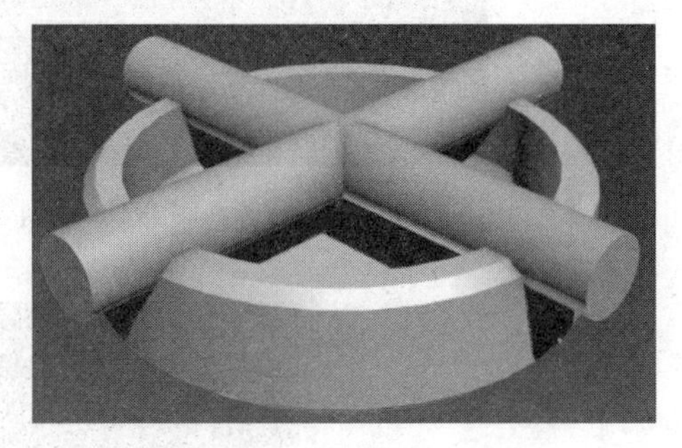

图 2-138　制作“圆柱体 4”

06　选择烟灰缸，单击“布尔”命令按钮，在“操作”选项组中选择“差集(A－B)”单选按钮，再单击“拾取操作对象B”按钮，在场景中拾取圆柱体3，结果如图2-139所示。

07　由于“布尔”命令不能连续使用，所以先右击结束“布尔”命令，然后再重新选择烟灰缸，选择“布尔”命令，在“操作”选项组中选择“差集(A－B)”单选按钮，再单击“拾取操作对象B”按钮，在场景中拾取圆柱体4，结果如图2-140所示。

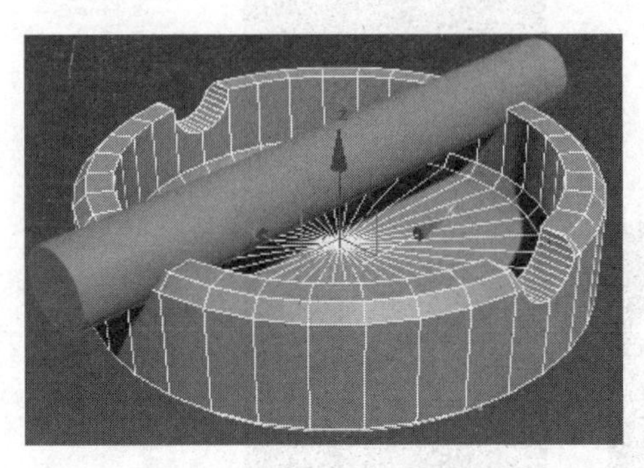

图 2-139　布尔运算结果

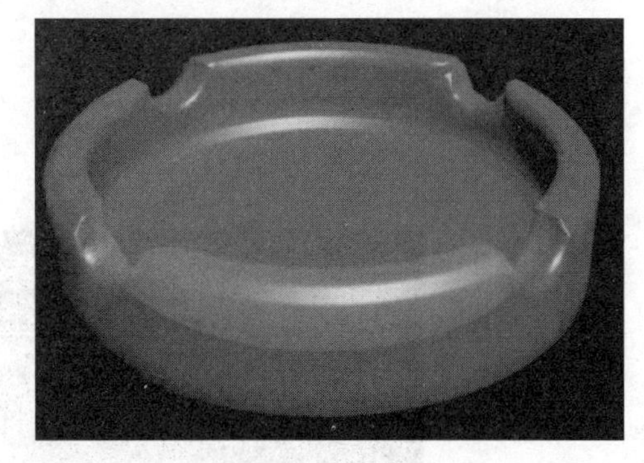

图 2-140　烟灰缸效果

ProBoolean建模与布尔建模很相似，但其功能比布尔建模更为强大，能够一次执行多组布尔运算，完成多个对象的复合建模。

在步骤06中读者可以使用ProBoolean建模命令，会发现它是可以连续使用的，而且不发生计算错误，这也是ProBoolean建模和布尔建模的区别。

ProCutter复合对象能够使用户执行特殊的布尔运算，主要目的是分解或细分对象，它尤其适合将一个完整的对象分解为几部分，如拼图的设置、对象碎片的拆分等。

2.7.3　图形合并建模

图形合并建模将样条线嵌入网格对象中，或从网格对象中去除样条线区域，从而组成新物体，称其为复合物体。

图形合并建模方式常用于物体表面的文字镂空、嵌入花纹或产生浮雕效果。

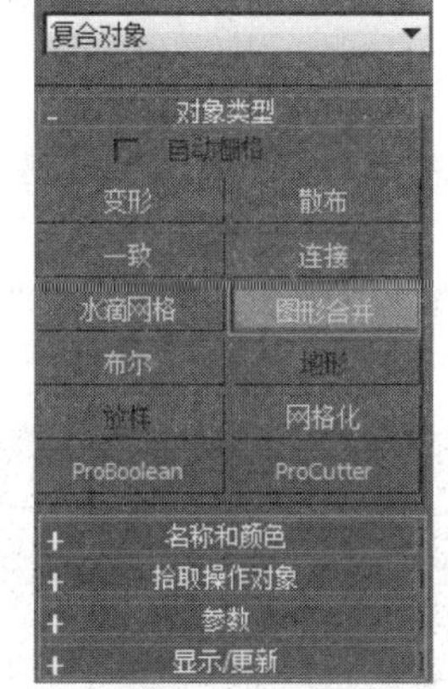

图 2-141　“图形合并”命令按钮

动手演练　使用图形合并建模方法制作香皂

01　打开素材文件“第 2 章 基础建模技术\素材文件\图形合并-香皂.max”，选中香皂对象，修改面板中会出现“图形合并”命令按钮，如图 2-141 所示。

02　选择香皂对象，单击“拾取图形”命令按钮，在场景中拾取文字对象，会发现文字被映射到香皂上，产生了文字图案，如图 2-142 所示，但渲染时看不到文字图案。

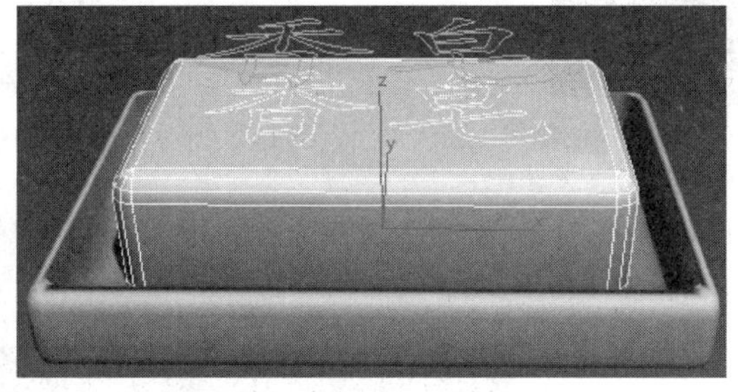

图 2-142　拾取图形

03　在“参数”卷展栏中选择“图形 1：文字”，然后单击“提取操作对象”命令按钮，在“操作”参数组中选择“饼切”单选按钮，如图 2-143 所示。图形合并的效果如图 2-144 所示。

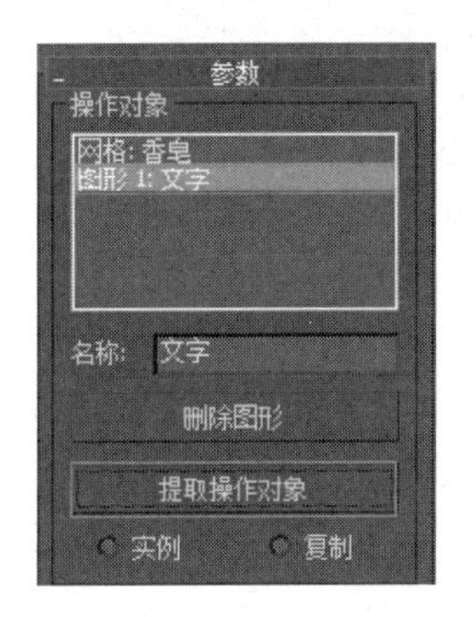

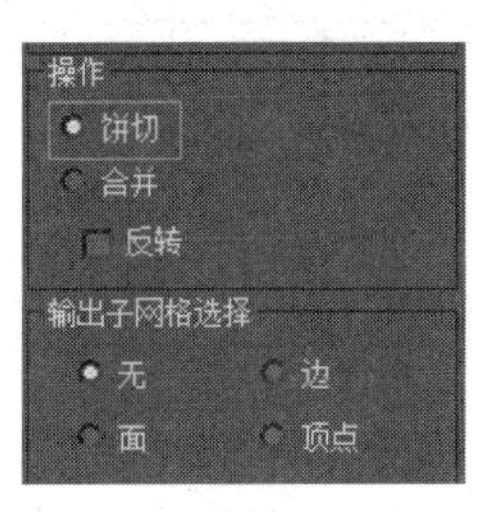

图 2-143　选择“饼切”单选按钮

图 2-144　图形合并建模效果

2.7.4 散布建模

散布命令对象能够将选择的对象分布于目标对象的表面。在使用散布建模功能时，场景中必须有作为源对象的网格对象和作为目标对象的分布对象，而且需要注意，这些对象不能是二维图形。

动手演练 使用散布建模制作小草遍布地面的效果

01 打开素材文件"第 2 章 基础建模技术\素材文件\田间小景.max"，选择小草对象，单击"散布"命令按钮，命令面板中会出现分布对象的相关参数，如图 2-145 所示。

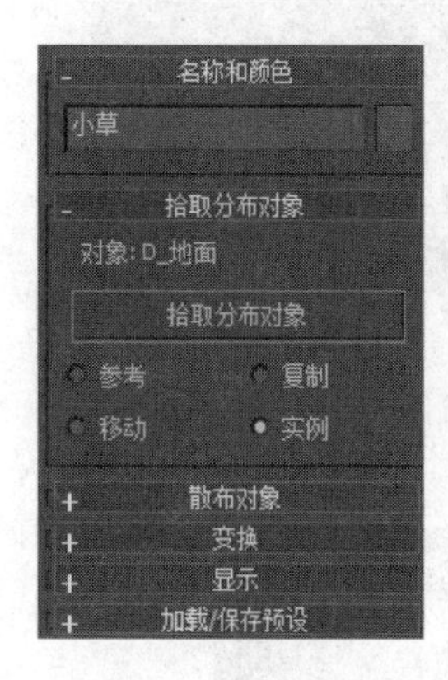

图 2-145 "散布"命令

02 在"拾取分布对象"卷展栏中，单击"拾取分布对象"命令按钮，在场景中拾取"D_地面"，如图 2-146 所示。

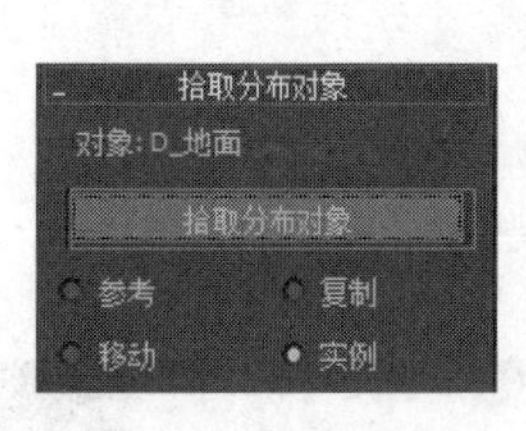

图 2-146 拾取分布对象

03 在"源对象参数"参数组中，对参数进行调整，如图 2-147 所示。"重复数"用于设置源对象的分布数量，这里设置为 10 000；"基础比例"用于更改源对象初始大小，这里设置为 15%；"顶点混乱度"用于对源对象的顶点进行随机扰动，产生不规则的自然效果，这里设置为 0.2；"动画偏移"用于设置每个源对象重复后动画偏移的帧数，最小值为 1 帧，这里设置为 6 帧。

04 在"分布对象参数"参数组中，可以设置源对象在分布对象上的分布方式。勾选"垂

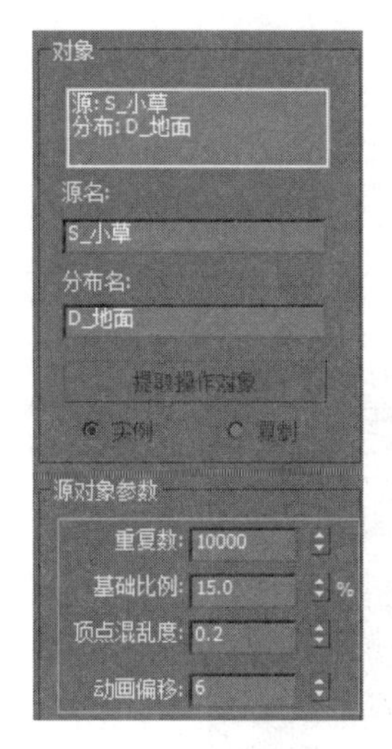

图 2-147 源对象参数

直”复选框,使每个源对象垂直于分布对象中的关联面。取消“垂直”复选框的勾选,使源对象与分布对象的方向保持一致。

在“分布方式”选项下,提供了多种分布方式。取消“仅使用选定面”复选框的勾选,选择“区域”单选按钮,将在分布对象的整个表面均匀地分布源对象,如图 2-148 所示。

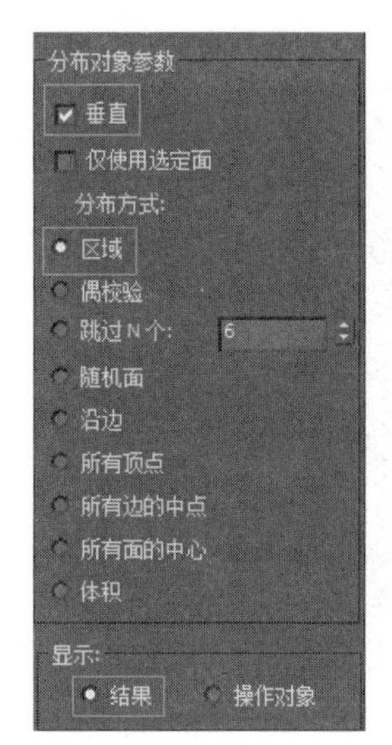

图 2-148 使用区域分布方式的分布效果

2.7.5 连接建模

连接建模是将两个或两个以上的有开口或空洞的物体拼接成一个形状更为复杂的复合物体。这种建模方法常用于由两个物体生成一个物体的情况,它可以使两个物体之间的连接部位形成自然而平滑的过渡。

动手演练　使用连接建模制作茶杯

01　打开素材文件"第2章 基础建模技术\素材文件\连接-茶杯.max",选择茶杯对象,如图2-149所示。茶杯对象上有两个孔,茶杯把手对象上有两个面。

02　单击"连接"命令按钮,命令面板中会出现连接对象的相关参数,如图2-150所示。

图2-149　茶杯和茶杯把手对象

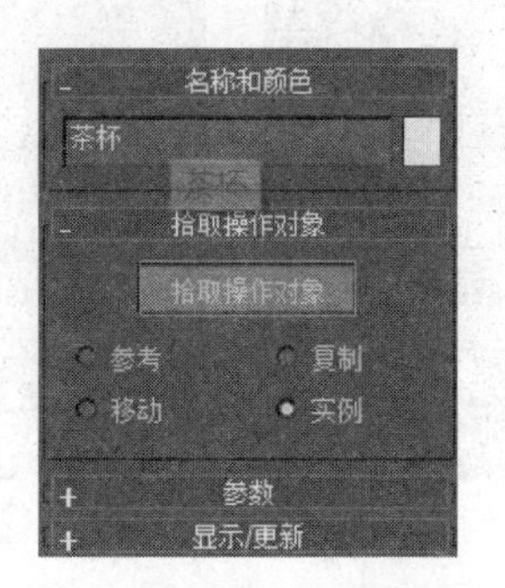

图2-150　连接对象的参数

03　单击"拾取操作对象"命令按钮,在场景中拾取茶杯把手,会发现茶杯和茶杯把手连接在一起,如图2-151所示。

04　在"插值"参数组中,"分段"用于设置连接桥中的分段数目,如图2-152所示。

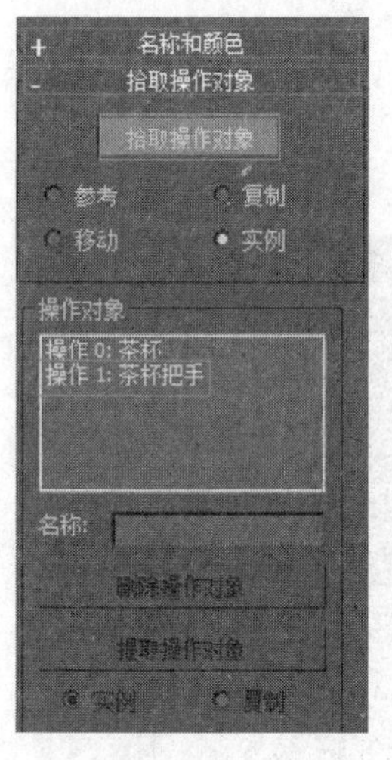

图2-151　连接效果

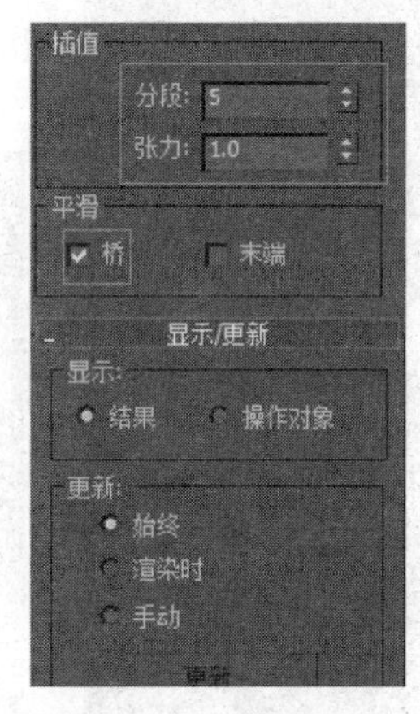

图2-152　连接桥的分段设置

2.7.6　一致建模

一致建模方法可以使一个对象的所有顶点贴附到另一个对象的表面,以适应这个对象的外形,例如,崎岖不平的地面上起伏的道路、覆盖于其他物品上的纺织品等。

动手演练　使用一致建模让小路随着山地起伏

01　打开素材文件"第2章 基础建模技术\素材文件\一致-山路.max",如图2-153所示。

02 选择小路对象，单击“一致”命令按钮，修改面板中会出现相应的参数，如图 2-154 所示。在“拾取包裹到对象”卷展栏中，单击“拾取包裹对象”命令按钮，在场景中拾取山地对象，如图 2-155 所示。

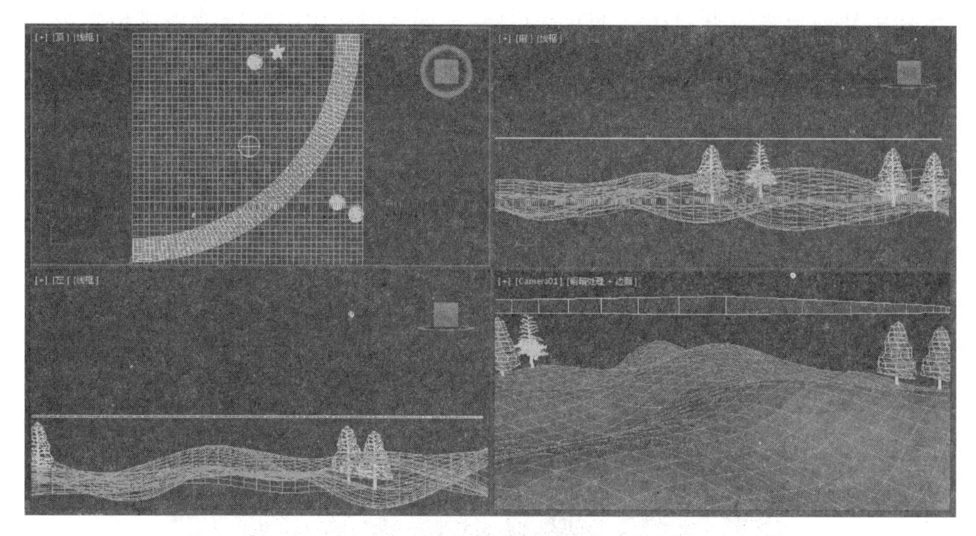

图 2-153 一致建模素材

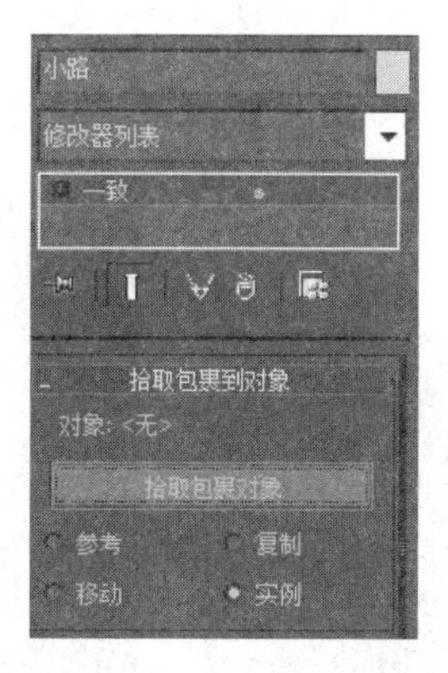

图 2-154 拾取一致建模的对象

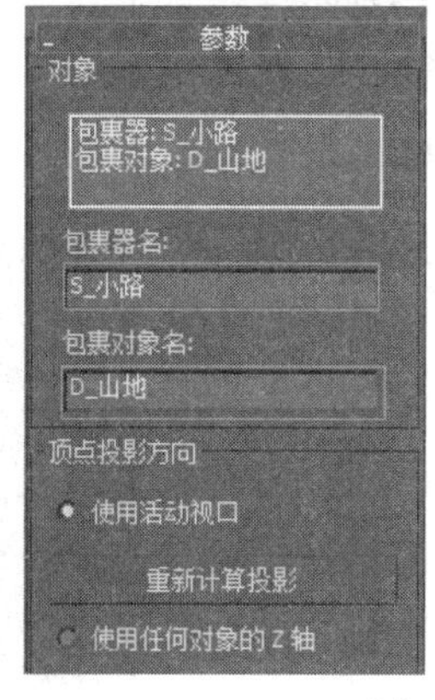

图 2-155 一致建模效果

2.8 综合实例

本节利用基础建模技术制作一个儿童乐园，如图 2-156 所示。该模型比较简单，主要应用了内置模型、车削、放样、阵列、间隔等命令。

图 2-156 儿童乐园效果

01 在顶视图中创建 2000×2000 的平面，命名为“地面”，如图 2-157 所示。

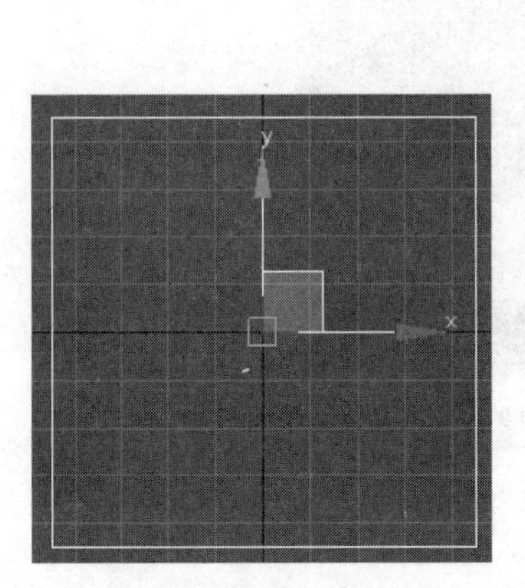

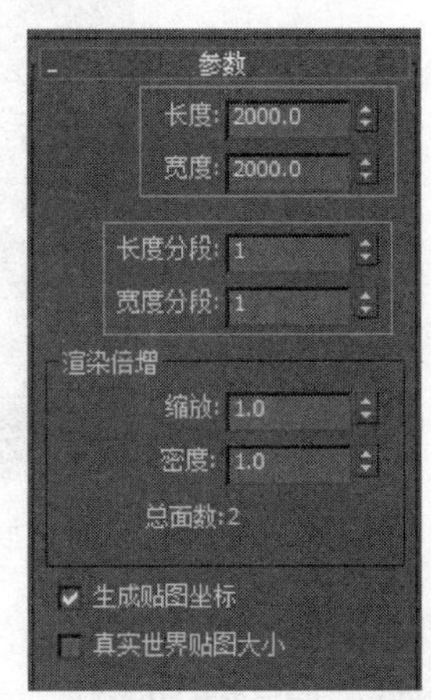

图 2-157 创建地面

02 使用车削命令制作小屋顶，使用圆柱体制作小屋的支撑柱和平台，如图 2-158 所示。

03 使用放样命令制作滑梯，如图 2-159 所示。

04 使用线、切角长方体、间隔工具制作连桥，并复制出 4 个，把各个小屋连接起来，如图 2-160 所示。

05 使用圆形、油罐、间隔工具制作围栏，复制出 5 个，与每个小屋的平台对齐，如图 2-161 所示。

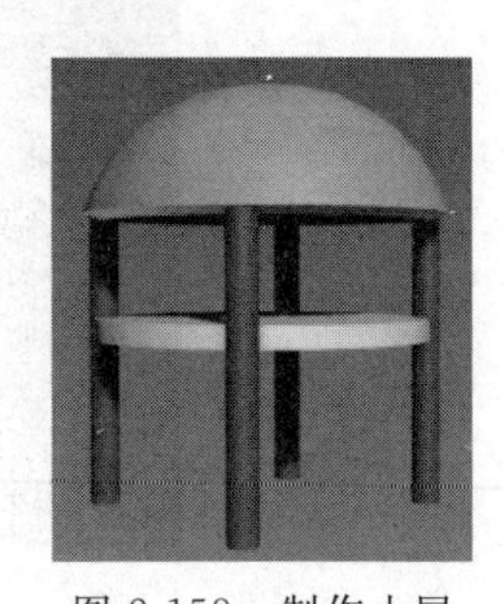

图 2-158 制作小屋

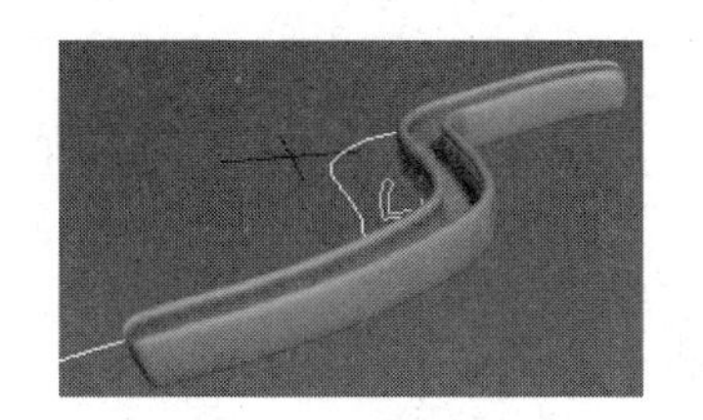

图 2-159　制作滑梯

图 2-160　制作连桥

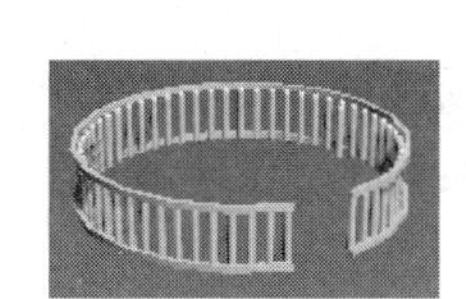

图 2-161　制作围栏

06　在创建面板中的 AEC 扩展子面板中制作各种植物。最后的效果如图 2-162 所示。

图 2-162　最后的效果

本章小结

本章主要学习了三维建模中的基础建模技术，内容包括内置模型建模、挤出建模、倒角建模、倒角剖面建模、车削建模、放样建模、复合对象建模等。应重点了解三维建模的基本概念，熟练使用建模辅助工具，掌握内置模型的建模方法，掌握挤出、倒角、倒角剖面、车削、放样等建模方法，掌握复合对象建模方法。

第 3 章 Chapter 3

多边形建模技术

本章学习重点

- 掌握多边形建模的基本方法。
- 掌握顶点、线段、多边形、边界、元素子对象级别的编辑命令。
- 熟悉常见的三维模型建模过程，掌握球类模型、建筑模型、游戏模型、工业模型等三维模型的建模规律。

多边形建模是 3ds Max 的高级建模技术，需要丰富的空间想象力和较高的图形绘制能力。在学习多边形建模技术的过程中，要理解多边形建模的原理，掌握点、线、面级别的建模方法，并反复实践以达到灵活运用的水平。

3.1 多边形建模的基本方法

3ds Max 提供了多种高级建模方法，其中包括多边形建模、面片建模、NURBS 建模等。

多边形建模灵活、方便，功能强大，适合创建形状、结构较为规则的物体，许多复杂的角色造型都是通过这种方式创建的。可编辑多边形的构成算法更优秀，是当前主流的操作方法，技术领先，理论上编辑多边形能做出任何模型。

面片建模的原理是二维表面建模，一般适合表面平滑、形状结构复杂的不规则物体，如动物等。

NURBS 建模基于 MURBS 曲线和 NURBS 曲面进行建模，最终造型由解析计算生成，速度快，精度高，表面光滑，能比多边形建模更好地控制对象表面的曲度。它目前已成为模型设计和曲面造型的工业标准，适合创建表面光滑的物体，如工业产品等。

本章通过目前较流行的多边形建模技术剖析高级建模的原理和方法。

3.1.1 多边形建模的原理

多边形建模把一个三维模型分为 4 个层次的对象，分别是点、线、面、几何体，点的集合构成边，线的集合构成面，面的集合构成几何体，一个三维模型可以包含多个几何体。

如图 3-1 所示，每个几何模型都由若干个面构成，每个面由 3 条或 4 条线构成，每条线由若干个点构成。随着点的增加，多边形的线随之增加，面也会增加，模型表面的细节也会增加，占用系统的资源也会增加。所以，在建模时应根据需要把握细节的程度，不能一味求精而让一个模型占用过多的系统资源。

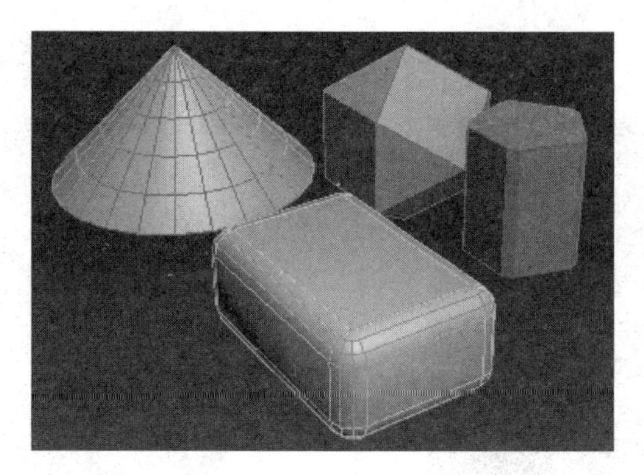

图 3-1　几何模型

3.1.2　创建可编辑多边形

创建可编辑多边形有 3 种方法，分别是转换为可编辑多边形、塌陷对象、使用“编辑多边形”修改器。下面分别介绍这 3 种方法。

1. 转换为可编辑多边形

可以将 NURBS 曲面、可编辑网格、样条线、基本体和面片曲面转换为可编辑多边形。转换时，在所选对象上右击，在弹出的快捷菜单中选择“转换为”→“转换为可编辑多边形”命令，该对象就会转换为可编辑多边形，如图 3-2 所示。

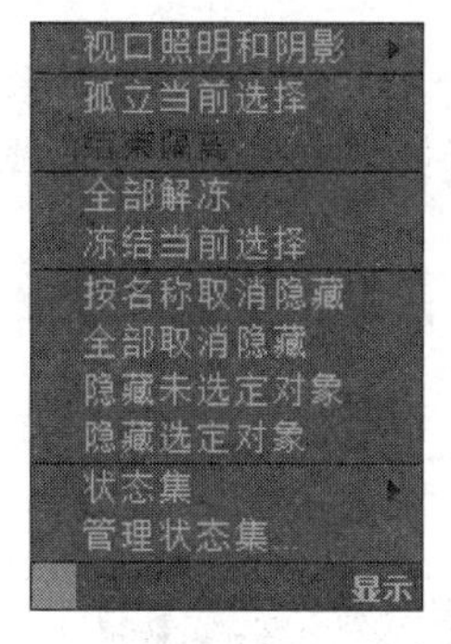

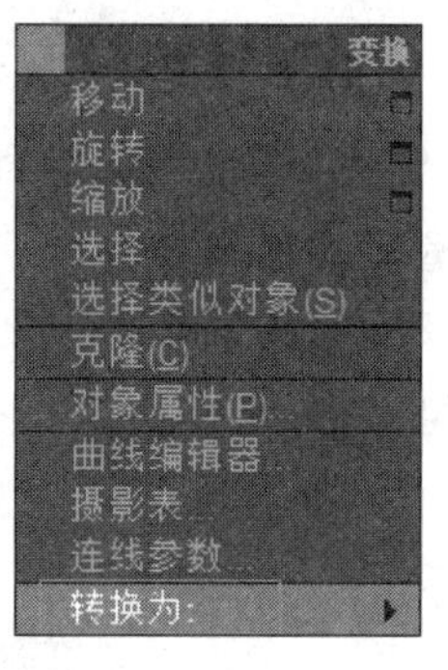

图 3-2　转换为可编辑多边形

2. 塌陷对象

塌陷命令是创建可编辑多边形对象最简单、最直接的方法。对象塌陷后将丢失所有创建数据，因此，在使用塌陷命令时，必须保证所有的编辑工作正确完成。以下介绍塌陷对象的方法。

一种塌陷对象的方法与“转换为可编辑多边形”命令很相似，在图 3-2 中，选择“转换为可编辑网格”命令，该对象即被塌陷为网格对象。

另一种塌陷对象的方法是，在命令面板中单击 即可打开“实用程序”面板，如图 3-3 所示。单击“塌陷”命令按钮，在修改面板中会出现“塌陷”卷展栏，如图 3-4 所示。单击“塌陷选定对象”命令按钮，该对象就被塌陷为网格对象。

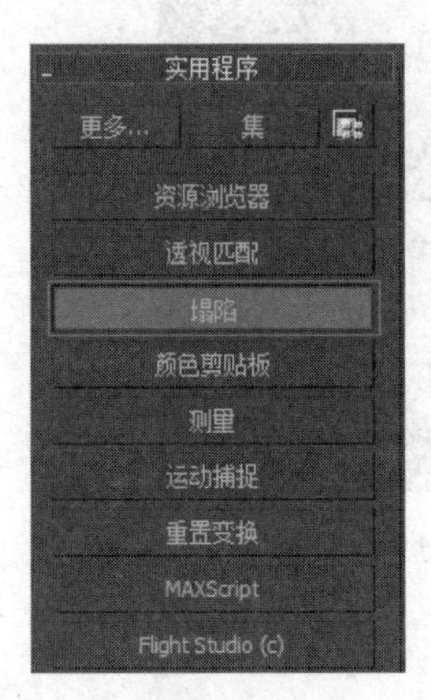

图 3-3 “实用程序”面板

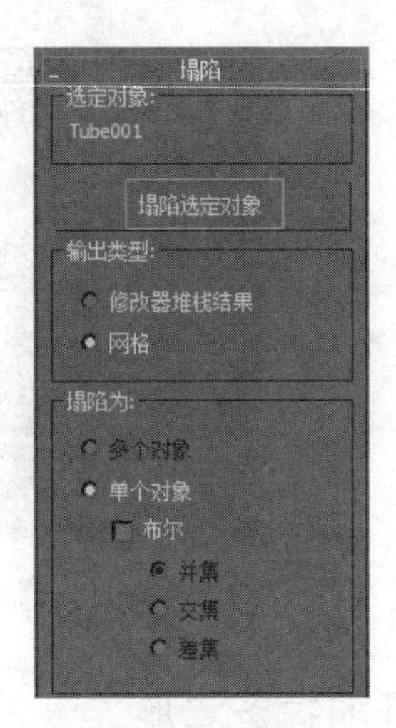

图 3-4 “塌陷”卷展栏

3. 使用“编辑多边形”修改器

使用“编辑多边形”修改器也可以把对象转换为可编辑多边形对象,同时保留原对象的所有参数,如图 3-5 所示。

这种方法适用于模型参数还没有完全确定,可能需要修改的情况。

3.1.3 多边形建模的公共命令

1. 选择多边形子对象

一个对象被转换为可编辑多边形以后,进入“修改”面板,展开修改器堆栈,就可以看到该对象的子对象,可以选择子对象并进行编辑和修改。

在修改堆栈中,单击“编辑多边形”前面的“+”可以展开子对象层级,如图 3-6 所示。多边形对象包含了 5 种可供编辑的子对象,分别是顶点、边、边界、多边形、元素。

图 3-5 “编辑多边形”修改器

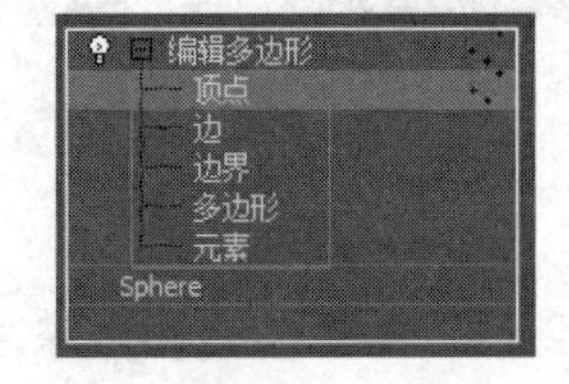

图 3-6 编辑多边形的子对象

- 顶点:是最低层级。
- 边:由两个顶点连接起来构成的线。
- 边界(也叫封套):是没有面的多边形。边界子对象是高级版本的新增元素,解决了建模时产生的开放边界难以处理的问题。
- 多边形:由 4 条线段构成。
- 元素:由连续的多边形构成的单元组。

每个次级对象都有相应的多个编辑命令，可以对多边形对象以及子对象进行编辑。在编辑之前，首先要选择多边形的子对象，方法是：单击“选择”卷展栏中的次级对象按钮，然后在场景中的对象上单击，该次级对象即被选中。如果需要选择多个子对象，可以通过图 3-7 的“收缩”“扩大”“环形”“循环”命令按钮来实现。

选择这 5 个子对象的快捷键分别是 1、2、3、4、5。按下快捷键“1”快速进入顶点级别，按下快捷键“2”快速进入边级别，按下快捷键“3”快速进入边界级别，按下快捷键“4”快速进入多边形级别，按下快捷键“5”快速进入元素级别。

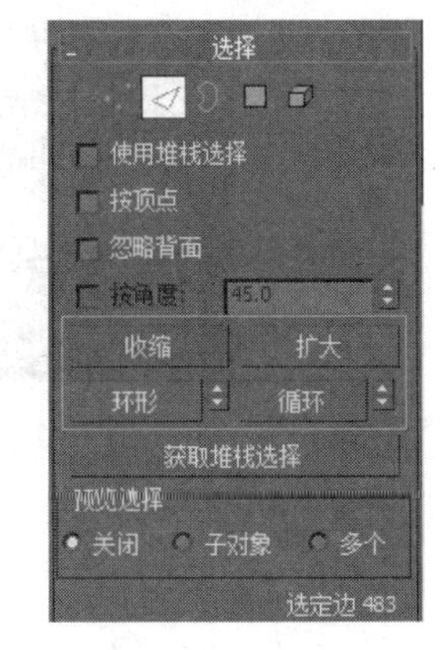

图 3-7 多边形子对象的选择

动手演练 选择多边形次级对象

01 打开素材文件“第 3 章 多边形建模技术\素材文件\轴承.max”，该场景包含了所有的三维模型，如图 3-8 所示。

02 选择“多边形”子对象后，在“选择”卷展栏下，勾选“忽略背面”复选框，会发现背面的多边形没有被选中，如图 3-9 所示。

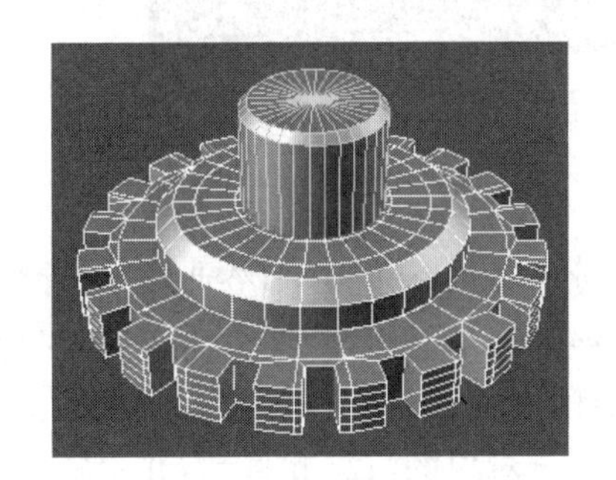

图 3-8 轴承的三维模型

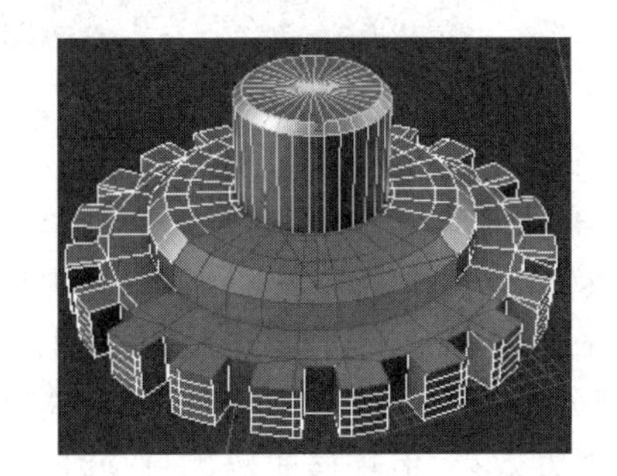

图 3-9 勾选“忽略背面”复选框的效果

03 单击“扩大”命令按钮，选择范围沿着被选择对象的边缘扩大；与之相反，“收缩”命令按钮的功能是沿着被选择对象的边缘缩小。“扩大”和“收缩”命令的效果如图 3-10 所示。

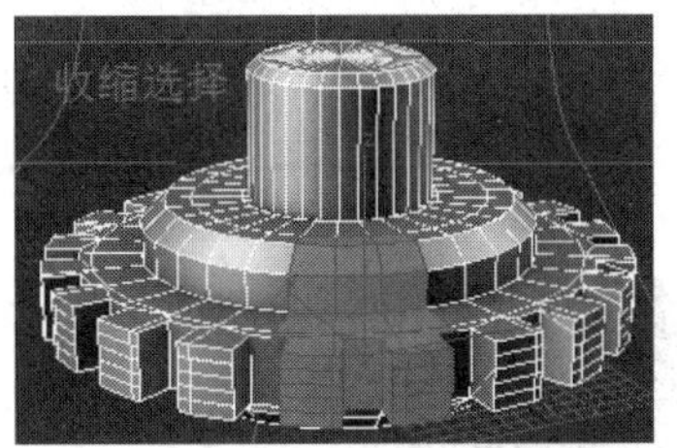

图 3-10 “扩大”和“收缩”命令的效果

04 “环形”命令用于选择与所选对象平行的对象。进入“线段”子对象，在场景中任意选择一条线段，在“选择”卷展栏下，单击“环形”命令按钮，会发现所有与选择的线段平行的线段都被选中了，如图 3-11 所示。

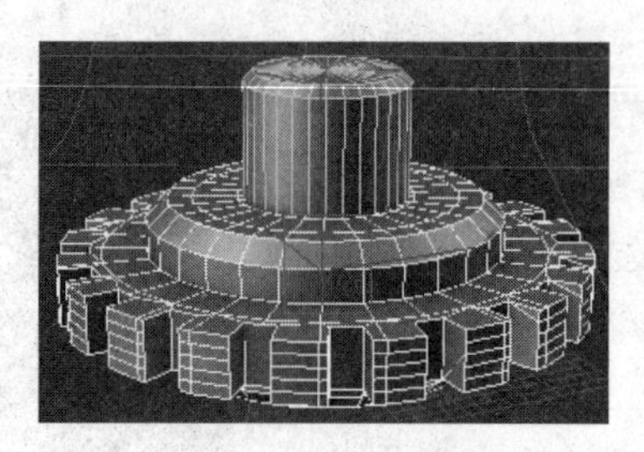
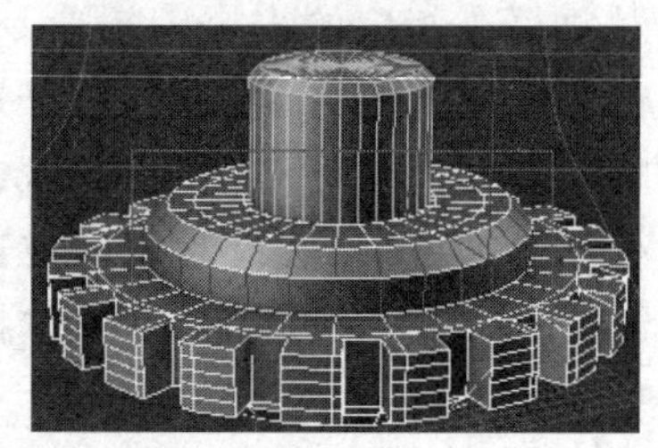

图 3-11 “环形”命令的效果

05 “循环”命令用于选择与所选对象在一条环形线上的对象。选择“线段”子对象，单击“循环”命令按钮，会发现所有与选择的线段在一条环形线上的线段都被选中了，如图 3-12 所示。

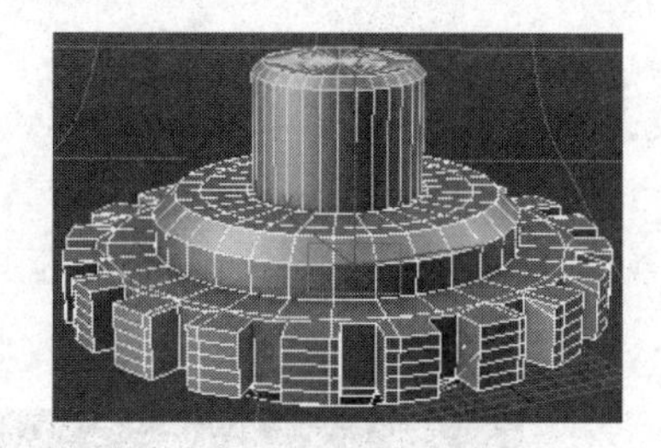
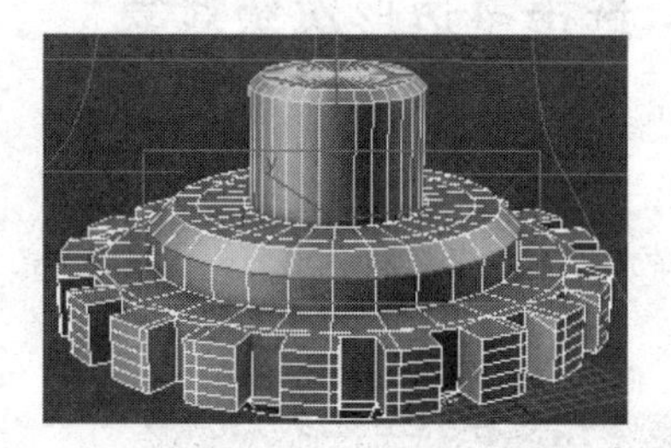

图 3-12 “循环”命令的效果

2. 细分曲面

如果被选中对象是由“塌陷”命令生成的，在修改面板中会出现“细分曲面”卷展栏；如果该对象是通过添加“编辑多边形”命令生成的，则卷展栏中不会出现“细分曲面”卷展栏。

“细分曲面”卷展栏下的各项命令能够细分对象的表面，即使对象的分段很少，也能得到很好的观察效果，但这样的效果只是将平滑效果应用于对象的渲染和显示，并不实际增加顶点数，也不能用于编辑。

动手演练 修改机器人头盔的细分曲面

01 打开素材文件“第 3 章 多边形建模技术\素材文件\机器人头盔.max”，该文件包含了本例要使用的三维模型，如图 3-13 所示。

02 在“细分曲面”卷展栏中，勾选“平滑结果”复选框，平滑效果如图 3-14 所示。

图 3-13 机器人头盔模型

图 3-14 勾选“平滑结果”复选框后的头盔模型

03 勾选“使用 NURMS 细分”复选框，对象将使用 NURMS 细分方式处理表面的平滑效果，如图 3-15 所示。“迭代次数”和“平滑度”参数值不同，平滑效果也不同，如图 3-16 所示。

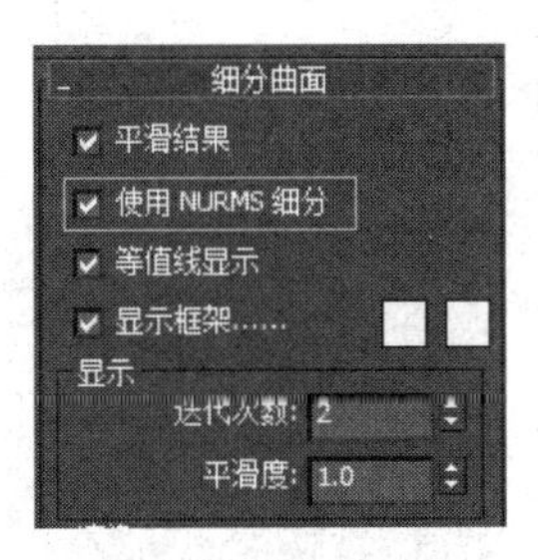

图 3-15 “使用 NURMS 细分”选项

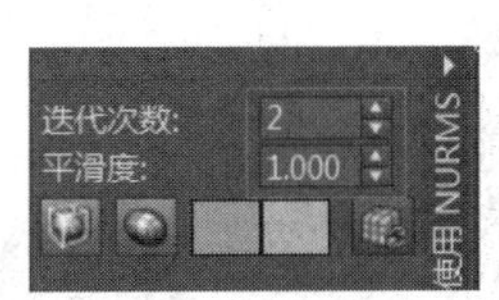

图 3-16 “迭代次数”和“平滑度”参数值对平滑效果的影响

3. 绘制变形

绘制变形工具通过使用鼠标在多边形对象上推、拉或拖动来影响顶点。它适合制作人体或动物的组织器官等表面不规则的三维模型。

动手演练 使用平面对象制作山

01 在顶视图上，使用“平面”工具创建一个平面，命名为“山”，如图 3-17 所示。

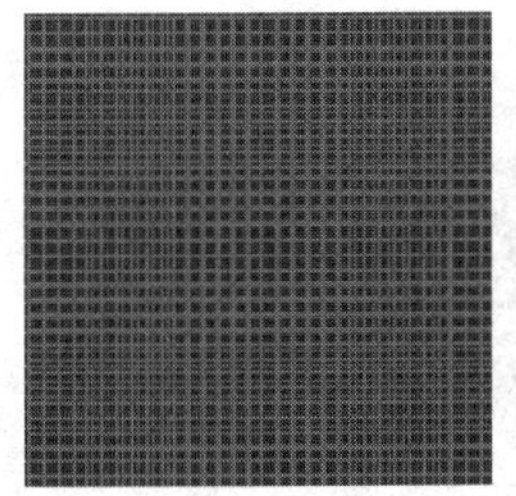

图 3-17 绘制平面

02 把平面转换为可编辑多边形，进入顶点级别，在“软选择”卷展栏中勾选“使用软选择”复选框，在“绘制软选择”参数组中单击“绘制”命令按钮，然后在场景中绘制顶点，如图 3-18 所示。

03 在“绘制变形”卷展栏中，单击“推/拉”命令按钮，然后在场景中推拉顶点，会发现顶点经过推拉后高出地面，如图 3-19 所示。

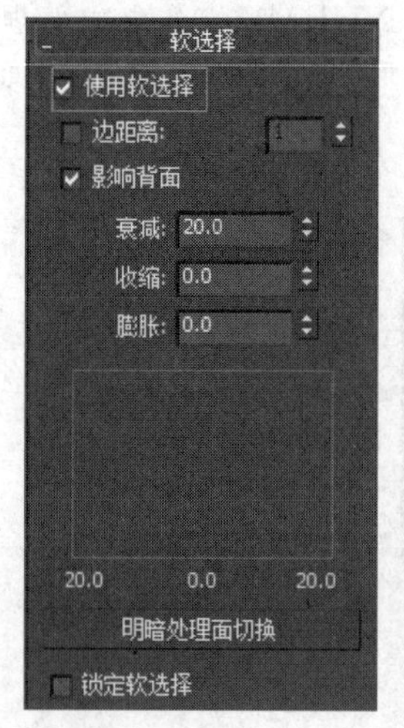

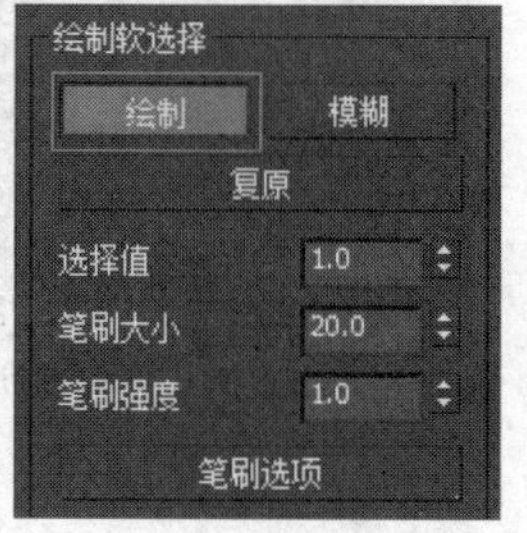

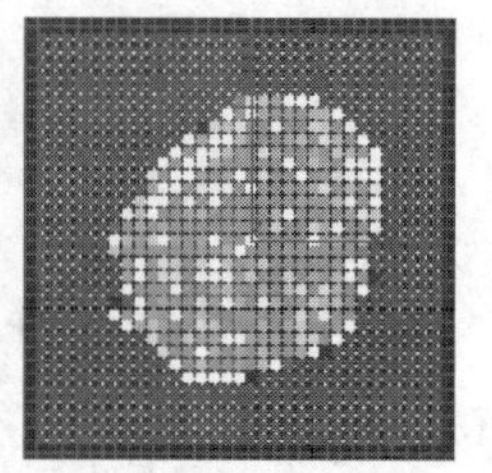

图 3-18 开启“软选择”

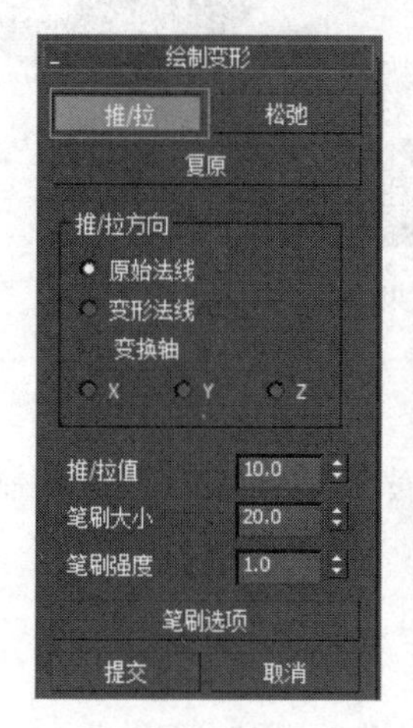

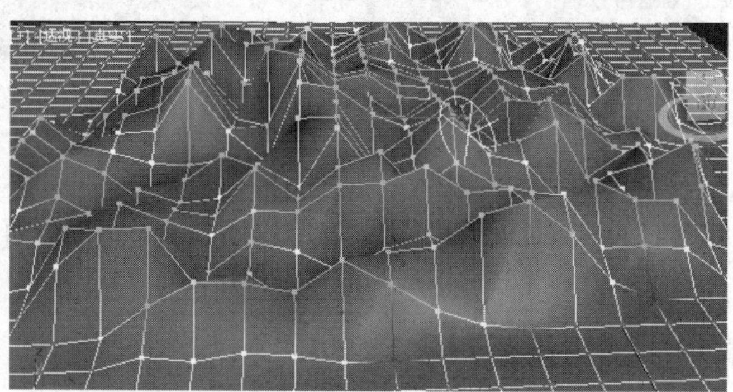

图 3-19 “推/拉”命令

04 可以使用“松弛”命令使顶点太尖锐的部分更平滑，更自然，效果如图 3-20 所示。

图 3-20 使用“松弛”命令的效果

3.2 编辑多边形对象的子对象

3.2.1 编辑顶点对象

顶点是多边形对象中最基本的组成单位。对顶点执行移动、缩放等命令时，顶点所在的几何体会发生改变。下面通过一个实例说明顶点对象编辑方法。

动手演练 利用多边形顶点编辑制作玫瑰花

本例主要利用多边形顶点编辑制作玫瑰花的花瓣，使用车削命令制作花蕊，使用放样命令制作花秆和花颈。最终效果如图 3-21 所示。

01 在前视图中创建平面，参数如图 3-22 所示。

图 3-21 玫瑰花

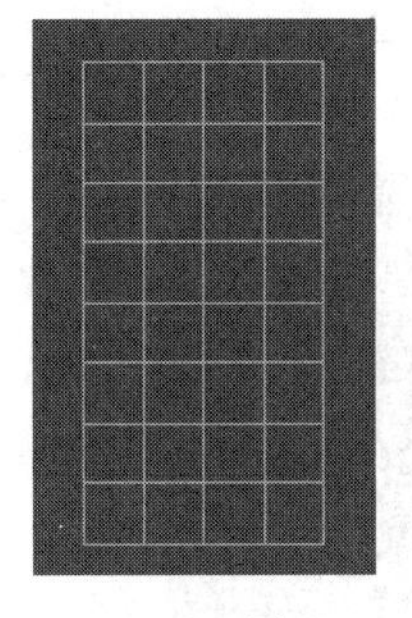

图 3-22 创建平面

02 转换为可编辑多边形，进入顶点级别，缩放和移动顶点，调整花瓣的形状，如图 3-23 所示。

03 在左视图中移动顶点，调整花瓣的弯曲度，使花瓣表面过渡自然，如图 3-24 所示。

04 在前视图中选择个别顶点，在左视图中移动，使花瓣出现凹凸，增加真实感，如图 3-25 所示。

05 添加"网格平滑"命令。在"细分曲面"卷展栏中选择"使用 NURMS 细分"复选框，增加表面光滑度。在左视图中移动轴，使花瓣的轴位于最下面的点。使用旋转复制方法，复制出两个花瓣，使花瓣出现 3 层，如图 3-26 所示。

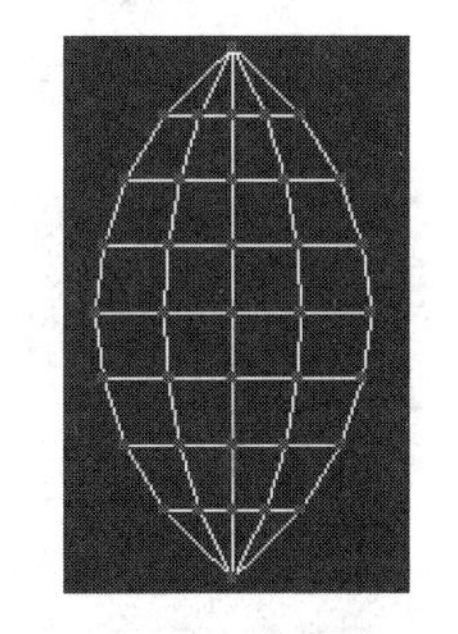

图 3-23 在前视图中缩放和移动顶点

06 在顶视图中阵列复制每一个花瓣，并使用旋转工具调整花瓣，使花瓣的角度不完全一致，增加随机性，如图 3-27 所示。

07 使用"车削"命令制作花蕊的上部，使用"放样"命令制作花秆和花颈，使用"组"命令使它们成组，移动轴，在顶视图中阵列出 4 个，如图 3-28 所示。

08 在场景中绘制与花瓣弯曲度接近的线作为花颈，移动轴到线的底部，勾选"在渲染中启用"复选框，在顶视图中执行"工具"→"阵列"菜单命令，制作出花颈，如图 3-29 所示。渲染模型，查看效果。

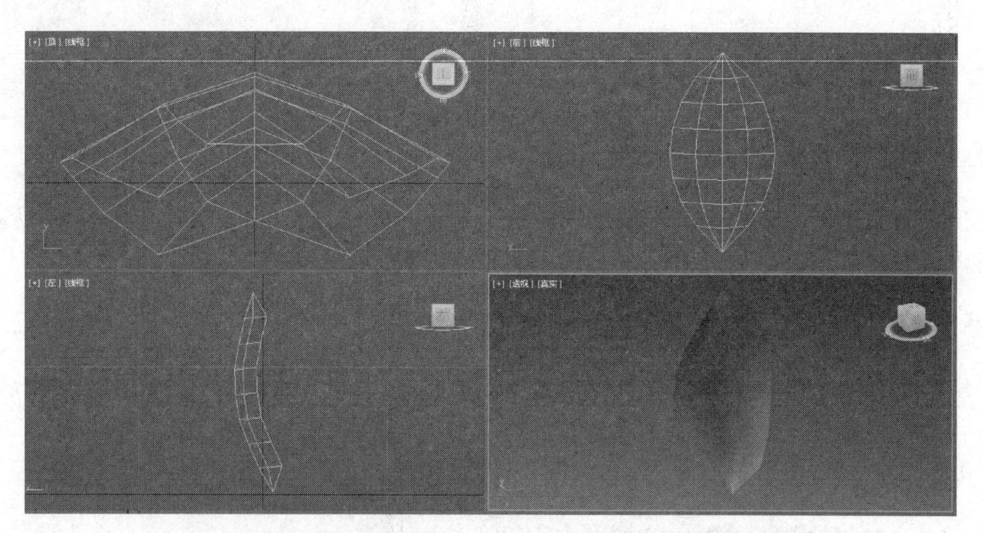

图 3-24　在左视图中移动顶点调整花瓣的弯曲度

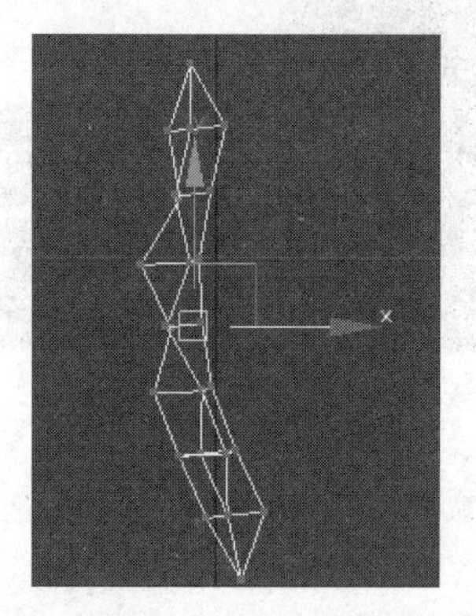

图 3-25　在左视图中移动顶点

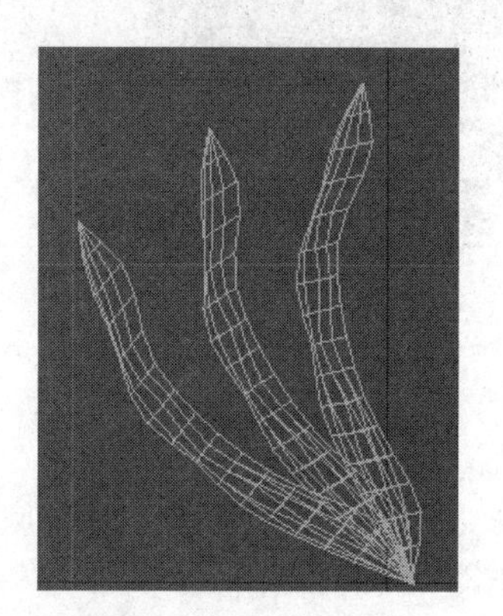

图 3-26　旋转复制花瓣

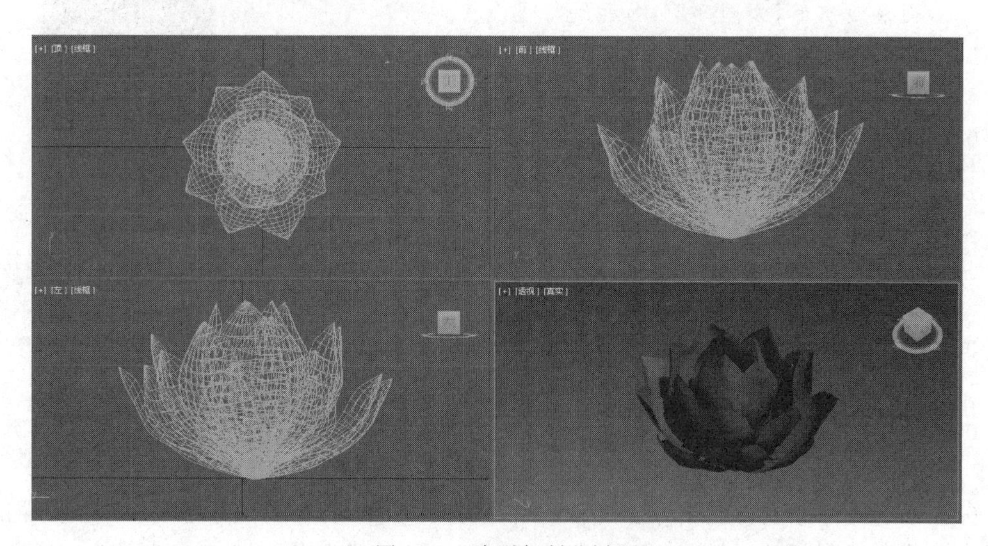

图 3-27　阵列复制花瓣

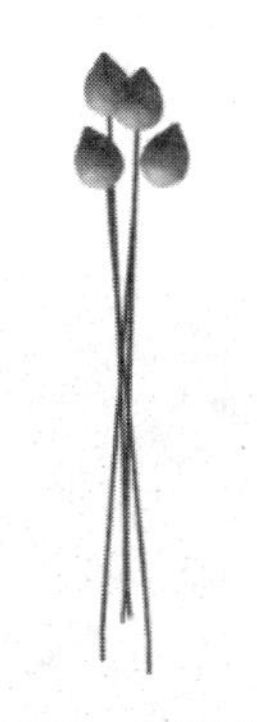

图 3-28 制作花蕊　　图 3-29 制作花颈

详细参数请参考素材文件“第 3 章 多边形建模技术\素材文件\玫瑰模型\玫瑰花.max”。

3.2.2 编辑边对象

边是连接两个顶点的直线，通过 3 条或 3 条以上的边可以确定一个面。在边级别可以使用挤出、复制等命令制作三维模型。

动手演练 利用多边形模型的边制作欧式抱枕

本例主要利用多边形模型的边制作欧式抱枕，效果如图 3-30 所示。

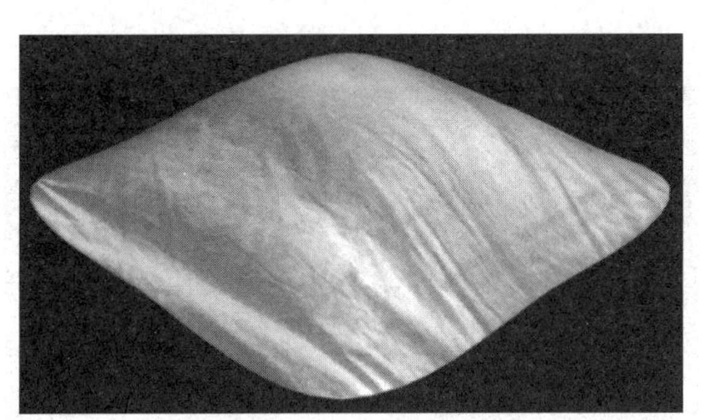

图 3-30 欧式抱枕效果

01 在顶视图中创建长方体，参数如图 3-31 所示。

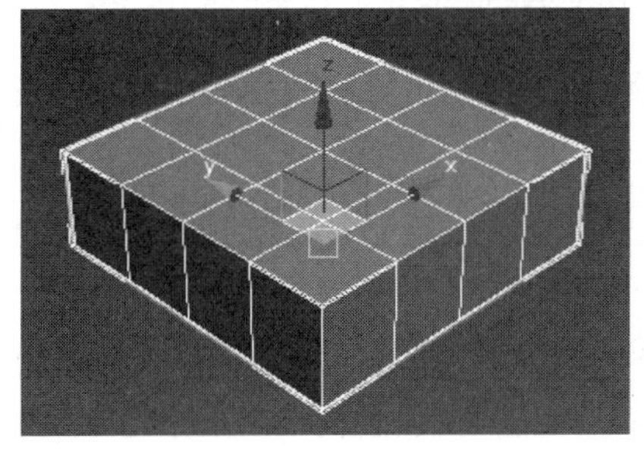

图 3-31 创建长方体

02　把长方体转换为可编辑多边形。进入顶点级别，在顶视图中选择边缘的顶点（注意选中上下两个面的顶点），在前视图中使用缩放工具，把上下两个顶点缩放成看起来像是一个顶点，如图 3-32 所示。

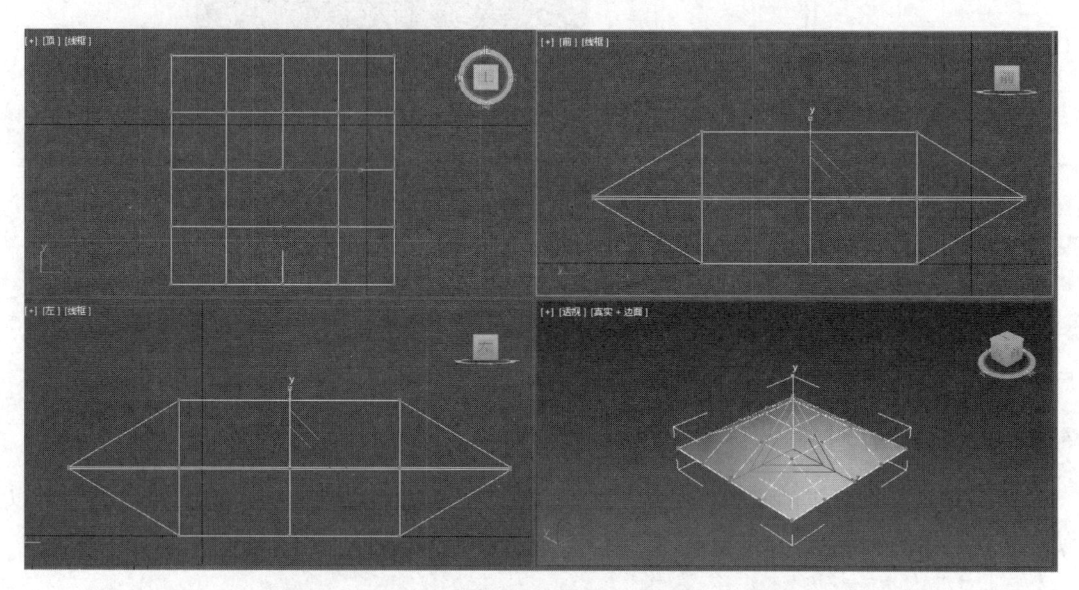

图 3-32　缩放上下边缘的顶点

03　选中边缘的一条边，单击“循环”命令按钮，以选中边缘所有的边。单击“编辑边”卷展栏中的“挤出”命令按钮，设置挤出“数量”值为 30，如图 3-33 所示。

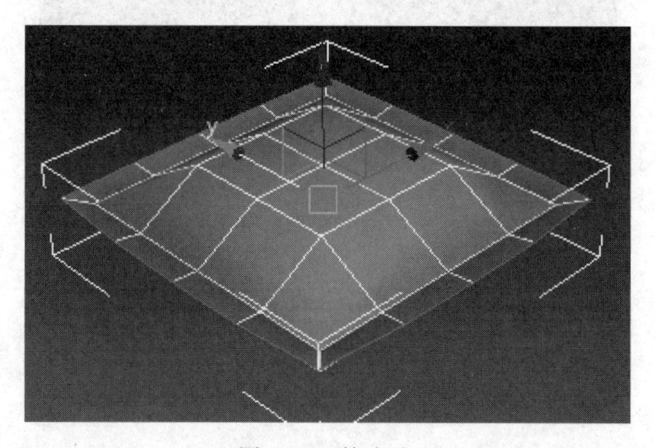

图 3-33　挤出边

04　再进入顶点级别，每隔一个顶点选择一个顶点，在前视图中向下移动，使边缘呈现荷叶边的形态，如图 3-34 所示。

05　添加“FFD4×4×4”命令，进入控制点级别，移动控制点，使抱枕更膨胀，如图 3-35 所示。

06　添加“网格平滑”命令，设置平滑迭代次数为 2。贴图后的抱枕如图 3-30 所示。

详细参数可以参考素材文件“第 3 章 多边形建模技术\素材文件\欧式抱枕\欧式抱枕.max”。

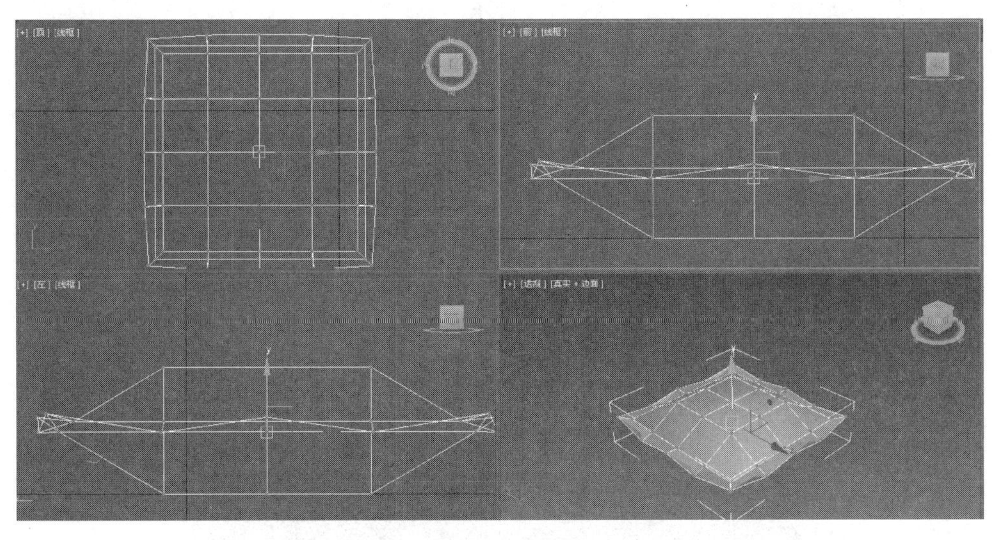

图 3-34 向下移动顶点

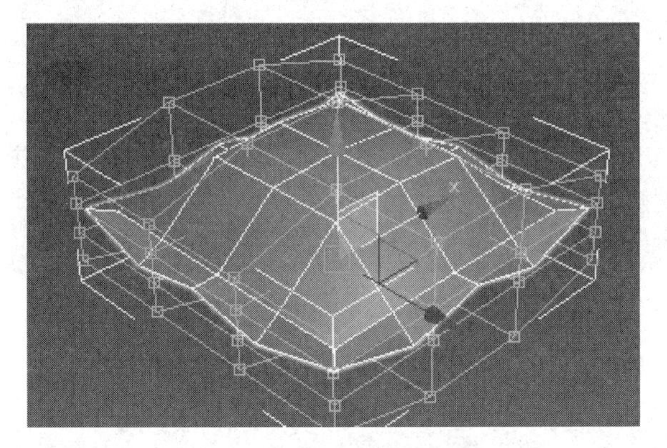

图 3-35 添加 FFD 修改器

动手演练 利用多边形模型的边制作艺术盘子

本例主要利用多边形模型的边制作艺术盘子，效果如图 3-36 所示。

图 3-36 艺术盘子效果

01 在顶视图中创建圆柱体，参数如图 3-37 所示。

02 把圆柱体转换为可编辑多边形，进入边级别，在顶视图中选择上部边缘的一条边，

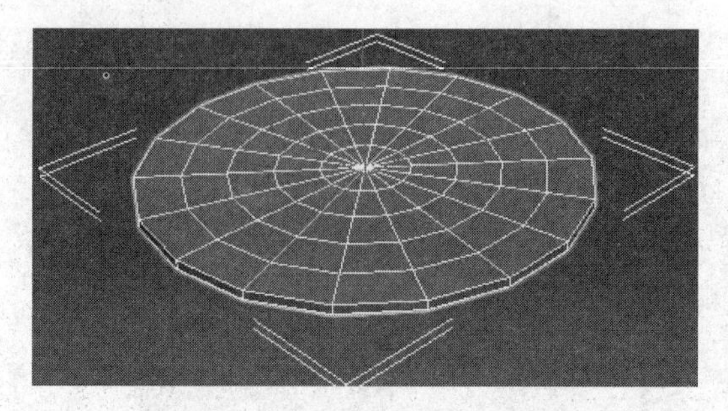

图 3-37 创建圆柱体

单击“循环”命令按钮，以选中边缘上的所有边，单击“编辑边”卷展栏中的“挤出”命令按钮，设置挤出“数量”值为 80，“宽度”为 3，如图 3-38 所示。

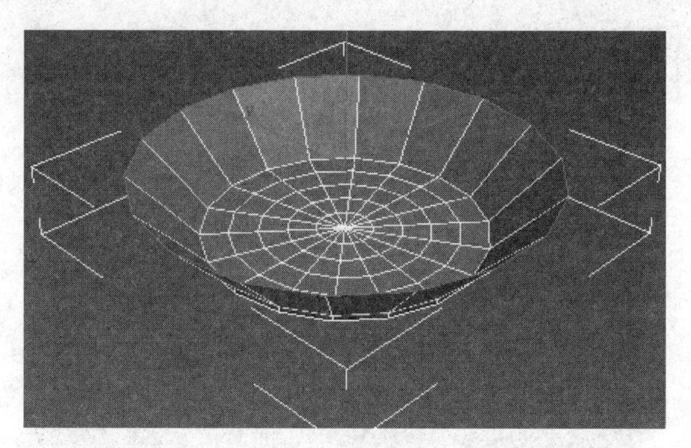

图 3-38 挤出边

03 继续挤出边，设置挤出“数量”值为 40，如图 3-39 所示。

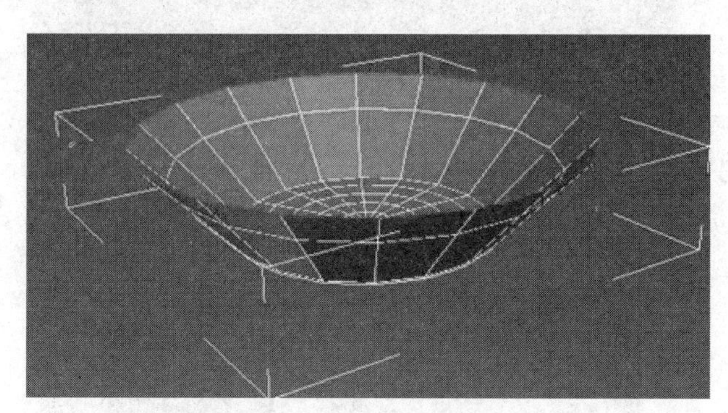

图 3-39 第二次挤出边

04 在前视图中向下移动第二次挤出的边，移动时参考第一次挤出的高度，如图 3-40 所示。

05 再进入顶点级别，每隔 5 个顶点选择一个顶点，在前视图中向下移动，使边缘有起伏，如图 3-41 所示。

06 添加“网格平滑”命令，设置平滑迭代次数为 2。添加金属材质后的艺术盘子如图 3-36 所示。

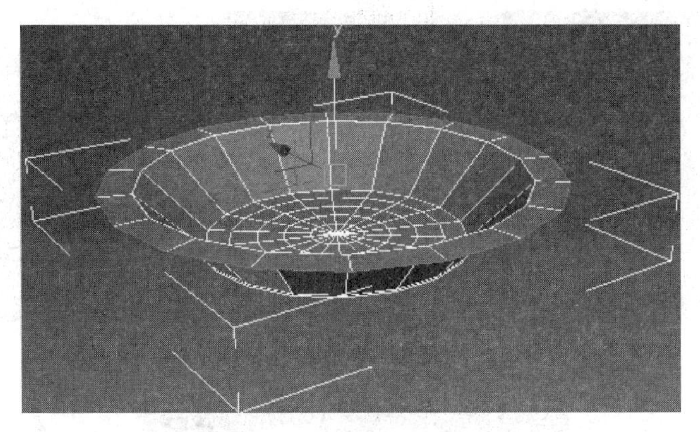

图 3-40 在前视图中移动边

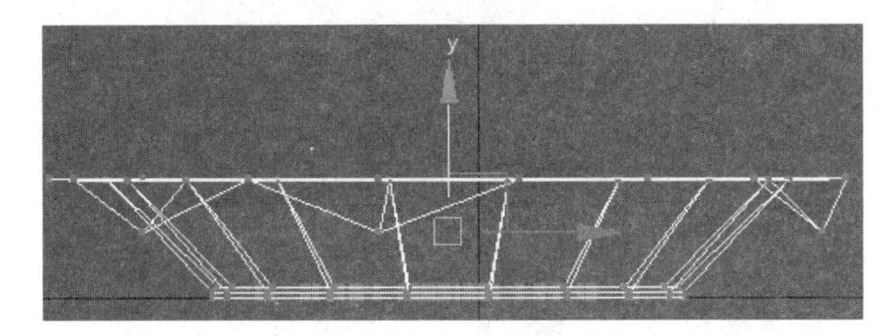

图 3-41 在前视图中向下移动顶点

详细参数可以参考素材文件“第 3 章 多边形建模技术\素材文件\艺术盘子.max”。

3.2.3 编辑多边形对象

多边形对象的多边形和元素子对象的编辑命令完全相同，常用的有“挤出”“倒角”“插入”“桥”等。本节将在实例中讲述这些命令的应用。

动手演练 使用多边形建模制作烟灰缸

图 3-42 是烟灰缸的效果。

图 3-42 烟灰缸的效果

01 在顶视图中使用圆柱体工具创建圆柱体，命名为“烟灰缸”，如图 3-43 所示。

02 右击烟灰缸，将其转换为可编辑多边形。进入多边形级别，在前视图中选择所有多边形，再按住 Alt 键减去下面的多边形，如图 3-44 所示。

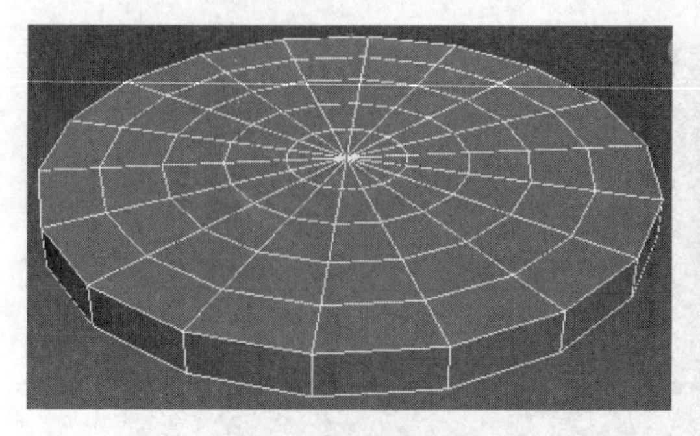
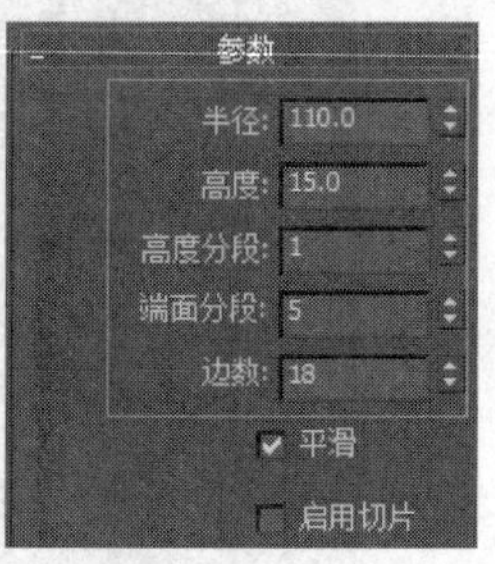

图 3-43 创建圆柱体

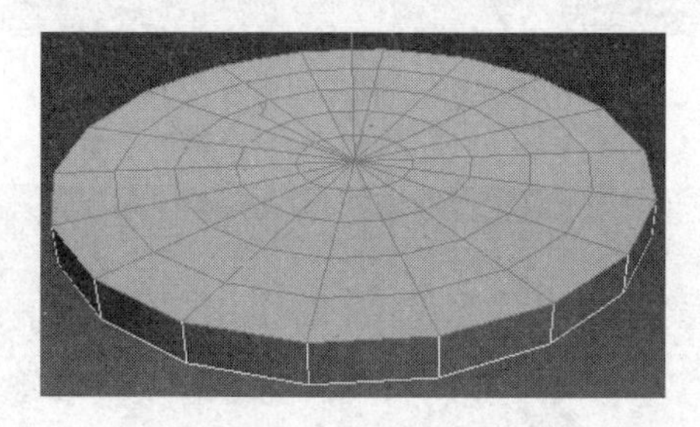

图 3-44 选择上面的多边形

03 把框选工具切换为圆形工具，在顶视图中按住 Alt 键减去内部的多边形，如图 3-45 所示。

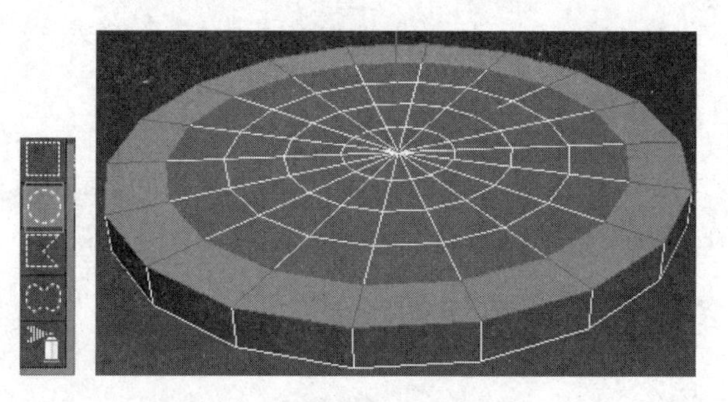

图 3-45 选择边缘的多边形

04 在修改面板的"编辑多边形"卷展栏中单击"挤出"命令按钮后面的设置按钮，在"挤出高度"数值框中输入 20，单击确定，效果如图 3-46 所示。

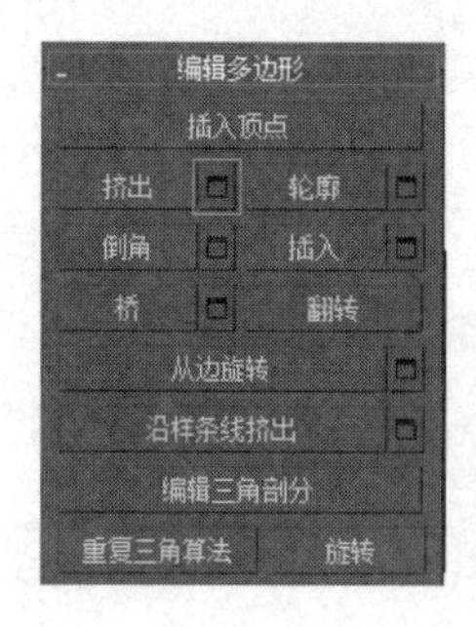

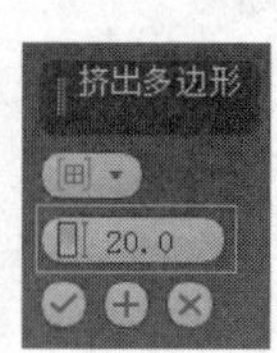

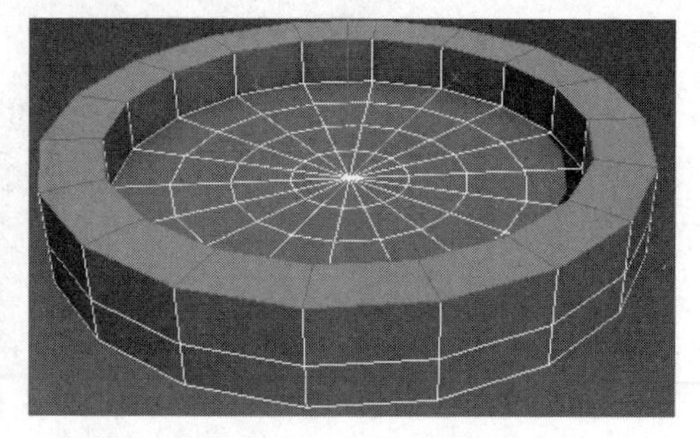

图 3-46 "挤出"命令

05　每隔5个多边形减去一个多边形，再次执行挤出命令，挤出高度为20，如图3-47所示。

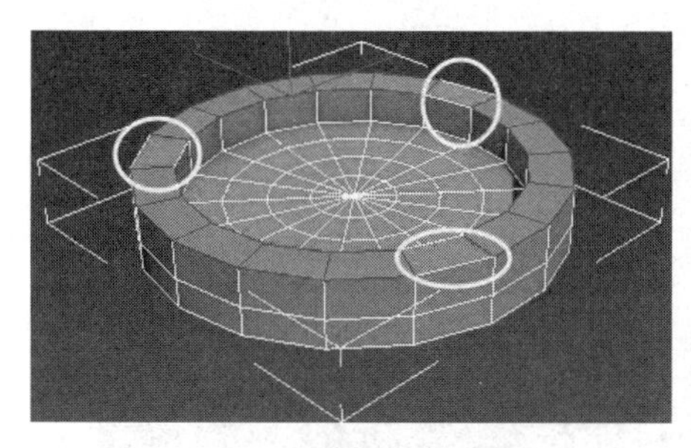
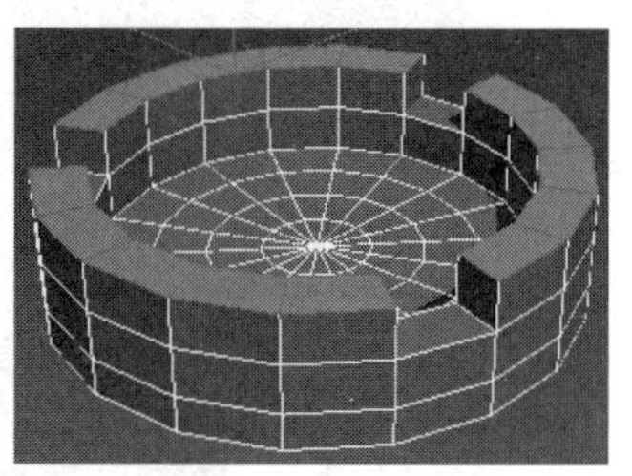

图3-47　减去3个多边形后再次挤出

06　返回可编辑多边形级别，为其添加“网格平滑”命令，设置“迭代次数”值为2，如图3-48所示。

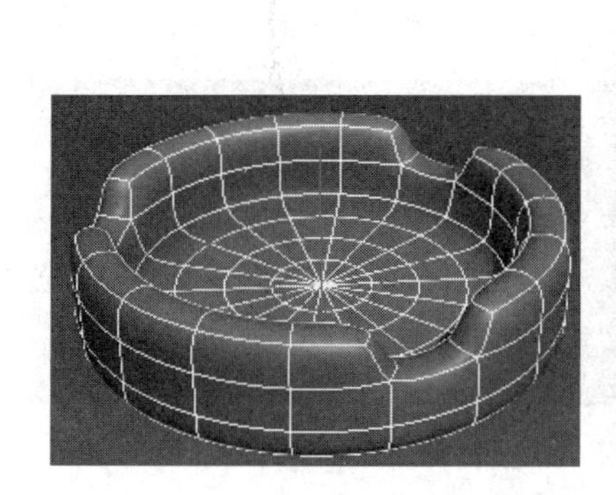
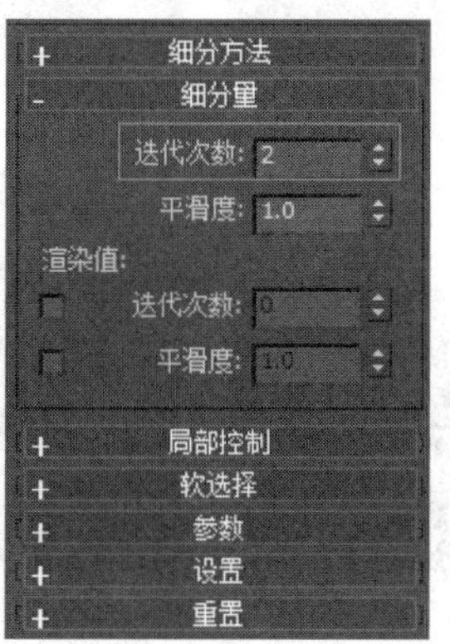

图3-48　添加“网格平滑”命令

详细参数可以参考素材文件“第3章 多边形建模技术\素材文件\烟灰缸.max”。

动手演练　使用多边形倒角命令制作水龙头

首先进行模型分析。水龙头的左右两个开关是相同的，所以可以同步制作。中间的水龙头形状越来越细，可以使用倒角命令制作。下面开始制作图3-49所示的水龙头模型。

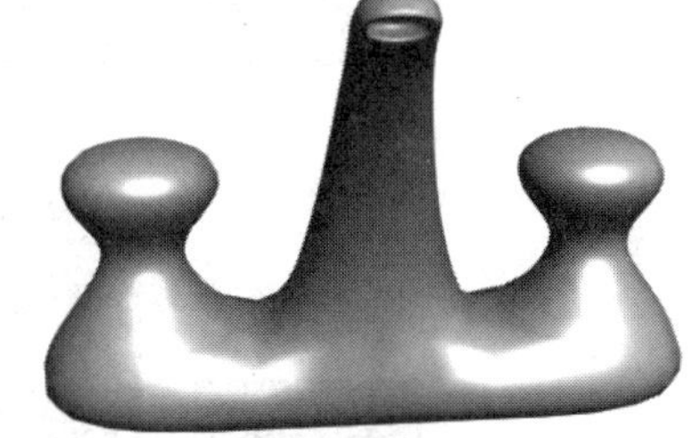

图3-49　水龙头模型

01　在顶视图中创建长60mm、宽180mm、高20mm的长方体，作为水龙头底座，注意“宽度分段”为3，“长度分段”和“高度分段”都为1，如图3-50所示。

02　将长方体转换为可编辑多边形，进入“多边形”级别，同时选中左右两个多边形，执行倒角和挤出命令，如图3-51～图3-54所示。

03　选择中间的多边形，使用倒角和移动命令制作中间的水龙头，如图3-55所示。

04　选择前面的多边形，单击修改面板中的“插入”命令按钮，在弹出的对话框中输入插入量为3，如图3-56所示。

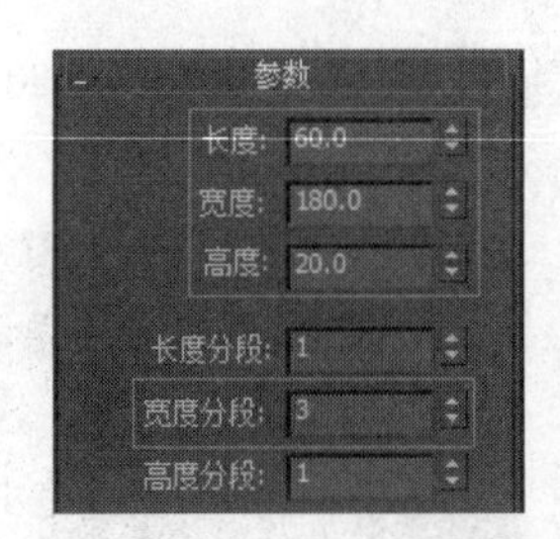

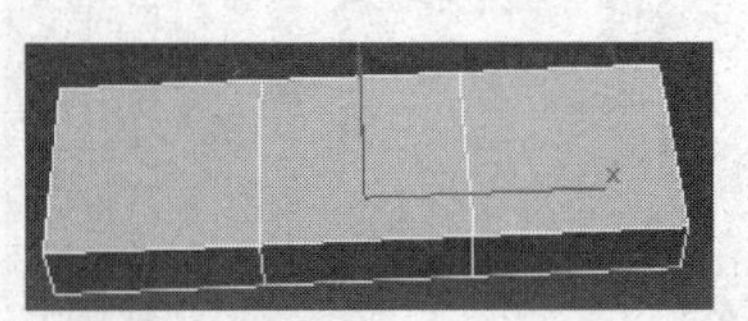

图 3-50 绘制水龙头底座

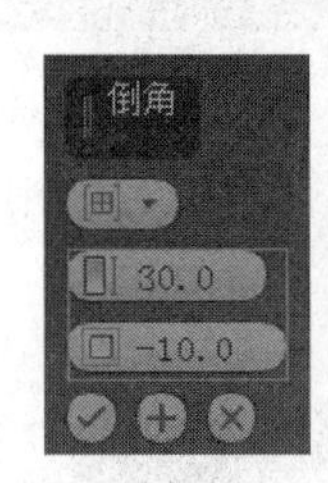

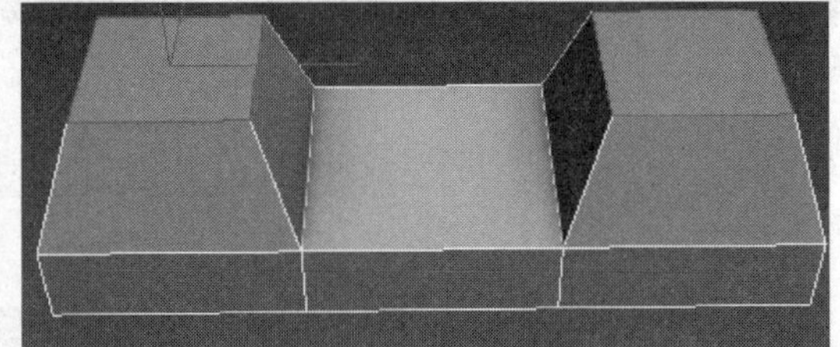

图 3-51 第一次执行倒角命令

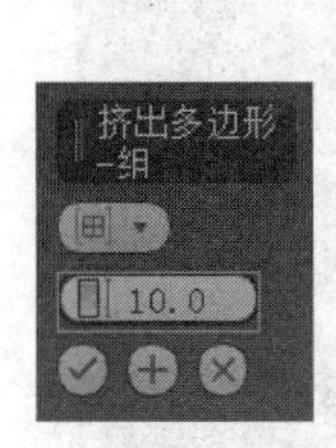

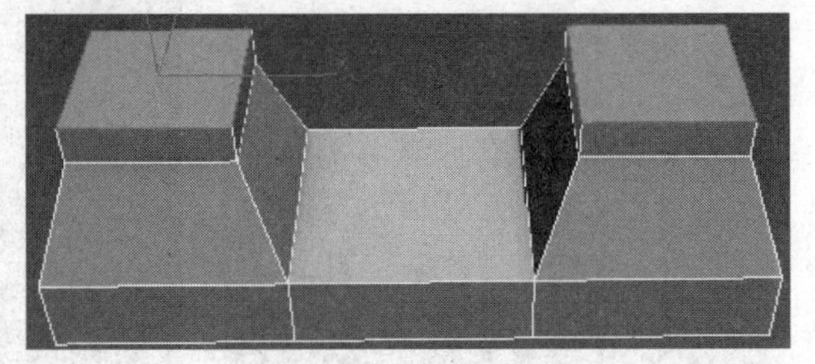

图 3-52 执行挤出命令

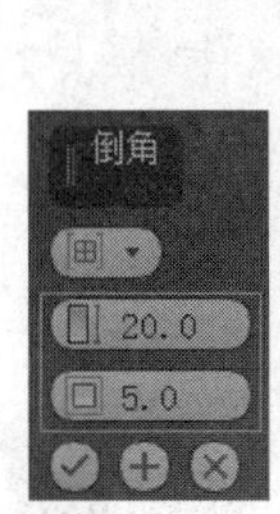

图 3-53 第二次执行倒角命令

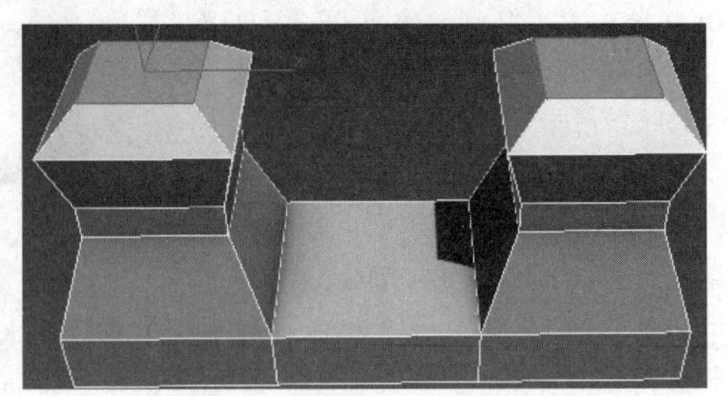

图 3-54 第三次执行倒角命令

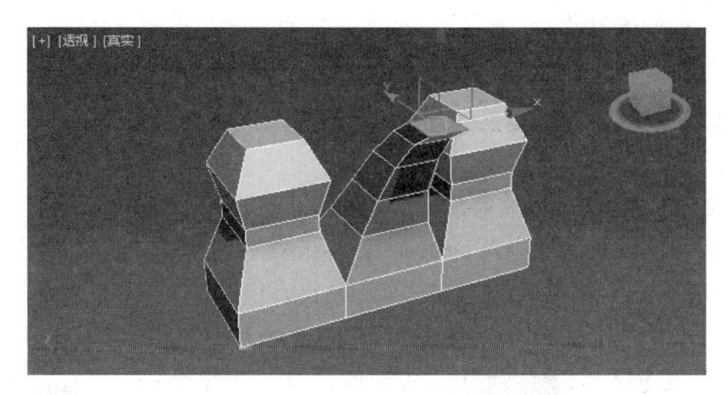

图 3-55 中间多边形倒角和移动效果

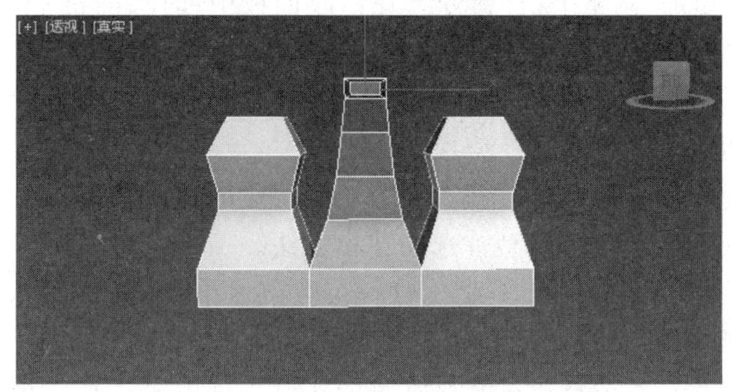

图 3-56 插入多边形

05 对插入的多边形执行挤出命令，挤出量为－5，如图 3-57 所示。

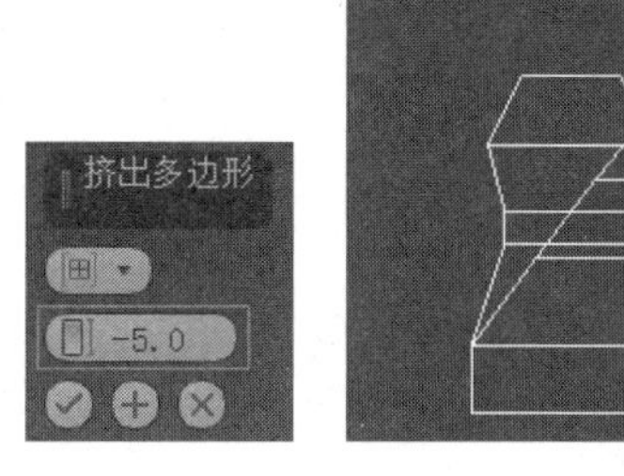

图 3-57 向内挤出多边形

06 添加“网格平滑”命令，修改细分量，使迭代次数为 2。进行最后的形状调整。平滑后的效果如图 3-58 所示。

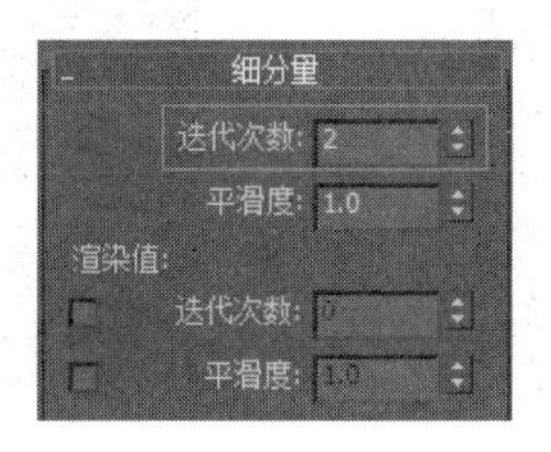

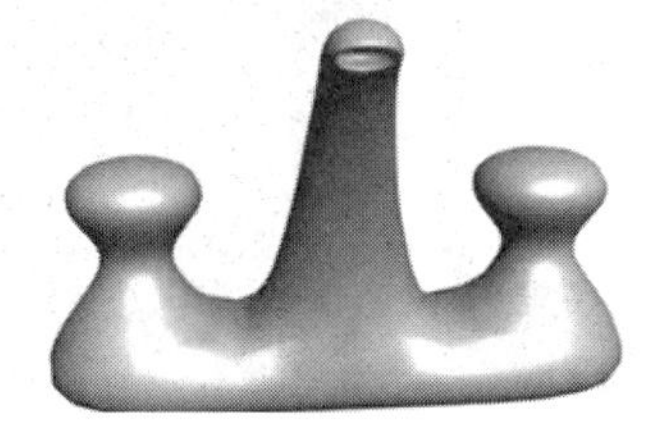

图 3-58 平滑后的效果

详细参数可以参考素材文件“第 3 章 多边形建模技术\素材文件\水龙头.max”。

3.3 常见三维模型建模实例

使用多边形建模工具创建三维模型时，通常需要执行以下步骤。

第一步：创建基本模型。这一步需要根据创建对象的形态，抽象出它的基本模型。例如，人物头部的基本模型是球形，这个球形可以由长方体通过球形化生成。

第二步：将基本模型转换为可编辑多边形。这一步需要加载“编辑多边形”命令，使用相关工具对基本模型进行切割、挤出、倒角等操作，完善模型细节。

第三步：添加“网格平滑”命令。在修改面板中选择“网格平滑”命令，并修改“细分量”卷展栏中的“迭代次数”值，如图 3-59 所示。“网格平滑”命令是 3ds Max 高级版本中新增加的命令，可以很方便地得到表面平滑的三维模型。

图 3-59 “细分量”卷展栏

多边形建模的上述制作流程大大方便了用户的建模工作，使多边形建模成为创建低级模型首选的建模方法。

多边形建模技术应用于工业、房地产、数字城市、城市规划、产品展示等领域中，更广泛地应用于动画制作中，也受到更多游戏开发者的青睐。本节将通过几个常见的实例来理解多边形建模技术，按模型的主题和所在领域分为球类模型设计、建筑类模型设计、游戏类模型设计、工业类模型设计进行讲解。

3.3.1 球类模型设计

球类有很多种，本节以常见的排球和足球为例说明球类对象的建模方法。篮球的主要建模技术是材质与贴图，将在第 4 章讲解。

动手演练 制作排球模型

01 在顶视图中创建立方体，命名为“排球”，如图 3-60 所示。

02 选中排球，转换为可编辑多边形，进入多边形子对象层级，在每个面上选择相互垂直的多边形，如图 3-61 所示。

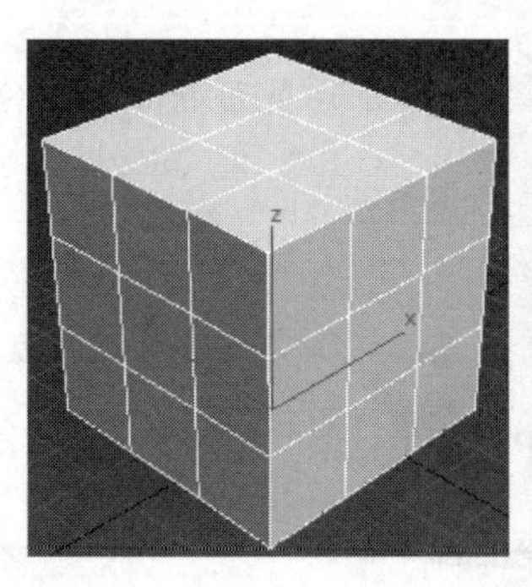

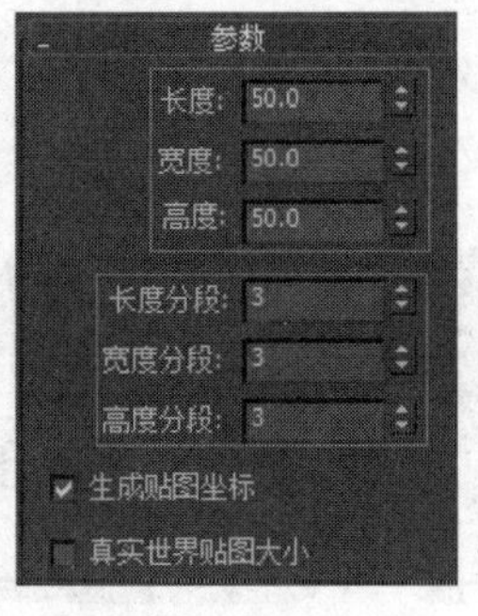

图 3-60 创建立方体

图 3-61 选择多边形

03 在修改面板的“编辑几何体”卷展栏中单击“分离”命令按钮，弹出“分离”对话框，如图 3-62 所示。

04 退出多边形子对象层级，选择排球对象，在修改面板中单击“附加”命令按钮后面的附加列表，在弹出的对象列表中，选择“对象 001”，然后单击“附加”命令按钮，把对象 001 附加在排球对象上。

05 在命令面板中，添加“网格平滑”命令，修改“细分量”卷展栏中的“迭代次数”为 2，如图 3-63 所示。

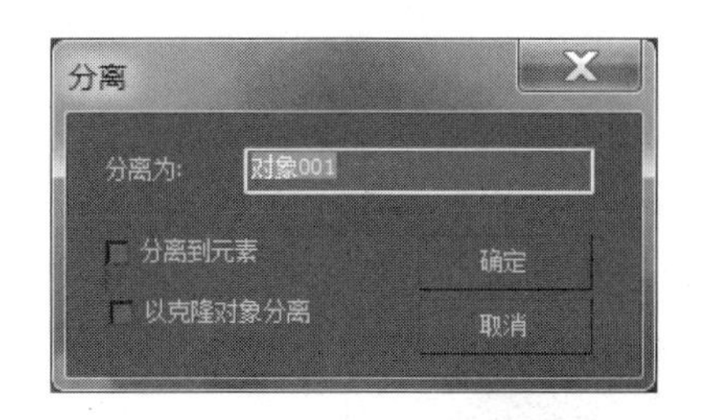

图 3-62 “分离”对话框

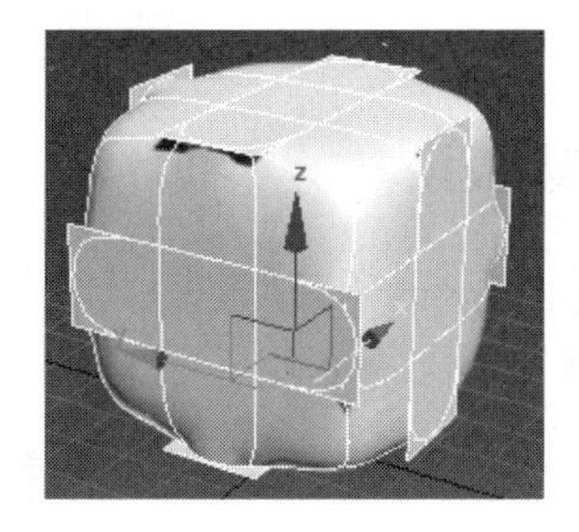

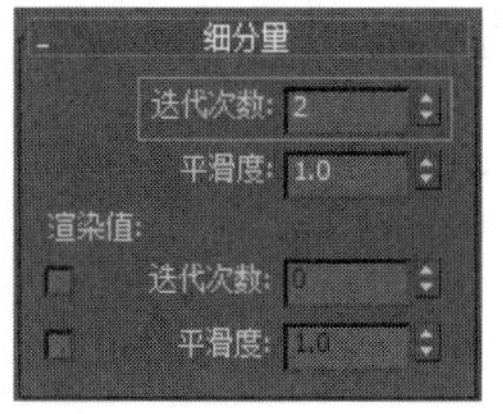

图 3-63 对附加的多边形对象执行“网格平滑”命令

06 在修改面板中，添加“球形化”命令，如图 3-64 所示。

07 添加“编辑多边形”命令，进入多边形子对象层级，发现步骤 02 中选择的多边形还在，如图 3-65 所示。

图 3-64 “球形化”命令

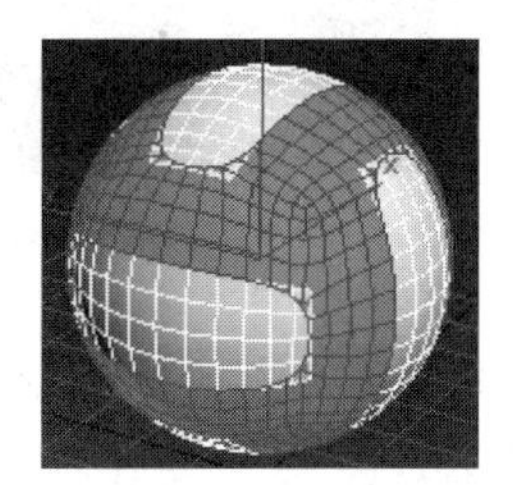

图 3-65 添加“编辑多边形”命令

08 在修改面板中添加“面挤出”命令，如图 3-66 所示。

图 3-66 添加“面挤出”命令

09 在修改面板中添加“网格平滑”命令，修改“细分量”卷展栏中的“迭代次数”为 2，如图 3-67 所示。

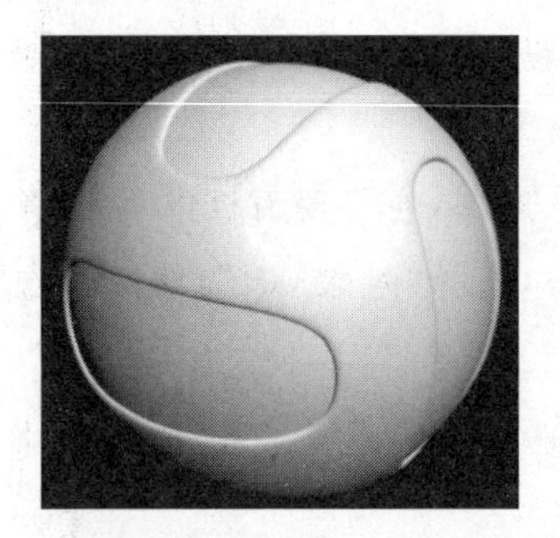

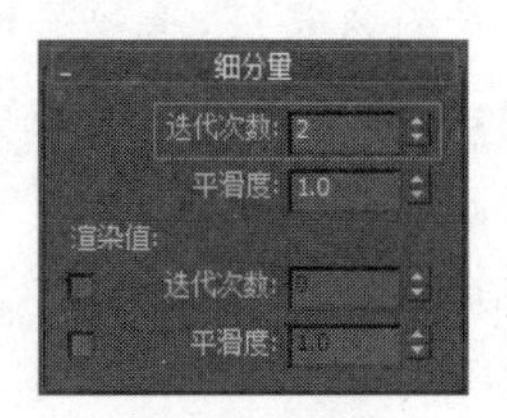

图 3-67　添加“网格平滑”命令

动手演练　制作足球模型

01　进入创建面板的“扩展几何体”类型，选择“异面体”，在顶视图中创建一个异面体，在“系列”参数组中勾选“十二面体/二十面体”单选按钮，命名为“足球”，如图 3-68 所示。

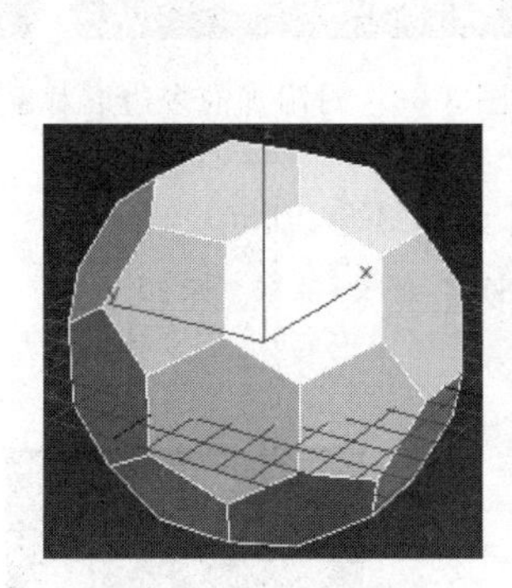

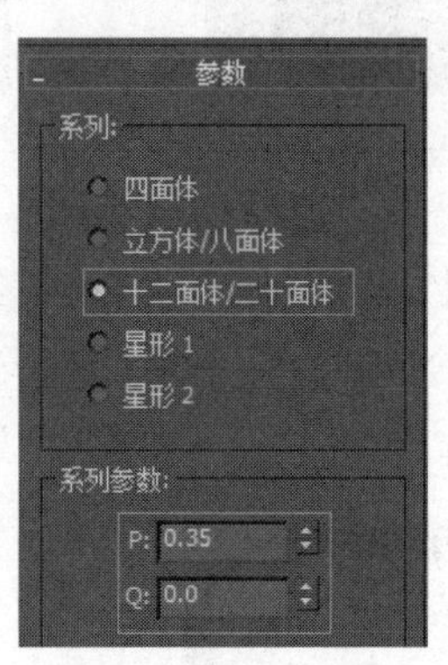

图 3-68　创建异面体

02　右击足球，将其转换为可编辑多边形，然后进入边子对象级别，选择所有的边，单击“挤出”命令按钮后面的设置按钮▢，设置挤出高度为−1，挤出宽度为 3，如图 3-69 所示。

03　在“编辑几何体”卷展栏中，单击“细化”命令按钮后面的设置按钮▢，在弹出的对话框中输入细化-张力值为 2，如图 3-70 所示。

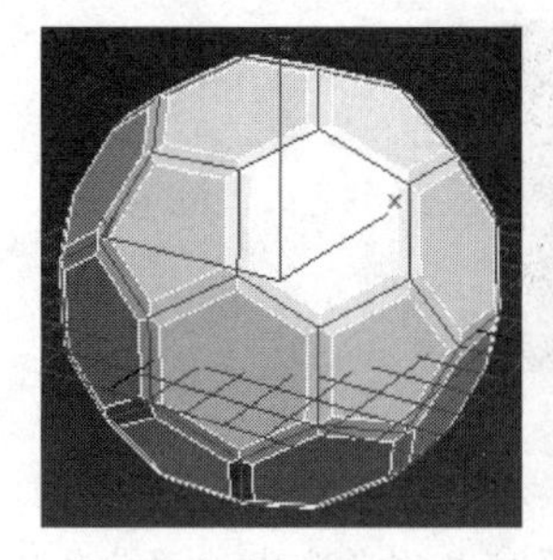

图 3-69　挤出边

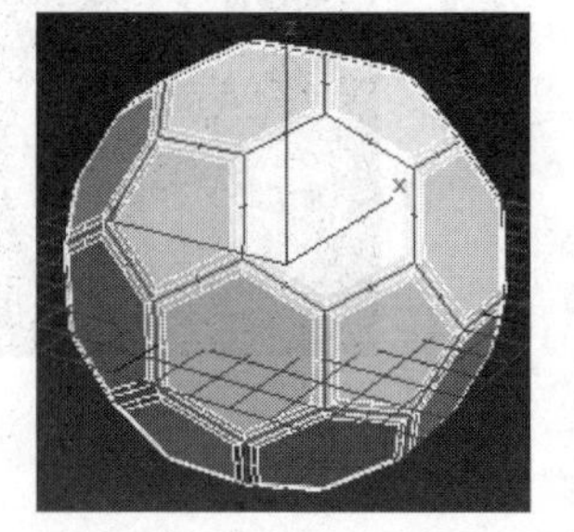

图 3-70　设置细化-张力值

04　在可编辑多边形级别添加“球形化”命令，如图 3-71 所示。

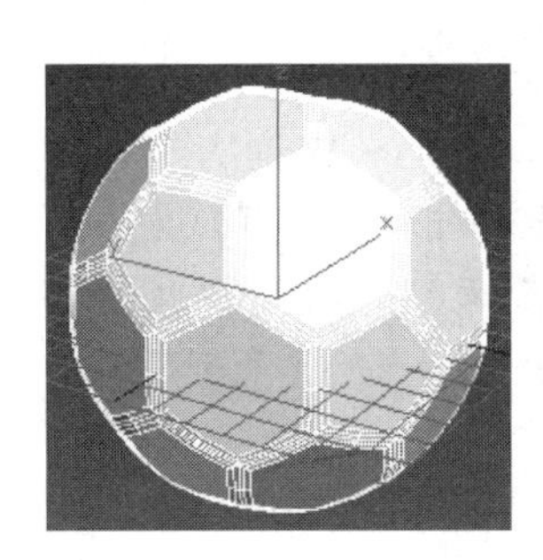
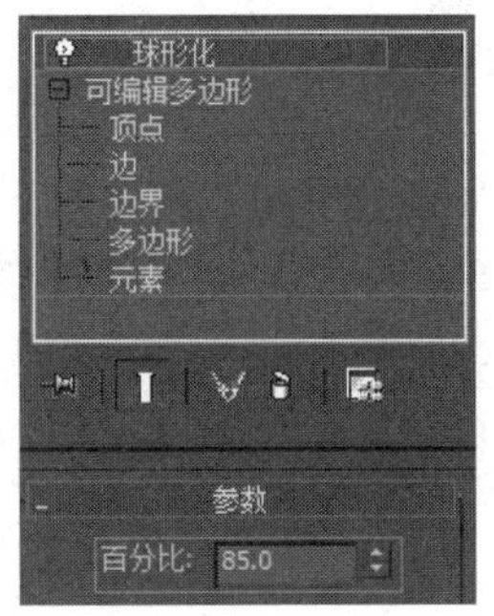

图 3-71　添加"球形化"命令

05　添加"网格平滑"命令,设置"细分量"卷展栏中的"迭代次数"为 2,效果如图 3-72 所示。接下来就是给足球制作贴图,可以参考 4.4.5 节的多维/子对象材质部分的讲解。

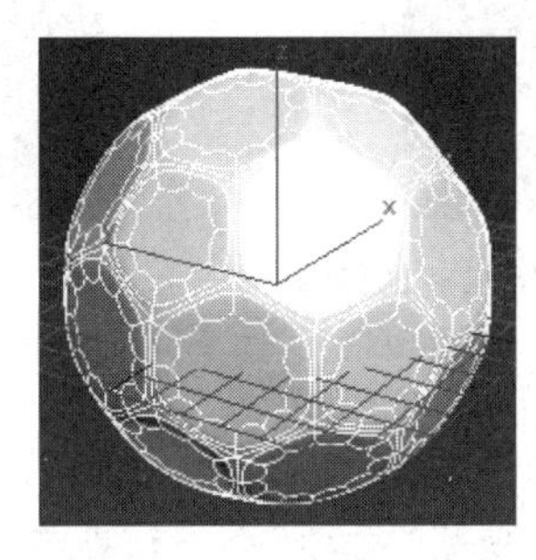

图 3-72　添加"网格平滑"命令

3.3.2　建筑类模型设计

在 3ds Max 中进行室内模型设计时使用的建筑建模方法很多。如果没有设计图,只有效果图,可以根据生活经验按比例建模;如果有 AutoCAD 设计图,可以把 AutoCAD 文件导入 3ds Max,再按照三维建模的有关命令进行建模。

1. 利用效果图建模

在只有效果图,没有设计图的情况下,只能根据生活经验按比例建模。如图 3-73 所示,要建模的餐桌和桌椅只有效果图。根据生活经验可知,餐椅坐板高度一般为 400～440mm,餐桌高度一般为 750～780mm,可以根据这个尺寸建模。

图 3-73　餐桌和餐椅的效果图

动手演练　制作餐桌和餐椅模型

首先制作餐椅，然后制作餐桌，最后再复制3把餐椅。

01　首先制作餐椅框架。在前视图中绘制出如图3-74(左)所示的餐椅靠背样条线。进入样条线级别，将轮廓调整为10个宽度，如图3-74(右)所示。

02　添加“编辑多边形”命令，进入多边形级别，挤出“数量”值为10，如图3-75所示。

03　选择侧面的多边形，挤出“数量”值为50，作为椅子的半个宽度。第二次挤出“数量”值为10，作为餐椅腿的宽度。效果如图3-76所示。

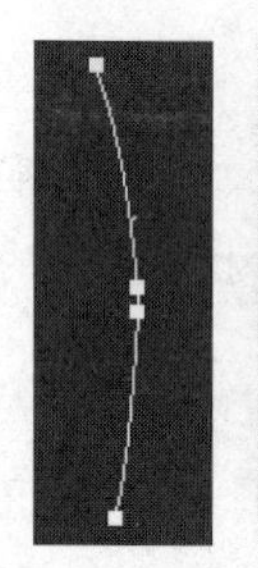
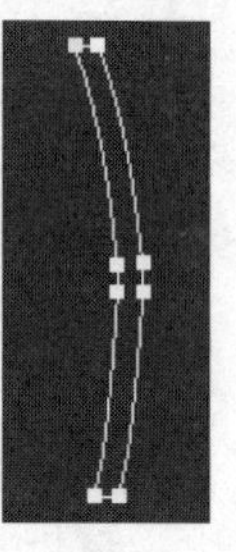

图3-74　绘制餐椅靠背的样条线

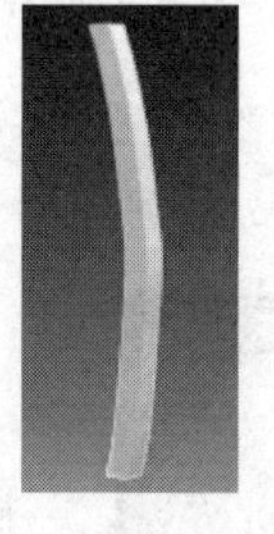

图3-75　挤出后的效果

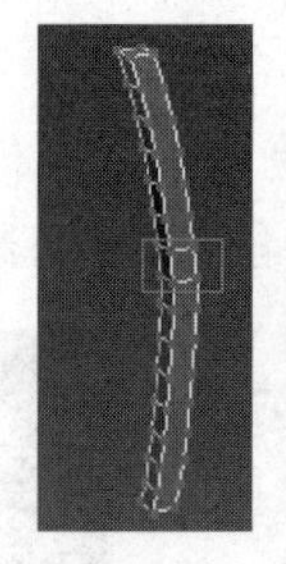
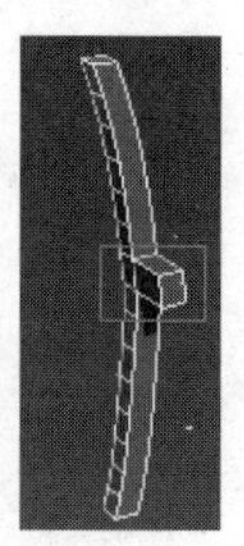

图3-76　挤出多边形

04　使用同样的方法制作出餐椅框架的其他部分，如图3-77所示。

05　进入边级别，使用修改面板的“切角”命令对餐椅框架棱上的边进行切角，使边角更平滑，如图3-78所示。选择边时，注意使用“循环”命令辅助选择。

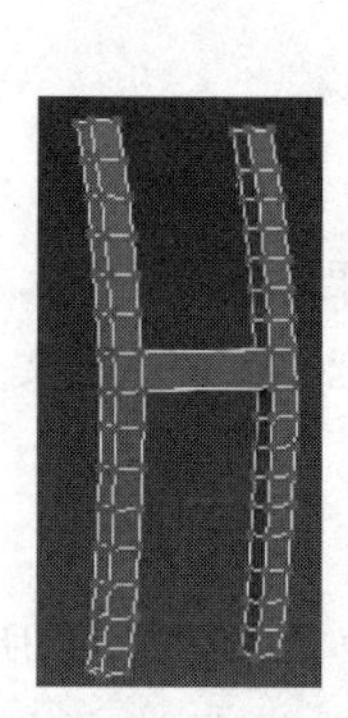
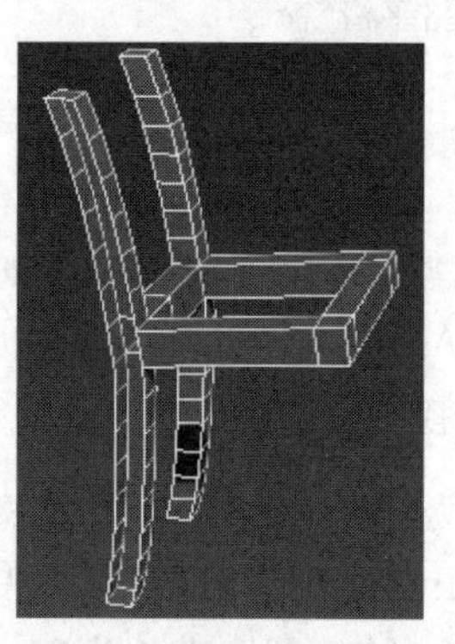

图3-77　利用“挤出”命令制作餐椅框架

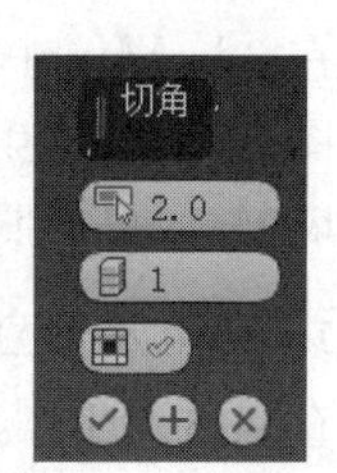

图3-78　切角

06　制作餐椅的靠背板。在左视图中创建如图3-79所示的样条线，注意样条线与餐椅靠背的角度一致。添加“编辑多边形”命令，进入多边形子对象级别，挤出高度为2。进入边子对象级别，对露出来的边进行切角，切角大小为1，效果如图3-80所示。

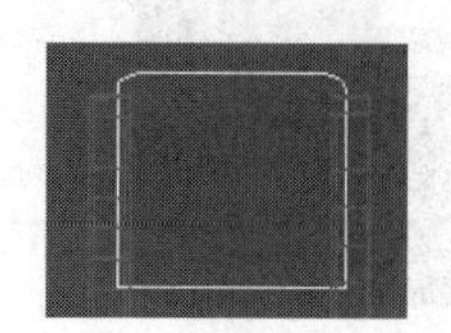

图3-79　餐椅靠背板样条线

图3-80　餐椅靠背板挤出后的效果

07　制作餐椅的坐板。在顶视图中绘制如图 3-81 所示的样条线。添加“编辑多边形”命令，进入多边形级别，单击“挤出”命令按钮，挤出高度为 3，如图 3-82(左)所示。进入边子对象级别，对边进行切角，切角大小为 1。餐椅模型的渲染效果如图 3-82(右)所示。

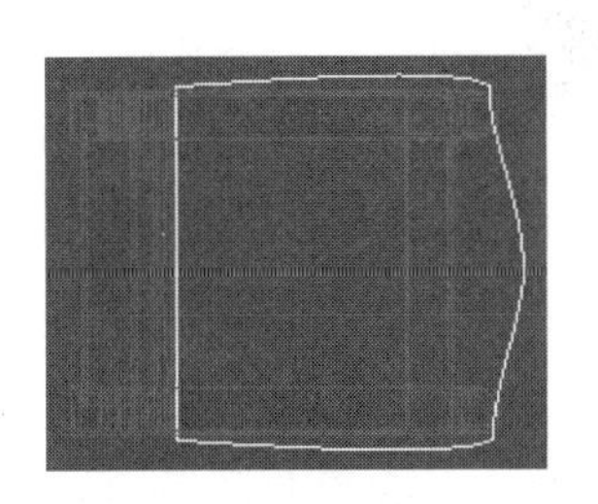

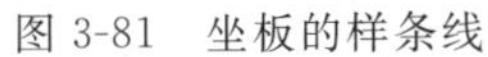

图 3-81　坐板的样条线

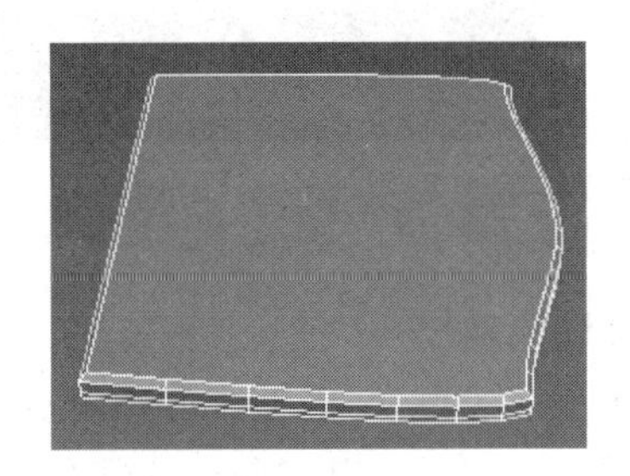

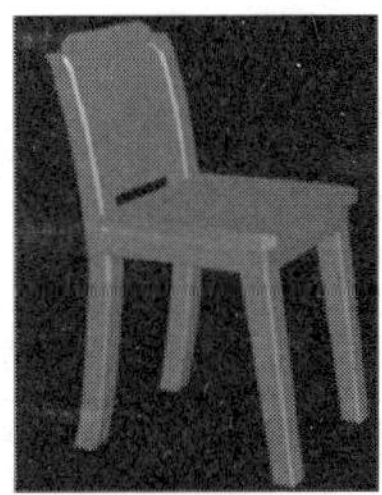

图 3-82　坐板挤出后的效果

08　下面开始制作餐桌。首先分析餐桌模型。餐桌的腿可以使用放样命令制作，餐桌的面可以由上下两个长方体制作，餐桌面的四周花边可以由样条线挤出制作。绘制两个切角长方体，并让它们对齐，作为餐桌面，如图 3-83 所示。

图 3-83　餐桌面

09　制作餐桌腿。在顶视图中绘制放样截面，在前视图中绘制放样路径，放样后生成一条餐桌腿，然后复制出其他 3 条腿，调整到合适位置，如图 3-84 所示。

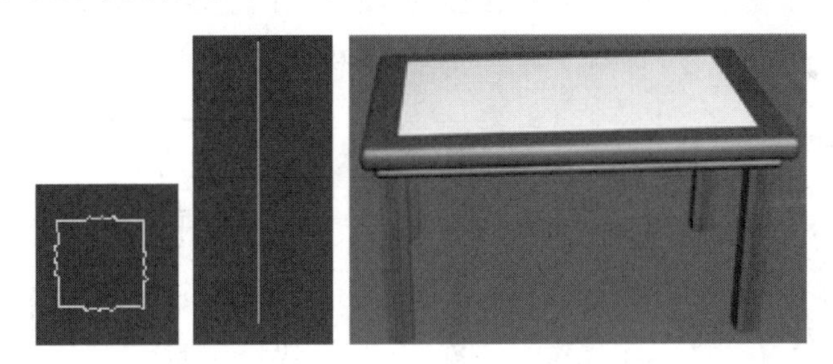

图 3-84　桌子腿的放样截面和路径

10　制作餐桌的花边。在前视图中绘制如图 3-85 所示的两个样条线，在修改面板中添加“编辑多边形”命令，在多边形子对象级别挤出，挤出“数量”值为 5，分别作为餐桌的长花边和短花边。

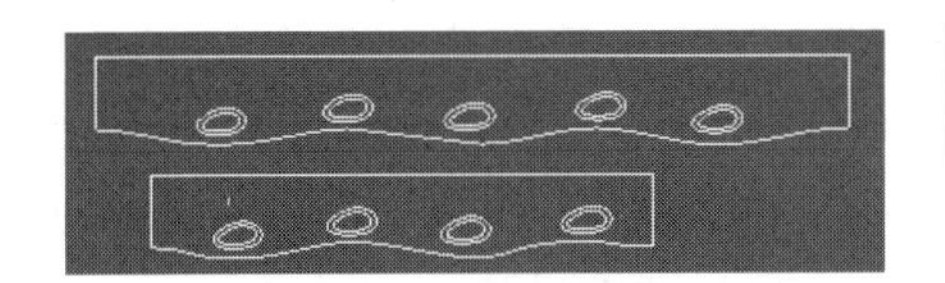

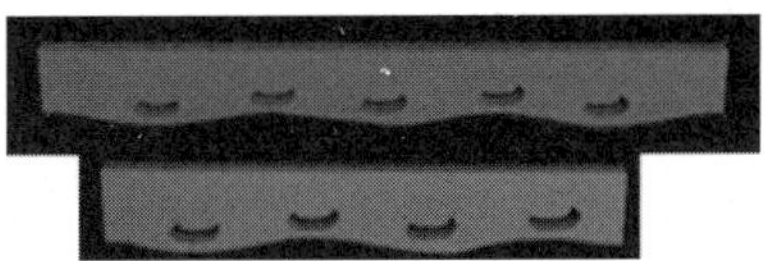

图 3-85　制作餐桌的花边

11　复制出 3 把餐椅。最终的完成效果如图 3-86 所示。

图 3-86　完成效果

2. 导入 AutoCAD 设计图建模

使用 AutoCAD 设计图创建模型，能够很好地解决建模中的比例问题。建模时，首先需要导入 AutoCAD 文件，然后再利用 3ds Max 的相关命令建模。

动手演练　使用 AutoCAD 设计图建立室内模型

本例创建的室内模型效果如图 3-87 所示。首先进行模型分析。模型是由 AutoCAD 精确绘制的，第一步需要把 AutoCAD 模型导入 3ds Max，然后由 AutoCAD 的样条线使用“挤出”命令生成建筑物的墙体部分。地面可以通过绘制长方体得到。制作门框和客厅天花板时，在线级别选择客厅的轮廓线，使用“创建图形”命令得到，再添加“编辑多边形”和“挤出”命令即可。客厅石膏线造型可以使用“放样”命令得到。所有的门可以通过贴图获得纹理，所以只需要绘制一个长方体就行了。踢脚线需要使用“切片平面”和“切片”工具配合，再按本地法线挤出多边形来生成。

01　导入前对 AutoCAD 文件进行预处理。在导入 AutoCAD 设计图之前，需要先在 AutoCAD 环境中打开“室内平面图.dwg”文件，把除了墙体和窗户以外的图层删除或关闭，并另存为“室内平面图-修改.dwg”，如图 3-88 所示。

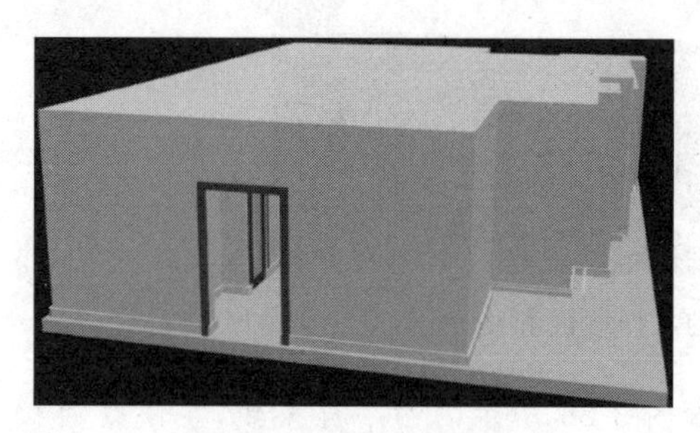

图 3-87　室内模型

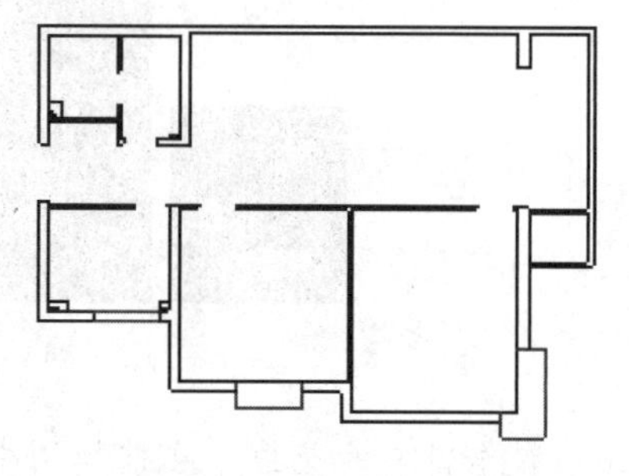

图 3-88　修改后的室内平面图

02　导入 AutoCAD 文件。首先在 3ds Max 中设置系统单位，选择菜单“自定义”→“单位设定”命令，在弹出的对话框中选择“公制”，设置系统单位为“毫米”。然后选择菜单“3ds Max 浏览器”→“导入”命令，在“导入”对话框中，“文件类型”选择 AutoCAD(.dwg)，文件名选择“室内平面图-修改.dwg”，在接下来的两个对话框中分别单击“确定”按钮，就完成了 AutoCAD 模型的导入。由于 AutoCAD 模型的坐标中心与 3ds Max 的坐标中心不一致，使用移动工具将平面图移动到坐标中心，如图 3-89 所示。

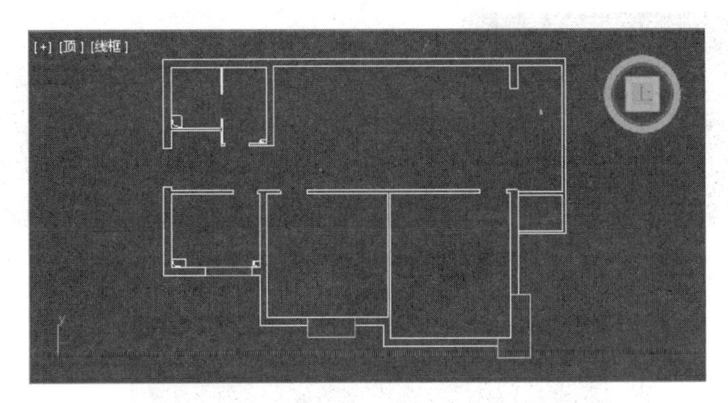

图 3-89 导入后的平面图

03 制作墙体。选择墙体平面图形，命名为“墙体”。在修改面板中添加“挤出”命令，挤出“数量”值为 3000，如图 3-90 所示。这样墙体的三维模型就创建好了。

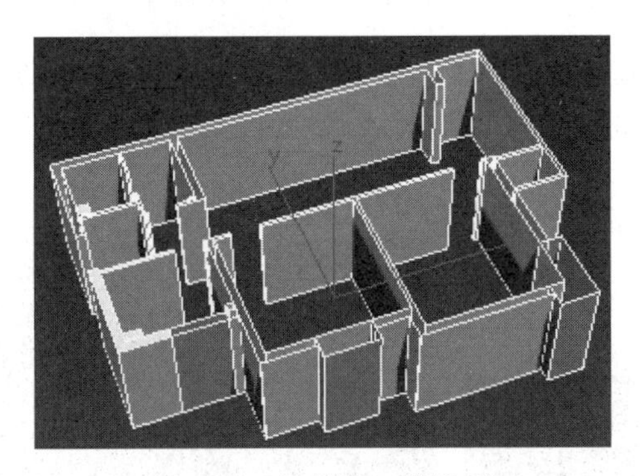

图 3-90 墙体的三维模型

04 制作地面。在顶视图中选择“长方体”工具，创建一个长度为 9200mm、宽度为 12 500mm、高度为 200mm 的长方体，命名为“地面”，如图 3-91 所示。

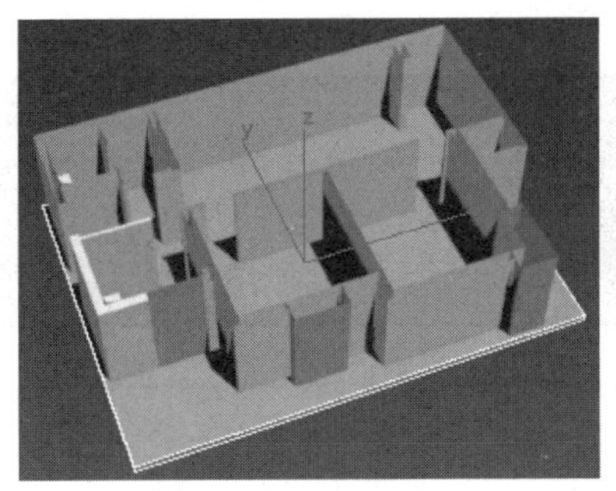

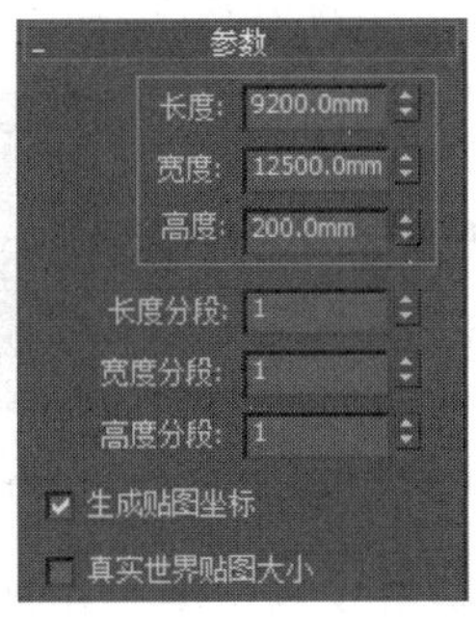

图 3-91 创建地面

05 制作客厅天花板。首先制作天花板基本造型。打开对象捕捉开关，设置捕捉到“顶点”和“垂足”。在顶视图中，使用“线”工具沿房子的外边顶点绘制如图 3-92 所示的样条线，命名为“天花板”。进入修改面板，添加“挤出”命令，挤出为 200mm。

06 沿客厅和门厅位置的顶部绘制样条线，命名为“吊顶”，如图 3-93 所示。

在顶视图中绘制 3 个半径为 400mm 的圆。选择前视图，在工具栏的移动工具上

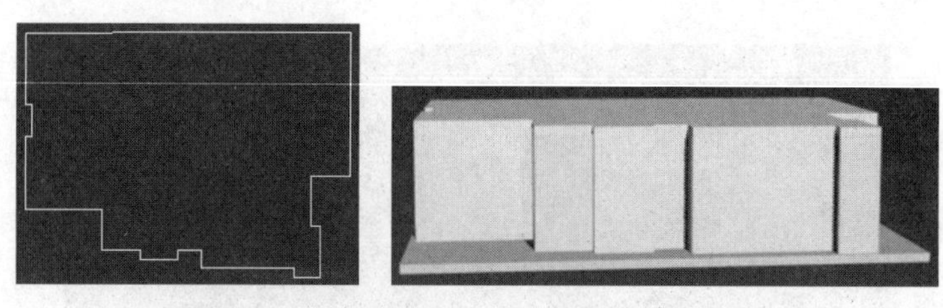

图 3-92　制作天花板

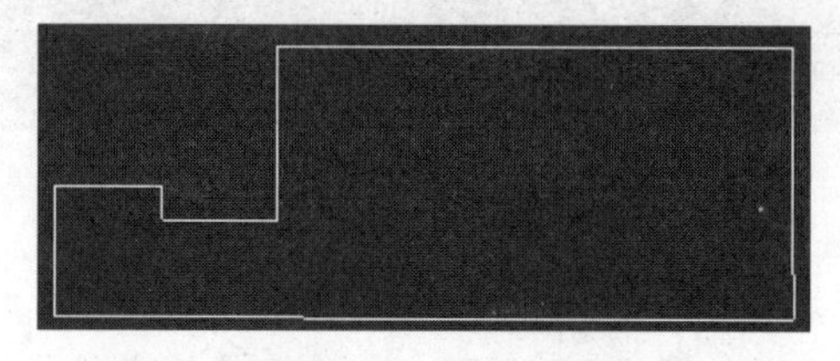

图 3-93　绘制客厅和门厅顶部样条线

右击，在快捷菜单中选择“移动变换输入”命令，弹出“移动变换输入”对话框，在“偏移：屏幕”下的 Y 数值框中输入 3000mm，使圆和“吊顶”在同一个平面，如图 3-94 所示。

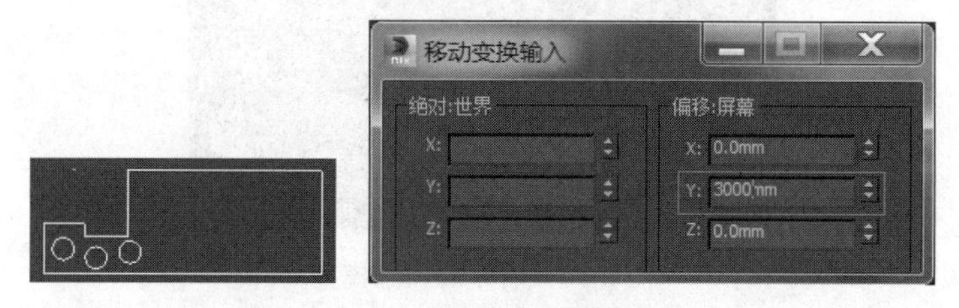

图 3-94　沿 Y 轴向上移动

选择吊顶，进入修改面板，附加前面制作的 3 个圆。添加“挤出”命令，挤出“数量”值为 100，对齐到天花板，如图 3-95 所示。

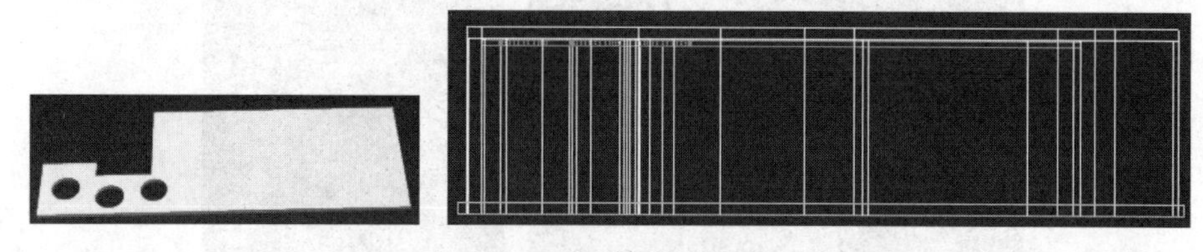

图 3-95　制作吊顶

07　制作客厅的石膏线造型。在顶视图中创建矩形，作为放样路径，在前视图中创建放样截面，使用“放样”命令制作石膏线，如图 3-96 所示。

图 3-96　制作石膏线

08 制作门框。门高要符合国家标准规定，室内门高度大于 2m，小于 2.4m，本实例中设置门的高度为 2.2m。为了操作方便，在透视图中隐藏天花板、吊顶和石膏线。选择门两边的线段，单击修改面板中的“连接”命令按钮，如图 3-97 所示。用同样的方法连接门的另一侧。

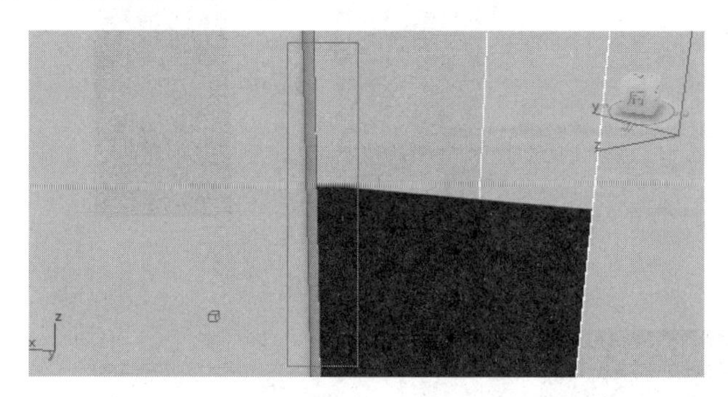

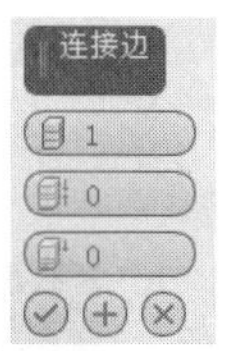

图 3-97 连接门的两边

选择中间连接后的线段，在移动工具上右击，在快捷菜单中选择“移动变换输入”命令，在弹出的“移动变换输入”对话框中，将 Y 轴的偏移设为 700mm，如图 3-98 所示。

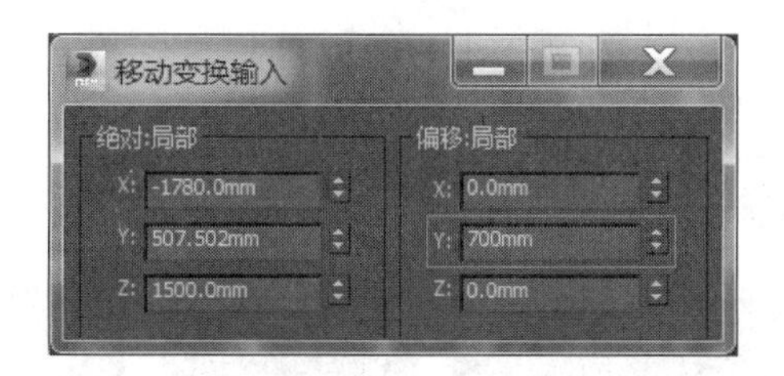

图 3-98 线段向上移动

09 制作门上面的墙体。进入多边形子对象级别，选择门连接后上面一部分多边形，单击修改面板中的“桥”命令按钮，对两个多边形进行桥接，如图 3-99 所示。用同样的方法制作另外两个门头。

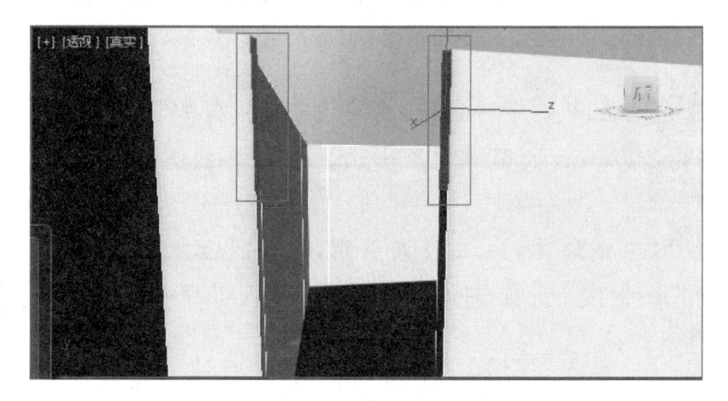

图 3-99 制作门上面的墙体

10 选择门的边线，单击修改面板中的“循环”命令按钮，选择门四周的线段，如图 3-100 所示。单击修改面板中的“创建图形”命令按钮，命名为“门框”，如图 3-101 所示。

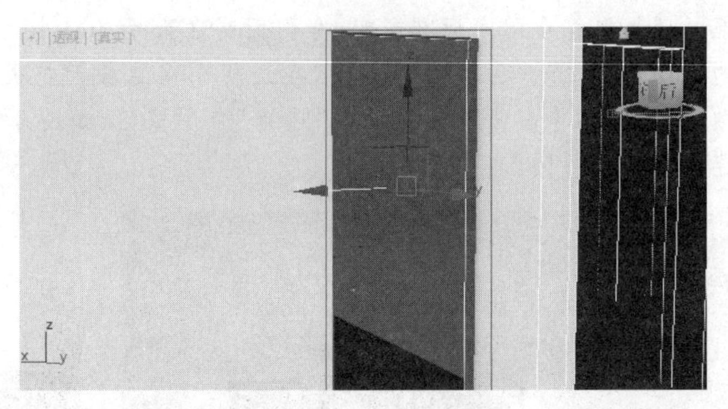

图 3-100 选择门框线

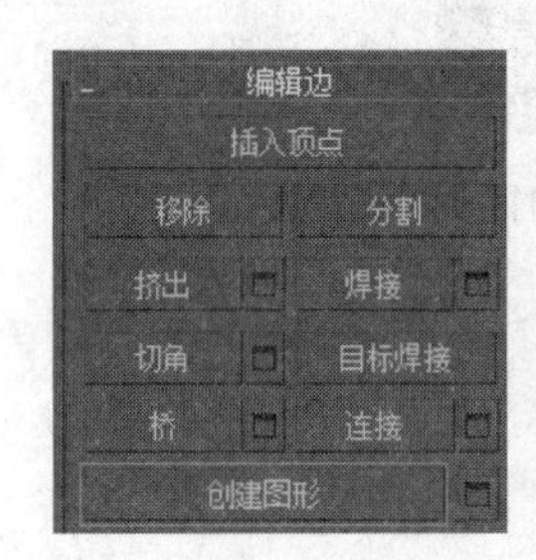

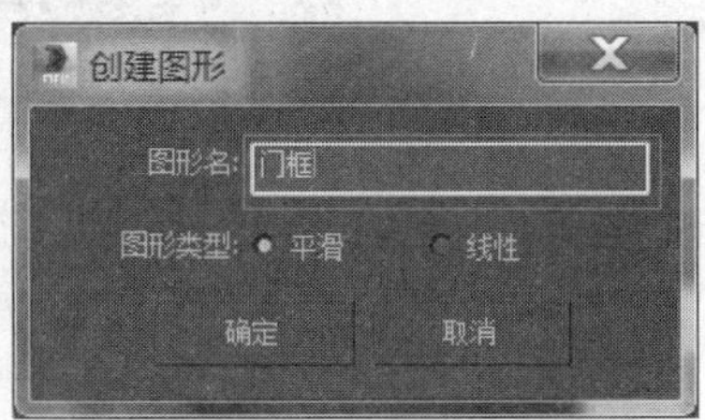

图 3-101 创建门框

11 进入样条线级别，轮廓设置为－100。添加“编辑多边形”命令，进入多边形级别，挤出 100mm，如图 3-102 所示。

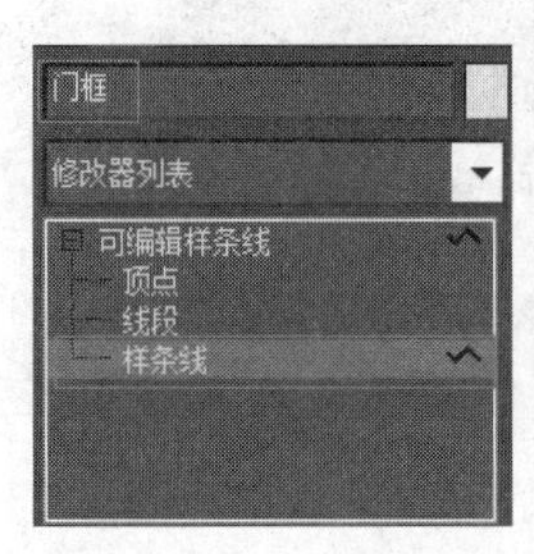

图 3-102 制作门框

12 制作门。在前视图中制作样条线，命名为“门”，添加“编辑多边形”命令，进入多边形级别，挤出 100mm，如图 3-103 所示。用同样的方法制作其他几扇门。

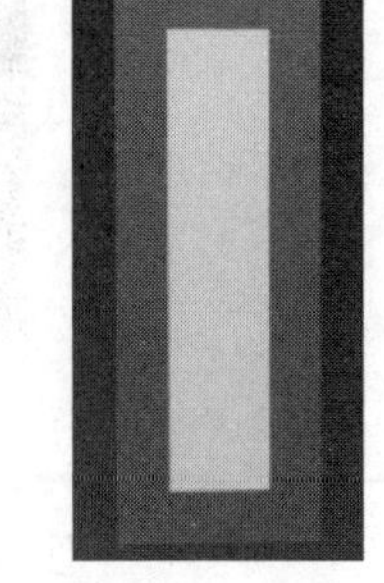

图 3-103 制作门

13 制作踢脚线：选择墙体，进入顶点级别，在修改面板中单击“切片平面”命令按钮，在墙体上会出现一个切片平面，如图 3-104 所示。

移动切片平面的位置。在工具栏的坐标轴上右击，在快捷菜单中选择“移动变换输入”命令，在“绝对：世界”参数组中设置 Z 轴的绝对坐标为 150mm，单击修改面板中的“切片”命令按钮，效果如图 3-105 所示。

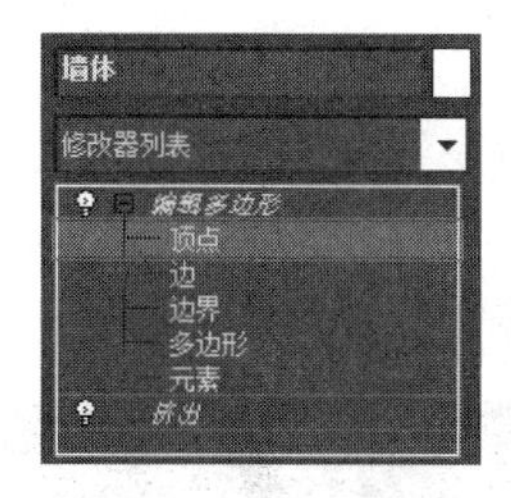

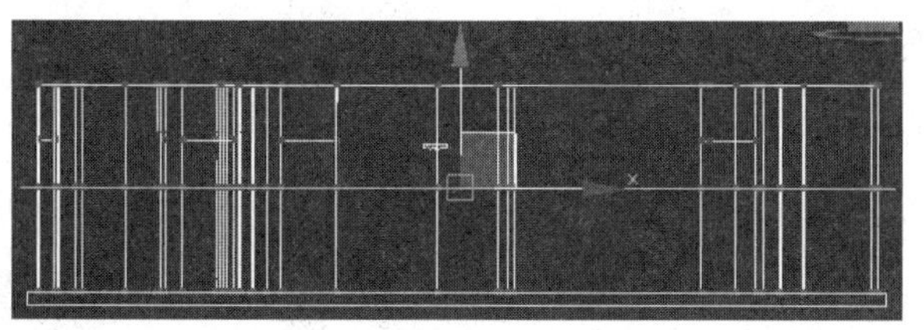

图 3-104 添加“切片平面”命令

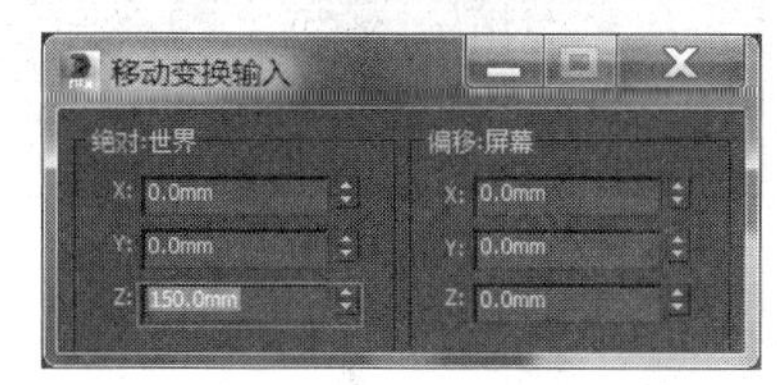

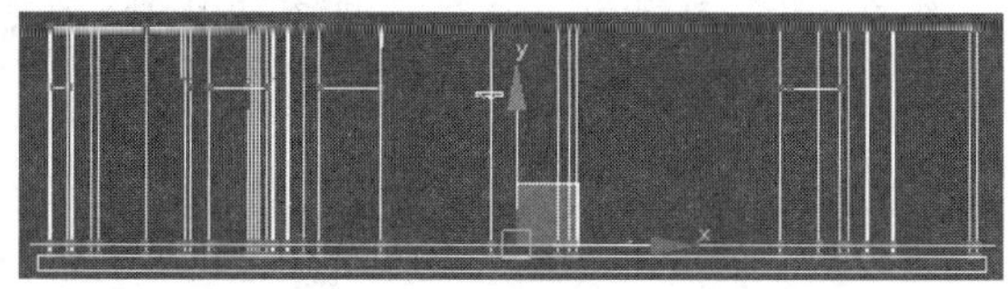

图 3-105 移动切片平面的位置

进入多边形级别，选择踢脚线以下的多边形，单击修改面板中“挤出”命令后面的设置按钮，在设置对话框中选择挤出方式为“本地法线”，挤出高度为 50mm，效果如图 3-106 所示。

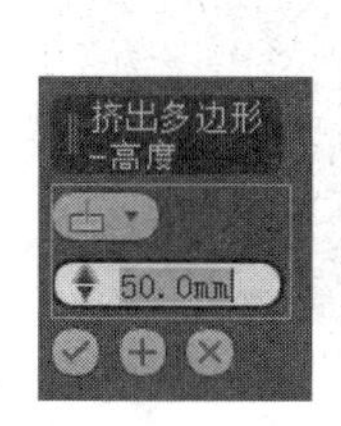

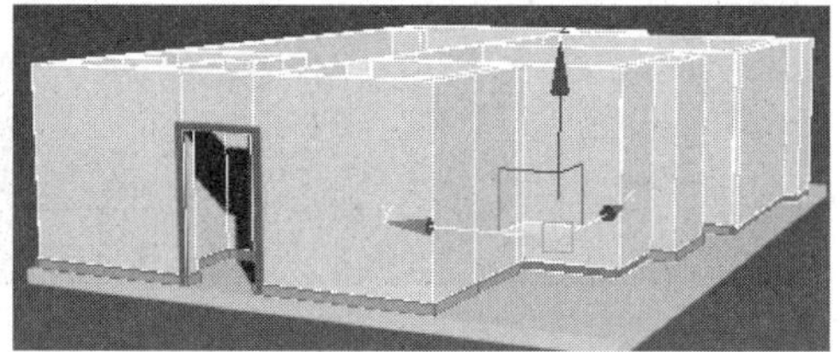

图 3-106 踢脚线挤出效果

14 显示所有隐藏的对象。建筑对象的主体已经制作完成，整体效果如图 3-87 所示。室内的各种摆设，如室内电视墙、电视机、沙发、电视柜等，读者可以按照自己的创意独立完成。

3.3.3 游戏类模型设计

本节将设计一个游戏场景，如图 3-107 所示。场景中包含了游戏飞艇、游戏塔楼、栅栏等三维对象。

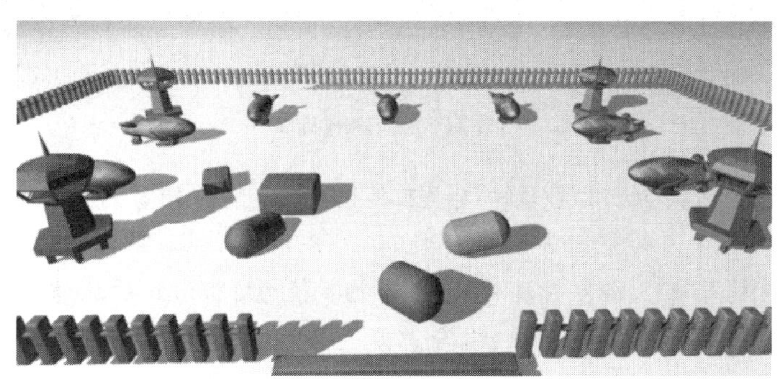

图 3-107 游戏场景

动手演练 设计游戏场景

首先制作游戏场景中的飞艇模型。

01 在左视图中创建一个半径为200mm，分段为15的球体，在前视图中使用缩放工具在Y轴上缩放，顶视图效果如图3-108所示。

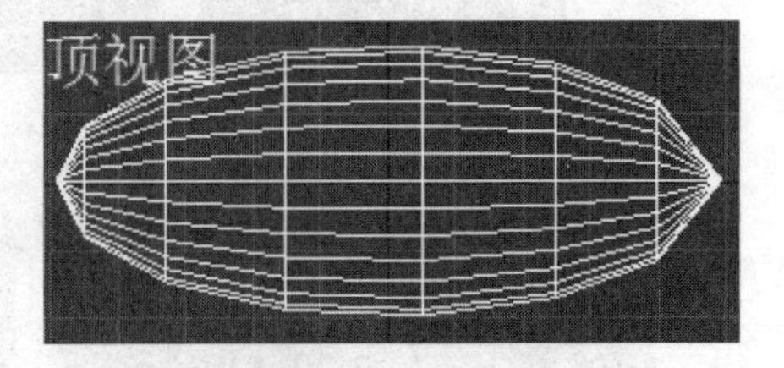

图 3-108 创建球体

02 将球体转换为可编辑多边形。进入多边形级别，删除顶部的多边形。进入边级别，使用"循环"命令按钮选中切口处所有的边，每隔3条边减选2条，单击"挤出"命令按钮，挤出80mm。进入顶点级别，使用缩放工具缩放顶点，如图3-109所示。添加"网格平滑"修改器。

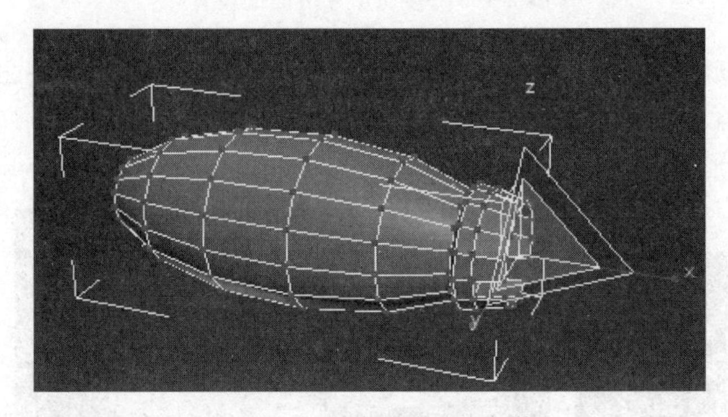

图 3-109 创建游戏飞艇主体

03 制作飞艇头部的螺旋桨。创建一个长方体，长、宽、高、分段数为3，如图3-110(a)所示。添加"编辑多边形"命令，进入顶点级别，移动并缩放顶点，如图3-110(b)所示。添加"网格平滑"修改器，迭代次数为2，如图3-110(c)所示。

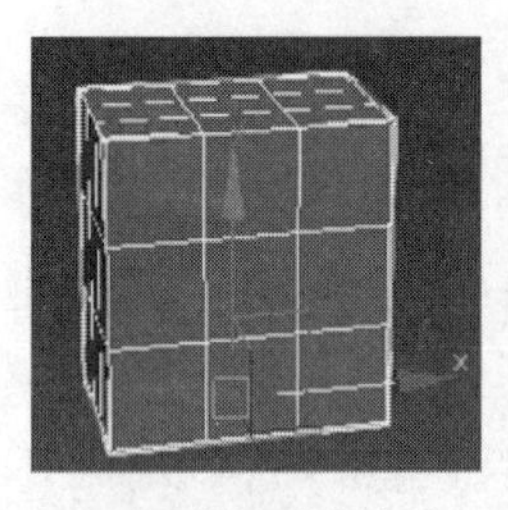

(a) 创建长方体

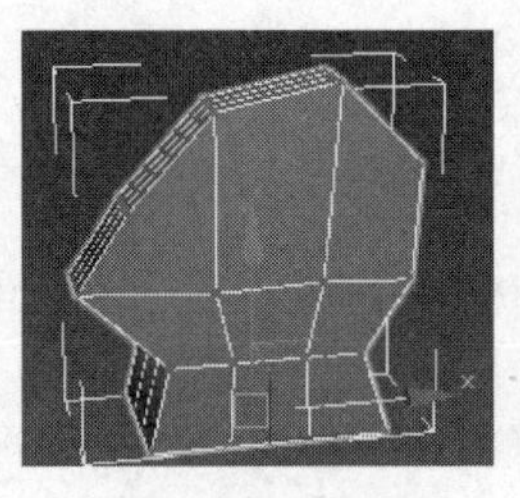

(b) 移动并缩放顶点

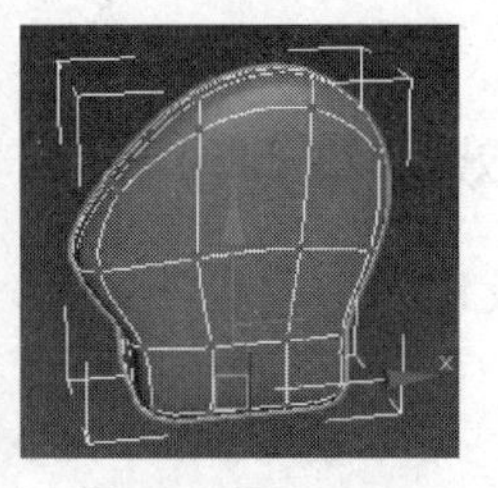

(c) 网格平滑的效果

图 3-110 创建螺旋桨

04 进入"层次"面板，使用"仅影响轴"工具，使螺旋桨的轴与游戏飞艇主体的轴对齐，在左视图中沿Z轴阵列3个螺旋桨，如图3-111所示。阵列效果如图3-112所示。

05 制作飞艇的头部。在左视图中创建一个半径为127mm的球体。在前视图中使用缩放工具将球体缩放成椭球状，与游戏飞艇主体的轴对齐，移动到合适的位置，如图3-113所示。

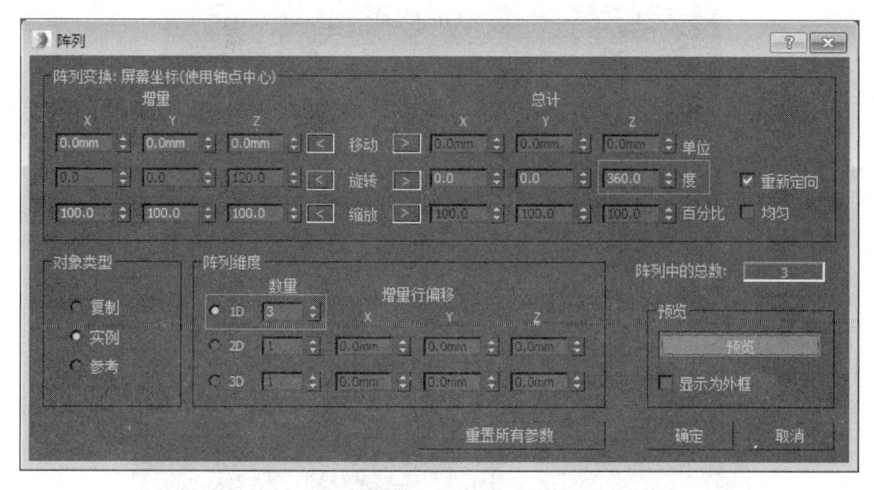

图 3-111 阵列参数

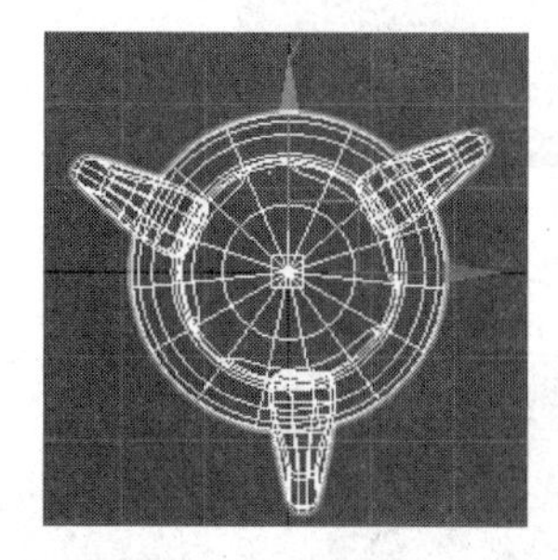

(a) 左视图效果

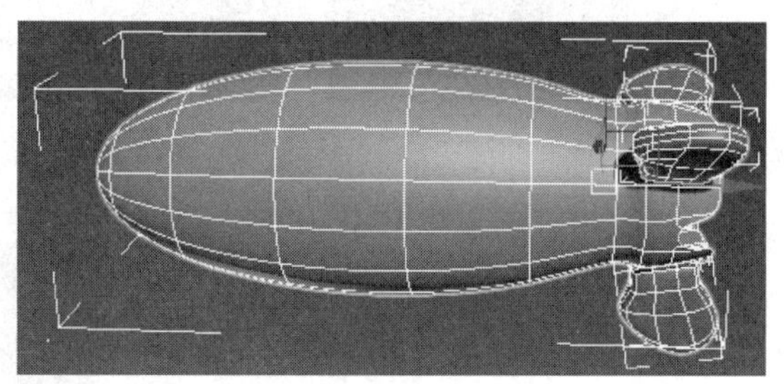

(b) 透视图效果

图 3-112 阵列后的效果

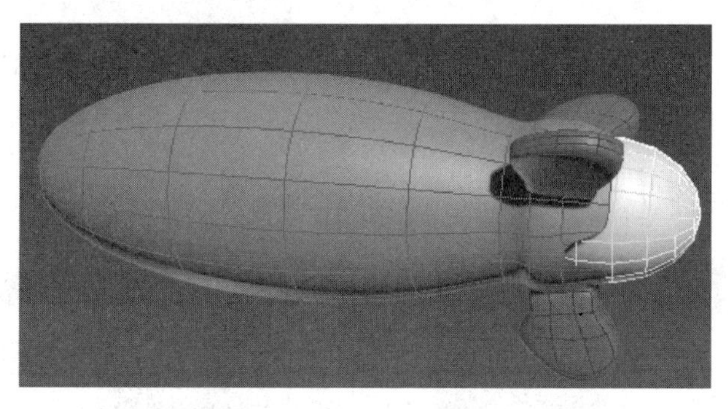

图 3-113 创建飞艇头部

06 制作底座。在前视图中选择游戏飞艇主体最下面 6 个多边形,先挤出 30mm,再挤出 70mm,单击“平面化”命令按钮,使底座处于一个平面上。然后进入顶点级别,使用缩放工具缩小顶点。再选中靠近头部和底部的多边形,向前挤出 80mm,使用缩放工具缩小顶点。添加“网格平滑”修改器,迭代次数设置为 2。底座的最终效果如图 3-114 所示。

接下来制作游戏塔楼。

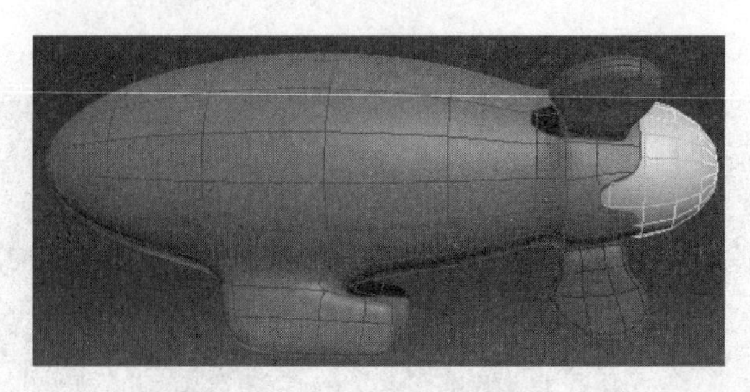

图 3-114 游戏飞艇底座

01 创建游戏塔楼基座。在顶视图中创建半径为 400mm 的六边形，在修改面板中添加“挤出”命令，挤出 100mm，如图 3-115 所示。

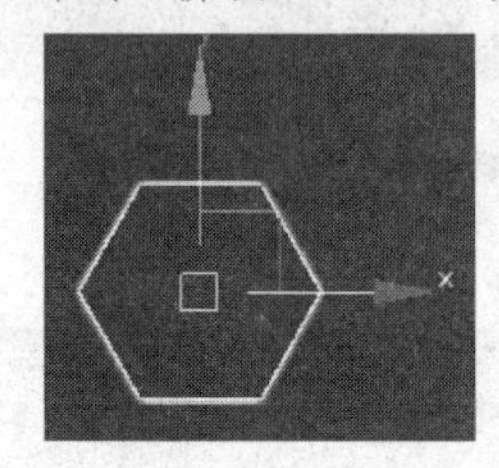

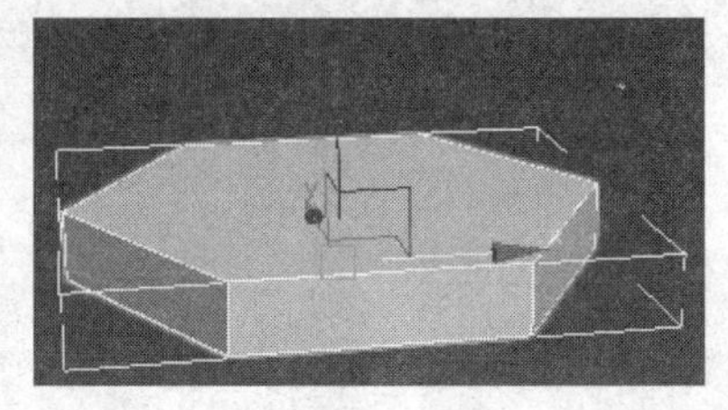

图 3-115 挤出多边形

02 添加“编辑多边形”命令，进入多边形级别，选择上面的多边形，单击“插入”命令按钮后面的设置按钮▣，在数值框中输入 150，如图 3-116 所示。

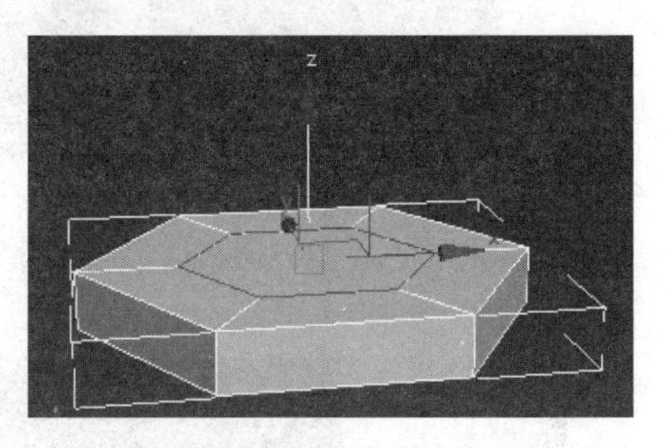

图 3-116 插入多边形

03 在多边形级别单击“倒角”命令按钮后面的设置按钮▣，设置倒角高度为 50mm，轮廓值为－50mm，如图 3-117 所示。

04 再次单击“插入”命令按钮后面的设置按钮，在数值框中输入 400，如图 3-118 所示。

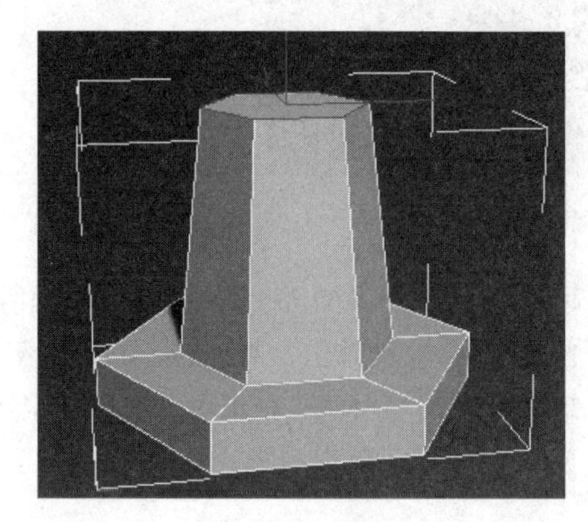

图 3-117 倒角

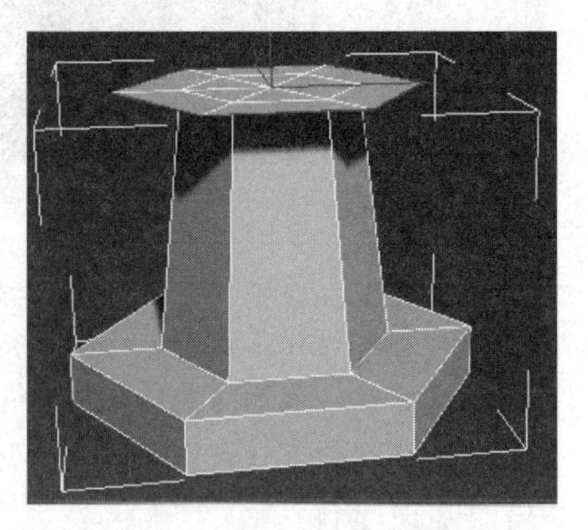

图 3-118 插入多边形

05 使用“倒角”命令制作瞭望台，倒角高度为 200mm，轮廓值为 100mm，如图 3-119 所示。

06 再经过多次倒角，将多边形收缩成游戏塔楼的瞭望台，如图 3-120 所示。

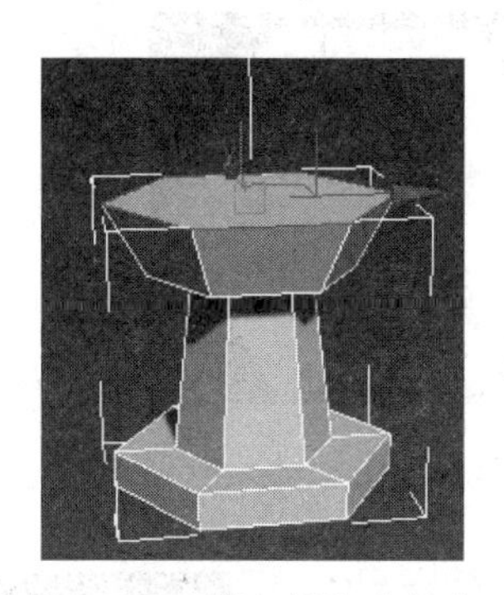

图 3-119 倒角制作瞭望台

图 3-120 倒角收缩顶部

07 选择游戏塔楼表面的多边形，使用“插入”命令，插入方式选择“按多边形”，在数值框中输入 30，如图 3-121 所示。

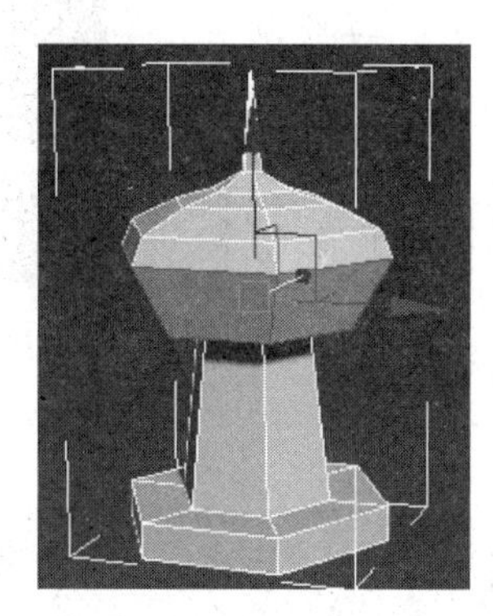

图 3-121 “按多边形”方式插入多边形

08 向内挤出－30mm，然后删除多边形，如图 3-122 所示。进入顶点级别，使用目标焊接工具将多余的顶点焊接起来。进入边界级别，选择上下两个边界，使用“封口”命令对它们进行封口。

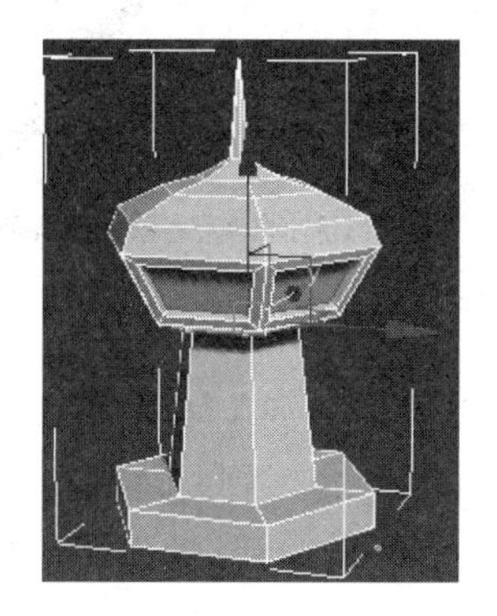

图 3-122 向内挤出并删除多边形

09 制作底部支架。选择底部多边形，使用“插入”命令插入一个多边形，在数值框中输入100。进入顶点级别，选中刚刚插入的多边形的6个顶点，单击“切角”工具后面的设置按钮，设置切角量为45mm，如图3-123所示。

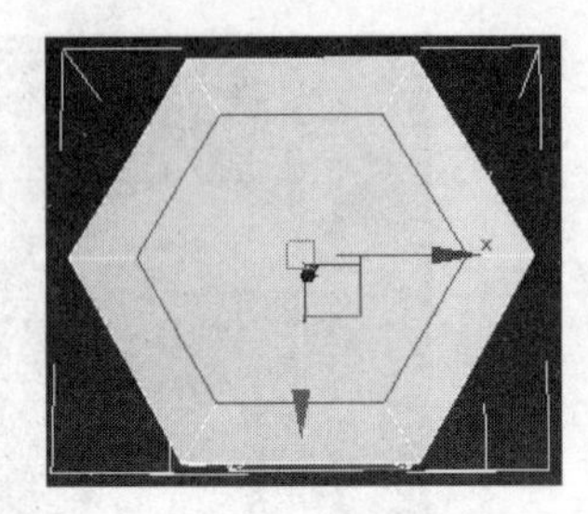
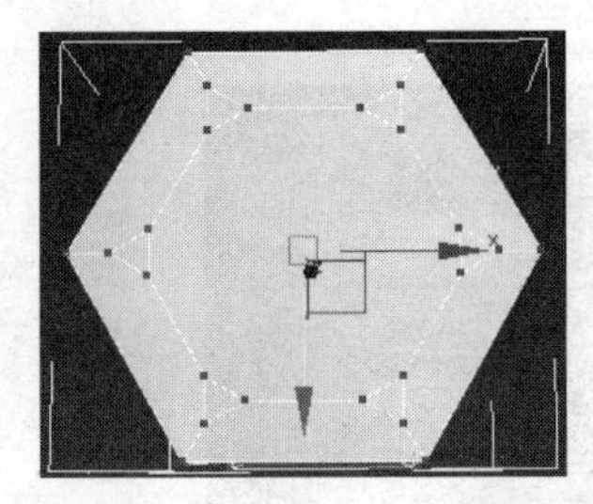

图3-123 增加底部的点

10 选中3个顶点构成的多边形(共6个)，挤出150mm，如图3-124所示。

图3-124 挤出底部支架

最后制作栅栏和场景中的其他对象。

01 创建长、宽、高分别为100mm、100mm、400mm，圆角为20mm的切角长方体，作为单个栅栏。再绘制一个矩形作为路径，转换为可编辑样条线。进入顶点级别，在前面优化出两个顶点。再进入线段级别，删除前面的线段。勾选“在渲染中启用”和“在视图中启用”复选框，显示厚度设置为50，路径如图3-125所示。

02 使用间隔工具沿路径复制出切角长方体，如图3-126所示。

图3-125 创建路径

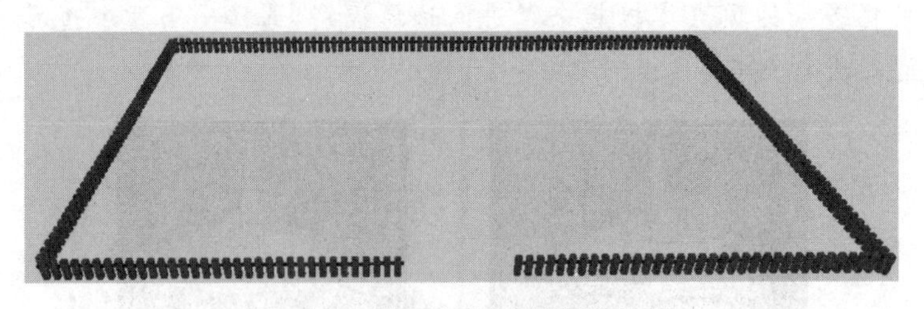

图3-126 使用间隔工具制作栅栏

03 选择路径，勾选“渲染”卷展栏中的“在渲染中启用”和“在视图中启用”复选框，显示厚度设为50mm。另外，在顶视图中创建一个平面作为地面，复制游戏飞艇和游戏塔楼等对象，利用前面介绍的基础模型充实场景，可以创建出如图3-107所示的游戏场景。

详细参数可以参考素材文件“第3章 多边形建模技术\素材文件\游戏场景设计.max”文件。

3.3.4 工业类模型设计

本节介绍 F1 赛车、小汽车、坦克等工业类模型建模方法。

动手演练 F1 赛车制作

F1 赛车是一种高科技含量的赛车，如图 3-127 所示。F1 赛车的造型应用了空气动力学原理，还安装了无线电通信系统、智能控制系统，因此，它智能性强，速度高，价格昂贵。以 F1 赛车为主的一级方程式锦标赛深受广大赛车爱好者的欢迎。

图 3-127 F1 赛车

本例中首先制作 F1 赛车车身，如图 3-128 所示。

图 3-128 F1 赛车车身模型效果

建模之前，首先需要把 F1 赛车的三视图导入场景中作为建模时的参考。方法是：分别在顶视图、前视图、左视图中创建 3 个平面，两两对齐。打开材质编辑器，分别给每个平面贴图，如图 3-129 所示。

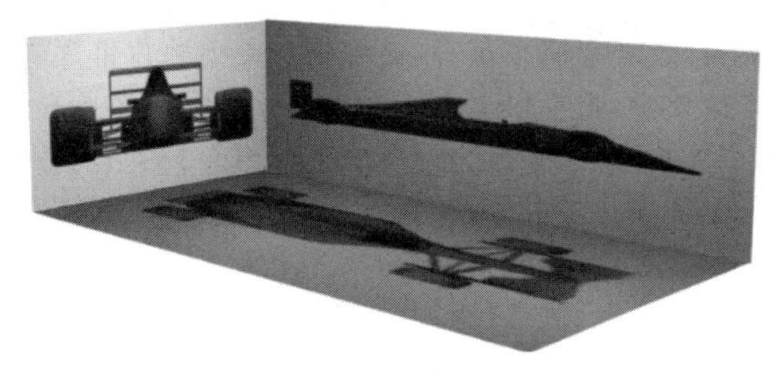

图 3-129 导入赛车三视图

下面制作赛车车身。

01　在前视图中，使用线工具画出赛车的封闭侧面轮廓，添加“编辑多边形”命令，进入多边形级别，挤出多边形，挤出长度参考左视图和顶视图，与车身等长，如图 3-130 所示。

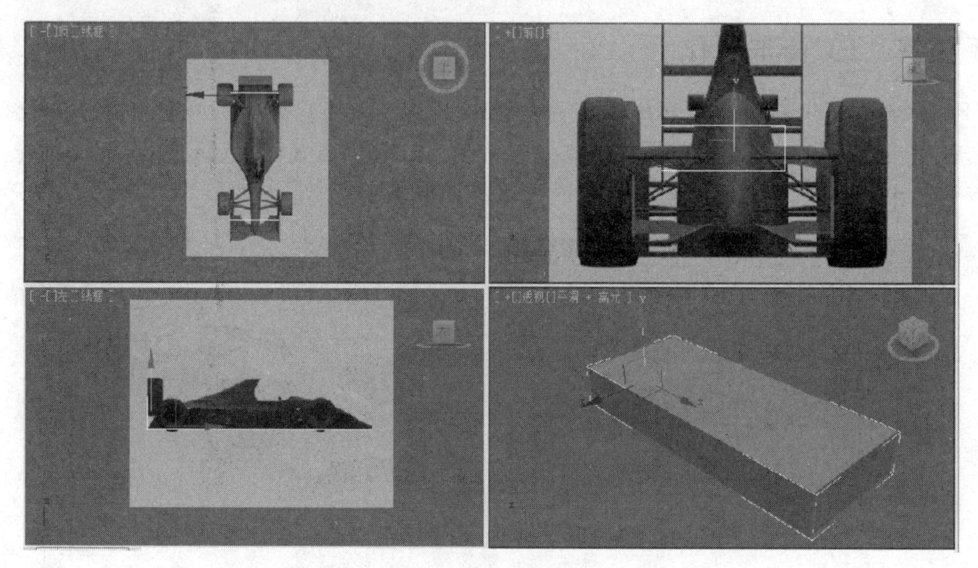

图 3-130　在前视图中挤出车身

02　退出多边形选择状态，添加“对称”命令，调整对称轴为 X 轴，如图 3-131 所示。

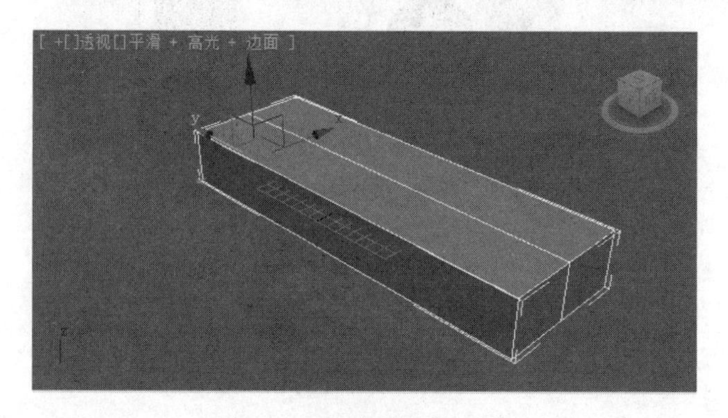

图 3-131　添加“对称”命令

03　进入顶点级别，使用“切割”命令，横向切割，分割出汽车的各部分。然后进入顶点级别，移动顶点，使它们符合赛车的车型。注意，对称轴面上的顶点不能移动。

在车头部分，进入顶点级别，缩放并移动外部顶点，使外部顶点向中间轴移动。

进入多边形级别，选择中间多边形，使用倒角命令制作出靠背，如图 3-132 所示。

04　为了保持赛车的外形，需要取消车身的平滑效果。在多边形级别，全选车身的多边形，在平滑组中单击“清除全部”命令按钮，如图 3-133 所示。

05　选择侧面的多边形，进入多边形级别，使用“挤出”和“倒角”命令制作车翼，如图 3-134 所示。

06　选择车翼前面的多边形，使用“插入”命令插入一个面，向内挤出，制作车翼向内的凹陷通风口，如图 3-135 所示。

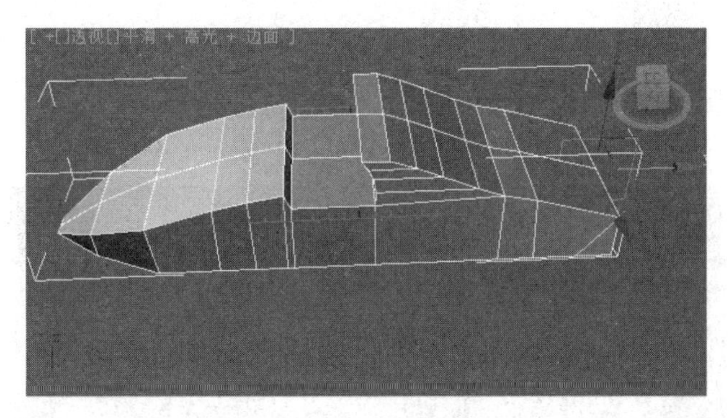

图 3-132 制作靠背

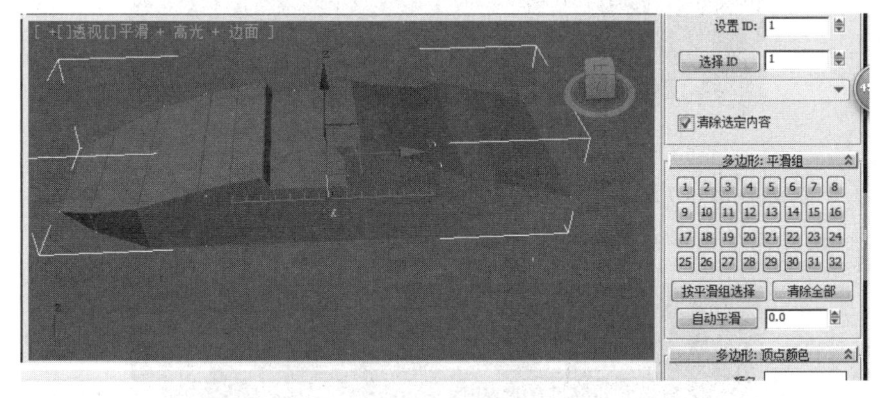

图 3-133 清除全部平滑组

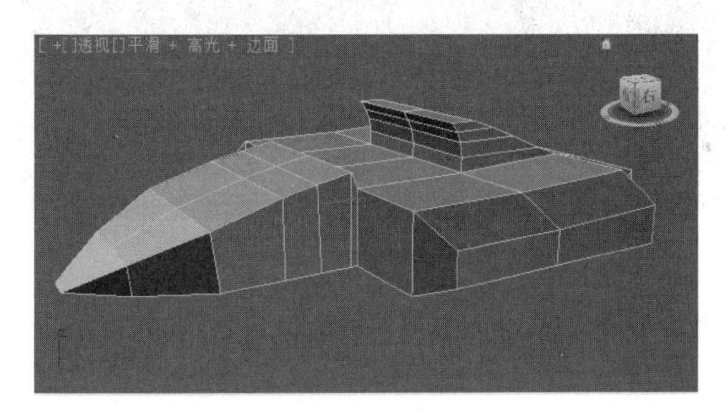

图 3-134 制作车翼

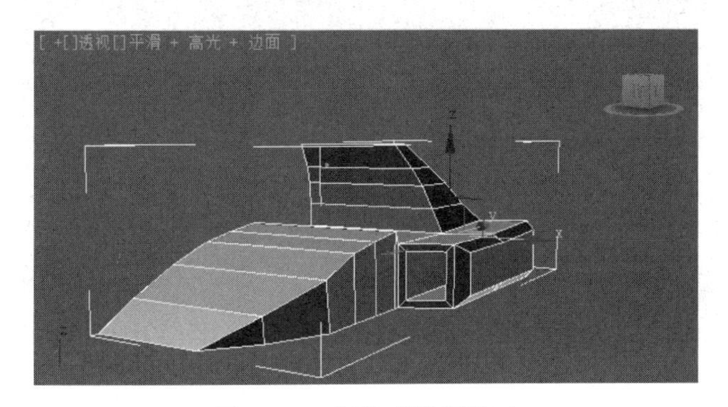

图 3-135 制作车翼通风口

07 进一步调整顶点,使之符合赛车的外观。确定无误后,再次添加"编辑多边形"命令,进入多边形级别,选择靠背前面的多边形,使用"插入"命令插入一个面,向内挤出,制作靠背向内的凹陷部分,如图 3-136 所示。

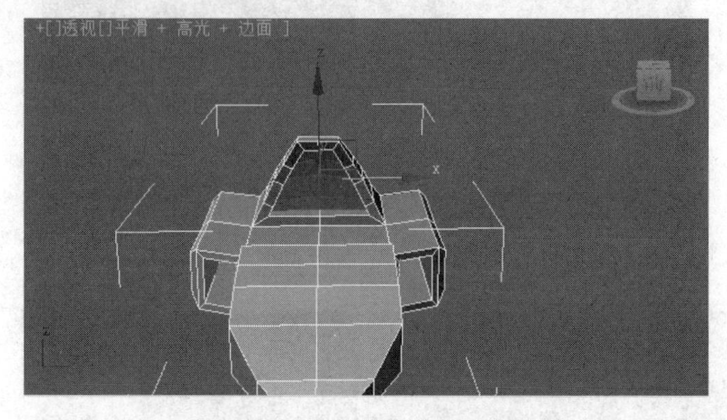

图 3-136 制作靠背的凹陷部分

08 选中底部的多边形,使用"插入"命令插入一个面,向下挤出。单击"平面化"命令按钮,使底部多边形在一个平面上,制作中间的驾驶室,如图 3-137 所示。

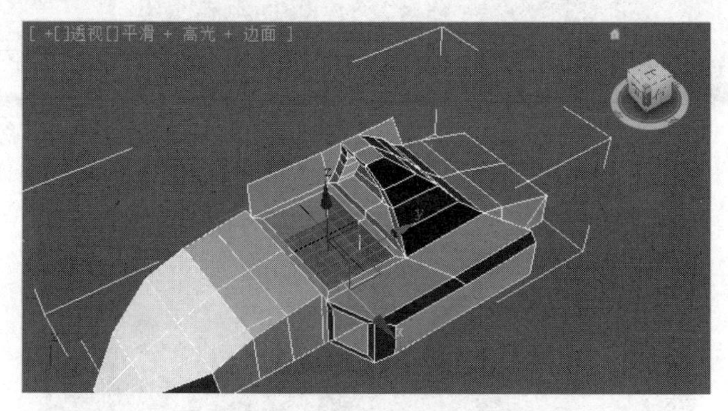

图 3-137 制作中间的驾驶室

09 进一步调整顶点和比例,确定无误后,添加"网格平滑"命令,如图 3-138 所示。这样赛车车身就制作完成了。

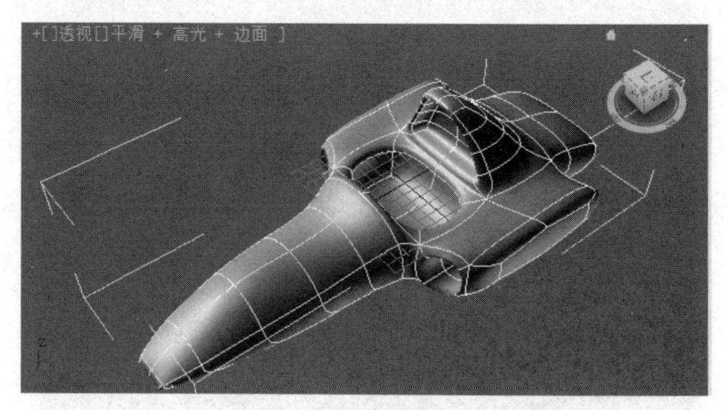

图 3-138 网格平滑

接下来制作赛车车轮。

首先分析车轮的外观。赛车车轮由外向内可以分为橡胶外胎、钢圈、轮毂和轴 4 部分。橡胶外胎和钢圈可以通过“车削”命令制作完成，轮毂可以使用 ProBoolean 运算生成，车轮的轴可以使用扩展集合体的切角圆柱体生成。最后把这些零部件拼合成完整的轮胎模型。下面详细介绍车轮的制作过程。

01 绘制橡胶外胎。在前视图中，使用线工具绘制车胎的切面轮廓，如图 3-139 所示。

图 3-139 绘制车胎轮廓

02 制作车胎。添加“车削”命令，移动车削轴，如图 3-140 所示。

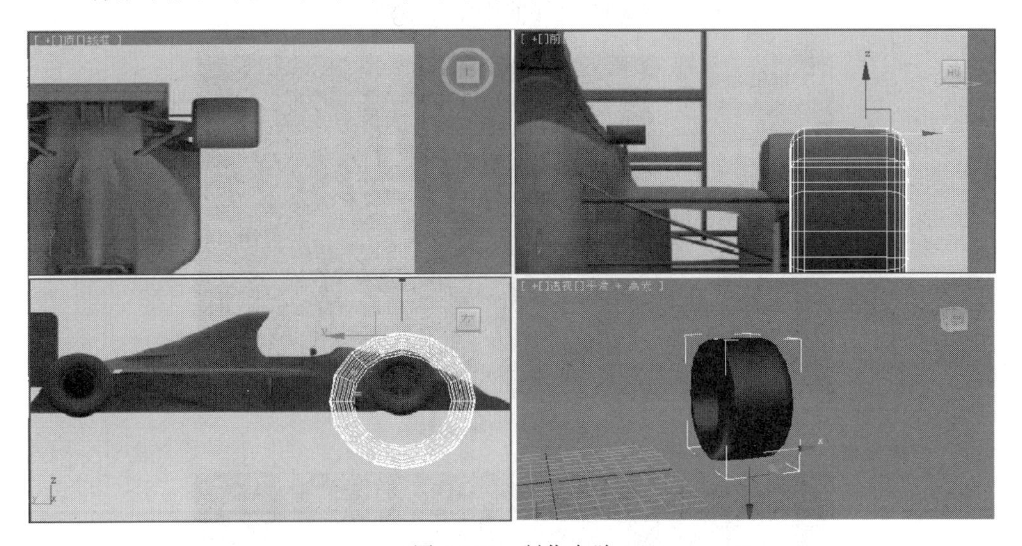

图 3-140 制作车胎

03 制作轮胎外侧的花纹。在顶视图中绘制花纹轮廓，如图 3-141 所示。

04 复制出多个花纹，并附加在一起，添加倒角命令，如图 3-142 所示。

05 添加“弯曲”命令，如图 3-143 所示。

06 移动外侧花纹，使之与车轮对齐，如图 3-144 所示。

07 制作钢圈。在左视图中绘制出两个圆作为放样截面，在顶视图中绘制出直线作为路径，然后进行多截面放样，如图 3-145 所示。

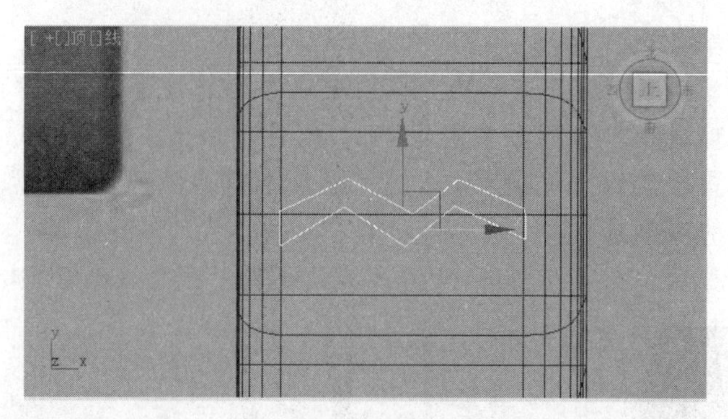

图 3-141　绘制车胎花纹轮廓

图 3-142　倒角后的花纹效果

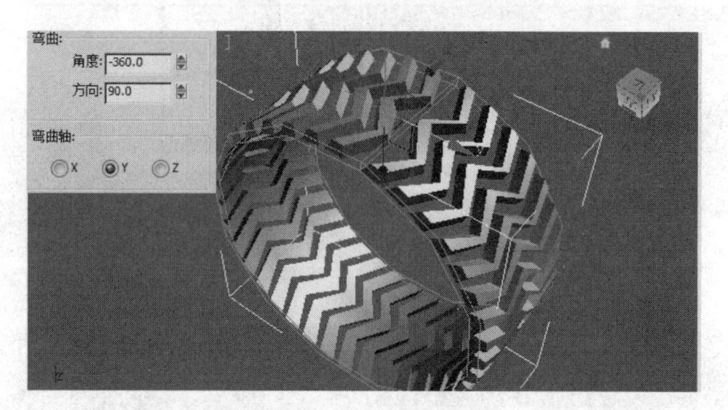

图 3-143　弯曲花纹

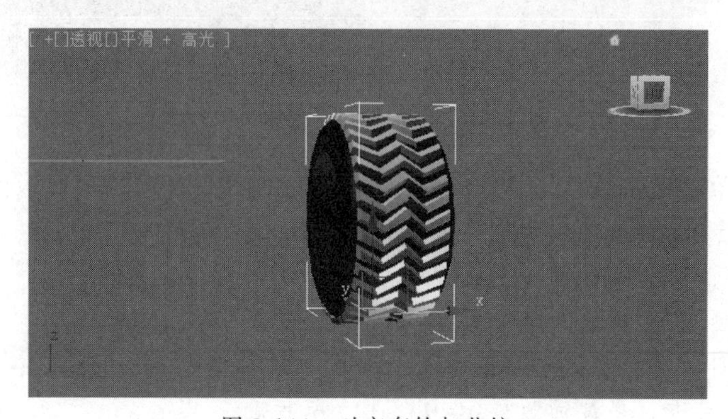

图 3-144　对齐车轮与花纹

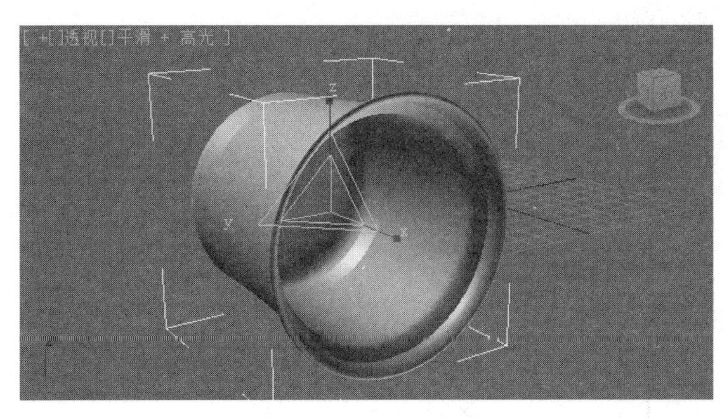

图 3-145 放样制作钢圈

08 制作轮毂。在左视图中制作圆柱体和球体，使用缩放工具把球体压扁，放到圆柱体的合适位置，移动轴心点，使之与圆柱体重合，如图 3-146 所示。

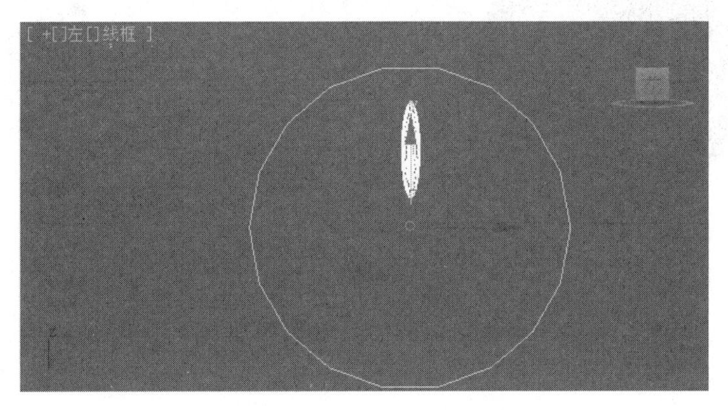

图 3-146 制作球体并缩放

09 在左视图中阵列球体，如图 3-147 所示。

图 3-147 阵列球体

10 选择圆柱体，使用 ProBoolean 运算，如图 3-148 所示。

11 整理模型，使车轮的各个模型对齐位置，最后效果如图 3-149 所示。

12 最后制作车身前后附件，如图 3-150 所示。

图 3-148 ProBoolean 运算

图 3-149 车轮完成效果

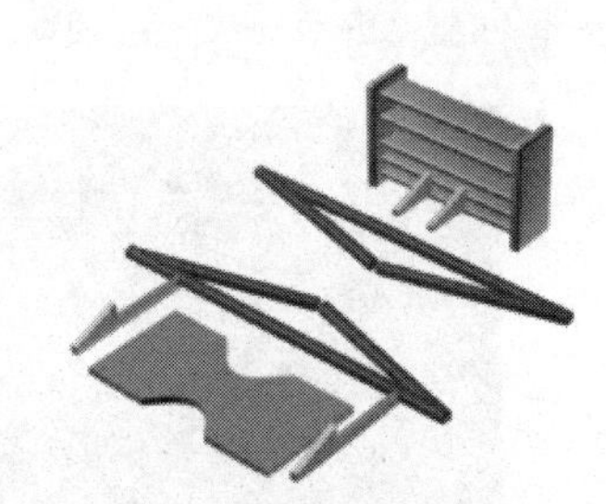

图 3-150 制作车身前后附件

13 将车身、车轮和附件合并在一起，整理场景，最终效果如图 3-128 所示。

详细参数可以参考素材文件“第 3 章 多边形建模技术\素材文件\F1 赛车模型\F1 赛车-整体模型完成.max”。

动手演练 小汽车制作

小汽车模型分为两部分制作，一部分是车身，另一部分是车轮。首先制作车身，如图 3-151 所示。

图 3-151 小汽车模型

01 建模之前，首先需要把小汽车的三视图导入到场景中，作为建模时的参考。分别在顶视图、前视图、左视图中创建 3 个平面：顶视图中平面长度为 4200mm、宽度为 1700mm；前视图中平面长度为 1400mm，宽度为 1700mm；左视图中平面长度为

4200mm，宽度为1700mm。将3个平面两两对齐，如图3-152所示。注意，如果场景中有阴影，会影响建模，单击视图左上角的“真实”显示模式，在弹出菜单中选择“明暗处理”。

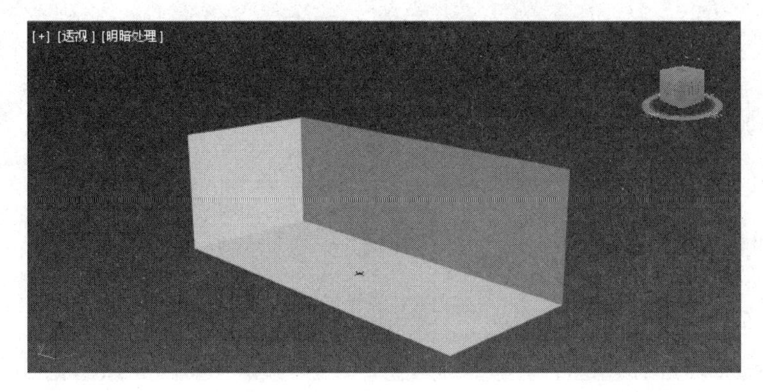

图3-152 创建3个平面

02 导入贴图。在顶视图、左视图、前视图中导入对应的3个贴图，如图3-153所示。为了在旋转视图时不遮挡视线，选择每个平面，右击，在快捷菜单中选择“对象属性”命令，在对象属性窗口勾选“背面消隐”复选框。

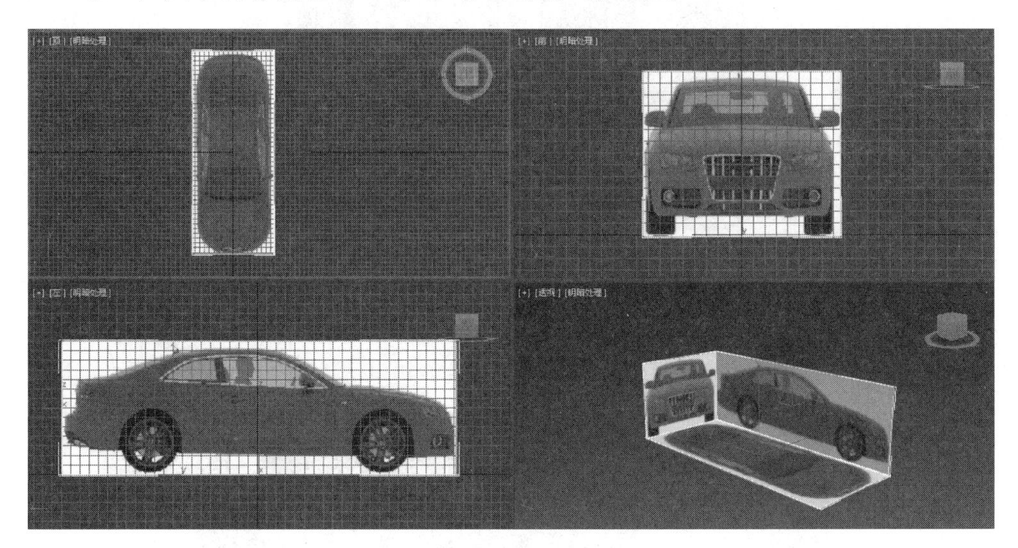

图3-153 导入三视图贴图

03 在顶视图中创建一个大小与车顶相同的平面，移动平面的位置，使其位于车顶，如图3-154所示。

04 把平面转换为可编辑多边形。进入多边形级别，选中其中一半多边形并删除。返回上一级，在修改面板中添加“对称”命令，然后单击“对称”命令前的开关，关闭“对称”命令，如图3-155所示。

05 进入顶点和边级别，开始调整。刚开始创建时，平面位于车的底部。在前视图中，将平面向上移动至车顶，进入顶点级别，移动顶点，使平面的弯曲弧度与车顶相同。进入顶视图，选中右边的几个点，向右移动，使其与车的顶视图中的右边缘大致重

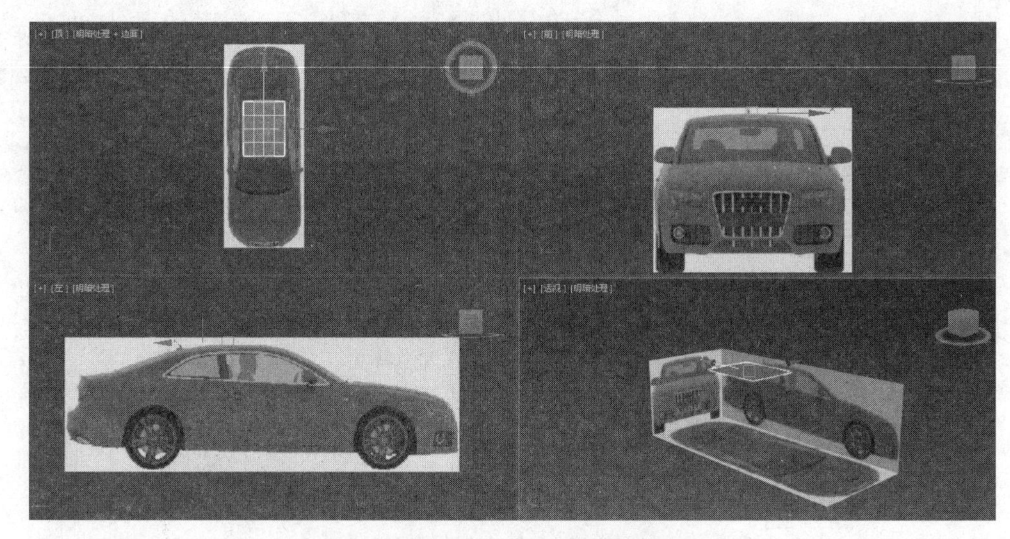

图 3-154 创建平面

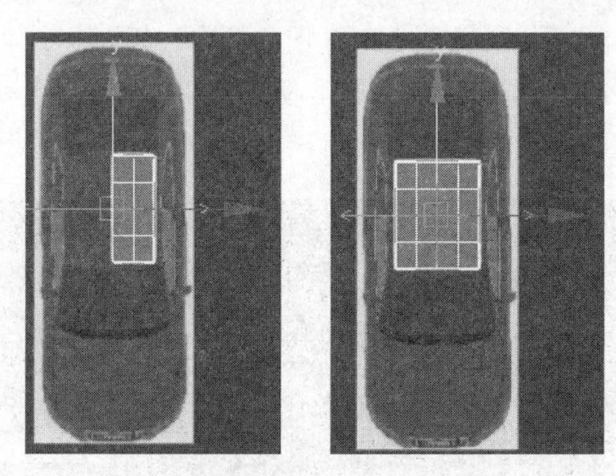

图 3-155 使用“对称”命令

合。进入左视图，选中这几个顶点，继续向下调整。可以看到，一部分顶点与车身的弧度并不完全重合，因此继续调整顶点，如图 3-156 所示。

图 3-156 调整平面的顶点

06 如果需要增加顶点，可以进入顶点级别，单击“切割”命令按钮，在如图 3-157 所示的部分进行切割。进入线级别，选中最下方的线段（注意使用循环选择），在按住 Shift 键的同时向下移动，复制出其他线段。由于车体的外部轮廓是整体向前倾斜的，所以在向下移动的同时要向左移动。经过多次添加顶点、移动顶点、复制线段、移动线段后，车体模型如图 3-157 所示。

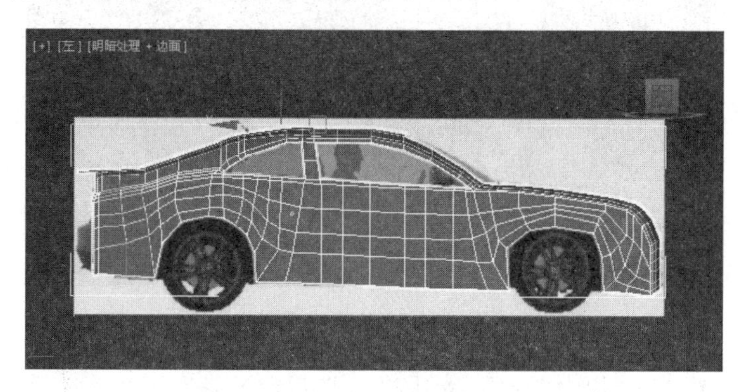

图 3-157 复制线段并调整顶点

07 进入顶点级别，通过调整顶点的位置来改变它的形状以及它与车的吻合度，注意应该和左视图中的汽车轮廓弧度一致。注意焊接顶点。勾完线条的外部轮廓如图 3-158 所示。

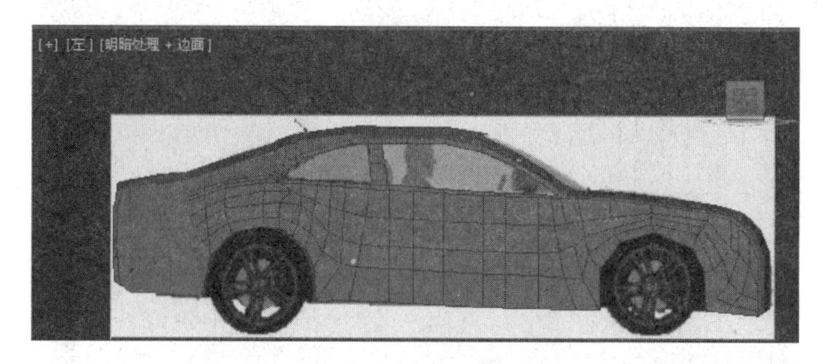

图 3-158 勾出外部轮廓

08 制作前面的车灯。进入顶点级别，切割出车灯的外观，并调整弧度，使其呈现车灯外形。进入多边形级别，选中车灯所在的多边形，插入多边形，然后向内倒角，如图 3-159 所示。

图 3-159 制作车灯

09 进行顶点和线的细微调整。执行“对称”命令，车的前视图如图 3-160 所示。

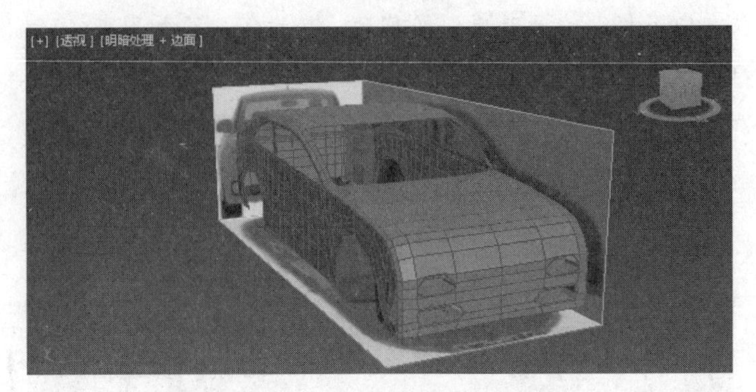

图 3-160 车的前视图

10 再次添加"编辑多边形"命令，对小汽车模型的不足之处进行细调。进入顶点、线、多边形级别进行适当的调整，使其轮廓更符合三视图中的汽车轮廓。进入多边形级别，选中后车窗部位的多边形，单击"插入"命令按钮插入多边形，单击"分离"命令按钮，分离出后车窗的玻璃，如图 3-161 所示。

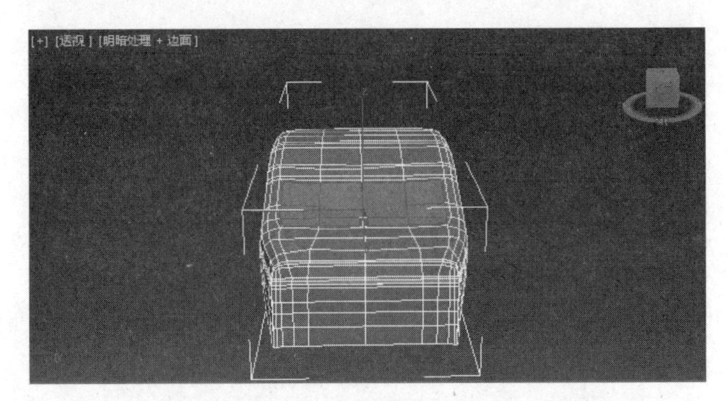

图 3-161 在后车窗部位插入多边形

11 选中如图 3-162 所示的多边形，插入多边形，制作出后备厢的盖。

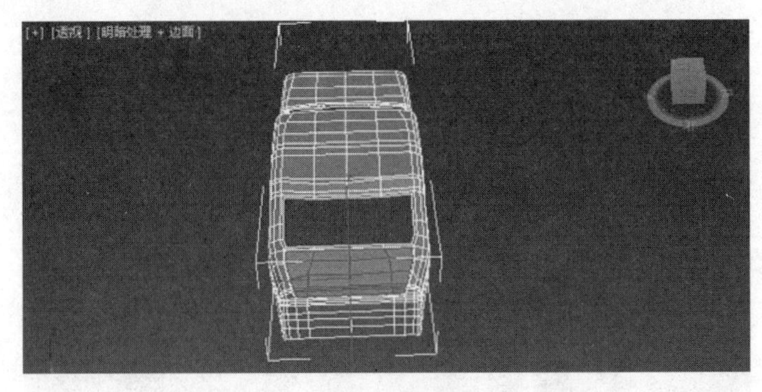

图 3-162 制作后备厢盖

12 选中上一步插入的多边形，执行倒角命令，制作出后备厢盖的轮廓，如图 3-163 所示。注意，倒角数值不要太大。

由于不停地拉伸，在执行对称命令之后，车身长、宽、高的比例可能不合理。此时选

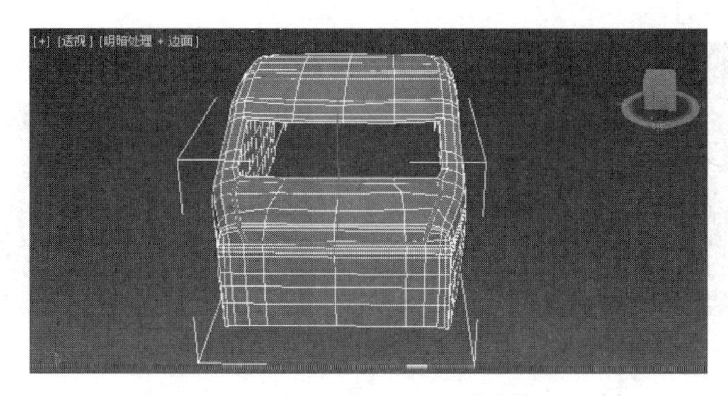

图 3-163 后备厢盖的轮廓

中全部车身，按照实际情况进行相应的调整：如果过宽或者过窄，沿着 X 轴缩小或者放大；如果过高或者过矮，沿着 Z 轴缩小或者放大；如果过长或者过短，沿着 Y 轴缩小或者放大。

13 制作玻璃。选择车体，进入边级别，选中玻璃所在的边，单击“利用所选内容创建图形”命令按钮。选择创建的图形，进入顶点级别，焊接顶点。添加“编辑多边形”命令，进入多边形级别，挤出多边形，命名为“玻璃”。添加“网格平滑”命令，迭代次数设置为 2。完成后的小汽车车身模型如图 3-164 所示。

下面制作汽车的车轮部分，最终效果如图 3-165 所示。

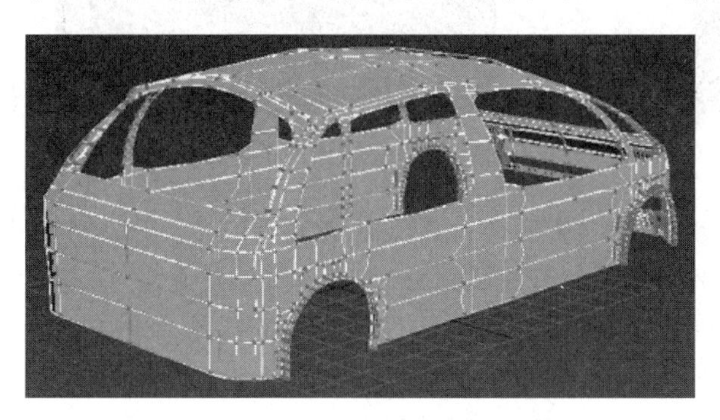

图 3-164 网格平滑

图 3-165 车轮最终效果

01 在顶视图中创建六边形并挤出，然后添加“编辑多边形”命令，如图 3-166 所示。

02 进入多边形级别，选择六边形侧面的 6 个多边形，使用倒角命令进行倒角挤出，如图 3-167 所示。

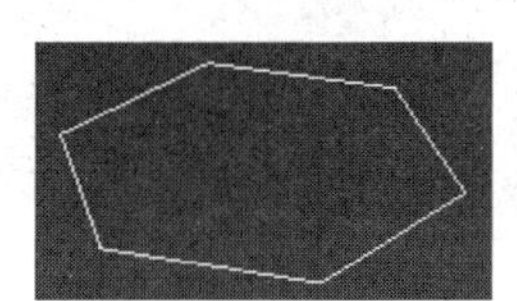
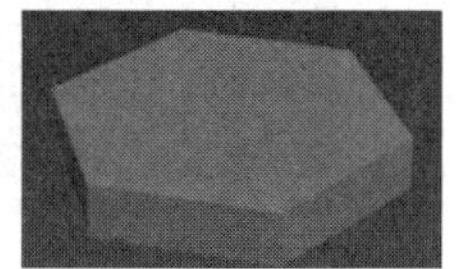

图 3-166 创建六边形并挤出

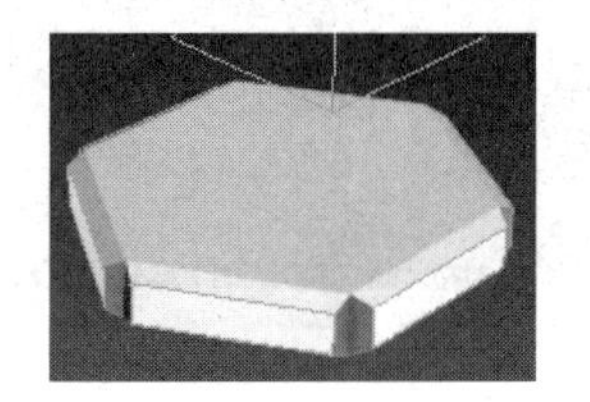

图 3-167 侧面多边形倒角挤出

03 继续对 6 个侧面进行倒角挤出操作，如图 3-168 所示。

04 选择底面的 6 个多边形，向下挤出后删除，如图 3-169 所示。

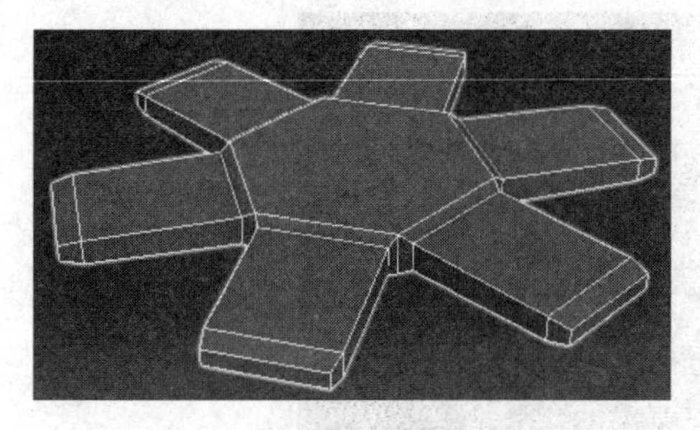

图 3-168 继续倒角挤出

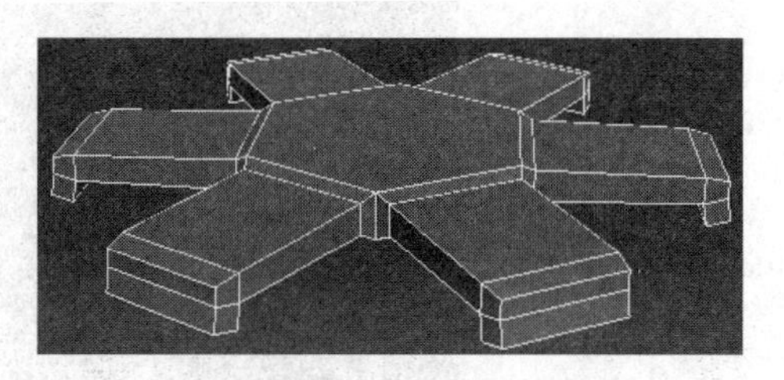

图 3-169 向下挤出多边形

05 创建一个管状体,命名为"钢圈",调整参数,使之与上面创建的对象对齐。注意,端面分段为3,如图3-170所示。

06 为钢圈添加"编辑多边形"命令。进入多边形级别,将内圈的多边形向下移动,如图3-171所示。

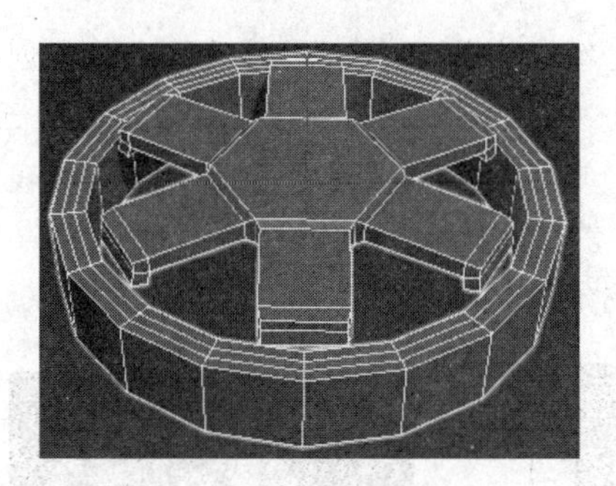

图 3-170 创建管状体

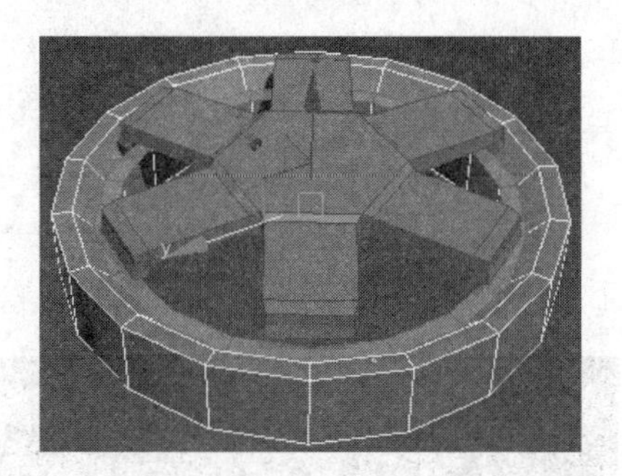

图 3-171 将内圈的多边形向下移动

07 进入边级别,选择钢圈的4个环形边,使用切角工具对其进行切角。进入多边形级别,选中所有的多边形,清除平滑组,如图3-172所示。

08 选择钢圈,使用旋转工具对其进行旋转,使其网格与中间造型对齐。进入多边形级别,将钢圈与六边形对象对应的多边形删除。将两个对象附加在一起,进入顶点级别,使用目标焊接工具将顶点焊接在一起,如图3-173所示。

图 3-172 对4个环形边切角并清除平滑组

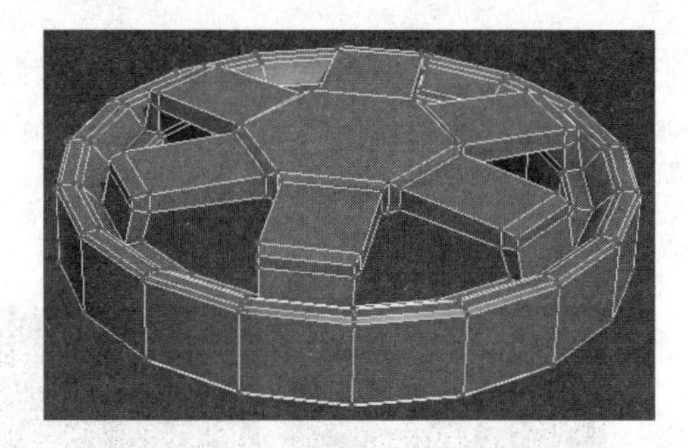

图 3-173 附加对象加并焊接顶点

09 进入边级别,选中侧面的边,使用切角命令进行切角,注意使用环形选择和循环选择。进入多边形级别,选中中间的多边形,使用倒角命令沿本地法线进行倒角,如图3-174所示。

10 选中中间的六边形，3 次插入多边形，如图 3-175 所示。

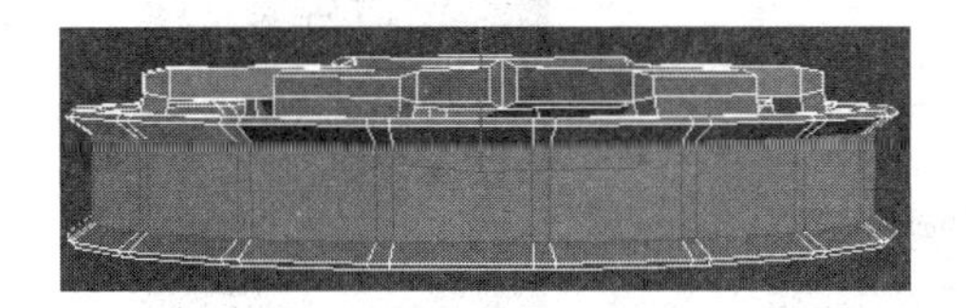

图 3-174 中间多边形向内倒角

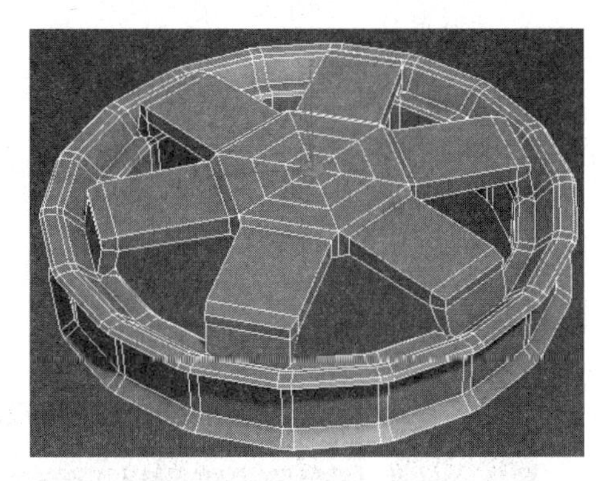

图 3-175 插入多边形

11 进入顶点级别，选中 6 个顶点，使用切角命令进行切角。进入多边形级别，使切角生成的 6 个多边形和中间的多边形向内倒角，如图 3-176 所示。

12 添加“网格平滑”命令，迭代次数设置为 2，如图 3-177 所示。

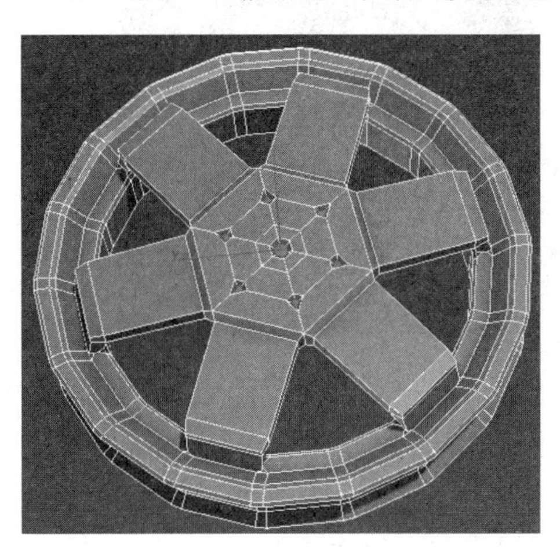

图 3-176 向内倒角

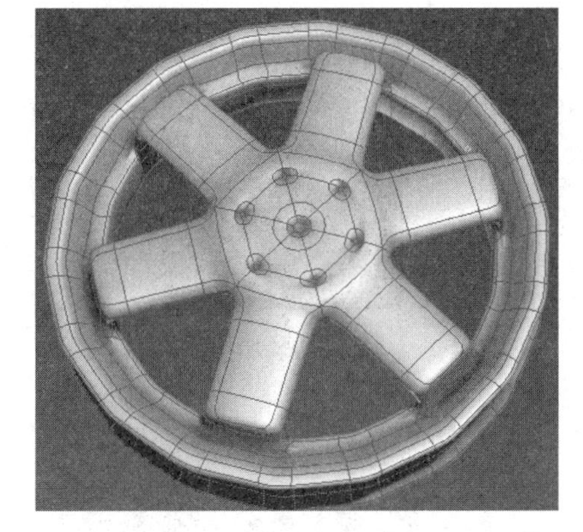

图 3-177 网格平滑

13 在左视图中创建一个圆环，使用对齐工具使它的中心与钢圈中心对齐。在顶视图中使用缩放工具将圆环拉扁，使圆环套在钢圈上，作为轮胎，如图 3-178 所示。

14 制作轮胎表面的防滑花纹。创建如图 3-179所示的二维图形，复制出多个，然后附加在一起。添加“倒角”修改器和“弯曲”修改器，如图 3-180 所示。

15 将花纹与轮胎对齐，使用缩放工具，使花纹的大小与轮胎的大小匹配，如图 3-181 所示。

16 选择钢圈，附加轮胎和花纹，使之成为

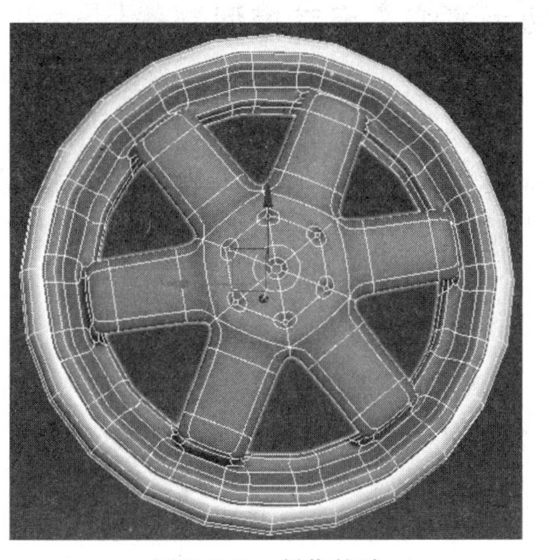

图 3-178 制作轮胎

一个整体。添加 FFD3×3×3 修改器，移动控制点，使轮胎看起来比较鼓，如图 3-182 所示。

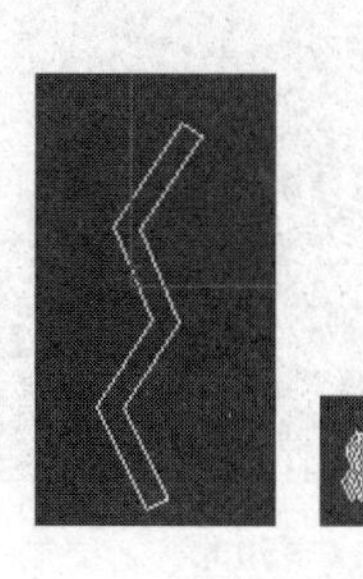
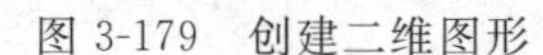

图 3-179 创建二维图形

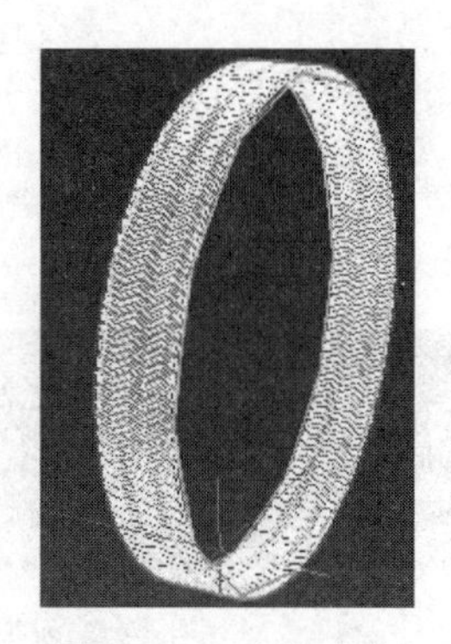

图 3-180 弯曲花纹

图 3-181 花纹与轮胎对齐后的效果

图 3-182 添加 FFD3×3×3 修改器

17 在车轮内部添加刹车灯细节，最终效果如图 3-151 所示。

18 最后把车轮和车身合并在一起，再复制出另外 3 个车轮。创建圆柱体作为汽车的轴承。调整视角，渲染模型，即可看到图 3-151 所示的汽车模型。

动手演练 坦克模型制作

本例制作一个坦克模型，如图 3-183 所示。

首先分析坦克模型的组成。从外形上看，坦克主要由主体、炮塔、轮子和履带 4 部分组成。

首先制作主体部分。

01 进入“自定义”主命令面板下的“单位设置”次命令面板，设置系统单位为毫米，如图 3-184 所示。

02 创建一个长方体，参数如图 3-185 所示，并将其命名为“主体”。

03 在修改面板的下拉列表中为选择对象添加“编辑网络”修改器。在

图 3-183 坦克模型效果

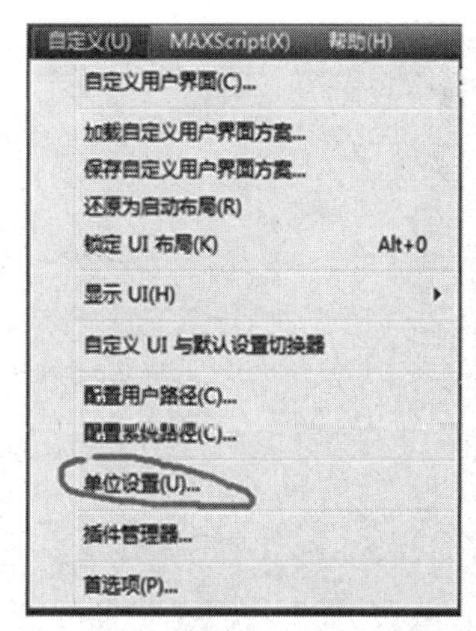

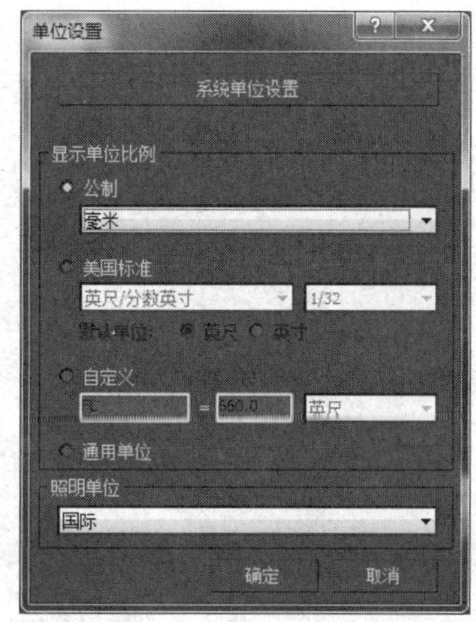

图 3-184 设置系统单位

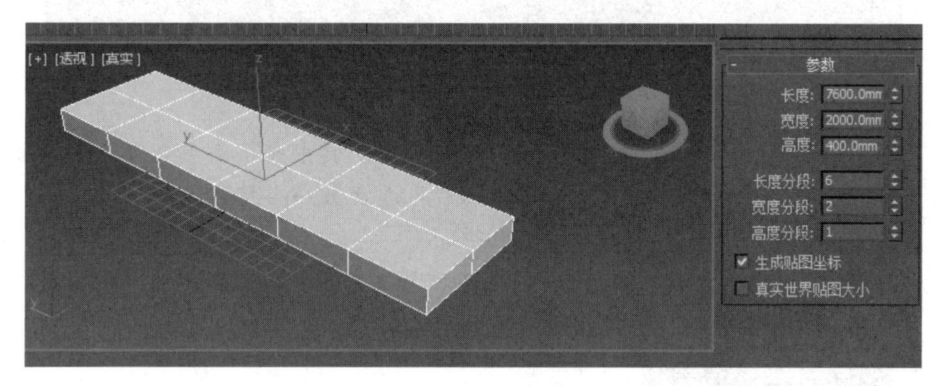

图 3-185 创建主体

修改面板的堆栈中单击“修改网络”选项左侧的展开符号，在展开的层级选项中选择“顶点”，进入顶点级别，对上表面的顶点进行编辑。在前视图和左视图中移动顶点的位置，使主体部分前端具有一定的坡度，得到如图 3-186 所示的形状。

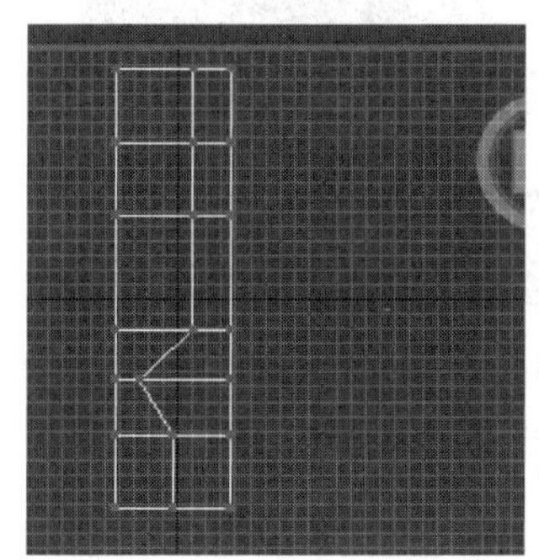

图 3-186 编辑顶点

04 对象表面的各个多边形属于同一个平滑组，显得过于平滑。需要把不同的多边形设置为不同的平滑组，突出多边形的边界。进入多边形级别，在透视图中选择如图 3-187所示的多边形。

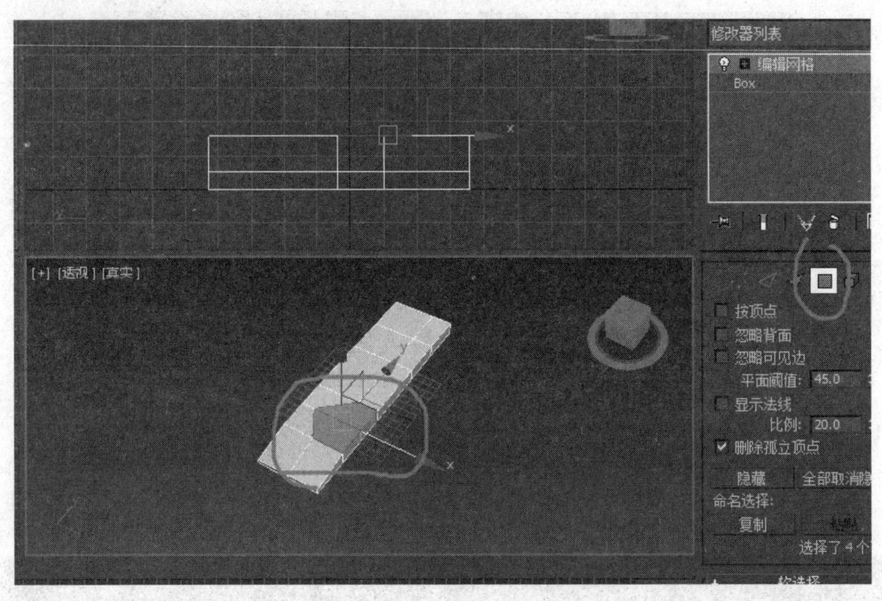

图 3-187 选择多边形

05 在“曲面属性”卷展栏下进入“平滑组”参数组。其中有一个按钮处于激活状态，单击该按钮，清除选定对象的平滑组，然后再激活另一个按钮，此时这个多边形就被重新分配了一个平滑组，如图 3-188 所示。

06 对其他的几个多边形也使用相同的方法进行编辑，使对象表面出现明显的边界。主体部分前端重新分配平滑组后的效果如图 3-189 所示。

图 3-188 清除平滑组

图 3-189 重新分配平滑组的效果

07 在顶视图中选择对象底部方形的表面，然后激活“编辑几何体”卷展栏中的“切片平面”按钮，视图中出现黄色的方框，使用该方框对表面进行切割。可以通过选择并旋转按钮对其进行旋转（注意打开角度捕捉，旋转 90°），然后移动到合适的位置，单击其右侧的“切片”按钮，切割后的效果如图 3-190（右）所示。

08 退出多边形级别，进入顶点级别，会发现除了多边形的边界交点上增加了顶点，边界上也增加了顶点。

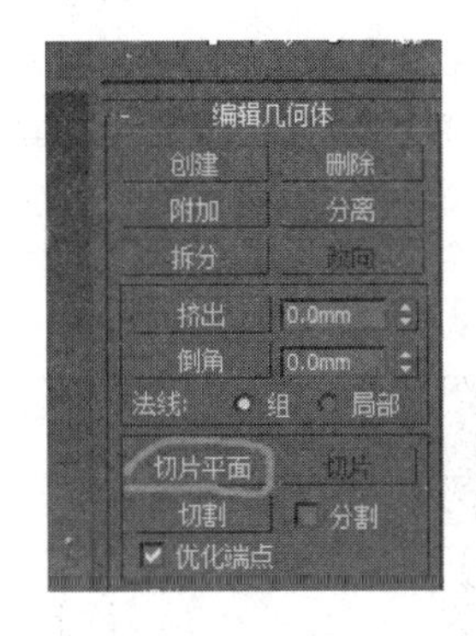

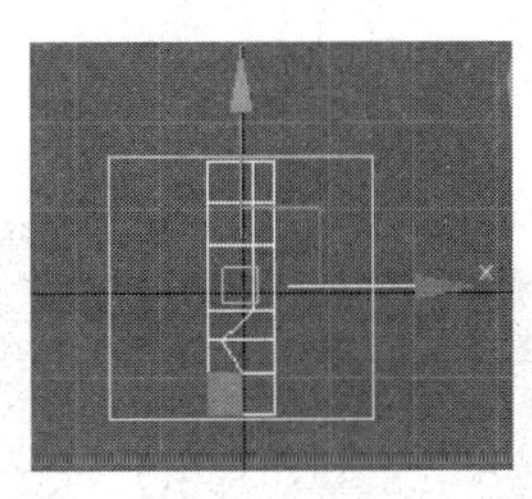
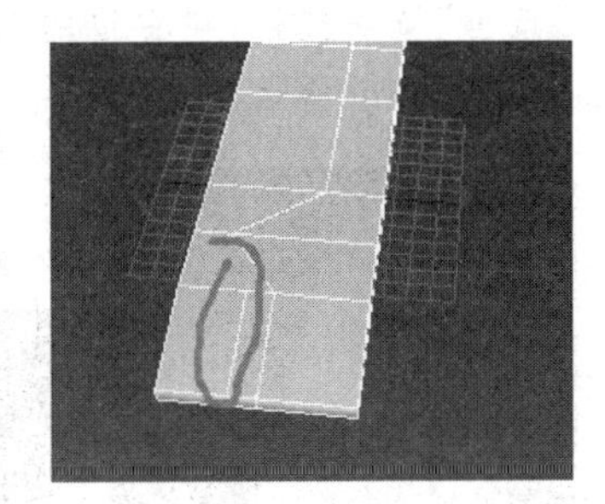

图 3-190 切割平面

09 在顶视图中选择对象底部的顶点，将其移动到如图 3-191 所示的位置，然后把被切割的两部分多边形设置为不同的平滑组。

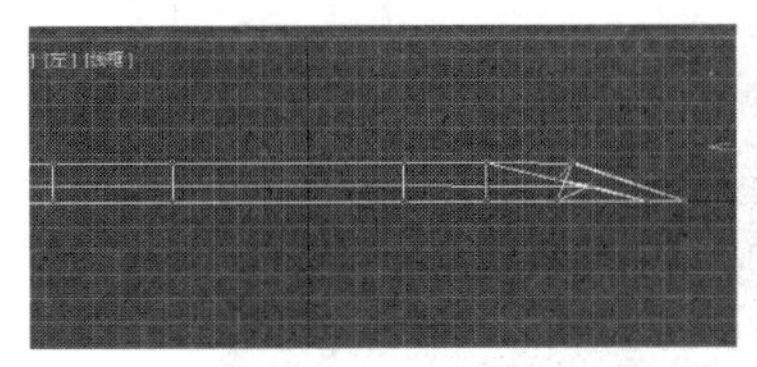
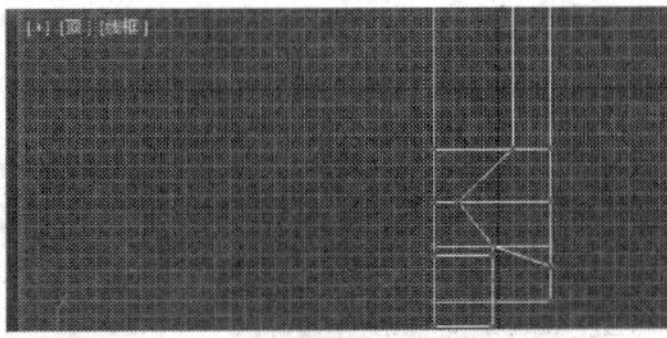

图 3-191 设置顶点平滑组

10 进入顶点级别，在顶视图中单击“切片平面”按钮，在主体部分的左侧纵向切割出一条边，单击“切片”按钮结束操作。再次使用“切片”命令，在主体部分最前端的多边形内进行横向的切割，效果如图 3-192 所示。

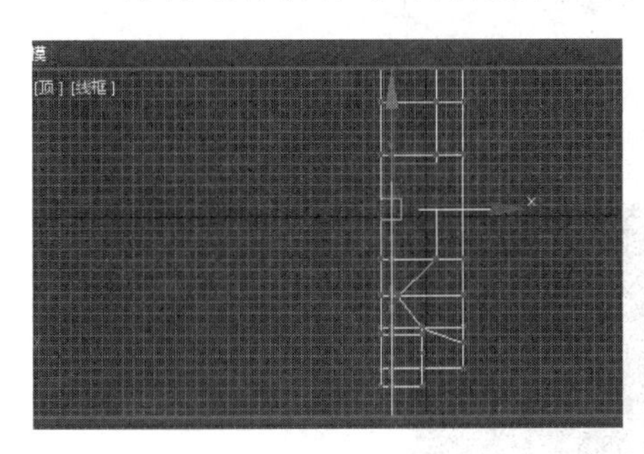
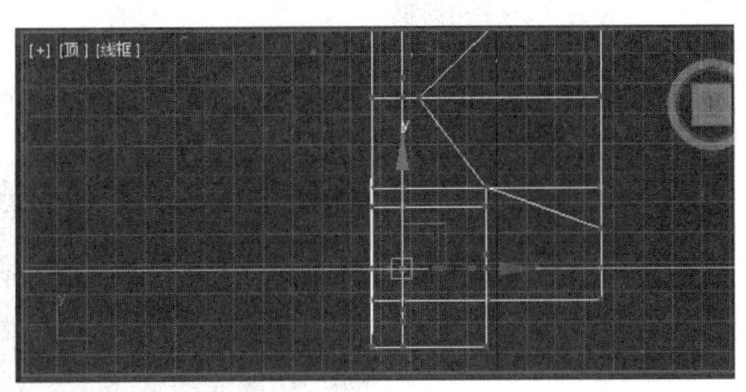

图 3-192 切割主体前端的多边形

11 进入多边形级别，选择侧面的多边形子对象，按 Delete 键将其删除，如图 3-193 所示。

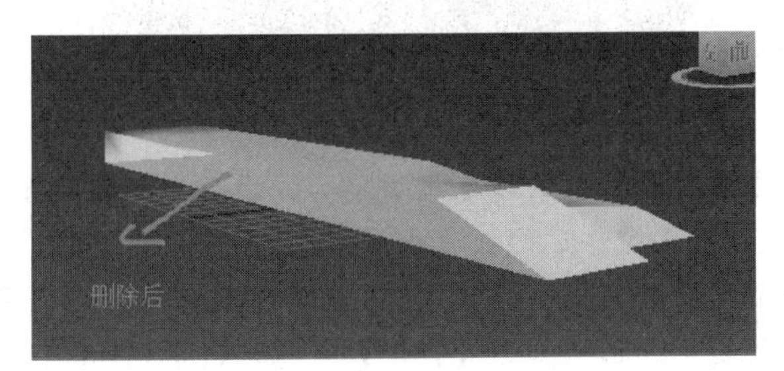

图 3-193 删除侧面的多边形

12　进入多边形级别，选择如图 3-194(a)所示的多边形，在“编辑几何体”卷展栏中单击“挤出”命令按钮，在右边的数值框中输入－120，如图 3-194(b)所示，对象成为如图 3-194(c)所示形态。

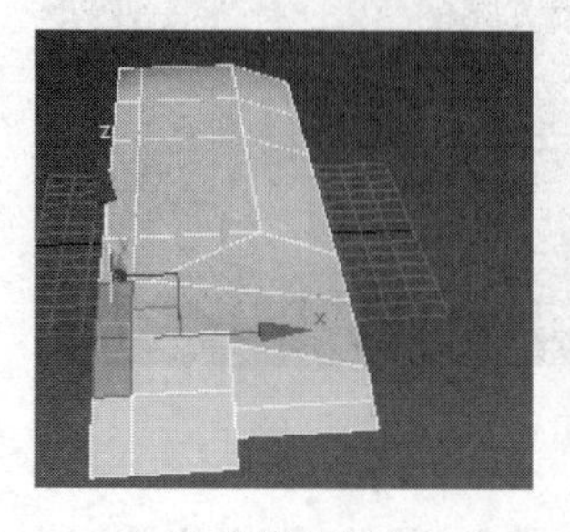

(a) 选择多边形

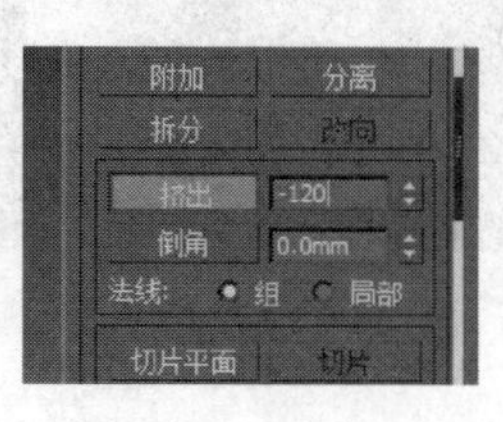

(b) 挤出

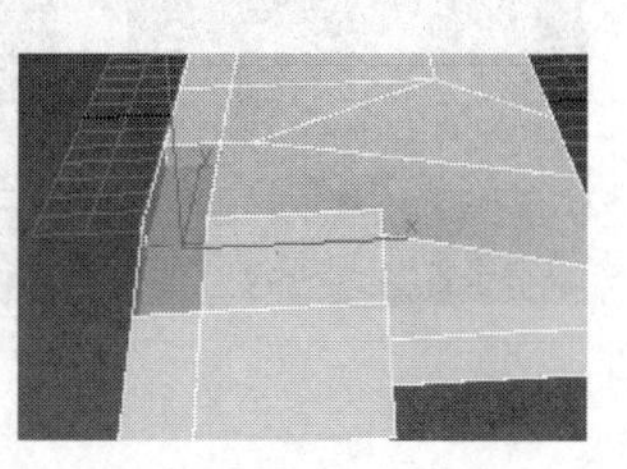

(c) 挤出后的效果

图 3-194　挤出多边形

13　选择侧面多余的多边形子对象，按 Delete 键将其删除，如图 3-195 所示。

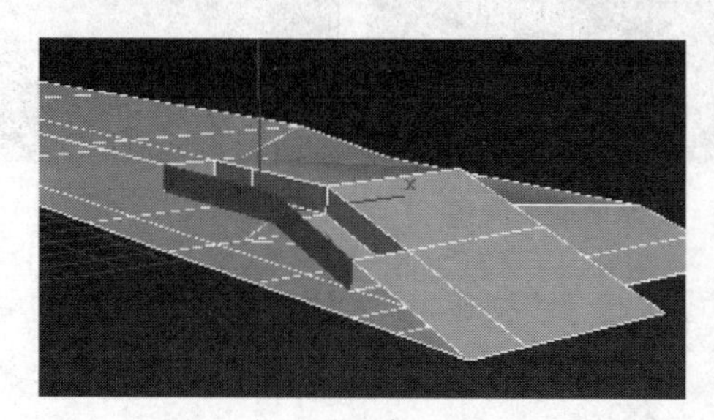

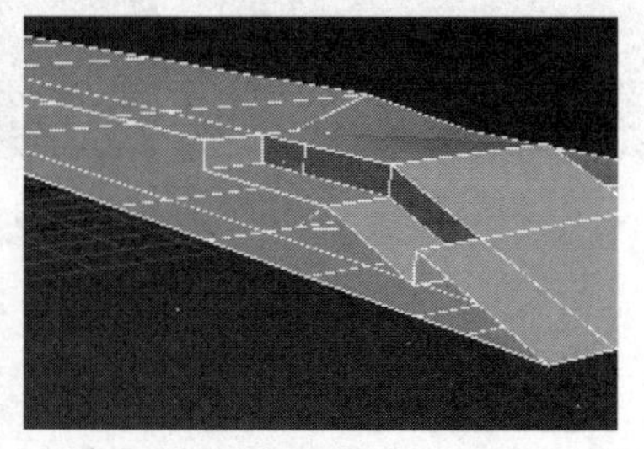

图 3-195　删除侧面的多边形

14　进入“顶点”子对象层，选择如图 3-196 所示的顶点，在“编辑几何体”卷展栏中单击“塌陷”命令按钮，所选顶点塌陷为一个顶点。

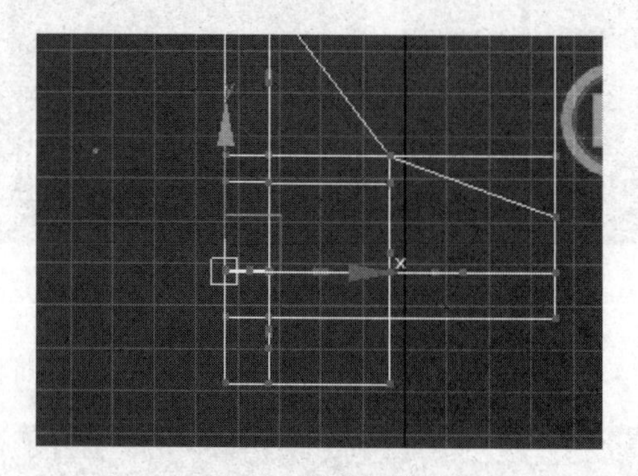

图 3-196　塌陷左侧顶点

15　使用相同的方法将另一侧的顶点也塌陷为一个顶点。然后在左视图中调整各顶点的位置，使执行挤压操作后的面变得平整，如图 3-197 所示。

16　对主体部分后部的表面进行编辑，使用与编辑前部表面相同的方法对需要编辑的后部表面进行切割。选择如图 3-198 所示的多边形，挤出 150，然后调整顶点的位置，得到需要的形状。

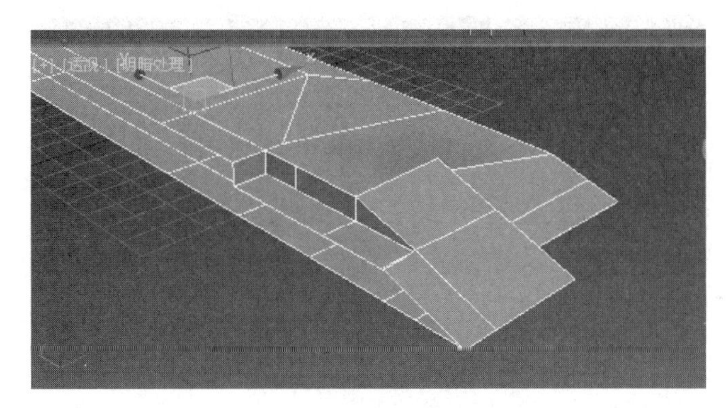

图 3-197 塌陷右侧顶点

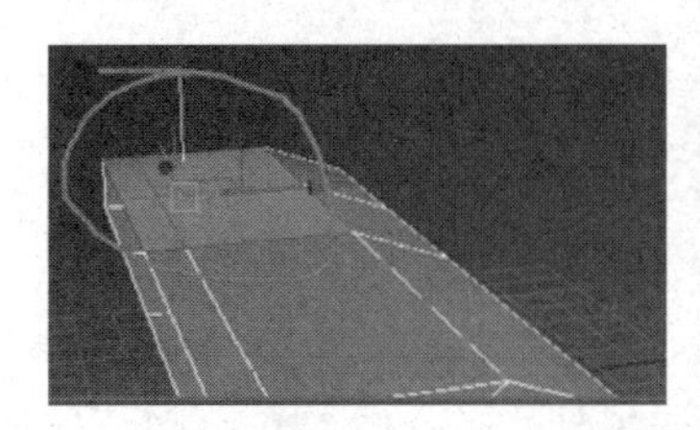

图 3-198 挤出多边形

17 使用“切割”“挤出”“倒角”命令制作局部造型，如图 3-199 所示。

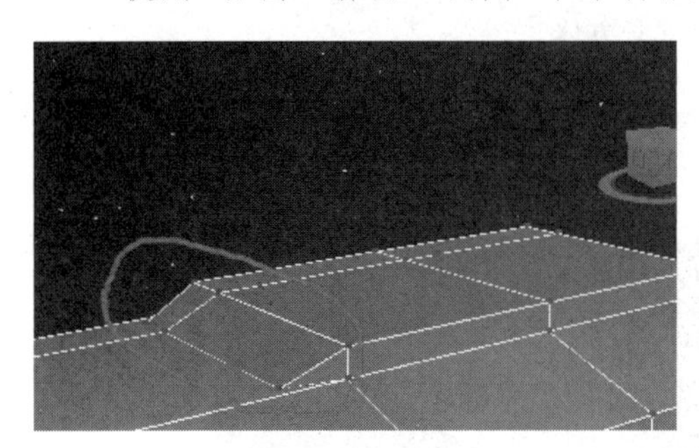
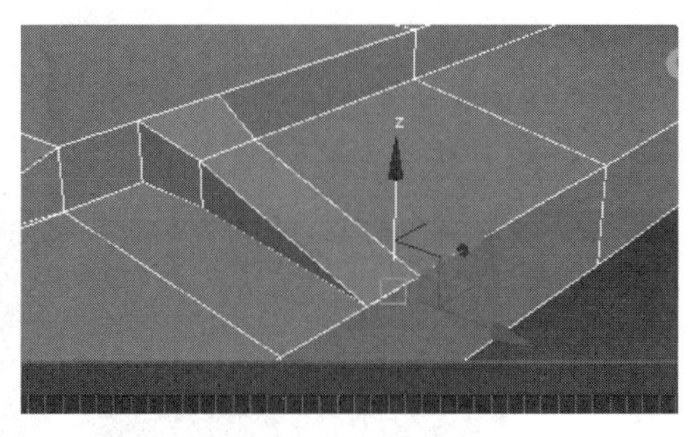

图 3-199 切割、挤出、倒角命令多边形

18 为了在对象表面添加更多的细节，需要对表面进行切片操作。然后使用与前面步骤中相同的挤压方法创建前端的突出部位，最后效果如图 3-200 所示。

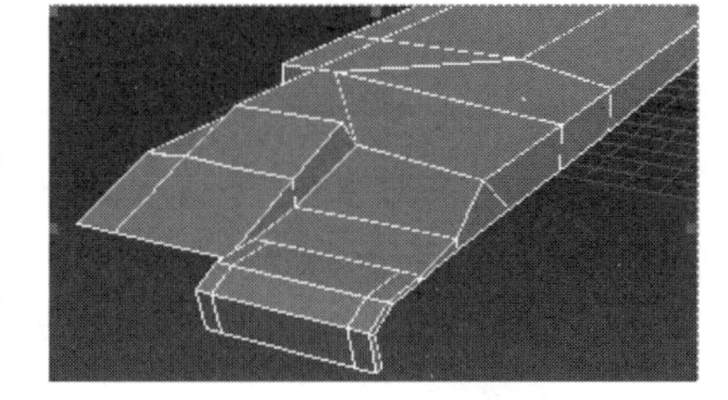

图 3-200 为车身外观添加细节

19 挤出侧面的护板，然后对顶点进行调整，进入多边形级别，对底盘部分的面进行挤压操作，创建底盘。最后效果如图 3-201 所示。至此，主体部分就创建好了。

接下来创建炮塔部分，与主体部分的创建过程相似，炮塔也是从一个长方体对象开始创建的。由于炮塔部分比主体复杂，所以使用更具灵活性的多边形建模方式进行创建。

01 创建一个长方体，如图 3-202 所示。

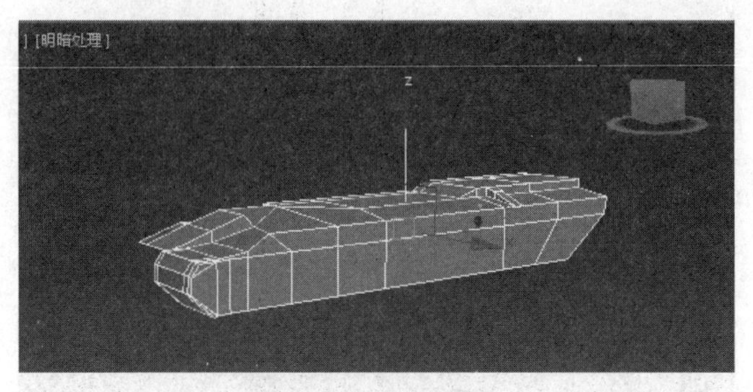

图 3-201　车身外观

图 3-202　创建长方体

02　将该对象转换为可编辑多边形对象，并进入顶点级别，在顶视图中对整体形态进行调整，如图 3-203 所示。

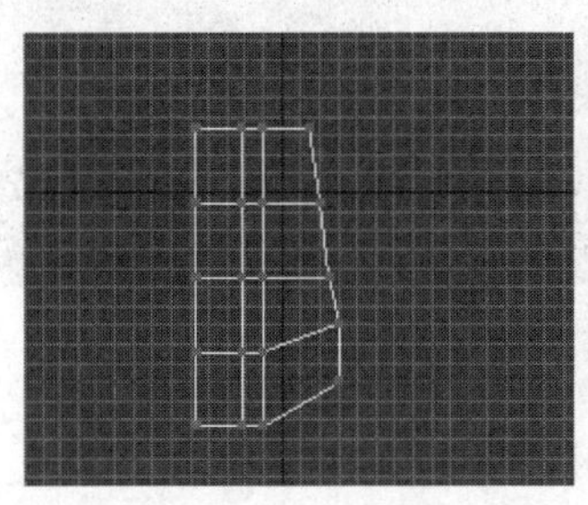

图 3-203　调整顶点

03　在透视图中选择前端上部的两个端点，沿 Z 轴向下移动选择的顶点，然后分别将其与下部对应的顶点焊接，使炮塔前端产生坡度，如图 3-204 所示。

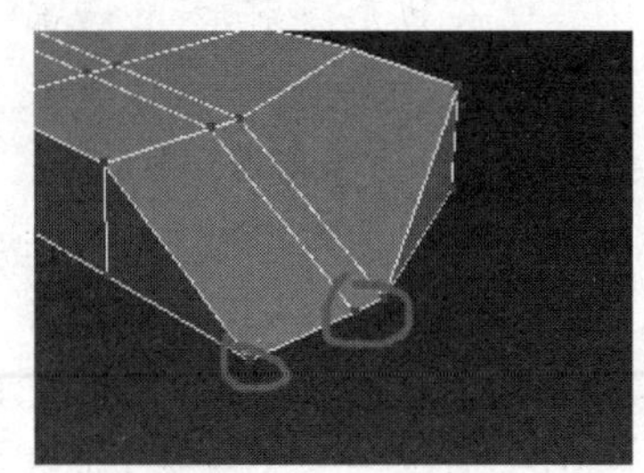

图 3-204　移动前端顶点

04　使用“切片平面”命令，在如图 3-205 所示的位置进行切片操作。

05　在透视图中选择炮塔内侧的面，在水平的方向上进行切片操作，如图 3-206 所示。

06　进入边级别，选择如图 3-207 所示的边界，在“编辑多边形”卷展栏中单击“切角”命令按钮，此时

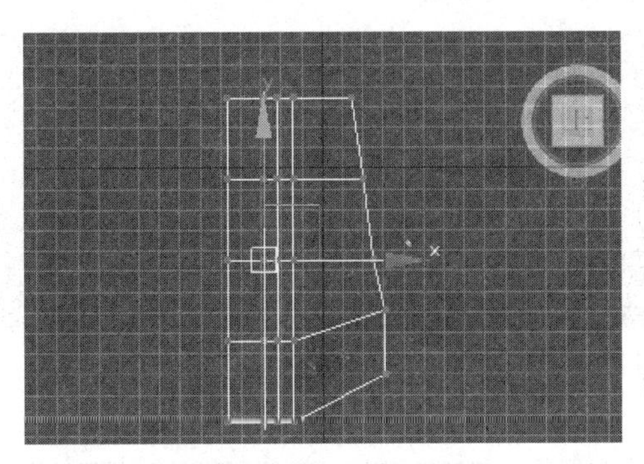

图 3-205 添加“切片平面”命令

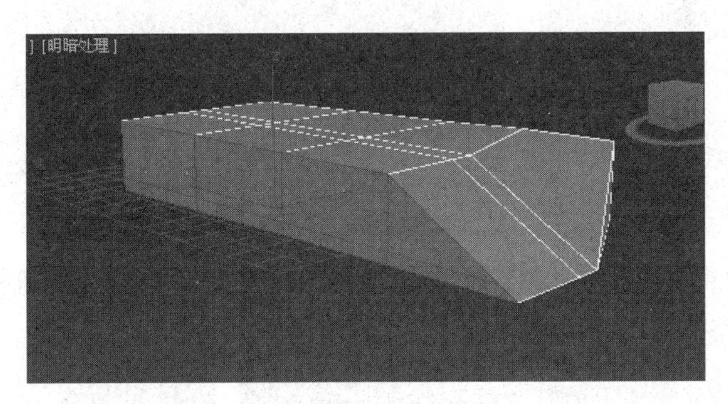

图 3-206 侧面切片

边被分割为两条线段。

07 选择炮塔内侧的多边形，并沿 X 轴向外侧移动，在其前部创建一处凹陷，如图 3-208 所示。

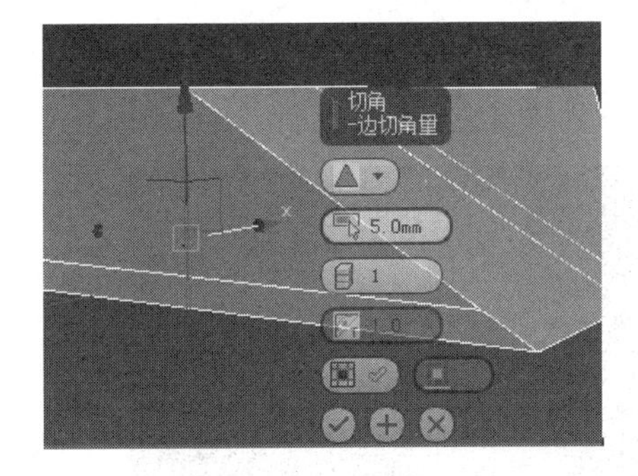

图 3-207 切角

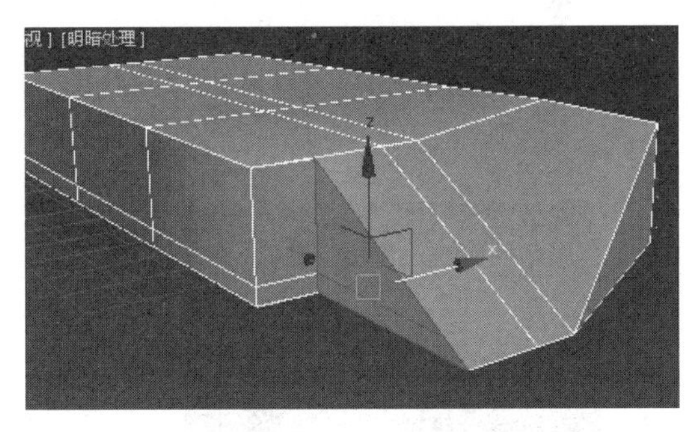

图 3-208 创建凹陷

08 使用同样的方法对其下方的多边形进行切片操作，并选择分割出来的顶点，沿 X 轴向外侧移动，如图 3-209 所示。

09 进入“顶点”子对象层级，根据炮塔的外观调整局部顶点的位置，对表面顶点进行一系列编辑，如图 3-210 所示。

10 使用同样的方法在炮塔后部也创建一个类似的凹陷，如图 3-211 所示。因为坦克表面的变化比较多，所以会有很多类似的凹陷和凸起。

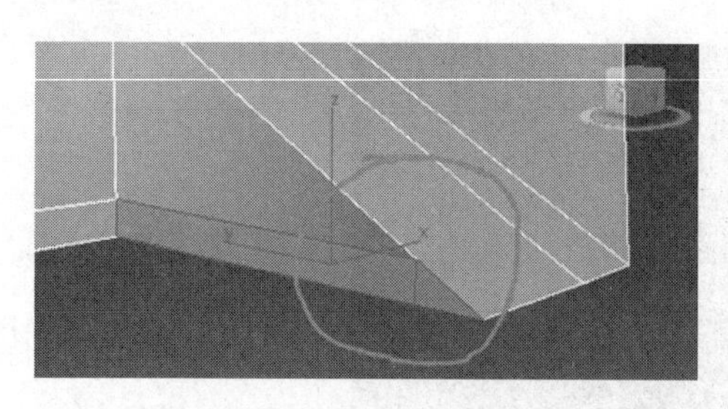
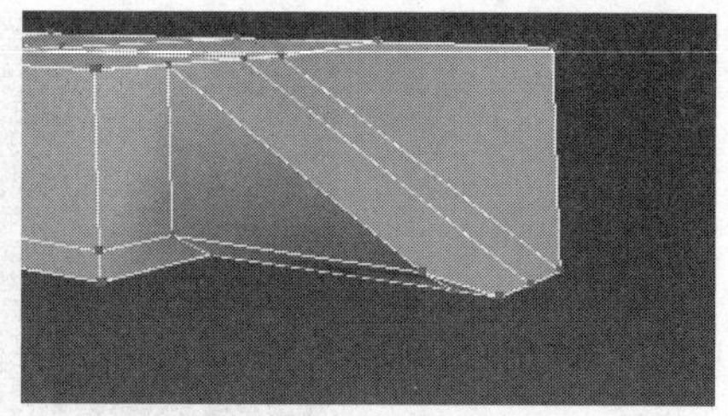

图 3-209 切片并移动顶点

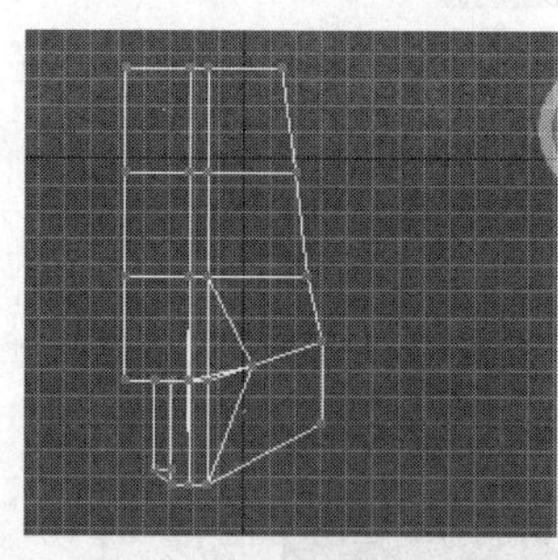
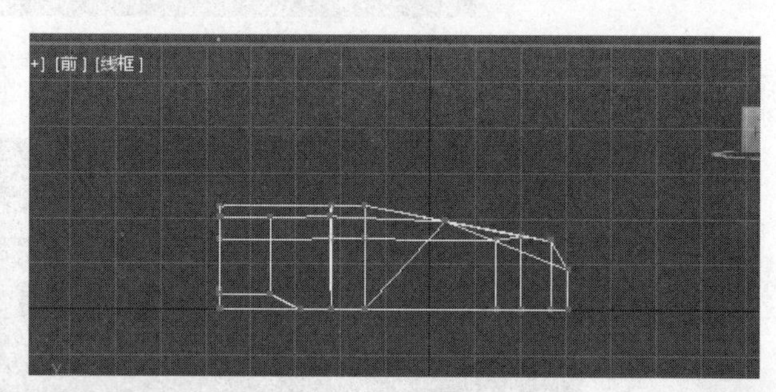

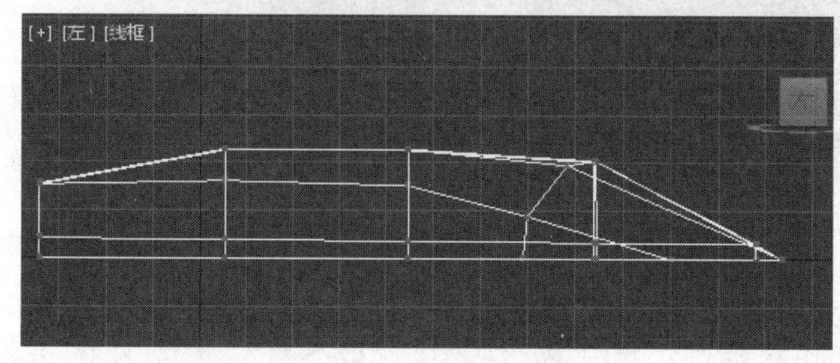

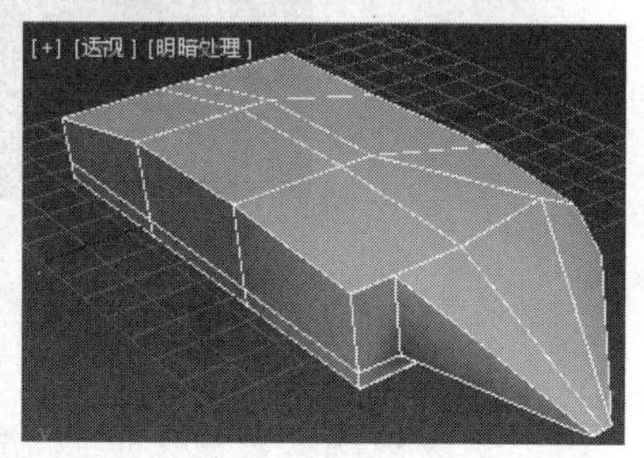

图 3-210 炮塔前端

11 为对象的表面分配不同的平滑组，使对象表面的边界更明显，如图 3-212 所示。调整完毕后，可适当对模型表面的顶点进行细微的调节。

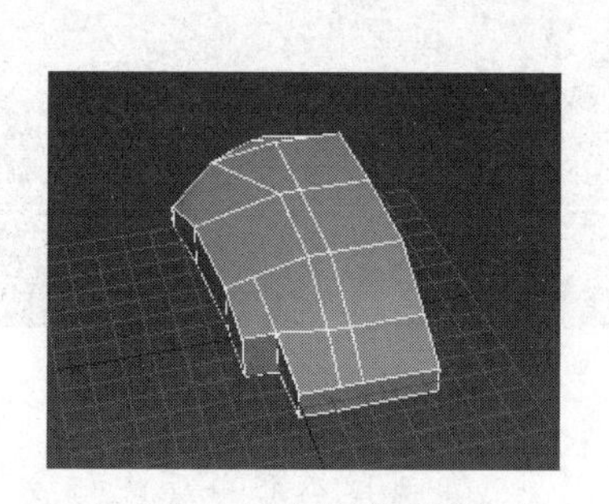

图 3-211 创建炮塔后部凹陷

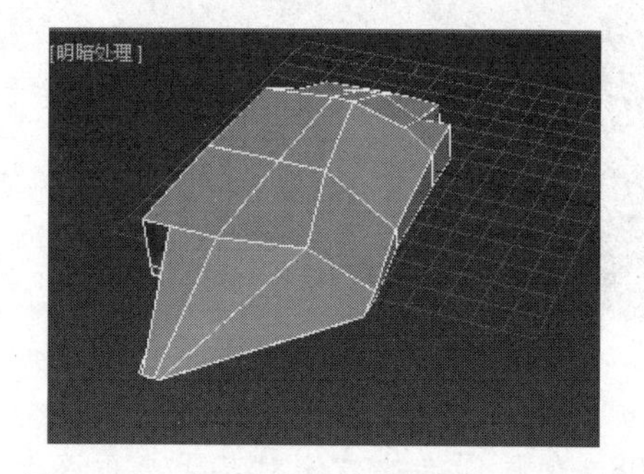

图 3-212 为对象表面分配不同的平滑组

12 进入多边形子对象级别，在顶视图中选择表面中间靠后的一排多边形，使用“切片平面”命令，在如图 3-213 所示的位置对这一排多边形进行横向切割。

13 在顶视图中调节顶点的位置，然后在透视图中选择分割后产生的顶点和上表面后部的所有顶点，将这些顶点沿 Z 轴整体向下移动，在表面形成一段起伏，然后为不

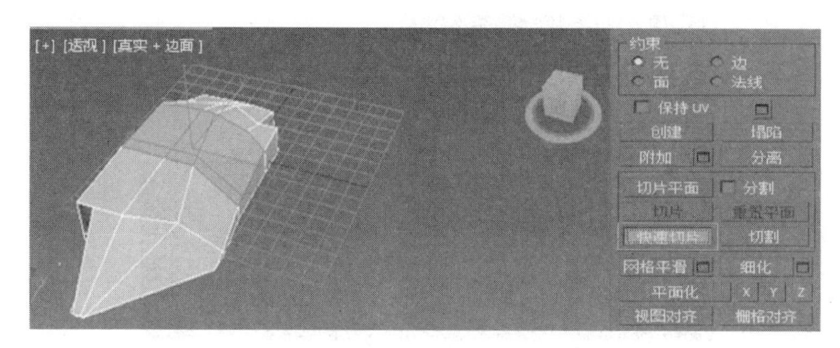

图 3-213 添加“切片平面”命令

同的面设置不同的平滑组，如图 3-214 所示。

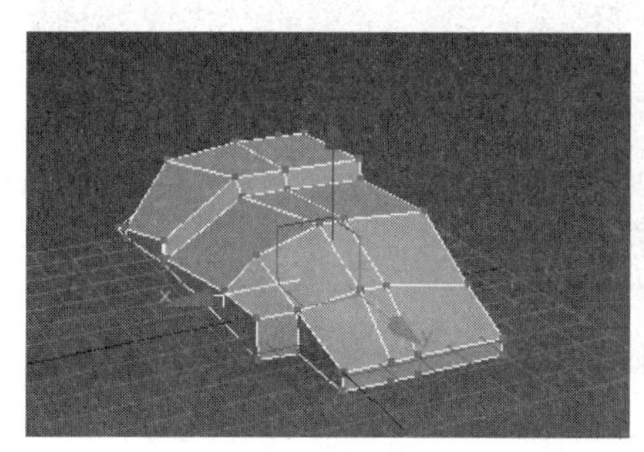
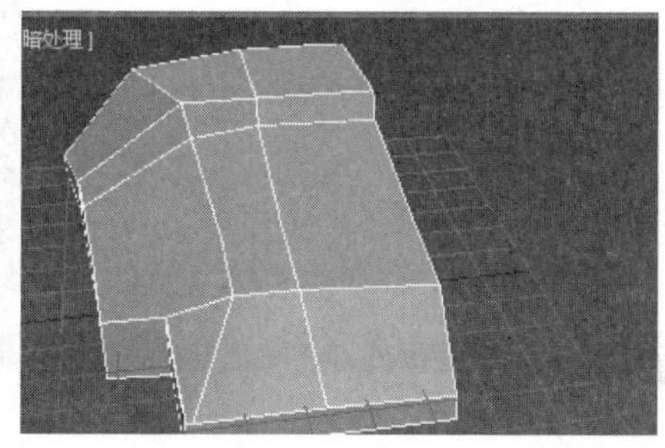

图 3-214 顶部顶点编辑

14 进入边级别，在顶视图选择如图 3-215(a)所示的线段，然后单击“编辑边”卷展栏中的“连接”命令按钮，如图 3-215(b)所示，创建一条线段，如图 3-215(c)所示。

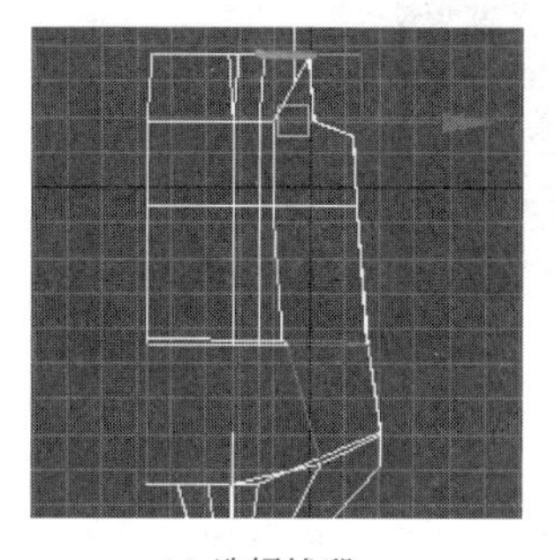

(a) 选择线段

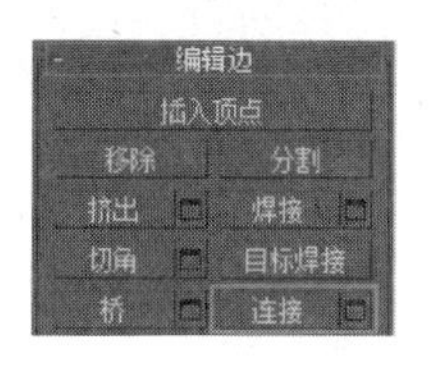

(b) 连接

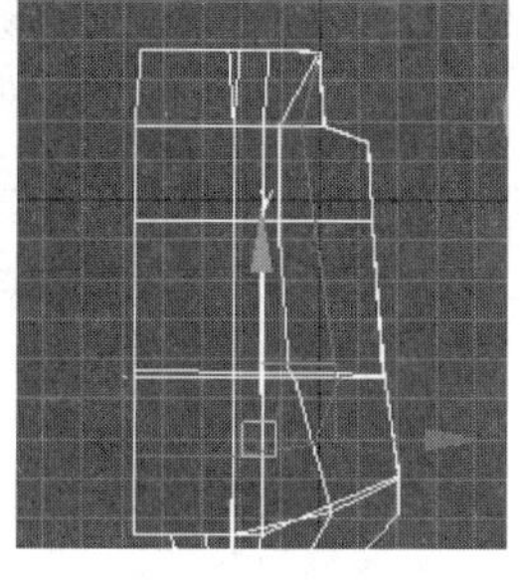

(c) 创建线段

图 3-215 连接边

15 进入顶点级别，调整顶点的位置，如图 3-216 所示。

16 进入边级别，选择如图 3-217 所示的边子对象，然后单击“编辑边”卷展栏中的“切角”命令按钮，在该边子对象上拖动，创建另一条边。

17 进入顶点级别，选择图 3-218 左图所示的顶点，在透视图中沿 Z 轴向下移动这些顶点，然后将移动后产生的面设置为不同的平滑组。

18 进入“创建”主命令面板下的“图形”次命令面板，

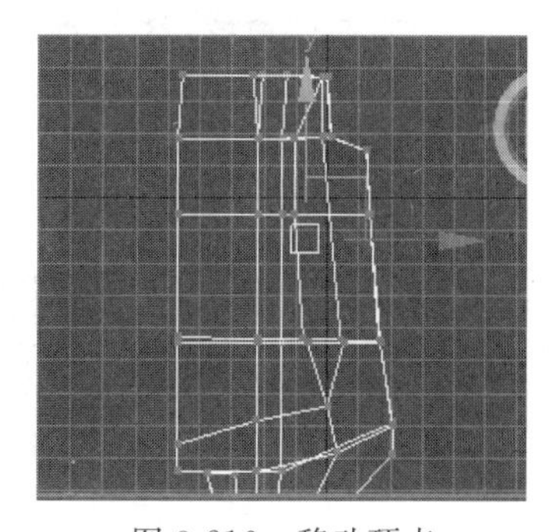

图 3-216 移动顶点

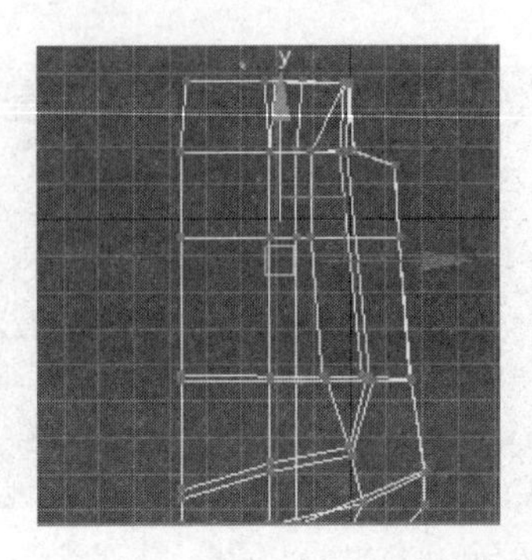
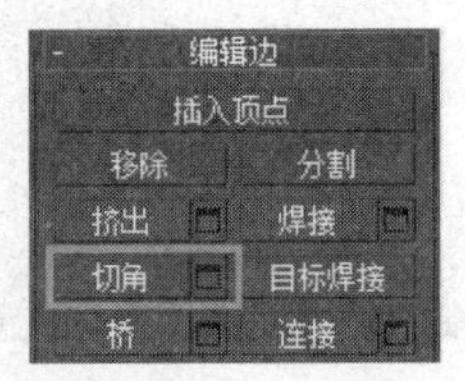

图 3-217 对边执行切角命令

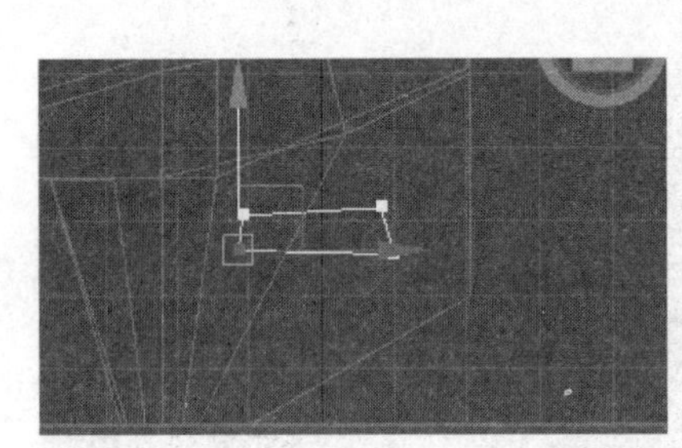
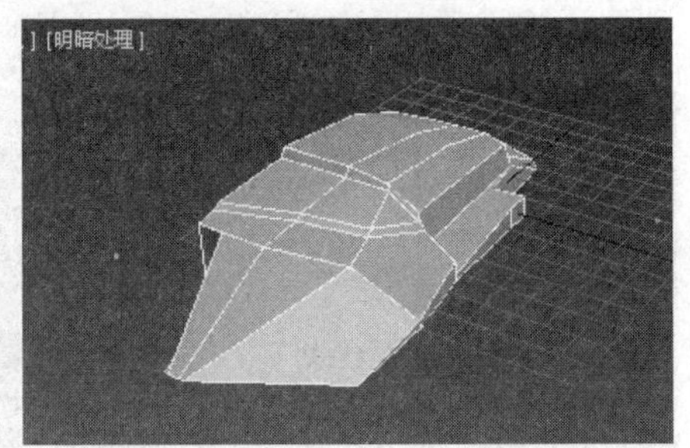

图 3-218 移动顶点

单击"线"按钮,在顶视图中创建如图 3-219 所示的图形。

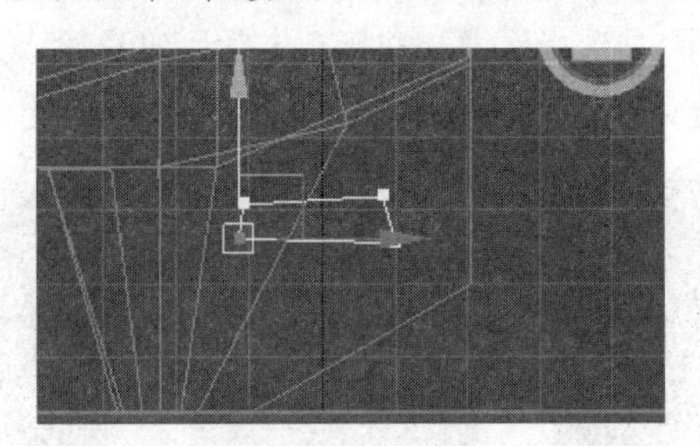

图 3-219 创建图形

19 选择"炮塔"模型,进入"创建"主命令面板下的"几何体"次命令面板,在该面板的下拉式选项栏内选择"复合对象"选项,单击"对象类型"卷展栏中的"图形合并"命令按钮,在"拾取操作对象"卷展栏中单击"拾取图形"命令按钮,然后在透视图中拾取创建的曲线,这条曲线就被投影到炮塔表面了,如图 3-220 所示。

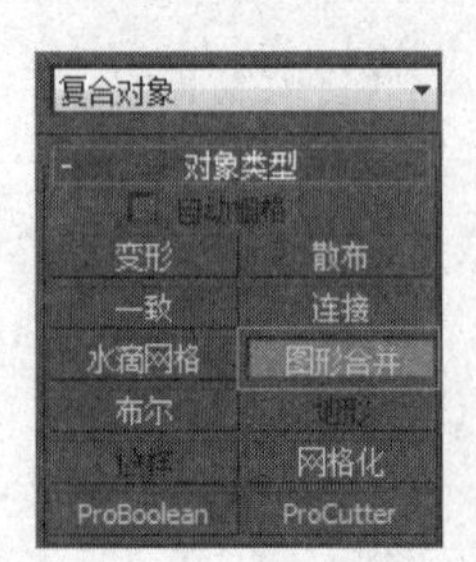

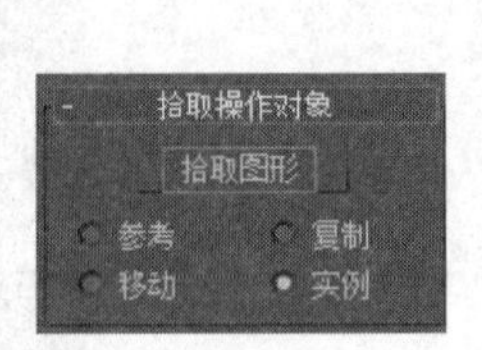

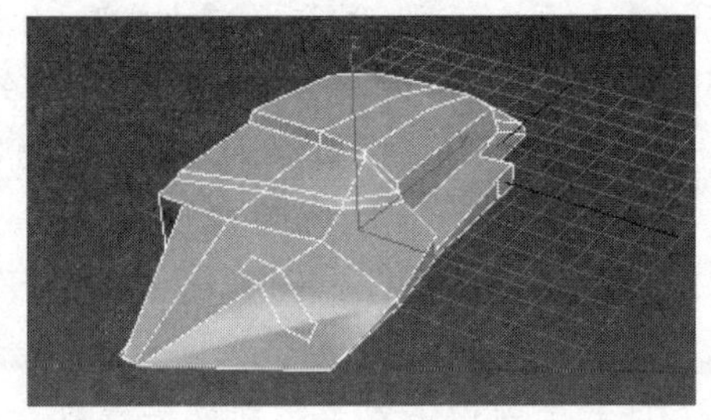

图 3-220 图形合并

20 将炮塔转换为可编辑多边形对象，进入多边形级别，选择投影的面，向内挤出一个凹槽，如图 3-221 所示。

21 参照步骤 19 的方法，使用“图形合并”命令，将一个方框投影到前端表面上，然后向外挤压方框的表面，创建导弹发射孔，如图 3-222 所示。

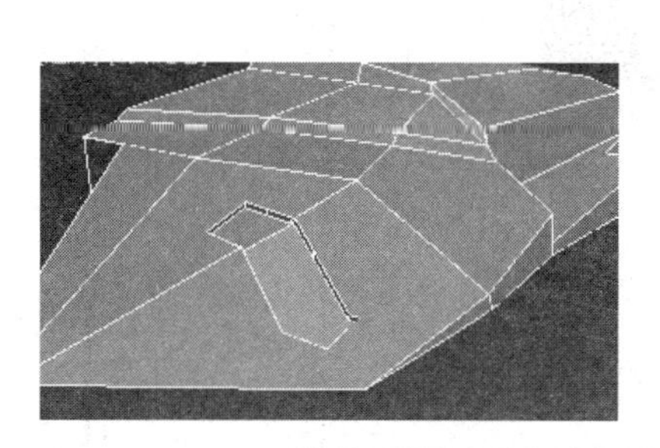

图 3-221 向内挤出凹槽

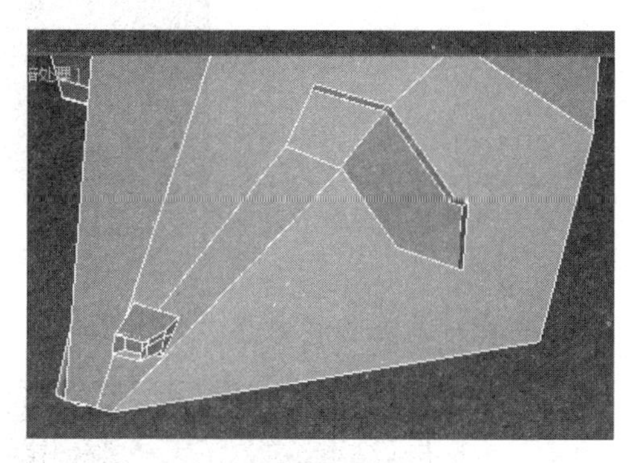

图 3-222 使用“图形合并”命令创建导弹发射孔

22 在顶视图中选择“炮塔”对象，在主工具栏中单击“镜像”按钮，在弹出的“镜像：屏幕 坐标”对话框中选择 X 单选按钮和“复制”单选按钮，镜像复制出炮塔的另一半，如图 3-223 所示。

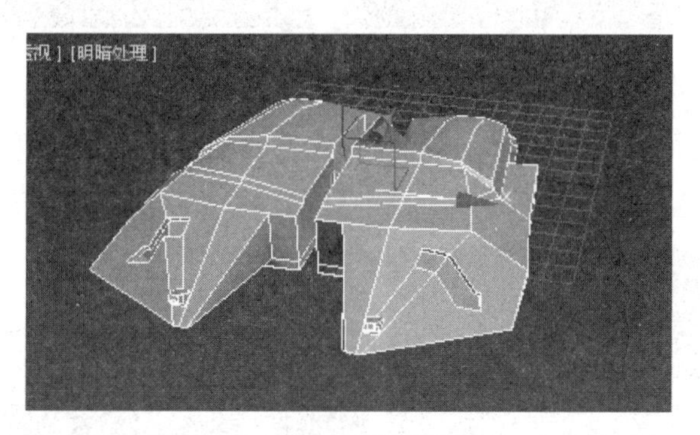

图 3-223 镜像复制炮塔的另一半

23 在透视图中分别将炮塔内侧的两个面删除，然后通过“编辑顶点”卷展栏中的“焊接”命令将炮塔的两半精确地焊接到一起，如图 3-224 所示。

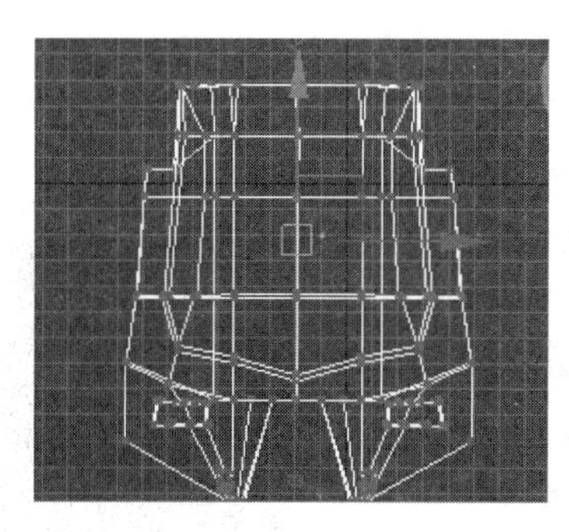

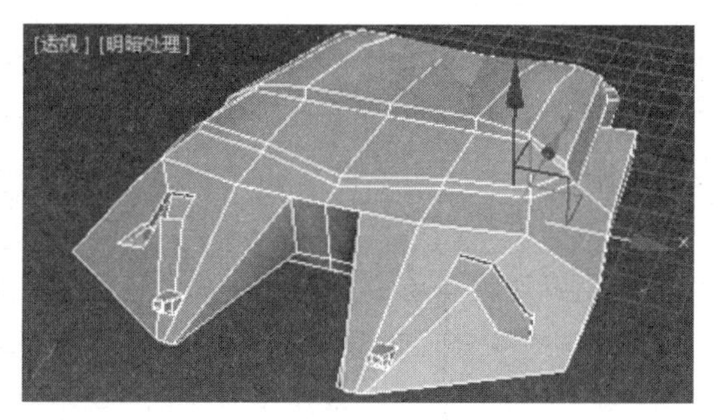

图 3-224 顶点焊接

24 炮塔表面并不是完全对称的，所以对镜像出来的另一半要进行调整。选择如图 3-225 所示的面，向下挤出，在其上表面创建一个凹槽，这个部分是坦克上的观察窗口。

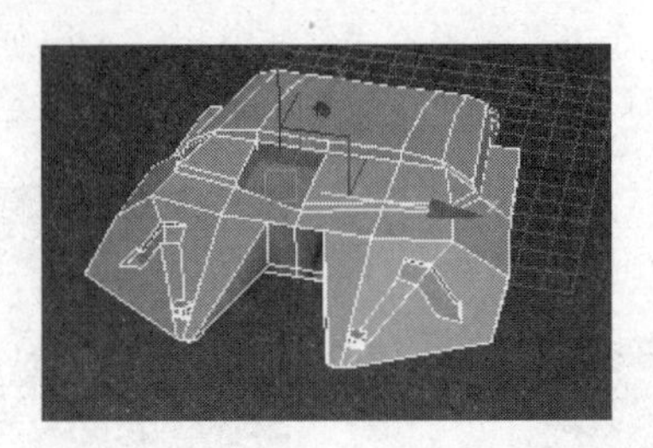

图 3-225 向下挤出多边形

25 在炮塔的左侧切割出如图 3-226 所示的轮廓，向下挤出。

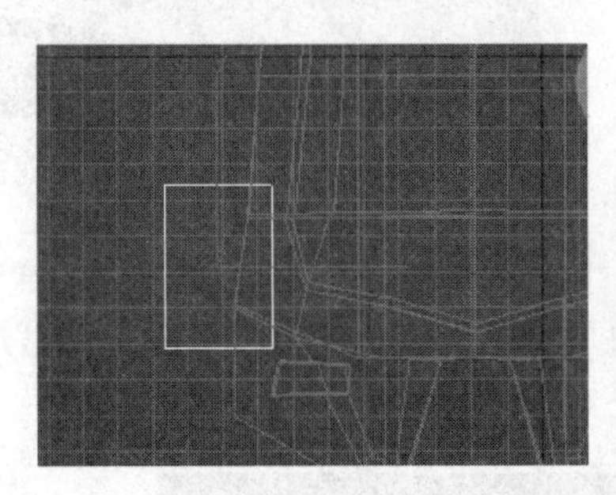
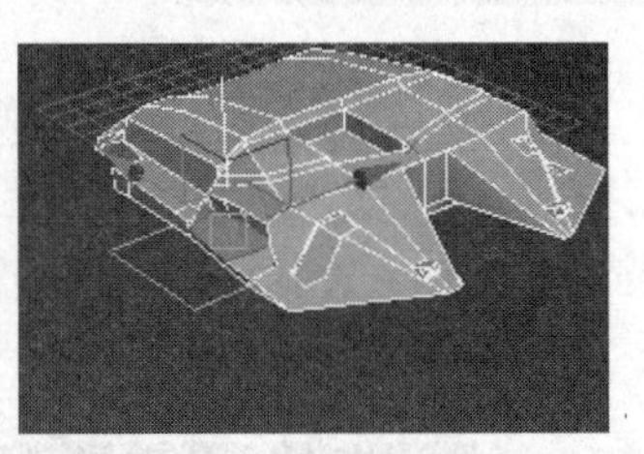

图 3-226 在左侧向下挤出多边形

26 最后使用"选择并非均匀缩放"按钮，对炮塔的外形再次进行调整，使炮塔外形更具夸张感和立体感。沿 Z 轴负方向缩放，如图 3-227 所示。至此，炮塔部分制作完毕。

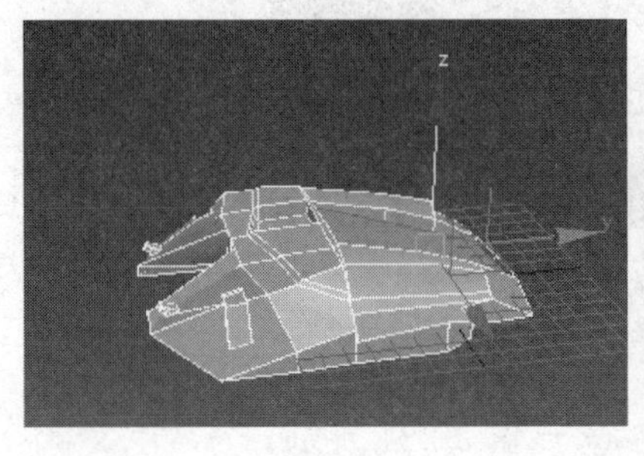
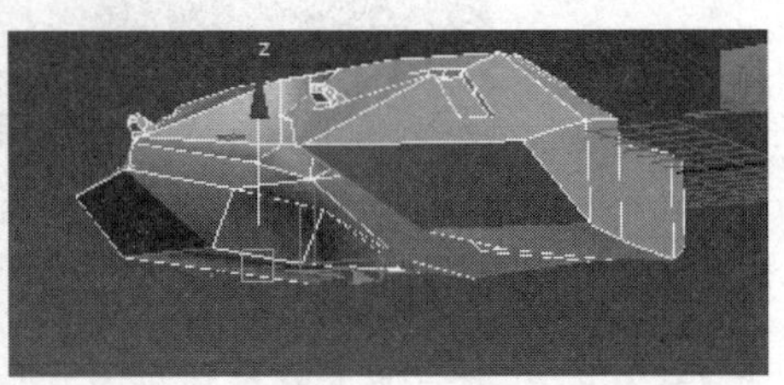

图 3-227 调整炮塔外观

下面创建轮子和履带。

01 在左视图中创建一个半径为 400mm，高度为 600mm 的圆柱体对象，在"参数"卷展栏中设置相关参数，并将其塌陷为多边形对象，如图 3-228 所示。

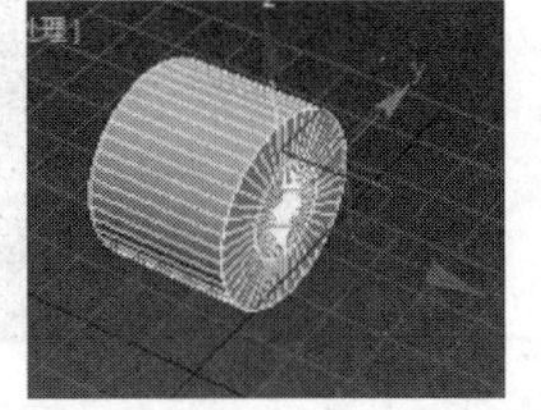

图 3-228 创建圆柱体

02 将左视图切换为右视图，进入顶点级别，选择"忽略背面"复选框，忽略背面的顶点，对顶点进行选择，利用缩放工具把截面上第二圈的顶点整体向外扩张，使其靠近外圆，如图 3-229 所示。

03 进入多边形级别，选择截面上面的多边形，单击"倒角"按

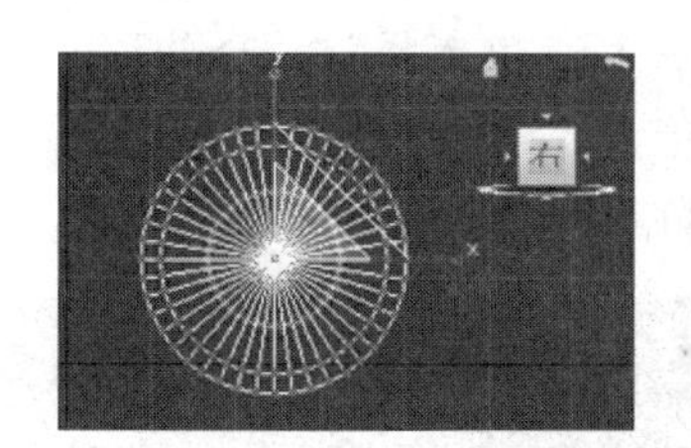
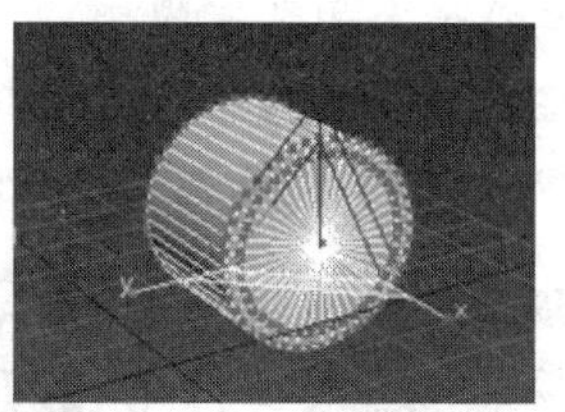

图 3-229 缩放顶点

钮右侧的设置按钮，在弹出的对话框中设置倒角参数，如图 3-230 所示。

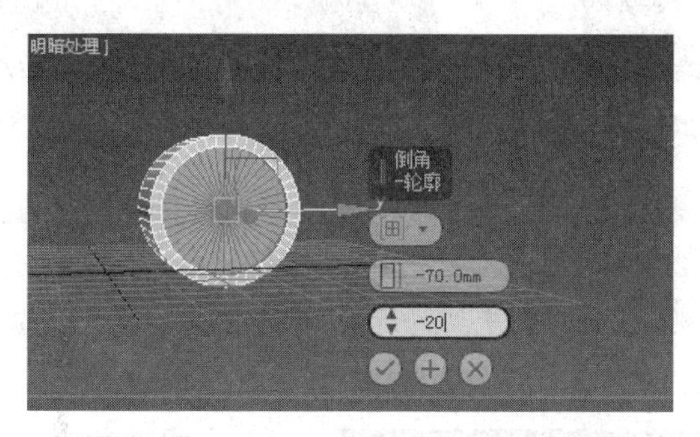

图 3-230 倒角参数

04 重复执行“倒角”命令，直到挤出如图 3-231 所示的形态为止。

05 为每一圈多边形都设置一个独立的平滑组，最后得到如图 3-232 所示的效果。

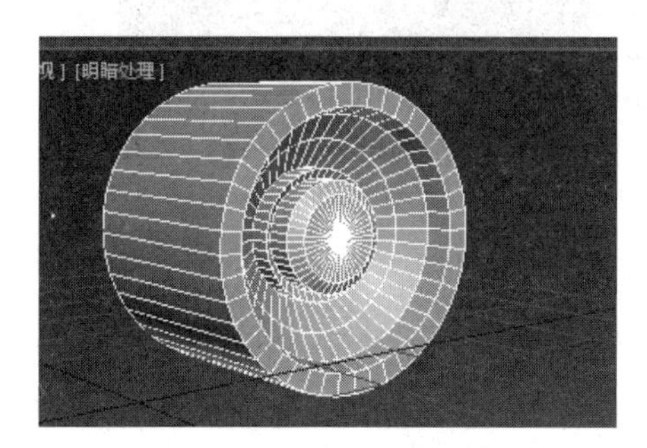

图 3-231 多次倒角

图 3-232 为每一圈多边形设置一个独立的平滑组

06 为轮子内圈表面制作一圈螺钉。螺钉由一个六边形挤出后和一个圆柱进行“并集”运算得到，属于基本形体的组合，如图 3-233 所示。

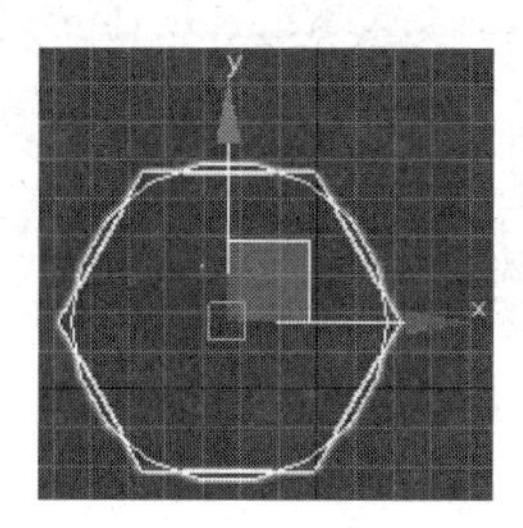
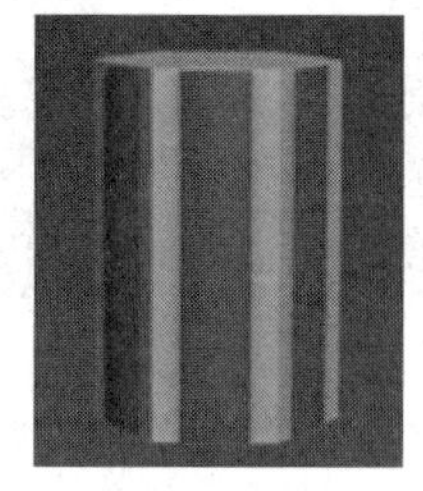
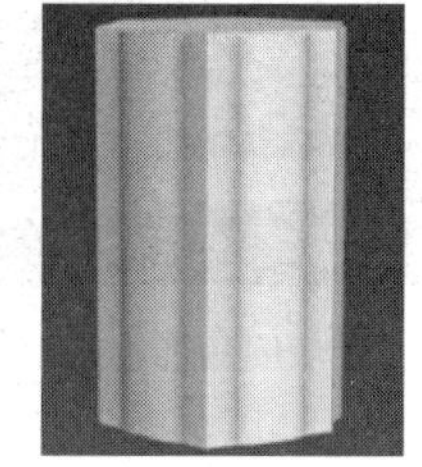

图 3-233 制作螺钉

07 使用阵列工具，将螺钉分布在轮子内圈周围，如图 3-234 所示。

08 选择轮子和轮子上的所有螺钉，在主菜单中选择“组”→“成组”命令，在弹出的“组”对话框内将成组后的对象命名为“车轮”，单击“确定”按钮退出该对话框。复制轮子，将复制后的轮子按如图 3-235 所示摆放。

图 3-234 阵列螺钉

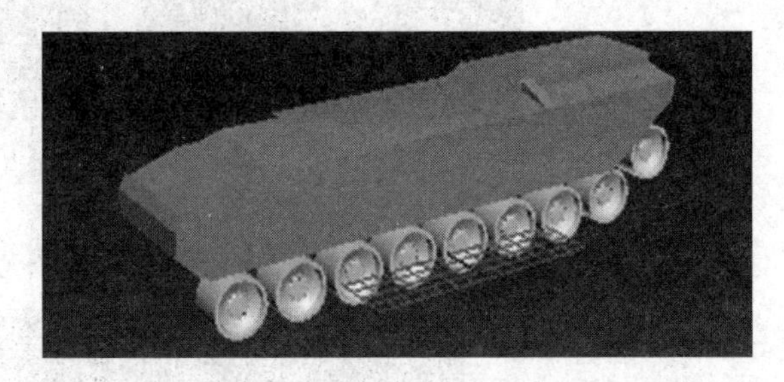

图 3-235 轮子的摆放效果

09 创建履带。履带的长度至少是车长的两倍。在顶视图中创建一个长方体对象，参数可参考图 3-236 进行设置，然后将对象转化为可编辑多边形对象。

10 进入多边形级别，在顶视图中间隔选择多边形，注意，下面的面也要选中，如图 3-237 所示。

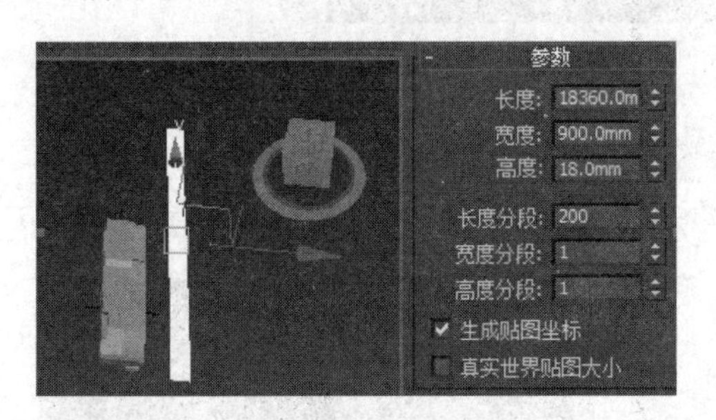

图 3-236 创建履带长方体

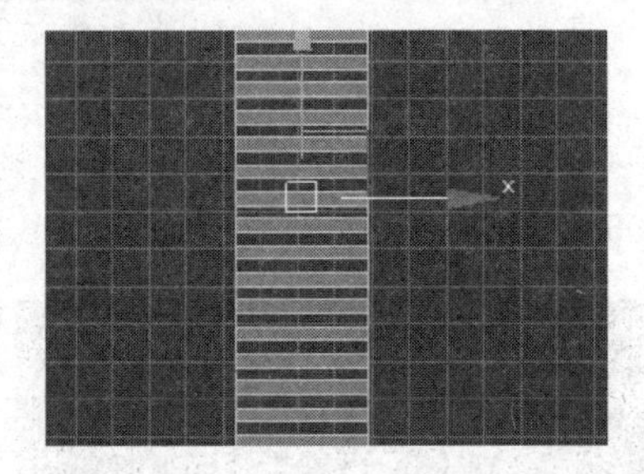

图 3-237 间隔选择多边形

11 在“编辑多边形”卷展栏下单击“倒角”命令按钮右侧的设置按钮，在弹出的对话框中设置倒角参数，如图 3-238 所示。

12 在右视图中创建一条样条线，作为履带的适配路径，如图 3-239 所示。选择履带，进入修改面板，为其添加“路径变形 WSM”修改器。

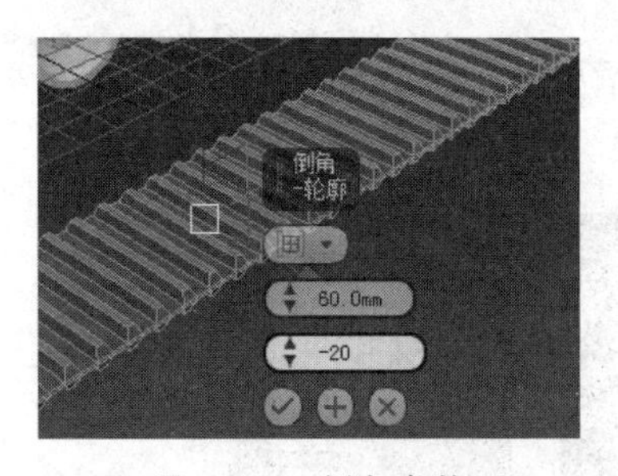

图 3-238 倒角参数

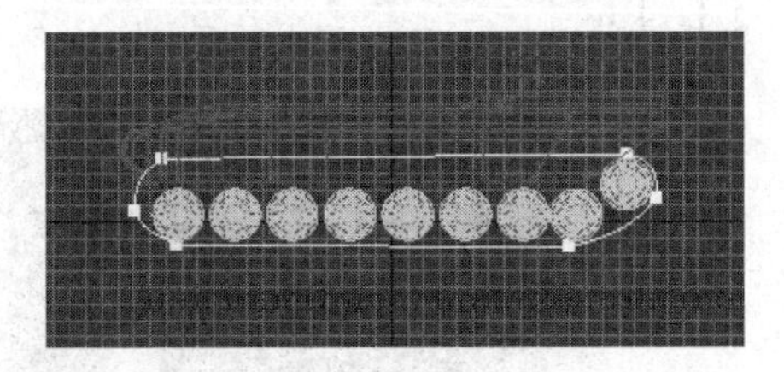

图 3-239 添加“路径变形 WSM”修改器

13 在“参数”卷展栏下单击“拾取路径”命令按钮，然后在视图中拾取封闭的二维曲线，在“路径变形轴”参数组中选择 Y 单选按钮，使对象沿 Y 轴适配路径。履带适配路径后的效果如图 3-240 所示。

图 3-240　拾取路径

提示：通过调整 X 轴和 Y 轴的位置，可改变适配履带的大小和方向。

14　创建履带的前挡板和后挡板，由长方体对象挤出生成，如图 3-241 所示。

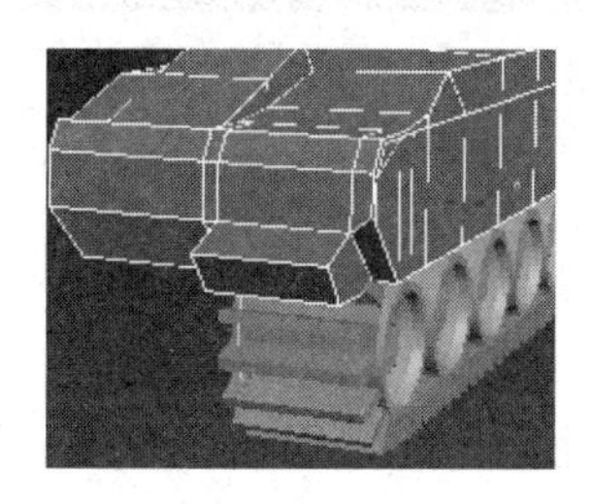
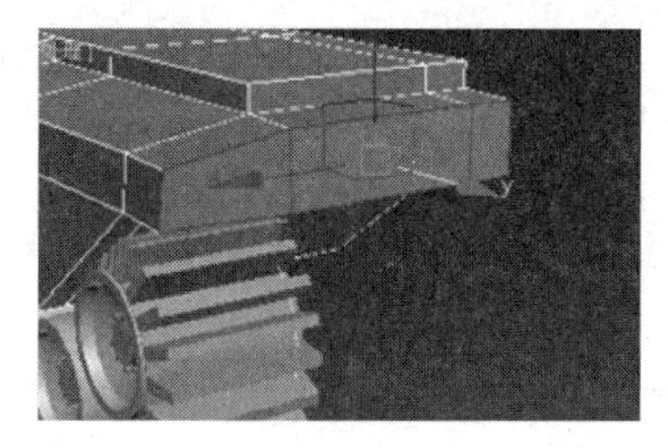

图 3-241　创建履带的前挡板和后挡板

最后进行整体细节的整理。

01　选择“主体”和“履带”对象，然后单击“镜像”命令按钮，复制出另一半，如图 3-242 所示。

02　对复制的主体进行附加操作后，进入该对象的顶点级别，选择接缝处的所有顶点，在“编辑几何体”卷展栏中单击“焊接”面板下的“选定项”命令按钮，将两部分焊接在一起。将炮塔摆放至如图 3-243 所示的位置。

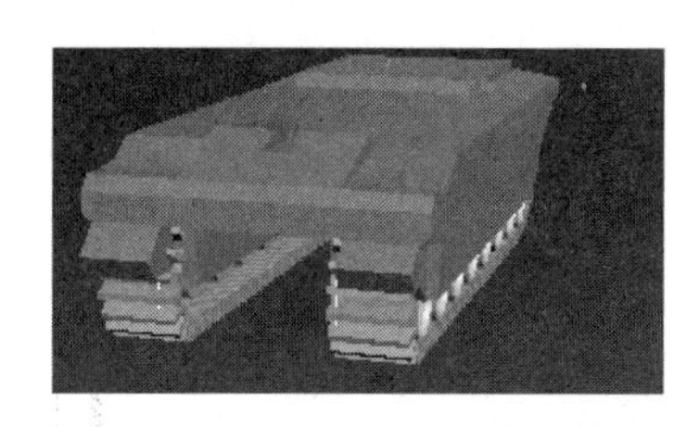

图 3-242　复制主体和履带

图 3-243　顶点焊接

03　创建炮筒、机枪等附件，如图 3-244 所示。

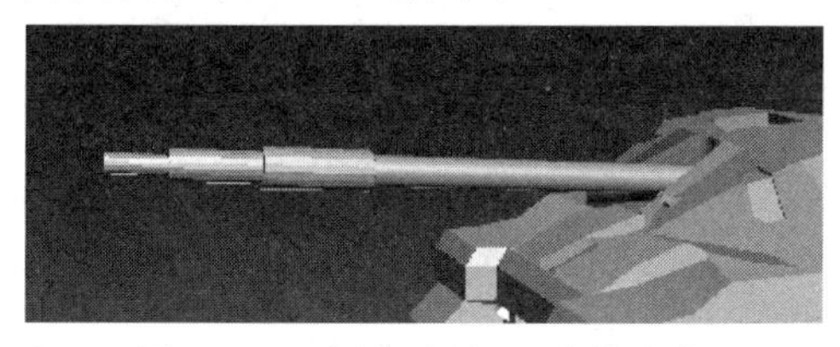

图 3-244　创建炮筒、机枪等附件

04 为模型贴图,添加“UVW 贴图”坐标修改器。最终效果如图 3-245 所示。

图 3-245 坦克最终效果

本章小结

本章主要介绍了三维建模技术中的多边形建模部分,主要包括顶点、线、多边形子对象级别的编辑命令。作为多边形编辑命令的综合运用,本章还介绍了常见三维模型的建模过程,针对球类模型、建筑类模型、游戏类模型、工业类模型等的建模方法进行了重点讲解。

Chapter 4　　第 4 章

材质与贴图

本章学习重点

- 理解材质和贴图的概念。
- 掌握材质编辑器和材质贴图的图像属性。
- 掌握标准材质的类型及基本应用。
- 理解复合材质和高级材质的基本应用。
- 掌握 UVW 贴图坐标的基本应用。
- 掌握环境贴图与对象贴图的基本应用。

在利用 3ds Max 进行创作的过程中，建立模型之后的工作就是给模型赋予材质和贴图。在 3ds Max 中，材质是模型的灵魂，一个好的材质会使模型生动、逼真。要成为一个有创意的 3ds Max 使用者，学习材质的获取、管理和使用极其重要。本章主要学习材质与贴图的相关知识。

4.1 材质基础

生活中的物体千差万别，即使是同一质感的对象，在不同环境下也会呈现不同的效果。3ds Max 在材质和贴图的设置方面有强大的功能。首先介绍材质的基本原理。

4.1.1 材质的基本原理

材质是指物体表面的特性，颜色、纹理、透明度和光泽等都是物体的特性，如玻璃的透明特性、布料的柔软特性、岩石的粗糙低光特性等。材质反映物体表面的质感，如对象表面的反光程度、光亮度、凹凸效果等。贴图是材质的一种图像属性，贴图图像一般是标准的位图文件，可以是 jpg、tif、tga 等文件，贴图服务于材质，为材质提供可视化的图像信息。如图 4-1 所示，两个球体对象同样是大理石材质，但表面可以贴上不同的贴图，显示不同的纹理。

一种物体可以赋予一种或多种贴图图像，并且这些贴图图像都通过通道来实现。3ds Max 的材质编辑器中有 12 种贴图通道，每个贴图通道分别由颜色、亮度、贴图加载按钮 3 部分组成。

材质与贴图的区别在于：材质是渗透到三维对象内部的一种效果；而大多数贴图是二维图像，可以包裹在物体表面。材质中可以包含贴图，也可以不包含贴图，而贴图一般可以由几种材质组成，在材质编辑器的样本槽中出现的材质和贴图被显示为二维图像。材质和

图 4-1　相同材质、不同贴图的球体

贴图在材质编辑器中的默认名称不同，材质表示为“编号＋默认值”，而贴图表示为“Map＋编号”。

4.1.2　材质编辑器

在 3ds Max 中，材质编辑器是用户编辑修改材质的工具，场景中的所有材质和贴图都在这里编辑生成。

可以通过菜单操作“渲染”→“材质编辑器”打开材质编辑器，也可以单击工具栏上的 ，或者使用快捷键 M。

3ds Max 提供了两种材质编辑器，一种是精简材质编辑器，另一种是平板材质编辑器。下面介绍这两种材质编辑器的使用方法。

1. 精简材质编辑器

精简材质编辑器是 3ds Max 2010 及以前版本使用的主要材质编辑器，3ds Max 2011 版以后仍保留了传统的材质编辑器。精简材质编辑器如图 4-2 所示。

图 4-2 中，最上面是菜单栏，提供了所有材质编辑命令。

菜单栏下面是材质示例窗，可以在示例窗中单击材质示例球，进行参数设置。默认情况下只有 6 个示例球。要显示多个示例球，可以在示例球上右击，在弹出的快捷菜单中选择“5×3 示例窗”或者“6×4 示例窗”命令，即可调节示例窗显示的材质示例球数量，如图 4-3 所示。

水平工具按钮主要用于指定材质、显示材质、建立材质库等。各个按钮的功能如下。

（获取材质按钮）：打开材质/贴图浏览器，从中获取材质。

（将材质放入场景按钮）：可以更换场景中对象的材质。该按钮只有在当前材质的副本或编辑状态时才能使用。单击该按钮，当前编辑材质将变成当前场景中的材质。

（将材质指定给选定对象按钮）：可以将材质示例窗中的材质指定给选择的对象。

（重置材质/贴图到默认设置按钮）：可以清除当前选择的材质示例窗中的材质，并恢复为默认状态。

（生成材质副本按钮）：可以复制当前材质，该材质将处于编辑状态，不会影响场景中的材质。

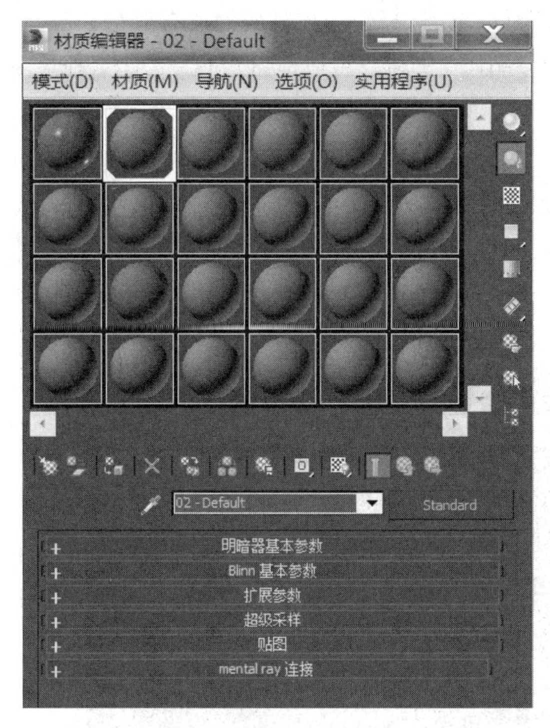

图 4-2 精简材质编辑器

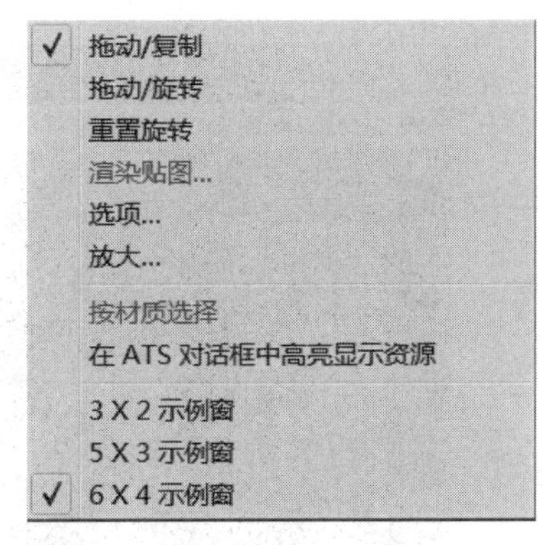

图 4-3 调整示例窗显示的材质球数量

(使唯一按钮)：在多维材质中单击该按钮，可以使关联复制的材质转换为独立材质。

(放入库按钮)：将打开“放入库”对话框，将材质放入材质库中。

(材质 ID 通道按钮)：将打开材质效果通道。每个材质都包含一个材质效果通道，可以用于后期处理。

(在视图中显示明暗处理材质按钮)：可以把贴图效果显示在视图对象上，以便观察。

(显示最终效果按钮)：可以在示例窗中切换显示和不显示材质的编辑效果。

(转到父对象级别按钮)：可以切换到当前材质的父对象层级。

(转到同级子对象按钮)：将切换到当前材质相同层级的下一个贴图或材质。

垂直工具按钮主要用于显示采样、背景、背光、预览、按材质选择对象等。各按钮的功能如下：

(采样类型按钮)：下拉按钮中包括球、圆柱、长方体 3 种采样类型。

(背光按钮)：可以设置示例窗中是否使用后方光照效果。

(背景按钮)：可以在透明背景和不透明背景之间切换。

(采样 UV 平铺按钮)：为用户提供 4 种平铺方式。

(视频颜色检查按钮)：可以自动测试预览图内的材质，并显示出来。

(生成预览按钮)：用于观察设置动画后的材质效果。

(选项按钮)：可以打开材质编辑器的“选项”对话框。

(按材质选择按钮)：打开“选择对象”对话框，选择使用该材质的所有对象。

(材质/贴图导航器按钮)：打开“材质/贴图导航器”对话框，该对话框有 4 种显示材质目录的方式。

2. 平板材质编辑器

平板材质编辑器也叫板岩材质编辑器，是 3ds Max 默认的材质编辑器，它使用节点、列表和关联的方法将材质显示在活动视图中，使材质的编辑变得更为简便和直观。用户可以在平板材质编辑器和精简材质编辑器之间切换，方法是：在材质编辑器中单击“模式”菜单，选择需要使用的模式，如图 4-4 所示。

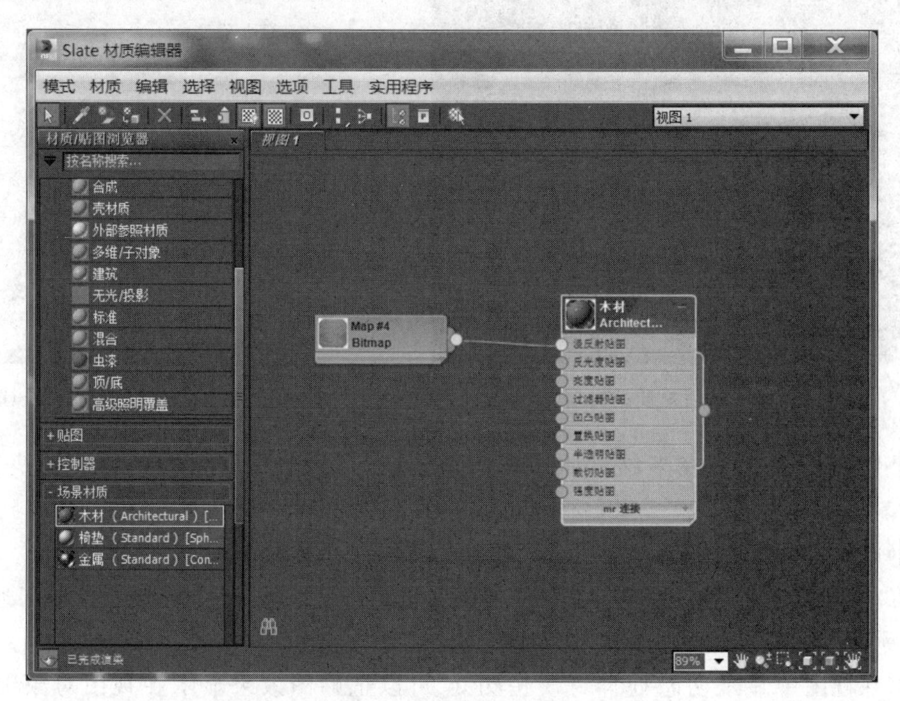

图 4-4 材质编辑器模式切换

平板材质编辑器窗口包含菜单栏、工具栏、材质/贴图浏览器、状态栏、活动视图、视图导航、参数编辑器、导航器。

(1) 材质/贴图浏览器。要编辑材质，可将其从材质/贴图浏览器拖到视图中。要创建新的材质或贴图，可将其从“材质”组或“贴图”组中拖出。也可以双击材质/贴图浏览器中的材质或贴图，将其添加到活动视图中。

(2) 活动视图。在活动视图中，可以通过将贴图或控制器与材质组件关联来构造材质树。可以为场景中的材质创建一些视图，并从中选择活动视图。

(3) 参数编辑器。在参数编辑器中，可以调整贴图和材质的详细设置。

(4) 工具栏。

：选择工具。

：从对象拾取材质，单击此按钮后，3ds Max 会显示滴管光标。单击视图中的一个对象，以在当前视图中显示出其材质。

：将材质放入场景，仅当具有与应用到对象的材质同名的材质副本，且已编辑该副本以更改材质的属性时，该选项才可用。

：将材质指定给选定对象。

：删除选定项。在活动视图中，删除选定的节点或连线。

：移动子对象。启用此选项时，移动父节点时会移动其子节点。禁用此选项时，移动父节点时不会更改子节点的位置。

：隐藏未使用的节点示例窗。对于选定的节点，在节点打开时切换未使用的示例窗的显示。在启用后，未使用的节点示例窗将会隐藏起来。默认设置为禁用状态。

：在视图中显示贴图。

：在预览中显示背景，仅当选定了单个材质节点时才能启用此按钮。

：材质 ID 通道。此按钮是一个弹出按钮，用于选择材质 ID 值。默认值为 0，表示未指定材质 ID 通道。1～15 的值表示将使用此材质 ID 值对应的渲染效果。

和：布局按钮，使用这两个按钮可以在活动视图中选择自动布局的方向。为全部垂直布局按钮，单击此按钮将以垂直模式（为默认设置）自动布置所有节点；为全部水平布局按钮，单击此选项将以水平模式自动布置所有节点。

：布局子对象。自动布置当前所选节点的子节点。

：切换材质/贴图浏览器面板的显示。默认设置为启用。

：切换参数编辑器的显示。默认设置为启用。

：按材质选择。仅当为场景中使用的材质选择了单个材质节点时，该按钮才处于启用状态。

4.2 标准材质

标准材质类型是 3ds Max 中默认的材质类型，该材质适用于大多数情况，是最常用的材质类型。

标准材质的基本参数在 Blinn 基本参数卷展栏中设定。

4.2.1 Blinn 基本参数卷展栏

在 Blinn 基本参数卷展栏内，可以设置材质的颜色、不透明度、自发光、高光和反光等属性，该卷展栏内的内容会根据用户选择的明暗器类型产生相应的变化。

它分为 4 个区域，分别是颜色控制区、高光控制区、自发光控制区、透明度控制区。

1. 颜色控制区

场景中物体的颜色不仅取决于物体本身的颜色，还有环境光颜色、漫反射光颜色、高光颜色、发光度颜色（自发光）、滤光颜色（扩展参数）等因素。

环境光颜色控制对象表面阴影的颜色。

漫反射颜色控制对象表面过渡区域的颜色。

高光颜色控制对象表面高光区域的颜色。

打开素材文件“第 4 章 材质与贴图\保龄球. max”,如图 4-5 所示,修改 3 种色光。修改环境光时发现漫反射同时发生变化,这是因为二者已经锁定,单击锁定按钮可以解锁。

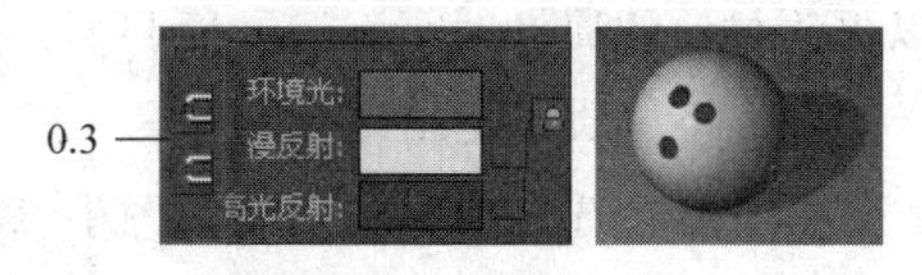

图 4-5 修改 3 种色光

2. 高光控制区

场景中的物体受到光的照射时,受光的一面较亮,背光的一面较暗。物体的受光区可以分为高光区、阴影区、漫反射区、环境光区,如图 4-6 所示。

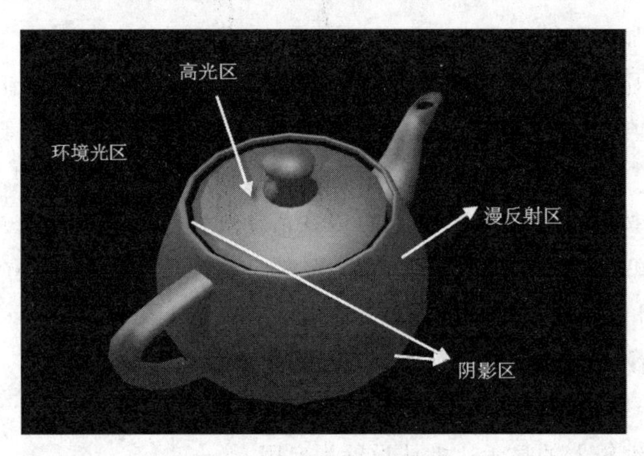

图 4-6 物体的受光区

高光是物体表面由光线反射产生的光亮区域。高光可以由“高光级别”“光泽度”“柔化”等参数来描述,如图 4-7 所示。

其中,“高光级别”用于设置高光的强度,“光泽度”用于设置高光区域的大小,“柔化”用于降低高光强度或增加高光区域来减弱高光。

3. 自发光控制区

有些材质会自发光,可以调整自发光颜色。例如,打开素材文件“第 4 章 材质与贴图\灯. max”,设置灯能够自发光,并设置自发光的颜色,如图 4-8 所示。

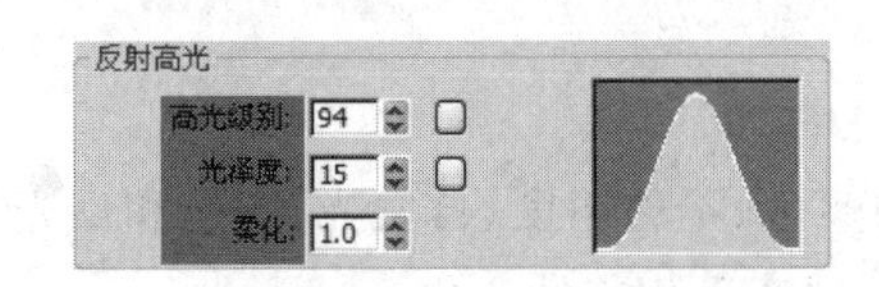

图 4-7 高光参数

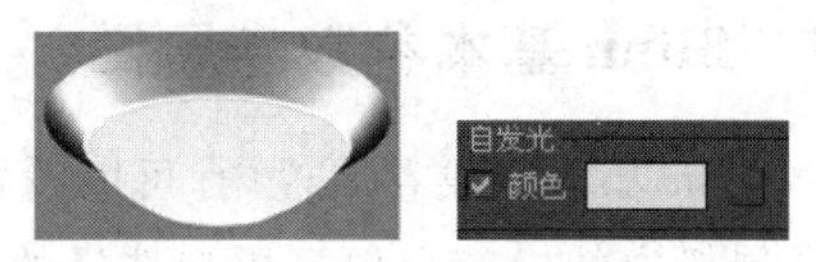

图 4-8 自发光控制参数

4. 透明度控制区

不透明度是指物体阻挡光线穿透的程度,通常以百分数来衡量。若不透明度为 0,则物体完全透明;若不透明度为 100,则物体不允许任何光线透过。透明度与不透明度正好相反,是指物体允许光线穿透的程度。一般情况下使用不透明度来代替透明度。

例如,打开素材文件“第 4 章 材质与贴图\茶几. max”,设置茶几的面为玻璃材质,设置不透明度为62,玻璃的颜色为浅绿色,如图4-9所示。

图4-9 茶几的透明效果

4.2.2 明暗器基本参数

4.2.1节介绍的各种参数都是Blinn明暗器中的参数,它是3ds Max默认的明暗器。3ds Max提供了8种明暗器,如图4-10所示。各明暗器的参数较多,能够设置各种复杂的材质。下面分别介绍这8种明暗器。

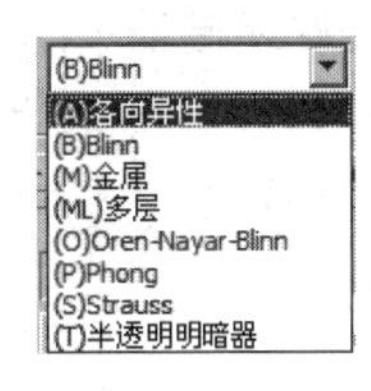

图4-10 标准材质的8种明暗器

在"明暗器基本参数"卷展栏中,可以设置对象的4种显示方式,分别是线框、双面、面贴图、面状,图4-11显示了不同显示方式下物体的效果。

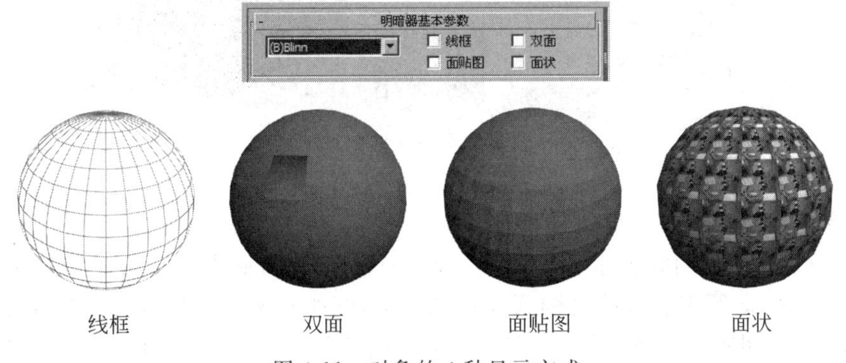

图4-11 对象的4种显示方式

1. 各向异性明暗器

各向异性(Anisotropic)明暗器使模型表面产生长条高光区,适合模拟高反差表面物体及流线型表面物体,如头发、玻璃、工业造型及汽车外壳等。它有4个参数,如图4-12所示。

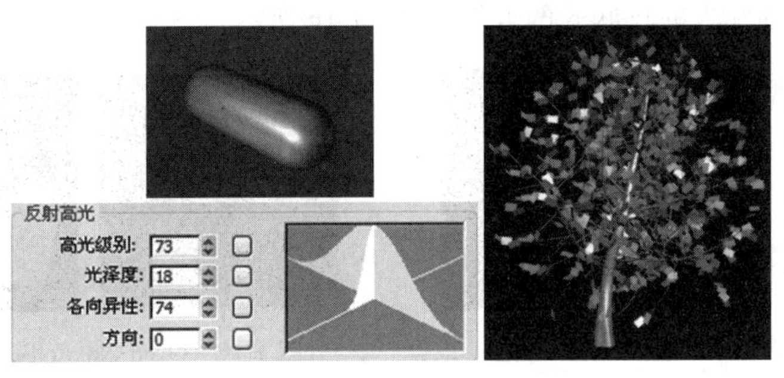

图4-12 各向异性明暗器

2. Blinn 明暗器

Blinn 明暗器是系统默认的高光模式，可以使模型表面反光比较柔和，适合模拟光线柔软、质感坚硬的物体，如塑料、瓷砖等，它的高光是圆而光滑的，当加大"柔化"参数值时，高光是尖锐的。它的反光也是圆形的。这种材质较适合表现冷色的坚硬材质。它有 3 个参数，如图 4-13 所示。

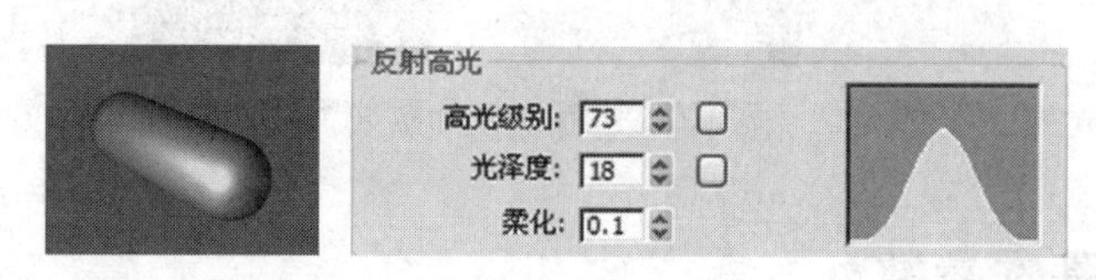

图 4-13　Blinn 明暗器

3. 金属明暗器

金属(Metal)明暗器使模型表面的高光更加尖锐，适合模拟金属材质。它提供了金属所具有的强烈反光。它有两个参数，如图 4-14 所示。

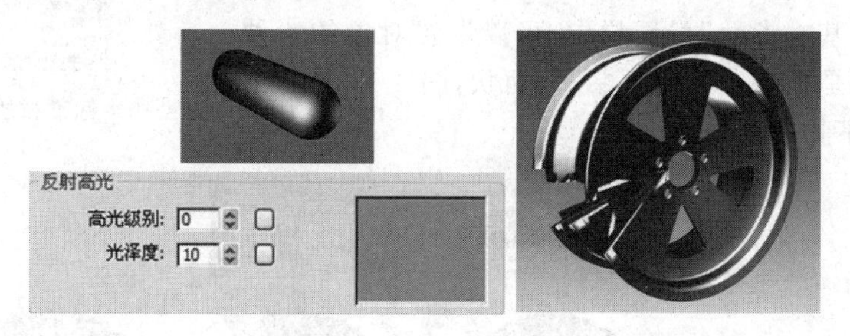

图 4-14　金属明暗器

4. 多层明暗器

多层(multi-layer)明暗器组合了两层 Anisotropic(非圆形高光)，每一层都可以拥有不同的颜色和角度，适用于表现明亮的表面特殊效果，例如丝绸和油漆等。其中粗糙度值为 0 时，与使用 Blinn 明暗器效果一样，不同的是多层明暗器有两层高光，有不同的参数控制区，可模拟不同方向的反射，如图 4-15 所示。

5. Oren-Nayar-Blinn 明暗器

Oren-Nayar-Blinn 明暗器是基于 Blinn 明暗器的更高级的明暗器，是 Blinn 明暗器的变种，看起来更柔和，更适合产生较为粗糙的效果。它多用于表现纺织品的质感，通常也可以用于模拟陶器、土坯和人的皮肤等的效果，如图 4-16 所示。

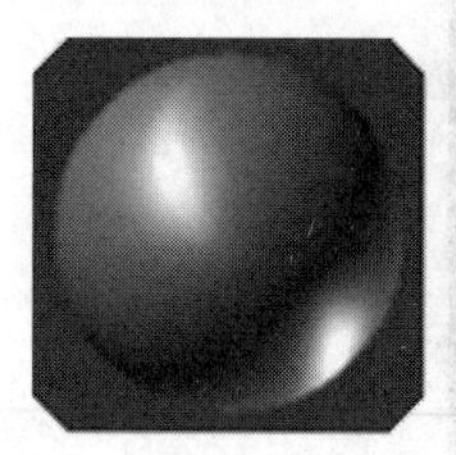
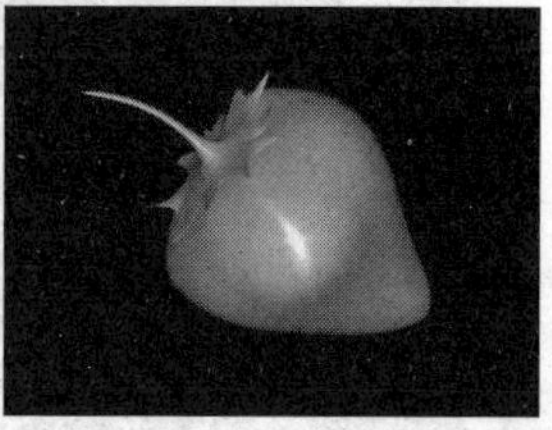

图 4-15　多层明暗器的效果

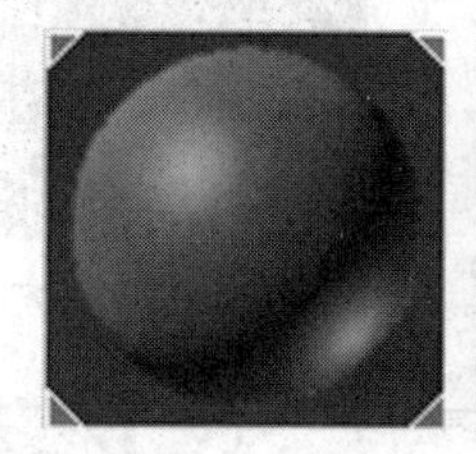
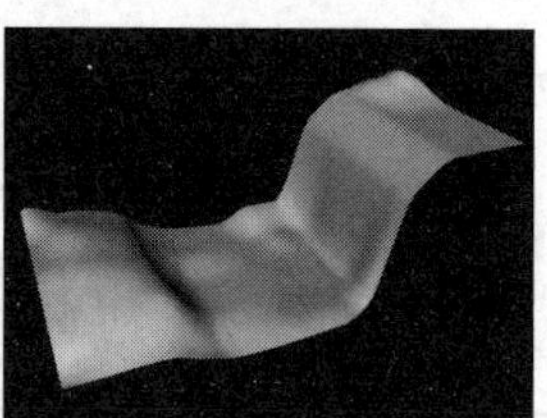

图 4-16　Oren-Nayar-Blinn 明暗器的效果

6. Phong 明暗器

Phong 材质常用于表现玻璃制品、塑料等非常光滑的表面，它所呈现的反光是柔和的，这一点与 Blinn 的圆形高光不同。Blinn 明暗器是比 Phong 明暗器更高级的明暗器。Phong 材质的高光是发散的，反光呈梭形，且影响范围大，更适合表现暖色、柔和的材质，如图 4-17 所示。

7. Strauss 明暗器

Strauss 明暗器也用于金属材质，它是金属明暗器的简化版，参数较少。但它比金属明暗器产生的金属质感要好，制作的材质比较逼真。它不能调整自发光。Strauss 明暗器同金属明暗器一样用于表现金属质感，前者适合表现暗金属效果，如图 4-18 所示。

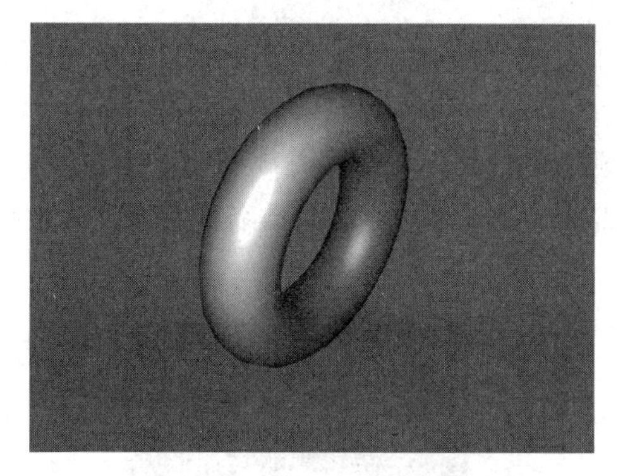

图 4-17　Phong 明暗器的效果

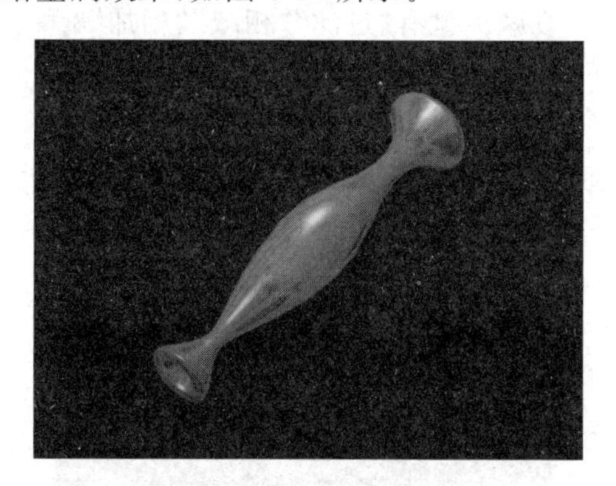

图 4-18　Strauss 明暗器的效果

8. 半透明明暗器

半透明明暗器专用于表现半透明的物体表面，例如蜡烛、玉饰品、彩绘玻璃等。其参数如图 4-19 所示。

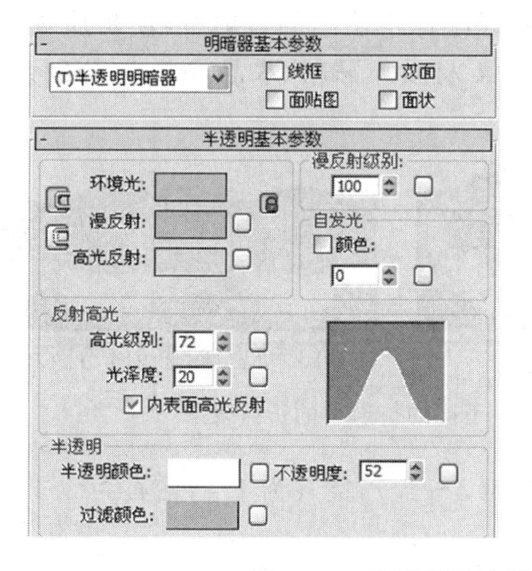

图 4-19　半透明明暗器

半透明颜色：指定半透明颜色，即穿透物体的散射光颜色。

过滤颜色：设置穿透一个半透明物体的光的颜色。

不透明度：设置不透明度(以百分比表示)。

4.2.3 材质扩展参数

在“扩展参数”卷展栏中可以对“高级透明”“线框”和“反射暗淡”参数进行设置，如图 4-20 所示。

1. “高级透明”参数组

“高级透明”参数组对透明属性进行高级控制，可以设置不透明度以及反射衰减的方向和类型。在衰减类型中可以设置折射率的数值，折射率不同，得到的透明效果也不同。

衰减方向有“内”和“外”两种，“内”表示从内向外衰减，“外”表示从外向内衰减。

衰减类型有“过滤”“相减”“相加”3 种。

- 过滤：从背景中过滤色块颜色。
- 相减：从背景中减去材质的颜色。
- 相加：根据背景色作递增色彩的处理，使颜色变亮。

例如，打开素材文件“第 4 章 材质与贴图\水晶饰品.max”，分别修改各个参数，渲染模型，查看结果，如图 4-21 所示。

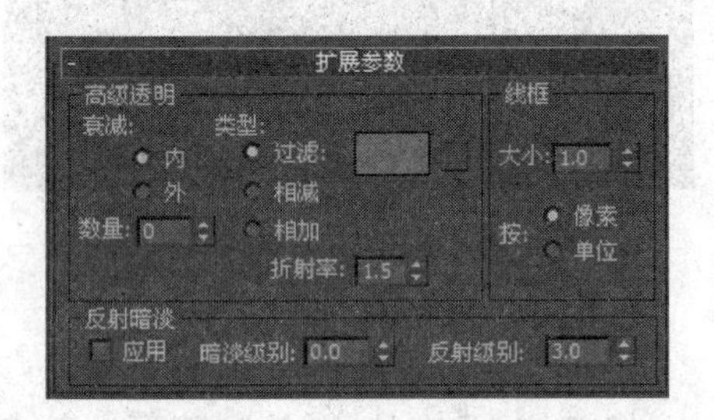

图 4-20 “扩展参数”卷展栏

图 4-21 “高级透明”参数组的设置效果

“折射率”用于设置折射贴图和光线跟踪所使用的折射率，使材质模拟不同物质产生的折射效果。例如，打开素材文件“第 4 章 材质与贴图\水晶.max”，分别设置不同的折射率，折射效果如图 4-22 所示。

(a) 3个水晶球的折射率都为1.5

(b) 3个水晶球的折射率分别为1.0、1.5、2.4

图 4-22 不同的折射率的折射效果

常见介质的折射率如下：玻璃为 1.5～1.7，空气为 1.0，钻石为 2.4。

2. “线框”参数组

“线框”参数组可以控制线框的大小和单位。

例如，打开素材文件“第 4 章 材质与贴图\火车.max”，可以按“像素”或“单位”设置线框的大小。图 4-23 是按“单位”进行设置的。

(a) 线框大小为1　　(b) 线框大小为90

图 4-23　设置线框大小

“大小”用于控制线框的粗细。可以使用“像素”和“单位”两种方式设置线框。如果选择“像素”单选按钮，模型不论离镜头多远，其线框的宽度在渲染时是相同的；如果选择“单位”单选按钮，在渲染时会根据模型与镜头的距离计算线框宽度。

注意：必须勾选明暗器的“线框模式”复选框。

3. “反射暗淡”参数组

“反射暗淡”参数组用于设置物体阴影区中反射贴图的阴影效果。例如，打开素材文件“第4章 材质与贴图\酒杯.max”，场景中酒杯对象由于添加了反射材质贴图，反射材质会在对象表面进行全方位计算，这样将失去投影的效果，使对象表面变得通体发光，场景也显得不真实。这时可以通过设置“反射暗淡”参数组中的参数来控制对象投影区域的反射强度。

(a) 暗淡级别为0时，反射贴图阴影最重

(b) 暗淡级别为1时，没有反射贴图阴影

图 4-24　“反射暗淡”参数设置效果

4.3 贴图及贴图坐标

在设置材质时，只有与材质相符合的表面纹理才能得到逼真的材质效果。表面纹理贴图是使用得最多的一种贴图类型，它可以表现物体表面的颜色和纹理。例如，布料的纹理、大理石的纹理是不一样的，就需要使用不同的贴图来表现。

4.3.1 位图贴图

在标准材质中，一些参数的后面都有一个按钮，该按钮是对应参数的贴图通道，单击该按钮可以打开材质/贴图浏览器。在材质/贴图浏览器中单击“位图”，可以打开 Windows 资源管理器，为对象选择合适的纹理贴图，如图 4-25 所示。

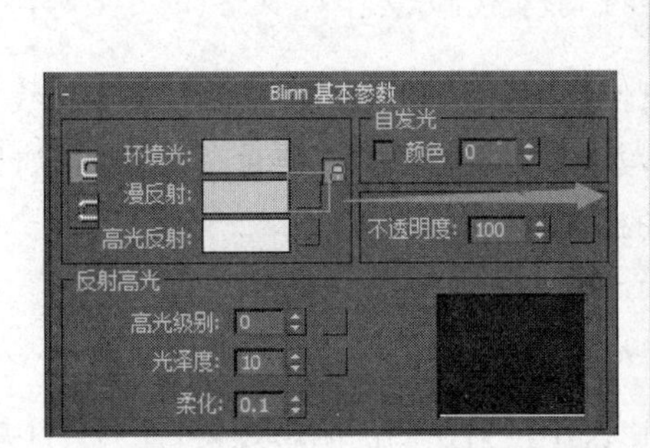

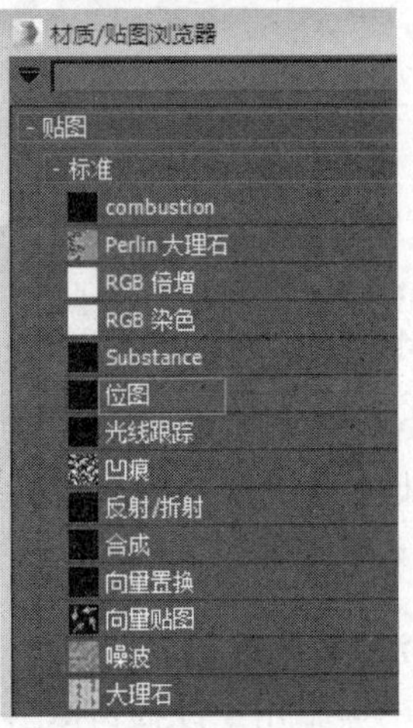

图 4-25 为漫反射选择位图贴图

位图需要调整贴图方式、贴图坐标、贴图个数等参数才能正确显示。在材质编辑器中，位图有 5 个卷展栏，如图 4-26 所示。

1. “坐标”卷展栏

“坐标”卷展栏用于设置贴图坐标，如图 4-27 所示。

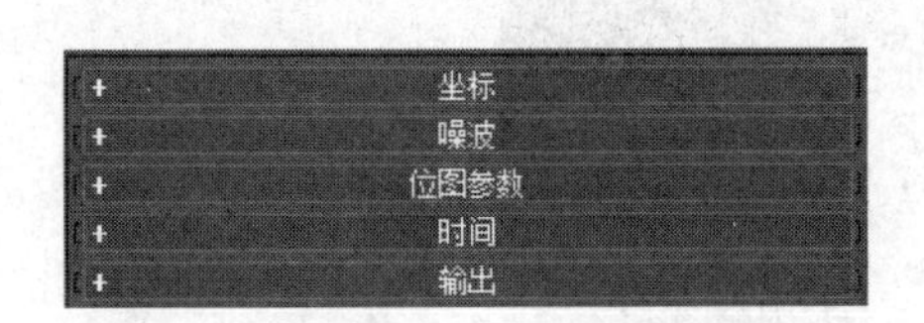

图 4-26 位图的卷展栏

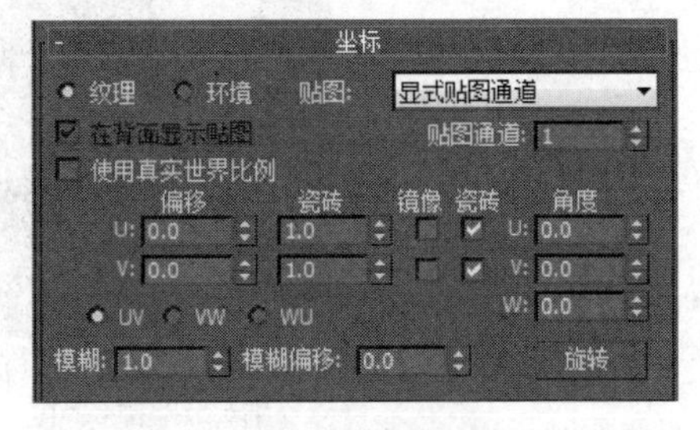

图 4-27 设置贴图坐标

1）贴图类型

贴图有两个类型：应用于对象表面的纹理贴图以及应用于环境的环境贴图。选择“纹理”单选按钮指定位图以纹理贴图的形式赋予场景中对象的表面，选择“环境”单选按钮指定位图以环境贴图的形式显示在渲染环境中。

“贴图”下拉列表中的选项因选择纹理贴图或环境贴图而异，选择纹理贴图时，“贴图”下拉列表如图 4-28 所示。

图 4-28 4 种纹理贴图方式

“显式贴图通道”使用任意贴图通道。如选中该项，“贴图通道”参数将处于开启状态，可选择 1～99 的任意通道。

“顶点颜色通道”使用指定的顶点颜色作为通道。

“对象XYZ平面”使用基于对象的本地坐标的平面贴图(不考虑轴点位置)。用于渲染时,除非启用“在背面显示贴图”,否则平面贴图不会投影到对象背面。

“世界XYZ平面”使用基于场景的世界坐标的平面贴图(不考虑对象边界框)。用于渲染时,除非启用“在背面显示贴图”,否则平面贴图不会投影到对象背面。

如果选择“环境”单选按钮,位图将不受UVW贴图坐标的控制,而是由计算机自动将位图指定给一个包围整个场景的表面。该选项常用于背景贴图的设置。用户可以选择球形环境、柱形环境、收缩包裹环境、屏幕4种环境贴图方式,如图4-29所示。

图4-29 4种环境贴图方式

“球形环境”“柱形环境”和“收缩包裹环境”将贴图投影到场景中,就像将其贴到背景中的不可见对象上一样。

“屏幕”将环境贴图投影为场景中的平面背景。

2) 使用真实世界比例

启用“使用真实世界比例”复选框,将使用位图的真实宽度和高度,而不是将UV值贴图应用于对象。禁用“使用真实世界比例”复选框,在“偏移”下方有U、V两个数值框,分别代表水平和垂直方向,这两个值控制U和V方向的偏移量,可以用来调整位图的位置。“瓷砖”代表在U方向和V方向平铺位图。

3) 镜像

镜像贴图与平铺相关。它重复贴图并翻转每个重复的副本。

与平铺一样,可以在U、V方向进行镜像。每个方向的平铺参数指定显示多少个贴图副本。每个副本相对于其相邻副本进行翻转。

4) U、V、W角度

该项设置绕U、V或W轴旋转贴图的角度(以度为单位)。

5) UV、VW、WU

这3个单选按钮更改用于贴图的贴图坐标系。默认的UV坐标将贴图作为幻灯片投影到表面。VW坐标与WU坐标用于对贴图进行旋转,使其与表面垂直。

6) 旋转

单击“旋转”命令按钮会弹出“旋转贴图坐标”对话框,可在球形图上拖动来旋转贴图。U、V、W方向的角度值随着贴图在对话框中被拖动而改变,如图4-30所示。

7) 模糊

模糊主要用于消除锯齿。贴图与视图的距离影响贴图的锐度或模糊度。贴图距离视图越远,就越模糊。“模糊”值用于设置模糊程度。

8) 模糊偏移

模糊偏移影响贴图的锐度或模糊度,而与贴图和视图的距离无关。“模糊偏移”用于使对象空间中自身的图像产模糊效果。当需要对贴图的细节进行软化处理或者散焦处理以达到模糊图像的效果时,使用此选项。

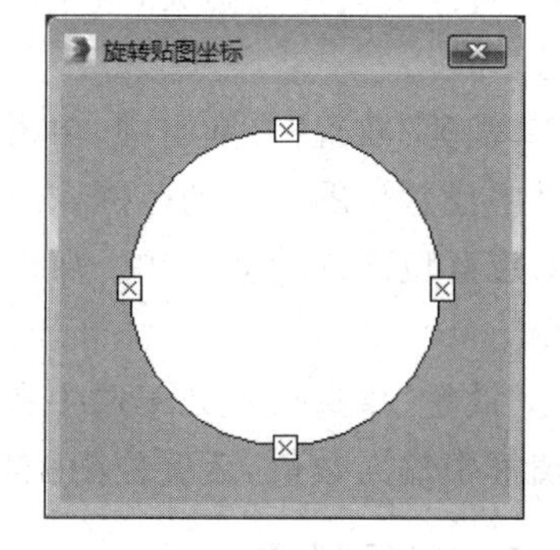

图4-30 “旋转贴图坐标”对话框

2. “噪波”卷展栏

“噪波”卷展栏用于设置材质表面不规则的噪波效果。噪波效果沿 UV 方向影响贴图，如图 4-31 所示。

如果启用噪波，“数量”数值框控制分形计算的强度，值为 0.001 时不产生噪波效果，值为 100 时位图将完全噪化。

“级别”数值框可以设置噪波函数的迭代次数，与“数量”值紧密联系，“数量”值越大，“级别”值的影响就越强烈。

“大小”数值框可以设置噪波函数相对于几何造型的比例。值越大，波形越平滑；值越小，波形起伏越大。

3. “位图参数”卷展栏

“位图参数”卷展栏如图 4-32 所示。

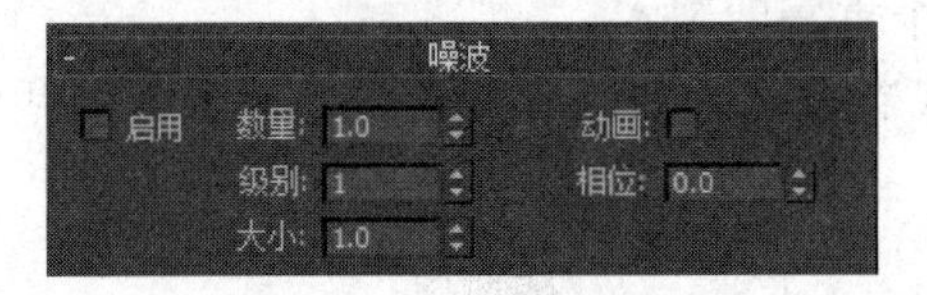

图 4-31 “噪波”卷展栏

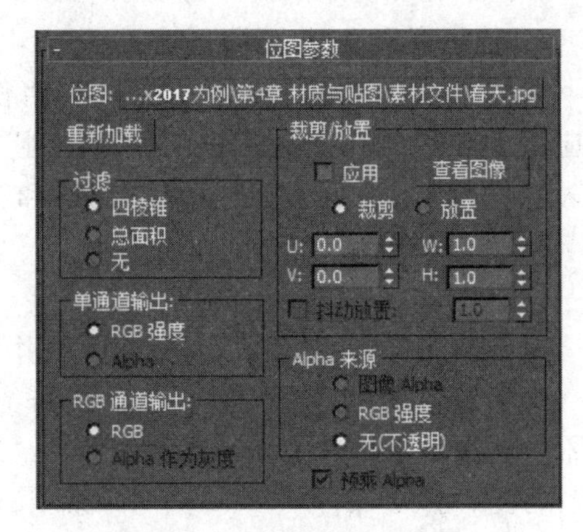

图 4-32 “位图参数”卷展栏

单击“位图”选项右侧的长按钮，可以打开“选择位图图像文件”对话框。

单击“重新加载”命令按钮将按照相同的路径和名称重新调入贴图。该选项在重新修改位图后才有效。

“过滤”参数组中，为用户提供了“四棱锥”“总面积”“无”3 个选项，用来确定对位图进行抗锯齿处理。四棱锥型计算时占用内存最少，一般情况下“四棱锥”过滤方式就足够了；“总面积”过滤方式更加强大，渲染时占用内存较多，但效果较好；选择“无”则不会对贴图进行过滤。

“裁剪/放置”参数组中，单击“查看图像”命令按钮，可以打开“指定裁剪/放置”对话框。在其中设置位图裁剪的范围，在材质编辑器中改变贴图比例。勾选“应用”复选框，就可以完成对现有位图的裁剪工作。所以，“应用”复选框用来控制全部的裁剪和定位设置的启用或关闭。

“放置”单选按钮处于选中状态时，“抖动放置”复选框将处于可选状态，可以在其右侧的数值框中输入数值，设置位图偏移。

4. “时间”卷展栏

在设置材质时，不仅可以导入静态帧图案，还可以导入 AVI 格式的视频文件，“时间”卷展栏内的选项用于控制这些视频文件的播放,如图 4-33 所示。

5. "输出"卷展栏

"输出"卷展栏可以调节贴图输出时的最终效果,如图 4-34 所示。

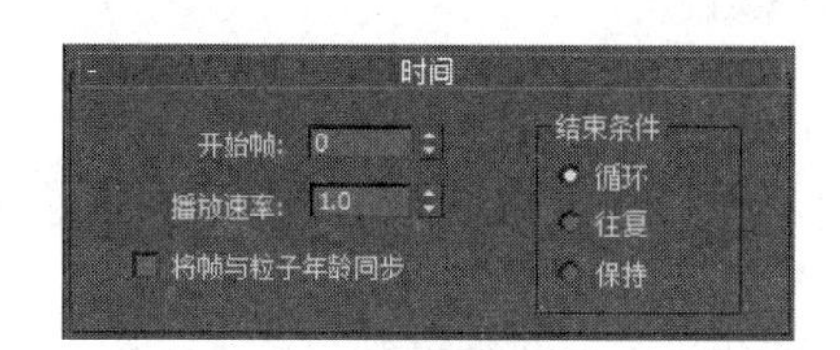

图 4-33 "时间"卷展栏

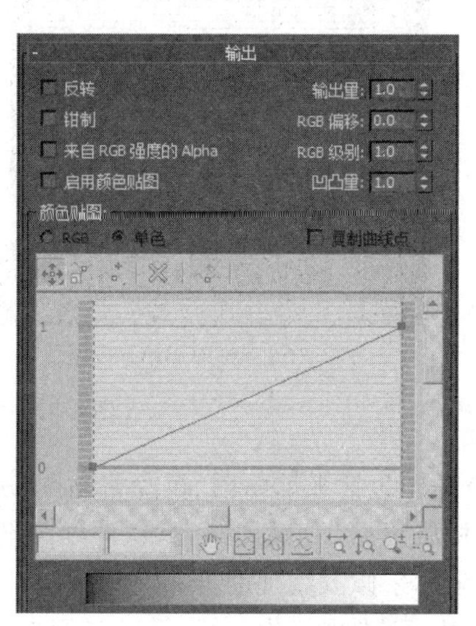

图 4-34 "输出"卷展栏

勾选"反转"复选框,可以将位图的色调反转。

勾选"钳制"复选框后,输出参数会将颜色饱和度限制在不超过 1.0 的效果,当增加"RGB 级别"参数时,此贴图不会显示自发光效果。如果在启用"钳制"复选框的同时,将"RGB 偏移"参数值设置为 1.0,所有的颜色都会变成白色。

勾选"来自 RGB 强度的 Alpha"复选框后,将基于位图 RGB 通道的透明度产生一个 Alpha 通道,黑色为透明,白色为不透明,中间色为不同程度的半透明效果。

"输出量"数值框控制位图融入一个合成材质中的程度,也会影响贴图的饱和度。

"RGB 偏移"数值框可设置位图 RGB 强度偏移。值为 0 时不发生偏移;值大于 0 时,位图 RGB 强度增大,趋于白色;值小于 0 时,位图 RGB 强度减小,趋于黑色。

"RGB 级别"数值框可设置位图 RGB 色彩的倍增量,它影响的是图像饱和度,数值越高,贴图的颜色越鲜艳。

勾选"启用颜色贴图"复选框,可以激活"颜色贴图"参数组。

"颜色贴图"选项组中的颜色图标可以用于调节图像的色彩范围。通过在曲线上添加、移动、删除点来改变曲线的形状,从而达到修改贴图颜色的目的,如图 4-35(a)所示。

在"颜色贴图"选项组中选择 RGB 单选按钮后,贴图曲线可以对 RGB 的每个通道进行单独调节。选择"单色"单选按钮,则以联合过滤 RGB 通道的方式进行调节,如图 4-35(b)所示。

4.3.2 2D 贴图

2D 贴图是没有深度的二维图像,可包裹在一个物体的表面,也可以作为场景背景图像的环境贴图。

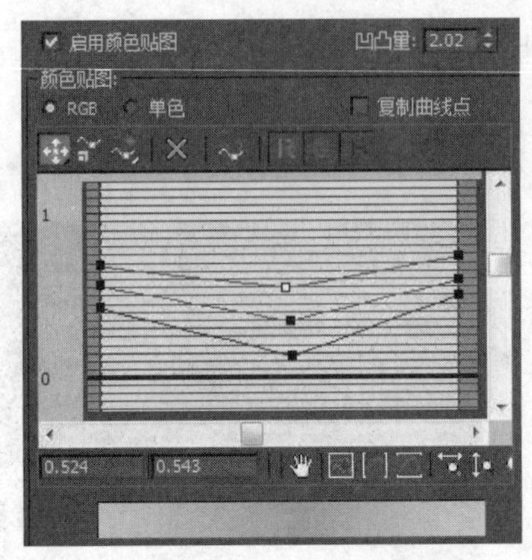

(a) 选择RGB单选按钮

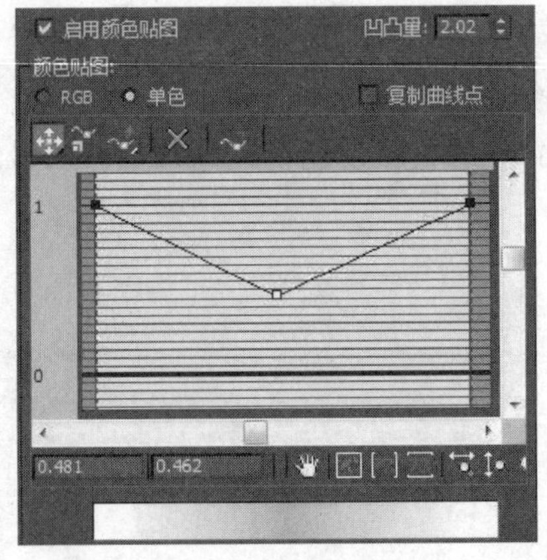

(b) 选择"单色"单选按钮

图 4-35 "颜色贴图"选项组

2D 贴图包括平铺贴图、棋盘格贴图、旋涡贴图、渐变贴图、渐变坡度贴图。

为材质添加 2D 贴图时,默认的贴图设置往往不能达到纹理要求的效果,通常要通过调整贴图坐标来修改纹理的分布。

在"坐标"卷展栏中,通过调整坐标参数,可以在对象表面移动贴图。

每种贴图的详细参数可以参考 3ds Max 帮助系统。

1. 平铺贴图类型

平铺贴图适用于设计一些自定义的图案,如砖、彩色瓷砖或材料贴图。

其"标准控制"卷展栏如图 4-36 所示,"高级控制"卷展栏如图 4-37 所示。

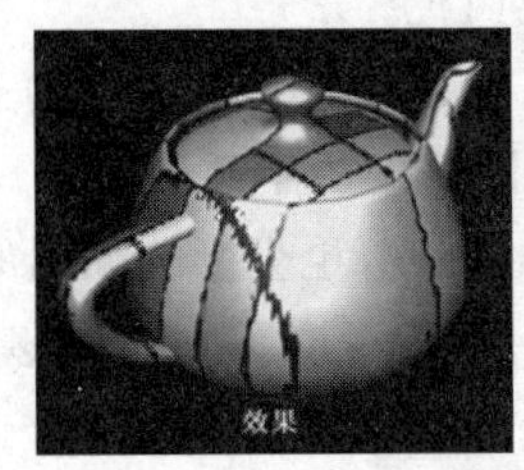

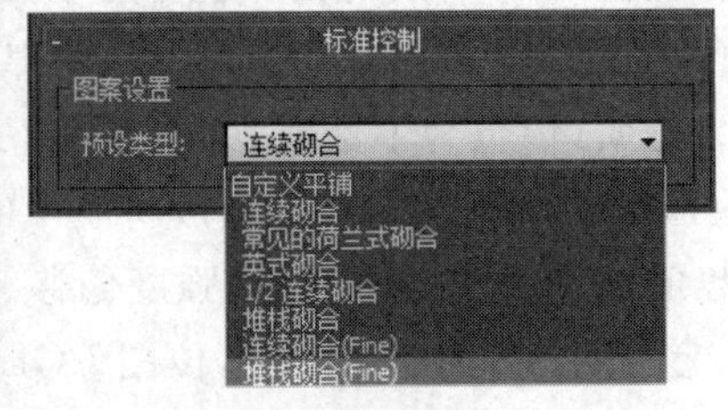

图 4-36 平铺贴图的"标准控制"卷展栏

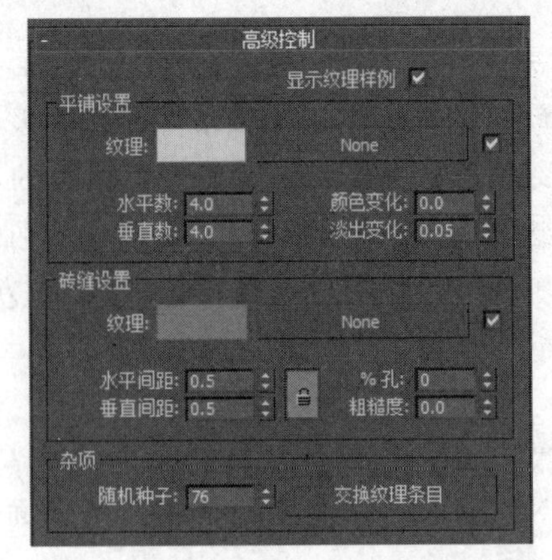

图 4-37 平铺贴图的"高级控制"卷展栏

2. 棋盘格贴图类型

可以将两种颜色的棋盘格图案应用于材质。棋盘格贴图默认是黑白方块图案，"棋盘格参数"卷展栏如图 4-38 所示。

图 4-38　"棋盘格参数"卷展栏

3. 旋涡贴图类型

旋涡贴图利用两种基本的色彩构成整体图像，可以在对象表面生成类似旋涡的效果。"旋涡参数"卷展栏如图 4-39 所示。

"基本"用于设置旋涡的基本颜色。

"旋涡"用于设置旋涡颜色，通过与基本颜色混合生成旋涡。

"交换"按钮可以交换基本颜色和旋涡颜色。

"扭曲"数值框用于设置旋涡的数量。

"恒定细节"数值框用于设置旋涡的细节品质。

"旋涡位置"用于设置旋涡的中心位置。

"随机种子"数值框用于更改旋涡效果的起点。可以在保持其他参数不变的情况下更改旋涡图案，范围为 0～65 535。

旋涡贴图的示例如图 4-40 所示。

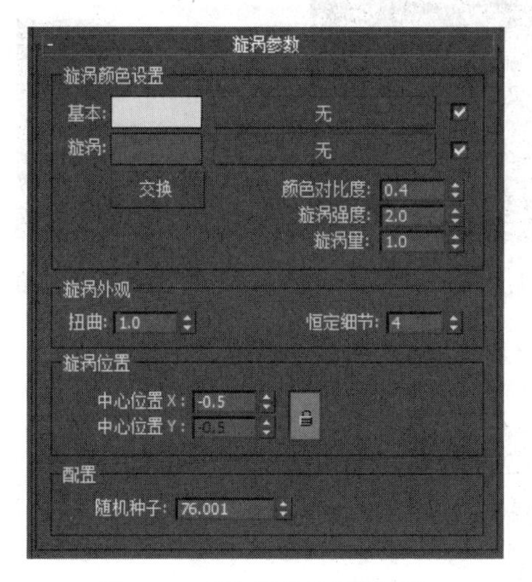

图 4-39　"旋涡参数"卷展栏

图 4-40　旋涡贴图的示例

4. 渐变贴图类型

渐变贴图可以从一种颜色过渡到另一种颜色，最多可以指定 3 种颜色。"渐变参数"卷展栏和渐变贴图的效果如图 4-41 所示。

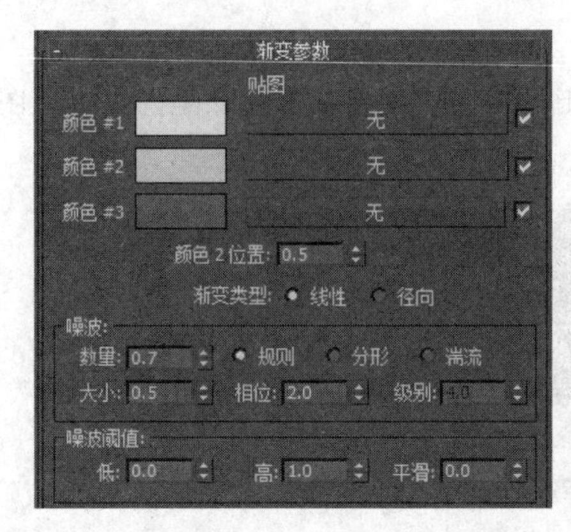

图 4-41 "渐变参数"卷展栏和渐变贴图的效果

5. 渐变坡度贴图类型

渐变坡度贴图与渐变贴图相似,但需要使用拾色器。在渐变坡度贴图中,可以为渐变指定任何数量的颜色或贴图。几乎任何渐变坡度参数都可以设置动画。"渐变坡度参数"卷展栏和渐变坡度贴图的效果如图 4-42 所示。

"渐变类型"下拉列表如图 4-43 所示,其中的渐变类型都可以使用,这些类型影响整个渐变效果。

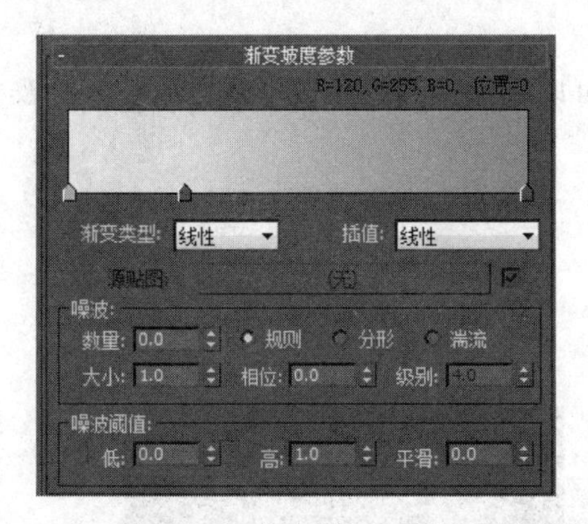

图 4-42 "渐变坡度参数"卷展栏和渐变坡度贴图的效果

4角点
Pong
对角线
法线
格子
径向
螺旋
扇叶
贴图
线性
长方体
照明

图 4-43 渐变类型

4.3.3 3D 贴图

3D 贴图是通过数学算法在三维定义上创建的贴图。与 2D 贴图一样,3D 贴图也提供了用于修改贴图位置、大小和角度的"坐标"卷展栏。与 2D 贴图不一样的是,3D 贴图是在三维空间上调整位图。

三维贴图包括 Perlin 大理石贴图、大理石贴图、凹痕贴图、波浪贴图、斑点贴图、泼溅贴图、细胞贴图、灰泥贴图、木材贴图、衰减贴图、噪波贴图、粒子年龄贴图、粒子运动模糊贴图和烟雾贴图。

Perlin 大理石贴图使用 Perlin 湍流算法生成大理石图案。此贴图是大理石贴图的替代方法。

大理石贴图针对彩色背景生成带有彩色纹理的大理石曲面。

凹痕贴图是3D程序贴图。在扫描线渲染过程中，凹痕贴图根据分形噪波产生随机图案，图案的效果取决于贴图类型。

波浪贴图用于生成水花或波纹效果。它生成一定数量的球形波浪中心并将它们随机分布在球体上，以控制波浪组数量、振幅和波浪速度。此贴图相当于同时具有漫反射和凹凸效果的贴图。在与不透明贴图结合使用时，它也非常有用。

斑点贴图生成斑点的表面图案，可用于漫反射颜色贴图或凹凸贴图，创建类似花岗岩的表面和其他图案的表面。

泼溅贴图是一个3D贴图，它生成分形表面图案，该图案对于利用漫反射颜色贴图创建类似于泼溅的图案非常有用。

细胞贴图是一种程序贴图，生成各种类似细胞的表面纹理，常用于创建细碎表面的组合，如马赛克、鹅卵石和皮革表面等。

灰泥贴图生成一个曲面图案，以作为凹凸贴图来创建灰泥曲面的效果。

木材贴图将整个对象渲染成波浪纹图案。可以控制纹理的方向、粗细和复杂度。

衰减贴图基于几何体曲面法线的角度衰减来生成从白到黑的值。

噪波贴图基于两种颜色或材质的交互创建曲面的随机扰动。

粒子年龄贴图用于粒子系统。通常，可以将粒子年龄贴图指定为漫反射颜色贴图，或在粒子流中使用材质动态操作符指定。它基于粒子的寿命更改粒子的颜色(或贴图)。系统中的粒子以一种颜色开始；到达指定的年龄，更改为第二种颜色(通过插补)；在消亡之前更改为第三种颜色。

粒子运动模糊贴图用于粒子系统。该贴图基于粒子的运动速度更改其前端和尾部的不透明度。该贴图通常作为不透明贴图，但是为了获得特殊效果，可以将其作为漫反射贴图。

烟雾贴图生成无序、基于分形的湍流图案，主要用于设置动画的不透明度贴图，以模拟一束光线中的烟雾效果或其他云状流动效果。

4.3.4　贴图坐标

3ds Max中有两种用于贴图投影方式的修改器：UVW贴图和UVW展开。在3ds Max中，世界坐标系和其中的对象都采用XYZ坐标表述，而贴图坐标采用UVW坐标表述，其目的是把贴图和几何空间分开。几何对象上的XYZ坐标指的是世界坐标或者对象自身空间的准确位置，贴图的UVW坐标表示贴图的比例，计算的是贴图的增量，不是外在的尺寸。

在贴图坐标中，U、V、W分别与X、Y、Z平行。U相当于X；V相当于Y；W相当于Z，代表着与贴图的UV平面垂直的方向。

对于一个新添加或导入的对象，如果没有建立自己的贴图坐标，则创建贴图时可能会发生贴图错误或在渲染视图中不能显示的情况(渲染时显示“缺少UVW贴图”)。这时必须向对象指定“UVW贴图”修改器来解决问题。“UVW贴图”修改器可以在模型的表面指定贴图坐标，以确定如何使材质投射在对象表面。

动手演练　书的材质和贴图

01　打开素材文件“第4章 材质与贴图\素材文件\贴图坐标\书-场景素材.max”，如

图 4-44 所示。

图 4-44 书的场景素材

02 选择“书面”对象，按键盘上的 M 键，打开材质编辑器，指定漫反射贴图为“书-贴图文件.jpg”，并设定“高光级别”为 28，如图 4-45 所示，将材质指定给“书面”对象。

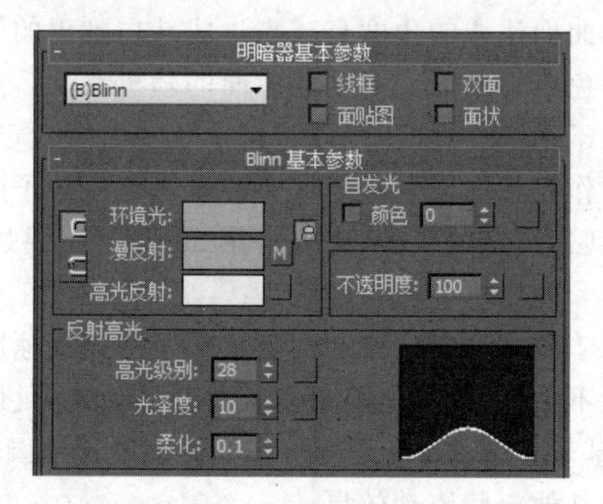

图 4-45 书的材质和贴图

03 在修改面板中为“书面”对象添加“UVW 贴图”修改器，贴图类型为“长方体”。书的渲染效果如图 4-46 所示。

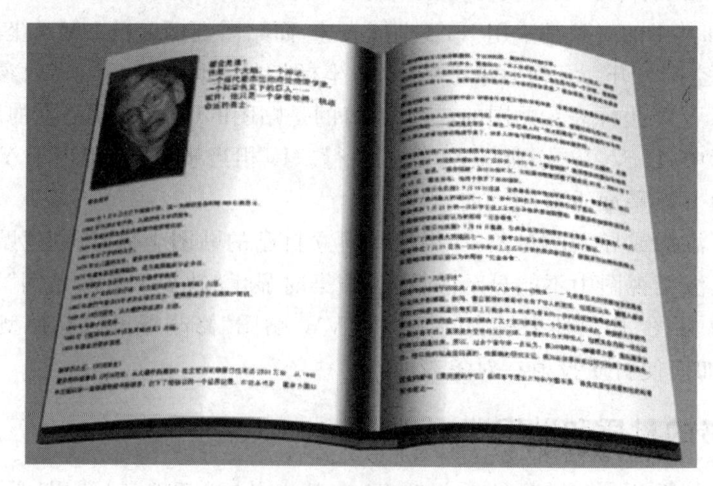

图 4-46 书的渲染效果

4.4　材质类型

4.3 节介绍的标准材质产生的效果比较简单。如果要使场景内的景物更加真实生动，还要使用更多的材质进行编辑。在 3ds Max 默认的线性扫描器下，有 16 种材质类型，如图 4-47 所示，使用它们可以实现各种特殊材质类型的设置。下面介绍几种常用的材质。

4.4.1　Ink'n Paint 材质类型

在 3ds Max 中，当标准材质无法满足用户的需求时，用户还可以指定其他的材质类型。要指定 Ink'n Paint 材质类型，只需单击 Standard ，然后选择 Ink 'n Paint 即可。

Ink'n Paint 材质类型可以使三维对象产生类似于二维图案的效果。它可以使对象的阴影产生类似墨水喷涂的效果。

在 Ink'n Paint 材质类型中，"墨水控制"和"绘制控制"是分离的两个部分，可以单独进行设置。

1. "绘制控制"卷展栏

打开"第 4 章 材质与贴图\素材文件\沙发.max"，"绘制控制"卷展栏如图 4-48 所示。

在"绘制"参数组中单击"亮区"的色块修改颜色。

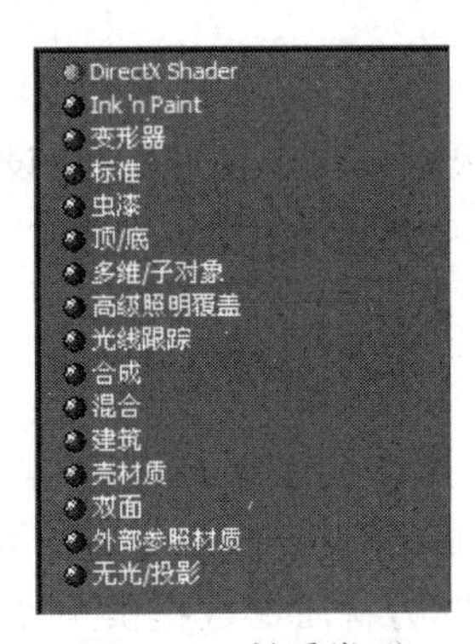

图 4-47　材质类型

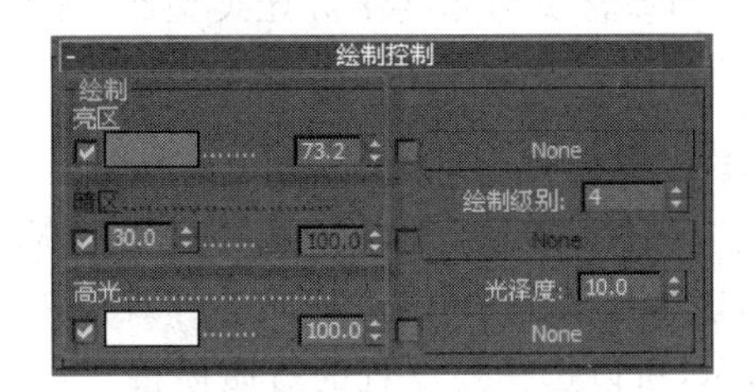

图 4-48　"绘制控制"卷展栏

在"绘制级别"中输入 4，观察示例球的变化。

在"暗区"选项下方的数值框中，可以输入控制暗区颜色强弱的数值，数值越大，暗区颜色越亮，暗区和亮区颜色越接近。

禁用"暗区"选项下方的复选框，在该复选框右侧会出现一个颜色块，通过它可直接调整暗部的颜色。

启用"高光"复选框，在对象上将出现高光效果。

"光泽度"用于控制高光的大小，该数值框中的数值越小，高光的面积越大。

2. "墨水控制"卷展栏

该卷展栏中的参数主要用于控制模型外轮廓的效果，如图 4-49 所示。

禁用"墨水"复选框，对象不进行勾线处理。

启用"墨水"复选框，在"墨水宽度"选项下方的数值框中可以以像素为单位设置轮廓线

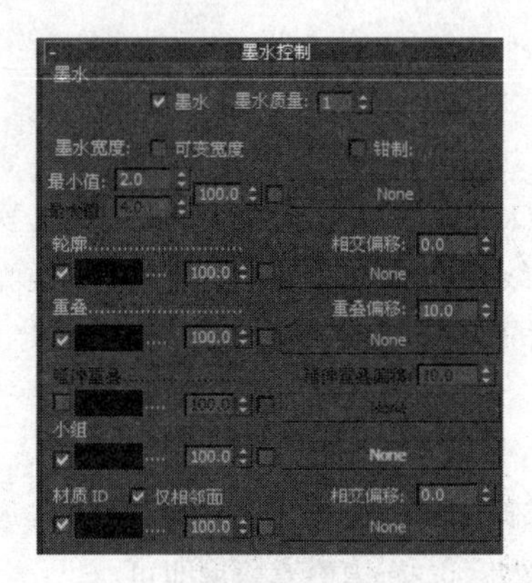

图 4-49 “墨水控制”卷展栏及设置效果

的宽度。

启用“可变宽度”复选框，可以激活“最小值”“最大值”，这两个选项用于设置类似手绘的不均匀轮廓线。

启用“钳制”复选框，可以强制轮廓线宽度始终保持在“最大值”和“最小值”之间，避免受到照明影响，出现部分轮廓线不可见的现象。

单击“轮廓”下方的色块，可以对轮廓线的墨水颜色进行设置。

4.4.2 建筑材质类型

建筑材质能够根据物理属性设置对象材质，并有多种模板可供选择，以快速设置各种质感的材质。当该材质与光度学灯光类型和光能传递渲染方式配合使用时，能够产生逼真的材质效果。

1. “模板”卷展栏

“模板”卷展栏提供了可从中选择材质模板的列表。选择模板之后，可以调整其设置并添加贴图，以增强效果，并改进材质的外观。单击右侧向下的箭头会出现模板下拉列表，如图 4-50 所示，可以选择要设置的材质模板。每个模板都能够为材质参数提供预设值。

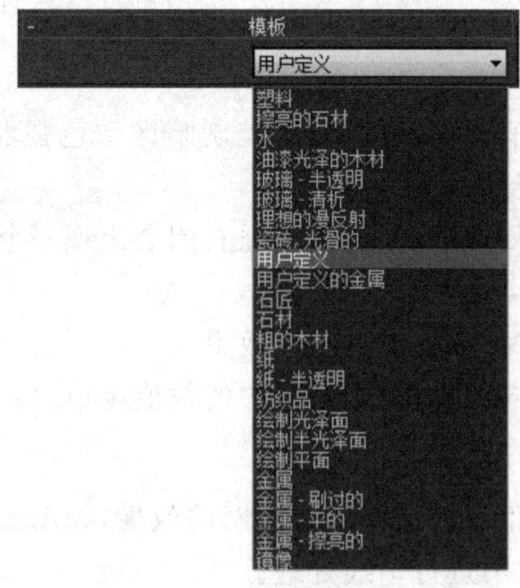

图 4-50 “模板”卷展栏

2. “物理性质”卷展栏

在创建新的建筑材质或者编辑现有的建筑材质时，“物理性质”卷展栏的参数决定了材质的最终特性，如图 4-51 所示。由于“物理性质”卷展栏的参数与标准材质有许多相似之处，在此只对该卷展栏独有的选项进行讲解。

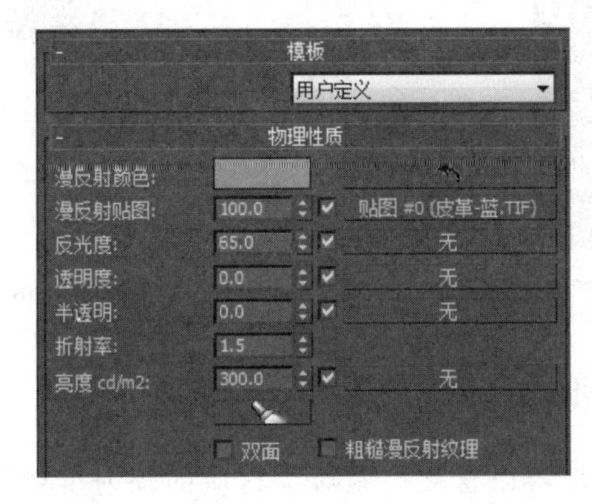

图 4-51 “物理性质”卷展栏的参数设置及相应的材质示例球

动手演练 电脑椅的制作

01 打开素材文件“第 4 章 材质与贴图\素材文件\建筑材质-电脑椅\电脑椅-素材.max”。

02 选择电脑椅的靠背，赋予建筑材质，模板选择“用户定义”类型，参数如图 4-51 所示。

03 选择电脑椅下面的弹簧和 6 条支腿，赋予建筑材质，模板选择“金属-擦亮的”类型，参数如图 4-52 所示。

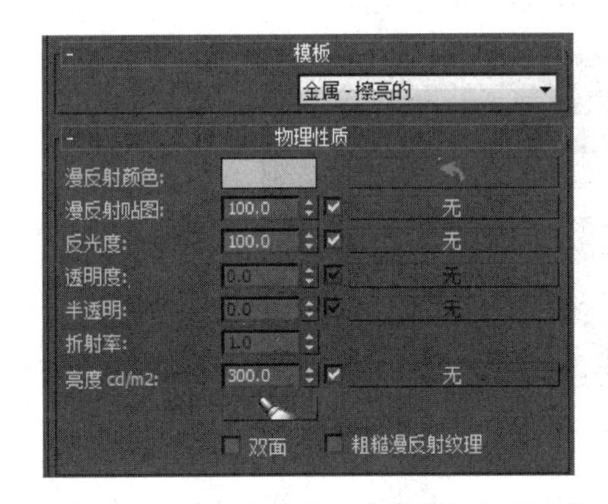

图 4-52 电脑椅下面的弹簧和支腿的金属材质

04 选择电脑椅的座板，赋予建筑材质，模板选择“塑料”类型，参数如图 4-53 所示。

最后渲染效果如图 4-54 所示。

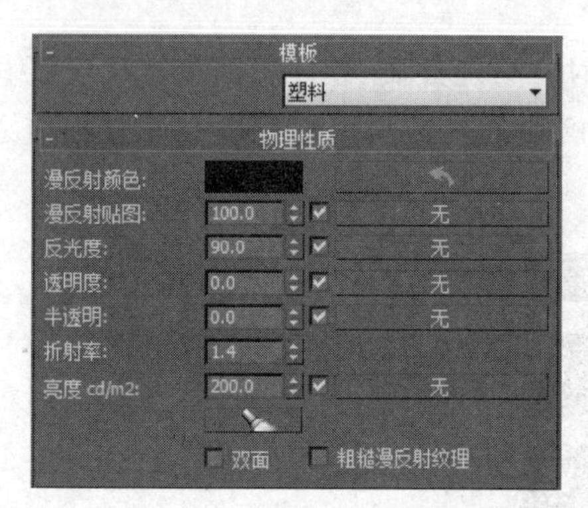

图 4-53 塑料材质

图 4-54 电脑椅的渲染效果

4.4.3 高级照明覆盖材质类型

高级照明覆盖材质类型使用户可以直接控制对象材质的辐射度效果，是基本材质的一个补充。该材质的用途有两个：一是改变应用于光能传递和光线跟踪中的材质特性；二是产生特效，如自发光的物体，为辐射度的场景提供能源。该材质不会影响普通材质，主要影响光能传递和光线跟踪渲染方式。下面通过实例来说明高级照明覆盖材质的应用。

动手演练 霓虹 LOGO 的制作

01 打开素材文件“第 4 章 材质与贴图\素材文件\霓虹 LOGO\霓虹 LOGO-素材.max”。

02 选择墙体对象，赋予标准材质，在漫反射贴图通道和凹凸贴图通道中贴入 Wall.jpg，修改相关参数，如图 4-55 所示。

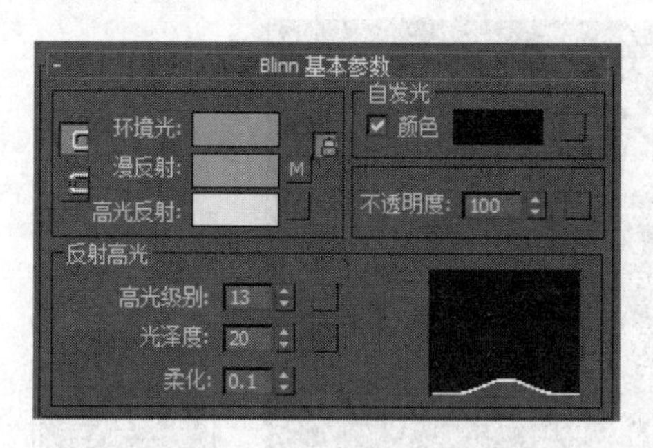

图 4-55 墙体材质

03 选择背板，赋予建筑材质，模板选择“瓷砖，光滑的”类型，参数如图 4-56 所示。

04 选择装饰环和文字 2017 对象，赋予高级照明覆盖材质，参数如图 4-57 所示。其基本材质参数设置如图 4-58 所示。

05 选择文字 3D Digital 对象，赋予多维/子对象材质，参数如图 4-59 所示。文字的高级照明覆盖材质参数如图 4-60 所示。

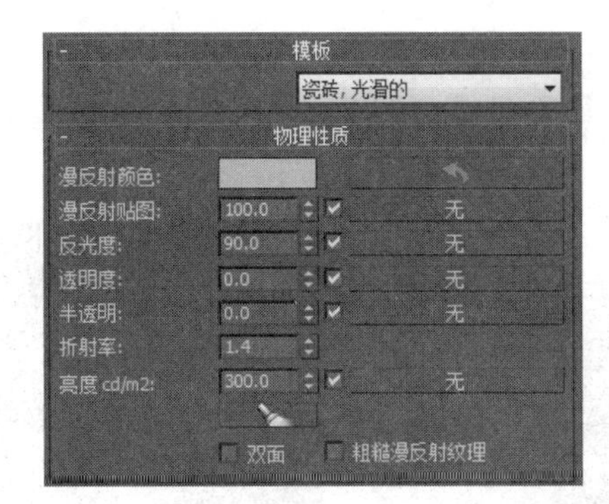

图 4-56 背板材质参数

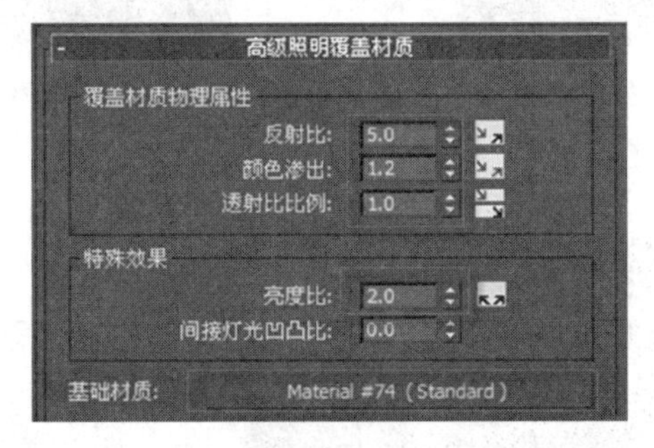

图 4-57 装饰环和文字 2017 的高级照明覆盖材质参数

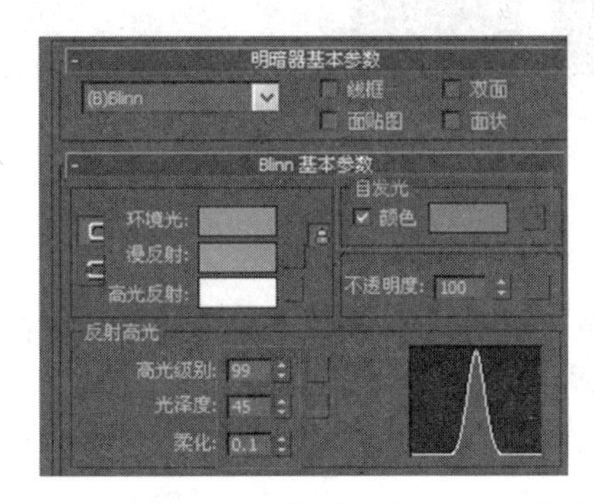

图 4-58 装饰环和文字 2017 的基本材质参数

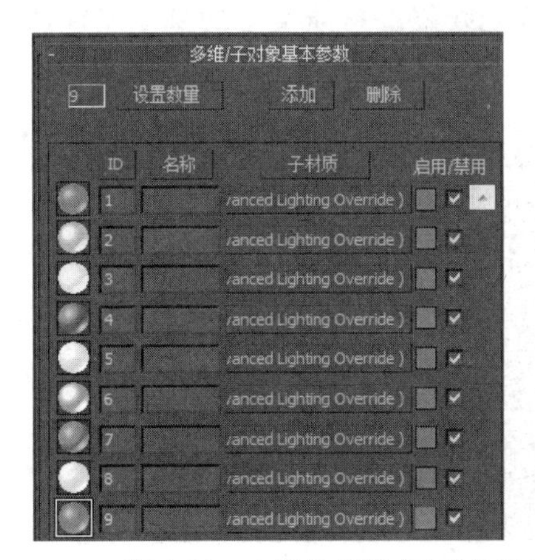

图 4-59 文字的多维/子对象材质参数

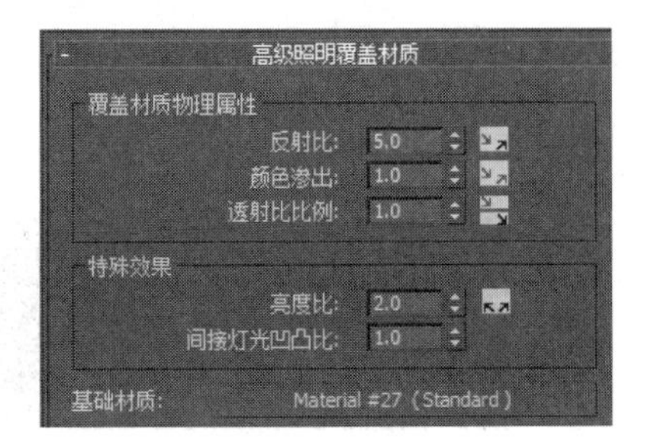

图 4-60 文字的高级照明覆盖材质参数

其基本材质参数设置如图 4-61 所示。

06 选择背部发光环，赋予高级照明覆盖材质，参数设置参考图 4-62。其基本材质参数设置如图 4-63 所示。

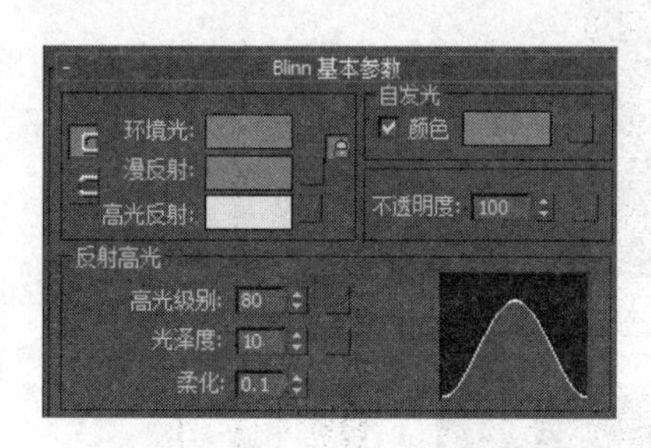

图 4-61 文字的基本材质参数

图 4-62 背部发光环的高级照明覆盖材质参数

最终效果如图 4-64 所示。

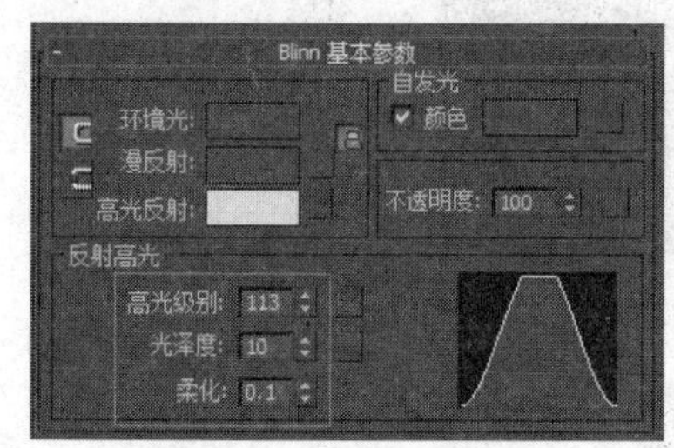

图 4-63 背部发光环的基本材质参数

图 4-64 霓虹 LOGO 效果

4.4.4 光线跟踪材质类型

光线跟踪材质类型是一种在对象表面产生高级投影的材质，可以在对象的表面展现逼真的反射和折射效果，但渲染速度较慢。

光线跟踪材质包括 6 个卷展栏，如图 4-65 所示。下面介绍其中的前 3 个卷展栏。

1. “光线跟踪基本参数”卷展栏

“光线跟踪基本参数”卷展栏内的各项参数用于设置光线跟踪材质类型的基本属性，如图 4-66 所示。

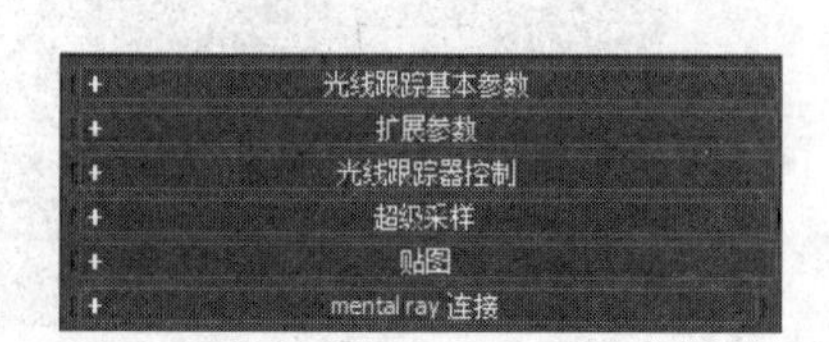

图 4-65 光线跟踪材质的 6 个卷展栏

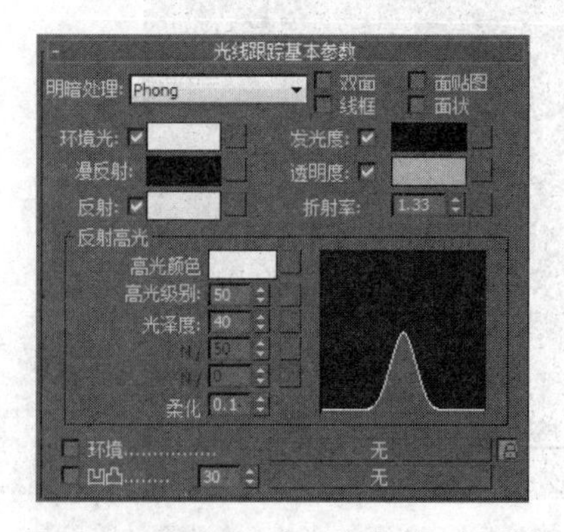

图 4-66 “光线跟踪基本参数”卷展栏

“明暗处理”中的明暗器与标准材质中的明暗器相同。

“环境光”与标准材质的环境光意义完全不同，它控制材质吸收环境光的多少。如果将其设置为白色，就相当于在标准材质中将“环境光”和“漫反射”显示窗锁定。“环境光”复选框可以启用或禁用。

“漫反射”用于指定漫反射颜色和贴图，不包括高光反射。

“反射”可以控制镜面反射的颜色和贴图。如果漫反射颜色是黑色，而反射颜色是饱和色，则会展现出类似圣诞树上的彩球的效果。

“发光度”与标准材质的自发光组件相似，但它不依赖于漫反射颜色。淡蓝色的漫反射颜色可以具有红色的发光度。

“透明度”与标准材质的过滤色相似，它控制在光线跟踪材质背后经过颜色过滤所表现的色彩。

“折射率”数值框可以控制光线的折射率。空气的折射率是 1，对象在折射后不会产生变形；玻璃的折射率是 1.5，对象在折射后会产生很大变形。

在“反射高光”参数组中，可以对高光颜色、亮光级别、光泽度、柔化等进行设置。

启用“环境”复选框，可以指定环境贴图。后面的锁按钮启用后，透明贴图被禁用，应用于光线跟踪的环境贴图也将应用于透明环境。

“凹凸”复选框的作用类似于标准材质的凹凸贴图。

2. “扩展参数”卷展栏

“扩展参数”卷展栏用于设置光线跟踪材质类型的扩展属性，如图 4-67 所示。

“特殊效果”参数组中各项功能如下。

“附加光”可以设置附加光的颜色(或贴图)以增强光照效果。

“半透明”用于设置材质的透明颜色(或贴图)。

“荧光”可以创建类似荧光的效果。

“荧光偏移”用于设置荧光偏离对象的大小。

“高级透明”参数组用于更深入地控制透明材质的效果。

“透明环境”与基本参数中的用法一样(注意是否锁定)。

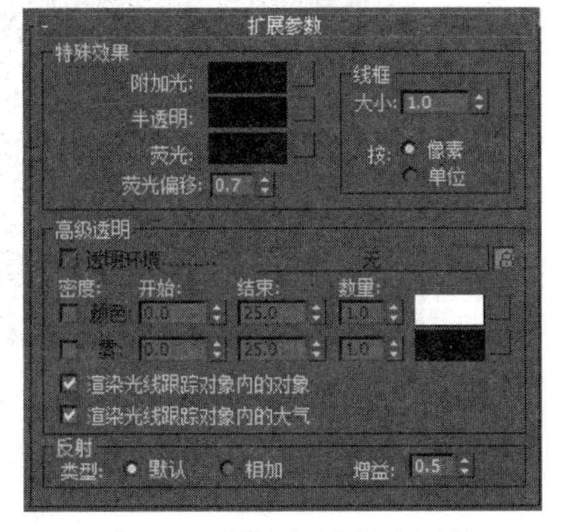

图 4-67 “扩展参数”卷展栏

“密度”选项用于控制透明材质的密度，如果是不透明的对象，该项失去作用。启用“颜色”复选框可以设置过滤色。启用“雾”复选框将会用不透明和自发光填充对象。

“渲染光线跟踪对象内的对象”复选框可以启用或禁用，默认为启用状态。

“渲染光线跟踪对象内的大气” 复选框可以启用光线跟踪对象内部的大气效果。大气效果包括火、雾、体积光等。

“反射”参数组可以控制反射效果。

渲染时如果选择“默认”单选按钮，反射根据漫反射的色彩分层进行渲染。当材质不透明并且完全反射时，将不会呈现漫反射的色彩；渲染时如果选择“相加”单选按钮，反射被添加到漫反射中显示出来。所以，无论选择哪一种方式，漫反射都会呈现出来。

"增益"数值框控制反射的亮度。其值越低,反射亮度越高。

3. "光线跟踪器控制"卷展栏

"光线跟踪器控制"卷展栏可以对光线跟踪器进行控制,以提高渲染性能,如图 4-68 所示。

动手演练　为茶几上的静物赋予光线跟踪材质

01　打开素材文件"第 4 章 材质与贴图\素材文件\光线跟踪材质\茶几-素材.max"。其他对象已经赋予了材质,下面给茶几上的"静物 1"和"静物 2"两个对象赋予光线跟踪材质。

02　选择场景中的"静物 1"和"静物 2"两个对象,打开材质编辑器,选择一个空的材质球,指定光线跟踪材质类型。

03　"环境光"的红、绿、蓝设置为 254、249、195。

04　"漫反射"的红、绿、蓝设置为 203、203、203。

05　"反射"的红、绿、蓝设置为 251、230、0。

06　设置"发光度"的颜色和"透明度"的颜色。"折射率"设置为 1.33。

07　在"反射高光"参数组中设置高光颜色、亮光级别、光泽度、柔化等。

08　启用"环境"复选框,指定环境贴图为"天空 1.jpg"。

以上参数设置如图 4-69 所示。

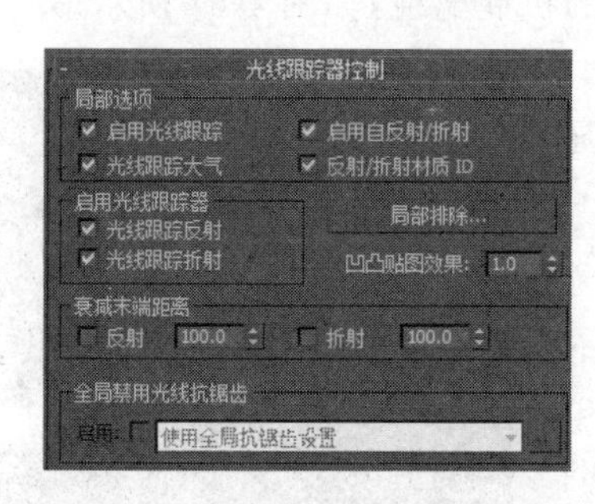

图 4-68　"光线跟踪器控制"卷展栏

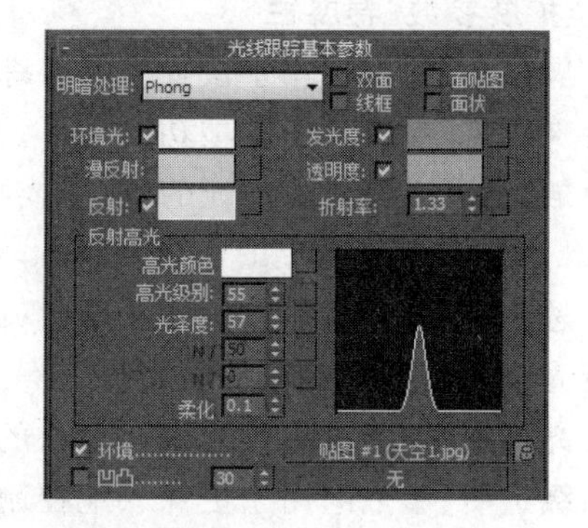

图 4-69　"静物 1"和"静物 2"参数设置

09　在"扩展参数"卷展栏中选择"相加"单选按钮。茶几的渲染效果如图 4-70 所示。

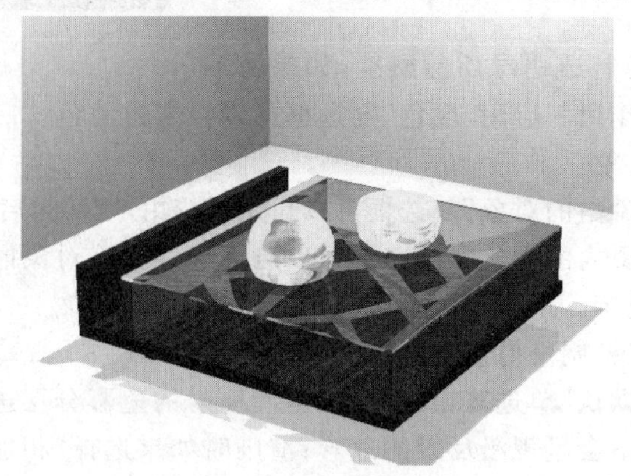

图 4-70　茶几的渲染效果

4.4.5 复合材质类型

复合材质包含两种或两种以上的材质，是比较复杂的材质。使用复合材质可以设置层次更为丰富的材质，还可以将多个材质嵌套使用，生成更为细致逼真的材质。本节介绍顶/底材质、双面材质、混合材质、多维/子对象材质、虫漆材质和合成材质这 6 种复合材质。

1. 顶/底材质类型

顶/底材质把对象分为两个部分：顶部和底部。分别对顶部和底部赋予不同的材质和贴图。应用顶/底材质可以为顶部和底部具有不同纹理的对象(例如恐龙、蜥蜴等动物)赋予材质。

动手演练　为蜥蜴赋予顶/底材质

01　打开素材文件“第 4 章 材质与贴图\素材文件\顶底材质-蜥蜴\蜥蜴-素材.max”。

02　打开材质编辑器，选择一个空的材质球，赋予顶/底材质。

03　顶材质是蜥蜴的背部材质，采用标准材质，漫反射贴图为“皮肤.jpg”，凹凸贴图为“皮肤凹凸.jpg”，如图 4-71 所示。

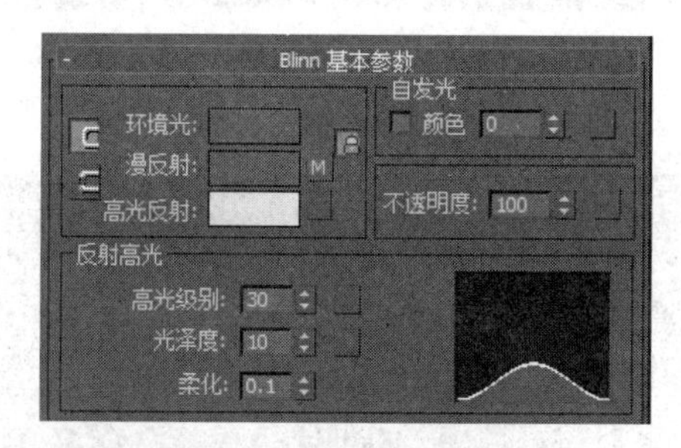

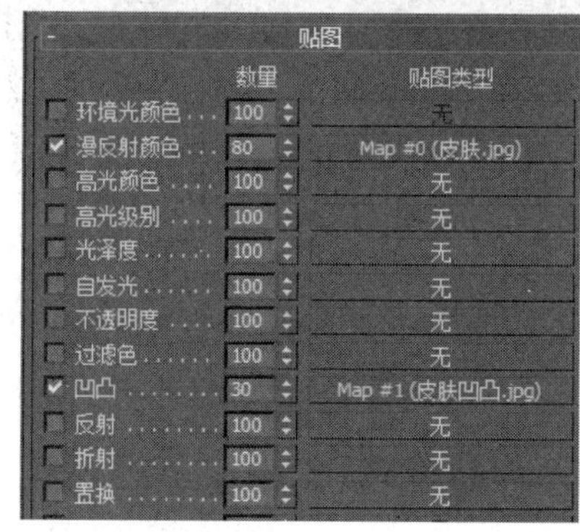

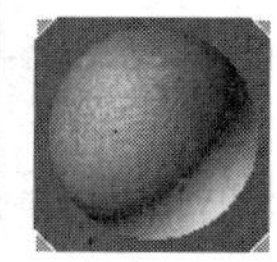

图 4-71　顶材质

04　底材质是蜥蜴的腹部材质，采用标准材质，漫反射贴图为“腹部.jpg”，凹凸贴图为“腹部凹凸.jpg”，如图 4-72 所示。

05　设置“混合”值为 32，“位置”值为 67，得到不同的颜色混合效果，如图 4-73 所示。其中，“坐标”参数组中“世界”指视图的坐标轴，“局部”指物体自身法线；“混合”指两种材质的混合量；“位置”是两种材质混合的位置，默认是物体的 50%处。

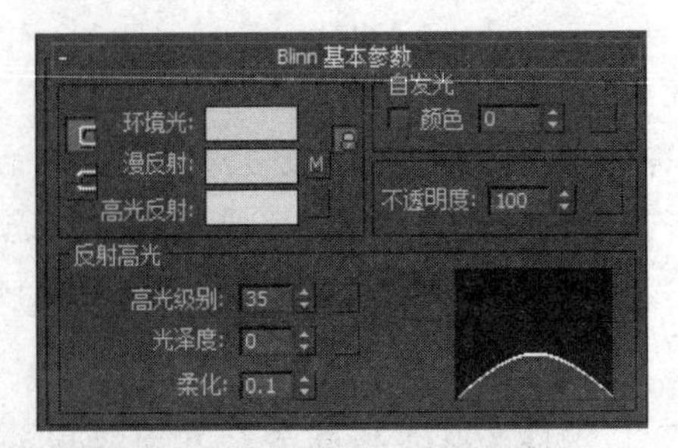

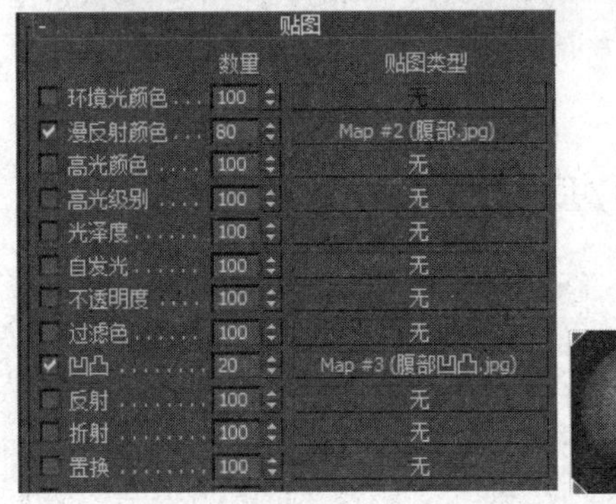

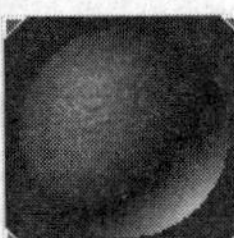

图 4-72　底材质

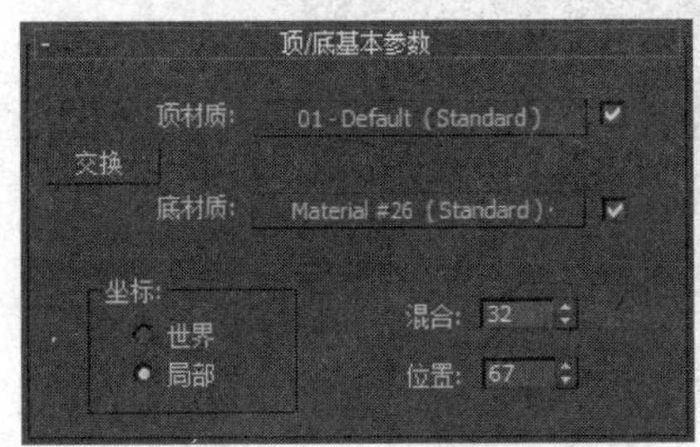

图 4-73　“顶/底基本参数”卷展栏

2. 双面材质类型

双面材质包括两部分材质：一部分应用于对象的外表面，另一部分应用于对象的内表面。将两种不同的材质指定给对象的内外表面，以产生不同的纹理效果。

动手演练　为扑克牌赋予双面材质

01　打开素材文件“第 4 章 材质与贴图\素材文件\双面材质-扑克牌\扑克牌. max”。

02　打开材质编辑器，选择一个空的材质球，赋予双面材质，其基本参数如图 4-74 所示。

03　“正面材质”赋予标准材质，漫反射贴图为“扑克-正面. jpg”，其基本参数如图 4-75 所示。

04　“背面材质”赋予标准材质，漫反射贴图为“扑克-背面. jpg”，其基本参数如图 4-76 所示。

图 4-74 “双面基本参数”卷展栏

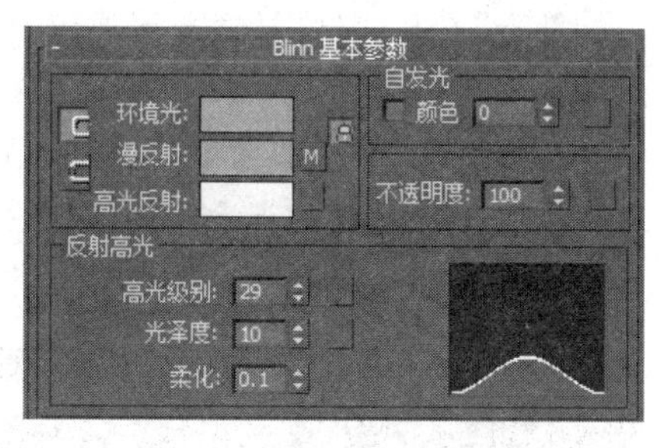

图 4-75 正面材质基本参数

渲染效果如图 4-77 所示。

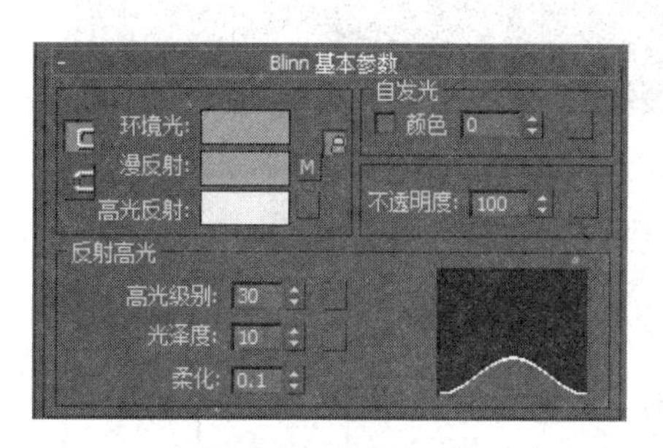

图 4-76 背面材质基本参数

图 4-77 扑克牌渲染效果

用同样的方法可以为货币和盘子等模型设计双面材质。

3. 混合材质类型

混合材质可以按百分比混合两种材质，并可以使用遮罩贴图通道来控制两种材质混合的效果。

动手演练 为室内墙壁赋予混合材质

01 打开素材文件“第 4 章 材质与贴图\素材文件\混合材质-室内一角.max”，在材质编辑器中可以看到混合材质的“混合基本参数”卷展栏，如图 4-78(a)所示。

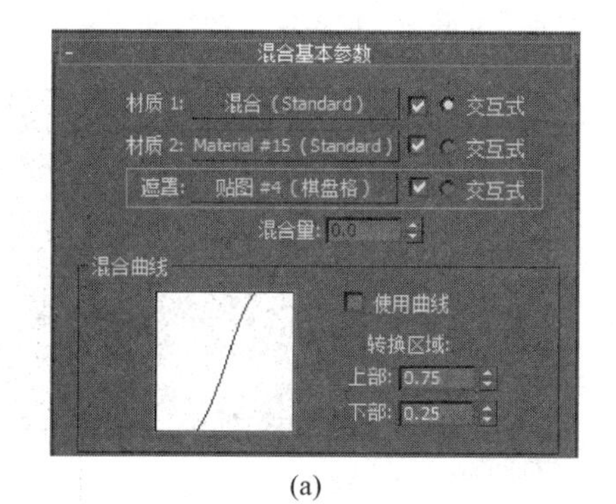

(a)

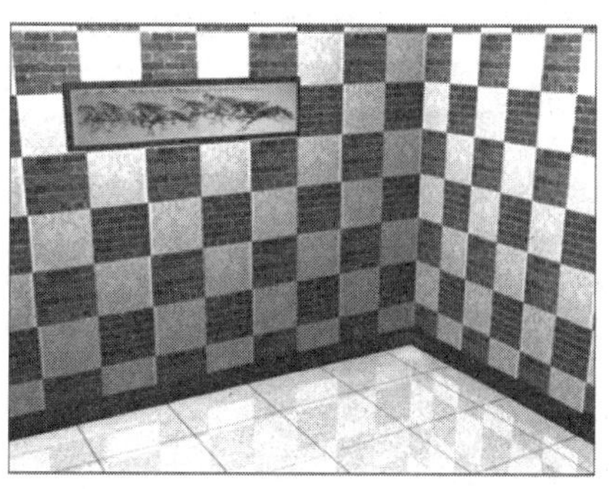

(b)

图 4-78 遮罩混合模式

02 单击“材质 1”后面的贴图通道可以赋予第一种材质和贴图。单击“材质 2”后面的贴图通道可以赋予第二种材质和贴图。单击“遮罩”后面的贴图通道按钮可以赋予遮罩贴图，例如棋盘格贴图，如图 4-78(b)所示。

03 如果两种材质的混合方式不使用遮罩，而使用混合量或混合曲线，则其基本参数如图 4-79 所示。

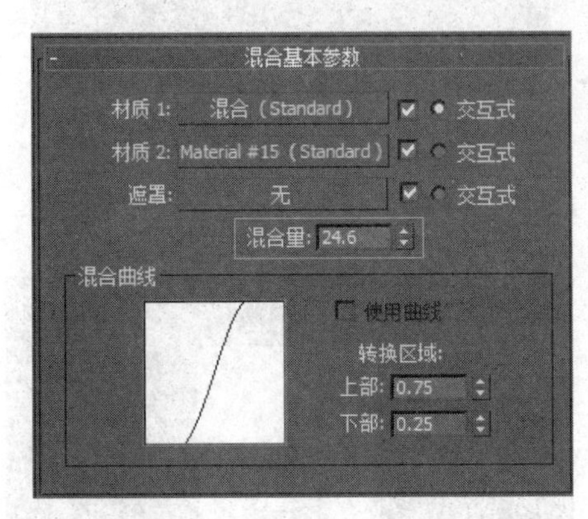

图 4-79 使用混合量或混合曲线混合材质

4. 多维/子对象材质类型

多维/子对象材质可以将多个材质指定给一个对象，在子对象级别，为一个对象的子对象分别指定不同的材质，这样就使得一个对象能够同时拥有多个材质。一个多维/子对象材质中可以包含多个子材质，并且这些子材质的类型不受任何限制。

动手演练 为魔方赋予多维/子对象材质

01 打开素材文件“第 4 章 材质与贴图\素材文件\多维子材质-魔方\魔方.max”，下面为它赋予多维/子对象材质。

02 为多边形指定材质 ID。分别选中多边形的 6 个面，在“多边形：材质 ID”卷展栏中指定各个面的材质 ID，如图 4-80 所示。

03 设计多维/子对象材质。在材质编辑器中进行下列操作：单击标准材质浏览器，在弹出的材质类型中选择“多维/子材质”，设置材质的数量为 7，为第一个子材质指定标准材质，设置颜色、高光级别和光泽度，如图 4-81 所示。

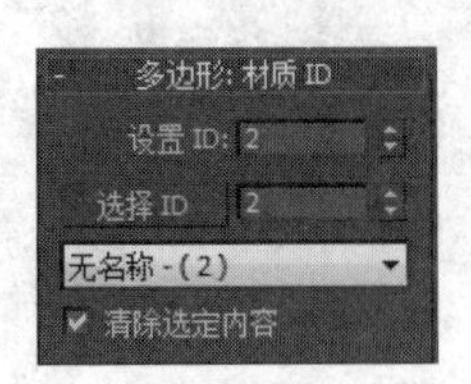

图 4-80 为多边形的各个面指定材质 ID

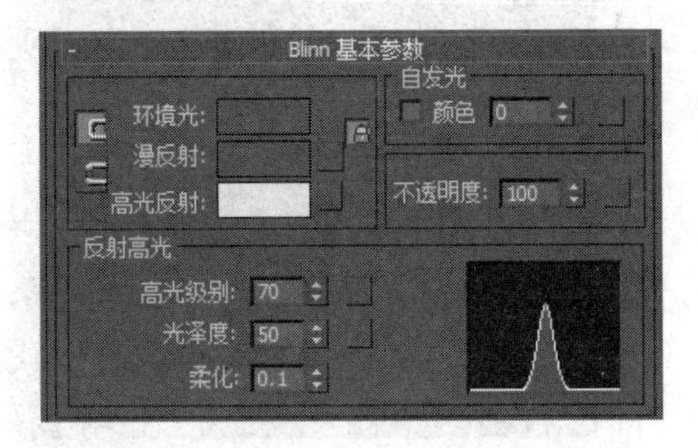

图 4-81 多维/子对象材质参数

04 复制第一种材质到其他6种材质通道中，修改颜色。最后将设置好的材质指定给魔方，如图4-82所示。

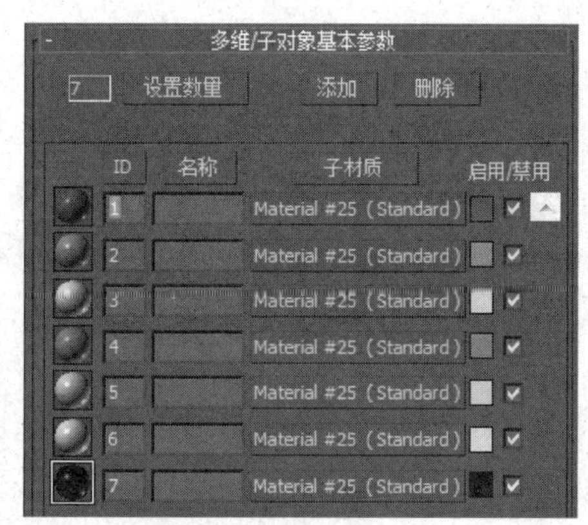

图4-82 设置各个子材质

用同样的方法可以为盘子、U盘等模型指定多维/子对象材质。具体做法可以参考素材文件。

动手演练 制作盘子

01 打开素材文件“第4章 材质与贴图\素材文件\多维子材质\多维子材质练习-盘子.max”，如图4-83所示。

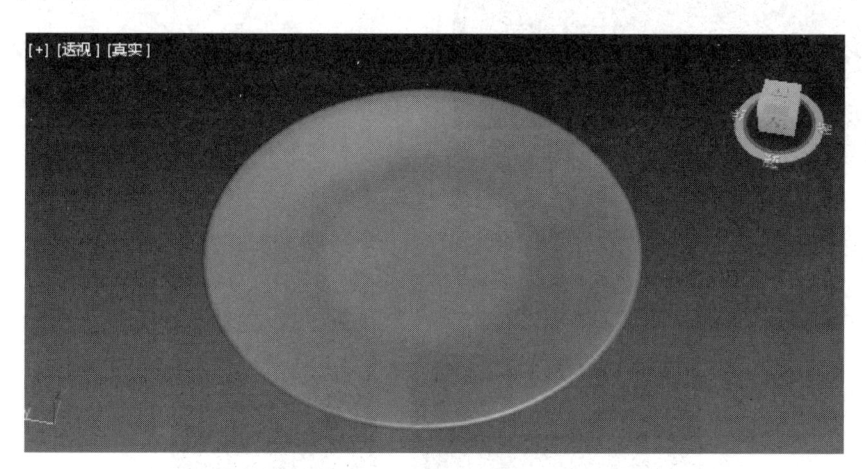

图4-83 盘子素材

02 选择盘子，转换为可编辑多边形。进入“多边形”级别，勾选“忽略背面”复选框，在顶视图中框选所有多边形，在“多边形：材质ID”卷展栏中将ID指定为1。选择“编辑”菜单下的“反选”子菜单，选中背面的多边形，将ID指定为2，如图4-84所示。

03 分别为1号材质和2号材质赋予标准材质贴图，如图4-85所示。

04 在修改面板中添加UVW贴图坐标，贴图类型选择“平面”。盘子渲染效果如图4-86所示。

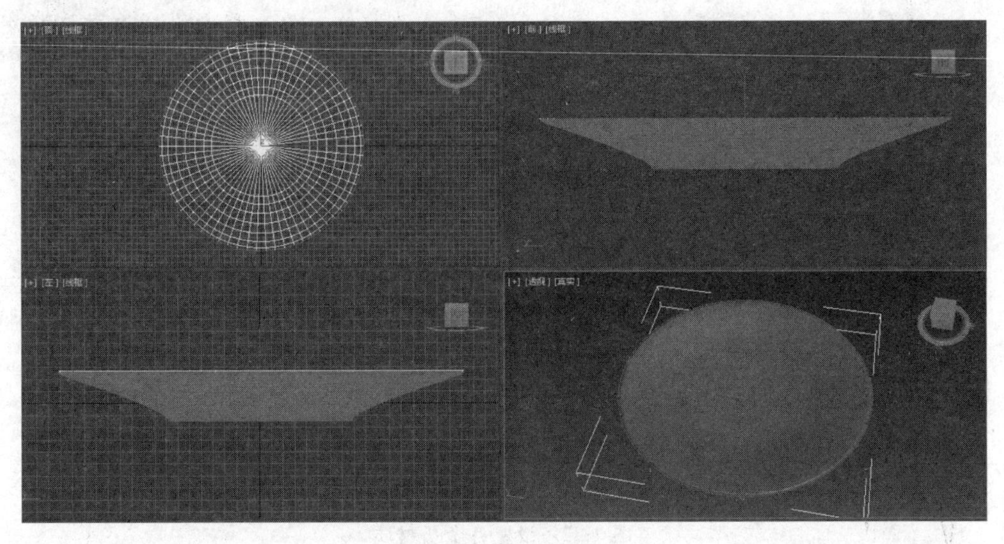

图 4-84 设置材质 ID

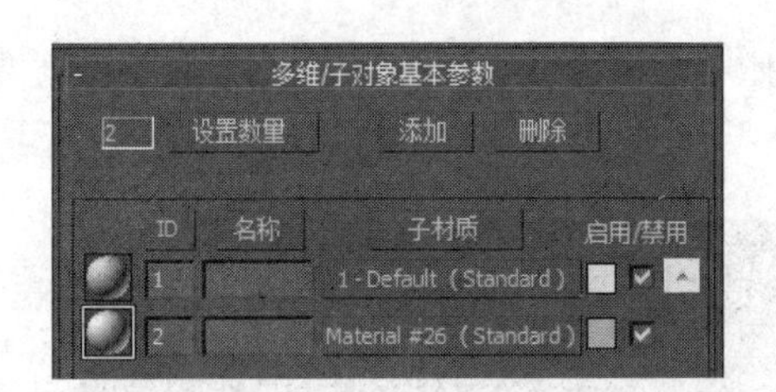

图 4-85 为 1 号材质和 2 号材质赋予标准材质贴图

图 4-86 盘子渲染效果

动手演练 制作牛奶盒

01 在场景中创建长方体，透视图效果和参数设置如图 4-87 所示。

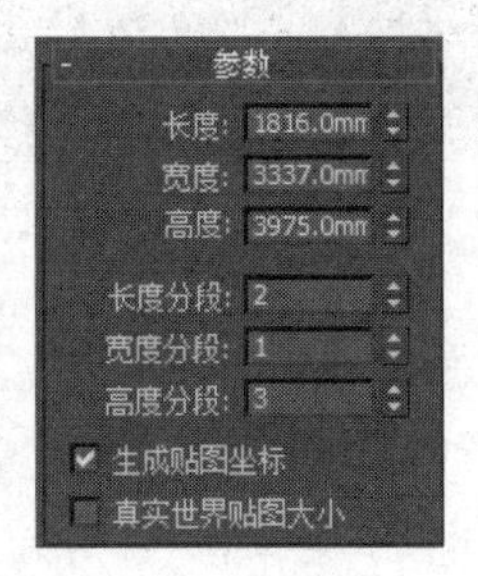

图 4-87 创建长方体

02 将长方体转换为可编辑多边形。进入多边形级别，选中上面的多边形，执行“倒角”

命令，如图 4-88 所示。

03 选中顶部多边形，执行“挤出”命令，如图 4-89 所示。

04 根据牛奶盒样品的形状调整对象。进入顶点，移动顶点位置，使之呈现样品的外观，如图 4-90 所示。

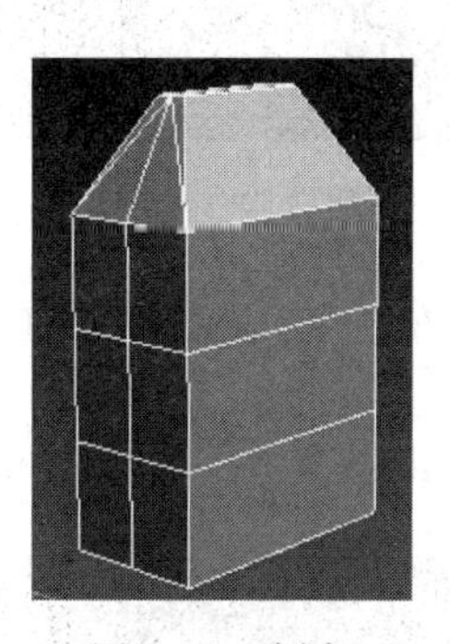

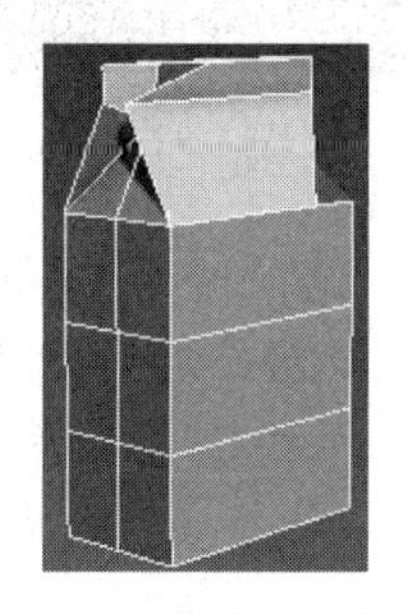

图 4-88 倒角　　图 4-89 挤出　　图 4-90 调整顶点位置

05 赋予多维/子对象材质，如图 4-91 所示。

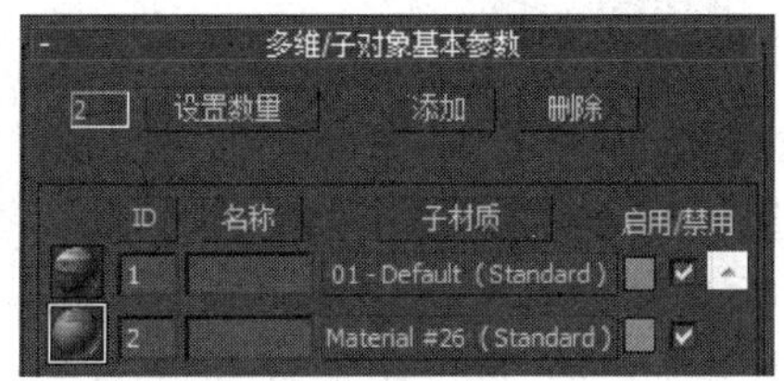

图 4-91 赋予多维/子对象材质

5. 虫漆材质类型

虫漆材质通过叠加方式将两种材质混合。叠加材质中的颜色被添加到基础材质的颜色中。“虫漆颜色混合”参数控制颜色混合的量。

动手演练　为吊灯的金属杆赋予虫漆材质

01 打开素材文件“第 4 章 材质与贴图\素材文件\虫漆材质-吊灯\吊灯.max”。

02 打开材质编辑器，选择一个空的材质球，命名为“灯主干”，赋予虫漆材质，如图 4-92 所示。

03 “基础材质”通道赋予标准材质，漫反射颜色的红、绿、蓝值分别为 252、142、0，高光级别为 115，光泽度为 17，如图 4-93 所示。

图 4-92 虫漆基本参数

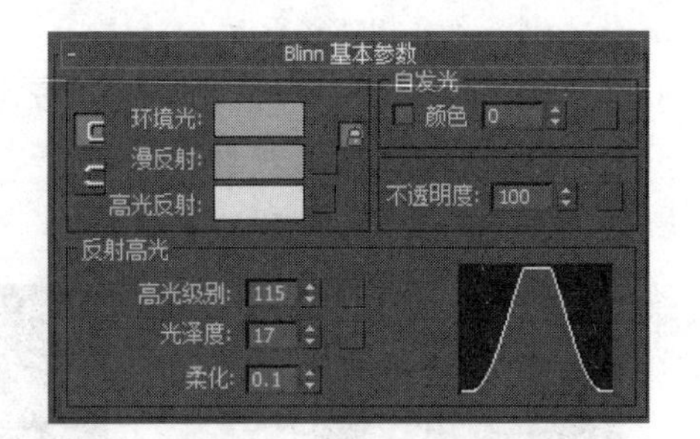

图 4-93 基础材质参数

04 "虫漆材质"通道赋予标准材质,漫反射颜色的红、绿、蓝值分别为 255、18、0,高光级别为 115,光泽度为 22,如图 4-94 所示。

05 修改"虫漆颜色混合"参数为 85,吊灯的渲染效果如图 4-95 所示。

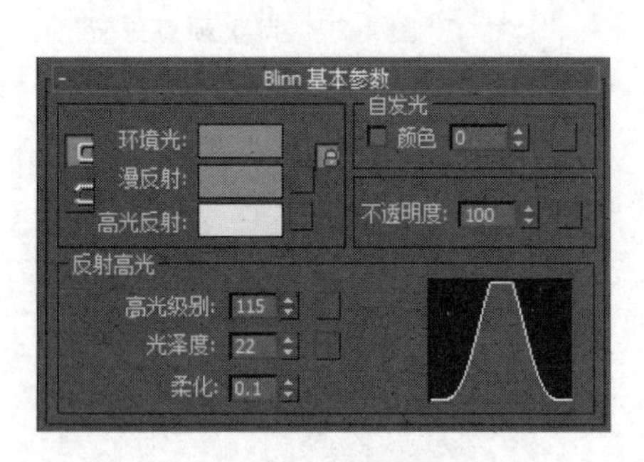

图 4-94 虫漆材质参数

图 4-95 吊灯的渲染效果

6. 合成材质类型

合成材质类型与混合材质类型功能相似,但比混合材质类型功能强大。合成材质类型最多能将 10 种不同的材质合成为一种。有 A(Additive)、S(Subtractive)、M(Mix)3 种合成方式:A 表示两种材质相加,可以添加背景色;S 表示两种材质相减,可从当前材质中排除背景色;M 表示两种材质相互混合,可根据材质的值混合材质。

下面说明合成材质的使用方法。

动手演练 为巧克力赋予合成材质

01 打开素材文件"合成材质-巧克力.max"文件,选择"巧克力"对象,打开平板材质编辑器,设置为合成材质,如图 4-96 所示。

02 为巧克力设置基础材质。基础材质是锡箔纸,其明暗器基本参数如图 4-97 所示,反射通道贴图为 Tinfoil.tif。

03 材质 1 的明暗器基本参数如图 4-98 所示,高光通道贴图为"透明通道.tif"。

图 4-96 巧克力材质

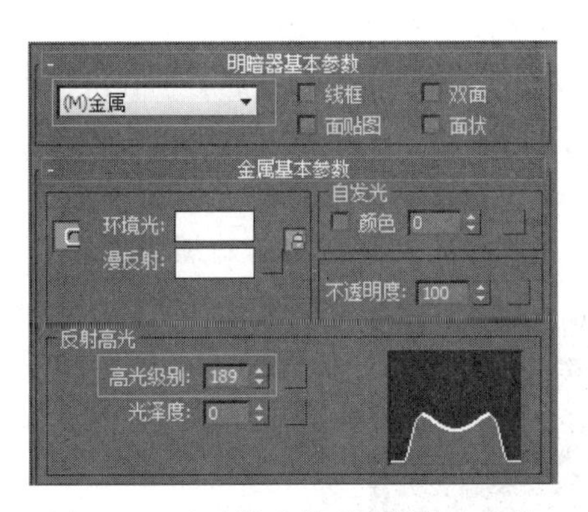

图 4-97 基础材质的明暗器基本参数

图 4-98 材质 1 的明暗器基本参数

04 材质 1 的贴图通道如图 4-99 所示。

05 材质 2 的明暗器基本参数如图 4-100 所示，高光颜色通道贴图为“文字通道. tif”，如图 4-101 所示。

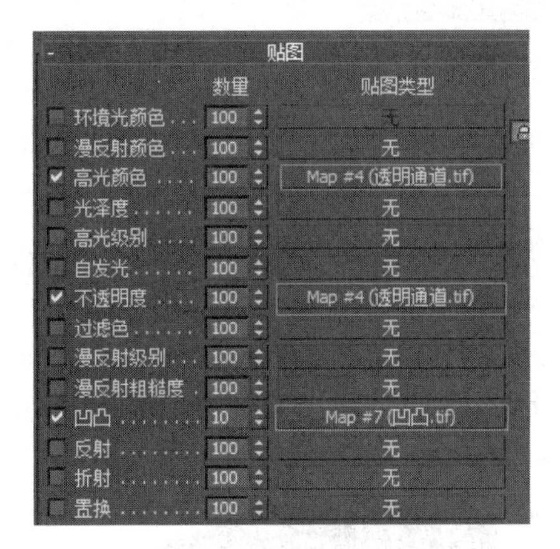

图 4-99 材质 1 的贴图通道

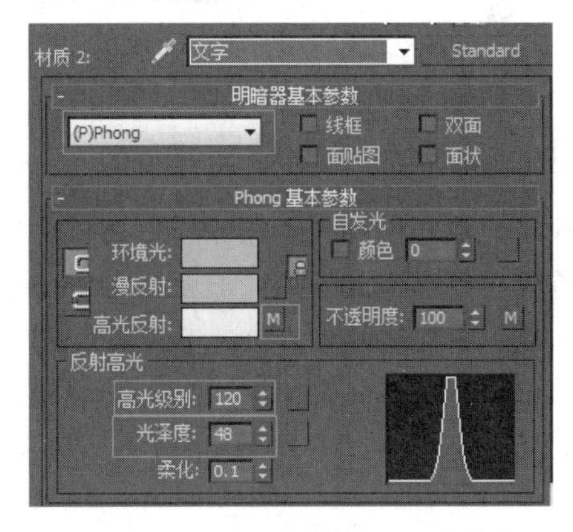

图 4-100 材质 2 的明暗器基本参数

图 4-102 是巧克力赋予合成材质后的渲染效果。

	数量	贴图类型
环境光颜色 ...	100	无
漫反射颜色 ...	100	无
高光颜色	100	Map #13 (文字通道.tif)
高光级别	100	无
光泽度	100	无
自发光	100	无
不透明度	100	Map #5 (文字通道.tif)
过滤色	100	无
凹凸	10	Map #7 (凹凸.tif)
反射	50	Map #9 (CHROMIC.JPG)
折射	100	无
置换	100	无

图 4-101 材质 2 的高光颜色通道贴图

图 4-102 巧克力赋予合成材质后的渲染效果

4.5 贴图通道

材质表面的各种纹理效果都是通过贴图产生的，使用时不仅可以像4.3节讲述的表面纹理贴图一样，还可以按各种不同的材质属性进行贴图。例如，一个图案可以按漫反射方式作为贴图使用，也可以按自发光方式作为贴图使用。标准材质类型提供了12种贴图通道，能够设置各种复杂质感的效果，如图4-103所示。本节介绍几种常用的贴图通道。

图4-103 标准材质的贴图通道

4.5.1 环境光颜色贴图通道

环境光颜色贴图通道用于控制材质阴影区域的颜色，它比漫反射区域颜色暗一些。

首先关闭“环境光颜色”右侧的锁定按钮，解除锁定，然后在贴图通道中导入贴图。

注意：在系统默认的情况下，环境光颜色或贴图在视图和渲染中是看不见的，除非环境光不是绝对的黑色。可以通过“渲染”→“环境”菜单命令打开“环境和效果”设置面板，对环境颜色进行设置。可以发现，环境颜色改变时，杯子的颜色也发生变化，如图4-104所示。

图4-104 环境颜色的作用

如果要使用环境贴图，而贴图渲染时不能满足要求，就需要修改环境贴图的方式，修改的方法如下：

(1) 打开平板材质编辑器，拖动环境贴图通道中的贴图到编辑区，放开鼠标按键，弹出图4-105，选择“实例”单选按钮，在编辑区得到环境贴图的材质。

(2) 在编辑区中双击该材质的图标，在“坐标”卷展栏的“贴图”下拉列表中将贴图类型改为“屏幕”，背景贴图即可正确显示，如图 4-106 所示。

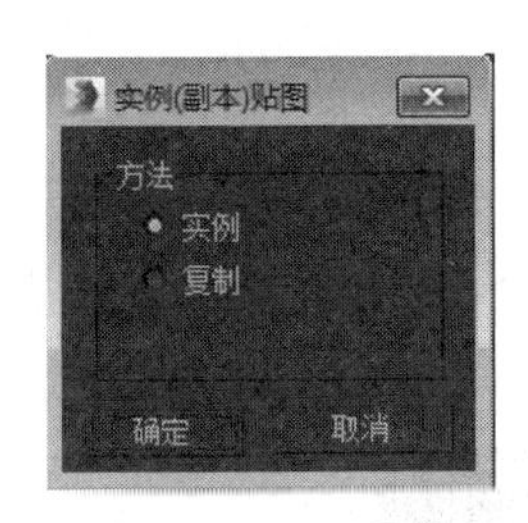

图 4-105　在编辑区复制环境贴图

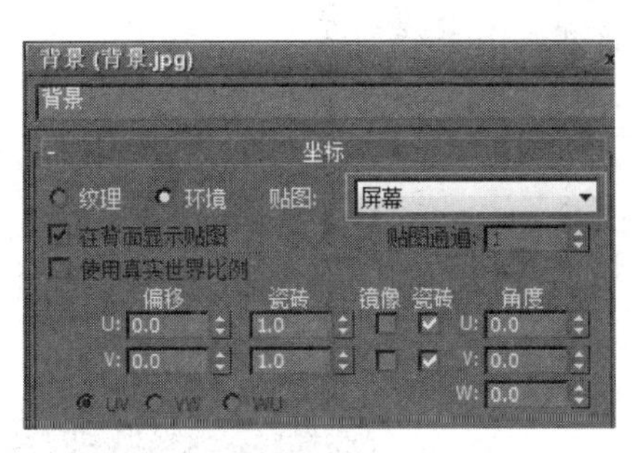

图 4-106　修改环境贴图类型

4.5.2　漫反射颜色贴图通道

漫反射颜色贴图通道是最常用的贴图通道，它代表材质表面高光区域与阴影区域之间的区域，该区域是影响材质表面颜色最为显著的区域，并且控制着材质表面大部分的颜色，它将材质通道的结果像绘画一样指定到对象的表面，所以它通常也被称为纹理贴图通道。

例如，在杯子的漫反射颜色贴图通道中贴上“细胞”贴图，效果如图 4-107 所示。

4.5.3　高光颜色贴图通道

高光颜色贴图通道主要用于材质的高光区域，它可以把一个程序贴图或位图作为高光贴图指定给材质的高光区域，可以产生细微的反射或者高光经过表面时的变化。当该通道的贴图以最大强度显示时，将完全代替原来高光的颜色。该区域通常是材质本身颜色增强之后的颜色，大多接近白色。

基本参数中的“高光级别”和“光泽度”参数控制高光区域的大小和强度，高光颜色贴图效果示例如图 4-108 所示。

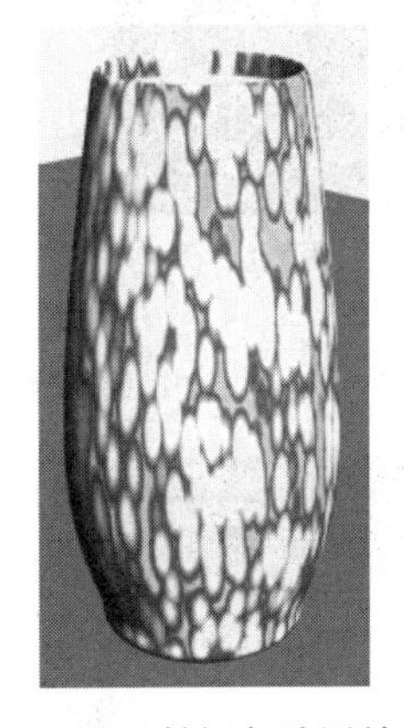

图 4-107　漫反射颜色贴图效果示例

图 4-108　高光颜色贴图效果示例

4.5.4　光泽度贴图通道

光泽度贴图通道影响材质高光区域的大小，该通道与高光级别贴图通道一样，只计算贴图的灰度值。导入的位图文件根据自身灰度颜色的强度来决定对象哪些部分具有光泽效果，白色的部分将移除光泽效果，黑色的部分将会产生完全的光泽效果，而介于黑白之间的部分将使光泽渐变。

动手演练　制作苹果贴图

01　在场景中创建球体，命名为“苹果”。

02　为“苹果”对象添加“圆柱体 FFD”修改器，分别移动顶部和底部中间的控制点，使顶部和底部凹下，如图 4-109 所示。

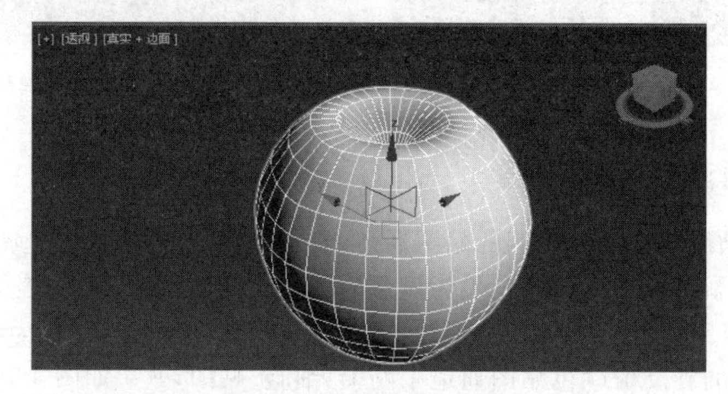

图 4-109　制作苹果造型

03　创建圆环，勾选“启用切片”复选框，修改切片位置，制作苹果的果柄，如图 4-110 所示。

图 4-110　制作苹果的果柄

04　为苹果添加漫反射颜色贴图、光泽度贴图和凹凸贴图，如图 4-111 所示。

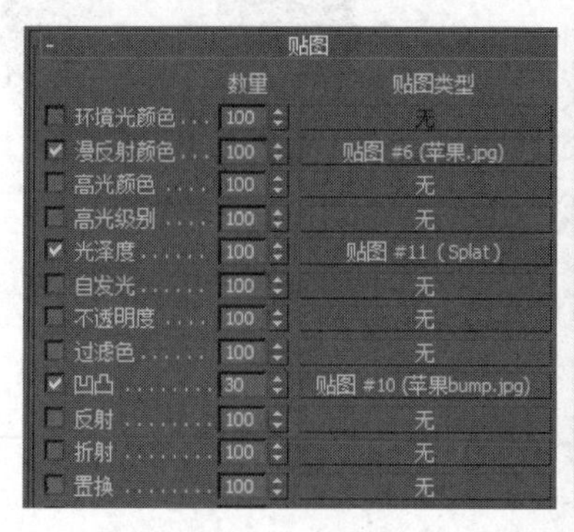

图 4-111　为苹果添加贴图

05 添加环境贴图，修改环境贴图坐标，渲染效果如图 4-112 所示。具体参数参考素材文件“第 4 章 材质与贴图\素材文件\光泽度贴图-苹果\苹果.max”。

图 4-112 光泽度贴图效果

4.5.5 自发光贴图通道

自发光贴图通道同样是以灰度值来计算的，启用该通道后，可以使用材质局部产生的自发光效果，影响材质表面的自发光区域。

自发光贴图中的黑色像素产生完全移除自发光效果，白色像素具有最强的自发光效果，灰色像素依据自身的明度比例产生相应的自发光效果。

自发光贴图及渲染效果如图 4-113 所示。可以看到，贴图中白色的区域具有最强的自发光效果，黑色区域没有任何发光效果。完全的自发光效果将不受场景中灯光的影响，并且表面没有阴影。

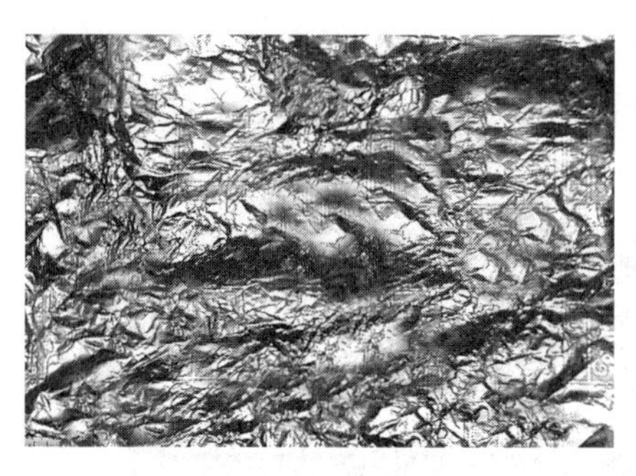

图 4-113 自发光贴图及渲染效果

4.5.6 不透明度贴图通道

不透明度贴图通道可以定义材质的部分透明效果，常用于制作树、镂空家具的效果。

不透明度贴图通道和“不透明度”参数一起决定着对象的透明度，白色区域是完全不透明的，100%的黑色是完全透明的，介于二者之间的灰度区域将按照自发光的强度表现出一定的不透明度。

动手演练　使用不透明度贴图制作屏风

01　在顶视图中，使用“线”工具创建如图 4-114 所示的折线。

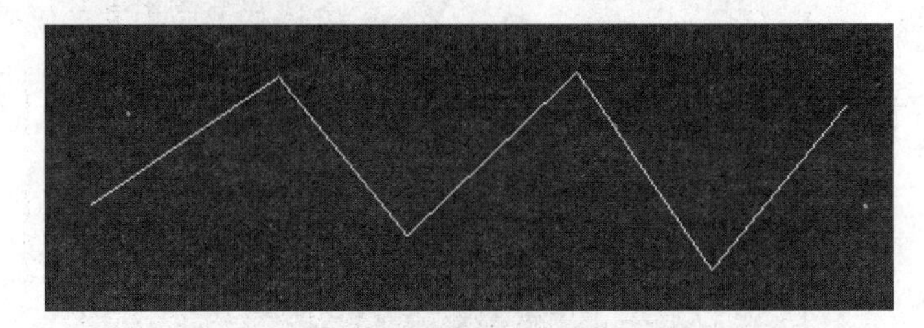

图 4-114　顶视图中的折线

02　为折线添加“挤出”命令，挤出高度为 218，创建屏风，如图 4-115 所示。

图 4-115　挤出屏风

03　为屏风添加漫反射颜色贴图和不透明度贴图，贴图文件参考素材文件“第 4 章 材质与贴图\素材文件\透明贴图-屏风”文件夹。为屏风添加“UVW 贴图”修改器，贴图方式为“面”，如图 4-116 所示。

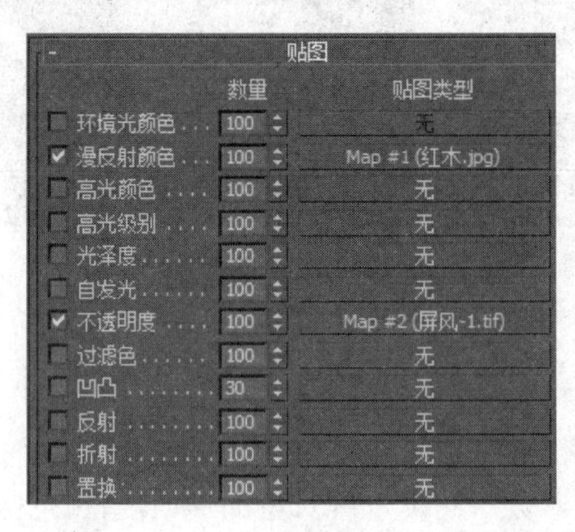

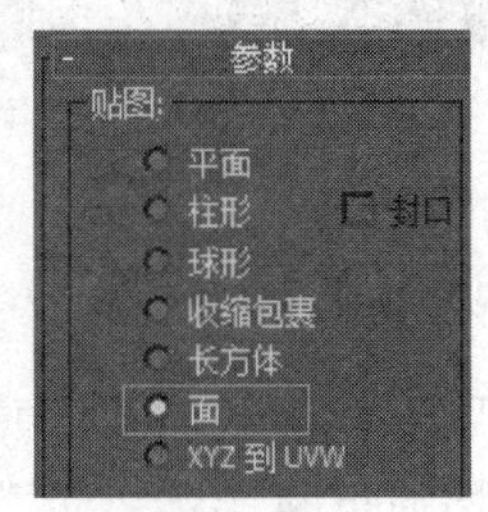

图 4-116　屏风的贴图

04　屏风的渲染效果如图 4-117 所示。用同样的方法可以制作树。

图 4-117 屏风的渲染效果

4.5.7 凹凸贴图通道

凹凸贴图通道可以在对象表面创建凹凸或者不规则起伏的效果，如砖墙的接缝、布纹理的凹凸等。该通道的贴图是以灰度计算的，贴图中的白色区域将呈现凸起效果，黑色区域将呈现凹陷效果，中间的灰度层级将呈现一定程度的凹陷效果。

使用凹凸贴图通道的材质不影响对象本身，在对象表面产生的凹凸效果只是一种视觉的幻象，所以凹凸贴图在视图中是看不到的，只有渲染场景后才能看到。

动手演练 制作篮球模型

01 打开三维捕捉开关，设置捕捉栅格点，使用“线”命令在前视图中绘制两条样条线，如图 4-118 所示。

02 把其中一条样条线转换为可编辑样条线，在修改面板中附加所有的样条线，把该样条线命名为“贴图”，如图 4-119 所示。

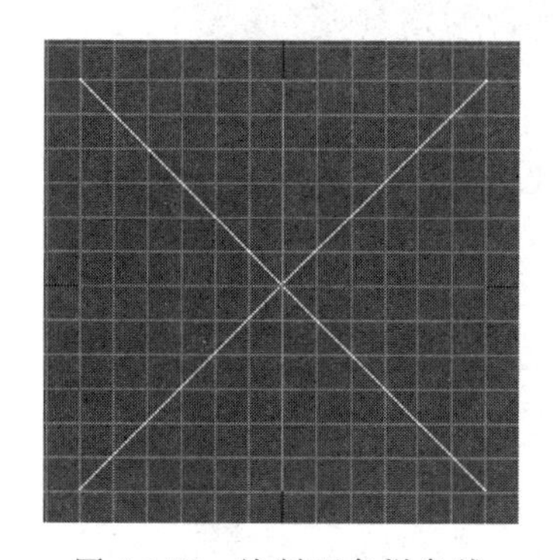

图 4-118 绘制两条样条线

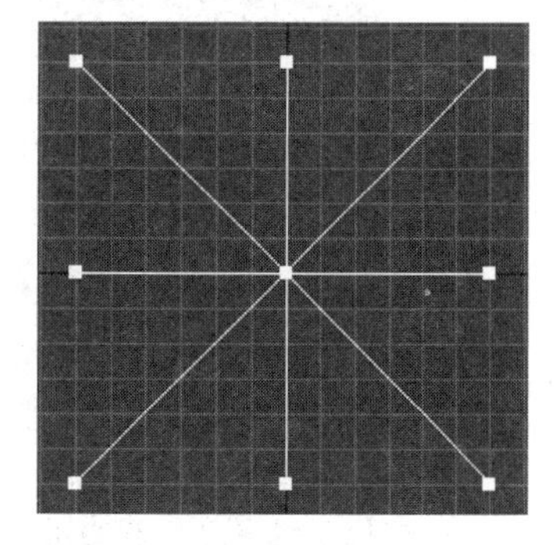

图 4-119 转换为可编辑样条线

03 进入顶点子对象层级，选择中间的顶点，在“圆角”命令按钮右侧的数值框中输入 30，同样将另一个顶点的圆角也设置为 30，结果如图 4-120 所示。

04 在修改面板中，展开“渲染”卷展栏，勾选“在渲染中启用”和“在视口中启用”复选框，选择“径向”单选按钮，“厚度”设置为 2.0，如图 4-121 所示。

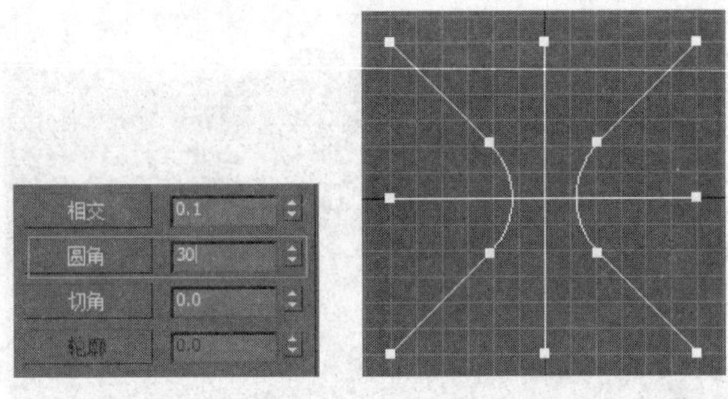

图 4-120　设置顶点的圆角

05　选择"渲染"菜单下的"环境"子菜单，弹出"环境和效果"对话框，设置渲染背景颜色为橘红色，如图 4-122 所示。

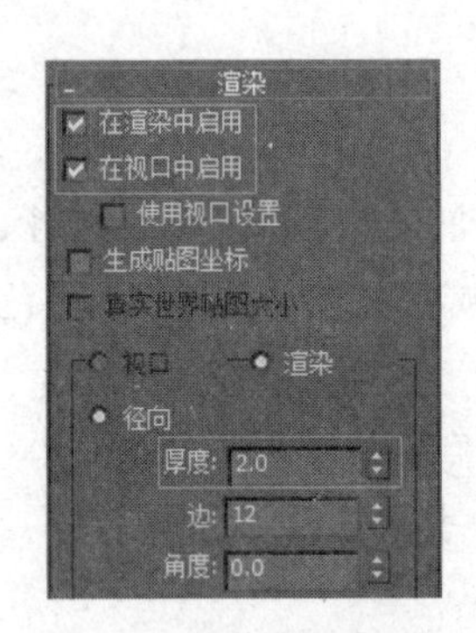

图 4-121　"渲染"卷展栏

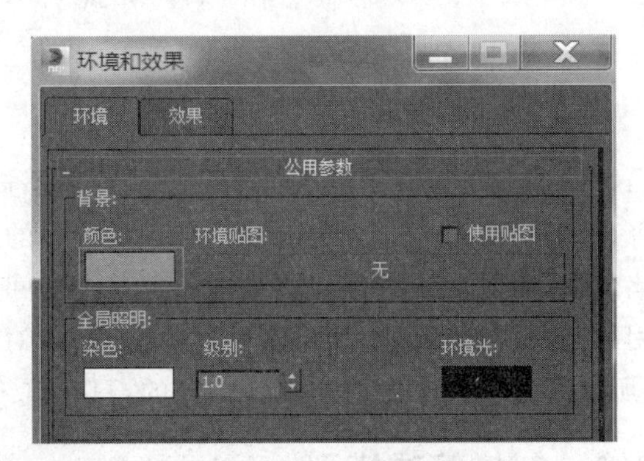

图 4-122　设置渲染背景颜色

06　单击工具栏中的渲染产品工具，得到渲染结果图片，如图 4-123 所示。

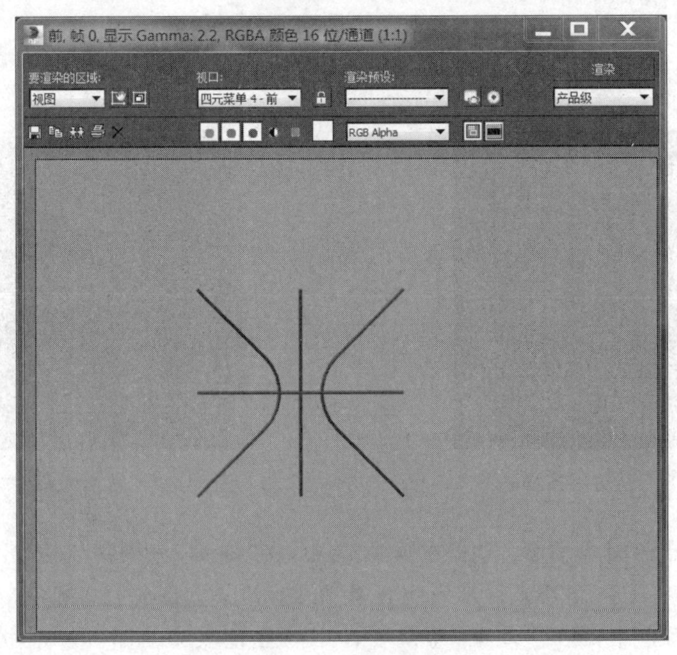

图 4-123　渲染结果图片

07 在 Photoshop 中裁掉图像的边缘，作为篮球的贴图，如图 4-124 所示。

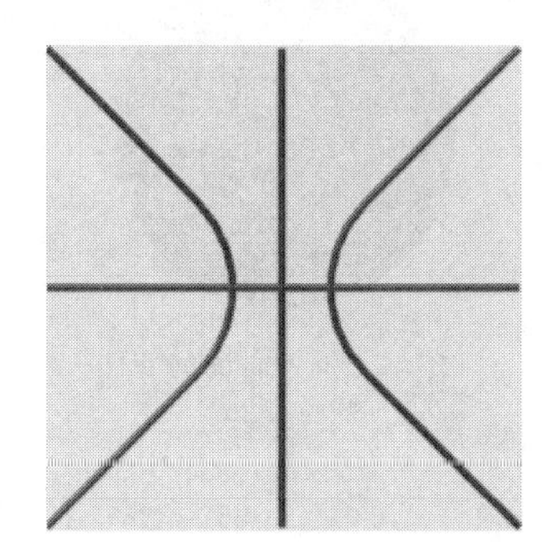

图 4-124 在 Photoshop 中修剪贴图

08 重新打开一个场景，在创建面板中选择球体，在顶视图中创建球体，命名为“篮球”。打开材质编辑器，在“漫反射”后面的贴图通道中选择“位图”，选择步骤 07 创建的贴图，如图 4-125 所示。

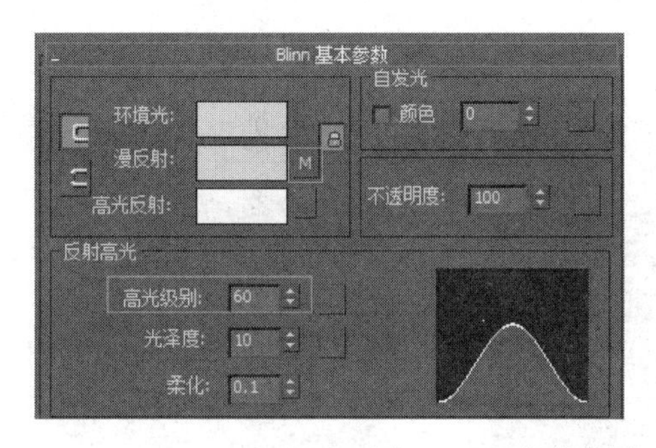

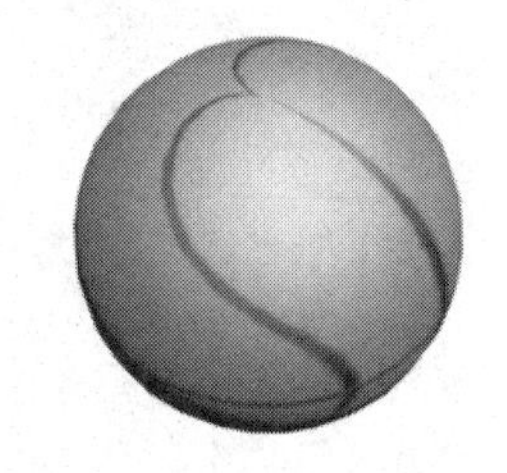

图 4-125 指定贴图

09 在修改面板中为篮球添加“UVW 贴图”修改器，把“U 向平铺”数量改为 2.0，如图 4-126 所示。

10 展开“贴图”卷展栏，在凹凸贴图通道中添加噪波贴图，如图 4-127 所示。

最后效果如图 4-128 所示。篮球模型创建完成。

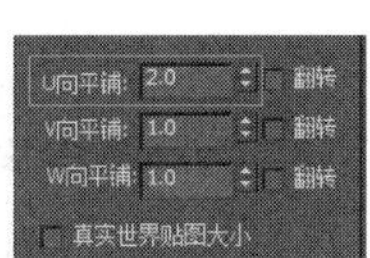

图 4-126 设置 UVW 贴图参数

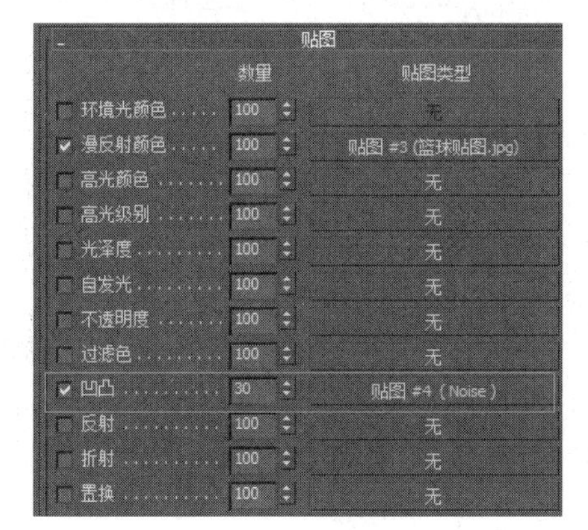

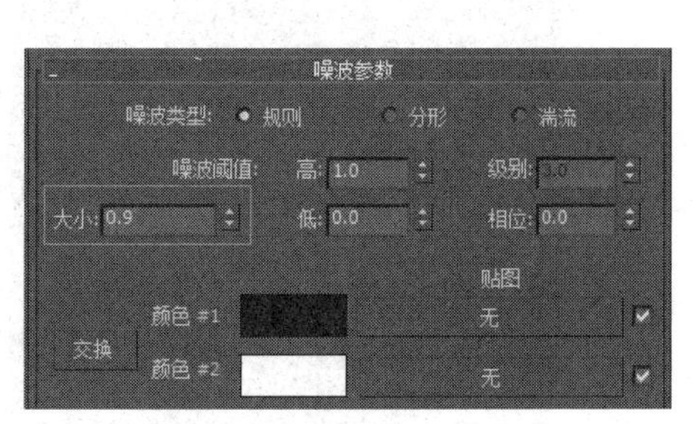

图 4-127 在凹凸贴图通道中添加噪波贴图

图 4-128 渲染效果

4.5.8 反射贴图通道

反射是对象表面映射自身和周围环境的效果。在 3ds Max 中,反射贴图通道通常有 3 种贴图:基本反射贴图、自动反射贴图和镜面反射贴图。

1. 基本反射贴图

基本反射贴图可以使用一张位图来模拟合金或玻璃的效果,可以在反射贴图通道中添加一个基本反射贴图,如图 4-129 所示。

贴图

	数量	贴图类型
□ 环境光颜色 ...	100	无
□ 漫反射颜色 ...	100	无
□ 高光颜色	100	无
□ 高光级别	100	无
□ 光泽度	100	无
□ 自发光	100	无
□ 不透明度	100	无
□ 过滤色	100	无
□ 凹凸	30	无
✔ 反射	100	贴图 #2 (Lakerem2.jpg)
□ 折射	100	无
□ 置换	100	无

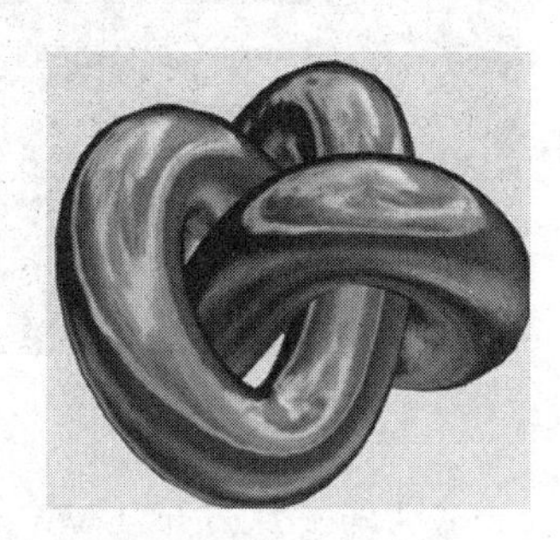

图 4-129 基本反射贴图

2. 自动反射贴图

自动反射贴图有两种:反射/折射贴图和光线跟踪贴图。这两种自动反射贴图都不需要贴图映射,对象表面的反射纹理来源于摄影机镜头中的其他对象。这种反射效果在 3ds Max 中最为真实,是摄影机实际场景中采用的表现形式,如图 4-130 所示。

贴图

	数量	贴图类型
□ 环境光颜色 ...	100	无
□ 漫反射颜色 ...	100	无
□ 高光颜色	100	无
□ 高光级别	100	无
□ 光泽度	100	无
□ 自发光	100	无
□ 不透明度	100	无
□ 过滤色	100	无
□ 凹凸	30	无
✔ 反射	100	贴图 #13 (Raytrace)
□ 折射	100	无
□ 置换	100	无

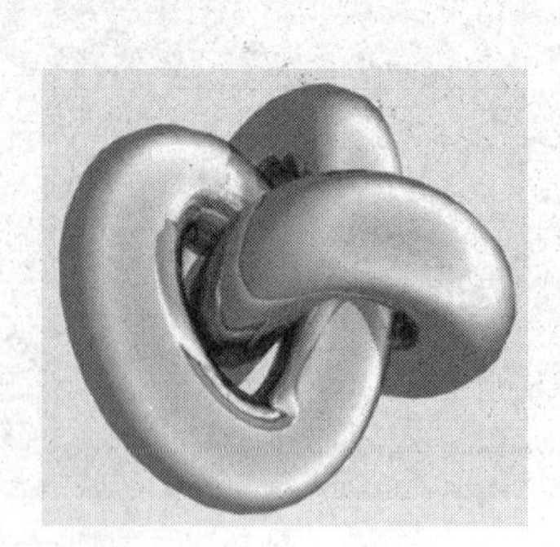

图 4-130 自动反射贴图

3. 镜面反射贴图

镜面反射贴图可以在平坦的表面模拟非常逼真的反射效果，例如桌面、地板、镜面等的反射效果，该反射不需要贴图坐标。下面通过一个简单的场景说明镜面反射贴图的应用方法。

动手演练 镜面反射贴图

01 打开素质文件“第4章 材质与贴图\素材文件\镜面反射\镜面反射-素材.max”。

02 打开材质编辑器，为“茶壶”对象赋予银灰色金属材质，如图4-131所示。

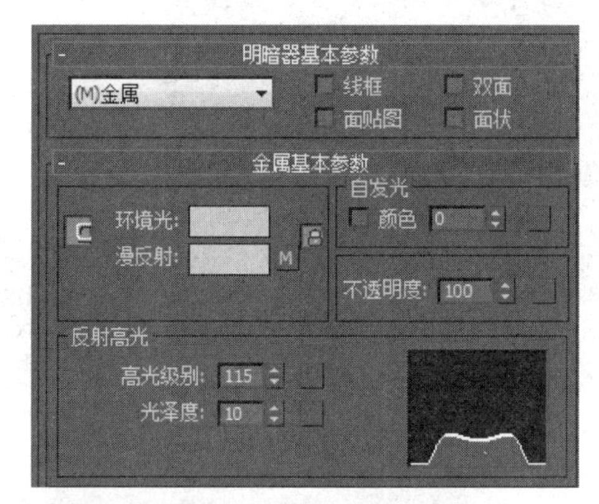

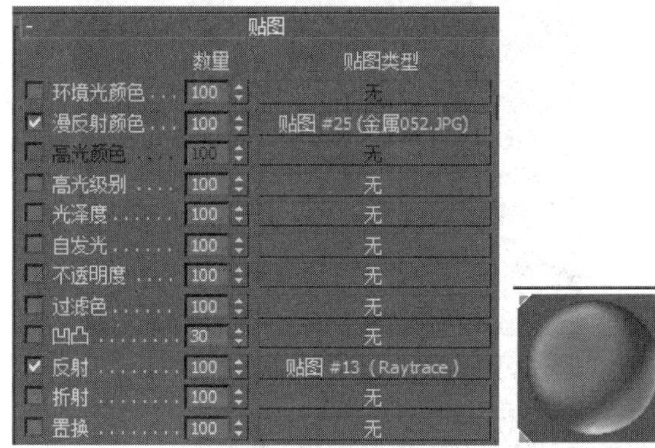

图4-131 茶壶的材质

03 为“镜框”对象赋予金黄色金属材质，如图4-132所示。

04 选择“镜面”对象，选择一个空的材质球，设置“高光级别”为0，“光泽度”为0，在漫反射贴图通道中添加“反射贴图.jpg”，复制漫反射颜色贴图通道到自发光贴图通道中，在反射贴图通道中添加光线跟踪贴图，如图4-133所示。

最终渲染效果如图4-134所示。可以看到，镜面中出现了场景中的“茶壶”对象。

4.5.9 折射贴图通道

折射贴图通道可以用来设置具有透明属性的材质产生的折射效果。例如，玻璃杯、酒瓶等在折射后会产生扭曲变形等效果。

折射贴图通道与反射贴图通道类似，只是将周围环境中的景象以一定的扭曲形式显示

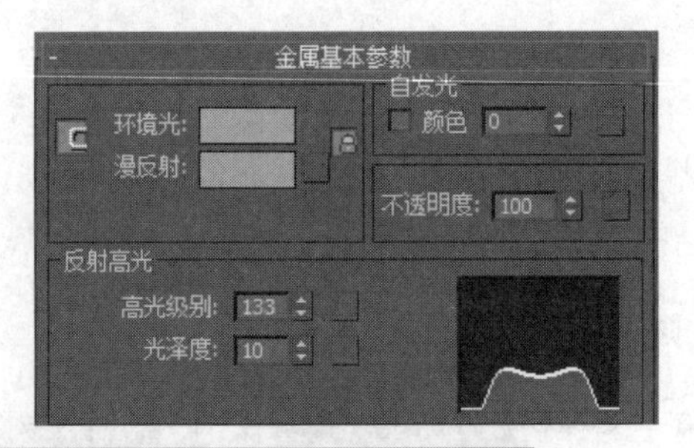

贴图	数量	贴图类型
环境光颜色 ...	100	无
漫反射颜色 ...	100	无
高光颜色 ...	100	无
高光级别	100	无
光泽度	100	无
自发光	100	无
不透明度	100	无
过滤色	100	无
凹凸	30	无
✔ 反射	100	贴图 #13 (Raytrace)
折射	100	无
置换	100	无

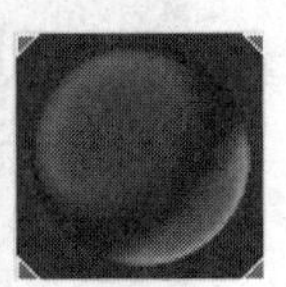

图 4-132　镜框的材质

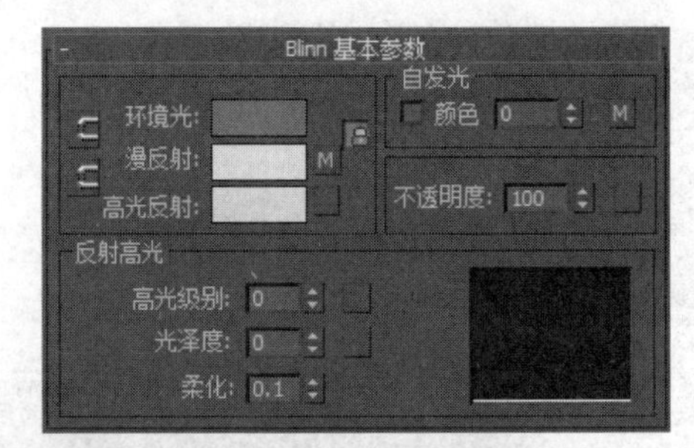

贴图	数量	贴图类型
环境光颜色 ...	100	无
✔ 漫反射颜色 ...	100	贴图 #26 (反射贴图.jpg)
高光颜色	100	无
高光级别	100	无
光泽度	100	无
✔ 自发光	100	贴图 #27 (反射贴图.jpg)
不透明度	100	无
过滤色	100	无
凹凸	30	无
✔ 反射	100	贴图 #20 (Raytrace)
折射	100	无
置换	100	无

图 4-133　镜面反射贴图

在使用了反射贴图的对象表面。该通道同样可以导入位图文件和程序贴图，其中，光线跟踪贴图和薄壁折射贴图类型通道用于折射贴图通道，而光线跟踪贴图的反射效果更真实，渲染时间也更长。

图 4-134 镜面反射贴图效果

动手演练 制作游泳池水面折射贴图

01 打开素材文件“第 4 章 材质与贴图\素材文件\折射贴图\游泳池\游泳池-素材.max”。

02 打开材质编辑器，为“草”对象赋予标准材质，设置“漫反射”和“高光反射”参数。在贴图通道中添加“草坪.jpg”。为了增强草坪的凹凸效果，在凹凸贴图通道中也添加“草坪.jpg”，注意调整凹凸比例，如图 4-135 所示。

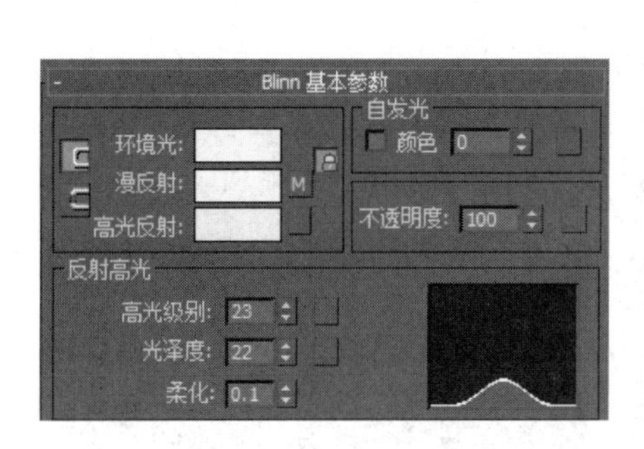

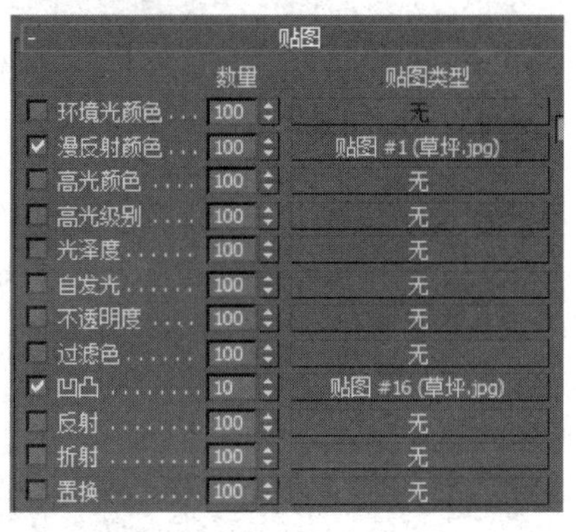

图 4-135 制作草的材质

03 在材质编辑器中为“路”对象赋予标准材质，设置“漫反射”和“高光反射”参数。在贴图通道中添加“鹅卵石.jpg”。为了增强路面的凹凸效果，在凹凸贴图通道中也添加“鹅卵石.jpg”，注意调整凹凸比例，如图 4-136 所示。

04 在材质编辑器中为“游泳池壁”对象赋予标准材质，设置“漫反射”和“高光反射”参数。在贴图通道中添加“瓷砖.jpg”。为了增强游泳池壁的凹凸效果，在凹凸贴图通道中也添加“瓷砖.jpg”，注意调整凹凸比例。在反射贴图通道中添加反射/折射贴图，注意调整反射比例，如图 4-137 所示。

05 在材质编辑器中为“水”对象赋予标准材质，设置“漫反射”“高光反射”和“不透明

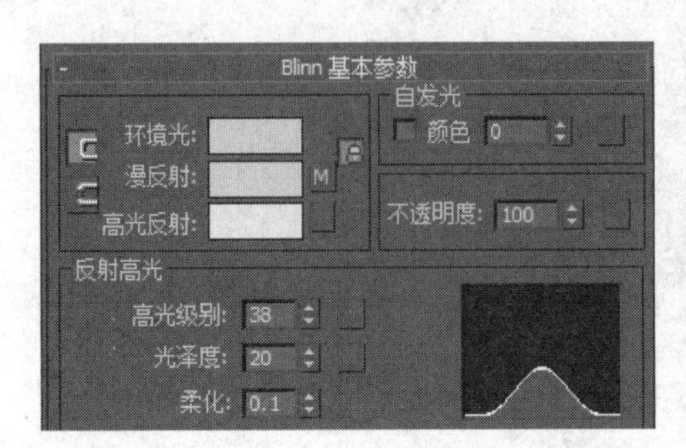

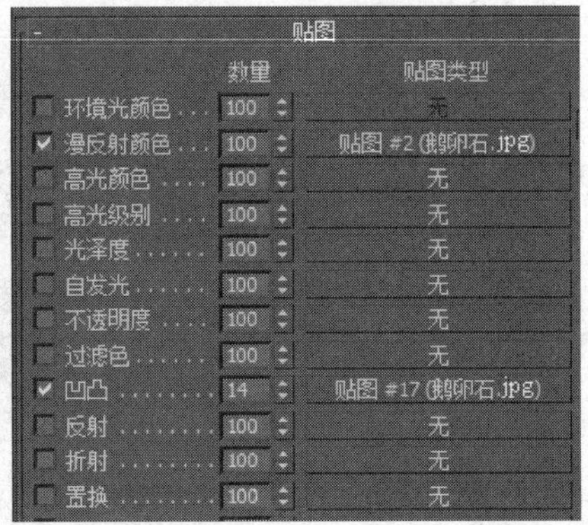

图 4-136 制作路的材质

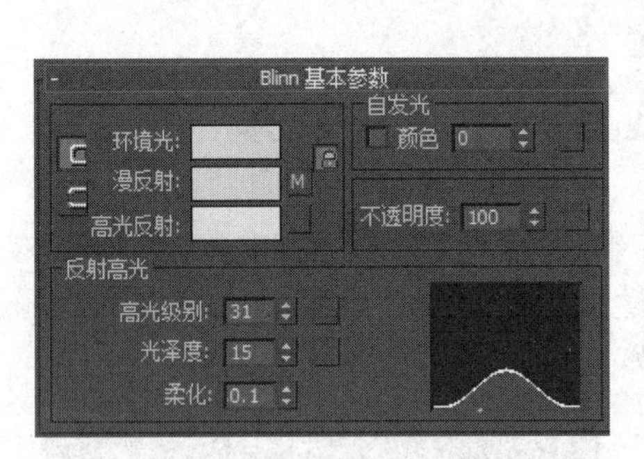

贴图	数量	贴图类型
环境光颜色 . . .	100	无
✓ 漫反射颜色 . . .	100	贴图 #6 (瓷砖.jpg)
高光颜色	100	无
高光级别	100	无
光泽度	100	无
自发光	100	无
不透明度	100	无
过滤色	100	无
✓ 凹凸	30	贴图 #15 (瓷砖.jpg)
✓ 反射	16	贴图 #19 (Reflect/Refract)
折射	100	无
置换	100	无

图 4-137 制作游泳池壁的材质

度”参数。在贴图通道中添加“水纹贴图.jpg”。为了增强水面的凹凸效果，在凹凸贴图通道中也添加“水纹贴图.jpg”，注意调整凹凸比例。在折射贴图通道中添加“天空.jpg”，使水面折射出天空图案，注意调整折射比例，如图 4-138 所示。

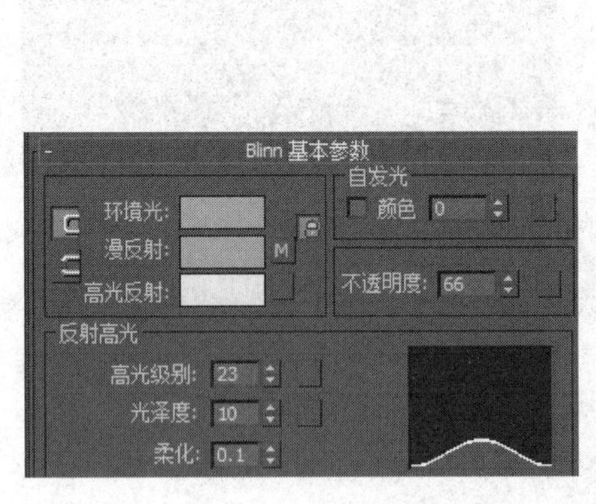

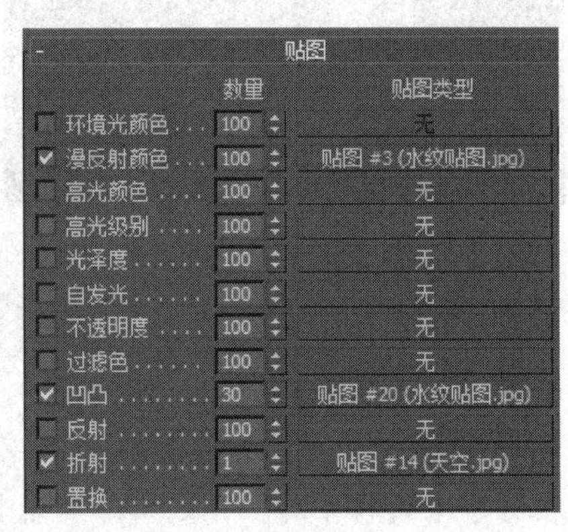

图 4-138 制作水的材质

06 为场景添加灯光(参考第 5 章相关内容)，设置渲染参数。最终渲染效果如图 4-139 所示。

图 4-139　最终渲染效果

4.5.10　置换贴图通道

置换贴图通道可以置换集合体的表面，使用的贴图会影响对象的表面，使其产生凹凸效果。置换贴图与凹凸贴图不同，它是通过改变几何体表面上多边形的分布，在每个表面上创建很多三角形面来实现的，因此，置换贴图产生的效果更真实，但计算量很大，要耗费大量的内存和渲染时间。

置换贴图通道可以应用于面片、网格、NURBS 表面对象，而多边形对象、标准几何体和扩展几何体等对象不能应用置换贴图。

4.6　综合实例——客厅设计

本实例分为创建室内建筑结构、合并搭建室内场景、设置摄影机与灯光 3 个阶段。

1. 创建室内建筑结构

01　在顶视图中创建一个长、宽分别为 240、280 的平面，作为地面。

02　单击“扩展几何体”面板中的 L-Ext 按钮，在顶视图中创建一个 L 形墙，作为墙体，参数如图 4-140(a)所示。再创建一个 L 形墙，作为踢脚线，参数如图 4-140(b)所示。使用对齐命令，使得地面、墙体和踢脚线对齐，如图 4-140(c)所示。

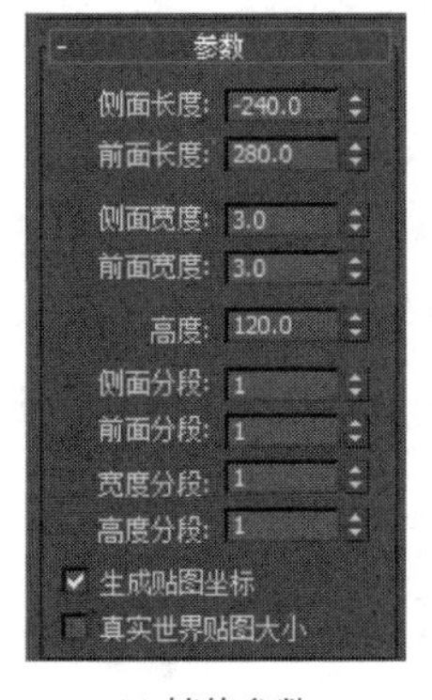

(a) 墙体参数

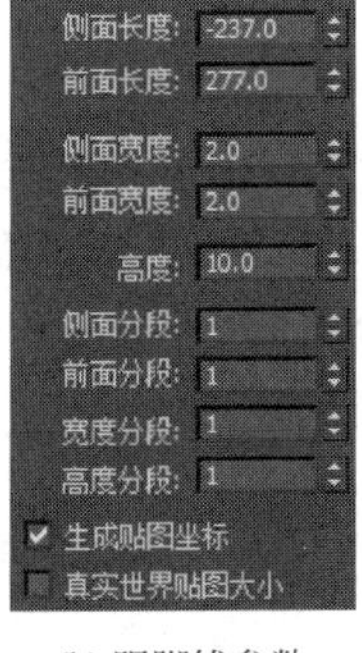

(b) 踢脚线参数

(c) 地面、墙体和踢脚线效果

图 4-140　创建地面、墙体和踢脚线

03　在前视图中分别创建两个长方体，一个长方体的长、宽、高分别是110、60、15，另一个长方体的长、宽高分别是100、50、20，使用对齐命令使它们中心对齐，作为窗框。再复制一个大长方体，作为墙面的窗洞。3个长方体的摆放位置如图4-141所示。

04　使用布尔运算得到窗框模型。同样使用布尔运算把墙面镂空，形成窗洞，并把窗框移动到窗洞中，如图4-142所示。

图4-141　创建3个长方体

图4-142　将窗框移入窗洞

05　在顶视图中创建一个长、宽、高分别为102、1.2、5的长方体，作为窗户的水平窗格条，并安装到窗框上，如图4-143所示。

06　在顶视图中创建一个半径为1.7、高度为56的圆柱体，作为窗户的栏杆，并放置到窗格上合适的位置，再复制出19个圆柱体。另外再创建一个长、宽、高分别为130、12、3，倒角为1的切角长方体，作为窗帘的护板，对齐到窗框上部，如图4-144所示。

图4-143　创建水平窗格条

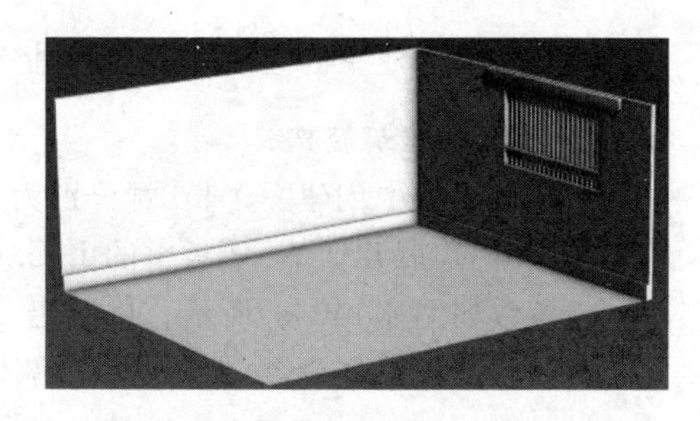
图4-144　创建窗户栏杆和窗帘护板

2. 合并搭建室内场景

场景基本模型创建好以后，接下来合并这些模型来搭建室内场景。

01　合并模型。选择"文件"→"导入"→"合并"菜单命令，在打开的对话框中选择"沙发.max"文件，单击"全部"按钮，然后单击"确定"按钮。然后对沙发进行群组，并移动到合适位置。再使用旋转复制方法复制出一个沙发，放置到合适位置。

使用同样的方法把场景中需要的模型都合并进来，如图4-145所示。

02　编辑地板材质。在材质编辑器中为"地板"对象赋予标准材质，设置"漫反射""高光级别"和"光泽度"参数。在漫反射颜色贴图通道中添加"瓷砖.jpg"。在反射贴图通道中添加反射/折射贴图，注意调整反射比例。添加"UVW贴图"修改器，调整

图 4-145　合并模型后的室内场景

贴图坐标，如图 4-146 所示。

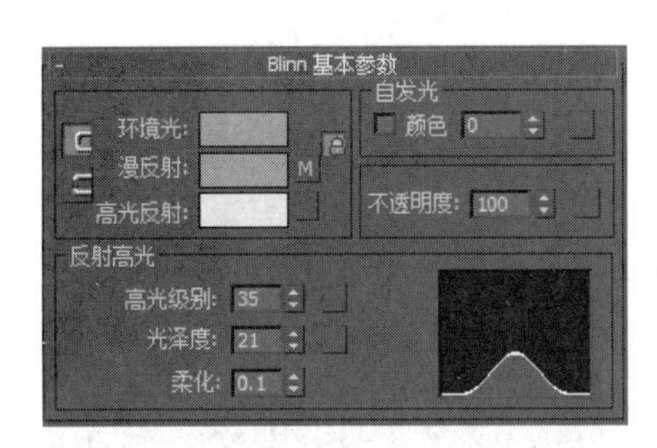

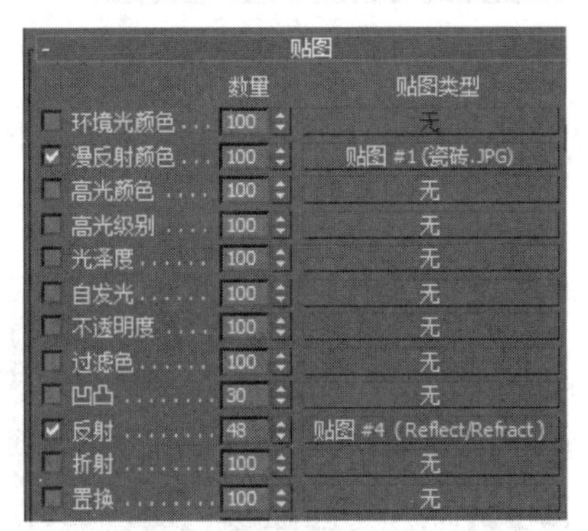

图 4-146　地板材质参数

03　编辑墙体材质。在材质编辑器中为“墙体”对象赋予标准材质，设置“漫反射”“高光级别”和“光泽度”参数。在贴图通道中添加“泼溅”标准贴图，调整参数，如图 4-147 所示。

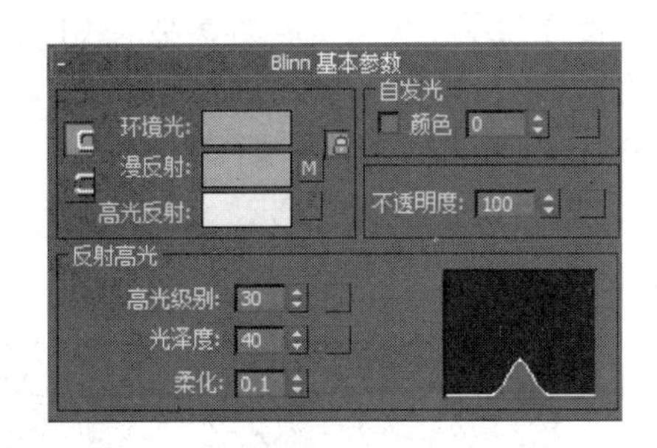

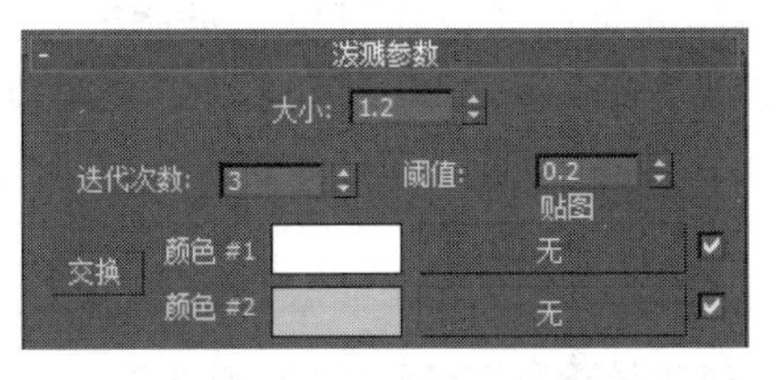

图 4-147　墙体材质参数

04　编辑踢脚线材质。在材质编辑器中为“踢脚线”对象赋予标准材质，设置“漫反射”、“高光级别”和“光泽度”参数，如图 4-148 所示。

05　编辑窗户材质。在材质编辑器中为“窗户”对象赋予建筑材质，选择“油漆光泽的木材”模板，设置亮度为 300，其他的参数使用默认值，如图 4-149 所示。

06　编辑不锈钢材质。在材质编辑器中为“窗户栏杆”对象赋予标准材质，选择“金属”明暗器，设置“漫反射”“高光级别”和“光泽度”参数。在反射贴图通道中添加反射/

折射贴图，注意调整反射比例，如图 4-150 所示。把不锈钢材质分别赋予窗户栏杆、茶几腿、沙发腿、落地灯柱子。

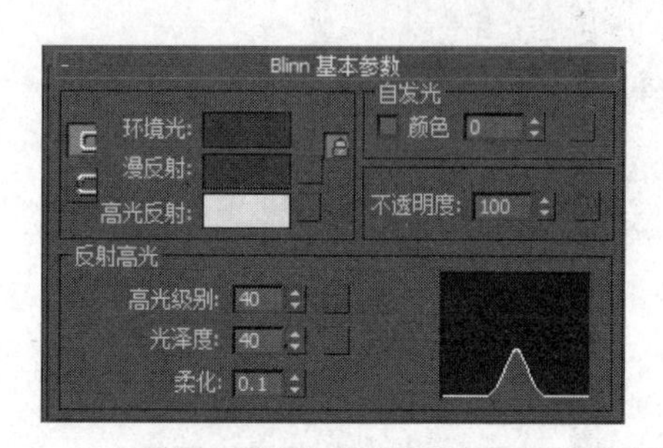

图 4-148 踢脚线材质参数

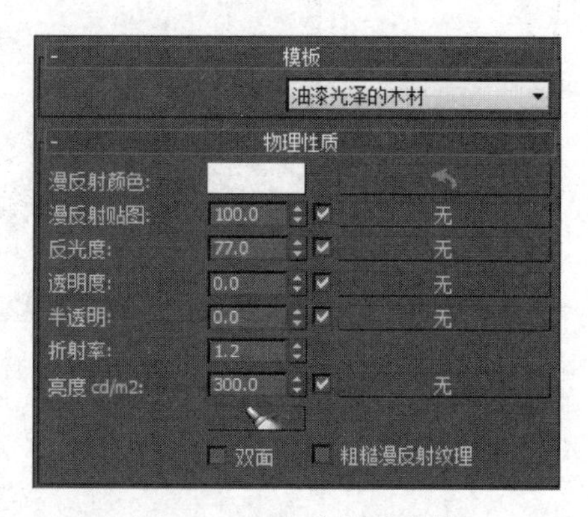

图 4-149 窗户材质参数

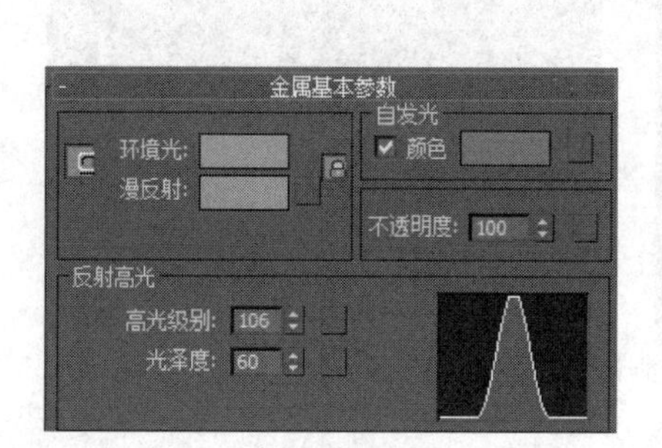

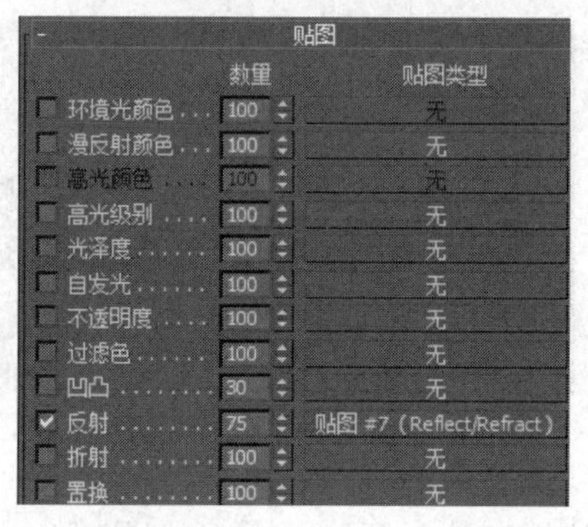

图 4-150 不锈钢材质参数

07 编辑窗帘材质。在材质编辑器中为“窗户”对象赋予建筑材质，选择“纺织品”模板，设置漫反射贴图为“欧式布纹.jpg”，设置亮度为 100，其他的参数使用默认值，如图 4-151 所示。添加“UVW 贴图”修改器，调整贴图坐标。

08 编辑相框材质。在材质编辑器中为“相框”对象赋予标准材质，选择“金属”明暗器，设置“漫反射”“高光级别”和“光泽度”参数，如图 4-152 所示。在反射贴图通道中添加反射/折射贴图，注意调整反射比例。

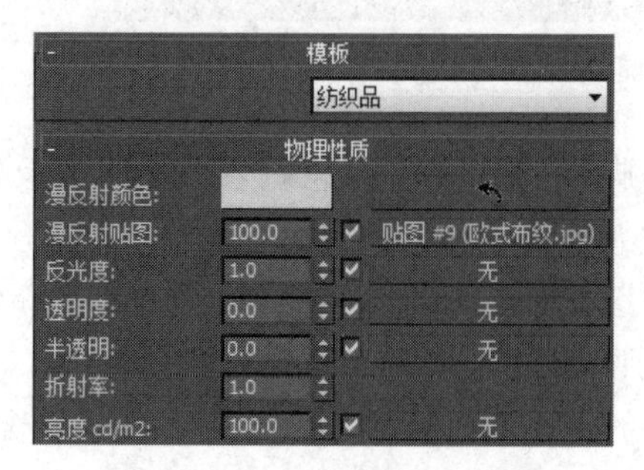

图 4-151 窗帘材质参数

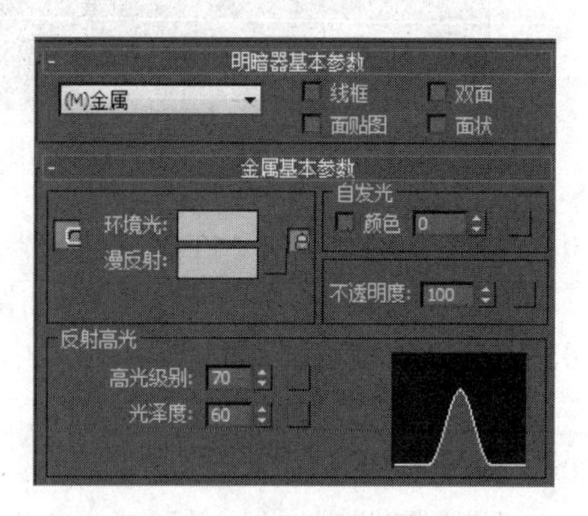

图 4-152 相框材质参数

09　编辑沙发材质。在材质编辑器中为“沙发”对象赋予建筑材质，选择“纺织品”模板，设置漫反射贴图为“沙发贴图.jpg”，设置亮度为100，其他的参数使用默认值，如图4-153所示。添加“UVW贴图”修改器，调整贴图坐标，使沙发图案对称。

10　编辑落地灯的灯泡材质。在材质编辑器中为“灯泡”对象赋予标准材质，勾选“自发光”下的“颜色”复选框，设置自发光颜色、漫反射颜色、高光反射颜色，如图4-154所示。

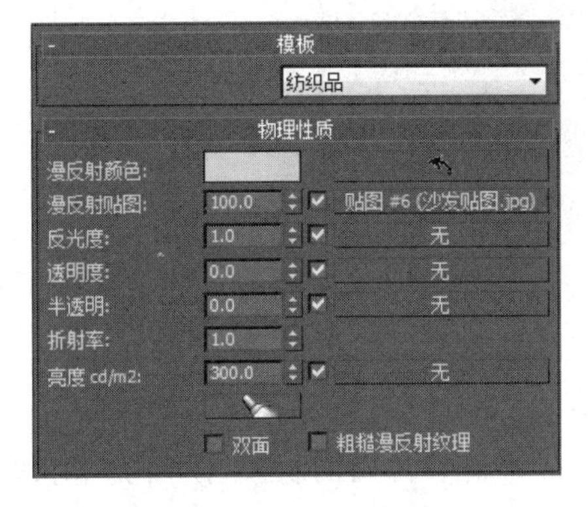

图4-153　沙发材质参数

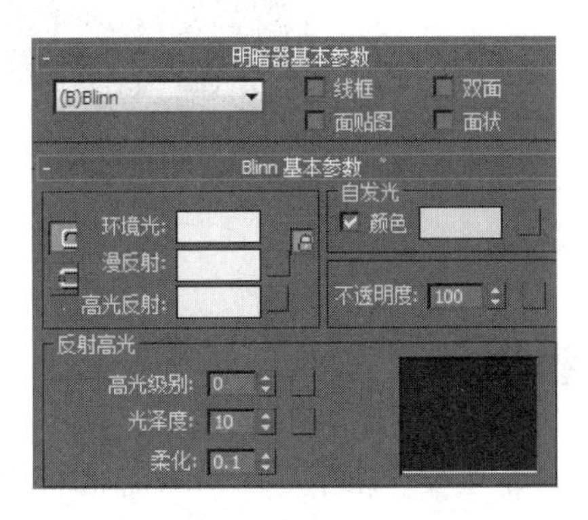

图4-154　灯泡材质参数

11　编辑落地灯罩材质。在材质编辑器中为“灯罩”对象赋予标准材质，设置“漫反射”“高光级别”和“不透明度”参数，如图4-155所示。在贴图通道中添加“瓷砖.jpg”。在反射贴图通道中添加反射/折射贴图，注意调整反射比例。

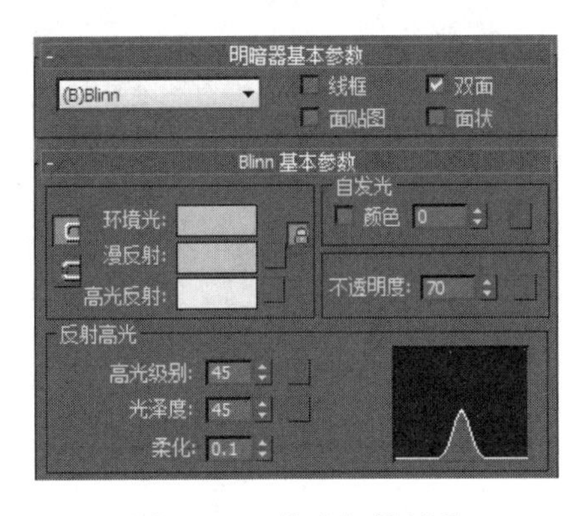

图4-155　落地灯罩材质

3. 设置摄影机与灯光

具体步骤参考第5章和第6章。

客厅设计最终渲染效果如图4-156所示。

图 4-156 客厅设计最终渲染效果

本章小结

本章主要介绍了 3ds Max 标准材质和贴图，重点介绍了常用的材质、贴图类型和贴图通道，并通过一个综合实例说明了为模型赋予制作材质和贴图的一般流程。

Chapter 5

第5章

灯光与摄影机

本章学习重点

- 掌握标准灯光的类型及应用。
- 了解光度学灯光的基本应用。
- 掌握体积光与特效光的基本应用。
- 了解摄影机的基本参数。
- 掌握场景中摄影机的架设方法。
- 掌握静态摄影机的基本应用。

材质虽然能够使场景中的对象具有逼真的纹理,但是还需要与灯光密切配合,才能更加具有表现力。不同的灯光下,即使是相同的材质,对象的质感也会不同。

5.1 灯光概述

在 3ds Max 中,之所以能看到物体,是因为场景中有默认的灯光。默认灯光的范围是无限远的,无论场景中的物体有多大,灯光都能照射到上面。

用户在场景中创建灯光以后,系统默认灯光将自动关闭。删除用户创建所有的灯光后,系统默认灯光自动点亮。

1. 光源类型

光源可以分为自然光、人造光和环境光。

(1) 自然光。以日光为主要光源,一般用于室外场景,但有时也在室内使用,如穿过窗户的日光。日光是单一方向的平行光,其方向和角度取决于时间、纬度、季节、天气的变化。

(2) 人造光,如灯泡、路灯等。通常由多个亮度较低的光源组成。场景中的照明通常由一个主灯和几个辅灯实现。主灯置于场景中稍微靠上的位置。辅灯用于产生背光和侧光。

(3) 环境光。是均匀照亮场景的普通光源,通常用于室外场景。在 3ds Max 中,环境光用于模拟场景照明,使阴影不会完全变黑。

2. 灯光的属性

灯光具有以下属性:

- 亮度:取决于灯光的强度,使物体看起来变暗或变亮。

- 入射角：入射角越大，物体接收的光线越多，物体就越亮。
- 光域：灯光透射场景后产生的区域。
- 衰减：灯光照射的强度随着灯光与被照射的物体距离的增加而减小。在 3ds Max 中，默认灯光无衰减。
- 颜色：取决于灯光的类型。
- 色温：用于描述光源的不同颜色，常用色调值表示。
- 阴影：灯光照射后产生的阴影。3ds Max 支持贴图阴影和光线跟踪阴影。

3. 室内场景灯光照明

3ds Max 中使用三点光照明法构建场景照明。三点光指主光、辅光和背光。主光是给物体照明的主要光源，一般需要添加阴影。辅光使主光形成的光亮变得柔和并延伸，可模拟反射光或次要光源，但不能添加阴影。背光可以勾勒出物体边缘，用来区分物体和背景。

动手演练　室内场景三点光照明

01　创建长方体，添加“法线”命令，并勾选“反转法线”复选框，转换为可编辑多边形，删除上、前、右侧的多边形，创建球体，然后为对象贴图。

02　在场景中添加一个目标聚光灯作为主光，添加第二个目标聚光灯作为辅光，再添加一个泛光灯作为背光，最终效果如图 5-1 所示。

图 5-1　三点光照明最终效果

4. 灯光的用途

在三维场景中，灯光有以下用途：

(1) 增加场景的亮度，如泛光灯。

(2) 将场景中的物体作为模拟光源，如台灯、吊灯、霓虹灯。

(3) 通过灯光的特殊效果来模拟真实世界的自然效果。

(4) 创建真实的阴影效果，表现场景中的光影关系。在 3ds Max 中，所有灯光都可以创建阴影，并设定相关参数。

(5) 使用灯光作为场景中的放映机，用于放映静态或动态图像。

5. 灯光的分类

3ds Max 中灯光分为标准灯光和光度学灯光，如图 5-2 所示。标准灯光是基于计算机的模拟灯光对象，一般用光域、衰减及阴影等参数来描述。光度学灯光是基于现实世界中光度值的模拟灯光对象，一般用流明、亮度、分布及色温等参数来描述。实际应用中，标准灯光应用较为广泛。下面分别介绍这两种类型的灯光。

5.1.1 标准灯光

3ds Max 中的标准灯光有 8 类，如图 5-3 所示。

图 5-2 3ds Max 中灯光的类型

图 5-3 3ds Max 中的标准灯光

聚光灯是一种类似探照灯的定向光源，光线从一个点光源出发，向某个方向发射，其照射范围为一个锥体。聚光灯一般作为照明和特效中的主光源使用，可用于壁灯、射灯、舞台灯以及打光产生阴影的场合。聚光灯包括目标聚光灯和自由聚光灯。

平行光包括目标平行光和自由平行光。目标平行光具有目标点，可移动目标点改变照射距离。自由平行光没有目标点，通过移动位置改变照射距离。

泛光类似于灯泡的电光源，一般用于场景中偏弱的光线。泛光不作为照明的主光源，而是作为辅助光源使用。

天光类似于环境光的全局照明，可以模拟大气层的反射光。

区域灯包括 mr Area Omni（区域泛光灯）和 mr Area Spot（区域聚光灯）。

下面介绍常用的标准灯光及其参数应用。

1. 目标聚光灯

目标聚光灯由聚光灯和目标点组成，其光线照射方式与手电筒的光线照射方式相似，都是从一个点光源发射光线，如图 5-4 所示。目标聚光灯有一个照射的目标，无论怎样移动聚光灯的位置，光线都始终指向其目标。可以通过目标点来确定灯光的照射方向和距离。从一个点向某一方向投射一束灯光，形成一个照射区域和角度，被照射的物体会产生阴影，而照射区域以外的物体不受灯光影响。

目标聚光灯有 9 个卷展栏，如图 5-5 所示。下面介绍其中的前 7 个，后面两个是 mental ray 灯光卷展栏，在 6.3 节介绍。

1）“常规参数”卷展栏

“常规参数”卷展栏如图 5-6 所示。该卷展栏主要提供常规参数。

“启用”复选框用于开启/关闭灯光。“目标距离”参数用于设置灯光与目标之间的距离。

“阴影”参数组中“启用”复选框用于开启/关闭阴影，也可以修改阴影贴图类型。3ds Max 中，目标聚光灯的阴影贴图类型如图 5-7 所示。

勾选“使用全局设置”复选框后，灯光将具有全局照明效果；未勾选该项时，灯光只在指定范围内产生照明效果。

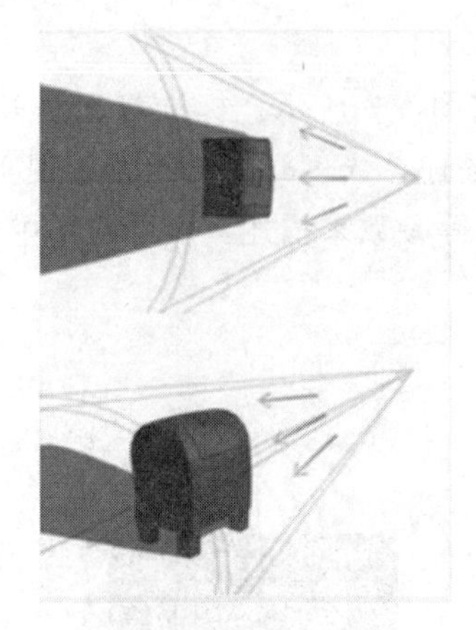

图 5-4　目标聚光灯

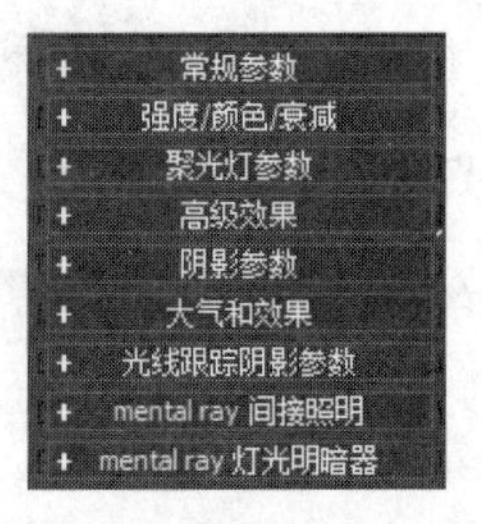

图 5-5　目标聚光灯的 9 个卷展栏

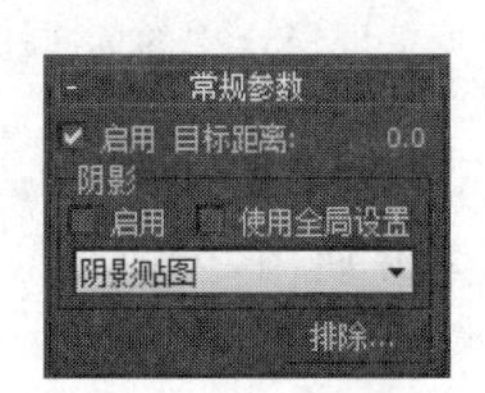

图 5-6　目标聚光灯的"常规参数"卷展栏

图 5-7　目标聚光灯的阴影贴图类型

"排除"按钮可以使场景中的某个对象排除在灯光效果之外。单击该按钮会出现"排除/包含"对话框。选中左侧需要排除的场景对象，单击 >> 按钮，选中的对象即可出现在右侧列表中，如图 5-8 所示。

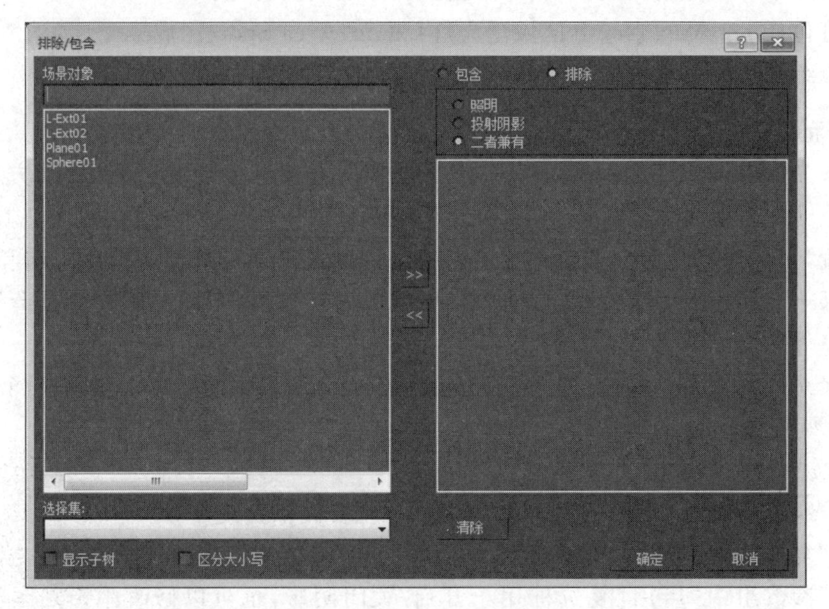

图 5-8　"排除/包含"对话框

2）"强度/颜色/衰减"卷展栏

"强度/颜色/衰减"卷展栏如图 5-9 所示。该卷展栏主要设置灯光强弱、颜色、衰减等参数。

“倍增”用于设定光源的亮度，该值小于 1 表示减小亮度，大于 1 表示增加亮度，小于 0 表示不但不发光还会吸收场景中的光线。

“衰退”参数组用于设置灯光的衰减模式。衰减类型分为“无”“倒数”“平方反比”3 种，其差别在于用不同的数学方程来模拟光线衰减，如图 5-10 所示。

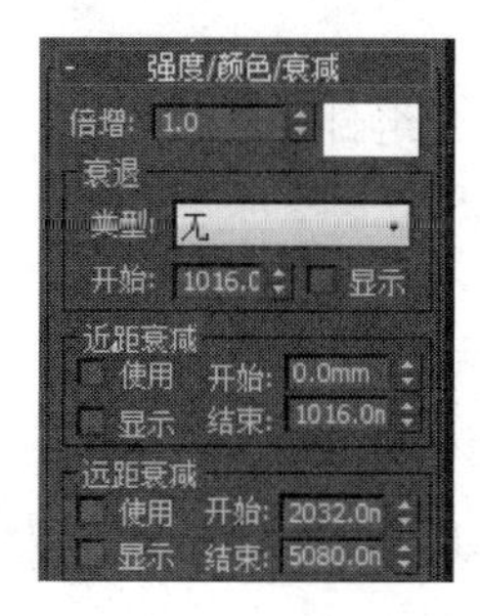

图 5-9 目标聚光灯的“强度/颜色/衰减”卷展栏

图 5-10 目标聚光灯的衰减类型

“开始”参数表示光线开始衰减的位置。

“近距衰减”和“远距衰减”用于设置光源随距离衰减的相关参数。

“近距衰减”选项下的参数值决定了灯光起点处的衰减。可分别选择“使用”和“显示”复选框，将使用并显示出近距衰减。在“开始”和“结束”数值框中输入的数字可用来设置光源近处开始衰减的起点和终点。

“远距衰减”可以使远处区域的衰减产生变化。

3）“聚光灯参数”卷展栏

“聚光灯参数”卷展栏如图 5-11 所示。

“显示光锥”复选框：设置当灯光被选中时是否显示圆锥体。

“泛光化”复选框：启用后，灯光在所有方向上投射灯光。

“聚光区/光束”数值框：设置灯光聚光区的角度，默认值是 43.0。

“衰减区/区域”数值框：设置灯光衰减区的角度，默认值是 45.0。

“圆”和“矩形”单选按钮：设置聚光区和衰减区的形状。

“纵横比”数值框：设置矩形光束的纵横比，默认值是 1.0。使用“位图拟合”按钮可以使纵横比匹配特定的位图。

“位图拟合”按钮：灯光的投影为矩形时，可以匹配特定的位图。

4）“高级效果”卷展栏

“高级效果”卷展栏设置灯光影响曲面的方式，如图 5-12 所示。

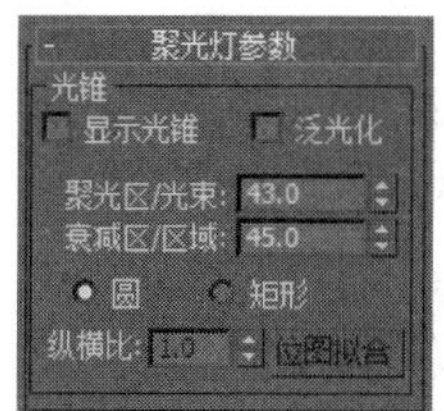

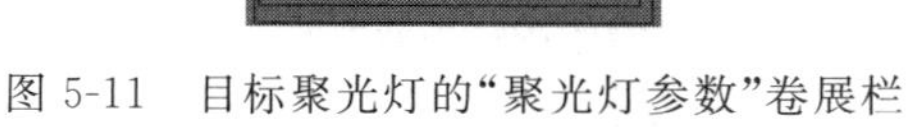
图 5-11 目标聚光灯的“聚光灯参数”卷展栏

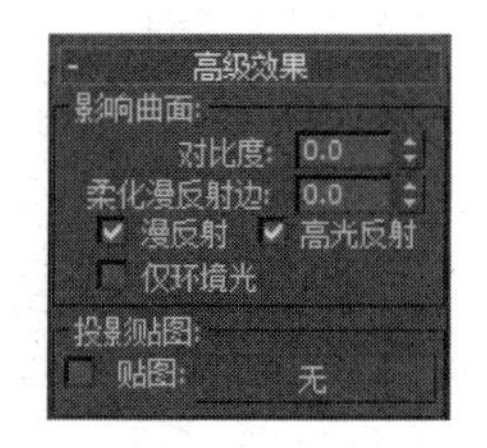

图 5-12 目标聚光灯的“高级效果”卷展栏

"影响曲面"参数组可以调整灯光的对比度、漫反射、高光反射等灯光效果。

"对比度"数值框用于设置漫反射和环境光区域的对比度，默认值为 0.0。增加该值即可增加特殊效果的对比度，例如外部空间刺眼的光。

"柔化漫反射边"数值框可以消除曲面上出现的边缘，默认值为 50。"漫反射"复选框启用后，灯光将消除对象曲面的漫反射边缘，默认设置为启用。"高光反射"复选框启用后，灯光将消除对象曲面的高光反射边缘，默认设置为启用。

"仅环境光"复选框启用后，灯光仅影响照明的环境光组件。

"投影贴图"参数组用于控制光度学灯光的投影效果。

5）"阴影参数"卷展栏

"阴影参数"卷展栏用于设置阴影的颜色和其他常规阴影属性，如图 5-13 所示。在 3ds Max 中，除了天光和 IES 天光外，所有灯光类型都具有"阴影参数"卷展栏。

单击"颜色"后的色块可以打开颜色选择器，为灯光的阴影选择一种颜色。可以设置阴影颜色的动画。

"密度"数值框用于调整阴影的密度。

"贴图"复选框启用后，可以使用"贴图"右侧的按钮指定贴图。

"灯光影响阴影颜色"复选框启用后，将灯光颜色与阴影颜色混合起来。可以在图 5-14 所示的"阴影贴图参数"卷展栏中设置阴影贴图参数。

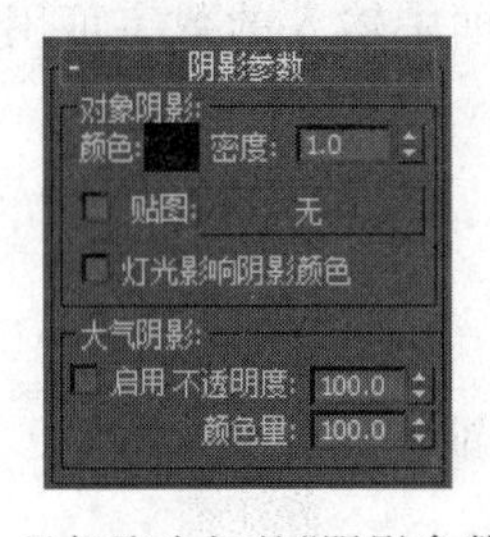

图 5-13 目标聚光灯的"阴影参数"卷展栏

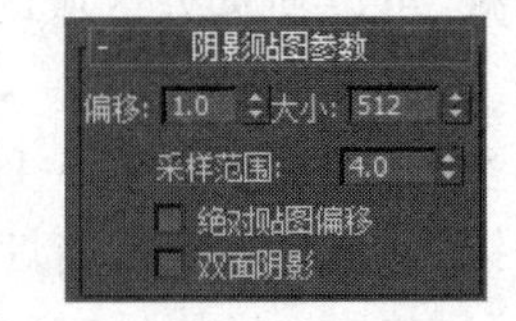

图 5-14 目标聚光灯的"阴影贴图参数"卷展栏

"偏移"数值框用于设置阴影偏移量。

"大小"数值框设置灯光的阴影贴图的大小。

"采样范围"数值框影响阴影边缘。取值范围为 0.01～50.0。

"绝对贴图偏移"复选框启用后，阴影贴图的偏移未标准化，但是该偏移在固定比例的基础上以 3ds Max 系统单位表示。

"双面阴影"复选框启用后，计算阴影时不忽略背面。默认设置为启用。

阴影贴图效果如图 5-15 所示，图中的桌面启用了阴影贴图。

6）"大气和效果"卷展栏

"大气和效果"卷展栏可用于设置大气参数，如图 5-16 所示。单击"添加"按钮，可以打开"添加大气或效果"对话框，在该对话框内选择"体积雾"或"镜头效果"选项。

7）"光线跟踪阴影参数"卷展栏

当在"常规参数"卷展栏中选择光线阴影类型为"光线跟踪阴影"时，显示"光线跟踪阴影参数"卷展栏，如图 5-17 所示。

"光线偏移"数值框中的参数用于将阴影移向或远离投射阴影的对象。

图 5-15 阴影贴图效果

图 5-16 “大气和效果”卷展栏

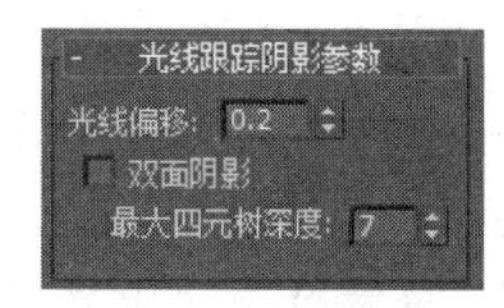

图 5-17 “光线跟踪阴影参数”卷展栏

“双面阴影”复选框启用后，计算阴影时背面将不被忽略。

“最大四元树深度”数值框使用光线跟踪器调整的深度。四元树是一种数据结构，其根节点下有 4 个子节点，通常利用递归法把一部分二维空间细分为 4 个象限或区域。增大四元树深度值可以缩短光线跟踪时间，但占用内存资源增大，渲染时间较长。系统默认值为 7。

下面通过实例讲述体积光的添加和参数设置。

动手演练 体积光效果制作

01 打开素材文件“第 5 章 灯光与摄影机\素材文件\体积光\体积光效果-素材.max”。

02 选择场景中的目标聚光灯，在“大气和效果”卷展栏中单击“添加”按钮，弹出“添加大气或效果”对话框，在列表中选择“体积光”，然后单击“确定”按钮，就将体积光添加到灯光中，如图 5-18 所示。

03 在“大气和效果”卷展栏中单击“体积光”，然后单击“设置”按钮，在弹出的“环境和效果”对话框中设置体积光的相关参数。

在“大气”卷展栏中可以添加、删除、重新命名体积光，如图 5-19 所示。

在“体积光参数”卷展栏中可以设置体积光的相关参数，如图 5-20 所示。

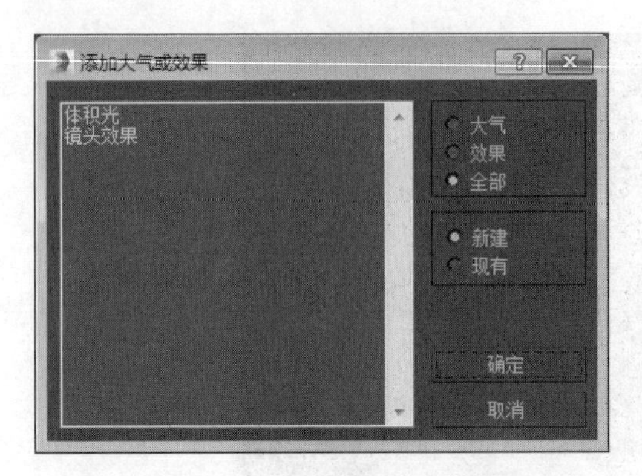

图 5-18 “添加大气或效果”对话框

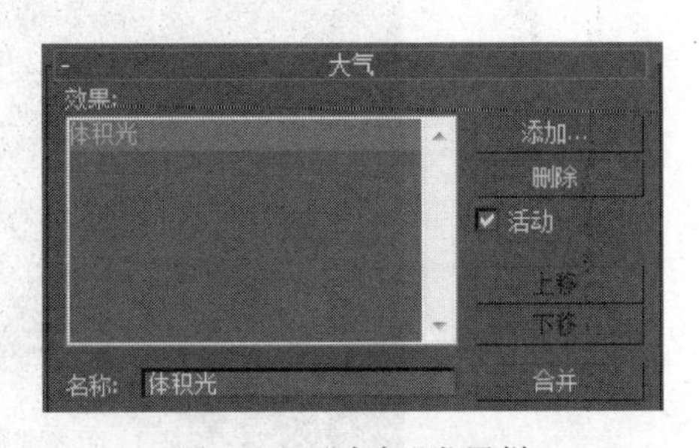

图 5-19 “大气”卷展栏

(1)“灯光”参数组。

“拾取灯光”命令按钮用于拾取场景中的灯光,已经添加了体积雾的灯光名称会显示在灯光列表中,渲染时灯光会包含体积雾。单击“移除灯光”命令按钮可以将灯光从体积雾效果中移除。

(2)“体积”参数组。

“雾颜色”参数设置雾的颜色。可以设置雾颜色的关键帧动画。

“指数”复选框用于设置雾的密度随距离的增大按指数增大,禁用时,密度随距离按线性增大。渲染时,如果要显示透明对象,应启用该复选框。

“密度”数值框用于设置雾的密度。范围为0～20。

“最大亮度/最小亮度”数值框用于限制雾的采样数量。

“衰减倍增”数值框用于设置雾的采样粒度。

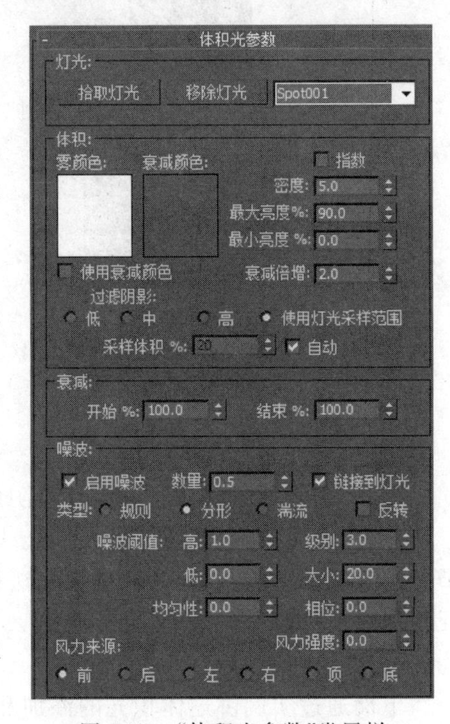

图 5-20 “体积光参数”卷展栏

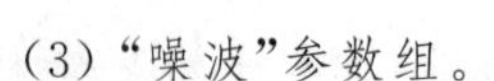

(3)“噪波”参数组。

勾选“启用噪波”复选框后,雾中产生噪波。噪波有 3 种类型:“规则”,为标准的噪波图案;“分形”,为迭代分形噪波图案;“湍流”,为迭代湍流图案。

“反转”复选框用于反转噪波效果。

“噪波阈值”用于限制噪波效果。“高”数值框用于设置高阈值,“低”数值框用于设置低阈值,取值范围为 0～1.0。

“均匀性”数值框的作用类似高通过滤器。值越小,雾就越薄,取值范围为−1～1。

“级别”数值框用于设置噪波迭代应用的次数,取值范围为 1～6。只有“分形”或“湍流”噪波启用时该项才能设置。

“大小”数值框用于确定烟卷或雾卷的大小。值越小，卷越小。

“相位”数值框用于控制风的种子。可以制作相位的关键帧动画。

“风力来源”用于确定风来自哪个方向。

“风力强度”数值框用于设置烟雾的速度。

04 经过上述参数设置后，场景渲染效果如图 5-21 所示。

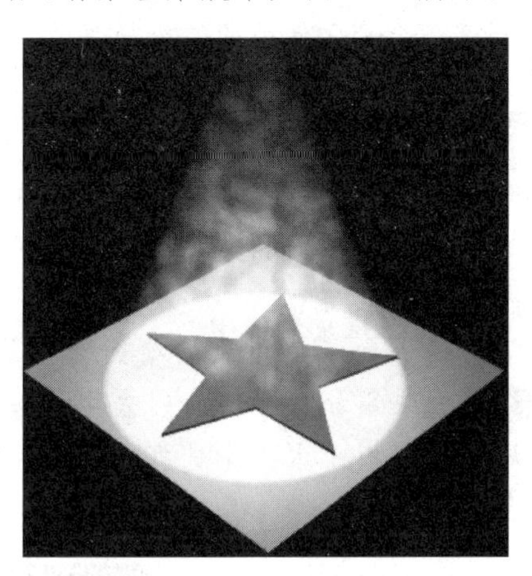

图 5-21 体积雾效果

动手演练 镜头效果制作

01 创建一个新场景，为场景添加环境贴图。打开素材文件夹“第 5 章 灯光与摄影机\素材文件\特效灯光”，拖动“长城.jpg”到透视图，弹出如图 5-22 所示的对话框，单击“确定”按钮。这样，场景中就添加了环境贴图。

通过渲染发现贴图坐标不正确，下面修改贴图坐标。同时打开材质编辑器和“渲染设置”对话框，拖动环境贴图通道中的贴图文件到 Slate 中释放，在弹出的“实例(副本)贴图”对话框中选择“实例”单选按钮，单击“确定”按钮，如图 5-23 所示。在材质编辑器中双击贴图，在右侧的参数面板中的“坐标”卷展栏中选择“屏幕”，环境贴图方式被修改为“屏幕贴图”。

02 在场景中创建一个泛光灯。

03 进入修改面板，在“大气和效果”卷展栏中单击“镜头效果”，如图 5-24 所示，然后单击“设置”按钮，在弹出的“环境和效果”对话框中设置镜头效果的类型。效果面板有“效果”和“镜头效果参数”两个主要的卷展栏。

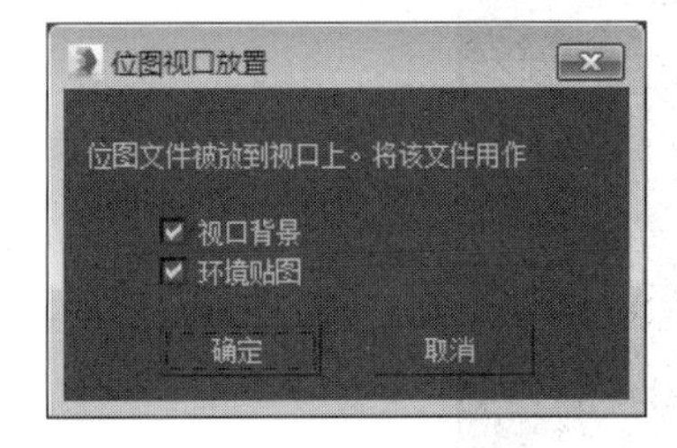

图 5-22 “位图视口放置”对话框

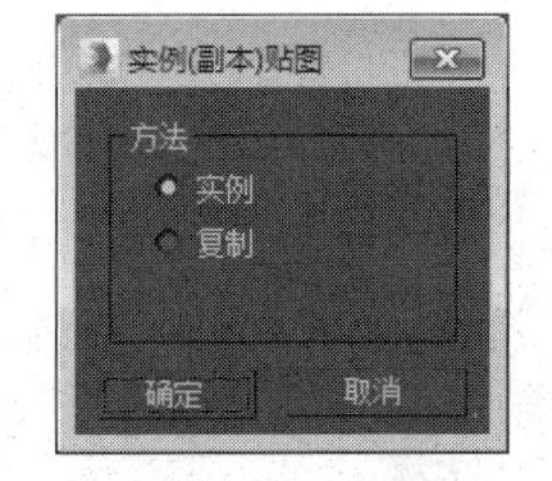

图 5-23 “实例(副本)贴图”对话框

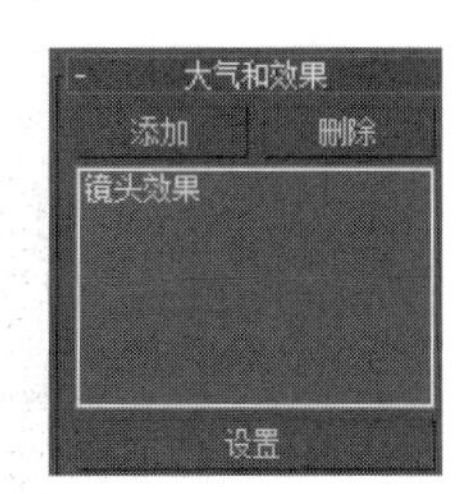

图 5-24 添加“镜头效果”

(1)“效果”卷展栏。

“效果”卷展栏包含“效果”和“预览”两组参数，如图 5-25 所示。

①“效果”参数组。

“效果”列表：显示当前效果名称，也可以添加或删除一个灯光。

“活动”复选框：指定在场景中是否激活所选效果。默认设置为启用。

“合并”按钮：合并“场景.max”文件中的渲染效果。

②“预览”参数组。

“效果”：可以预览全部或当前灯光的效果。

“交互”复选框启用时，可在渲染帧窗口中调整效果的参数。也可以单击“更新效果”按钮预览效果，“显示原状态/显示效果”按钮可以互相切换。

(2)“镜头效果参数”卷展栏。

可以将该卷展栏左侧的镜头效果应用于渲染图像。从左侧的列表中选择镜头效果，单击添加按钮 >，将效果添加到右侧的列表中。每个效果都有参数卷展栏，所有效果共用两个全局参数面板。本例中选择“光晕”效果，修改参数，如图 5-26 所示。渲染效果如图 5-27 所示。

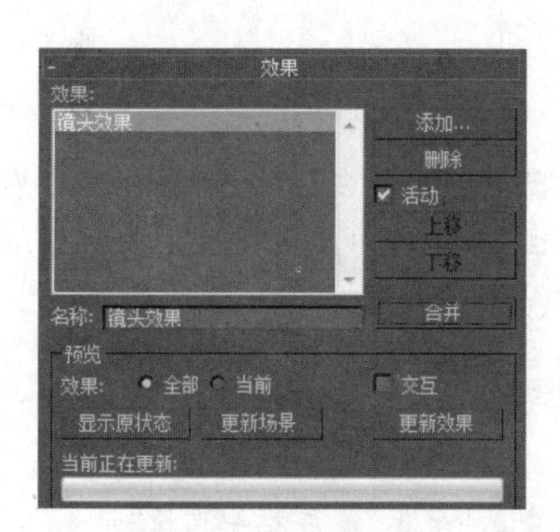

图 5-25 “效果”卷展栏

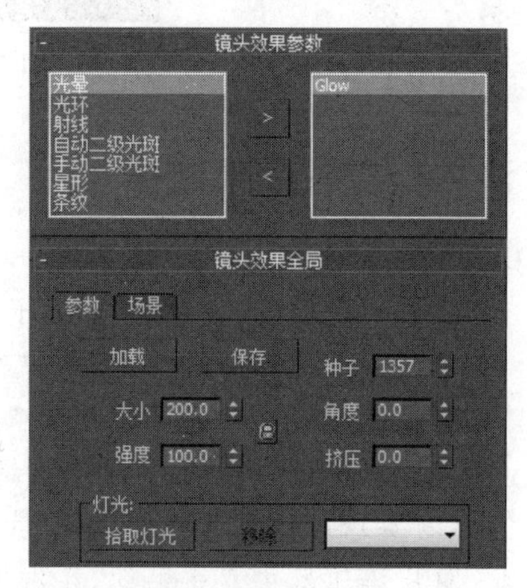

图 5-26 “光晕”镜头效果的参数

图 5-27 光晕渲染效果

04 使用同样的方法添加“射线”“手动二级光斑”“自动二级光斑”等镜头效果，修改相关参数，最终渲染效果如图 5-28 所示。

图 5-28 添加了其他镜头效果的最终渲染效果

3ds Max 系统中的灯光参数具有通用性，很多参数与目标聚光灯的参数相似，下面只介绍每种灯光不同的参数，相同的参数不再重复介绍。

2. 自由聚光灯

自由聚光灯与目标聚光灯相比，只有方向，没有目标点，只能通过移动和旋转光源来控制光线照射的角度和距离，其照射距离由命令面板中的参数控制。自由聚光灯适合模拟汽车车灯类和射灯的光源。

由于自由聚光灯没有目标点，其照射方向与位置容易和设置了动画的对象保持一致，方便了动画的设置工作，所以常用于动画场景中。

3. 目标平行光

目标平行光和聚光灯不同的地方是其照射范围呈圆柱体，有一个目标点，光线平行发射。它可以用于模拟太阳光、射灯光、走廊的直射灯光，如图 5-29 所示。

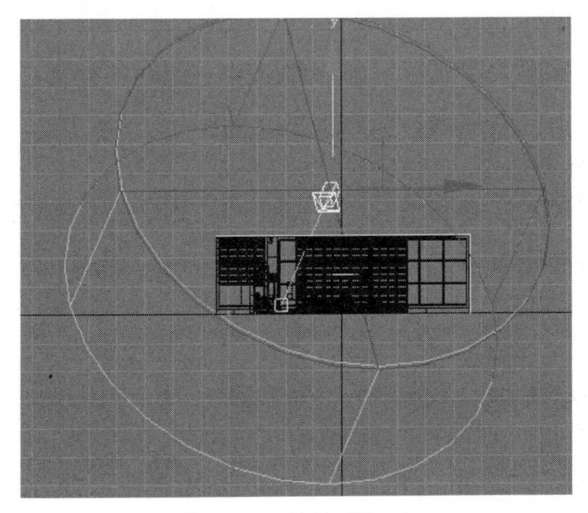

图 5-29 目标平行光

4. 自由平行光

自由平行光与目标平行光同属于平行光类型，两者的区别在于是否有目标对象。自由平行光与自由聚光灯一样完全由自身的旋转来确定光线照射的方向。

5. 泛光

泛光灯的光源向四周照射，主要用来照亮场景。其优点是易于建立和调节，缺点是当建得太多时会导致场景平淡、无层次。泛光灯不投射阴影时渲染速度比较快，但效果差。泛光灯在场景中作为辅助光源，一般以少量泛光灯照亮整个场景，亮度在 0.7 以下，同时用聚光灯投射阴影效果和突出显示物体。泛光灯效果如图 5-30 所示。

6. 天光

天光主要是用于模仿白天日光照射效果的灯光，并可以设置天空的颜色，还可以给天空指定贴图，当与“光线跟踪”渲染方式联合使用时，可以达到很好的效果。它一般用于给场景补光。

天光的外观及其参数如图 5-31 所示。

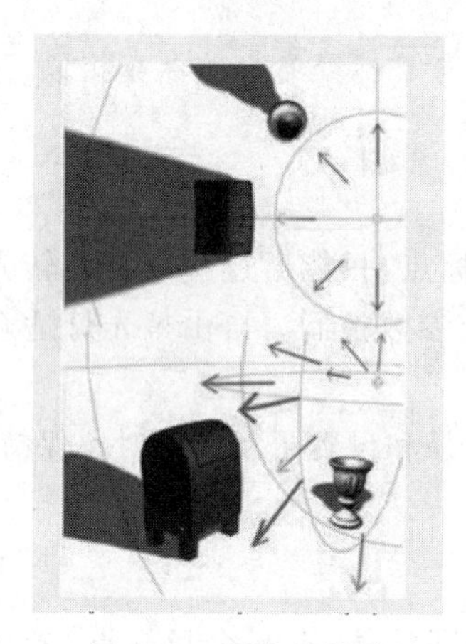

图 5-30 泛光灯效果

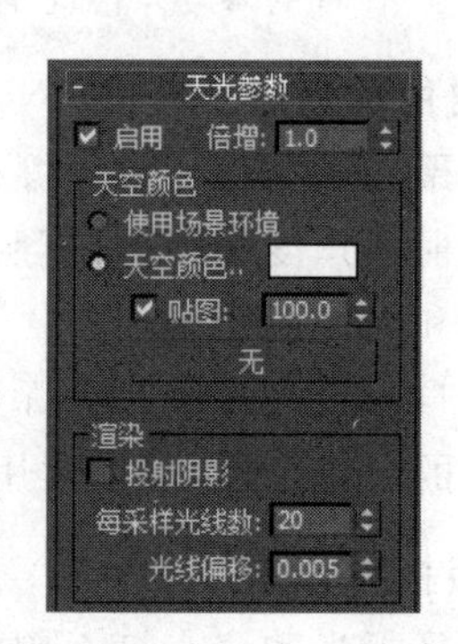

图 5-31 天光的外观及其参数

7. 日光系统

日光系统模拟自然界中太阳光照射到地球上某一位置的效果。用户可以选择位置、日期、时间和指南针方向，也可以设置日期和时间的动画。日光系统适用于模拟室外环境中的自然光源，也可以将光源的运动和变化制作成动画。

日光系统的参数与聚光灯参数相似，只是多出了“平行光参数”卷展栏，如图 5-32 所示。

“日光系统”参数面板如图 5-33 所示。详细参数可以参考前面的介绍。

在运动面板的“参数”子面板中，可以修改太阳的时间、位置等参数，可以设置动画效果，如图 5-34 所示。

“方位”和“海拔高度”用于指定太阳的罗盘方向。

在“时间”参数组中可以设置时间、日期、时区。

在“位置”参数组中单击“获取位置”按钮，可以选择地理位置有代表性的城市。可以选择“经度”和“纬度”。通过“北向”参数设置罗盘在场景中的旋转方向。

“模型大小”参数组中的“轨道缩放”参数可以设置太阳与罗盘的距离。

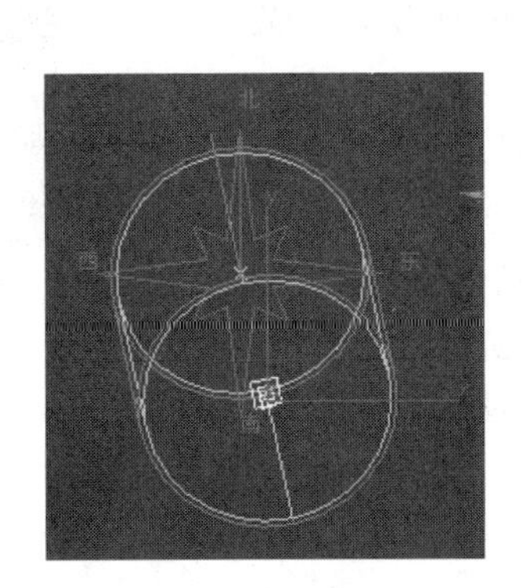

图 5-32 日光系统

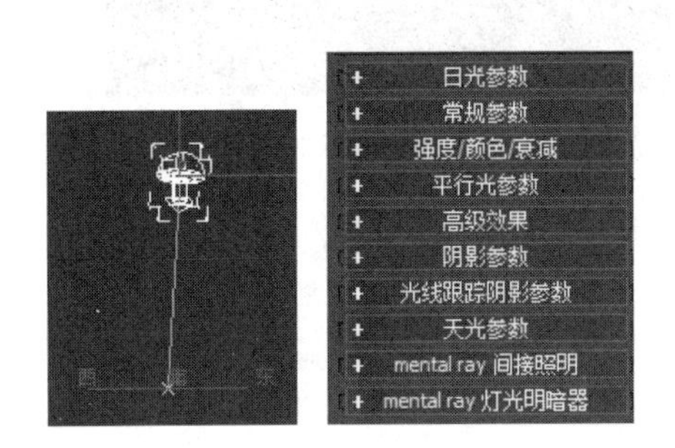

图 5-33 “日光系统”参数面板

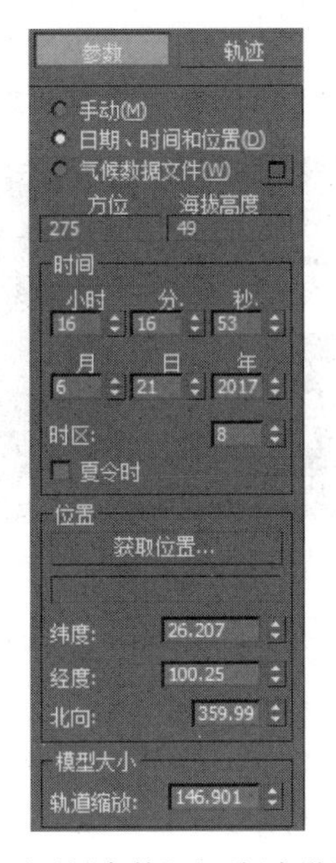

图 5-34 在运动面板的“参数”子面板中设置“日光系统”动画

5.1.2 光度学灯光

光度学灯光在场景中用来作为辅助光源，产生类似射灯的效果。在 3ds Max 中，光度学灯光包括目标灯光、自由灯光、mr 天空门户 3 种类型，如图 5-35 所示。

光度学灯光的分布类型有 4 种，如图 5-36 所示。

图 5-35 光度学灯光的类型

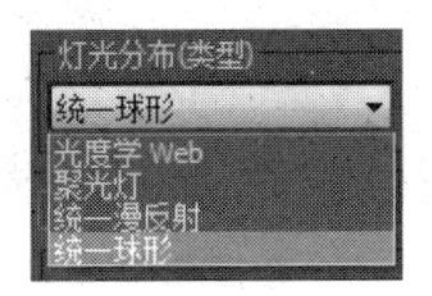

图 5-36 光度学灯光的分布类型

如果用户选择的灯光分布类型影响灯光在场景中的扩散方式，灯光图形也会影响对象投射阴影的方式。该设置需单独进行。通常，较大区域的投射产生的阴影较柔和。3ds Max 提供了 6 种用于生成阴影的灯光图形，如图 5-37 所示。

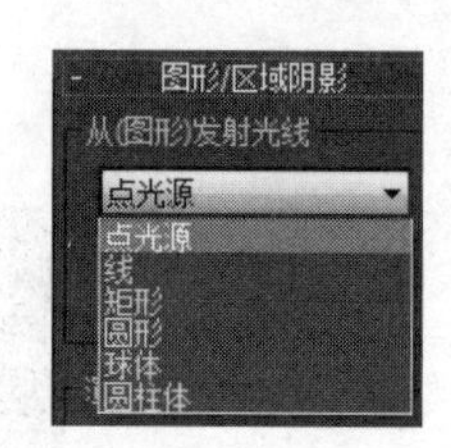

图 5-37　用于生成阴影的灯光图形

点光源：产生的阴影如同几何点在发光。

线：产生的阴影如同线形光源在发光，如荧光灯。

矩形：产生的阴影如同矩形区域在发光，如天光。

圆形：产生的阴影如同圆形在发光，如圆形舷窗。

球体：产生的阴影如同球体在发光，如球形照明灯。

圆柱体：产生的阴影如同圆柱体在发光，如管形照明灯。

动手演练　烤箱灯光表现

01　打开素材文件“第 5 章 灯光与摄影机\素材文件\光度学灯光\烤箱-素材.max”。

02　为“外壳”对象赋予烤漆材质，参数如图 5-38 所示。

03　为“内胆”对象赋予烤漆材质，参数如图 5-39 所示。

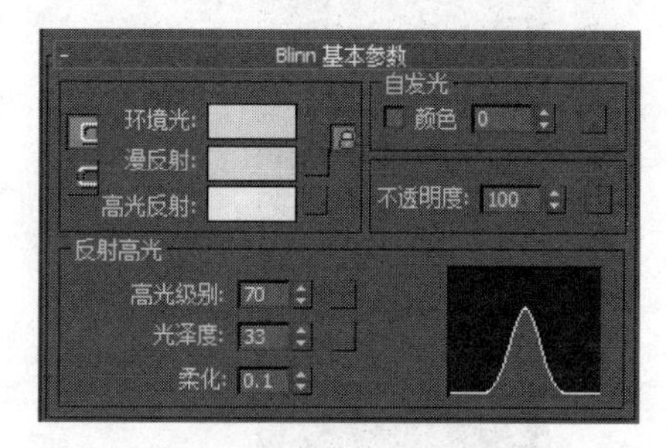

图 5-38　外壳的烤漆材质参数

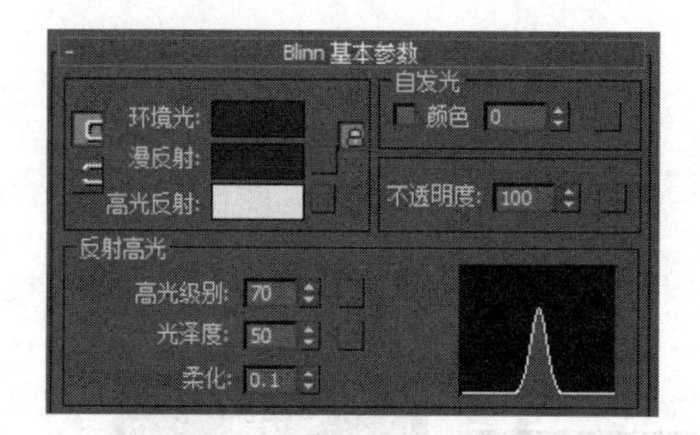

图 5-39　内胆的烤漆材质参数

04　为面板上的按钮和其他对象赋予金色金属材质，如图 5-40 所示。在反射贴图通道中添加反射/折射贴图，比例为 70%。

05　为场景添加一个目标聚光灯和两个泛光灯，调整聚光区域和强度，渲染效果如图 5-41 所示。

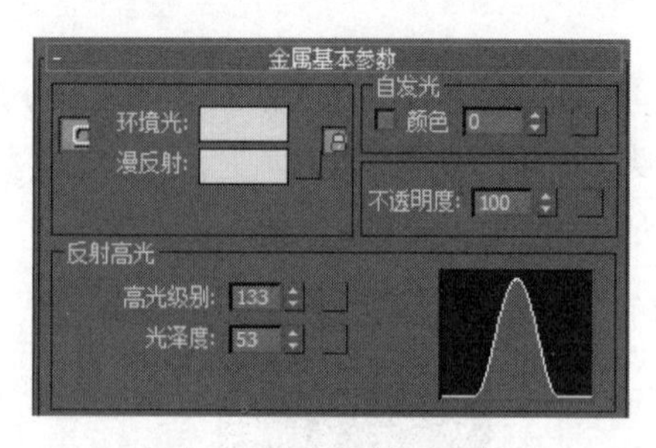

图 5-40　金属材质参数

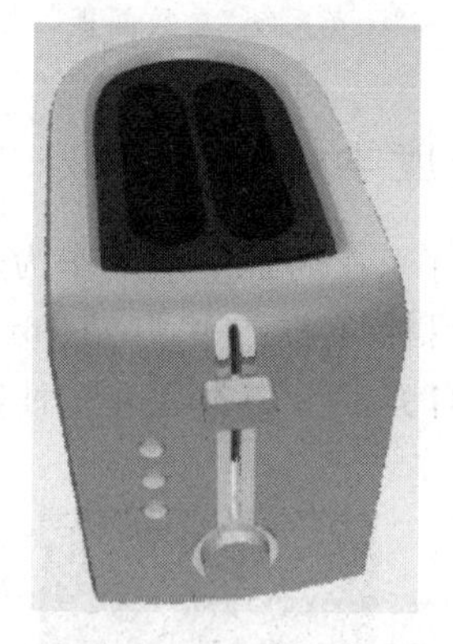

图 5-41　为场景添加照明光源后的渲染效果

06 如果需要让烤箱表面局部反光,需要使用光度学灯光进行补光。在顶视图中创建光度学灯光,在其他视图中调整其方向和位置,参数设置如图 5-42 所示。

07 最终渲染效果如图 5-43 所示。详细参数参考素材中的完成文件。

图 5-42 光度学灯光参数

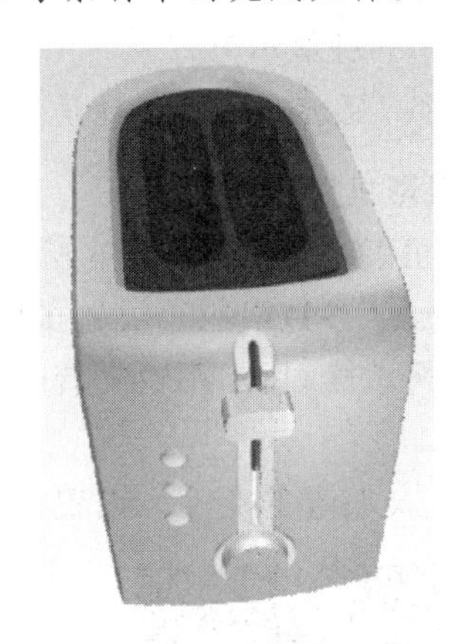

图 5-43 最终渲染效果

5.2 摄影机与镜头

摄影机主要用于选取合适的场景视角和生成摄影机动画。摄影机按功能可以分为动态摄影机和静态摄影机。动态摄影机在场景布置好后,位置参数随场景物体移动而改变;静态摄影机在场景布置好后,位置参数不再改变。摄影机按是否有目标点可以分为目标摄影机、自由摄影机和物理摄影机。目标摄影机指向前面一定范围内的可控制目标点,适合目标始终不动的静态场景,也可用于制作摄影机动画;自由摄影机可直接观察其指向的方向,适合目标不确定的场合,特别适合制作摄影机动画。物理摄影机没有目标。

5.2.1 物理摄影机属性

物理摄影机主要控制 3 个参数:一是视角,二是亮度颜色,三是景深。

在场景中可架设多个摄影机,以便从各个视角对场景中的物体进行观察。在场景中创建摄影机后,可以将任意一个视图区设置为摄影机视图,快捷键是 C。若需要修改摄影机属性,可在卷展栏中进行设置。物理摄影机有 7 个卷展栏,如图 5-44 所示。

1. "基本"卷展栏

"基本"卷展栏如图 5-45 所示。主要控制物理摄影机的基本属性。

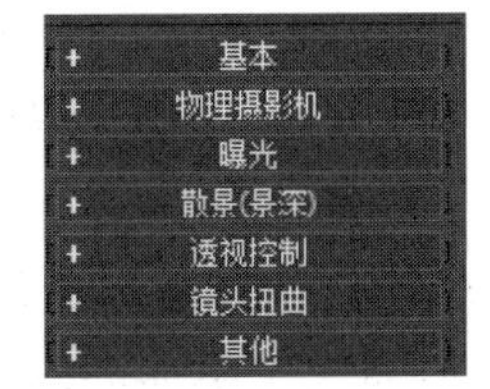

图 5-44 物理摄影机的卷展栏

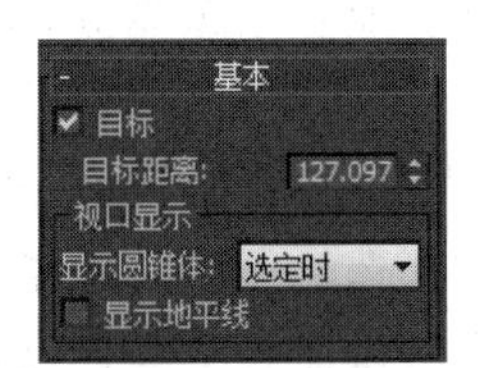

图 5-45 "基本"卷展栏

勾选“目标”复选框表示摄影机是目标摄影机,“目标距离”参数用于定义摄影机镜头焦距的长度,以 mm 为单位,取值范围为 9.857～10 000 000。

“视口显示”参数组用于定义摄影机在视口中的显示方式。“显示圆锥体”参数有“选定时”“始终”“从不”3 种显示方式。

“显示地平线”复选框用于选择是否显示场景中的地平线。

2. “物理摄影机”卷展栏

“物理摄影机”卷展栏如图 5-46 所示,主要控制物理摄影机的属性。

“胶片/传感器”参数组用于设置摄影机的视野,预设值越大,视野越宽。镜头的视野与焦距成反比,视野改变时,焦距也随着改变,反之亦然。用户可以指定视野,也可以使用系统预设值,如图 5-47 所示。

用户可以定义胶卷的宽度。设置值越大,视野越宽。

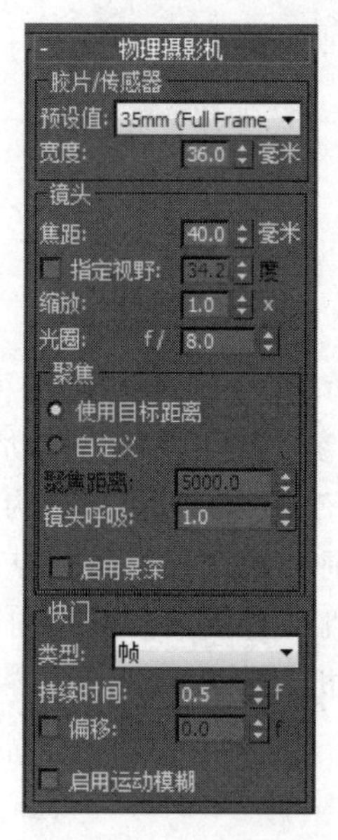

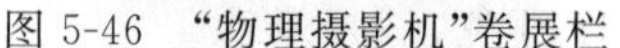
图 5-46 “物理摄影机”卷展栏

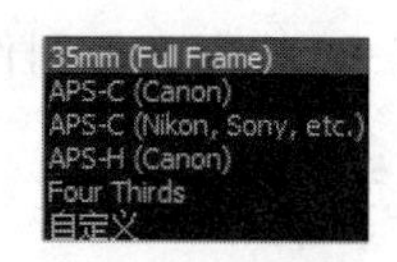

图 5-47 “胶片/传感器”参数预设值

“镜头”参数组用于设置摄影机的焦距和光圈,可以控制摄影机的视野,“焦距”值越大,视野越窄。勾选“指定视野”复选框,可以指定一个视野;不勾选该项时使用默认值。“缩放”数值框用于设置缩放因子,相当于胶片的规格。

“光圈”数值框用于设置摄影机的光圈。注意,输入的数值越大,光圈越小。摄影机的光圈越大,进入的光越多,渲染出的图像就越亮。光圈还可以控制景深,光圈越大,渲染出来的照片主体越清晰,而背景越模糊,即景深效果越强。

“聚焦”参数组用于设置聚焦平面的距离和效果。“使用目标距离”单选按钮表示用户使用场景中的物理摄影机的目标距离,如果选择“自定义”单选按钮,可以手动控制聚焦平面距离,“启用景深”复选框可以产生景深效果,由于景深的范围可以选择,使用焦距未必能达到理想的效果,有时候需要手动控制,具体应用可以参考后面关于景深的内容。

“快门”参数组用于控制感光效果。

动手演练 摄影机的运动模糊效果

01 打开素材文件“第 5 章 灯光与摄影机\素材文件\运动模糊\景深运动模糊特效-素材.max”。

02 选择摄影机，在修改面板中的“多过程效果”参数组中勾选“启用”复选框，并设置模糊类型为“运动模糊”，设置运动模糊的相关参数，如图 5-48 所示。

03 运动模糊的最终渲染效果如图 5-49 所示。详细参数设置参考素材文件“第 5 章 灯光与摄影机\素材文件\运动模糊\景深运动模糊特效-完成.max”文件。

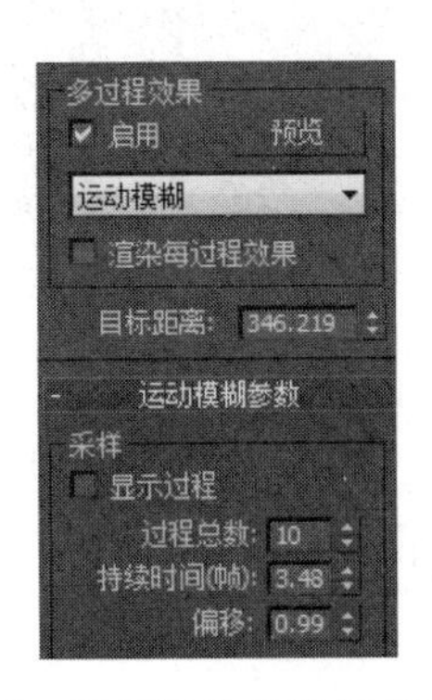

图 5-48 设置运动模糊的相关参数

图 5-49 运动模糊最终渲染效果

3. “曝光”卷展栏

“曝光”卷展栏如图 5-50 所示，主要控制物理摄影机的曝光参数。

单击“安装曝光控制”按钮以使物理摄影机曝光控制处于选中状态。如果物理摄影机曝光控制已处于活动状态，则会禁用此按钮，其按钮将显示为“曝光控制已安装”。默认情况下，此卷展栏上的设置将覆盖物理摄影机曝光控制的全局设置。用户还可以设置物理摄影机曝光控制，以替代单个摄影机的曝光控制。

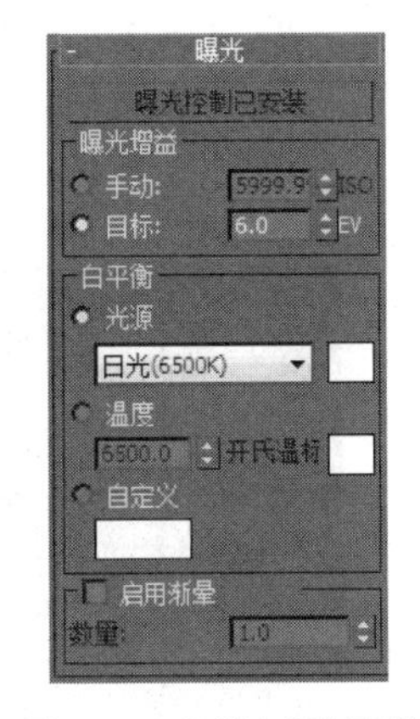

图 5-50 “曝光”卷展栏

“曝光增益”用于确定曝光模式。

“手动”通过 ISO 值设置曝光增益。当该选项处于选中状态时，通过该值、快门速度和光圈设置计算曝光。该值越高，曝光时间越长。

“目标”(默认设置)用于设置与 3 个摄影曝光值的组合相对应的单个曝光值。例如，快门速度为 1/125s、f/16 和 ISO 100 的组合，对应的单个曝光值为 15。手动 ISO 值和目标曝光值是相互耦合的，更改其中一个值，另一个值也会随着更改。

“白平衡”参数组控制整个场景的色调。

“光源”(默认设置)按照标准光源设置色彩平衡。默认设置为“日光(6500K)”。

“温度”以色温的形式设置色彩平衡，以热力学温度(开氏温标)表示。

“自定义”用于设置任意色彩平衡。单击色块以打开颜色选择器，可以从中设置要使用的颜色。

如果整体色调偏冷，修改灯光颜色很麻烦，这时可以把白平衡改为冷色调，其他场景就会变为暖色调。

“启用渐晕”复选框被勾选时，渲染模拟出现在图片平面边缘的变暗效果，即图片四周偏黑，中心偏亮。启用该项时，要在物理上更加精确地模拟渐晕，可以使用“散景(景深)”卷展栏上的“光学渐晕(CAT 眼睛)”控制。在“数量”数值框中输入大于 1 的值以增强渐晕效果，默认值为 1.0。

4. “散景(景深)”卷展栏

景深模糊效果可以使场景产生更强烈的空间感。摄影机的景深模糊以一个焦点为基准，渲染时，对象距离焦点越远越模糊，越近越清晰。图 5-51 是“散景(景深)”参数卷展栏。

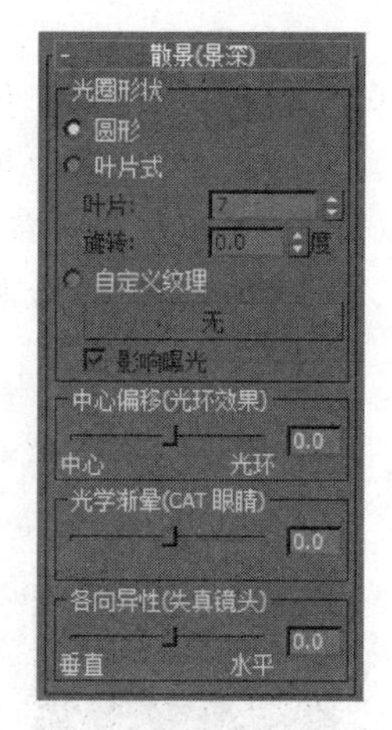

图 5-51　“散景(景深)”卷展栏

“光圈形状”有“圆形”和“叶片式”两种，可以定义光圈形状和纹理。

“中心偏移(光环效果)”用于定义光圈的位置，默认是居中的。

“各向异性(失真镜头)”用于确定光圈的角度，包括“垂直”“水平”和自定义值(通过数值框设定)。

动手演练　景深效果设置

01　打开素材文件“第 5 章 灯光与摄影机\素材文件\景深\景深-素材.max”。

02　选择摄影机，在修改面板中的“多过程效果”参数组中勾选“启用”复选框，并设置模糊类型为“景深”，设置景深的相关参数，如图 5-52 所示。

景深模糊最终渲染效果如图 5-53 所示。详细参数设置请参考素材文件“第 5 章 灯光与摄影机\素材文件\景深\景深-完成.max”。

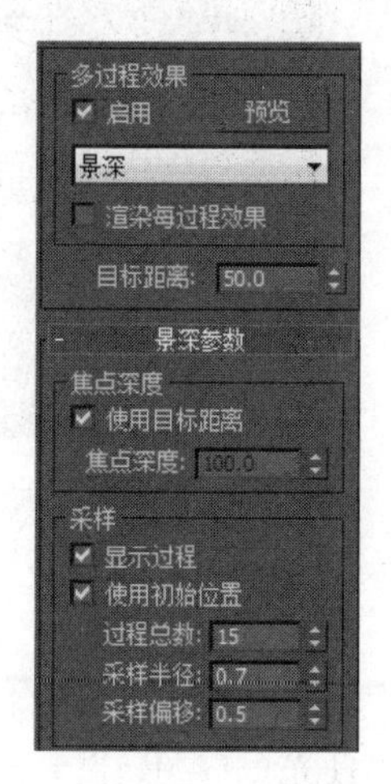

图 5-52　摄影机景深参数设置

图 5-53　景深模糊渲染效果

5. “透视控制”卷展栏

“透视控制”卷展栏用于设定摄影机的透视方式以及倾斜校正方式，如图 5-54 所示。

“镜头移动”参数组设置沿水平或垂直方向移动摄影机视图，而不旋转或倾斜摄影机。在 X 轴和 Y 轴，它们将以百分比形式表示帧宽度(不考虑图像纵横比)。

“倾斜校正”参数组设置沿水平或垂直方向倾斜摄影机。可以使用它们来更正透视，特别是在摄影机已向上或向下倾斜的场景中。

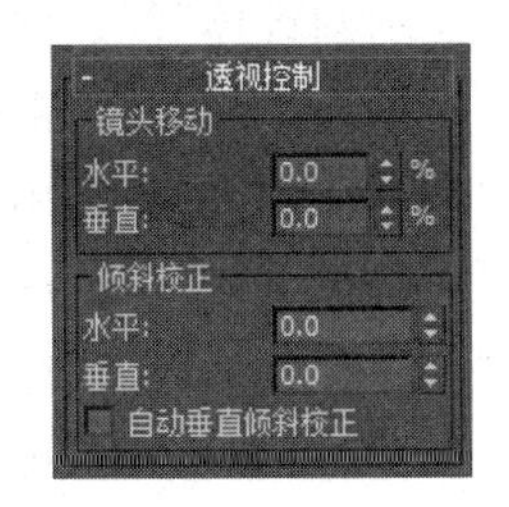

图 5-54　“透视控制”卷展栏

“自动垂直倾斜校正”复选框启用时，需要将“倾斜校正”中的“垂直”值设置为沿 Z 轴对齐透视。默认设置为禁用。

6. “镜头扭曲”卷展栏

“镜头扭曲”卷展栏用于确定镜头是否扭曲以及扭曲的类型。有 3 种扭曲类型，分别是“无”“立方”和“纹理”，如图 5-55 所示。

“无”是默认设置，不应用扭曲。

“立方”下面的“数量”不为 0 时，将扭曲图像。正值会产生枕形扭曲，负值会产生筒体扭曲。在枕形扭曲中，与图像中心的距离越大，线越向中心扭曲。在筒体扭曲(典型的缩放镜头)中，与图像中心的距离越大，线越向外扭曲。

“纹理”用于设置基于纹理贴图扭曲图像。单击它下面的按钮可以打开“材质/贴图浏览器”，然后指定贴图。

7. “其他”卷展栏

“其他”卷展栏用于设置剪切平面和环境范围，如图 5-56 所示。

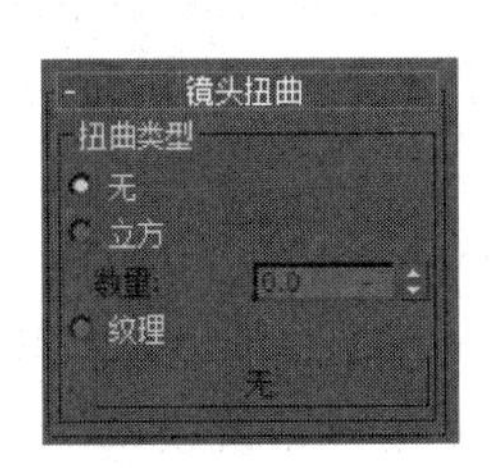

图 5-55　“镜头扭曲”卷展栏

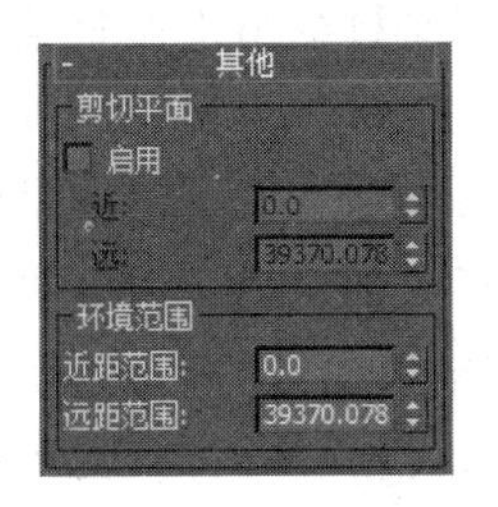

图 5-56　“其他”卷展栏

在“剪切平面”参数组中勾选“启用”复选框，表示启用剪切平面功能。

“环境范围”参数组用于设置大气效果的近距范围和远距范围。这些值采用场景设置的单位。默认情况下，环境范围将覆盖场景的范围。

5.2.2　普通摄影机属性

普通摄影机包括目标摄影机和自由摄影机，在 3ds Max 2016 中，它们都包括“参数”和“景深参数”两个卷展栏。图 5-57 是目标摄影机的“参数”卷展栏。

“镜头”数值框用于定义摄影机镜头焦距，以 mm 为单位，取值范围为 9.857～10 000 000。另外，系统还提供了 9 种备用镜头。

“视野”数值框用于定义摄影机镜头的视野，镜头的视野与焦距成反比。

“类型”下拉列表用于定义摄影机的类型是目标摄影机还是自由摄影机。

“显示圆锥体”复选框用于确定摄影机是否显示摄影机圆锥体视图。

“显示地平线”复选框用于确定是否显示地平线。

“环境范围”参数组用于定义镜头的近距范围和远距范围。

“剪切平面”参数组用于定义镜头的剪切范围。

“多过程效果”参数组用于为摄影机施加景深模糊效果。

“景深参数”卷展栏用于设置景深参数，如图 5-58 所示。

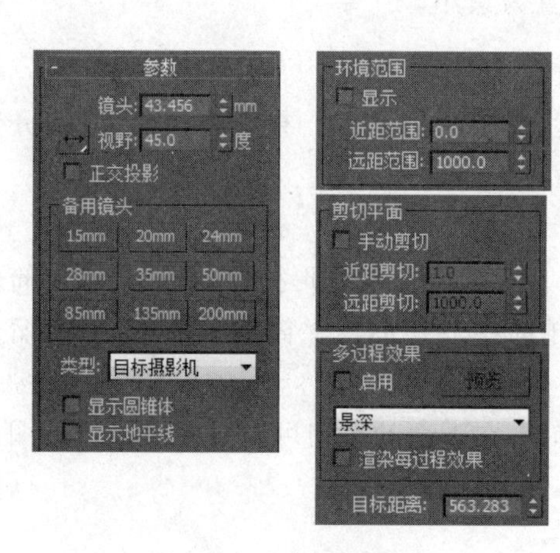

图 5-57 “参数”卷展栏

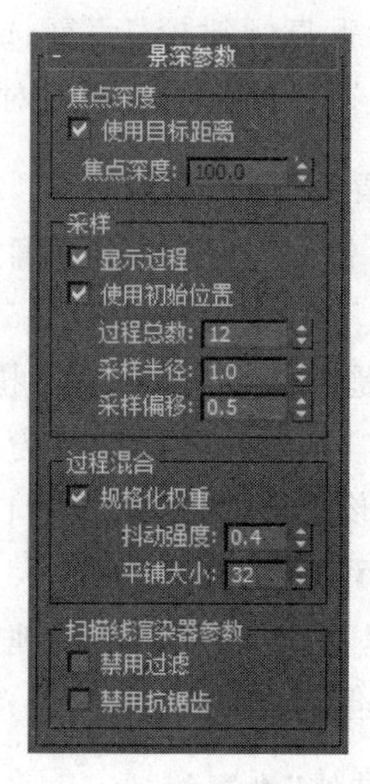

图 5-58 “景深参数”卷展栏

“焦点深度”参数组用于调整镜头焦点的距离。光圈越大，景深越小；光圈越小，景深越大。焦距越长，景深越小；焦距越短，景深越大。摄距越近，景深越小；摄距越远，景深越大。

“采样”参数组用于设置渲染景深特效时的采样观察。

“过程混合”参数组用于设定抖动强度，用百分比值表示。

“扫描线渲染器参数”参数组用于设定渲染以扫描方式进行。若启用“禁用过滤”选项，系统不使用滤镜效果；若启用“禁用抗锯齿”选项，系统不使用抗锯齿效果。

摄影机的类型不同，用途也不完全相同。下面通过两个实例说明摄影机的不同用途。

动手演练 设置静态摄影机

静态摄影机在场景中位置固定不变，适用于静态场景和确定的观察角度。

01 打开素材文件“第 5 章 灯光与摄影机\素材文件\静态摄影机\女士美白霜-素材.max”。

02 在前视图中架设目标摄影机，在前视图或左视图中调整摄影机的位置，使摄影机视图能够显示较好的效果，如图 5-59 所示。

静态摄影机最终效果如图 5-60 所示。详细参数设置参考素材文件“第 5 章 灯光与摄影机\素材文件\静态摄影机\女士美白霜-完成.max”文件。

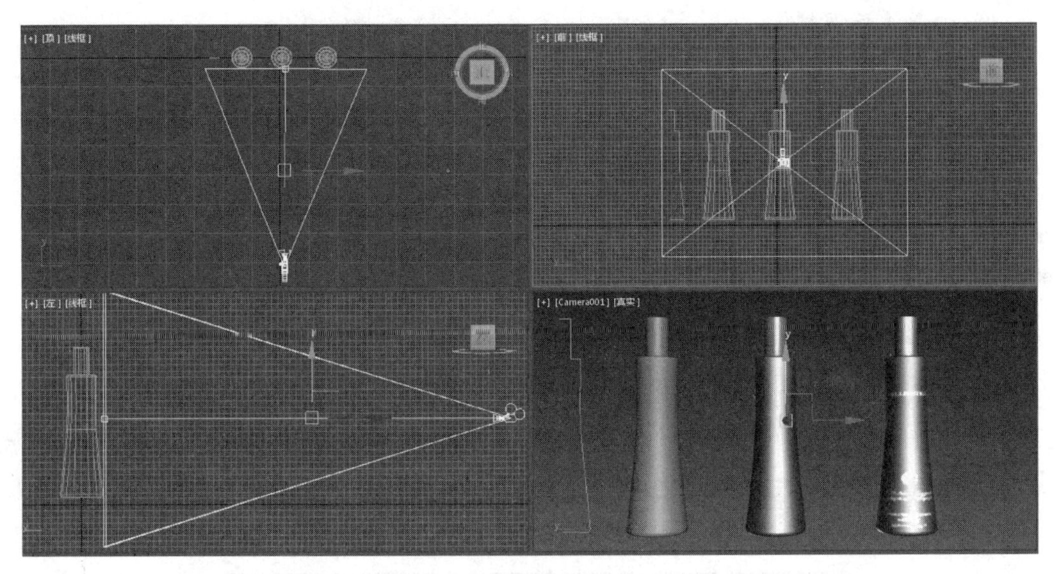

图 5-59 静态摄影机

图 5-60 静态摄影机最终效果

动手演练 设置动态摄影机

动态摄影机也称为跟随摄影机，一般适用于动画场景。当场景中的对象处于运动状态时，摄影机镜头随物体一起运动。运动的物体和镜头之间的距离保持不变，以便能够更清楚地观察运动物体。

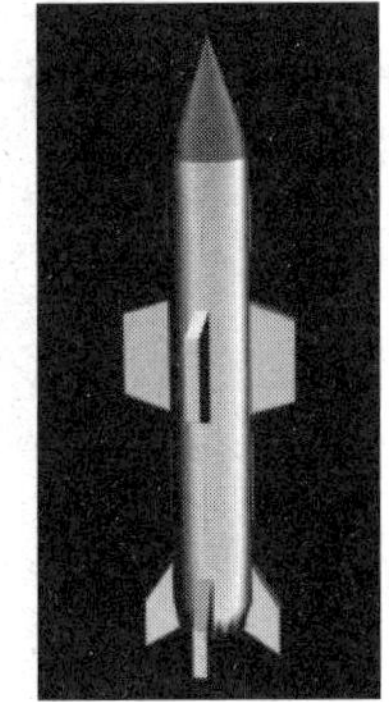

图 5-61 赋予材质后的导弹模型

01 创建导弹模型。创建圆柱体，转换为可编辑多边形，选择最上面的多边形进行倒角，制作出导弹主体。创建长方体对象，转换为可编辑多边形，并进行缩放、阵列，制作出其他附件。详细参数参考素材文件“第5章 灯光与摄影机\素材文件\动态摄影机\飞行的导弹-素材.max”。

02 赋予材质。给导弹主体赋予多维/子对象材质，基础材质是金属不锈钢材质。给其他附件赋予金属不锈钢材质，如图 5-61 所示。

03 设置环境贴图为“环境贴图 sky.jpg”，并在材质浏览器中修改为屏幕贴图类型，如图 5-62 所示。

图 5-62 设置环境贴图

04 创建目标摄影机，制作目标点的移动动画。首先调整好摄影机视图，在左视图中选择目标点，单击“自动记录关键点”按钮，再单击 按钮设置开始关键点，如图 5-63 所示。

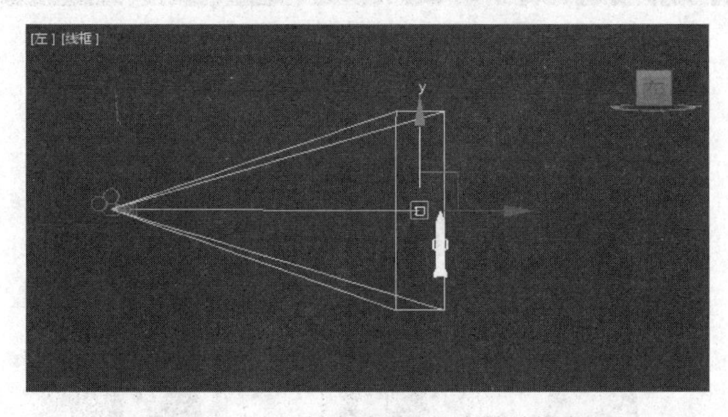

图 5-63 为目标点动画设置开始关键点

05 将关键点拖动到第 100 帧，在场景中向下移动目标点到合适的位置，在透视图中可以看到导弹向上移动，在即将移出透视图范围时，单击 设置结束关键点，如图 5-64 所示。

图 5-64 为目标点动画设置结束关键点

06 播放动画，查看效果。图 5-65 是第 60 帧的效果。最终结果参考素材文件“第 5 章 灯光与摄影机\素材文件\动态摄影机\飞行的导弹-完成. max”。

图 5-65　摄影机动画效果

5.3　场景表现综合案例

在 3ds Max 中，标准灯光是场景中的主要照明光源。场景照明是用灯光勾勒出场景造型，并烘托和渲染场景氛围。通常根据三点光照明原理布置灯光。主光的布置一般由光照的主要角度来确定，而辅光和背光的布置应该根据场景实际的光照效果来灵活掌握。此外，场景中的照明不一定是由一个主光、一个辅光和一个背光构成的，也可以根据场景照明效果的要求增加多个主光、多个辅光和多个背光。

本节运用 3ds Max 的灯光系统实现室内场景照明。基本思路：首先搭建一个简单的室内场景，然后给场景中的对象赋予材质，最后设计场景的灯光系统。

在材质设计之初一般应考虑以下问题。

(1) 材质需要什么样的位图作为贴图。大部分材质需要进行贴图的设计，尽管绘图软件可以绘制贴图，但由于图像的真实程度在很大程度上取决于模型的纹理，所以大量的材质贴图是由拍摄得来的。需要注意的是，位图的分辨率和亮度对材质的影响很大。

(2) 材质将应用到什么样的几何体上。为了达到较好的渲染效果，可以把某些有特殊材质需要的几何体引入空场景中，这样既可以准确地设计材质，又可以节省时间。

(3) 如何为材质建立灯光。灯光和材质是密不可分的，在编辑材质前，可以在场景中建立一个照明灯光系统来测试材质效果，但场景比较简单时不需要这么做。

(4) 如何确定材质的精度。在一个复杂的场景中，模型有主次之分，所以材质也要有精细和粗略之分，主要对象要精细表现，次要对象可以粗略表现。

动手演练　阳光小屋室内设计

本实例在前几章的基础上，综合应用室内建筑结构、材质、贴图、灯光、摄影机等技术。室内建筑结构建模部分参考第 3 章内容，也可以使用本章的素材文件。

01 打开素材文件“第5章 灯光与摄影机\素材文件\综合案例-阳光小屋\阳光小屋-素材.max”,如图5-66所示。

图5-66 阳光小屋室内场景

02 编辑地板材质。在材质编辑器中为“地板”对象赋予标准材质,设置“漫反射”“高光级别”和“光泽度”参数,在贴图通道中添加“黑胡桃.tif”。添加“UVW贴图”修改器,调整贴图坐标,参数设置如图5-67所示。

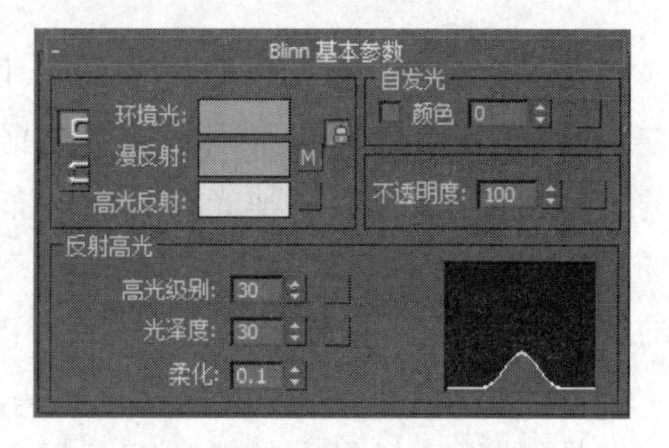

图5-67 地板材质参数

03 编辑墙体和天花板材质。在材质编辑器中为“墙体”和“天花板”对象赋予标准材质,设置“漫反射”“高光级别”和“光泽度”参数,在漫反射贴图通道中添加“混凝土.jpg”贴图,如图5-68所示。在凹凸贴图通道中添加噪波贴图,调整“凹凸”参数为5。噪波参数如图5-69所示。

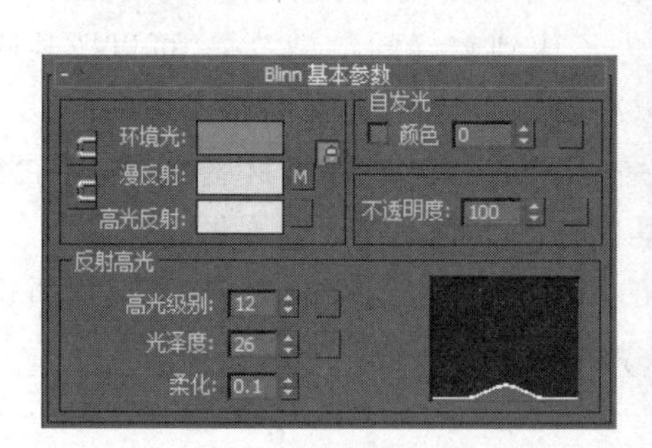

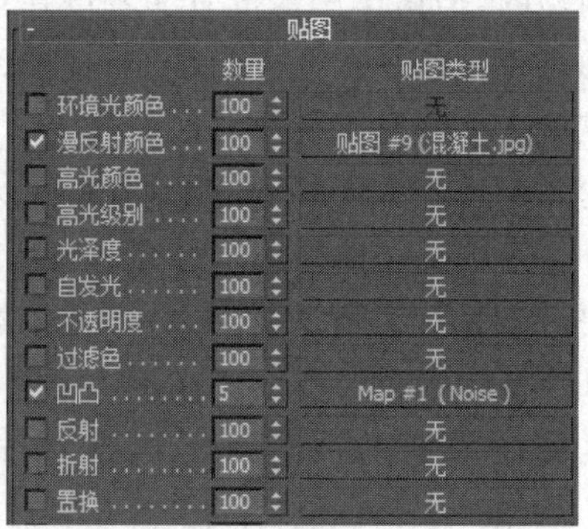

图5-68 墙体材质参数

04 编辑桌子和椅子材质。在材质编辑器中为“桌子”和“椅子”对象赋予标准材质,设置"漫反射""高光级别"和"光泽度"参数。在漫反射贴图通道中添加"木材. tif"贴图,如图 5-70 所示。

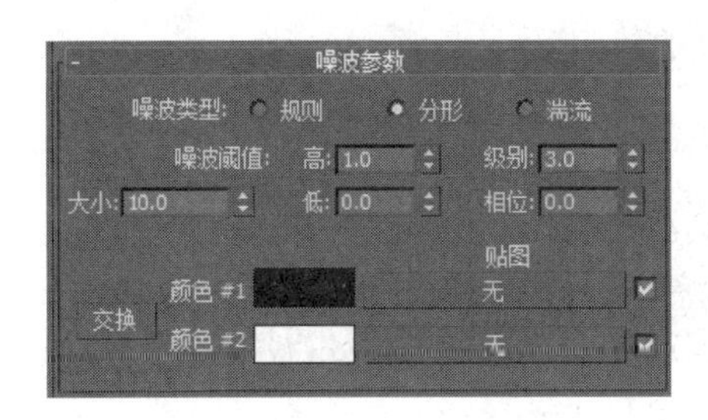

图 5-69 墙体噪波参数

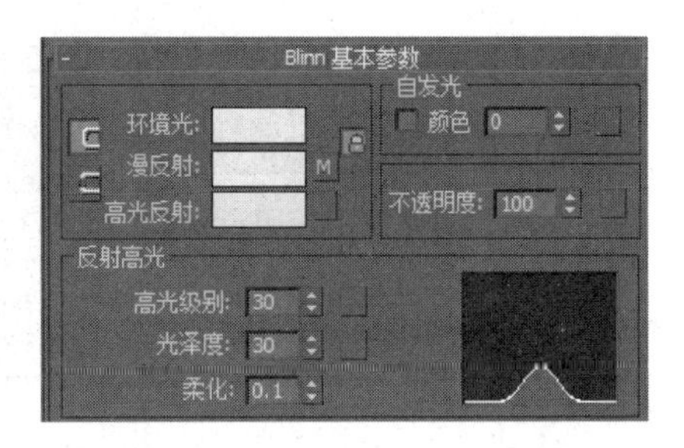

图 5-70 桌子和椅子材质参数

05 编辑椅子面的皮革材质。在材质编辑器中为"椅子面"对象赋予标准材质,设置"漫反射""高光级别"和"光泽度"参数。在漫反射贴图通道中添加"皮革. jpg"贴图,如图 5-71 所示。在凹凸贴图通道中复制漫反射贴图。

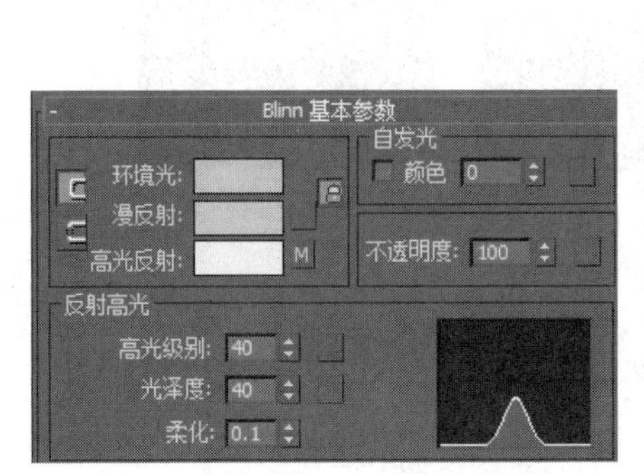

贴图

	数量	贴图类型
环境光颜色 . . .	100	无
漫反射颜色 . . .	100	无
✔ 高光颜色	100	贴图 #15 (皮革.jpg)
高光级别	100	无
光泽度	100	无
自发光	100	无
不透明度	100	无
过滤色	100	无
✔ 凹凸	30	贴图 #16 (皮革.jpg)
反射	100	无
折射	100	无
置换	100	无

图 5-71 椅子面材质参数

06 在顶视图中架设摄影机,在前视图和左视图中调整摄影机的高度和角度,如图 5-72 所示。

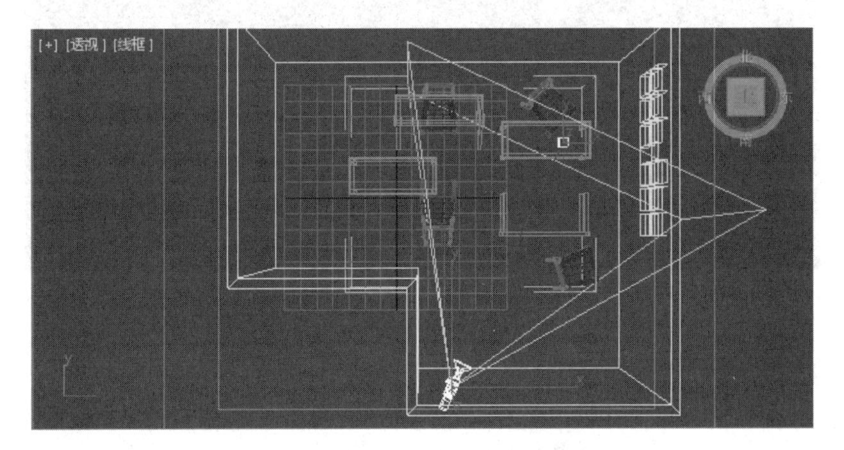

图 5-72 架设摄影机

07　在顶视图中添加目标聚光灯作为主光源，在前视图和左视图中调整灯光的高度和角度，方向大致与摄影机相同，如图 5-73 所示。

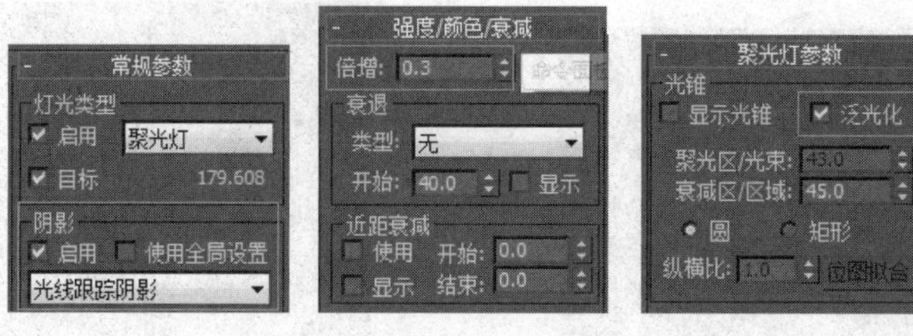

图 5-73　室内主光源参数设置

08　在顶视图中再添加目标聚光灯作为辅助光源，在前视图和左视图中调整辅助光源的高度和角度，方向大致与主光源相对，参数设置如图 5-74 所示。

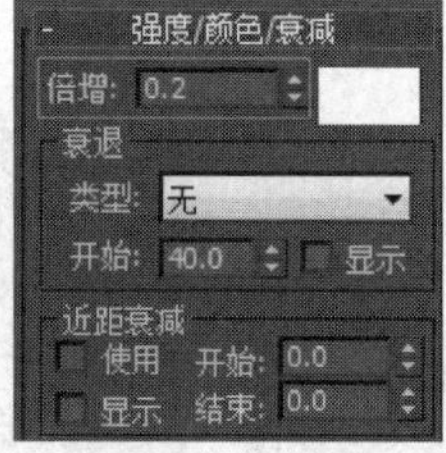

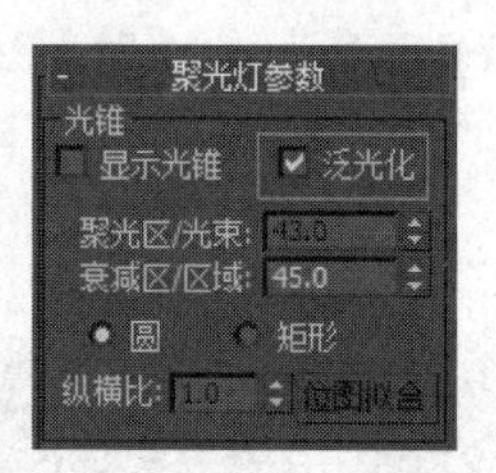

图 5-74　辅助光源参数设置

09　室外太阳光设计。在顶视图中有窗户的那面墙上添加目标平行光，在前视图和左视图中调整目标平行光的高度和角度，使灯光穿过窗户照射到室内，如图 5-75 所示。

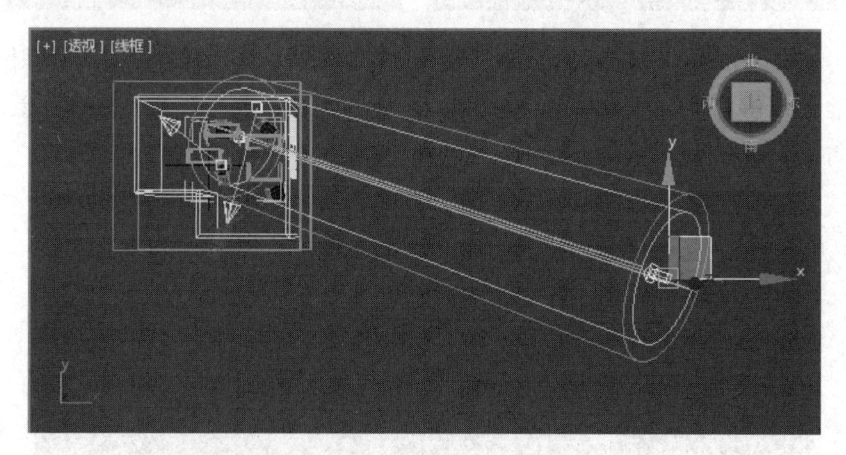

图 5-75　添加目标平行光

为太阳光添加体积光效果，并设置体积光参数，如图 5-76 所示。

10　为了模仿室外光照射到墙壁的效果，为场景添加一个泛光灯，移动到靠墙的位置。渲染场景，查看效果，调整倍增值。如果场景偏暗，可以为场景添加一个天光，以照亮整个场景。

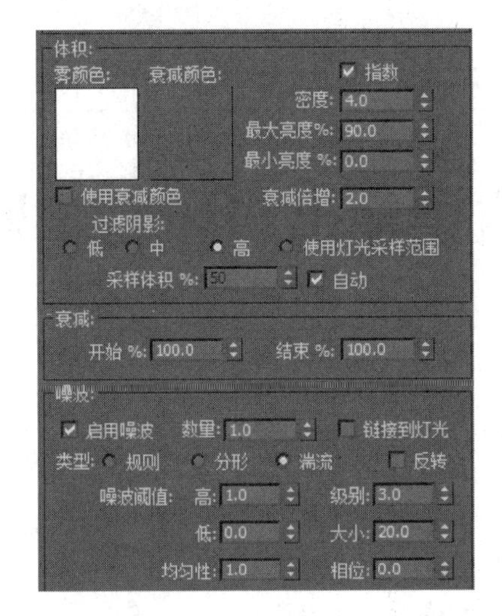

图 5-76 体积光参数

渲染最终效果如图 5-77 所示。详细参数可以参考素材文件“第 5 章 灯光与摄影机\素材文件\综合案例-阳光小屋\阳光小屋-完成.max”。

图 5-77 阳光小屋最终效果

本章小结

本章介绍了在场景中设置摄影机和灯光的方法，主要内容包括摄影机、标准灯光和光度学灯光，并通过案例介绍了场景中灯光的设计过程。

第 6 章

Chapter 6

渲染输出与环境效果

本章学习重点

- 掌握渲染设置面板常用参数的设置。
- 掌握默认扫描线渲染器的使用方法。
- 了解 mental ray 渲染器的使用方法。
- 掌握环境参数设置和大气效果的基本应用。

一个场景除了需要设置材质和灯光之外，还需要渲染才能生成最终的效果。渲染时可以使用场景中设计的灯光、材质、环境设置为几何体着色。在 3ds Max 中有 4 种渲染方式，分别是线性扫描、光线跟踪、光能传递、mental ray 渲染器。渲染算法越复杂，渲染效果越逼真，但同时越消耗系统的硬件资源，渲染时间也越长。所以，在选择渲染器时要根据作品要求加以综合考虑。

本章主要介绍默认扫描线渲染器命令、渲染设置和 mental ray 渲染器。

6.1 渲染输出技术

默认扫描线渲染器是 3ds Max 默认的渲染器，渲染时将场景从上到下生成一系列扫描线。它提供了几种渲染方式，用户可以通过单击相应的工具图标快速地执行渲染命令。它还提供了一个独立的“渲染快捷方式”工具栏，方便用户快速地调用预设的渲染设置。

6.1.1 渲染命令

3ds Max 的渲染命令可以使用菜单、工具栏、快捷键 3 种方式执行。

使用菜单方式渲染时，选择“渲染”菜单，然后选择“渲染”子菜单，就可以渲染当前视图。快捷键是 Shift+Q 或 F9，需要注意的是，使用快捷键只能渲染默认视图。

使用工具栏渲染时，可以在工具栏上单击渲染产品工具。

3ds Max 还为用户提供了一个独立的“渲染快捷方式”工具栏，利用该工具栏可以设置 3 个自定义的渲染预设按钮，方便用户调用。在工具栏的空白处右击，在弹出的快捷菜单中选择“渲染快捷方式”命令，如图 6-1 所示。

此时会弹出“渲染快捷方式”对话框，如图 6-2 所示。

单击对话框右侧的下拉列表，打开“渲染预设加载”对话框，如图 6-3 所示。

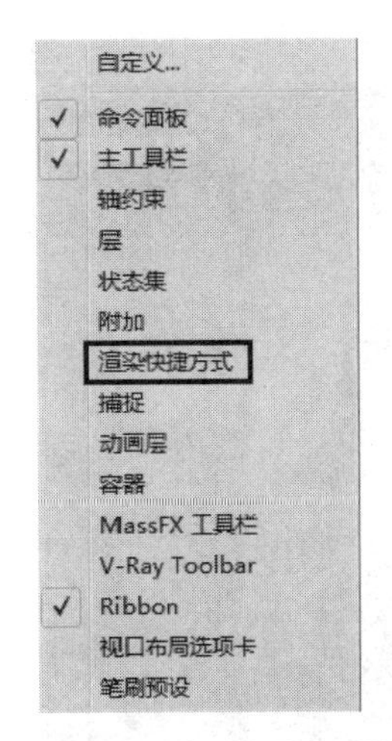

图 6-1　选择“渲染快捷方式”命令

图 6-2　“渲染快捷方式”对话框

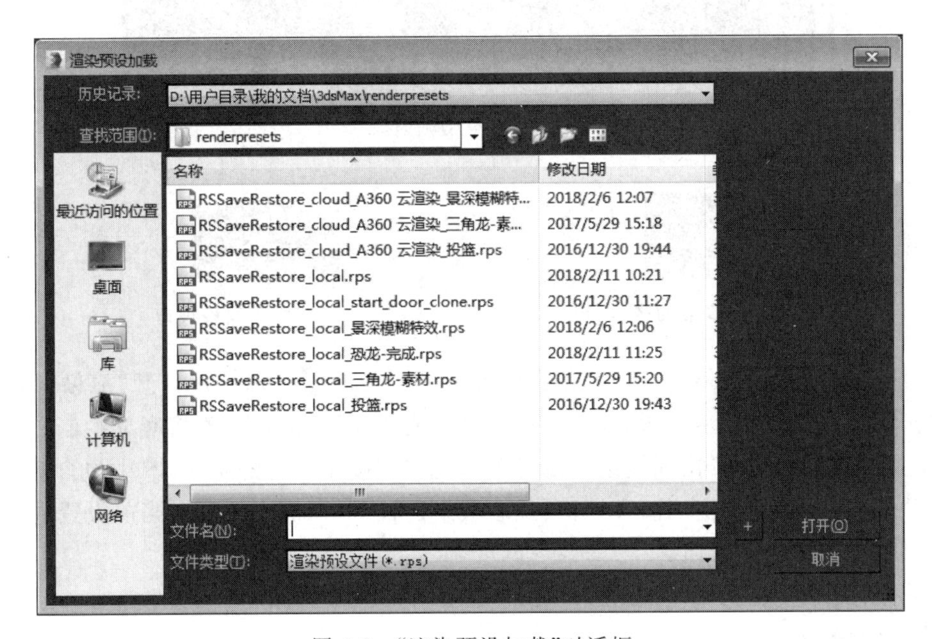

图 6-3　“渲染预设加载”对话框

6.1.2　渲染帧窗口

渲染帧窗口用于显示渲染输出的图像，在该窗口中还可以进行渲染和其他设置，如图 6-4 所示。执行渲染命令或者在工具栏中单击帧窗口工具，都会打开渲染帧窗口。

下面介绍渲染帧窗口中的参数和工具。

“要渲染的区域”下拉列表提供渲染区域选项，如图 6-5 所示。

编辑区域按钮可以启用对区域窗口的操纵。例如，拖动控制柄可调整区域大小，在窗口中拖动区域可进行移动。

选择自动区域按钮可以将“区域”“裁剪”和“放大”区域自动设置为当前选择的区域。

“视口”下拉列表用于指定要渲染的视口，如图 6-6 所示。

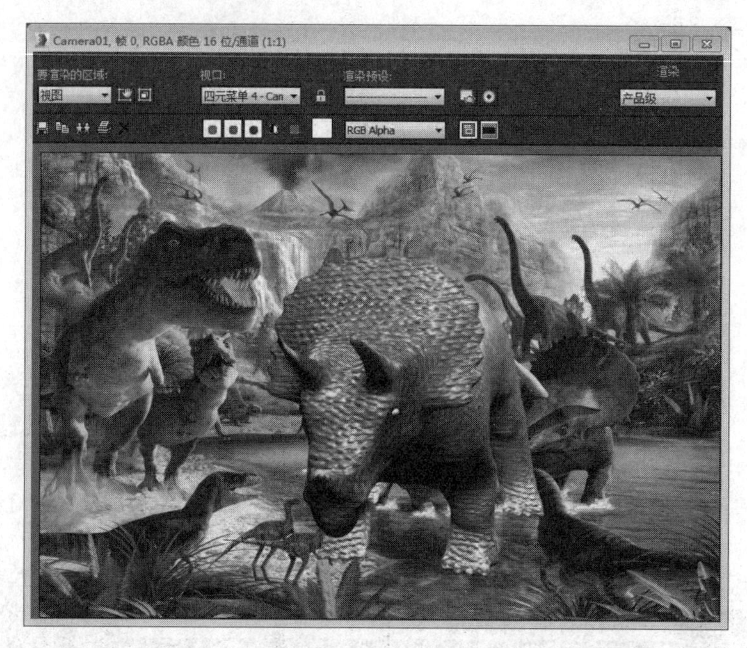

图 6-4 渲染帧窗口

图 6-5 “要渲染的区域”选项

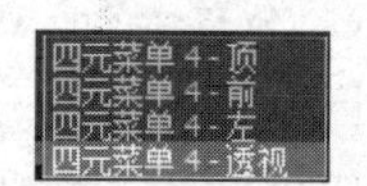

图 6-6 指定渲染视口

从“渲染预设”下拉列表中选择“预设渲染”选项，单击可以快速打开“渲染设置”对话框。单击可以打开“环境和效果”对话框，在“曝光控制”卷展栏中设置曝光控制。

“渲染”按钮下面的下拉列表用于设置单击“渲染”按钮产生的结果，其中包含两项：“产品级”和“迭代”。产品级使用渲染帧窗口和“渲染设置”对话框中的所有当前设置进行渲染。

工具栏中包括以下按钮。

：保存图像。用于保存在渲染帧窗口中显示的渲染图像。

：复制图像。

：克隆渲染帧窗口。创建另一个包含渲染图像的窗口，这样就可以将另一个图像渲染到渲染帧窗口，然后将其与原来的渲染图像进行比较。

：打印图像。将渲染图像发送至 Windows 中定义的默认打印机，将背景打印为透明。

：清除图像。清除渲染帧窗口中的图像。

3 个相邻的：分别用于启用红色通道、绿色通道和蓝色通道。

：显示 Alpha 通道。

：单色。显示渲染图像的 8 位灰度图。

：切换 UI 叠加。启用该选项时，如果“区域”“裁剪”或“放大”区域中有一个处于活动状态，则会显示相应区域的帧。要禁用该帧的显示，应关闭该选项。

注意：即使不显示，该帧仍然处于活动状态。

▣：切换 UI。启用该选项时，所有控件均可使用。禁用该选项时，将不显示对话框顶部的渲染控件以及对话框下部单独面板上的 mental ray 控件。要简化对话框界面并且使该界面占据较小的空间，可以关闭该选项。

6.1.3 “渲染设置”对话框

默认扫描线渲染器的“渲染设置”对话框用于设置图像渲染参数，并把渲染的图像或动画视频保存到文件中。

通过以下 4 种方式可以打开“渲染设置”对话框。

(1) 选择“渲染”菜单，然后选择“渲染设置”子菜单。

(2) 在主工具栏上单击渲染设置工具▣。

(3) 在渲染帧窗口中单击▣按钮。

(4) 按快捷键 F10。

“渲染设置”对话框如图 6-7 所示。对话框上面是渲染器基本设置选项，中间是“公用”“渲染器”“Render Elements”“光线跟踪器”“高级照明”5 个选项卡，下面是对应选项卡的参数卷展栏。

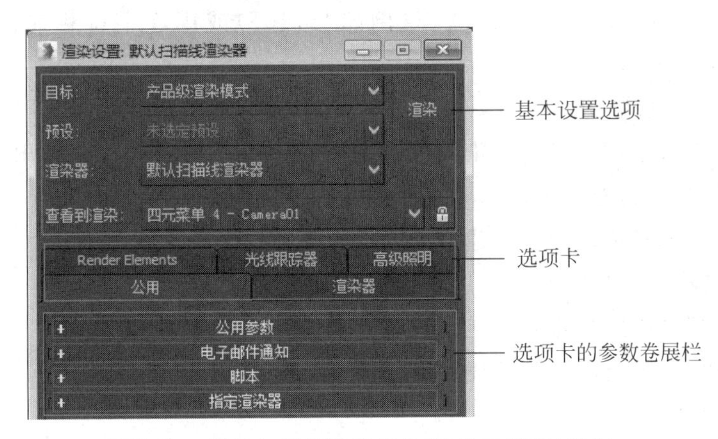

图 6-7　默认扫描线渲染器的“渲染设置”对话框

“目标”下拉列表用于选择不同的渲染模式，如图 6-8 所示。

“产品级渲染模式”：是默认设置，当当前场景处于活动状态时，单击“渲染”按钮可使用产品级渲染模式。

“迭代渲染模式”：当当前场景处于活动状态时，单击“渲染”按钮可使用迭代渲染模式。

“ActiveShade 模式”：当当前场景处于活动状态时，单击“渲染”按钮可使用 ActiveShade 模式。

“A360 云渲染模式”：打开 A360 云渲染的控制。

图 6-8　“目标”下拉列表

“提交到网络渲染”：将当前场景提交到网络渲染。这种渲染方式需要打开“网络作业分配”对话框。

“渲染设置”对话框中包含若干个选项卡，选项卡的数量和名称根据选择的渲染器不同而有所变化。下面对 3ds Max 的默认扫描线渲染器所包含的 5 个选项卡进行介绍。

1. “公共”选项卡

“公共”选项卡包含 4 个卷展栏。

1）“公用参数”卷展栏

“公用参数”卷展栏的参数比较多，包括“时间输出”“输出大小”“选项”“高级照明”“位图性能和内存选项”“渲染输出”6 个参数组。

（1）“时间输出”参数组。

“时间输出”参数组用于选择要渲染的帧，如图 6-9 所示。

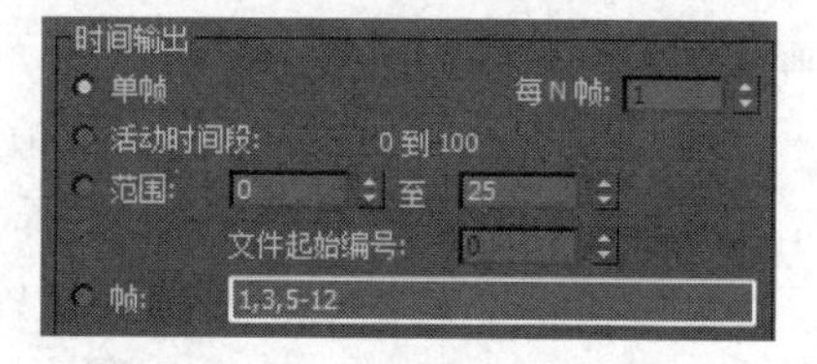

图 6-9 “时间输出”参数组

“单帧”：设置仅渲染当前帧。

“每 N 帧”：设置帧的采样规则。

“活动时间段”：设置帧的当前范围。

“范围”：设置要渲染的帧号范围。

“文件起始编号”：指定起始文件编号，从这个编号开始递增文件名。取值范围是 −99 999～99 999。

“帧”：指定用逗号隔开的非连续帧（例如“5，10”）或用连字符相连的帧范围（例如“30-45”）。

（2）“输出大小”参数组。

“输出大小”参数组用于设置渲染图像的大小，如图 6-10 所示。在“输出大小”下拉列表中，可以从系统给出的行业标准电影和视频纵横比中选择。

“光圈宽度（毫米）”指定用于创建渲染输出的摄影机光圈宽度。

“宽度”和“高度”的单位为像素，用于设置输出图像的分辨率。

“图像纵横比”是高度与宽度的比率。

“像素纵横比”设置显示在其他设备上的像素纵横比。

（3）“选项”参数组。

“选项”参数组用于设置图像渲染的大气和效果，如图 6-11 所示。

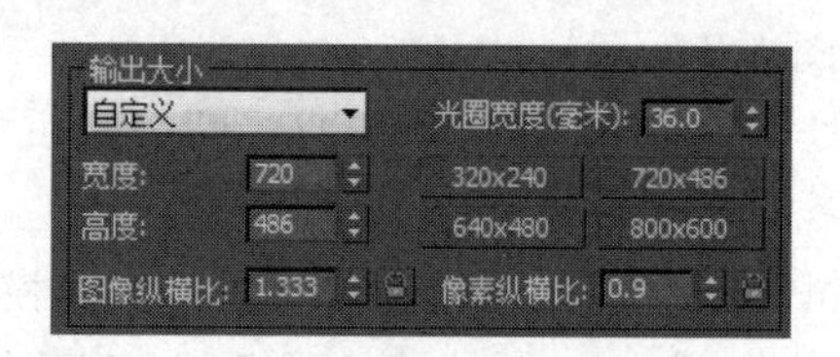

图 6-10 “输出大小”参数组

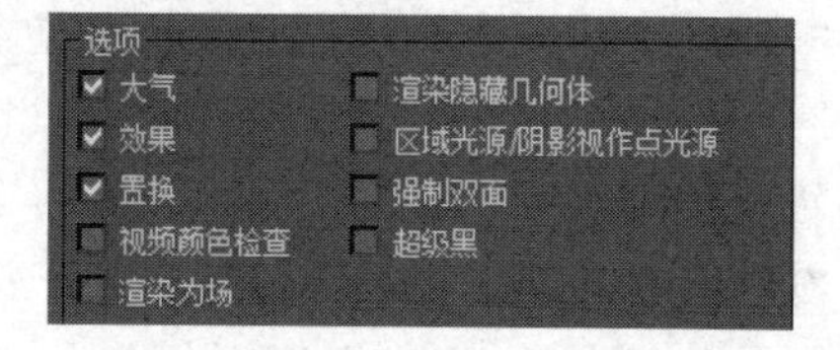

图 6-11 “选项”参数组

（4）“高级照明”参数组。

“高级照明”参数组用于设置渲染过程中的光线跟踪和光能传递效果，如图 6-12 所示。

（5）“位图性能和内存选项”参数组。

“位图性能和内存选项”参数组用于设置在 3ds Max 渲染时使用贴图还是位图代理，如图 6-13 所示。单击“设置”按钮可以打开全局设置和位图代理的默认对话框。

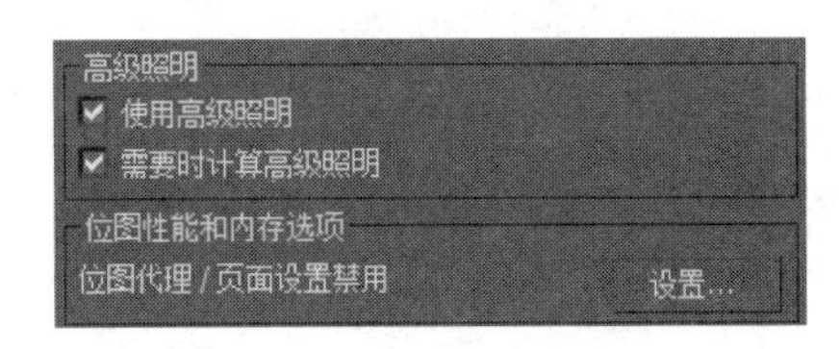

图 6-12 “高级照明”参数组

图 6-13 “位图性能和内存选项”参数组

(6)“渲染输出”参数组。

“渲染输出”参数组用于定义渲染图像的存储方式,如图 6-14 所示。

启用“保存文件”复选框后,3ds Max 会将渲染后的图像或动画保存到磁盘。可以指定输出文件名、格式以及位置,可以将渲染结果保存为任何可写的静止图像或动画文件格式。

2)“电子邮件通知”卷展栏

启用此选项后,渲染器将在某些事件发生时发送电子邮件通知。默认设置为禁用状态。

3)“脚本”卷展栏

启用此选项后,可以在渲染过程中执行脚本,脚本类型为 MAXScript 文件(MS)、宏脚本(MCR)、批处理文件(BAT)、可执行文件(EXE)。

4)“指定渲染器”卷展栏

在“指定渲染器”卷展栏中单击省略号“...”按钮,会显示“选择渲染器”对话框,可更改指定的渲染器,如图 6-15 所示。

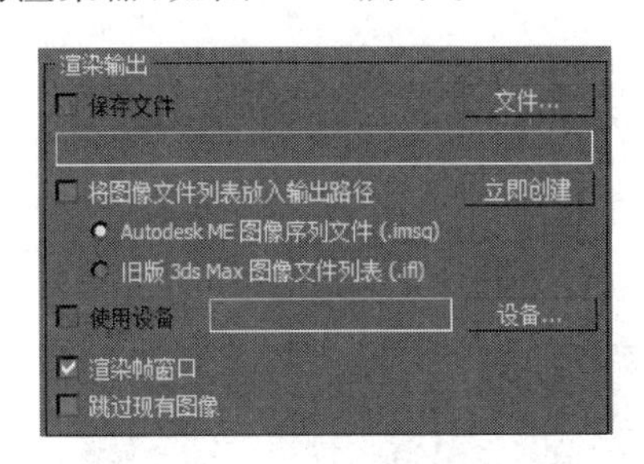

图 6-14 “渲染输出”参数组

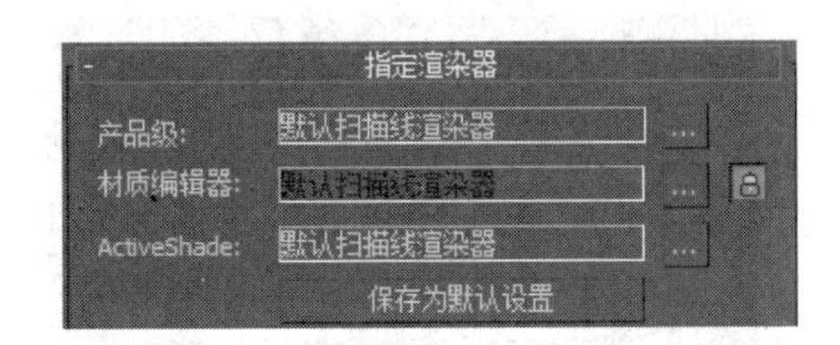

图 6-15 “指定渲染器”卷展栏

单击“产品级”右侧的“...”按钮,会弹出“选择渲染器”对话框,可以选择一个渲染器,用于渲染图像。

“材质编辑器”选择用于渲染材质编辑器中示例窗的渲染器。默认情况下,示例窗的渲染器被锁定为与产品级渲染器相同。可以禁用锁定按钮来为示例窗指定另一个渲染器。

ActiveShade 选择用于预览场景中照明和材质更改效果的 ActiveShade 渲染器。

单击“保存为默认设置”按钮可将指定的渲染器保存为默认设置,以便下次重新启动 3ds Max 时它们处于活动状态。

2. “渲染器”选项卡

“渲染器”选项卡主要用来设置当前使用的渲染参数,包括贴图、阴影、反射、折射、抗锯齿、采样、运动模糊等。该选项卡有一个卷展栏,即“默认扫描线渲染器”卷展栏,如图 6-16 所示。

3. “光线跟踪器”选项卡

“光线跟踪器”选项卡的“光线跟踪器全局参数”卷展栏中的参数不仅影响场景中所有

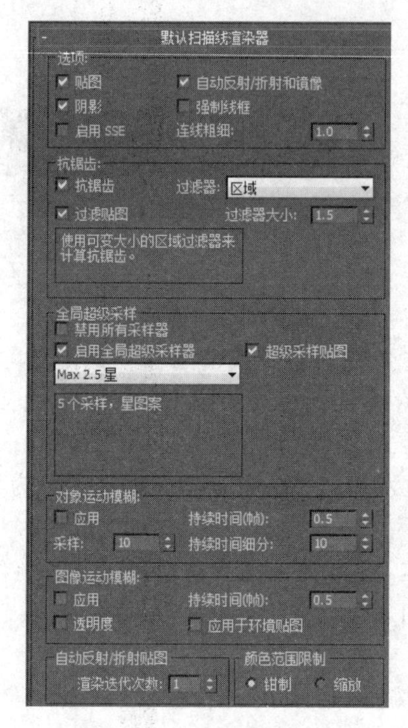

图 6-16 “默认扫描线渲染器”卷展栏

光线跟踪材质和光线跟踪贴图，也影响高级光线跟踪阴影和区域阴影，如图 6-17 所示。

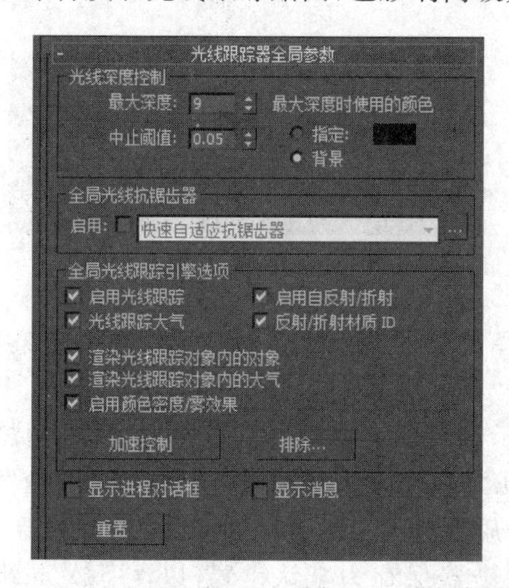

图 6-17 “光线跟踪器全局参数”卷展栏

在“光线深度控制”参数组内设置“最大深度”参数，可以决定循环反射次数的最大值。这个值越大，渲染效果越真实，但渲染时间也越长。

当光线对渲染像素的颜色影响低于使用的颜色的“中止阈值”参数时，中止该光线。

4. “高级照明”选项卡

“高级照明”选项卡用于设置光线跟踪器和光能传递。

1）光线跟踪器

光线跟踪器提供了“参数”卷展栏，其中包含两组参数，如图 6-18 所示。在“常规设置”参数组中，“全局倍增”参数可以控制整体照明级别，“对象倍增”参数可以控制场景中对象反射的光线照明级别，“天光”决定照明跟踪是否对天光进行重新聚焦，“颜色溢出”参数可以控制颜色溢出的强度，“颜色过滤器”选项可以设置对投射在对象上的所有灯光进行颜色过滤。

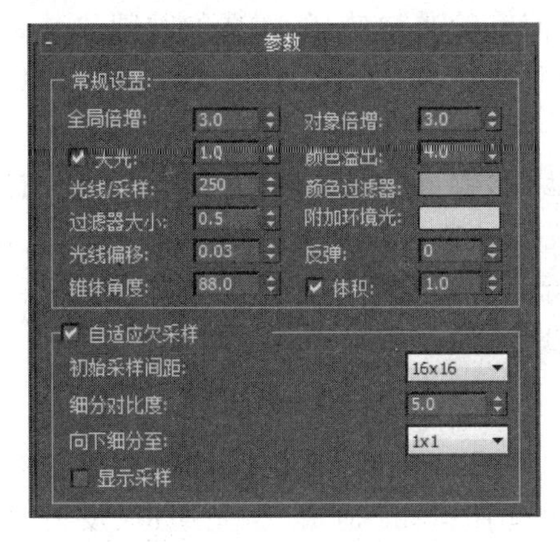

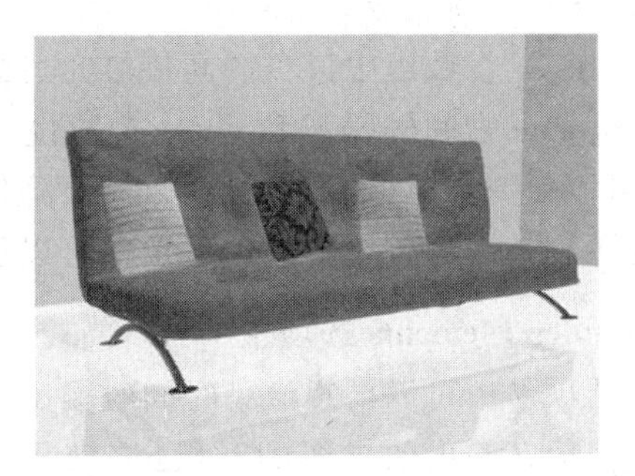

图 6-18　光线跟踪器的“参数”卷展栏

2）光能传递

光能传递的卷展栏如图 6-19 所示。光能传递是一种渲染技术，可以真实地模拟光线在环境中相互作用的全局照明效果。

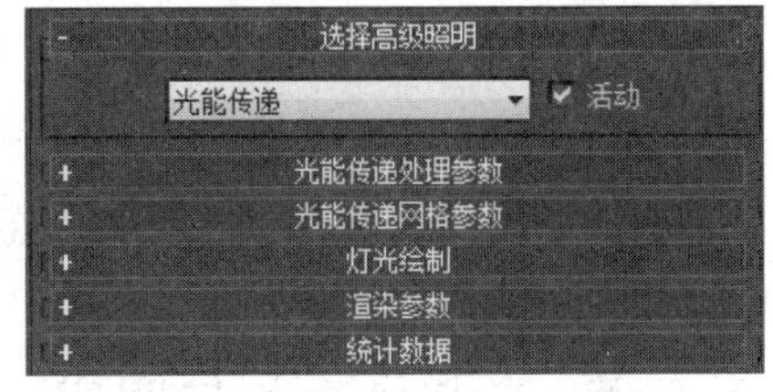

图 6-19　光能传递的卷展栏

下面介绍“光能传递处理参数”卷展栏中的参数，如图 6-20 所示。

“全部重置”按钮用于清除上次记录在光能传递控制器的场景信息。“重置”按钮只将记录的灯光信息从光能传递控制器中清除，而不清除几何体信息。“处理对象中存储的优化迭代次数”复选框默认为勾

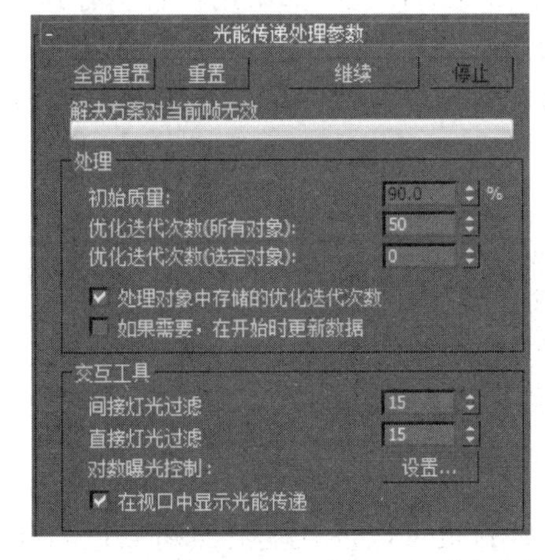

图 6-20　“光能传递处理参数”卷展栏

选状态，单击“重置”按钮时，每个对象都会按步骤自动进行优化。若勾选“如果需要，在开始时更新数据”复选框，当解决方案无效时，需要重置光能传递；若禁用该项，当解决方案无效时，则光能传递无效，不需要重置。

光能传递过程包括初始质量过程、细化迭代对象和像素重新聚集3个逐步细化的阶段。前两个阶段可以随时停止和启动。“初始质量”参数决定了停止初始质量过程时的图像品质百分比，它控制着光能传输的精度，数值越高，渲染的质量越高，耗费的时间也越长，默认值为85%，最高为100%。“优化迭代次数(所有对象)”与“优化迭代次数(选定对象)”参数相似，用于优化所有对象或选定对象。

“交互工具”参数组中，设置“间接灯光过滤”参数可以向周围的元素均匀化间接照明级别来降低表面元素间的噪波数量，该参数设置得过高会造成场景细节丢失。“直接灯光过滤”参数可以使周围对象照明更均匀，从而降低表面元素间的噪波数量，该参数设置得过高会造成场景细节丢失。单击“设置”按钮可以设置渲染环境中的曝光类型。

5. Render Elements 选项卡

在该选项卡中可以设置渲染时同时输出一些用于辅助后期处理和合成的通道图片或辅助图片。一般在输出效果图的时候，渲染元素里有alpha通道、高光通道、反射/折射通道等，可以选择随效果图一起渲染后保存，供后期Photoshop美化图片使用。

6.2 环境效果设置

为了使场景具有更强的真实感，一般需要使用“环境和效果”功能来丰富场景的效果。在环境设置中，可以改变场景的背景颜色，导入背景贴图文件，还可以导入动画格式的.avi文件为背景画面，改变场景中所有灯光的亮度和颜色以及环境颜色，在场景中添加烟、雾、霾、火等效果。

6.2.1 设置背景颜色与图案

在默认情况下，系统提供的渲染背景为黑色，灯光为白色。如果用户希望有其他颜色的背景，可以在“渲染”菜单下的“环境”子菜单中设置。

“环境和效果”窗口包括“环境”和“效果”两个选项卡。“环境”选项卡中有“公用参数”“曝光控制”“大气”3个卷展栏，如图6-21所示。

图6-21 “环境”选项卡

“公用参数”卷展栏可以设置背景的颜色、贴图，也可以设置全局照明颜色和环境光颜色。这部分内容已经在4.4.1节中介绍过，在这里不再详述。需要说明的是，在“全局照明”参数组中设置颜色的级别可以控制灯光的亮度，默认状态下为1，大于1时灯光的强度增加，小于 1 时灯光的强度减弱。图 6-22 显示了全局照明在不同级别下的效果。

(a) 级别为0.5

(b) 级别为1

(c) 级别为1.5

图 6-22　全局照明在不同级别下的效果

6.2.2　曝光控制

曝光控制是一个插件程序，通过调整渲染输出级别和颜色区域，可以实现类似于胶卷曝光的效果。曝光控制设置可以辅助光能传递渲染方式产生很好的效果。

“曝光控制”卷展栏为用户提供了用于控制对象曝光的选项，如图 6-23 所示。下面介绍其中的 4 种曝光控制方式。

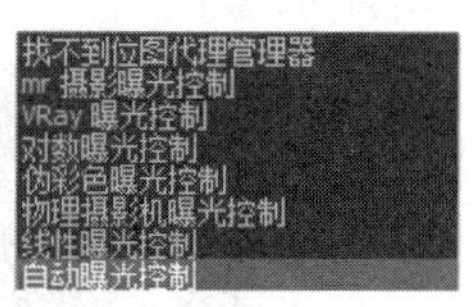

图 6-23　“曝光控制”卷展栏

1. 自动曝光控制

使用自动曝光控制方式，可以在动态范围内获得较好的颜色分离。这种方式可以提高一部分灯光的亮度，使另外一部分灯光变暗，如图 6-24 所示。

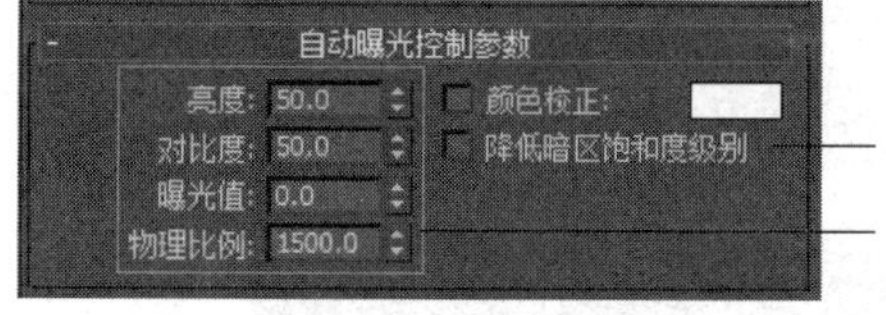

图 6-24　“自动曝光控制参数”卷展栏

2. 线性曝光控制

这种曝光控制方式基于 RGB 值的平均值，使场景产生亮度。“线性曝光控制参数”卷展栏如图 6-25 所示。

3. 对数曝光控制

这种曝光控制方式基于 RGB 值的平均值，使场景产生亮度，“对数曝光控制参数”卷展栏如图 6-26 所示。

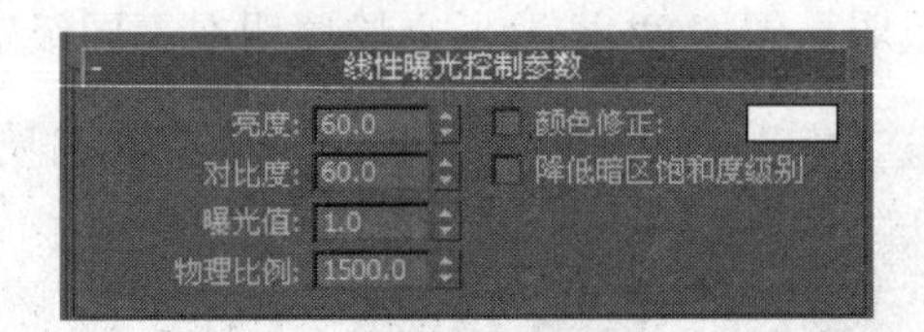

图 6-25 “线性曝光控制参数”卷展栏

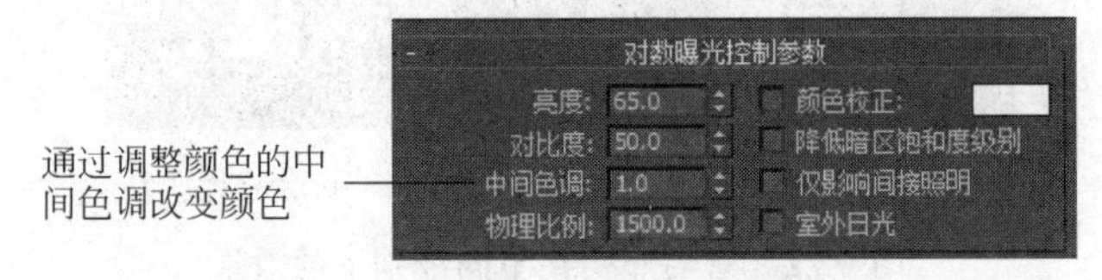

图 6-26 “对数曝光控制参数”卷展栏

4. 伪彩色曝光控制

“伪彩色曝光控制”卷展栏如图 6-27 所示。右侧红色的区域为照明过度,左侧蓝色的区域为照明不足,中间绿色的区域处于良好的照明级别。实际上它是一个照明分析工具,可显现和计算场景中的照明级别。它可将亮度或照度值映射为显示转换的值的亮度的伪彩色。从最暗到最亮,渲染依次显示蓝色、青色、绿色、黄色、橙色和红色(也可以选择灰度,最亮的值显示白色,最暗的值显示黑色)。渲染使用颜色或灰度光谱条作为图像的图例。

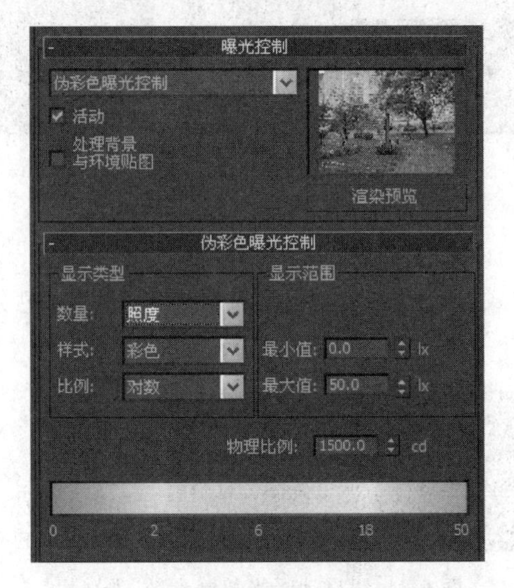

图 6-27 “伪彩色曝光控制”卷展栏

6.2.3 环境技术

使用 3ds Max 的雾效果可以在场景中创建火、烟、雾等效果。

1. 火

火效果能够产生火焰、烟、物体爆炸等效果。火效果的设置需要与大气装置相配合,在大气装置限定的范围内产生火焰的效果。需要注意的是,火效果只能在透视图中和摄影机视图中才能渲染。

下面通过一个实例说明火效果参数设置。打开素材文件“第 6 章 渲染输出与环境效果\素材文件\火效果-煤气灶-素材.max”，如图 6-28 所示。

图 6-28　煤气灶

动手演练　火效果参数设置

01　在顶视图中添加辅助对象。操作方法如下：在创建面板上单击辅助对象，单击容器的下拉箭头，选择“大气装置”，然后单击“球体 Gizmo”命令按钮，选择球体，在顶视图中创建球体辅助对象，并勾选“半球”复选框制作半球，如图 6-29 所示。使用对齐工具，使球体辅助对象与煤气灶的火盘对齐。

图 6-29　创建半球辅助对象

02　在“大气和效果”卷展栏中，单击“添加”命令按钮，在弹出的“添加大气”对话框中选择“火效果”选项，单击“确定”按钮，如图 6-30 所示。

03　在图 6-31 中单击“火效果”，再单击“设置”按钮，会弹出图 6-32 所示的“火效果参数”卷展栏。

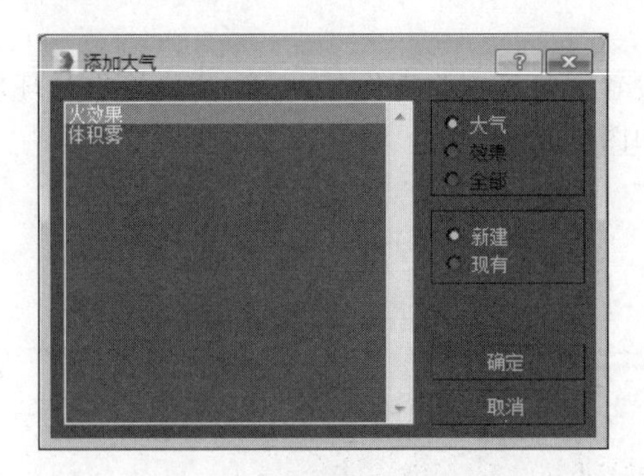

图 6-30 “添加大气”对话框

图 6-31 设置“火效果”

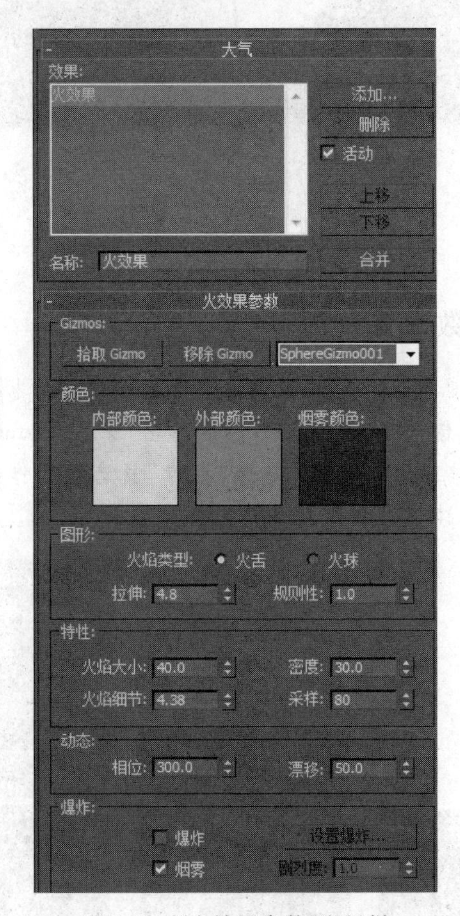

图 6-32 “火效果参数”卷展栏

在图 6-32 中设置“火焰类型”为“火舌”,再设置火焰的特性、动态和爆炸,最后的火效果如图 6-33 所示。

下面介绍图 6-32 所示的“火效果参数”卷展栏中各个参数的意义及使用方法。

(1) Gizmos 参数组。

Gizmos 参数组为火焰效果指定大气装置,以便渲染火效果。使用 Gizmos 参数组中的按钮可以管理大气装置对象的列表。

图 6-33　火效果

“移除 Gizmo”按钮将移除 Gizmo 列表中所选的 Gizmo。该 Gizmo 仍在场景中，但是不再显示火效果。

(2) “颜色”参数组。

“颜色”参数组可以利用色样为火效果设置 3 个颜色属性。单击色样可显示 3ds Max 颜色选择器。

“内部颜色”设置火内焰的颜色。

“外部颜色”设置火外焰的颜色。

火效果使用内部颜色和外部颜色之间的渐变进行着色。效果中的密集部分使用内部颜色，效果的边缘附近逐渐变为外部颜色。

“烟雾颜色”设置用于“爆炸”选项的烟雾颜色。如果启用了“爆炸”和“烟雾”复选框，则内部颜色和外部颜色将对烟雾颜色设置动画；如果禁用了“爆炸”和“烟雾”复选框，将忽略烟雾颜色。

(3) “图形”参数组。

使用“图形”参数组中的选项控制火效果中火焰的形状、缩放和图案。

“火焰类型”设置火焰的方向和常规图形。“火舌”沿着火焰装置的局部 Z 轴使用纹理创建带方向的火焰，适合创建类似篝火的火焰。“火球”创建球形的爆炸火焰，适合产生爆炸效果。

“拉伸”参数将火焰沿着装置的 Z 轴缩放。拉伸最适合火舌，但是，可以使用拉伸为火球提供椭圆形状。如果值小于 1.0，将压缩火焰，使火焰更短、更粗；如果值大于 1.0，将拉伸火焰，使火焰更长、更细。可以将拉伸值与装置的非均匀缩放值组合使用。图 6-34 是不同的“拉伸”参数产生的效果。

“规则性”修改火焰填充装置的方式，范围为 0.0～1.0。如果值为 1.0，则填满装置，效果在装置边缘附近衰减。图 6-35 是规则性值为 0.2、0.5、1.0 时产生的效果。

(4) “特性”参数组。

使用“特性”参数组设置火焰的大小和外观。图 6-36 是更改火焰大小的效果，值为 15.0、30.0、50.0，装置半径为 30.0。

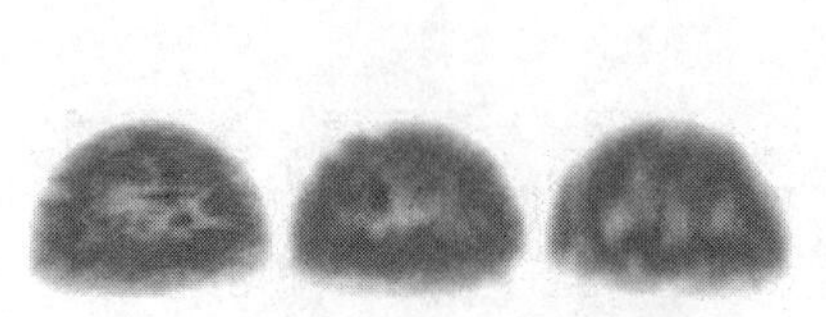

(a) 拉伸值为0.5、1.0、3.0

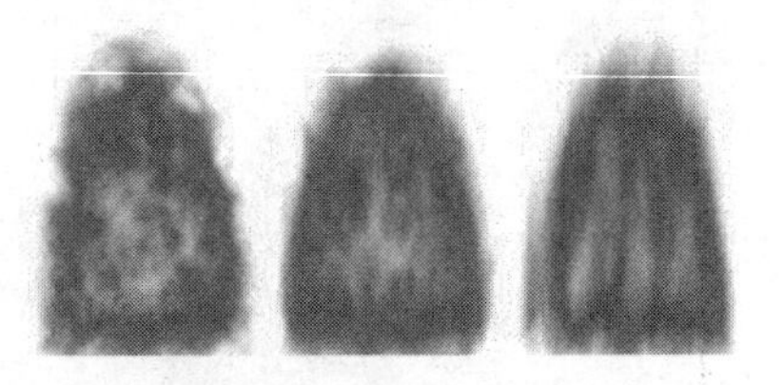

(b) 装置的非均匀缩放值为0.5、1.0、3.0

图 6-34 “拉伸”参数的效果

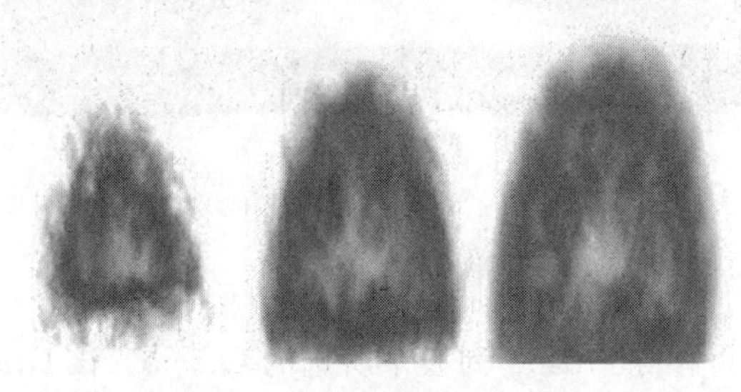

图 6-35 更改规则性值的效果

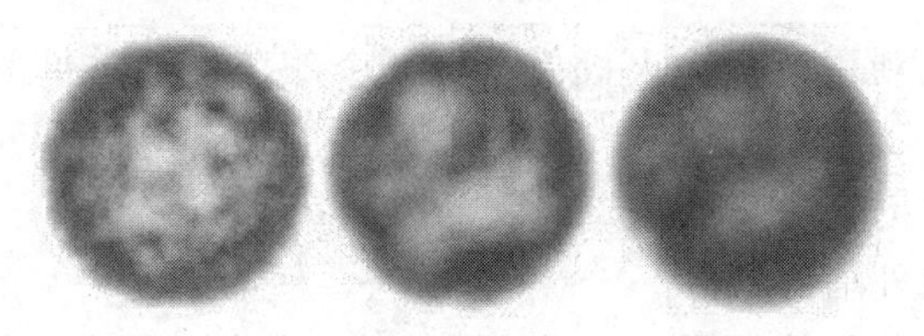

图 6-36 更改火焰大小的效果

“火焰细节”控制每个火焰中显示的颜色更改量和边缘尖锐度，取值范围为 0.0～10.0。较低的值可以生成平滑、模糊的火焰，渲染速度较快。图 6-37 是更改火焰细节的效果，值为 1.0、2.0、5.0。

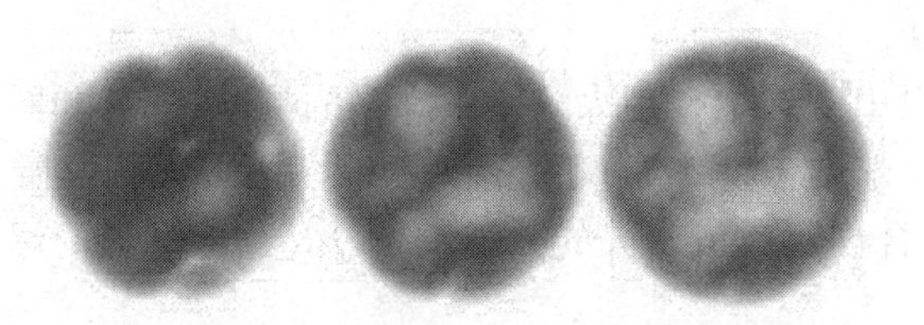

图 6-37 更改火焰细节的效果

“密度”设置火焰效果的不透明度和亮度。如果启用了“爆炸”，则“密度”从爆炸起始值 0.0 开始变化到所设置的爆炸峰值的密度值。图 6-38 为更改火焰密度的效果，值为 10、60、120。“采样”设置效果的采样率。值越高，生成的结果越准确，渲染所需的时间也越长。

(5)“动态”参数组。

使用“动态”参数组中的参数可以设置火焰的涡流和上升的动画。

“相位”控制火焰效果的速率。单击“自动关键点”按钮，然后更改不同时间的相位值可以生成关键帧动画。

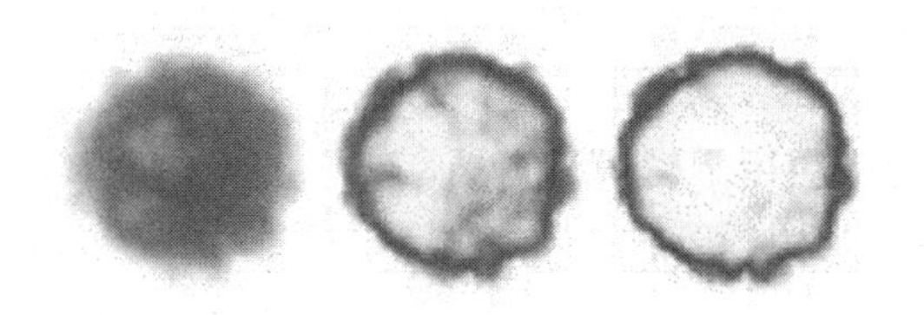

图 6-38 更改火焰密度的效果

“漂移”设置火焰沿着火焰装置的 Z 轴的渲染方式。值是上升量(单位数)。值越低,火焰燃烧越慢、越冷;值越高,火焰燃烧越快、越热。

为了获得最佳火焰效果,“漂移”应为火焰装置高度的倍数。

(6)“爆炸”参数组。

使用“爆炸”参数组可以自动设置爆炸动画。“爆炸”根据“相位”值自动设置一定大小、密度和颜色的动画。

“烟雾”控制爆炸是否产生烟雾。启用时,“相位”值为 100～200 时,火焰会更改为烟雾;“相位”值为 200～300 的烟雾比较清晰。禁用时,“相位”值为 100～200 的火焰非常浓密;“相位”值为 200～300 时,火焰会消失。

2. 雾

3ds Max 中的雾可以分为标准雾和分层雾两种。标准雾与摄影机配合可产生远近浓淡的效果;分层雾在由上到下或者由下到上的一定范围内产生雾效。

在场景中添加雾效果,操作过程如下。

1) 创建场景的摄影机视图。

2) 在摄影机的创建参数中,启用“环境范围”参数组中的“显示”复选框。

3) 设置标准雾基于摄影机的环境范围值。

4) 调整“近距范围”和“远距范围”,将渲染中要应用雾效果的对象包括在内。

5) 通常情况下,将“远距范围”设置在对象的上方,将“近距范围”设置为与距离摄影机最近的对象几何体相交。

6) 选择“渲染”菜单下的“环境”子菜单,打开“添加大气效果”对话框,选择“雾”,然后单击“确定”按钮添加雾效果。在“雾参数”卷展栏中注意勾选“雾化背景”复选框,设置标准类型的雾。“雾参数”卷展栏如图 6-39 所示。

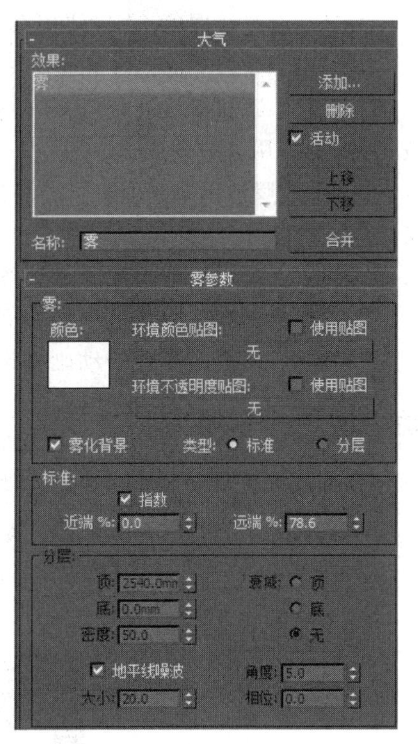

图 6-39 “雾参数”卷展栏

(1)“雾”参数组。

“颜色”:设置雾的颜色。

“环境颜色贴图”:从贴图导出雾的颜色。

“使用贴图”:启用或禁用贴图效果。

“环境不透明度贴图”：更改雾的密度。指定不透明度贴图并进行编辑，按照环境颜色贴图的方法切换其效果。

“雾化背景”：将雾功能应用于场景的背景。

“类型”：选择“标准”单选按钮时，下面将显示“标准”参数组；选择“分层”单选按钮时，下面将显示“分层”参数组。

(2)“标准”参数组。

“标准”参数组根据与摄影机的距离使雾变薄或变厚。

“指数”：密度随距离按指数级增大。禁用时，密度随距离按线性增大。只有希望渲染体积雾中的透明对象时，才应启用此复选框。

如果启用“指数”复选框，将增大“步长大小”的值，以避免雾的效果出现条带。

“近端%”：设置雾在近距范围的密度(“摄影机环境范围”参数)。

“远端%”：设置雾在远距范围的密度(“摄影机环境范围”参数)。

(3)“分层”参数组。

“分层”参数组使雾在上限和下限之间变薄和变厚。

“顶”：设置雾层的上限(使用系统单位)。

“底”：设置雾层的下限(使用系统单位)。

“密度”：设置雾的总体密度。

“衰减”：添加指数衰减效果，使密度在雾范围的“顶”或“底”减小到0。若选择“无”单选按钮，则不使用衰减效果。

“地平线噪波”：启用地平线噪波系统。地平线噪波仅影响雾层的地平线，以增加真实感。

“大小”：应用于地平线噪波的缩放系数。

“角度”：影响雾层与地平线之间的角度。

“相位”：设置此参数的动画将设置噪波的动画。

动手演练 雾特效

01 打开素材文件“第6章 渲染输出与环境效果\素材文件\雾公园-素材.max”。

02 选择“渲染”菜单下的“环境”子菜单，打开“添加大气效果”对话框，选择“雾”，然后单击“确定”按钮添加雾效果。注意勾选“雾化背景”，设置标准类型的雾，雾参数设置如图6-40所示。

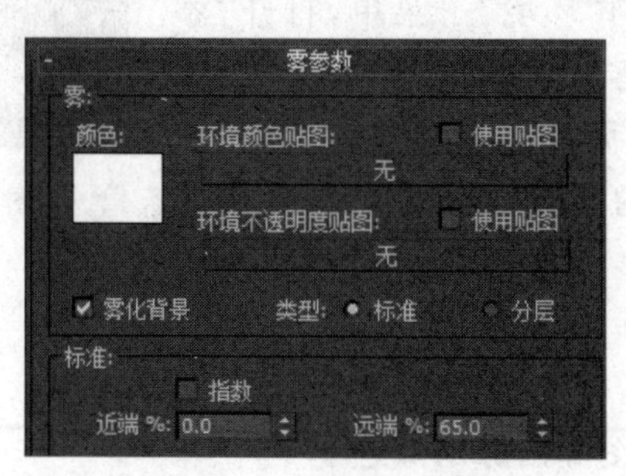

图6-40 雾参数设置

03 渲染场景,查看雾效果,如图 6-41 所示。

图 6-41 雾的渲染效果

04 在图 6-39 中,如果选择"分层"单选按钮,雾的类型设置为分层雾。分层雾的参数如图 6-42 所示。

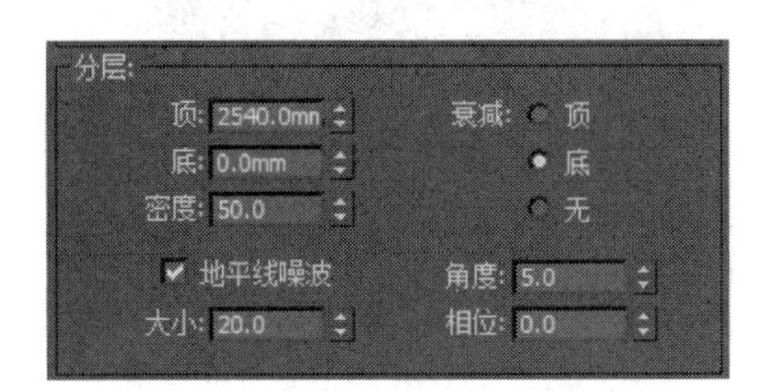

图 6-42 分层雾的参数

05 渲染场景,查看雾效果,如图 6-43 所示。

图 6-43 分层雾的渲染效果

3. 体积雾

体积雾类似于风吹云动的效果,可以在一定范围内设置和编辑雾效果。体积雾和体积光相似,可以加入噪波和风力。体积雾的创建方法如下。

(1) 创建场景的摄影机视图或透视视图。

(2) 在场景中创建辅助对象并设置合适的参数。

(3) 在修改面板的“大气”卷展栏下单击“添加”按钮。

(4) 在“添加大气”对话框中选择“体积雾”,然后单击“确定”按钮。

(5) 设置体积雾的参数。

“体积雾参数”卷展栏如图 6-44 所示。可以看出,体积雾参数与体积光参数有相似之处,各个参数的意义可以参考体积光参数来理解。下面通过实例说明体积雾的应用方法。

图 6-44 “体积雾参数”卷展栏

动手演练 体积雾特效

01 新建一个场景,在场景中添加背景文件“\第 6 章 渲染输出与环境效果\素材文件\体积雾\背景.jpg”,并修改背景贴图类型为屏幕贴图。

02 单击创建面板的“辅助对象”子面板,再单击容器,从下拉列表中选择“大气装置”,再单击“长方体 Gizmo”命令按钮,在场景中创建辅助对象“长方体 Gizmo”,并设置合适的参数,如图 6-45 所示。

图 6-45 在场景中创建辅助对象

03 在修改面板的“大气”卷展栏下单击“添加”按钮，在打开的“添加大气”对话框中选择“体积雾”，然后单击“确定”按钮。

04 设置体积雾的参数。体积雾参数设置如图 6-46 所示。

图 6-46 体积雾参数设置

05 渲染场景，查看雾效果，如图 6-47 所示。

图 6-47 体积雾的渲染效果

6.3 mental ray 渲染器

mental ray 渲染器是由德国的 Mental Images GmbH 公司开发的著名渲染器之一，功能非常强大，参数选项较为复杂，可以满足电影、游戏、建筑领域的渲染需求，由于其卓越的性能，被 3ds Max 作为内部渲染器使用。本节详细讲述 mental ray 渲染器的使用方法。

使用 mental ray 渲染器的时候要遵循以下基本流程。

(1) 在“渲染设置”对话框中，将渲染器由默认的扫描线渲染器改为 mental ray 渲染器。

(2) 为场景中的对象设置相应的材质,包括 3ds Max 自身的材质和 mental ray 材质。

(3) 为场景设置灯光,包括 3ds Max 自身的灯光和 mental ray 灯光。如果需要,为场景添加合适的背景图像,如渐变类型背景或 HDRI(高动态范围图像)背景。

(4) 为场景架设摄影机,找到一个合适的观察角度。

(5) 设置对象的属性和 mental ray 渲染器的必要开关,如焦散、全局照明等。

(6) 以低品质测试渲染场景。将采样值和其他相关设置设得尽量低一些,以加快渲染速度。

(7) 成品出图。测试完成后,提高采样值和其他相关设置,渲染出最终成品图。

6.3.1 mental ray 材质

可以创建专供 mental ray 渲染器使用的材质。mental ray 材质可以分为 3 大类:分别是 Autodesk 材质、建筑与设计材质和专用的 mental ray 材质。

注意:如果已经设置好 mental ray 渲染器,而材质库里面没有显示 mental ray 材质,可以在"自定义"菜单下选择"自定义 UI 与默认设置切换器"子菜单,将工具选项的初始设置修改为 Max. mentalray,然后重启软件就可以了,如图 6-48 所示。

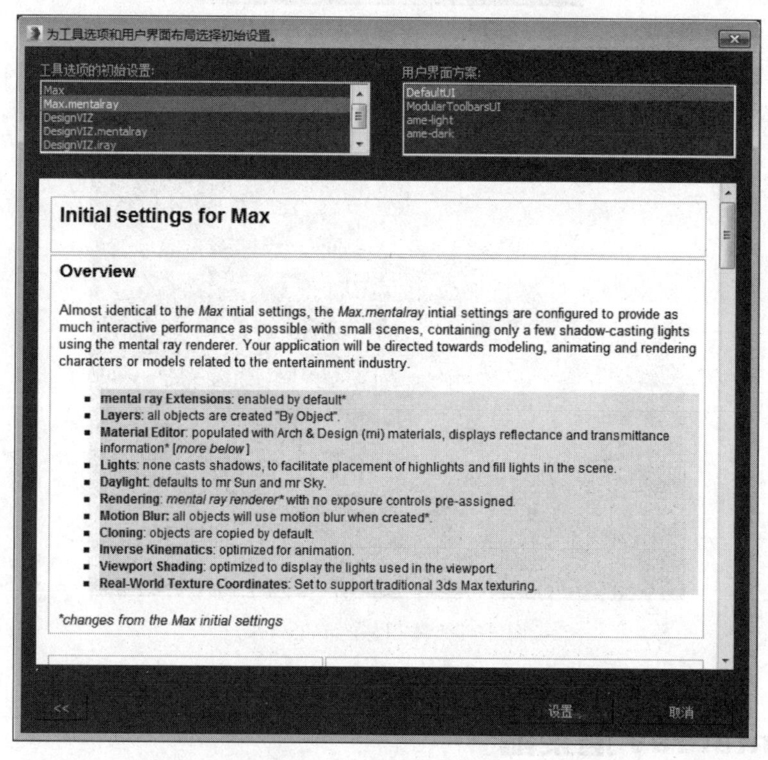

图 6-48 修改自定义 UI 设置以显示 mental ray 材质

为了说明 mental ray 材质的应用,本节讲解一个案例场景。首先打开素材文件"第 6 章 渲染输出与环境效果\素材文件\mental ray 材质\书房-素材. max"。

1. Autodesk 材质

Autodesk 材质是基于构造、设计和环境等专业图像的 mental ray 材质,包括建筑和设计材质，如专业壁画、玻璃、混凝土等，能够创建逼真的表面纹理。

1）Autodesk 玻璃材质

选择场景中的“玻璃”对象，在材质编辑器中打开“玻璃”卷展栏，创建 Autodesk 玻璃材质，并赋予场景中的阳台玻璃、玻璃瓶、柜子上的磨砂玻璃等对象。图 6-49 是“玻璃”卷展栏。

“颜色”列表：用于选择玻璃片的颜色。可选项如图 6-50 所示。

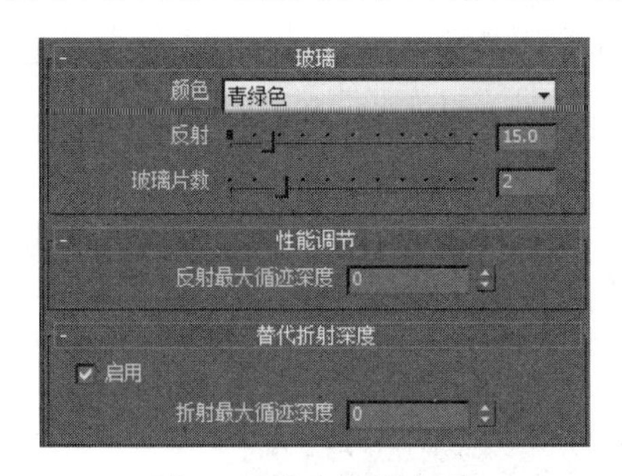

图 6-49 “玻璃”卷展栏

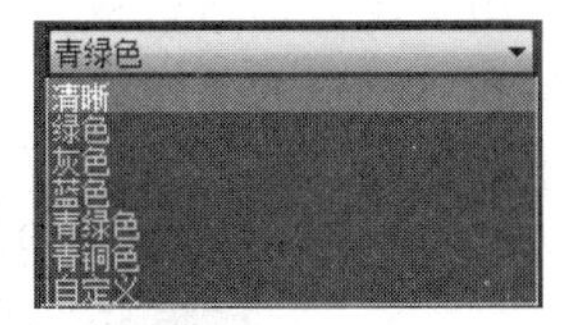

图 6-50 “颜色”列表

“反射”：设置玻璃片的反射率。取值范围为 0.0～50.0，默认值为 10.0。

“玻璃片数”：设置单个对象中的玻璃片数量。玻璃片的数量越多，折射率就越大。取值范围为 0～6，默认值为 2。

在“性能调节”卷展栏中，可以设置“反射最大循迹深度”值，达到此跟踪深度时渲染器停止计算反射效果，默认值为 0。

在“替代折射深度”卷展栏中，勾选“启用”复选框时，可以设置“折射最大循迹深度”值，达到此跟踪深度时渲染器停止计算折射效果，默认值为 0。

2）Autodesk 金属材质

选择场景中的“金属”对象，在材质编辑器中打开“金属”卷展栏，创建 Autodesk 金属材质，并赋予场景中的椅子、茶具等对象。Autodesk 金属材质界面如图 6-51 所示。

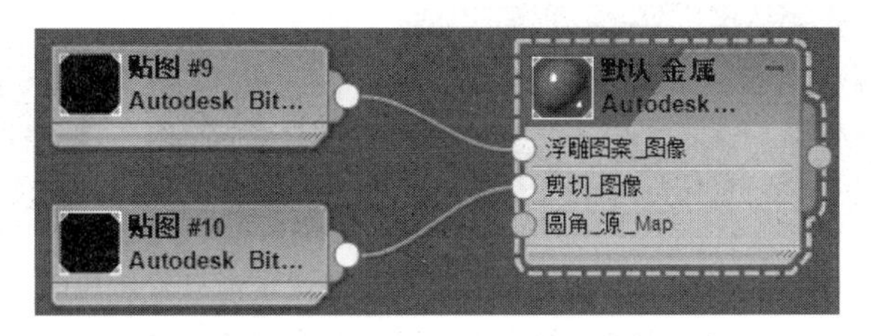

图 6-51 Autodesk 金属材质界面

金属材质有 6 个卷展栏，如图 6-52 所示。

图 6-52 Autodesk 金属材质的卷展栏

下面介绍每个卷展栏中的参数。

(1)“金属”卷展栏。

“金属”卷展栏如图 6-53 所示。

图 6-53 “金属”卷展栏

“类型”用于选择应用于器具且类型为不锈钢的 Autodesk 金属，以及应用于椅子且类型为黄铜的 Autodesk 金属。“类型”的选项列表设置材质的基础颜色、纹理、属性。

“饰面”用于设置铝、铬、铜、黄铜、青铜或不锈钢的表面处理方式。系统默认为“抛光”。

“类型”和“饰面”的下拉列表如图 6-54 所示。

图 6-54 “类型”和“饰面”的下拉列表

铝、铬和不锈钢可以设置为抛光。

阳极氧化铝可以设置金属的颜色。

铜和青铜可以设置为绿锈和抛光。

黄铜可以设置为抛光。

锌没有可以设置的“饰面”选项。

(2)“浮雕图案”卷展栏。

在“浮雕图案”卷展栏中，如果勾选“启用”复选框，材质将应用浮雕图案，默认为禁用。图 6-55 为“浮雕图案”卷展栏和启用浮雕图案前后材质球的变化。

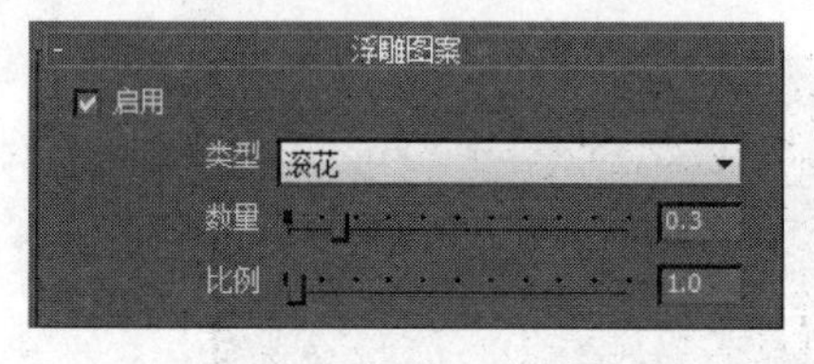

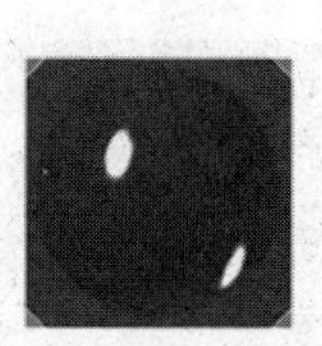

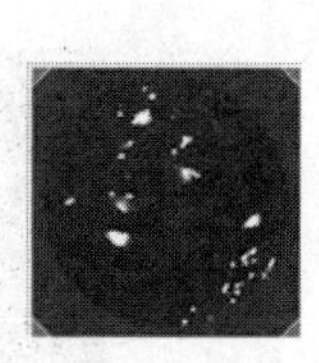

图 6-55 “浮雕图案卷”展栏和启用浮雕图案前后材质球的变化

“类型”下拉列表用于选择浮雕图案，选项有“滚花”(默认设置)、“花纹板”“网纹板”和“自定义”，其中“自定义”用于选择控制浮雕图案的位图。

“数量”控制浮雕的高度，范围为 0.0～2.0，默认值为 0.3。

“比例”调整浮雕图案的比例，范围为 0.0～5.0，默认值为 1.0。

(3)“剪切”卷展栏。

在“剪切”卷展栏中，如果勾选“启用”复选框，系统会为材质使用剪切贴图。默认设置为禁用。图 6-56 为剪切图案启用前后材质球的变化。

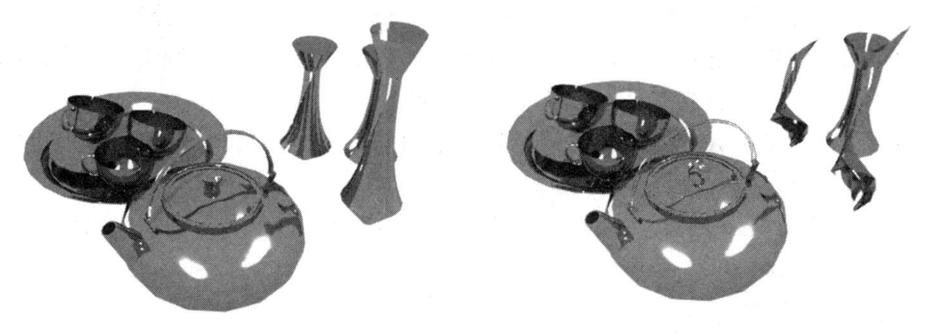

(a) 禁用状态　　(b) 启用状态

图 6-56　剪切图案启用前后材质球的变化

从图 6-56 可以看出，有一部分金属曲面不能渲染出来，所以，在使用自定义剪切贴图时，可以为模型添加“UVW 贴图”修改器，以便更好地按用户需求渲染金属曲面。

(4) “环境光阻挡”卷展栏。

场景中通常会有类似墙角的转折处，光线较难进入，会出现变暗的情况。在渲染时，这类细节并不能完全表现出来，这时可以用环境光阻挡模拟这种现象。环境光阻挡(Ambient Occlusion，AO)通过使用明暗器来计算区域被阻挡的程度或阻止区域接收入射光的程度，模拟全局照明中阴影的真实面貌。环境光阻挡效果如图 6-57 所示。

图 6-57　环境光阻挡效果

“环境光阻挡”卷展栏如图 6-58 所示。

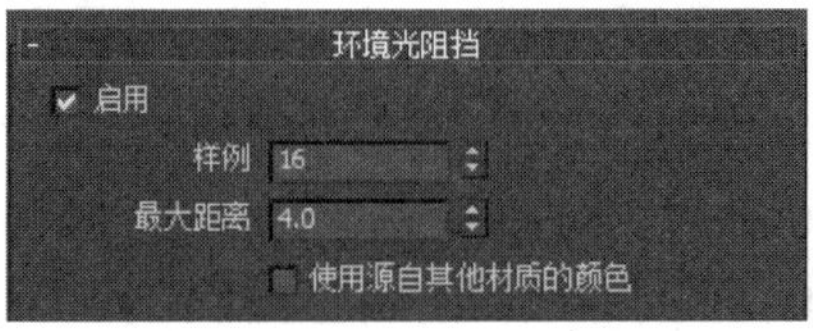

环境光阻挡
启用
样例 16
最大距离 4.0
使用源自其他材质的颜色

图 6-58　“环境光阻挡”卷展栏

勾选“启用”复选框后，将启用环境光阻挡，该组控件可用。默认设置为禁用。

“样例”用于创建环境光阻挡发出的采样光线的数量。该值越高，得到的效果就越平滑，但渲染速度也越慢。一般范围是16～64，默认设置为16。

“最大距离”定义了渲染器寻找阻挡对象的范围的半径。值越大，覆盖的范围也越大，但是渲染的速度越慢。默认设置为4.0。

“使用源自其他材质的颜色”复选框启用后，从周围的材质派生出环境光阻挡颜色，以获得更精确的总体效果。

(5)“圆角”卷展栏。

圆角效果能够柔化对象的边缘，而无须更改几何体，如图6-59所示。

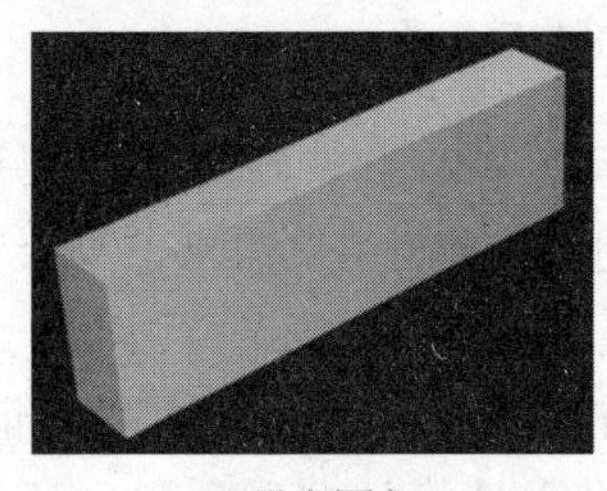

(a) 没有圆角

(b) 圆角

图6-59　圆角效果

圆角效果卷展栏如图6-60所示。

勾选“启用”复选框后，可在渲染时观察到圆角效果。默认设置为禁用。

“源”用于选择使用数值还是贴图作为圆角的半径。下拉列表框中有“圆角半径微调器”和“贴图按钮”两个条目。“圆角半径微调器”指定圆角的半径，默认值为0.25。“贴图按钮”可以将贴图应用到此参数，贴图圆角半径会使圆角的数量发生变化。

“混合其他材质”复选框启用后，将对任何材质进行圆角化操作。默认设置为禁用。

(6)“性能调节”卷展栏。

性能调节通过限制Autodesk材质执行的计算量来调节性能。“性能调节”卷展栏如图6-61所示。

图6-60　“圆角”卷展栏

图6-61　“性能调节”卷展栏

“反射粗面样例”定义渲染器创建光泽反射而投射的最大采样(光线)数。值越高，渲染速度越慢，但平滑效果越好。通常情况下，值为32就足够了。对于大多数Autodesk材质，默认值为8；对于镜像，默认值为0。如果“反射粗面样例”为0，则不论“光泽度”的实际值为多少，反射都将采用镜面反射的形式并只投射一条光线。可以使用此方法提高反射很弱的曲面的性能。

“反射最大循迹深度”是一个阈值，如果达到此跟踪深度，渲染器就停止计算反射。默认值为0,通常情况下,这个值因材质类型而异。

3) Autodesk 墙漆材质

在材质编辑器中打开"墙漆"卷展栏,创建Autodesk墙漆材质,并赋予场景中的墙体类对象,如图6-62所示。

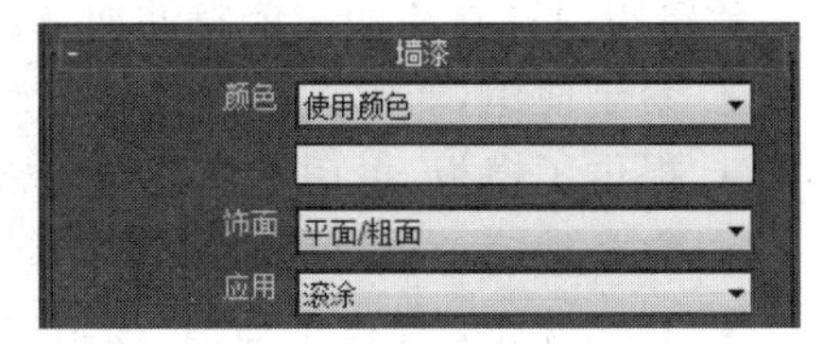

图6-62　"墙漆"卷展栏

4) Autodesk 硬木材质

在材质编辑器中打开"木材"卷展栏,创建Autodesk硬木材质,并赋予场景中的"柜子"对象,如图6-63所示。

5) Autodesk 常规材质

用于创建Autodesk常规材质的"常规"卷展栏如图6-64所示。

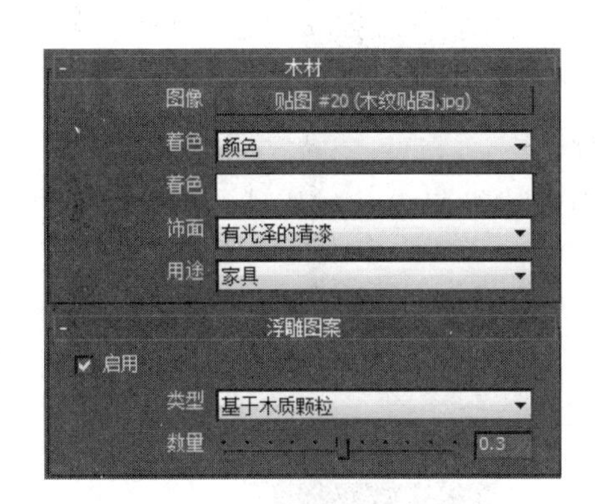

图6-63　"木材"卷展栏

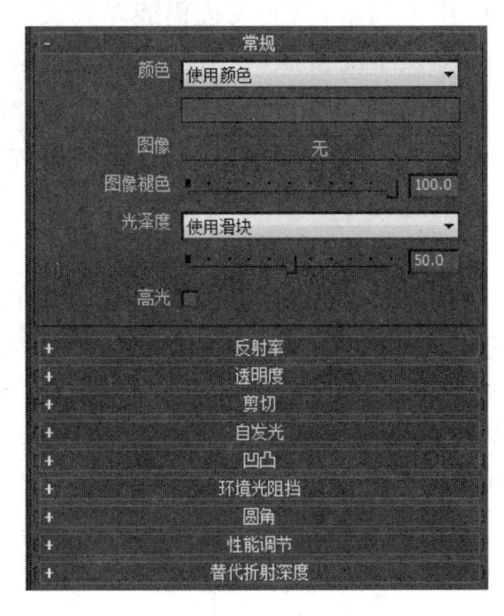

图6-64　"常规"卷展栏

"常规"卷展栏用于设置对象的颜色、图像、图像褪色、光泽度、高光等属性。

"反射率"卷展栏用于设置曲面的反射率和反射高光的强度。

"透明度"卷展栏用于设置材质的不透明度。默认为禁用。

"剪切"卷展栏启用后将对材质的贴图进行剪切。默认为禁用。

"自发光"卷展栏启用后,材质自发光。默认为禁用。

"凹凸"卷展栏启用后,材质将启用凹凸贴图。默认为禁用。

"环境光阻挡"卷展栏启用后,可以通过明暗器来模拟全局照明的真实面貌,显示图像的阴影部分。

"圆角"卷展栏启用后,可在渲染时使角和直边变圆。默认为禁用。

"性能调节"卷展栏参数通过限制Autodesk材质执行的计算量来调节性能。

"替代折射深度"卷展栏用于设置折射的最大跟踪深度。如果达到此跟踪深度,则渲染器停止计算折射。其数值范围因材质类型而异,默认值为0。

2. 建筑与设计材质

建筑与设计材质专门用于建筑和产品设计等领域,支持大多数硬表面材质,如金属、木材、玻璃等。它不仅提高了建筑渲染的图像质量,也改善了总体工作流程和性能。

建筑与设计材质的主要特性如下。

- 易于使用,非常灵活。控件按照常用优先的原则排列。
- 提供了模板,可用于快速访问常用材质的设置组合。
- 完全精确。该材质是节能型的,因此不会产生违反物理定律的明暗器。
- 光泽性能:提供了插值、模拟光泽度和重要性采样等高级性能。
- 提供了可调整的 BRDF(双向反射比分布函数),用户可以自定义角度对反射率的决定作用。
- 可将玻璃等透明对象视为实体材质(折射,用多个面构建)或薄材质(不折射,可使用单面)。
- 模拟圆角,以使锐边仍能以真实方式捕捉光线。
- 提供了间接照明控件,设置每个材质的最终聚集精度或间接照明级别。
- 提供了 Oren-Nayar 漫反射,可产生“粉状”的曲面,例如黏土。
- 内置环境光阻挡,用于连接阴影并增强细节。
- 内置光子和阴影明暗器。
- 打蜡地板、毛玻璃和拂刷金属材质均可快速、轻松地进行设置。

下面通过实例讲解建筑与设计材质的常用参数。

选择场景中的“地板”对象,打开材质编辑器,创建建筑与设计材质球,并赋予“地板”对象。双击材质球,对话框中将出现该材质的参数。

1)“模板”卷展栏

“模板”卷展栏和标准材质中的“建筑”材质类似,在下拉列表中提供了多种预设的材质,如图 6-65 所示。

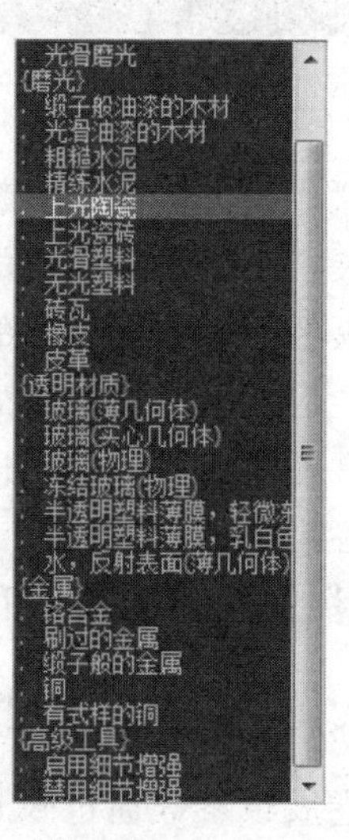

图 6-65 “模板”卷展栏及其材质下拉列表

2)“主要材质参数” 卷展栏

该卷展栏包含用于建筑与设计材质外观的主要控件,能够对建筑与设计材质的主要参数进行设置。

“地板”对象的“主要材质参数”卷展栏设置如图 6-66 所示。

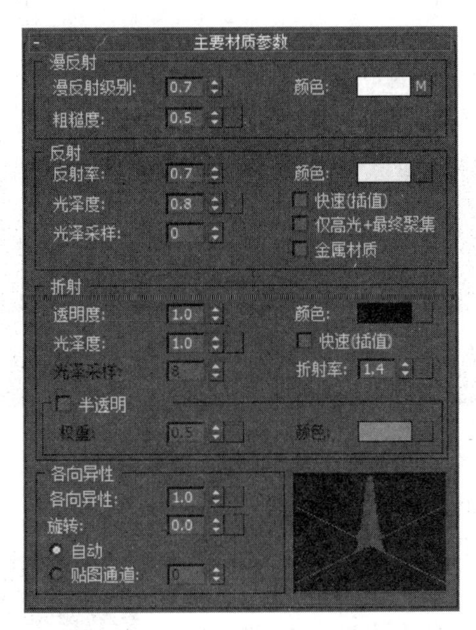

图 6-66　“主要材质参数”卷展栏

案例场景中的阳台框和小饰品都被赋予了建筑与设计材质。

3) BRDF 卷展栏

BRDF(Bidirectional Reflectance Distribution Function,双向反射比分布函数)卷展栏用于定义从各种角度观察某个材质时该材质的反射率,可以根据观察对象的角度改变材质的基本反射率,如图 6-67 所示。

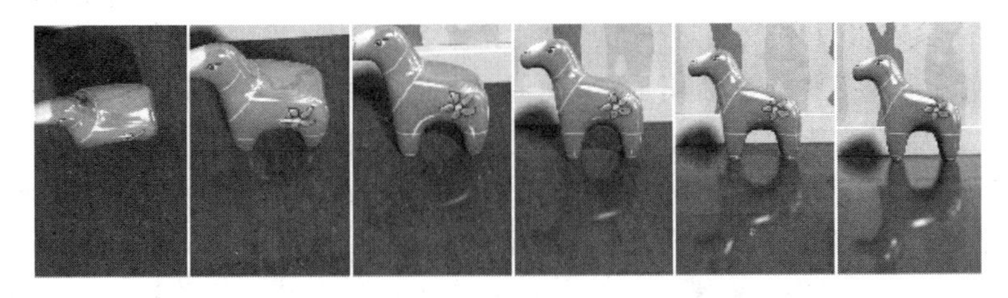

图 6-67　木地板的反射率取决于观察角度

有很多种材质能够产生这种反射效果,如玻璃、水和具有 fresnel 效果的绝缘体材质。塑料或涂漆木材等分层材质也显示出类似的特性。BRDF 卷展栏如图 6-68 所示。

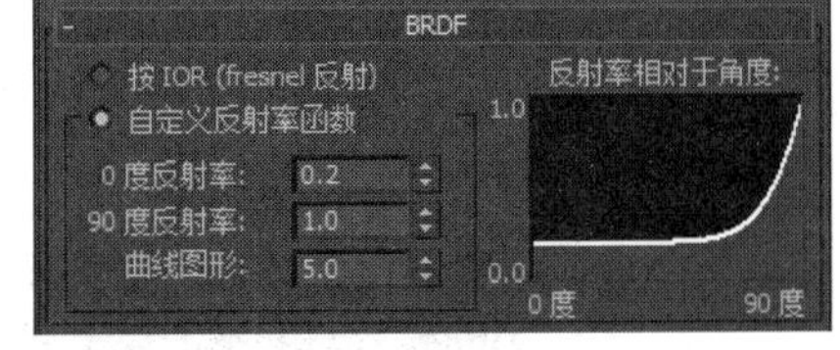

图 6-68　BRDF 卷展栏

BRDF 卷展栏通过定义 BRDF 曲线确定反射率与观察角度的关系。

“按 IOR(fresnel 反射)”:选择此单选按钮后,基于观察角度的反射率完全由材质的折射率确定。这称为 fresnel 反射,它对大多数绝缘体材质(如水和玻璃)的行为建模。

“自定义反射率函数”:允许设置 0°和 90°两个观察角度的反射率值。

“曲线图形”:定义 BRDF 曲线的衰减。此模式可用于混合材质(如涂漆木材)和金属。

"反射率相对于角度"图形：描绘"自定义反射率函数"设置的组合效果。

4）"自发光"卷展栏

选择场景中的"吊灯"对象，为灯架赋予 Autodesk 金属材质，为灯头赋予建筑与设计材质。吊灯自发光效果如图 6-69 所示。

图 6-69　吊灯自发光效果

吊灯自发光参数设置如图 6-70 所示。

"自发光(发光)"：启用此选项之后，材质将设置为自发光。

"颜色"参数组用于设置自发光的颜色和亮度。"过滤颜色"使用颜色过滤器模拟置于自发光曲面上的过滤色的效果。例如，红色过滤器置于白色光源上就会投射红色灯光。

"亮度"参数组用于设置光源的亮度。"物理单位：(cd/m^2)"表示以 cd/m^2 为单位设置亮度。"无单位"表示使用任意数值设置亮度。

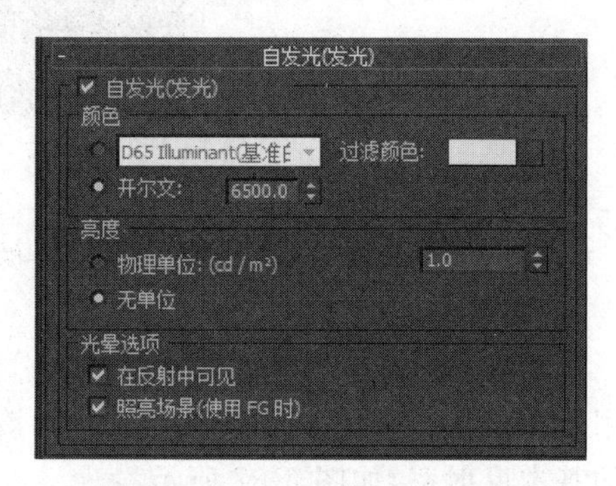

图 6-70　吊灯自发光参数设置

"光晕选项"参数组有两个复选框。

- "在反射中可见"复选框启用后，由此卷展栏上的设置产生的照明出现在其他曲面的反射中。禁用此选项之后，仍然反射对象，但不进行照明。
- "照亮场景(使用 FG 时)"复选框启用且最终聚集(FG)有效时，自发光曲面将充当间接光源并在场景中用于最终聚集照明。禁用此选项时，对最终聚集没有影响。

3. Car Paint(汽车颜料)材质

在"书房"案例场景中，地板上有一个玩具汽车，车身被赋予多维/子对象材质。ID 号为 1 的材质是汽车的车身材质。下面使用 Car Paint 材质设计它的材质。

在 1 号材质通道中添加 Car Paint 材质，该材质的卷展栏如图 6-71 所示。

图 6-71　Car Paint 材质及其卷展栏

"汽车"对象的渲染效果如图 6-72 所示。

展开 Diffuse Coloring(漫反射颜色)卷展栏,参数如图 6-73 所示。

图 6-72　"汽车"对象的渲染效果

Diffuse Coloring
Ambient / Extra Light
Base Color
Edge Color
Edge Bias 1.0
Light Facing Color
Light Facing Color Bias 8.0
Diffuse Weight 1.0
Diffuse Bias 1.5

图 6-73　Diffuse Coloring 卷展栏

Ambient/Extra Light(环境光/附加光):单击色样可以选择环境光。

Base Color(基础颜色):单击色样可以选择材质的基础漫反射颜色。

Edge Color(边颜色):单击色样可以选择边上可见的颜色。边颜色一般比基础颜色深。对于基础颜色很深的跑车,边颜色可以是黑色的。

Edge Bias(边偏移):设置边颜色的衰减比率。较高的值会使边缘区域较窄,较低的值会使其较宽。取值范围一般是 0.0～10.0,其中 0.0 表示禁用此效果。默认值为 1.0。

Light Facing Color(光面颜色):单击色样以选择面向光源的区域的颜色。

Light Facing Color Bias(光面颜色偏移):设置光面颜色的衰减比率。较高的值会使朝向光的彩色区域变小/变窄,而较低的值会使其变大/变宽。取值范围一般是 0.0～10.0,其中 0.0 表示禁用此效果。默认值为 8.0。

Diffuse Weight(漫反射权重):控制漫反射颜色参数的整体级别。默认值为 1.0。

Diffuse Bias(漫反射偏移):设置漫反射明暗处理的衰减比率。

Flakes(雪花)卷展栏用于设置雪花的颜色、权重、反射(光线跟踪)、高光反射指数、密度、衰减距离、强度、比例,如图 6-74 所示。

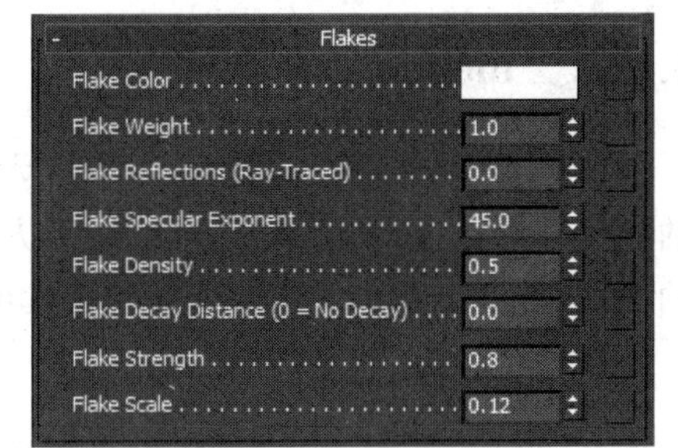

图 6-74　Flakes 卷展栏

Specular Reflections(高光反射)卷展栏用于设置金属片镜面反射、标准镜面反射、"玻璃"模式镜面反射、带有金属片的"玻璃"模式镜面反射,如图 6-75 所示。

Reflectivity(反射率)卷展栏用于设置反射颜色、边因子、边反射权重、面向角反射权重、光泽反射采样、光泽反射扩散、最大距离、单个环境采样,如图 6-76 所示。

Dirty Layer(Lambertian)(尘土层)卷展栏用于设置汽车上尘土区域的颜色、权重及凹凸贴图。单一的尘土层包含底部颜料和透明涂层。Dirty Layer(Lambertian)卷展栏如图 6-77 所示。

Advanced Options(高级选项)卷展栏用于设置辐照度权重(间接照明)、全局权重,如图 6-78 所示。

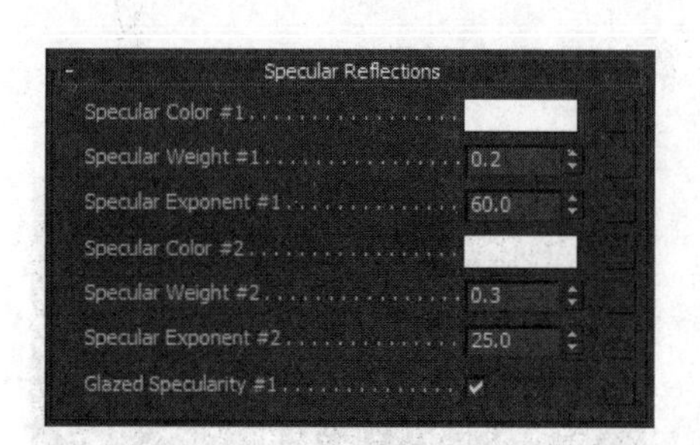

图 6-75　Specular Reflections 卷展栏

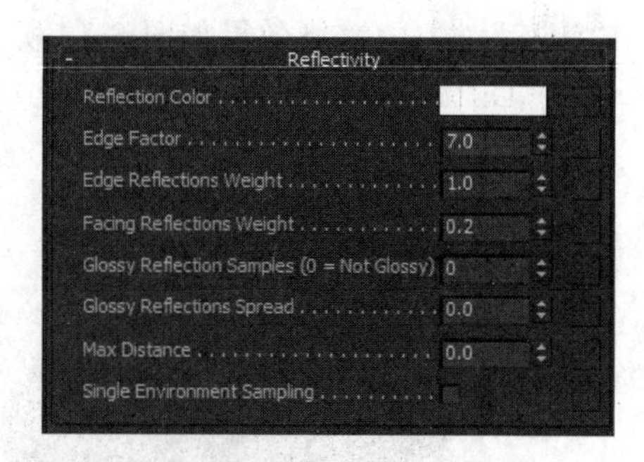

图 6-76　Reflectivity 卷展栏

图 6-77　Dirty Layer(Lambertian)卷展栏

图 6-78　Advanced Options 卷展栏

“贴图”卷展栏可以将贴图或明暗器指定给任何汽车颜料参数，还可以在首次显示参数的卷展栏上指定贴图和明暗器。该卷展栏还可以方便用户使用复选框切换参数的明暗器，而无须移除贴图。

6.3.2　mental ray 灯光

mental ray 灯光包括 mr 区域泛光灯 mr Area Omni 和 mr 区域聚光灯 mr Area Spot 两种，在默认的渲染器模式下，与普通泛光灯使用方法类似，但是在 mental ray 渲染器下，mr 区域泛光灯的光线是从圆形区域或圆柱形区域发射的，可以得到比点光源更好的照射效果。

1. mr 区域泛光灯

在“书房”案例场景中，给小汽车对象上方添加一个 mr 区域泛光灯对象。进入修改面板，可以看到“区域灯光参数”卷展栏，如图 6-79 所示。

在该卷展栏中可以通过“启用”复选框打开和禁用该泛光灯。

勾选“在渲染器中显示图标”复选框，mental ray 渲染器将区域泛光灯所在的位置渲染成一个白色图形区域。

在“类型”下拉列表中可以设置 mr 区域泛光灯的形状，包括球体和圆柱体两种。

通过“采样”参数组中的 U、V 参数可以设置 mr 区域泛光灯的采样质量。值越高，照明和阴影的效果越真实、细腻，但渲染时间也会越长。

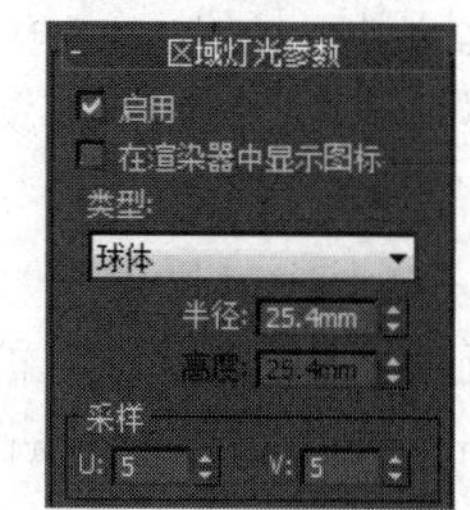

图 6-79　mr 区域泛光灯的“区域灯光参数”卷展栏

2. mr 区域聚光灯

mr 区域聚光灯也是一种应用于 mental ray 渲染方式的灯光类型，与目标聚光灯的使用方法相似。“区域灯光参数”卷展栏与 mr 区域泛光灯的卷展栏类似，但“类型”参数组稍有不同，而且多出一个“高度”参数，如图 6-80 所示。

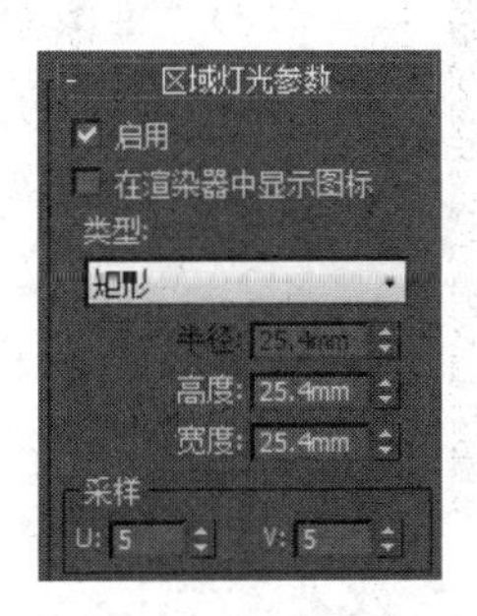

图 6-80 mr 区域聚光灯的“区域灯光参数”卷展栏

6.3.3 mental ray 渲染面板参数设置

mental ray 渲染器的渲染面板中有“公用”“渲染器”“全局照明”“处理”和 Render Elements 5 个选项卡，如图 6-81 所示。

1. “公用”选项卡

“公用”选项卡的参数与默认扫描线渲染器的参数类似，详细参数设置参考 6.1.3 节，在这里不再重复。

2. “渲染器”选项卡

“渲染器”选项卡包含用于优化 mental ray 渲染的设置以及用于摄影机效果、阴影和位移明暗处理的控件，如图 6-82 所示。

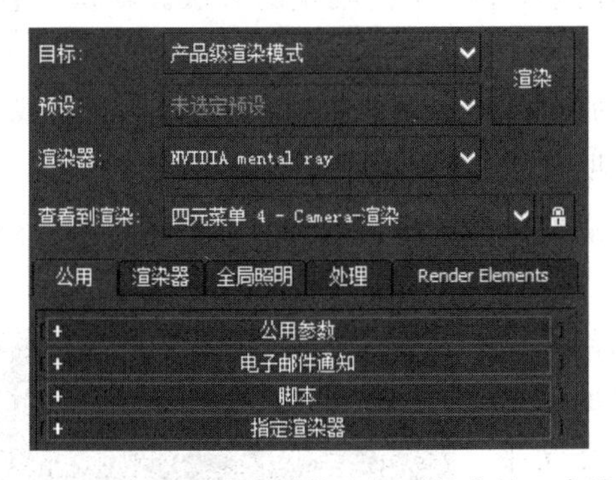

图 6-81 mental ray 渲染器的渲染面板中的 5 个选项卡

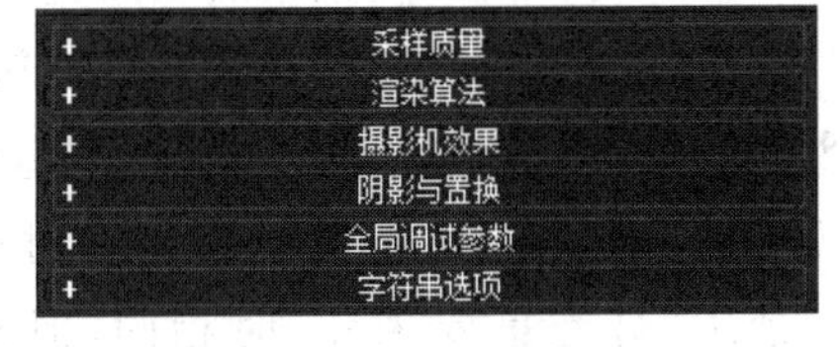

图 6-82 “渲染器”选项卡

“渲染器”选项卡包括以下 6 个卷展栏。

1）“采样质量”卷展栏

“采样质量”卷展栏用于设置渲染图像的采样方式，如图 6-83 所示。

（1）“采样模式”下拉列表。

在该列表中选择要执行的采样类型。默认设置为“统一/光线跟踪（推荐）”，渲染速度较

图 6-83 “采样质量”卷展栏

快。“经典/光线跟踪”使用最小值/最大值采样倍增。“光栅/扫描线”使用采样值倍增，“对比度/噪波阈值”不可用，该模式与“经典/光线跟踪”模式类似，只是禁用了光线跟踪。

(2) “每像素采样”参数组。

其中显示的参数取决于处于活动状态的模式。

(3) “过滤器”参数组。

“类型”下拉列表确定如何将多个采样合并成单个像素值。可以设置为长方体、高斯、三角形、Mitchell 或 Lanczos 过滤器。默认设置为长方体。对于多数场景，使用 Mitchell 过滤器将获得最佳效果。

(4) “对比度/噪波阈值”参数组。

该参数组用于设置对比度作为控制采样的阈值。可将对比度应用于每一个静态图像。这些参数在“光栅/扫描线”模式下是禁用的。

(5) “选项”参数组。

“锁定采样”复选框启用后，mental ray 渲染器对于动画的每一帧使用同样的采样模式。禁用此选项后，mental ray 渲染器引入随机变量采样模式。默认为禁用状态。改变采样模式可以避免动画中出现人工渲染效果。

启用“抖动”复选框，在采样位置引入一个变量，可以避免锯齿问题的出现。默认设置为启用。

“渲染块宽度”参数确定每个渲染块的大小(以像素为单位)。取值范围为 4～512。默认值为 32 像素。

“渲染块顺序”参数指定 mental ray 渲染器选择下一个渲染块的方法。默认设置“希尔伯特”是最佳的排序方法。

“帧缓冲区类型”用于选择输出帧缓冲区的位深，可以用整数(每个通道 16 位)或浮点数(每个通道 32 位)输出每个颜色信息。对于照明分析，需要用浮点数输出。

“灯光重要采样”参数组启用后，将增加比当前被着色点更亮的灯光的采样数，这样可以减少噪波量(减小粒度)并提高渲染的精确度。默认设置为启用，采样在所有光源中都是交叉平衡的。“质量”参数用于倍增每个点的采样数，范围为 0.0～20.0。默认值为 1.0，此时渲染器的采样数与禁用“灯光重要采样”时相同，但光源是交叉平衡的。

2) “渲染算法”卷展栏

“渲染算法”卷展栏用于选择使用光线跟踪或扫描线渲染，或者两者都使用，也可以选择用来加速光线跟踪的方法。默认禁用扫描线渲染并启用光线跟踪，“渲染算法”卷展栏如图 6-84 所示。

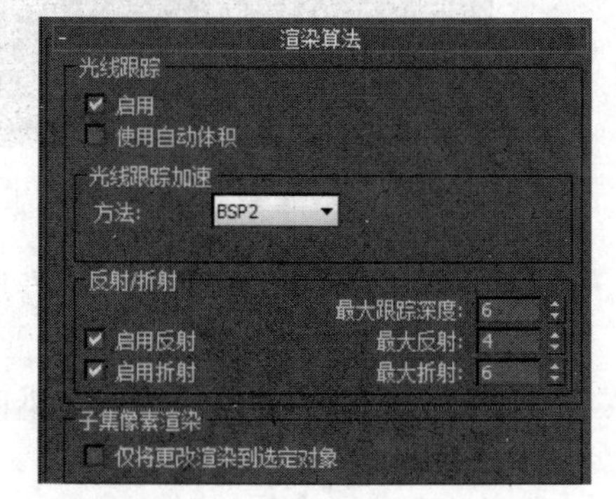

图 6-84 “渲染算法”卷展栏

(1)"光线跟踪"参数组。

"启用"复选框仅在"采样质量"卷展栏中的"采样模式"设置为"光栅/扫描线"时才可以使用。启用该选项后,mental ray 渲染器使用光线跟踪以渲染反射、折射、镜头效果(运动模糊和景深)和间接照明(焦散和全局照明)。禁用该选项后,mental ray 渲染器只可以使用扫描线渲染方法。

"使用自动体积"复选框启用后,使用 mental ray 渲染器自动体积模式渲染光线跟踪。可以在"阴影与置换"卷展栏中设置阴影模式。

"光线跟踪加速"的"方法"下拉列表用于设置光线跟踪加速所使用的方法。BSP 方法在单处理器系统中是最快的,有"大小"和"深度"参数。BSP2(默认设置)方法通过 mental ray 渲染器自动配置,且没有参数。此方法最适合大型静态场景,例如完全装饰好的餐厅。BSP2 需要的内存比 BSP 小,必要时还能够刷新内存。但是,如果对较小的场景使用 BSP2,则可能会有一点性能损失。

(2)"反射/折射"参数组。

关于该参数组的介绍可参考 6.1.3 节关于默认扫描线渲染器的参数设置的介绍。

3)"摄影机效果"卷展栏

"摄影机效果"卷展栏用于控制摄影机效果,如景深、运动模糊、轮廓着色等,也可以为摄影机添加明暗器,如图 6-85 所示。

4)"阴影与置换"卷展栏

"阴影与置换"卷展栏用于设置阴影效果,如图 6-86 所示。

图 6-85 "摄影机效果"卷展栏

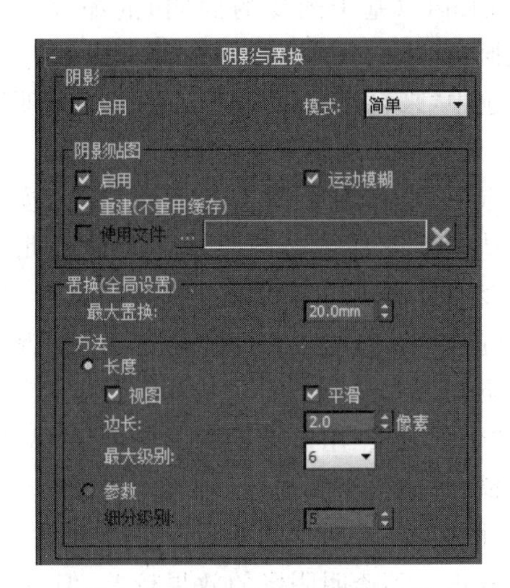

图 6-86 "阴影与置换"卷展栏

5)"全局调试参数"卷展栏

"全局调试参数"卷展栏用于设置软阴影、光泽反射和光泽折射精度,它提供了对 mental ray 明暗器质量的高级控制,如图 6-87 所示。

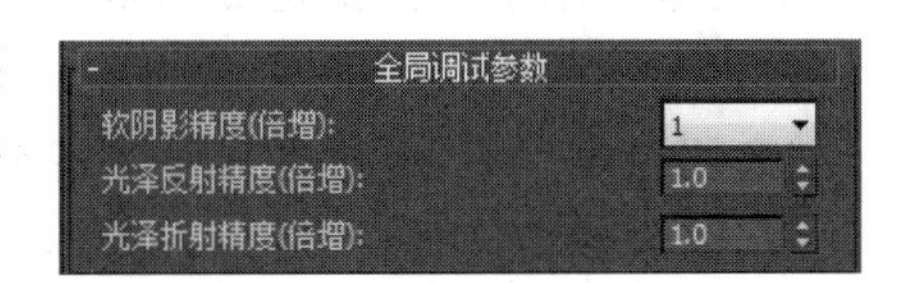

图 6-87 "全局调试参数"卷展栏

"软阴影精度(倍增)"参数用于对所有投射软阴

影的灯光中的"阴影采样"设置进行全局倍增。通常情况下,灯光阴影类型应设置为光线跟踪阴影。倍增值一般设置为0.125、0.25、0.5、1、2、4、8和16。

"光泽反射精度(倍增)"参数控制全局反射质量。

"光泽折射精度(倍增)"参数控制全局折射质量。

6)"字符串选项"卷展栏

可以在mental ray渲染器的源文件中,通过字符串选项指定各种设置,方法:将设置的字符串选项置于引号内,如"反射""折射""运动模糊"等。输入的选项随3ds Max场景一起保存。如果某个选项也出现在"渲染设置"对话框中,则设定的字符串选项值将覆盖对话框中的原有设置。"字符串选项"卷展栏如图6-88所示。

3. "全局照明"选项卡

"全局照明"选项卡用于设置在环境中渲染反弹灯光所用的方法,包括天光和环境照明、最终聚集、焦散和光子贴图等,如图6-89所示。

图6-88 "字符串选项"卷展栏

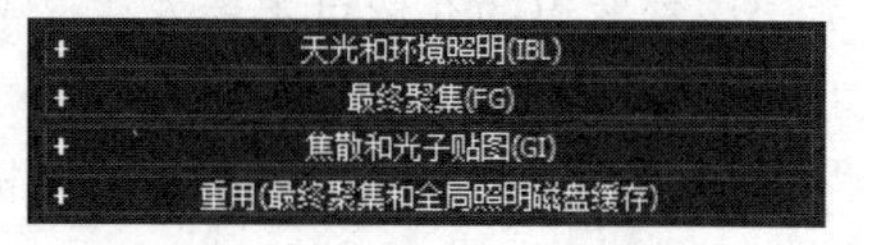

图6-89 "全局照明"选项卡

1)"天光和环境照明(IBL)"卷展栏

"天光和环境照明(IBL)"卷展栏用于从图像或最终聚集生成天光。IBL是Interface Based Light(基于图像的照明)的缩写。"天光和环境照明(IBL)"卷展栏如图6-90所示。

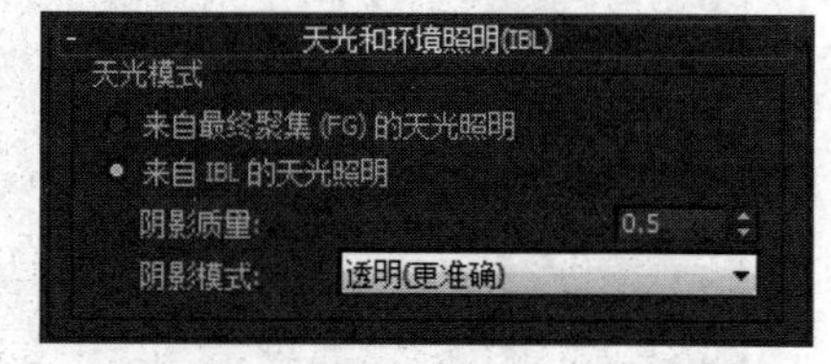

图6-90 "天光和环境照明(IBL)"卷展栏

选中"来自最终聚集(FG)的天光照明"单选按钮后,天光将从最终聚集生成。

选中"来自IBL的天光照明"单选按钮后,天光将从当前的环境贴图生成。要执行此操作,需要在场景中添加一个天光,然后在其修改面板的"天空颜色"参数组中,选择"使用场景环境",使用高动态范围(HDR)格式(如OpenEXR)则效果更好。

"阴影质量"用于设置阴影的质量,取值范围为0.0~10.0,默认值为0.5。值越低,阴影越粗糙。

"阴影模式"用于选择阴影是否透明。默认设置为阴影透明,效果较真实,但渲染所需的时间较长。不透明阴影的效果较差,但渲染速度较快。

2)"最终聚集(FG)"卷展栏

最终聚集用于模拟指定点的全局照明,如图6-91所示。

(1)"基本"参数组。

"启用最终聚集"复选框用于创建全局照明或提高其质量。

"最终聚集精度预设"滑块根据预设方案为最终聚集提供解决方案,在其下面的下拉列表中选择一种方法:

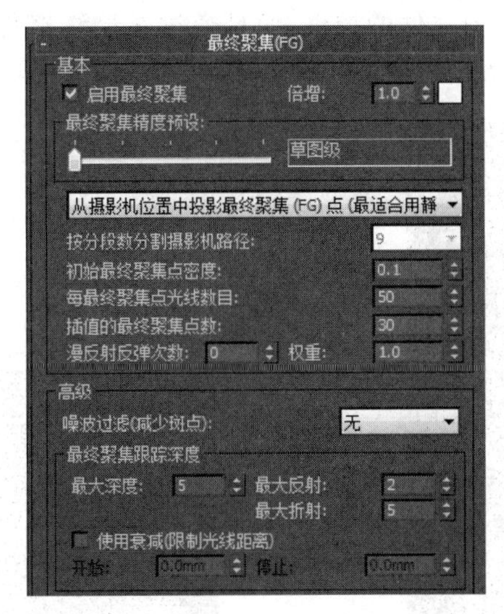

图 6-91 “最终聚集(FG)”卷展栏

- “从摄影机位置中投影最终聚集(FG)点”：在单个视图中分布最终聚集点。
- “沿摄影机路径的位置投影点”：跨多个视图分布最终聚集点。

“按分段数分割摄影机路径”参数用于指定当选择了“沿摄影机路径的位置投影点”选项时将摄影机路径细分为几段。

“初始最终聚集点密度”用于设置最终聚集点密度的倍增值。默认值为 1.0。

“每最终聚集点光线数目”用于设置使用多少光线计算最终聚集点中的间接照明。

“插值的最终聚集点数”用于设置图像采样的最终聚集点数。

“漫反射反弹次数”用于设置 mental ray 渲染器计算单个漫反射光线的反弹次数。

“权重”用于设置漫反射反弹对最终聚集解决方案的相对贡献。默认值为 1.0。

(2) “高级”参数组。

“噪波过滤(减少斑点)”下拉列表用于选择使用了从同一点发射的相邻最终聚集光线的中间过滤器，选项为“无”“标准”“高”“很高”和“非常高”。默认设置为“标准”。

“最终聚集跟踪深度”参数组用于设置由最终聚集使用的光线计算反射和折射的相关参数。

- “最大深度”限制反射和折射的次数。默认值为 2。
- “最大反射”设置光线可以反射的次数。默认值为 5。
- “最大折射”设置光线可以折射的次数。默认值为 5。
- “使用衰减(限制光线距离)”复选框启用后，使用“开始”和“停止”值限制使用环境颜色前用于重新聚集的光线的长度。“开始”默认值是 0。如果光线达到“停止”的限制，但是没有遇到曲面，则环境颜色将用于着色。“停止”默认值是 0。一般不应把开始值和停止值设置为同一个值。

3) “焦散和光子贴图(GI)”卷展栏

“焦散和光子贴图(GI)”卷展栏用来控制焦散和光子贴图，如图 6-92 所示。

4) “重用(最终聚集和全局照明磁盘缓存)”卷展栏

“重用(最终聚集和全局照明磁盘缓存)”卷展栏包含所有用于生成、使用最终聚集贴图以及焦散和全局照明光子贴图文件的控件，而且通过在最终聚集贴图文件之间插值来减少或消除渲染动画的闪烁。“重用(最终聚集和全局照明磁盘缓存)”卷展栏如图 6-93 所示。

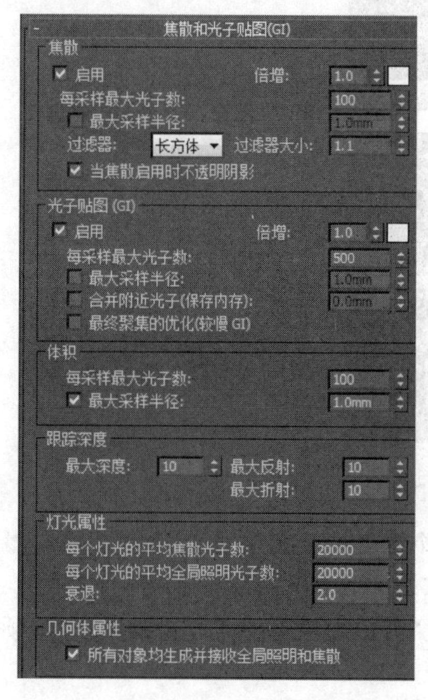

图 6-92 “焦散和光子贴图(GI)”卷展栏

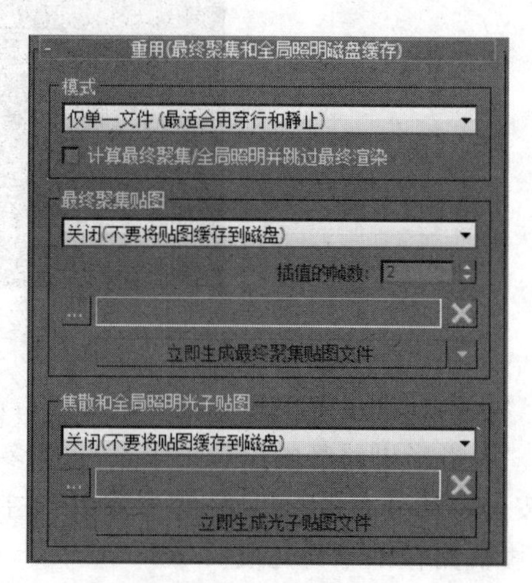

图 6-93 “重用(最终聚集和全局照明磁盘缓存)”卷展栏

4. “处理”选项卡

“处理”选项卡是附加的“渲染设置”对话框面板，该面板的控件与管理渲染器的方式有关。“处理”选项卡如图 6-94 所示。

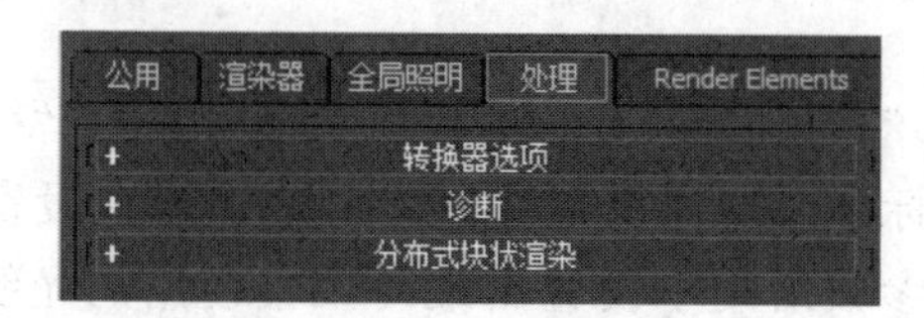

图 6-94 “处理”选项卡

1) “转换器选项”卷展栏

“转换器选项”卷展栏参数用于将内存、缓存、材质覆盖等参数转换成渲染器要求的格式，并保存到 MI 文件中。mental ray 渲染器使用多种文件格式保存信息，. mi 文件是 mental images 场景描述文件。转换的输出使用 mental ray 版本 3 (mi3) 格式。转换器不支持 mental ray 版本 1 (mi1)。

2) “诊断”卷展栏

“诊断”卷展栏参数有助于用户了解 mental ray 渲染器的行为机理，比如了解采样率工具，在设置参数时有助于把渲染器的性能最大化。

3) “分布式块状渲染”卷展栏

“分布式块状渲染”卷展栏参数用于设置和管理分布式块状渲染。采用分布式块状渲染，多个联网的系统都可以执行 mental ray 渲染。当渲染块可用时将其指定给系统。

5. Render Elements 选项卡

可以参考 6.1.3 节中关于该选项卡的参数说明。

“书房”案例的最终渲染效果如图 6-95 所示。场景中的渲染参数设置在这里就不一一介绍了，详细参数请参考“第 6 章 渲染输出与环境效果\素材文件\mental ray 材质\书房-完成.max”。读者可以参考 3ds Max 帮助系统中的标准教程，更详细地学习 mental ray 材质、灯光、渲染器设置。

图 6-95　“书房”案例的最终渲染效果

本章小结

本章介绍了在场景中设置渲染输出的方法，内容包括渲染器基本设置、默认扫描线渲染器和 mental ray 渲染器的使用方法以及环境效果的渲染方法。

第 7 章

Chapter 7

场景动画技术

本章学习重点

- 掌握动画时间设置、关键点控制及播放控制按钮的使用。
- 掌握利用关键点动画模式创建动画的基本方法。
- 理解运用轨迹参数编辑运动轨迹的基本方法。
- 掌握声音控制器、旋转控制器、常用的约束控制器等动画控制器。

本章主要讲解场景动画设计技术，内容包括三维动画原理、动画时间与播放控制、关键点动画、运动动画与轨迹编辑、轨迹视图编辑以及动画控制器。3ds Max 中的动画还包括粒子动画、动力学动画等高级动画。本章主要介绍基础动画和动画控制器。

场景动画技术是指场景中的对象以整体方式运动的动画，是三维动画设计的重点和核心，也是角色动画设计的基础。场景动画技术分为前期设计、中期制作和后期制作，每一个阶段有不同的任务分工，如图 7-1 所示。

1. 前期设计

前期设计主要完成剧本策划、文字分镜、台本、设计稿等工作。

1）剧本策划

剧本策划就是完成剧本创作。剧本是动画制作的根本，在形成动画之前需要经过严格的剧本策划。剧本策划内容主要包括选题、主题定位、人物设置、故事梗概、制作时间及成本、部分主创人员等。

（1）选题。对影视剧题材类型的分析是必要的。不同的题材有不同的艺术价值和商业价值，有不同的收视群体。应根据项目需求来决定动画的题材。由于我国动画片运作方式分为政府和商业两种，所以在阐述题材价值的时候要按照不同的方式区别对待。

（2）主题定位。包括题材所要表达的思想，以及对受众产生的影响程度，动画的主体风格在剧本中怎样体现，剧本的情感基调（正剧、悲剧或喜剧），动画片类型定位和地域特征等。

（3）人物设置。人物设置对剧本组织、矛盾冲突和情节的设置有着重要的意义。动画片策划中的人物设置一般包括人物外形（外貌、性别、年龄等）、人物性格（身份、地位、气质、性格等）、人物关系（剧中主要人物之间的关系往往会成为矛盾的基础）、剧中的人物小传（主要是剧本开始之前人物的生活和经历）。

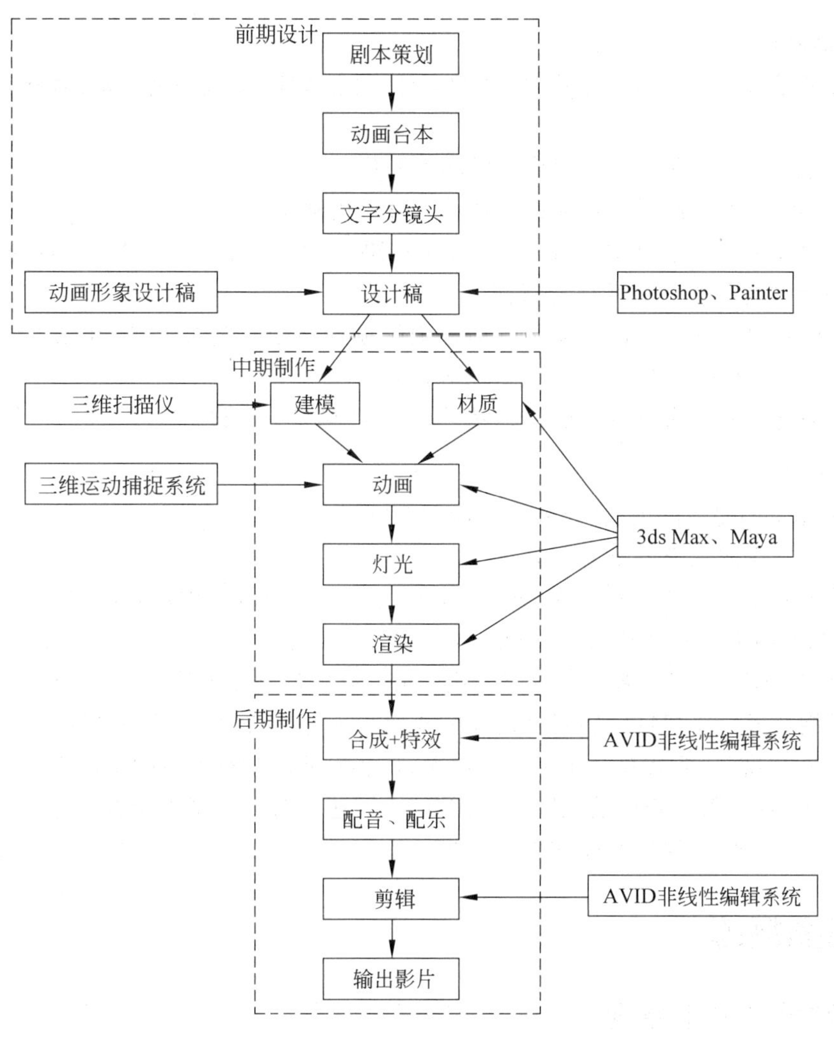

图 7-1 动画制作流程

(4) 故事梗概。故事梗概是动画策划的主体,包括故事内容和故事的发展背景。故事梗概要求语言生动简洁,故事线索清晰,有画面感和层次感,体现出作品的主体风格。

(5) 制作时间及成本。包括投资综述、剧本创作阶段、具体制作阶段(前期准备、动画制作阶段、后期制作)、后期宣传发行等,注明需要的时间和经费。

(6) 部分主创人员。包括出品人、总策划、制片人、监制、编剧、导演、出品公司等。

2) 文字分镜

文字分镜是导演创作的根本依据,它将文字形式的剧本转化为可读的视听评议结构,并将导演的一切艺术构思融入剧本。

3) 台本

台本可以说是一个电子故事板,它是在文字分镜的基础上加上图片分镜构成的。

4) 设计稿

导演根据台本给设计组下达任务,由设计组将台本中的角色、场景、道具等内容绘制成线稿和色稿,并将导演设计的场景、角色、道具等相关细节进一步明确化。

2. 中期制作

中期制作主要完成三维场景设计、模型设计、角色设定、动画预演与动画制作、材质与灯光等工作。

(1) 场景设计。按照手绘稿完成三维场景制作。

(2) 模型设计。按照手绘稿完成场景内三维模型制作。

(3) 角色设定。角色模型建好后,要有骨骼绑定才能动起来,要添加表情才能有生命力。角色设定决定了人物的性格与特征。

(4) 动画预演与动画制作。动画预演是根据设计稿中的镜头设计,在场景中确定具体摄影机的位置、动画的构图、动画的关键点等内容。

(5) 材质与灯光。为场景中的模型赋予材质,在场景中布设灯光。

3. 后期制作

后期制作主要完成渲染、特效制作和后期合成。

(1) 渲染。完成三维场景的渲染。

(2) 特效制作。场景中的烟花、爆炸、雨、雪、风、霜等可以看作场景的特效,可以通过为场景、动画制作的镜头添加特效来实现。3ds Max 中自带了这些特效,也可以使用插件制作,例如,用 Afterburn 插件制作火效果,用 Realflow 插件制作流体效果。

(3) 后期合成。先把每一层素材按顺序叠加在一起;然后对背景进行景深的处理,调整颜色、亮度、对比度等,使背景与角色拉开层次;最后根据需要对整体的画面进行色彩和明暗对比度的调节,保证整体画面的统一。有需要的话,还要对一些镜头做震动等效果。当文件合成完成后,生成非压缩的 AVI 文件。

7.1 动画概述

7.1.1 动画的基本原理

动画是将一系列差别很小的静态图片以一定的速率连续播放而产生的动态效果。在单位时间内播放的静态图片越多,生成的动画效果就越好。影视和动画的播放速度用每秒播放的画面数(帧)来表示。传统的电影通常播放速度为 24 帧/s,NTSC 制式的电视播放速度为 30 帧/s,PAL 制式的电视播放速度为 25 帧/s,网页中的 Flash 动画为了减少文件大小,通常设定为 12 帧/s。

3ds Max 中默认情况下每秒播放 30 幅画面,这样产生的文件比较大,也可以根据用户自身的需要定义播放速度。为了保证动画的连续性,至少要设置为每秒播放 15 幅静态画面,才可以形成自然、流畅的动画效果。

3ds Max 中的动画不需要设置每一帧的动作,只需要设置一段连续动画的开始状态和结束状态即可。

7.1.2 动画关键术语

在三维动画设计中,需要理解以下几个术语。

帧:连续播放中组成动画的一系列静态画面,是动画时间的基本单位。

帧频：每秒播放的帧数，单位是帧/秒，记作 FPS。电影的帧频是 24FPS；PAL 制式电视的帧频是 25FPS，NTSC 制式电视的帧频是 30FPS。

关键点：也称为关键帧，用来描述一个物体的空间位置、旋转角度、比例缩放及变形等信息的关键静态画面。当物体的状态发生变化或物体产生动作时需要设置其关键点。

7.1.3　“时间配置”对话框

动画设置通过控制时间参数来实现，时间参数控制动画的播放制式、时间和速度。在 3ds Max 中，通过“时间配置”对话框进行参数设置。单击主界面动画控制区右下方的时间配置按钮，或者在播放动画按钮上右击，从快捷菜单中选择“时间配置”命令，都可以打开“时间配置”对话框，如图 7-2 所示。

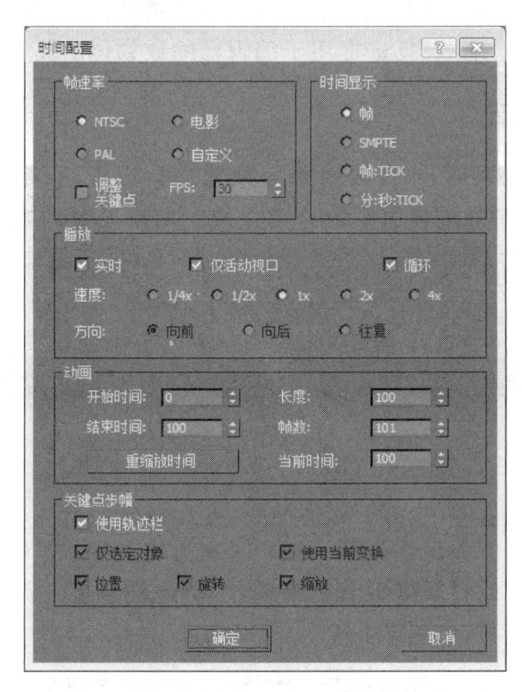

图 7-2　“时间配置”对话框

1. “帧速率”参数组

“帧速率”参数组用于设置帧频，系统默认采用 NTSC 制式的帧频，即 30FPS，可以根据需要选择 4 种播放帧频之一。

2. “时间显示”参数组

“时间显示”参数组用于设置时间显示方式。默认以“帧”方式显示。SMPTE 以“分：秒：帧”的方式显示。“帧：TICK”以“帧：点”的方式显示。“分：秒：TICK”以“分：秒：点”的方式显示。

3. “播放”参数组

“播放”参数组用于设置动画的播放方式。“实时”复选框使动画实时播放。“仅活动视口”复选框使动画只在活动视口中播放。“循环”复选框使动画循环播放。

“速度”选项提供了 5 种倍速的播放速度。

“方向”选项提供了 3 种动画播放方向：向前、向后、往复。

4. “动画”参数组

“动画”参数组用于设置动画的播放时间。“开始时间”和“结束时间”是动画开始和结束的时间。“长度”表示动画播放时间的长短。“帧数”表示动画播放的帧数。“重缩放时间”按钮用于重新设定已经编辑的帧的时间参数。“当前时间”表示指定时间滑块所指示的当前帧。

5. “关键点步幅”参数组

“关键点步幅”参数组用于设置关键点。“使用轨迹栏”复选框用于使用轨迹栏编辑关键点。“仅选定对象”复选框用于编辑选中物体的关键点。“使用当前变换”复选框用于编辑当前变换物体的关键点。“位置”复选框用于编辑已移动物体的关键点。“旋转”复选框用于编辑已旋转物体的关键点。“缩放”复选框用于编辑已缩放物体的关键点。

7.1.4 动画设置方法

在 3ds Max 中制作动画时，不需要对每一帧都进行设置，只需要将一个动作开始的一帧和结束的一帧定义好，中间的帧由系统自动生成。用户设置的帧称为关键点。关键点是在 3ds Max 主窗口下方的动画控制区进行设置的，如图 7-3 所示。

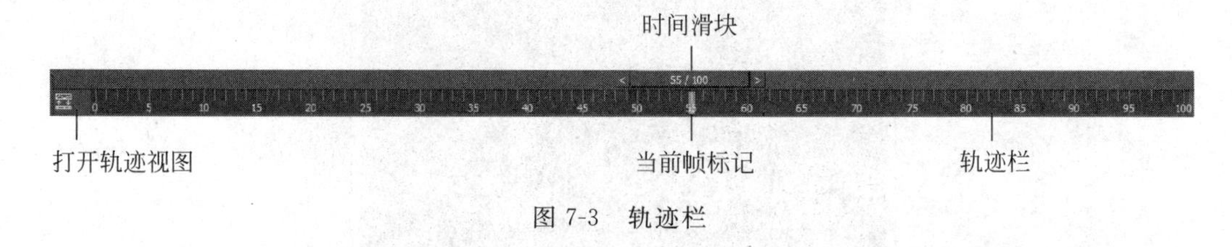

图 7-3 轨迹栏

拖动时间滑块可以很方便地选择某一帧。时间滑块上显示了帧号和总的帧数。单击左侧的打开轨迹视图按钮可以打开微型曲线编辑器，对运动轨迹进行编辑。时间滑块的右下方是关键点与播放控制面板，如图 7-4 所示。

图 7-4 关键点与播放控制面板

该面板包括以下按钮。

设置关键点按钮。

自动关键点 启用自动关键点模式。为选定对象自动设置关键点。

设置关键点 启用手动设置关键点模式。为选定对象手动设置关键点。

新建关键点的默认入/出切线。在记录关键点时单击该按钮，可以快速设置 7 种不同的切线类型(决定了运动物体的动画轨迹)。

选定对象 对象选择集下拉列表。设置用于给定关键点的选择集。

关键点过滤器... 打开关键点过滤器按钮。

动画播放控制按钮，分别是转到第一帧、转到上一帧、播放、转到下一帧、转到最后一帧。

关键点模式切换按钮。用于在帧与关键点之间切换。

当前帧。

时间设置窗口按钮。

7.1.5 动画预览和渲染

在设置动画时需要结合预览和渲染功能查看动画效果。

1. 查看动画

查看动画可以使用图 7-4 中的动画播放控制按钮。

2. 预览动画

如果场景中对象过多,在工作视图中观察动画时会出现跳帧或画面停滞现象。为了更好地观察和编辑动画,可以生成预览动画。预览动画在渲染时不会考虑模型的材质和光影效果,可以快速观察动画效果。

生成预览动画的方法:选择菜单“工具”→“预览-抓取视口”→“创建预览动画”命令,打开“生成预览”对话框,如图 7-5 所示。保持对话框中的默认参数,单击下方的“创建”按钮,可以打开“视频压缩”对话框,如图 7-6 所示。单击“确定”按钮即可生成预览动画。

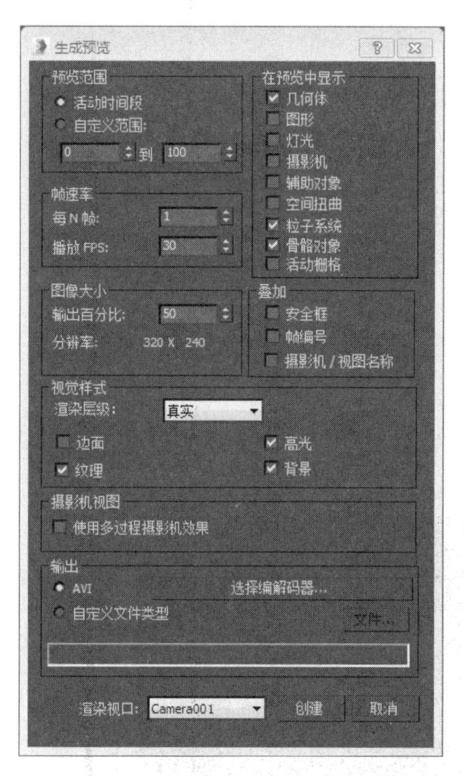

图 7-5 “生成预览”对话框

图 7-6 “视频压缩”对话框

3. 渲染动画

预览动画在渲染时以草图方式显示,不包含灯光、材质、纹理等信息,渲染动画能够根据用户设置的参数综合计算场景的光影效果，生成静态图像或动画，并按用户指定的方式输出。但是渲染时要在“时间输出”参数组中选择“范围”单选按钮，设置起止时间，如图 7-7 所示，并将渲染输出结果保存为图像序列文件或视频文件，如图 7-8 所示。

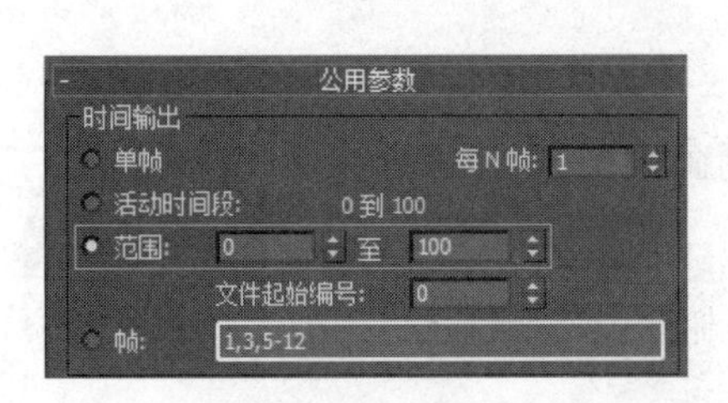

图 7-7 渲染动画“时间输出”参数设置

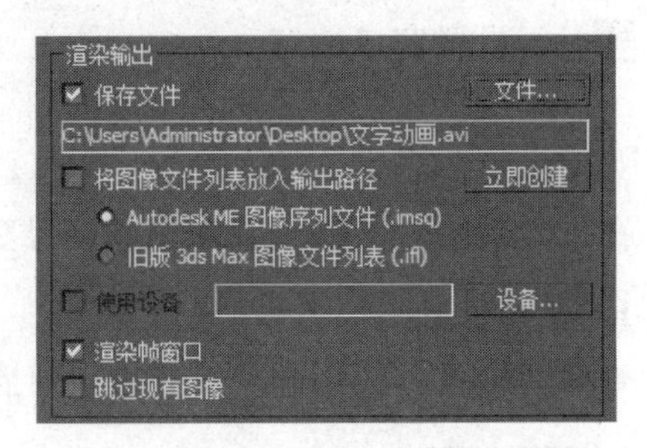

图 7-8 渲染输出文件

7.2 关键点动画

关键点动画可以是一个对象或场景的移动、旋转、缩放产生的动画，主要通过设置关键点的方式实现。

7.2.1 关键点动画简介

关键点动画是在时间轴(轨迹栏)上利用手工定义某个对象的几个关键点位置，时间轴上将出现这些关键点的时间标记，系统将自动计算中间帧的时间位置，渲染序列帧，以生成连续的动态画面。

场景中对象的任何参数发生变化，都可以生成关键点动画，如移动、旋转、缩放、参数(噪波参数、倍增参数)及材质等。

动手演练 制作旋转文字动画

首先制作整体文字动画。

01 制作三维文字。在前视图中使用“文本”工具创建“数字媒体技术”文字，使用“挤出”命令，挤出值为 30，将文字拉伸为三维字体，如图 7-9 所示。

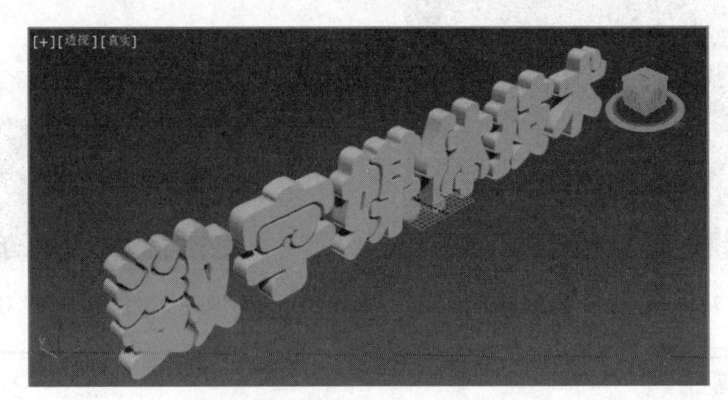

图 7-9 创建三维文字

02 赋予材质。给三维文字赋予金属材质,如图 7-10 所示。

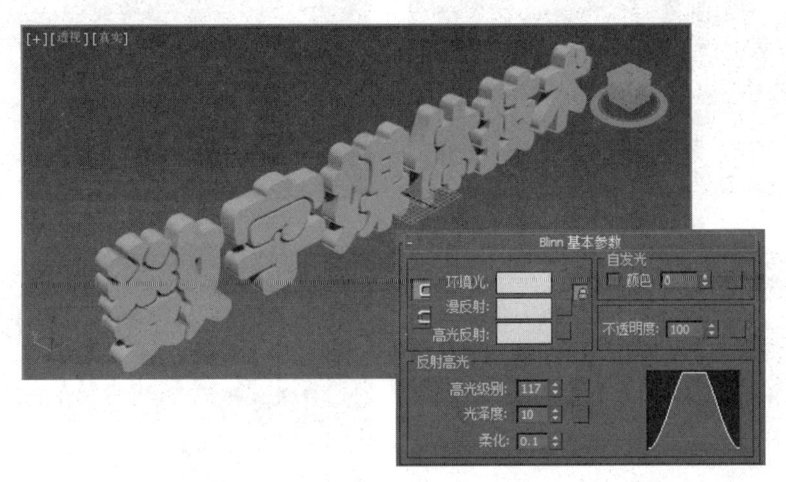

图 7-10 给三维文字赋予金属材质

03 给场景添加灯光。添加一个目标聚光灯作为主光源,根据场景亮度调整倍增和阴影。添加泛光灯作为辅助光源。

04 给场景添加背景平面。在前视图中创建平面作为背景,为平面赋予材质和贴图。在顶视图中创建摄影机,调整位置。摄影机视图如图 7-11 所示。

图 7-11 给场景添加背景平面并赋予材质后的摄影机视图

05 制作关键点动画。单击"自动关键点"按钮,在前视图中将文字移动到左下角,拖动关键点到第 25 帧,将字体水平移到右下角;拖动关键点到第 50 帧,将字体绕 X 轴旋转 360°;拖动关键点到第 60 帧,将字体移动到视图中间;拖动关键点到第 100 帧,将字体放大 3 倍,设置关键点,图 7-12 给出了第 0 帧、第 25 帧、第 60 帧、第 100 帧的文字变化画面。

06 生成预览动画。

07 渲染输出。详细参数参考素材文件"第 7 章 场景动画技术\素材文件\01 整体文字旋转动画\整体旋转文字.max"。

接下来制作单体文字动画。

接着上述整体动画开始制作单体文字动画。

第60帧　　第100帧

图 7-12　关键点动画

01　删除第 0 帧、第 25 帧、第 50 帧、第 60 帧、第 100 帧这 5 个关键点。

02　为文字添加“编辑多边形”命令，进入元素级别，把每个文字分离成独立的三维物体。进入层次面板，启用“仅影响轴”复选框，把每个字体的中心重新移动到单个文字的轴心。

03　在前视图中将 6 个三维文字都移动到左下角，如图 7-13 所示。

图 7-13　移动 6 个三维文字到左下角

04　单击“自动关键点”按钮。在第 10 帧将文字“术”移动到屏幕右侧，并沿 X 轴旋转 360°；在第 20 帧将文字“技”移动到屏幕右侧，并沿 X 轴旋转 360°；在第 30 帧将文字“体”移动到屏幕右侧，并沿 X 轴旋转 360°；在第 40 帧将文字“媒”移动到屏幕右侧，并沿 X 轴旋转 360°；在第 50 帧将文字“字”移动到屏幕右侧，并沿 X 轴旋转 360°；在第 60 帧将文字“数”移动到屏幕右侧，并沿 X 轴旋转 360°。6 个文字对齐为一排，如图 7-14 所示。

05　在第 70 帧把所有文字移动到屏幕中央，在第 85 帧将文字放大 300%，图 7-15 给出了第 20 帧、第 50 帧、第 70 帧、第 85 帧的文字变化画面。

图 7-14 向右移动 6 个文字

第20帧

第50帧

第70帧

第85帧

图 7-15 第 20 帧、第 50 帧、第 70 帧、第 85 帧的文字变化画面

06 生成预览动画。

07 渲染输出。

详细参数参考素材文件“第 7 章 场景动画技术\素材文件\文字旋转动画\单体旋转文字.max”。

7.2.2 材质关键点动画

在 3ds Max 中，不仅场景中的三维对象的移动、旋转、缩放可以制作动画，而且对象的材质、灯光、贴图参数都可以制作动画。下面通过实例说明材质关键点动画的制作方法。

动手演练 创建材质关键点动画

01 在场景中创建一个平面和一个环形结，创建一个摄影机对象用于固定视图，如图 7-16 所示。

图 7-16　创建一个平面和一个环形结

02　给环形结赋予标准材质，并在漫反射贴图通道中添加“棋盘格”贴图，设置 U、V 方向上贴图的“瓷砖”数为 5。添加“UVW 贴图”修改器，设置贴图类型为“长方体”，设置 U、V 方向上贴图的“瓷砖”数为 5。

03　单击“自动关键点”按钮，设置第 0 帧为关键点，在第 100 帧处设置贴图坐标的 V 和 W 方向角度为 360°，如图 7-17 所示。

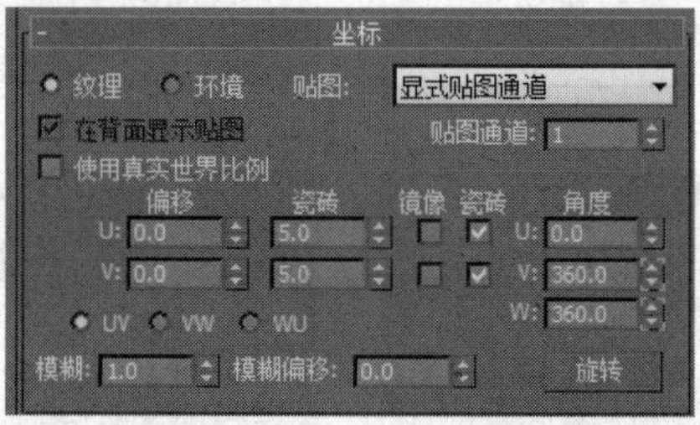

图 7-17　第 100 帧处贴图坐标的设置

04　播放动画，观察动画效果，会发现场景的动感很强，图 7-18 是第 82 帧的动画效果。

图 7-18　第 82 帧的动画效果

7.2.3　摄影机关键点动画

在三维场景中，摄影机就像人的眼镜，创建场景对象、布置灯光、调整材质等效果都要通过摄影机进行观察。摄影机的任何变换都会引起场景中的视觉效果发生变化，都可以被记录下来，形成动画效果。

摄影机关键点动画可以利用摄影机导航控制按钮形成摄影机或摄影机目标点的移动、旋转、缩放动画，也可以制作摄影机的仰视、俯视、穿梭等动画。

下面通过实例来介绍摄影机关键点动画的制作方法。

动手演练 制作摄影机关键点动画

01 打开素材文件“第7章 场景动画技术\素材文件\03 摄影机动画\摄影机动画-素材.max”，观察场景。

02 制作摄影机仰视动画。在场景中创建目标摄影机，命名为“仰视摄影机”，在修改面板中将镜头焦距设置为50mm。调整摄影机的位置、角度，使摄影机仰视场景中的楼房，目标点位于楼房的左前方。把当前帧移动到第0帧，单击“自动关键点”按钮，设置第0帧为关键点。在场景中把当前帧移动到第100帧，移动摄影机到楼房的右侧，调整视角，单击“设置关键点”按钮，单击“自动关键点”按钮关闭自动关键点模式。单击播放按钮，观察动画效果。第100帧摄影机仰视画面如图7-19所示。

图7-19 第100帧摄影机仰视画面

03 制作摄影机俯视动画。在场景中创建目标摄影机，命名为“俯视摄影机”，在修改面板中将镜头焦距设置为50mm。调整摄影机的位置、角度，使摄影机俯视场景，目标点位于场景的正中央。把当前帧移动到第100帧，单击“自动关键点”按钮，设置第100帧为关键点。在场景中分别把当前帧移动到第100、125、150、175、200帧，分别移动俯视摄影机到场景的4个方向。移动摄影机到楼房的右侧，调整视角，单击“自动关键点”按钮，关闭自动关键点模式。单击播放按钮，观察动画效果。第200帧摄影机俯视画面如图7-20所示。

04 制作摄影机穿梭动画。在场景中创建自由摄影机，命名为“穿梭摄影机”，在修改面板中将镜头焦距设置为50mm。调整摄影机的位置、角度，使摄影机仰视场景，目标点位于场景的正中央。把当前帧移动到第200帧，单击“自动关键点”按钮，设置第200帧为关键点。在场景中分别把当前帧移动到第200、250、280、330、400帧，沿着场景中的道路移动“穿梭摄影机”，使摄影机从楼房的正前方入画面，从右侧出画面。在280～330帧还要设置一个旋转动画。然后单击“自动关键点”按钮，关闭

图 7-20 第 200 帧摄影机俯视画面

自动关键点模式。单击播放模式，观察“穿梭摄影机”动画效果。第 338 帧摄影机仰视画面如图 7-21 所示。

图 7-21 第 338 帧摄影机仰视画面

05 设置渲染参数，渲染动画。

详细参数参考素材文件“第 7 章 场景动画技术\素材文件\03 摄影机动画\摄影机动画-完成.max”。

7.3 轨迹视图编辑

在现实生活中，如果一个物体在三维空间中运动，例如一辆在跑道上飞驰的赛车，它的运动方向和速度时刻都在变化，运动轨迹就比较复杂。这时如果用关键点动画来模拟它的运动，制作过程将会很复杂。

对于较复杂的运动动画，需要使用轨迹视图编辑工具来实现。轨迹视图是编辑复杂动画的主要环境。轨迹视图编辑工具可以编辑运动轨迹，也可以直接创建对象的动作，设置动画发生的持续时间，调整运动状态，添加动画控制效果。

轨迹视图提供了曲线编辑模式和摄影表模式，这两种模式有不同的显示状态和编辑方法。在轨迹视图的曲线编辑模式下，过渡动画效果以曲线表现，可以直观地查看过渡动作的运动形态，通过改变曲线形状，可以改变场景中对象的运动状态。在摄影表模式下，可以清楚地观察到场景内所有动画的时间分布。在该模式下有利于协调多组动画之间的关系，更准确地设定动画的节奏感。相比较而言，曲线编辑模式更形象直观。

下面通过一个简单的实例说明曲线编辑模式的工作原理和曲线响应过渡动画效果。

制作篮球的弹跳动画。打开篮球模型，在场景中创建一个平面作为篮球场，为篮球场赋予材质、贴图。保持篮球被选中，单击“自动关键点”按钮，设置第 0 帧为关键点；在第 10 帧时把篮球向上移动，设置为关键点；在第 20 帧时把篮球向下移动到地面，设置为关键点。这样就制作了篮球前 20 帧的关键点动画。

篮球的弹跳是一种周期性往复运动(忽略摩擦力)，因此不需要重复操作，只需要通过曲线编辑器设置其余的动画帧即可。

单击工具栏中的曲线编辑器按钮，或者在“图形编辑器”菜单下选择“新建轨迹视图”或“轨迹视图-曲线编辑器”命令，都可以打开“轨迹视图-曲线编辑器”窗口，如图 7-22 所示。

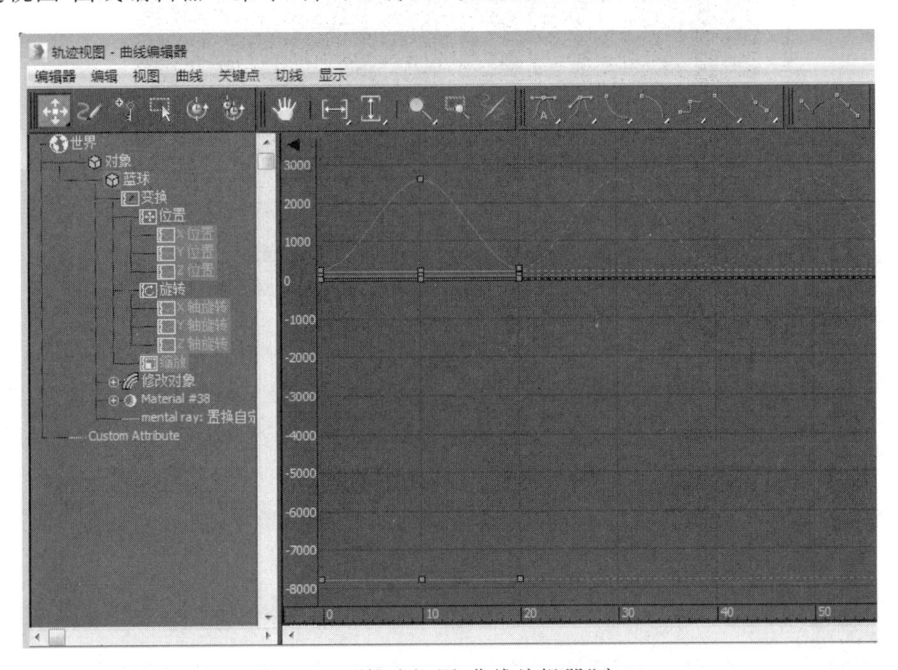

图 7-22　“轨迹视图-曲线编辑器”窗口

在图 7-22 中，系统以红、绿、蓝分别表示物体在 X、Y、Z 轴的坐标。可通过复制、删除或调整曲线等操作来改变物体的运动轨迹和运动方式。每个关键点表示为曲线上的一个顶点，可在每条曲线上编辑并添加新的关键点。

在本实例中，选择“编辑”菜单下的“控制器”命令，再选择“参数超出范围”命令，会弹出如图 7-23 所示的“参数曲线超出范围类型”对话框。选择其中一种轨迹编辑模式，就可以为篮球制作后面的动画。单击播放按钮，可以观察到动画效果。详细参数参考素材文件“第 7 章 场景动画技术\素材文件\篮球动画\篮球动画-完成. max”。

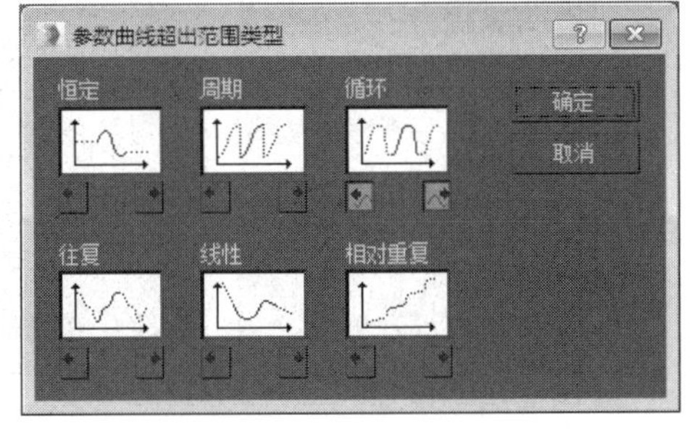

图 7-23　“参数曲线超出范围类型”对话框

图 7-23 中，轨迹编辑模式有 6 种，分别是恒定、周期、循环、往复、线性、相对重复，可实现 6 种复杂运动的轨迹编辑。

利用曲线编辑器也可以制作材质和灯光的倍增动画。

动手演练　逐渐变暗的落地灯

01　在场景中创建落地灯场景，并赋予材质，如图 7-24 所示。

图 7-24　落地灯场景

02　制作灯光倍增动画。在场景中创建灯光，并在灯泡处创建一个泛光灯，修改该泛光灯的倍增值为 1.2，然后单击“自动关键点”按钮，设置当前帧为 100，把倍增值降低到 0，再次单击“自动关键点”按钮。

03　单击工具栏上的曲线编辑器按钮，调整关键点的平滑度，使灯光变暗的过程更自然流畅，如图 7-25 所示。

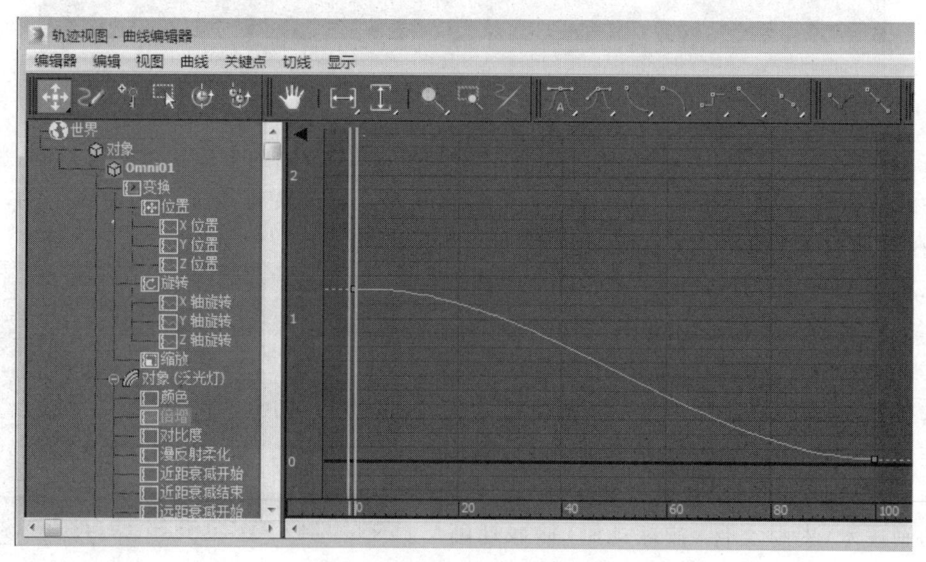

图 7-25　调整关键点的平滑度

下面使用曲线编辑器调整画卷动画的运动轨迹，使动画更自然逼真。

动手演练 制作画卷动画

01 在顶视图中创建一个平面(50×120，分段(32，32))，在层次面板中使用“仅影响轴”工具，将平面的轴移动到一端，如图7-26所示。

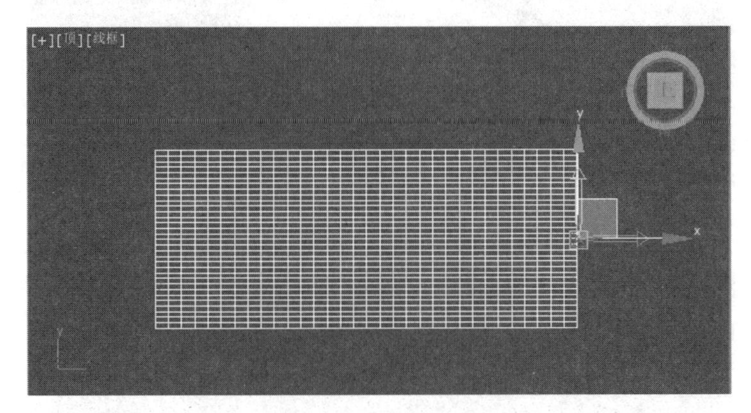

图7-26 创建平面并移动轴

02 赋予双面材质。为正面赋予标准材质，贴图为“画卷贴图”(如果贴图方向不正确，可以在W方向旋转90°)；为背面材质赋予标准材质，漫反射为白色，加一定的高光。赋予材质后的平面如图7-27所示。

图7-27 为平面赋予材质

03 添加“弯曲”命令。修改“弯曲”命令的上限，改为比平面的长度大的一个数值(例如平面的长度为120，可以将“弯曲”命令的上限改为130)。增大弯曲的角度，出现画卷效果，如图7-28所示。

04 选择“弯曲”命令的Gizmo，单击“自动关键点”按钮，设置第0帧为关键点。将时间滑块移动到第100帧，移动Gizmo到平面的尾部，可以看到，随着Gizmo的移动，画卷卷起，如图7-29所示。

05 制作画卷展开的动画。设置时间为200帧。把时间轴移动到第110帧，设置为关键点。将时间滑块移动到第200帧，移动Gizmo到最开始的地方，播放动画，观察

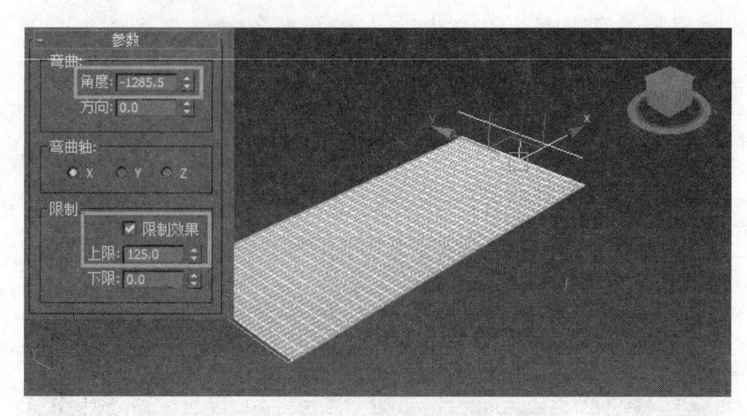

图 7-28 添加"弯曲"命令

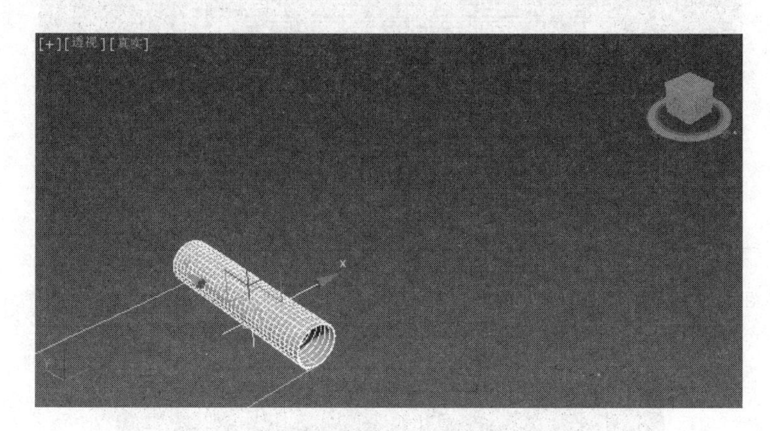

图 7-29 制作画卷卷起动画

动画效果,发现画卷展开了。

使用轨迹曲线,可以通过调整曲线形状使场景中的动画效果更流畅、真实。详细参数参考素材文件"第 7 章 场景动画技术\素材文件\画卷动画\画卷动画.max"。

7.4 动画控制器

要调整关键点动画的变换方式(如运动快慢),可以通过增加关键点的数量达到目的。如果要更精确地控制运动动画,就需要使用动画控制器。动画控制器通过设置各项动画参数来控制物体的运动规律。

3ds Max 提供了 10 种动画控制器,针对不同的动画需求使用不同的动画控制器,最常用的有位置控制器、音频控制器、旋转控制器、变换控制器、约束控制器、缩放控制器等。

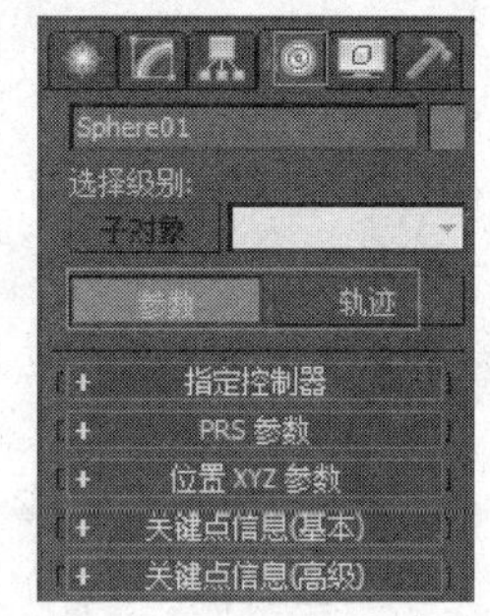

图 7-30 运动面板的"参数"选项卡

7.4.1 运动面板

在 3ds Max 中,动画控制器在运动面板中,如图 7-30 所示。运动面板包括"参数"和"轨迹"两个选项卡。其中,“参数”选项卡用于分配动画控制器以及创建和删除关键点,“轨迹”选项卡用于编辑轨迹线和关键点。

下面介绍“参数”选项卡的卷展栏。

1. “指定控制器”卷展栏

“指定控制器”卷展栏中有变换、旋转、缩放 3 类容器,可以为选定对象指定动画控制器,如图 7-31 所示。

“指定控制器”卷展栏列出了不同类型的控制器的一个子集,这些控制器的成员取决于高亮显示的轨迹类型。例如,对于旋转轨迹,只有旋转控制器可用。

为选定对象指定控制器的过程如下:首先选择需要添加控制器的对象,然后在运动面板上单击“参数”选项卡,在“指定控制器”卷展栏的列表中单击“旋转:Euler XYZ”,单击指定控制器按钮,并从“指定旋转控制器”对话框中选择“TCB 旋转”,单击“确定”按钮,TCB 旋转控制器就替换了默认的 Euler XYZ 旋转控制器。

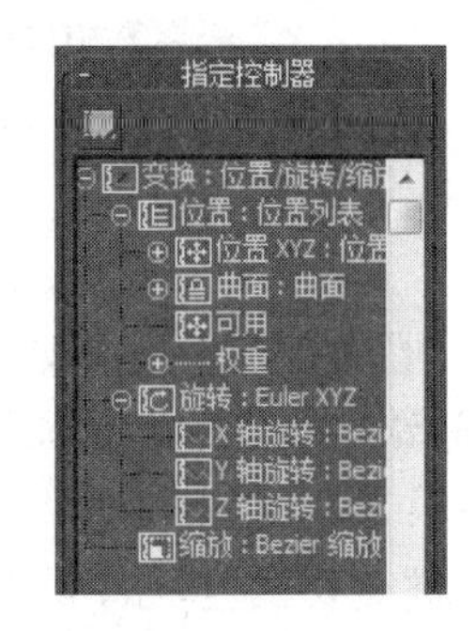

图 7-31 “指定控制器”卷展栏

2. “PRS 参数”卷展栏

在“PRS 参数”卷展栏中可以创建和删除关键点。PRS 可以创建 3 个基本的变换控制器:位置控制器、旋转控制器和缩放控制器,如图 7-32 所示。

创建和删除关键点时,首先选择一个对象,将时间滑块拖到希望放置关键点的帧处,然后在运动面板上,单击“PRS 参数”卷展栏“创新关键点”下的一个按钮,即可创建一个关键点。例如,单击“位置”按钮可创建一个“位置”关键点。

如果一个特定的控制器不使用关键点,则相应的按钮在“创建关键点”下不可用。例如,如果使用噪波位置控制器,则不可以创建“位置”关键点。

3. “位置 XYZ 参数”卷展栏

“位置 XYZ 参数”卷展栏用于选择“位置 XYZ”控制器的轴,如图 7-33 所示。

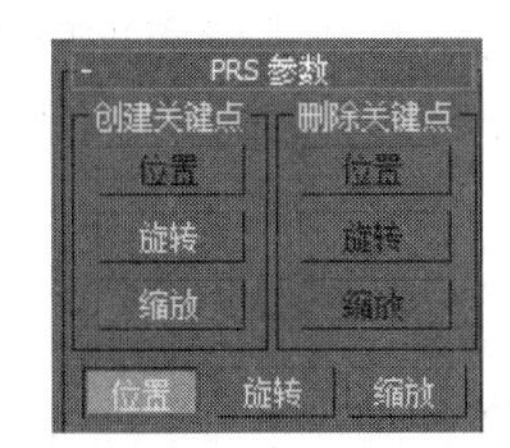

图 7-32 “PRS 参数”卷展栏

图 7-33 “位置 XYZ 参数”卷展栏

4. “关键点信息(基本)”卷展栏

“关键点信息(基本)”卷展栏用于更改一个或多个选定关键点的动画值、时间和插值方法,如图 7-34 所示。

关键点编号:显示当前关键点的编号。单击左右箭头,可以转至上一个或下一个关键点。

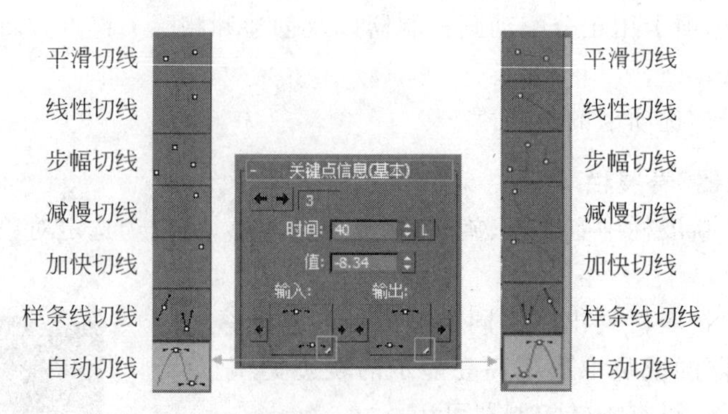

图 7-34 “关键点信息(基本)”卷展栏

“时间”：指定出现关键点的时间。

时间锁定按钮：禁止关键点水平移动。

“值”：在当前关键点上调整选中对象的位置。

“关键点切线”按钮：设置 Bezier 控制器类型关键点的输入切线(左侧的按钮)和输出切线(右侧的按钮)的插值属性。需要注意的是，改变切线类型不会影响现有的关键点，只会影响新的关键点。通过“设置关键点模式”或“自动关键点模式”创建的每个新关键点都将使用默认切线类型设置的曲线插值。

用鼠标左键长按“关键点切线”按钮右下角的箭头，会弹出切线类型供用户选择，包括以下 7 种。

平滑切线。创建通过关键点的平滑插值。

线性切线。在关键点处创建线性插值。

步幅切线。创建从一个关键点到下一个关键点的二元插值。要求一个关键点的输出切线与下一个关键点的输入切线之间存在匹配集。为当前关键点的输入切线选择步幅切线，会将前一个关键点的输出切线设置为步幅切线。同样，为当前关键点的输出切线选择步幅切线，也会将下一个关键点的输入切线更改为步幅切线。

使用步幅切线，关键点的输出值保持为常量，直到到达下一个关键点的时间。然后，该值突然跳至下一个关键点的值。一般在希望设置“启用/禁用”切换或从一个值到下一个值的连续变化时使用此切线。

减慢切线。使更改的插值速率在关键点处下降。减慢的输入切线在接近关键点时会减速，缓慢的输出切线开始时速度较慢并在离开关键点时加速。

加快切线。使更改的插值速率在关键点处提高。与使用减慢切线相反，加快输入切线在接近关键点时会加速，加快输出切线开始时速度较快并在离开关键点时减速。

样条线切线。在轨迹视图的“曲线编辑器”模式下，样条线切线的关键点会显示可调整的切线控制柄(黑色)。

自动切线。显示为消除过冲而设计的平滑插值类型。切线的倾斜度会自动应用于到达下一个关键点值的最直接路线。在轨迹视图的“曲线编辑器”中显示控制柄(蓝色)。如果对其进行编辑，自动切线类型会自动切换为样条线切线类型。

“关键点切线”按钮两侧的左右箭头按钮可在当前关键点的切线之间或前后相邻关键点的切线之间复制切线类型。这4个按钮的作用如下。

输入切线的左箭头用于将当前关键点的输入切线复制为上一个关键点的输出切线。

输入切线的右箭头用于将当前关键点的输入切线复制为当前关键点的输出切线。

输出切线的左箭头用于将当前关键点的输出切线复制为当前关键点的输入切线。

输出切线的右箭头用于将当前关键点的输出切线复制为下一个关键点的输入切线。

5. “关键点信息(高级)”卷展栏

“关键点信息(高级)”卷展栏包含了除“关键点信息(基本)”卷展栏中的关键点设置以外的其他关键点设置。只要基本关键点切线发生变化，该卷展栏的参数即被激活，如图7-35所示。

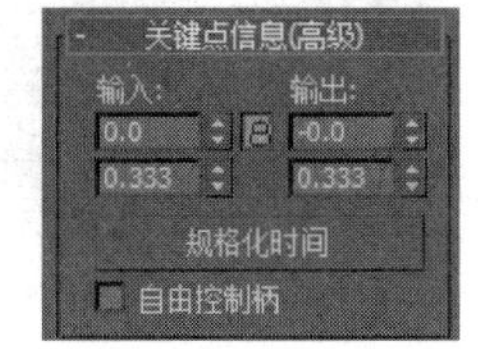

图7-35　“关键点信息(高级)”卷展栏

“输入”和“输出”：当位置运动参数接近关键点时，“输入”数值框用于指定位置变化的速率。当位置运动参数远离关键点时，“输出”数值框用于指定位置变化的速率。

锁定按钮：可以通过将一条样条线切线更改为相等但相反的量来更改另一条样条线切线。例如，如果“输入”数值框中的值是0.68，那么，单击锁定按钮后，“输出”数值框中的值是－0.68。

“规格化时间”：它是系统预定义的一个时间变量，当对象需要反复加速和减速时，可单击“规格化时间”使对象动画更加平滑。

“自由控制柄”：用于自动更新切线控制柄的长度。

7.4.2　音频控制器

使用音频控制器可以为3ds Max中的几乎所有参数设置动画。音频控制器将声音文件中记录的振幅或实时声波转换为可以设置对象或参数动画的值。

下面通过实例说明音频控制器的使用方法。

动手演练　音频控制器

01　创建一个合适半径大小的小球。

02　打开“轨迹视图”窗口，选择小球的半径。在“轨迹视图”窗口中选择菜单“编辑”→“控制器”→“指定”命令，在弹出的对话框中选择“音频比例”，如图7-36所示。

03　此时将打开“音频控制器”对话框，如图7-37所示。单击“选择声音”按钮，然后选择wav文件。在“基础比例”参数组中，将X、Y、Z设置为30，在“目标比例”参数组中，将X、Y、Z设置为300。关闭“音频控制器”对话框，播放动画，观看动画效果。

下面对“音频控制器”对话框中的参数进行介绍。

(1)“音频文件”参数组。

使用该参数组添加或删除声音文件，并调整振幅。

“选择声音”命令按钮：单击该按钮会显示一个标准的文件选择器对话框，可以选择wav和avi文件。

图 7-36 “指定缩放控制器”对话框

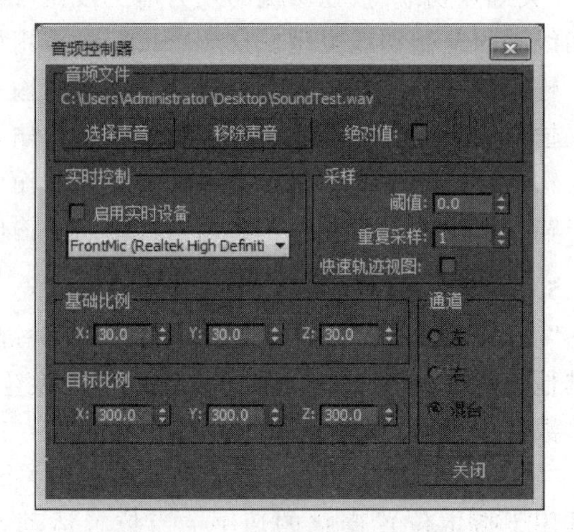

图 7-37 “音频控制器”对话框

“移除声音”命令按钮：单击该按钮会删除选定的任意音频文件。

“绝对值”复选框：控制声音振幅的解释。不启用该项，音频控制器返回的值是采样振幅与最大振幅的比值；启用该项后，最大振幅等于波形中最大的采样振幅。

(2) “实时控制”参数组。

该参数组能够创建可交互的实时动画，但不能保存。

“启用实时设备”复选框设置是否捕获来自外部音频源的音频。如果操作系统中没有安装声音捕获设备，该项不可用。启用该项后，将忽略用户指定的音频文件，而选用设备捕获的音频。禁用该项后，控制器使用用户选择的音频文件。

实时设备列表显示系统安装的可用实时音频设备。

(3) “采样”参数组。

“采样”参数组控制音频采样。

“阈值”以总幅度的百分比为单位来设置最小幅度值。任何小于该阈值的值都视为 0.0。阈值范围为 0.0～1.0。“阈值”为 0.0 时不影响幅度输出值。“阈值”为 1.0 时将所有幅度输出值视为 0.0。可以使用低阈值从采样中滤除背景噪波。

“重复采样”参数用于平滑波形。

“快速轨迹视图”复选框用于控制重复采样的显示。启用后，轨迹视图显示时忽略重复采样；禁用后，轨迹视图显示重复采样。较高的重复采样值会降低波形显示的速度。

(4) “基础比例”和“目标比例”参数组。

“基础比例”定义 X、Y、Z 的初始值。

“目标比例”定义 X、Y、Z 的目标值。

(5) “通道”参数组。

通过该参数组可以选择驱动控制器输出值的通道。只有选择立体声音频文件时，这些选项才可用。

7.4.3　旋转控制器

旋转控制器用于控制旋转动画，包括 Euler XYZ 旋转控制器、音频旋转控制器、线性旋转控制器、噪波旋转控制器、旋转列表控制器、旋转运动捕捉控制器、平滑旋转控制器等。下面主要介绍 Euler XYZ 旋转控制器和噪波旋转控制器。

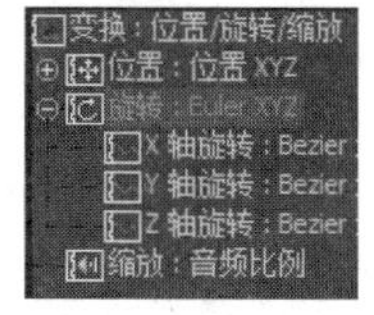

图 7-38　Euler XYZ 旋转控制器

1. Euler XYZ 旋转控制器

Euler XYZ 旋转控制器可以合并单独的单值浮点控制器来给 X、Y、Z 坐标轴指定旋转角度，如图 7-38 所示。下面通过一个实例说明 Euler XYZ 旋转控制器的使用方法。

动手演练　运用 Euler XYZ 旋转控制器制作战斗机自转动画

01　打开素材文件"第 7 章 场景动画技术\素材文件\10 旋转控制器-战斗机自转\战斗机自转动画-源文件.max"。

02　制作基础动画。在场景中选择"战斗机"对象，首先制作它的移动动画。第 0～40 帧是从起飞到飞到一定高度的动画。从第 40 帧开始旋转，第 40～80 帧是旋转动画，共旋转 360°。从第 80 帧开始平飞到第 120 帧，第 120～160 帧是旋转动画，共旋转 360°。第 160 帧后飞出画面。第 40、53、139、160 帧画面如图 7-39 所示。

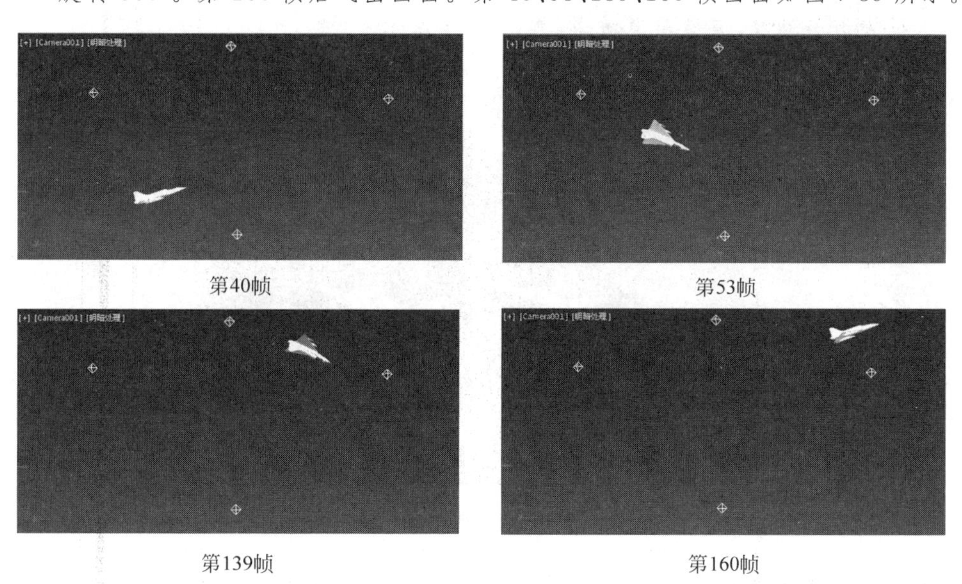

图 7-39　第 40、53、139、160 帧画面

03　指定旋转控制器。在场景中选择"战斗机"对象，单击运动面板，打开"指定控制器"卷展栏，选择"旋转：Euler XYZ"，然后单击"指定控制器"容器，打开"指定旋转控制器"对话框，在对话框中选择">Euler XYZ"，如图 7-40 所示。

04　修改战斗机的旋转姿态。把当前帧移动到第 40 帧，长按"关键点信息(基本)"下的输入关键点切线按钮，选择合适的关键点切线，使战斗机的旋转姿态更自然。

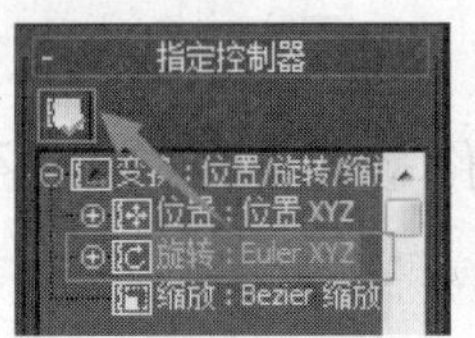

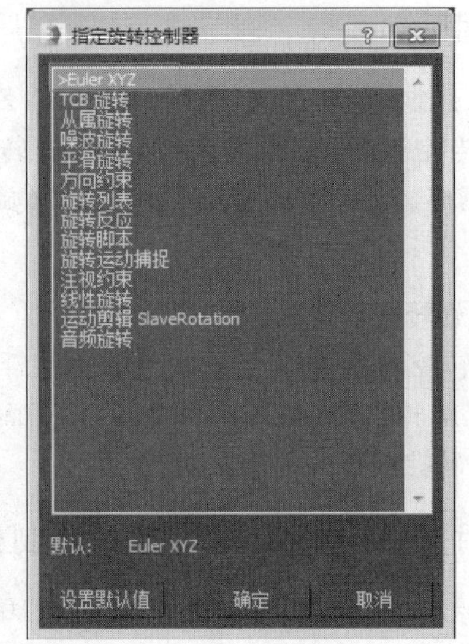

图 7-40 指定 Euler XYZ 旋转控制器

用同样的方法修改第 80、120、160 帧 3 个旋转动画关键点信息。

05 在顶视图中复制一个"战斗机"对象，形成两架战斗机双飞的效果。

06 给场景添加"天空"背景，修改贴图方式为"屏幕贴图"。播放动画，观察动画效果。设置渲染参数，渲染输出动画，如图 7-41 所示。

图 7-41 战斗机动画场景

详细参数参考素材文件"第 7 章 场景动画技术\素材文件\10 旋转控制器-战斗机自转\战斗机自转动画-完成.max"。

2. 噪波旋转控制器

噪波旋转控制器会在一系列帧上产生随机的、基于分形的动画。噪波旋转控制器可设置参数，它们作用于一系列帧上，但不使用关键点。下面通过一个实例说明噪波旋转控制器的使用方法。

动手演练　运用 Euler XYZ 旋转控制器与噪波旋转控制器制作七色环动画

01　打开素材文件“第 7 章 场景动画技术\素材文件\11 噪波旋转控制器\七色环随机旋转动画-源文件.max”，如图 7-42 所示。

图 7-42　七色环场景

02　设计旋转动画。首先选择 Tube001 对象，单击工具栏中的曲线编辑器按钮，进入曲线编辑器，在弹出的控制器列表中选择“旋转”，右击该项，在快捷菜单中选择“指定控制器”命令，如图 7-43 所示。

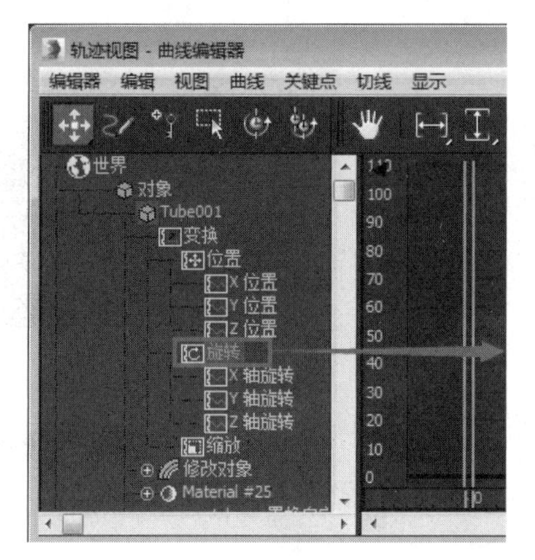

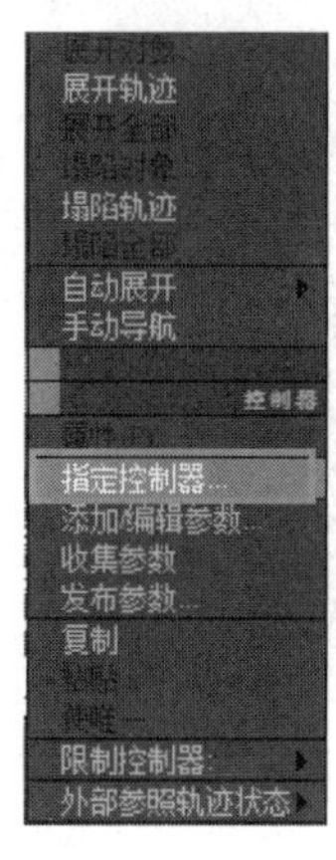

图 7-43　进入曲线编辑器

在弹出的“指定旋转控制器”对话框中选择“噪波旋转”，如图 7-44 所示。

在“噪波控制器：Tube001\旋转”对话框中调整相关参数，注意频率不能太高，如图 7-45 所示。播放动画，观察动画效果。

03　选择 Tube002 对象，单击工具栏中的曲线编辑器按钮，进入曲线编辑器，选择旋转的 Y 轴曲线，为其添加噪波浮点控制器，如图 7-46 所示。

在“噪波控制器：Tube002\Y 轴旋转”对话框中调整相关参数，注意频率不能太高，如图 7-47 所示。播放动画，观察动画效果。

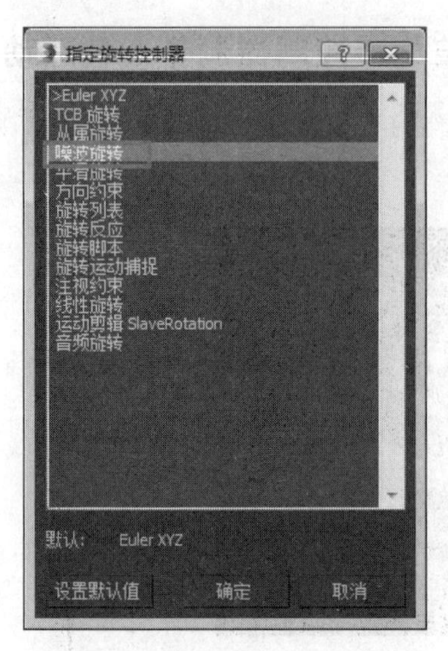

图 7-44 指定噪波旋转控制器

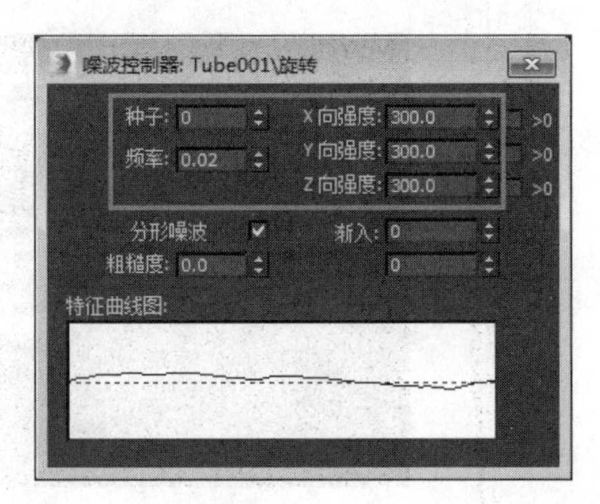

图 7-45 “噪波控制器：Tube001\旋转”对话框

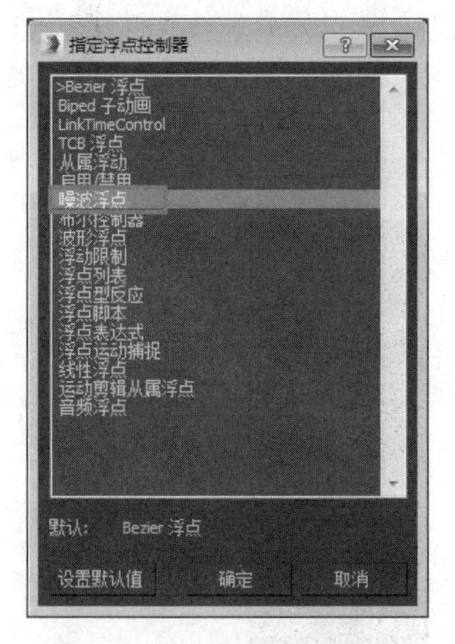

图 7-46 添加噪波浮点控制器

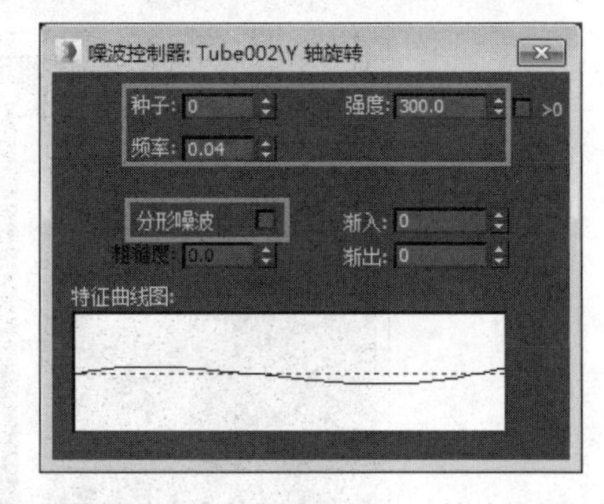

图 7-47 “噪波控制器：Tube002\轴旋转”对话框

04 用同样的方法完成其他 5 个圆环的旋转动画设置。

播放动画，观察动画效果，可以发现 Tube001 对象沿 X、Y、Z 3 个轴随机转动，其他圆环只沿 Y 轴随机转动。详细参数设置参考素材文件“第 7 章 场景动画技术\素材文件\11 噪波旋转控制器\七色环随机旋转动画-完成.max”。

7.4.4 约束控制器

使用约束控制器，可以将一个对象绑定到另一个对象上，以此控制对象的位置、旋转或缩放。例如，制作飞机沿着跑道起飞的动画，应该使用路径约束控制器来控制飞机沿样条线路径运动。

利用约束控制器制作的动画称为约束动画。选择“动画”菜单下的“约束”命令，可以看到常见的约束动画类型，如图 7-48 所示。下面介绍附着约束控制器、曲面约束控制器和路径约束控制器。

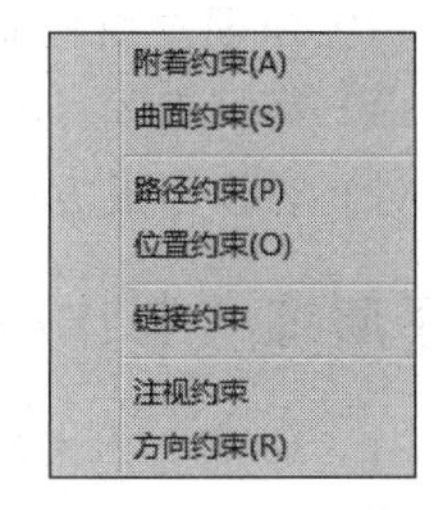

图 7-48　约束动画类型

1. 附着约束控制器

附着约束是一种位置约束，它将一个对象的位置附着到另一个对象的面上（目标对象不必是网格，但必须能够转化为网格）。

动手演练　制作铁锨随手推车运动的动画

01　打开素材文件"第 7 章 场景动画技术\素材文件\12 附着约束动画\铁锨附着在手推车上动画-源文件.max"，播放动画，观察手推车动画效果。

02　赋予材质。为场景添加背景贴图和视图贴图，并修改场景贴图为"屏幕贴图"。为"铁锨"对象赋予多维/子对象材质。

03　制作附着约束动画。在场景中选择铁锨，在运动面板上，打开"指定控制器"卷展栏，单击"位置"轨迹，再单击指定控制器按钮，然后选择"附加"，单击"确定"按钮，铁锨移动到手推车的原点，并打开"附着参数"卷展栏。单击"拾取对象"按钮，然后在场景中单击拾取手推车的上半部分对象（不要拾取车轮）。也可以选择"动画"→"约束"→"附着"菜单命令。

04　使用旋转工具调整铁锨的位置。播放动画，查看动画效果。可以看到附着约束使铁锨附着在手推车上，如图 7-49 所示。

图 7-49　铁锨附着在手推车上的动画场景

详细参数参考素材文件"第 7 章 场景动画技术\素材文件\12 附着约束动画\铁锨附着在手推车上动画-完成.max"。

如果需要对象自身的动画，可以设置不同的附着关键点，也可以在另一对象的不规则曲面上设置对象的位置动画，即使这一曲面是随着时间而改变的。

2. 曲面约束控制器

曲面约束能将对象限制在另一对象的表面上。用于约束其他对象的曲面必须能用参数表示。一般来说，球体、圆锥体、圆柱体、圆环、放样对象、四边形面片、NURBS 对象等能够用于曲面约束。

指定曲面约束控制器的方法有两种。

(1) 菜单方式：选择菜单“动画”→“约束”→“曲面约束”命令。

(2) 动画面板方式：在动画面板中打开“位置控制器”，选择“曲面约束”。

动手演练　制作小球的曲面约束动画

01　创建一个大球和一个小球。为两个球体赋予材质，注意不要添加UVW贴图坐标。

02　选择小球，选择菜单“动画”→“约束”→“曲面约束”命令，小球就被约束到大球上了。

03　选择小球，单击“自动关键点”按钮，设置第0帧为关键点，在“曲面约束参数”卷展栏中将U、V坐标都设为0。拖动时间滑块到第100帧，把U、V坐标都改为500，设置第100帧为关键点。

播放动画，可以看到小球附着在曲面表面运动，如图7-50所示。

图7-50　曲面约束动画效果

详细参数参考素材文件“第7章 场景动画技术\素材文件\13 曲面约束动画\曲面约束-完成.max”。

3. 路径约束控制器

使用路径约束控制器可以使对象沿事先绘制好的样条线路径运动。指定路径约束控制器的方法有两种。

(1) 菜单方式：选择菜单“动画”→“约束”→“路径约束”命令。

(2) 动画面板方式：在动画面板中打开“位置控制器”，选择“路径约束”。

动手演练　制作蝴蝶的路径约束动画

01　准备贴图素材。拍摄蝴蝶图片，在Photoshop中分成身体、左翅膀、右翅膀，并制作对应的黑白图像，如图7-51所示。

图7-51　贴图素材

02　在顶视图中创建一个500mm×300mm的平面，赋予标准材质，在漫反射贴图通道中添加“蝴蝶_身体.jpg”，在不透明度贴图通道中添加“蝴蝶_身体-透明.jpg”，如图7-52(左)所示，透视图效果如图7-52(右)所示。

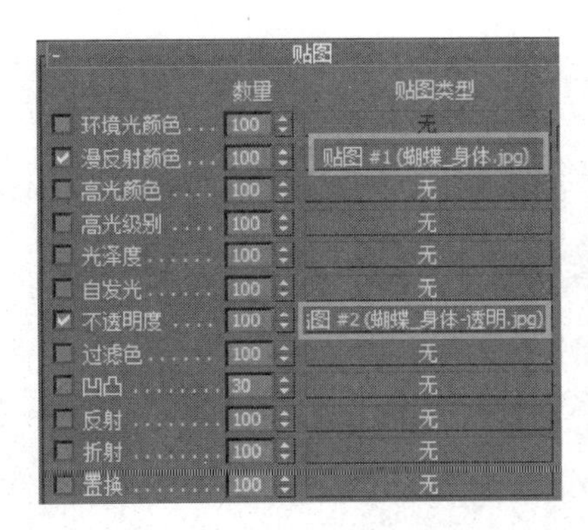

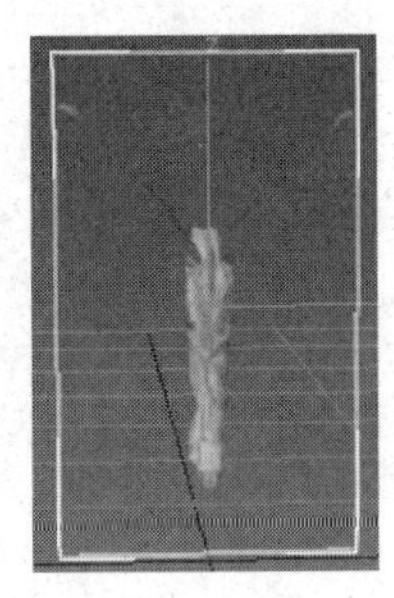

图 7-52 创建身体部分

03 在顶视图中再创建一个 500mm×300mm 的平面，与身体部分对齐，赋予标准材质，在漫反射贴图通道中添加“蝴蝶_右翅膀.jpg”，在不透明度贴图通道中添加“蝴蝶_右翅膀-透明.jpg”，如图 7-53(左)所示，透视图效果如图 7-53(右)所示。

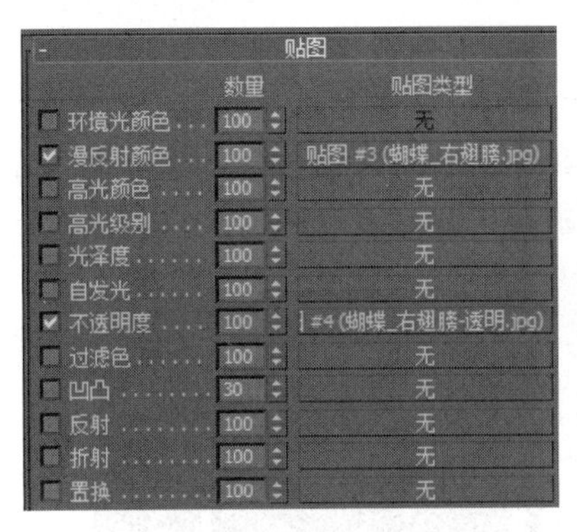

图 7-53 创建右翅膀部分

04 在顶视图中再创建一个 500mm×300mm 的平面，与身体部分对齐。赋予标准材质，在漫反射贴图通道中添加“蝴蝶_左翅膀.jpg”，在不透明度贴图通道中添加“蝴蝶_左翅膀-透明.jpg”，如图 7-54(左)所示，透视图效果如图 7-54(右)所示。

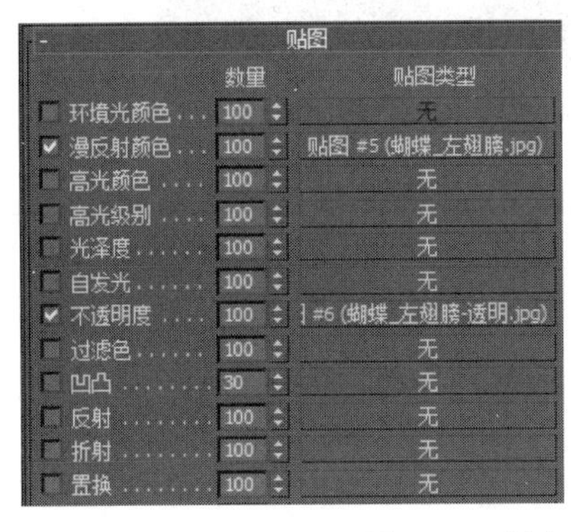

图 7-54 创建左翅膀部分

05 在顶视图中创建一个样条线，作为蝴蝶飞行的路径，如图 7-55 所示。

图 7-55　在顶视图中创建样条线

06　移动轴心点。将左右翅膀的轴心点与身体的轴心点对齐。

07　选择蝴蝶的所有部分，选择菜单“动画”→“约束”→“路径约束”命令，在顶视图中拾取样条线。这样，蝴蝶就被约束在样条线上飞行了。

08　播放动画，发现蝴蝶的飞行姿态不自然。分别选择蝴蝶的3个部位，在修改面板中勾选“跟随”复选框，并使用旋转工具，使身体部位与样条线的切线方向一致，如图7-56所示。播放动画，发现蝴蝶飞行姿态自然，但是翅膀不会上下扇动。

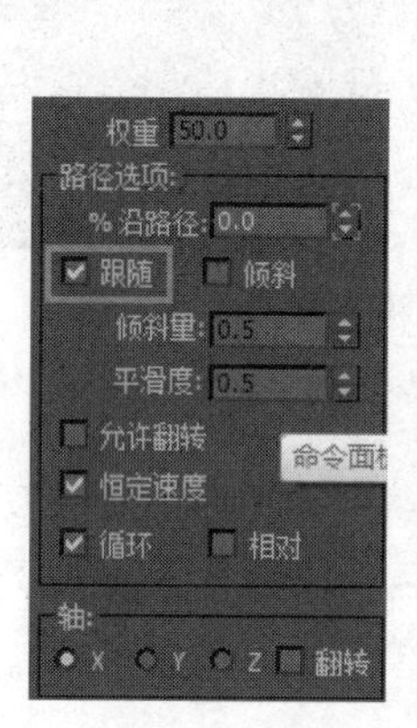

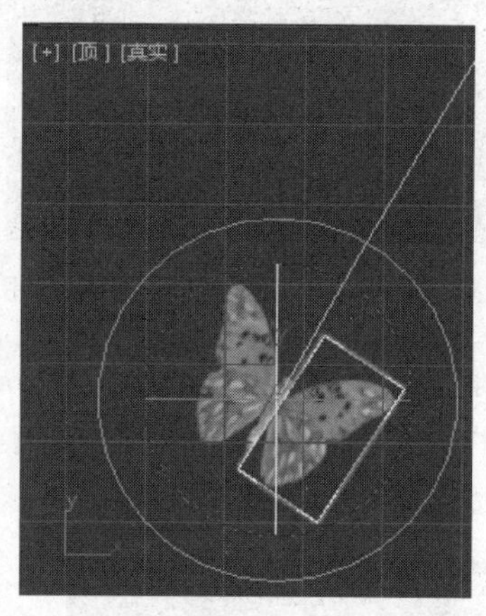

图 7-56　调整蝴蝶飞行姿态

09　制作蝴蝶翅膀扇动动画。选择右翅膀，将时间滑块拖动到第0帧，设置第0帧为自动关键点，单击旋转按钮，设置角度捕捉为30°。将时间滑块移动到第10帧，右翅膀向上旋转30°，设置为关键点。将时间滑块移动到第20帧，右翅膀向下旋转30°，设置为关键点。单击工具栏上的曲线编辑器按钮，设置参数曲线超出范围类型为“循环”方式，如图7-57所示。

10　为场景添加渲染背景，渲染输出动画。第36帧如图7-58所示。

详细参数参考素材文件“第7章 场景动画技术\素材文件\14 路径约束动画-飞舞的蝴蝶\蝴蝶飞舞动画.max”。

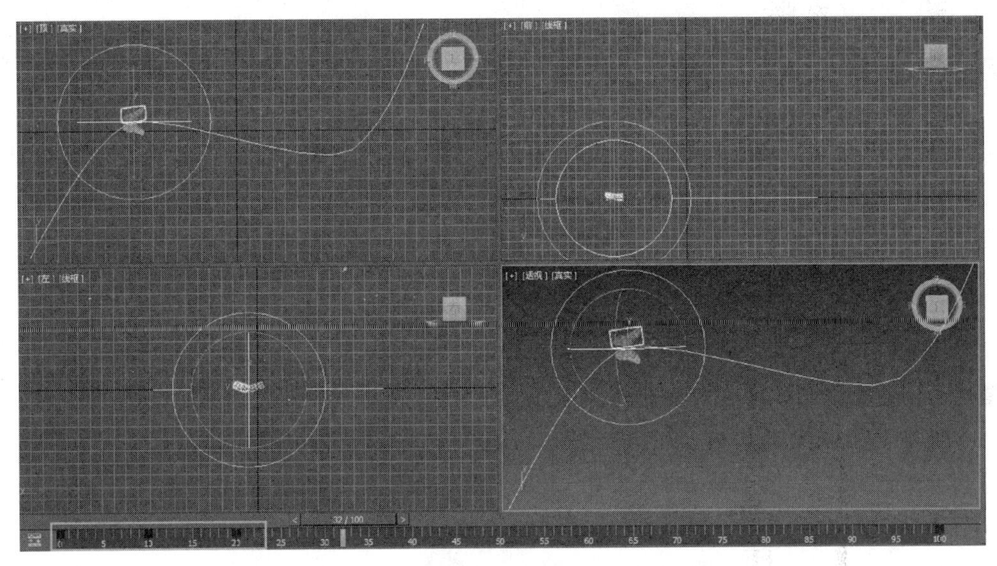

图 7-57　制作蝴蝶翅膀上下扇动动画

图 7-58　蝴蝶飞舞动画的第 36 帧效果

本章小结

本章介绍了场景动画技术，内容包括三维动画原理、“时间配置”对话框、关键点动画、轨迹视图、动画控制器等。

Chapter 8

第8章 粒子系统与空间扭曲

本章学习重点

- 掌握粒子系统的概念、粒子系统面板参数、常用参数设置。
- 掌握喷射、雪、暴风雪、超级喷射、粒子阵列、粒子云等粒子系统的使用方法。
- 掌握空间扭曲的基本概念以及空间扭曲对粒子系统和几何物体的变形作用。

本章主要学习3ds Max的粒子系统和空间扭曲，内容包括各种粒子特效，以模拟雨、雪、灰尘等效果。空间扭曲是利用使粒子对象变形的力场产生涟漪、波浪、风吹等效果。重点掌握喷射、雪、超级喷射、暴风雪、粒子阵列、粒子云等粒子系统使用方法，了解粒子流源的设置方法。

8.1 粒子系统概述

通过对第6章和第7章内容的学习，读者已经对固态物体的运动有了一定的认识，但对于液态和气态物体的运动还没有接触。在三维设计中，雨雪和烟雾也是会经常用到的。

3ds Max粒子系统主要用于模拟暴风雪、水流和爆炸等效果，如图8-1所示。这里所说的粒子是指微小的、运动的小颗粒。粒子系统的特征包括以下几个方面。

(1) 粒子的状态表现为大量微粒的运动。

(2) 粒子既有个性差异，又有整体运动。

(3) 一般采用参数控制粒子系统的整体特征和运行方式。

(4) 所有粒子都是由粒子发射器射出的。

图8-1 粒子系统的效果

具备上述特征的粒子可以使用 3ds Max 的粒子系统表达其运动规律。3ds Max 中有 7 种粒子系统，如图 8-2 所示。这些粒子系统在功能上各有特色，使用时可以根据场景的具体要求选择一种粒子系统表达。

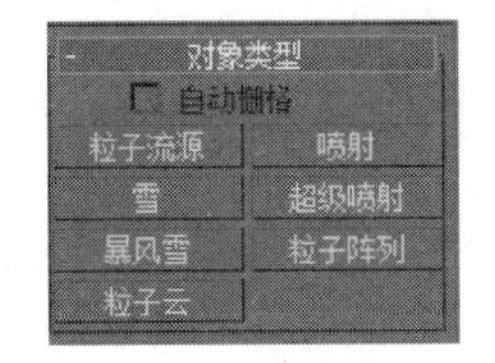

图 8-2 3ds Max 的粒子系统

粒子系统的创建方法如下。

在创建面板下单击“几何体”子面板，在下拉列表中选择“粒子系统”，如图 8-2 所示。

粒子流源是一种事件驱动的粒子系统，用于模拟气泡、流星雨等效果。

喷射粒子系统可以用于模拟雨、喷泉、水龙带喷水等效果。

雪粒子系统一般用于模拟雪景和礼花。

超级喷射粒子系统是喷射粒子系统的升级版，用于模拟雨水和喷泉效果。

暴风雪粒子系统是雪粒子系统的升级版，可以用于模拟暴雨效果。

粒子阵列用于模拟气泡、碎片、爆炸等效果。

粒子云用于模拟人群、玻璃瓶中的泡沫以及路上的汽车等效果。

在上述粒子系统中，喷射、雪、超级喷射、暴风雪、粒子阵列和粒子云 6 种粒子系统随着时间的推移不断生成粒子，如碎片、火焰、烟雾等，可以通过修改参数生成粒子动画，这 6 种粒子系统称为非事件驱动粒子系统。粒子流源是一种功能强大的事件驱动粒子系统，它使用“粒子视图”对话框设置驱动事件，随着事件的发生，粒子流源会不断地产生新粒子，实现复杂的粒子效果。

8.2 非事件驱动粒子系统

非事件驱动粒子系统有喷射、雪、超级喷射、暴风雪、粒子阵列和粒子云 6 种。其中，喷射和雪两种粒子系统的参数较为简单，称为初级粒子系统；超级喷射、暴风雪、粒子阵列和粒子云的参数较为复杂，称为高级粒子系统。

8.2.1 喷射粒子系统

在 3ds Max 中，喷射和雪属于初级粒子系统，它们的参数较少，可以模拟的自然现象相对于高级粒子系统来说比较简单，但这两种粒子系统仍然很有应用价值，在模拟水、喷泉、瀑布、雨雪等方面非常有效。

喷射粒子系统主要模拟雨景、水花，其表现效果是微小粒子以一定的方向和角度向外喷射，如图 8-3 所示。

要创建喷射粒子系统，需要执行以下操作。

(1) 在创建面板上，确保(几何体)已激活，在对象类别列表中选择“粒子系统”，然后单击“喷射”按钮，在视图中拖动以创建喷射发射器。

(2) 发射器的方向向量指向活动构造平面的负 Z 方向。例如，如果在顶视图中创建发射器，则粒子将在前视图和左视图中向下移动。

喷射粒子系统“参数”卷展栏如图 8-4 所示。

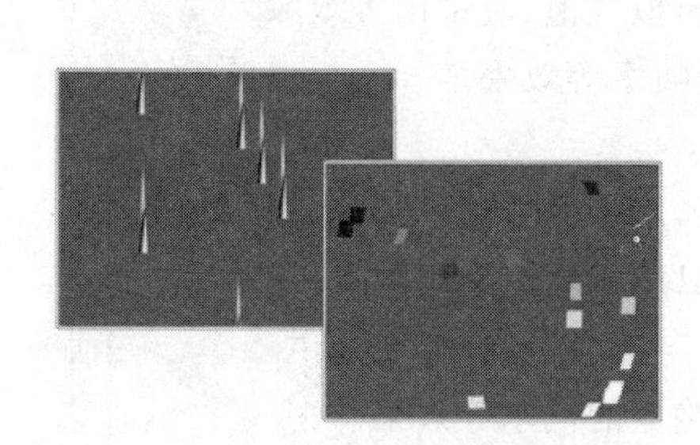

图 8-3　喷射粒子系统模拟的水滴效果

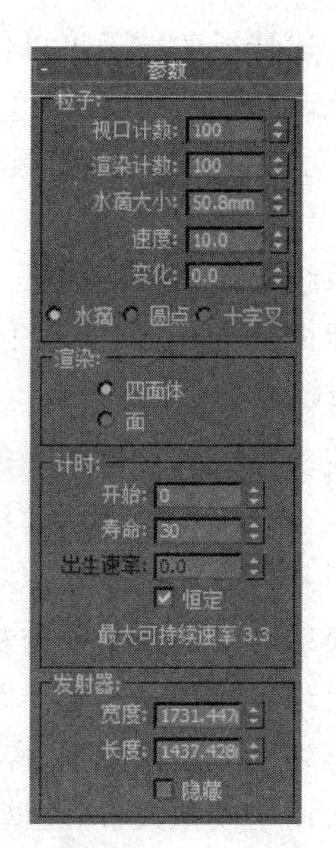

图 8-4　喷射粒子系统“参数”卷展栏

1. “粒子”参数组

“视口计数”：设置在给定帧处，视图中显示的最大粒子数。

提示：将“视口计数”值设置为小于“渲染计数”值，可以提高视图的性能。

“渲染计数”：一个帧在渲染时可以显示的最大粒子数。该选项与“计时”参数组配合使用。如果粒子数达到“渲染计数”的值，粒子创建将暂停，直到有些粒子消亡。消亡了足够的粒子后，粒子创建将恢复，直到再次达到“渲染计数”的值。

“水滴大小”：粒子的大小(以系统单位计)。

“速度”：每个粒子离开发射器时的初始速度。粒子以此速度运动，除非受到粒子系统空间扭曲的影响。

“变化”：改变粒子的初始速度和方向。其值越大，喷射越猛烈且范围越广。

“水滴”“圆点”或“十字叉”：选择粒子在视图中的显示方式。显示方式不影响粒子的渲染方式。“水滴”是一些类似雨滴的条纹，“圆点”是一些点，“十字叉”是一些小的加号。

2. “渲染”参数组

“四面体”(默认设置)：将粒子渲染为长四面体，它提供水滴的基本模拟效果。

“面”：将粒子渲染为正方形面，其宽度和高度等于“水滴大小”值。

3. “计时”参数组

“计时”参数组控制发射的粒子的产生和消亡速率。

在“计时”参数组的底部显示“最大可持续速率”值，此值等于“渲染计数”值除以“寿命”值。

“开始”：第一个出现粒子的帧的编号。

“寿命”：每个粒子的存在时间(以帧数计)。

“出生速率”：每个帧产生的新粒子数。

"恒定"：启用该复选框，"出生速率"不可用，此时所用的出生速率等于最大可持续速率。禁用该复选框后，"出生速率"可用。默认设置为启用。

4. "发射器"参数组

"发射器"参数组指定场景中出现粒子的区域。发射器包含可以在视图中显示的几何体，但是发射器不可渲染。

"隐藏"：启用该复选框，可以在视图中隐藏发射器。禁用该复选框后，在视图中显示发射器。发射器从不会被渲染。默认设置为禁用。

动手演练 制作水花飞溅粒子动画

01 创建喷射粒子发射器，将其大小改为5×5。在前视图中将其旋转180°，调整其位置。

02 在"参数"卷展栏中设置如下："视口计数"为60，"渲染计数"为2000，"水滴大小"为5，"速度"为10，"变化"为5，其他的参数保持默认值。

03 选择场景中的粒子，赋予标准材质(颜色为淡蓝色)。渲染场景，查看粒子效果，如图8-5所示。

图8-5 水花飞溅动画

动手演练 制作粒子路径运动动画

01 打开素材文件"第8章 粒子系统与空间扭曲\素材文件\案例8-3 粒子路径运动动画\战斗机.max"，如图8-6所示。

图8-6 战斗机

02　创建一个大小合适的圆形路径，创建战斗机的路径约束动画，如图 8-7 所示。

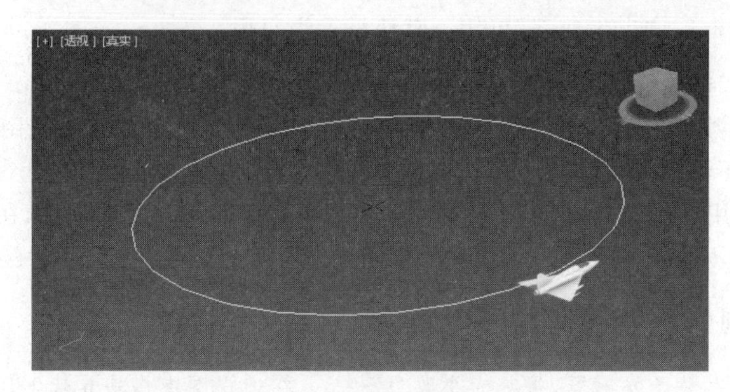

图 8-7　战斗机的路径约束动画

03　在前视图中创建喷射粒子发射器，调整发射器的参数，使其位于战斗机的尾部。单击工具栏中的“选择并链接”工具，使粒子发射器与战斗机链接起来，如图 8-8 所示。播放动画，可以发现粒子沿着战斗机路径运动。

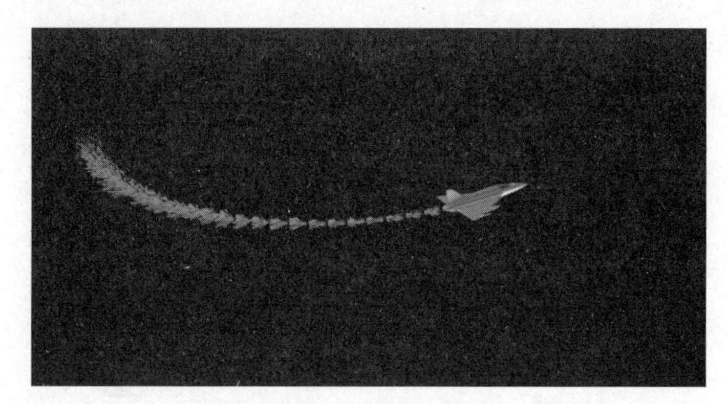

图 8-8　粒子沿战斗机路径运动

04　在环境贴图通道中添加背景文件“天空”，并修改成“屏幕贴图”方式，最终效果如图 8-9 所示。

图 8-9　最终效果

8.2.2 雪粒子系统

雪粒子系统主要模拟纷纷落地的雪花或投撒的纸屑，表现的效果是微小粒子以一定的方向和角度向外喷出的同时自身不断翻滚，如图 8-10 所示。

要创建雪粒子系统，需要执行以下操作。

在创建面板上，确保(几何体)已激活，在“对象类别”下拉列表中选择“粒子系统”，然后单击“雪”按钮。

发射器的方向向量指向活动构造平面的负 Z 方向。

雪粒子系统的“参数”卷展栏如图 8-11 所示。

图 8-10　雪粒子效果

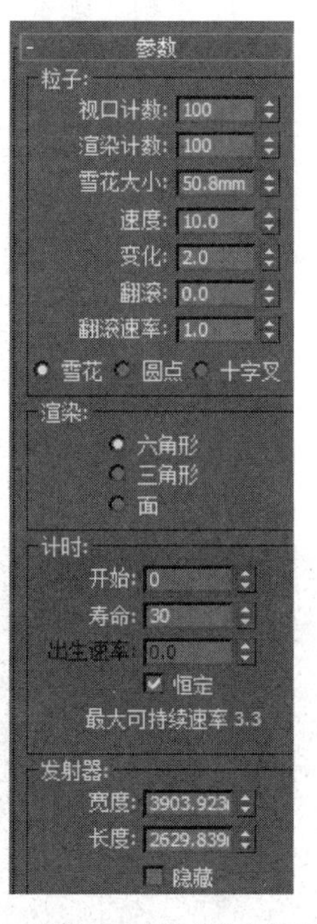

图 8-11　雪粒子系统的“参数”卷展栏

可以看到，雪粒子系统的参数与喷射粒子系统基本相同，只是多出了“翻滚”和“翻滚速率”参数。

“翻滚”：雪粒子的随机旋转量。此参数的范围为 0～1。参数为 0 时，雪花不旋转；参数为 1 时，雪花旋转得最快。每个粒子的旋转轴随机生成。

“翻滚速率”：雪粒子的旋转速度。该值越大，旋转越快。

其他参数参见喷射粒子系统的解释。

动手演练　模拟下雪效果

01　在环境贴图通道中添加背景文件“天空”，并修改成“屏幕贴图”方式，如图 8-12 所示。

02　创建雪粒子系统，并移动到合适位置上，修改其参数，如图 8-13 所示。

03　打开材质编辑器，将材质指定为标准材质，颜色为白色自发光，如图 8-14 所示。

图 8-12　环境贴图

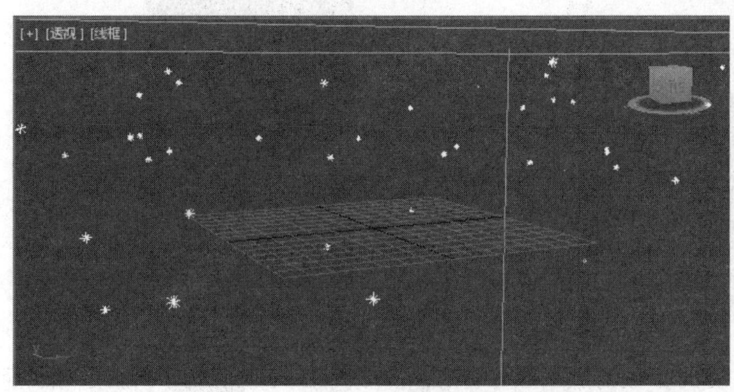

图 8-13　雪粒子系统参数设置

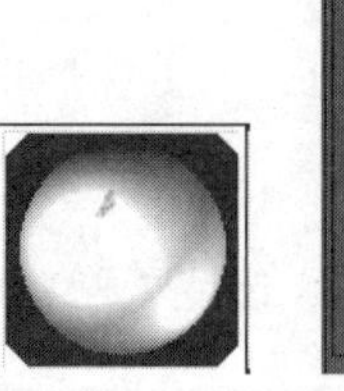

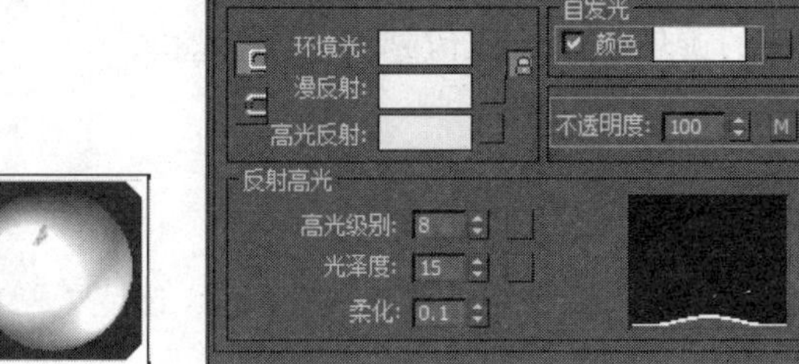

图 8-14　材质参数

04　在不透明度贴图通道中添加渐变贴图,“渐变类型”设为“径向”,如图 8-15 所示。

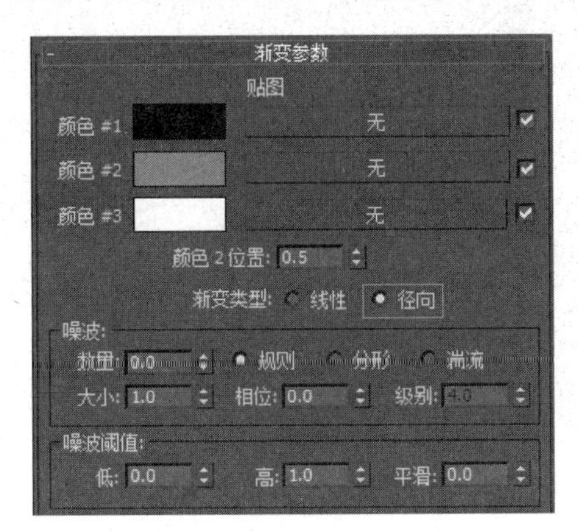

图 8-15　“渐变参数”卷展栏

05　对场景进行渲染,最终效果如图 8-16 所示。

图 8-16　下雪动画最终效果

动手演练　制作节日纸花动画

01　在环境贴图通道中添加背景文件“天空”,并修改成“屏幕贴图”方式,如图 8-17 所示。

02　创建雪粒子系统,并移动到合适位置上,修改其参数,如图 8-18 所示。

03　打开材质编辑器,将材质指定为多维/子对象材质,材质数量为 5。第一种材质设置为标准材质,漫反射颜色为红色,自发光颜色也是红色,将不透明度贴图设为渐变贴图,“渐变类型”选择“径向”。用同样的方法制作其他 4 种子材质,并指定给场景中的粒子,如图 8-19 所示。

04　在不透明度贴图通道中添加渐变贴图,将“渐变类型”改为“径向”,如图 8-20 所示。

05　对场景进行渲染,最终效果如图 8-21 所示。

图 8-17　环境贴图

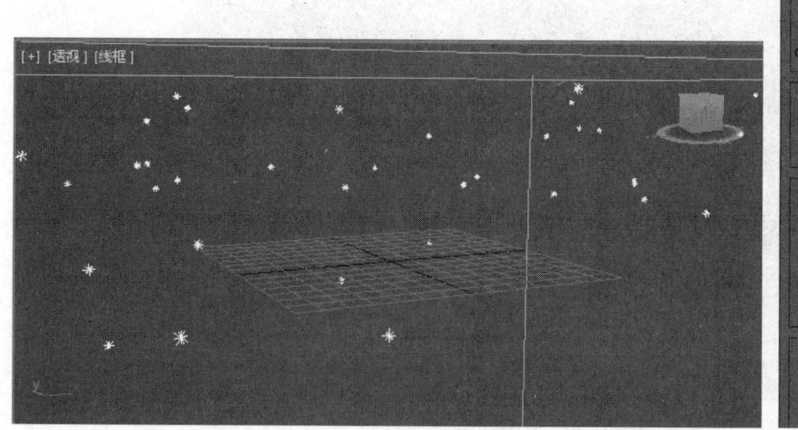

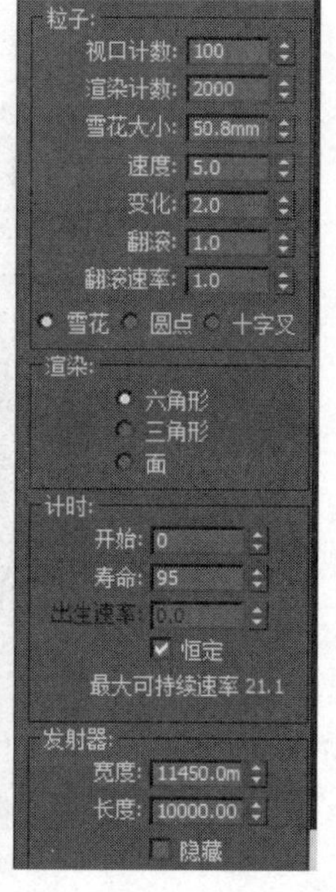

图 8-18　雪粒子系统参数设置

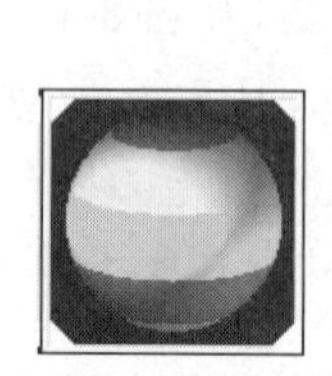

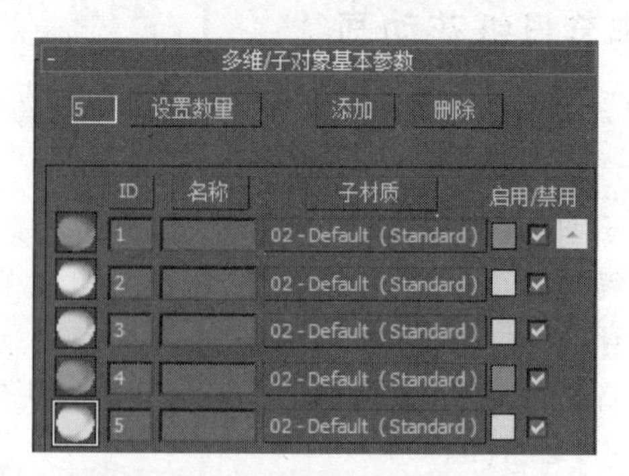

图 8-19　多维/子对象材质参数设置

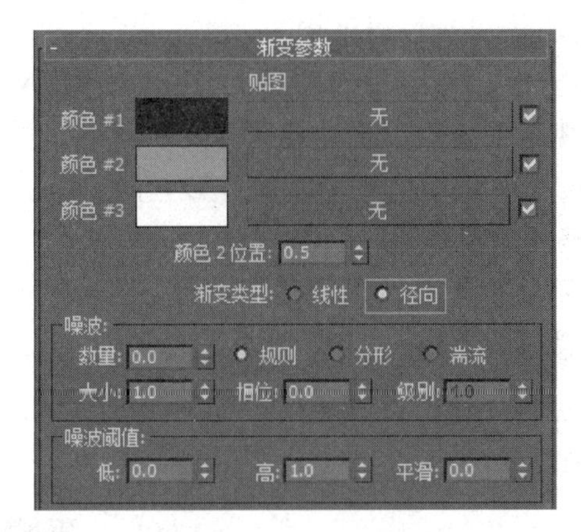

图 8-20　渐变贴图参数设置

图 8-21　节日纸花动画最终效果

8.2.3　暴风雪粒子系统

暴风雪粒子系统是喷射粒子系统和雪粒子系统的升级，功能比较强，但是参数比较复杂。该系统也是 3ds Max 中功能强大的特效创建工具之一。暴风雪粒子系统图标和雪花粒子如图 8-22 所示。

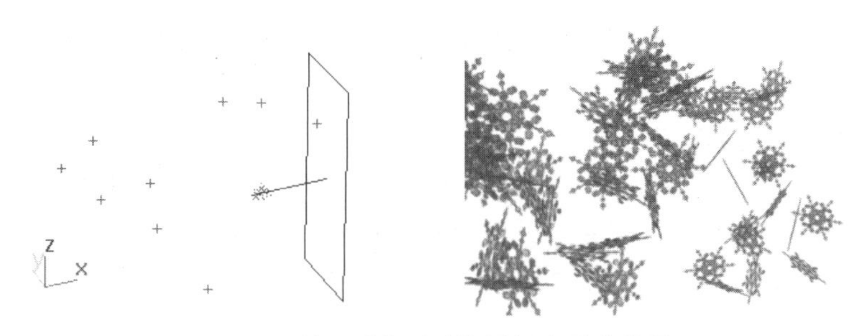

图 8-22　暴风雪粒子系统图标和雪花粒子

要创建暴风雪粒子系统，需要执行以下操作。

(1) 在创建面板上，确保(几何体)已激活，在对象类别列表中选择“粒子系统”，然后单击“暴风雪”按钮。在视图中拖动以创建暴风雪发射器。

(2) 发射器的方向向量指向活动构造平面的负 Z 方向。

(3) 在命令面板上调整各个参数。

暴风雪粒子系统包括 7 个卷展栏，如图 8-23 所示。

下面分别介绍各个卷展栏的参数。

1. “基本参数”卷展栏

“基本参数”卷展栏如图 8-24 所示。

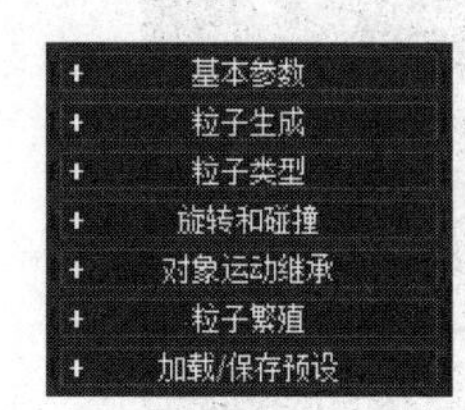

图 8-23 暴风雪粒子系统的卷展栏

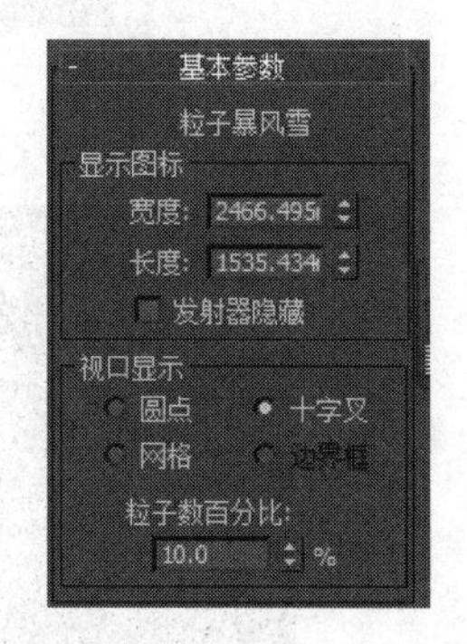

图 8-24 “基本参数”卷展栏

1) “显示图标”参数组

此参数组调整粒子系统图标在视图中的显示。

“宽度”和“长度”：设置图标的大小(采用系统设置的单位)。

“发射器隐藏”：启用该选项后，视图中将隐藏粒子发射器图标。

2) “视口显示”参数组

此参数组指定粒子在视图中的显示方式，分别可以显示圆点、十字叉、网格 3 种粒子。网格粒子显示时会减慢视图重画的速度。

“粒子数百分比”数值框以渲染粒子数百分比的形式指定视图中显示的粒子数。默认设置为 10%。如果要使看到的粒子数与场景中渲染的粒子数相同，需要将此值设置为 100%。但是，这样可能会大大减慢视图的显示速度。

2. “粒子生成”卷展栏

此卷展栏上的参数控制粒子产生的时间和速度、粒子的移动方式以及不同时间粒子的大小，如图 8-25 所示。

1) “粒子数量”参数组

在此参数组中，可以从确定粒子数量的两种方法中选择一种。如果将“粒子类型”(在“粒子类型”卷展栏中)设置为“对象碎片”，则这些设置不可用。

“使用速率”(默认设置)：指定每帧发射的固定粒子数。使用数值框可以设置每帧产生的粒子数。

“使用总数”：指定在系统使用寿命内产生的总粒子数。使用数值框可以设置每帧产生的粒子数。

通常,“使用速率”最适合连续的粒子流,而“使用总数”比较适合短期内突发的粒子。

2)“粒子运动”参数组

以下数值框控制粒子的初始速度,方向为沿着曲面、边或顶点的法线。

“速度”:粒子在出生时沿着法线的速度(以每帧移动的单位数计)。

“变化”:对每个粒子的发射速度应用一个变化百分比。

“翻滚”:暴风雪粒子的随机旋转量、翻滚速率、暴风雪粒子的旋转速度。

3)“粒子计时”参数组

以下选项指定粒子发射开始和停止的时间以及各个粒子的寿命。

“发射开始”:设置粒子开始在场景中出现的帧。

“发射停止”:设置发射粒子的最后一个帧。如果选择“对象碎片”粒子类型,则此设置无效。

“显示时限”:指定所有粒子均将消失的帧(无论其他设置如何)。

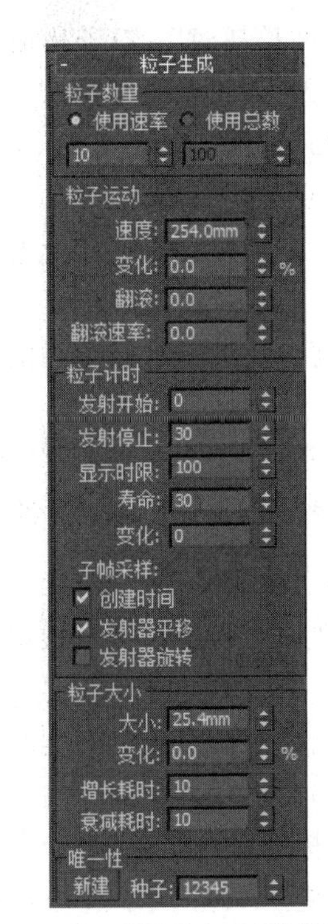

图 8-25 “粒子生成”卷展栏

“寿命”:设置每个粒子的寿命(以从创建帧开始的帧数计)。

“变化”:指定每个粒子的寿命相对于标准值变化的帧数。

“子帧采样”:启用以下 3 个复选框的任意一个后,通过以较高的子帧分辨率对粒子采样,有助于避免粒子膨胀。膨胀是发射单独的粒子泡或粒子簇的效果。为发射器设置动画后,此效果尤其明显。

- “创建时间”:允许向防止随时间发生膨胀的运动等添加时间偏移。此设置对“对象碎片”粒子类型无效。默认设置为启用。
- “发射器平移”:如果基于对象的发射器在空间中移动,在沿着可渲染位置之间的几何体路径上以整数倍数创建粒子,这样可以避免粒子在空间中膨胀。如果选择了“对象碎片”粒子类型,则此设置无效。默认设置为启用。
- “发射器旋转”:如果发射器旋转,启用此选项可以避免粒子膨胀,并产生平滑的螺旋形效果。默认设置为禁用。

注意:每多启用一个“子帧采样”下的复选框,就会增加必要的计算量。此外,这 3 个复选框的计算量依次从小到大。即,“发射器旋转”比“发射器平移”需要的计算量大,“发射器平移”比“创建时间”需要的计算量大。

4)“粒子大小”参数组

以下数值框指定粒子的大小。

“大小”:根据粒子的类型指定系统中所有粒子的目标大小。

“变化”:每个粒子的大小可以相对于标准值变化的百分比。使用此参数可以获取不同大小的粒子的真实混合效果。

"增长耗时"：粒子从很小增长到"大小"值所经历的帧数。结果受"大小"和"变化"值的影响，因为"增长耗时"在"变化"之后应用。使用此参数可以模拟自然效果，例如，气泡随着向表面靠近而增大。

"衰减耗时"：粒子在消亡之前缩小到其"大小"值的 1/10 所经历的帧数。此设置也在"变化"之后应用。使用此参数可以模拟自然消失的效果，例如，火花逐渐变为灰烬。

5）"唯一性"参数组

通过更改此参数组中的"种子"值，可以在其他粒子参数设置相同的情况下产生不同的效果。

"新建"：该按钮可随机生成新的种子值。

"种子"：设置特定的种子值。

3."粒子类型"卷展栏

使用此卷展栏可以指定动画中使用的粒子类型以及对粒子执行的贴图的类型。

1）"粒子类型"参数组

此参数组指定粒子类型的 3 个类别中的一种。根据所选选项的不同，"粒子类型"卷展栏下部会出现不同的控件。"粒子类型"卷展栏如图 8-26 所示。

"标准粒子"：使用多种标准粒子类型中的一种，例如三角形、立方体、四面体等。

"变形球粒子"：选择此项，粒子以水滴或粒子流的形式混合在一起。

"实例几何体"：粒子类型是网格物体。

2）"标准粒子"参数组

如果在"粒子类型"参数组中选择了"标准粒子"，则"标准粒子"参数组中的选项变为可用，可以选择三角形、立方体、特殊（每个粒子由三个交叉的正方形组成）、面、恒定、四面体、六角形、球体 8 种粒子类型。

3）"变形球粒子参数"参数组

如果在"粒子类型"参数组中选择了"变形球粒子"选项，则此参数组中的选项变为可用，且变形球作为粒子使用，如图 8-27 所示。

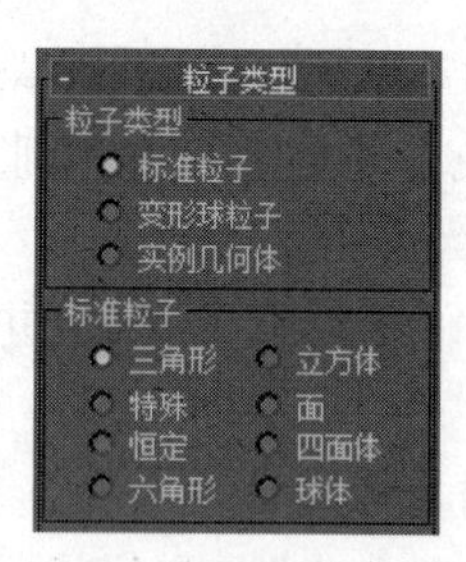

图 8-26 "粒子类型"卷展栏

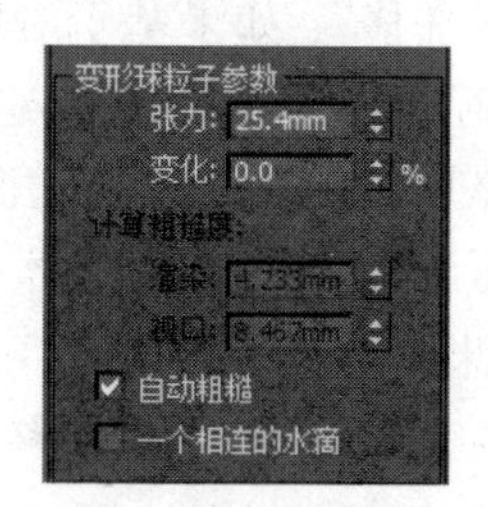

图 8-27 "变形球粒子参数"参数组

"张力"：确定有关粒子与其他粒子混合时的紧密度。张力越大，聚集越难，合并也越难。

"变化"：指定张力效果的变化的百分比。

"计算粗糙度"：指定计算变形球粒子解决方案的精确程度。该值越大，计算工作量越小。不过，如果该值过大，可能反而使变形球粒子效果不明显或根本没有效果；反之，如果该值过小，计算时间可能会非常长。

- “渲染”：设置渲染场景中的变形球粒子的粗糙度。如果启用了“自动粗糙”复选框，则此选项不可用。
- “视口”：设置视图显示的粗糙度。如果启用了“自动粗糙”复选框，则此选项不可用。

“自动粗糙”：一般将粗糙度设置为粒子大小的1/4～1/2。如果启用此项，会根据粒子大小自动设置渲染粗糙度，视图粗糙度会大约设置为渲染粗糙度的两倍。

“一个相连的水滴”：如果禁用该选项（默认设置），将计算所有粒子；如果启用该选项，将使用快捷算法，仅计算和显示彼此相连或邻近的粒子。

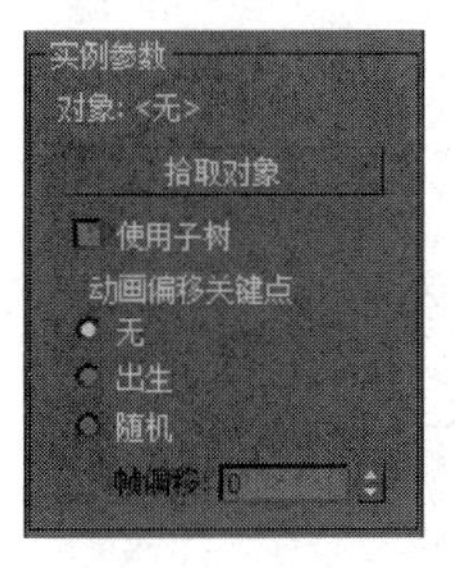

图8-28　“实例参数”参数组

4）“实例参数”参数组

在“粒子类型”参数组中指定“实例几何体”时使用这些选项。这样，每个粒子作为对象、对象链接层次或组的实例生成，如图8-28所示。

“对象”：显示拾取的对象的名称。

“拾取对象”：单击此按钮，然后在视图中选择要作为粒子使用的对象。如果选择的对象属于层次的一部分，并且启用了“使用子树”复选框，则拾取的对象及其子对象会成为粒子。如果拾取了组，则组中的所有对象作为粒子使用。

“使用子树”：如果要将拾取的对象的链接子对象包括在粒子中，则启用此复选框。如果拾取的对象是组，将包括组的所有子对象。注意，可以随时启用或禁用此复选框来更改粒子。

“动画偏移关键点”：因为可以为实例对象设置动画，此处的3个单选按钮可以指定粒子的动画计时。

- “无”：每个粒子复制原对象的计时。因此，所有粒子的动画的计时均相同。
- “出生”：第一个出生的粒子是源对象的当前动画在该粒子出生时的实例。每个后续粒子将使用相同的开始时间设置动画。例如，如果源对象的动画从0°弯曲到180°，第一个粒子在第30帧出生，当对象在45°时，该粒子及所有后续粒子将从45°开始出生。
- “随机”：当“帧偏移”设置为0时，此选项等同于“无”。否则，每个粒子出生时使用的动画都将与源对象出生时使用的动画相同，但会基于“帧偏移”值产生帧的随机偏移。

“帧偏移”：指定相对于源对象的当前时间的偏移值。

5）“材质贴图和来源”参数组

该参数组指定贴图材质如何影响粒子，并且可以选择为粒子指定的材质的来源，如图8-29所示。

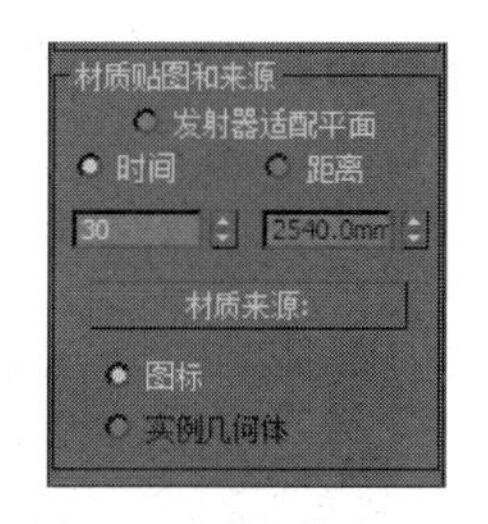

图8-29　“材质贴图和来源”参数组

“时间”：指定从粒子出生开始完成粒子的一个贴图所需的帧数。

“距离”：指定从粒子出生开始完成粒子的一个贴图所需的距离。

“材质来源”：使用此按钮下面的单选按钮指定的来源更新粒子系统携带的材质。

- “图标”：使用当前为粒子系统图标指定的材质。拾取的发射器粒子使用分布对象指定的材质。
- “实例几何体”：使用实例几何体指定的材质。仅当在“粒子类型”组中选择“实例几何体”时，此选项才可用。

4. “旋转和碰撞”卷展栏

粒子经常高速移动。在这样的情况下，可能需要为粒子添加运动模糊以增强其动感。此外，现实世界的粒子通常边移动边旋转，并且互相碰撞。“旋转和碰撞”卷展栏如图 8-30 所示。

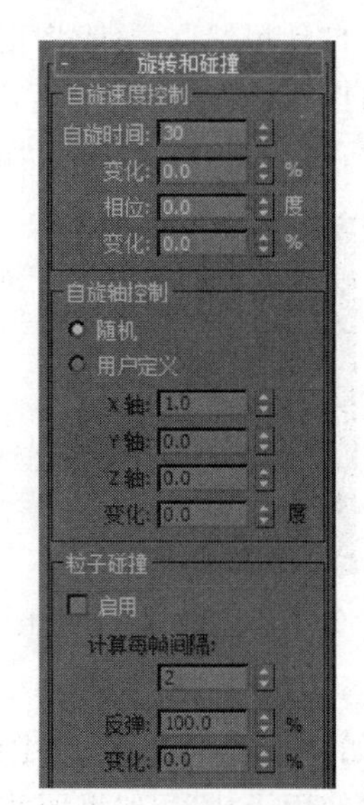

图 8-30 “旋转和碰撞”卷展栏

1）“自旋速度控制”参数组

“自旋时间”：粒子一次旋转的帧数。如果设置为 0，则不旋转。

“变化”：自旋时间的变化的百分比。

“相位”：设置粒子开始旋转时的初始角度（以度计）。此设置对碎片没有意义，碎片总是从 0°开始旋转。

“变化”：相位的变化的百分比。

2）“自旋轴控制”参数组

以下选项确定粒子的自旋轴，并提供对粒子应用运动模糊的部分方法。

“随机”：每个粒子的自旋轴是随机的。

“用户定义”：使用“X 轴”“Y 轴”和“Z 轴”数值框中定义的向量。

“X 轴”“Y 轴”“Z 轴”：分别指定 X、Y 或 Z 轴的自旋向量。仅当选择了“用户定义”单选按钮时，这些数值框才可用。

“变化”：每个粒子的自旋轴相对于指定的 X 轴、Y 轴和 Z 轴的变化的量（以度计）。仅当选择了“用户定义”单选按钮时，此数值框才可用。

3）“粒子碰撞”参数组

以下选项允许粒子之间发生碰撞，并可以控制碰撞发生的形式。注意，这将涉及大量的计算，特别是包含大量粒子时。

“启用”：在计算粒子移动时启用粒子间碰撞。

“计算每帧间隔”：每个渲染间隔的间隔数，期间进行粒子碰撞测试。值越大，模拟越精确，但是模拟运行的速度将越慢。

“反弹”：在碰撞后速度恢复的程度。

“变化”：相对于粒子的“反弹”值的随机变化百分比。

图 8-31 “对象运动继承”卷展栏

5. “对象运动继承”卷展栏

每个粒子移动的位置和方向由粒子创建时发射器的位置和方向确定。如果发射器穿过场景，粒子将沿着发射器的路径散开，“对象运动继承”卷展栏如图 8-31 所示。

“影响”：在粒子产生时，继承基于对象的发射器的运动粒子所占百分比。例如，如果将此选项设置为 100(默认设置)，则所有粒子均与移动的对象一同移动；如果设置为 0，则所有粒子都不会受对象平移的影响，也不会继承对象的移动。

“倍增”：修改发射器运动影响粒子运动的量。此设置可以是正数，也可以是负数。

“变化”：相对于倍增值的变化的百分比。

6. “粒子繁殖”卷展栏

“粒子繁殖”卷展栏中的选项可以指定粒子在消亡时或与粒子导向器碰撞时发生的情况。使用此卷展栏上的选项可以使粒子在消亡或碰撞时繁殖其他粒子。“粒子繁殖”卷展栏如图 8-32 所示。

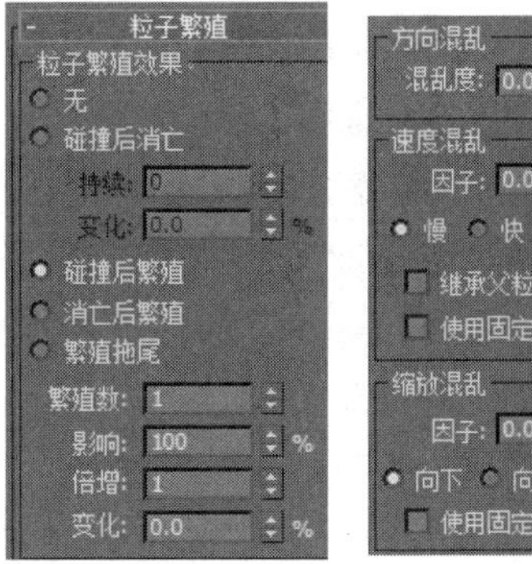

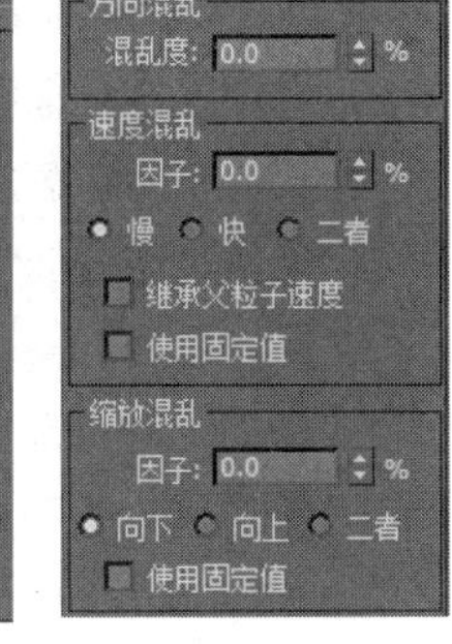

图 8-32 “粒子繁殖”卷展栏

1) “粒子繁殖效果”参数组

选择以下选项之一，可以确定粒子在碰撞或消亡时发生的情况。

“无”：不使用任何繁殖控件，粒子按照正常方式活动。也就是说，在碰撞时粒子根据导向器中的“粒子反弹”设置反弹或黏住，在消亡时粒子消失。

“碰撞后消亡”：粒子在碰撞到绑定的导向器(例如导向球)后消失。

- “持续”：粒子在碰撞后持续的寿命(帧数)。如果将此选项设置为 0(默认设置)，粒子在碰撞后立即消失。
- “变化”：当“持续”值大于 0 时，每个粒子的“持续”值各不相同。使用此选项可以使粒子的密度逐渐下降。

“碰撞后繁殖”：在与绑定的导向器碰撞时产生繁殖效果。

“消亡后繁殖”：在每个粒子的寿命结束时产生繁殖效果。

“繁殖拖尾”：在现有粒子寿命的每个帧处，从该粒子繁殖粒子。“倍增”指定每个粒子繁殖的粒子数。繁殖的粒子的基本方向与父粒子的方向相反。“方向混乱”“速度混乱”和“缩放混乱”因子应用于该基本方向。

注意：如果“倍增”值大于 1，3 个混乱因子中至少有一个要大于 0，才能看到其他繁殖的粒子。否则，看不到繁殖的粒子，该空间位置上被占位符代替。

警告：此选项可以产生许多粒子。为了获得最佳效果，先将“粒子生成”卷展栏中的“粒子数量”设置为“使用速率”，并设置为 1。

“繁殖数”：除原粒子以外的繁殖数。例如，如果此选项设置为 1，并在消亡时繁殖，每个粒子超过原寿命后繁殖一次。

“影响”：指定将繁殖的粒子的百分比。如果减小此值，会减少繁殖的粒子数。

“倍增”：倍增每个繁殖事件繁殖的粒子数。

“变化”：逐帧指定相对于“倍增”值变化的百分比。

2）“方向混乱”参数组

“混乱度”：指定繁殖的粒子的方向相对于父粒子的方向变化的量。如果设置为0，则表明无变化；如果设置为100，繁殖的粒子将沿着任意随机方向移动；如果设置为50，繁殖的粒子可以从父粒子的路径最多偏移90°。

3）“速度混乱”参数组

使用以下选项可以随机改变繁殖的粒子与父粒子的相对速度。

“因子”：繁殖的粒子的速度相对于父粒子的速度变化的百分比。如果值为0，则表明无变化。该项与以下3个选项有关。

- “慢”：随机应用速度因子，减慢繁殖的粒子的速度。
- “快”：根据速度因子随机加快粒子的速度。
- “二者”：根据速度因子，有些粒子加快速度，而其他粒子减慢速度。

“继承父粒子速度”：除了速度因子的影响外，繁殖的粒子还继承父粒子的速度。

“使用固定值”：将“因子”值作为设置值。

4）“缩放混乱”参数组

以下选项对粒子应用随机缩放。

“因子”：为繁殖的粒子确定相对于父粒子的随机缩放百分比，这还与以下选项相关。

- “向下”：根据“因子”值随机缩小繁殖的粒子，使其小于父粒子。
- “向上”：随机放大繁殖的粒子，使其大于父粒子。
- “二者”：繁殖的粒子有些放大，有些缩小。

“使用固定值”：将“因子”的值作为固定值。

5）“寿命值队列”参数组

以下选项可以指定繁殖的每一代粒子的备选寿命值的队列。繁殖的粒子使用这些寿命，而不使用在“粒子生成”卷展栏的“寿命”数值栏中为原粒子指定的寿命，如图8-33所示。

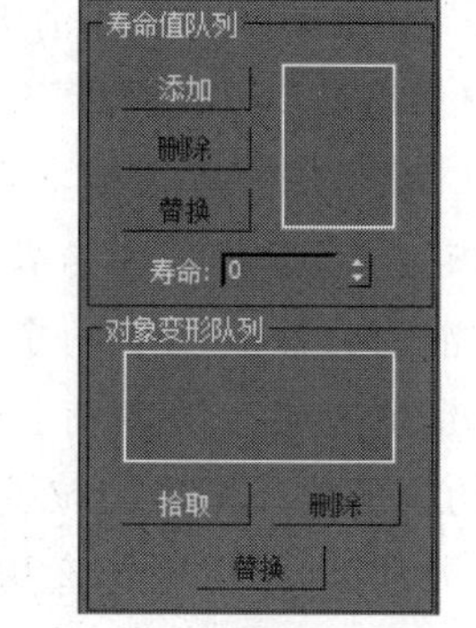

图8-33 “寿命值队列”参数组

寿命值队列：该队列中的第一个值用于繁殖的第一代粒子，第二个值用于第二代，依此类推。如果队列中值的个数少于繁殖的代数，最后一个值将用于所有剩余的繁殖。

“添加”：将“寿命”数值框中的值加入队列。

“删除”：删除队列中当前高亮显示的值。

“替换”：可以使用“寿命”数值框中的值替换队列中的值。使用时先将新值放入“寿命”数值框，再在队列中选择要替换的值，然后单击“替换”按钮。

“寿命”：使用此选项可以设置一个值，然后单击“添加”按钮将该值加入寿命值队列。

6）“对象变形队列”参数组

使用此参数组中的选项可以在带有每次繁殖（按照“繁殖数”数值框设置）的实例对象的粒子之间切换。以下选项只有在当前粒子类型为“实例几何体”时才可用。

对象变形队列：显示要实例化为粒子的对象的队列。队列中的第一个对象用于第一次繁殖，第二个对象用于第二次繁殖，依此类推。如果队列中的对象数少于繁殖数，队列中的最后一个对象将用于所有剩余的繁殖。

“拾取”：单击此按钮，然后在视图中选择要加入队列的对象。注意，使用的对象类型基于“粒子类型”卷展栏的“实例参数”组中的设置。例如，如果在该组中启用了“子树”，可以拾取对象层次；如果拾取了某个组，可以使用组作为繁殖的粒子。

“删除”：删除队列中当前高亮显示的对象。

“替换”：使用其他对象替换队列中的对象。在队列中选择对象可以启用“替换”按钮。单击“替换”按钮，然后在场景中拾取对象，将替换队列中高亮显示的项。

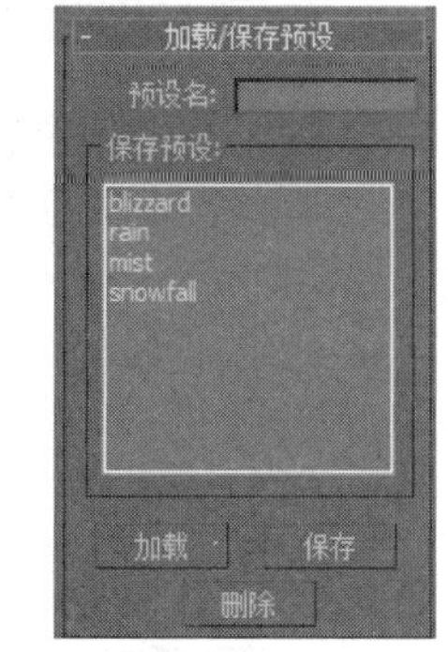

图 8-34 “加载/保存预设”卷展栏

7. “加载/保存预设”卷展栏

使用该卷展栏中的选项可以保存预设，以便在其他相关的粒子系统中使用，如图 8-34 所示。

“预设名”：可以定义预设的名称。单击“保存”按钮保存预设名。

“保存预设”：包含所有已保存的预设名。

“加载”：加载“保存预设”列表中当前高亮显示的预设。此外，在列表中双击预设名也可以加载预设。

“保存”：按“预设名”文本框中指定的名称保存预设并放入“保存预设”列表。

“删除”：删除“保存预设”列表中的选定项。

动手演练 使用暴风雪粒子制作下雨时水面的涟漪效果

下雨时水面的涟漪效果由两种粒子构成：雨滴和涟漪。雨滴可以用暴风雪粒子模拟，雨滴的形状可以采用“实例几何体”四棱锥；水面的涟漪可以用管状体动画制作。

01 先制作水面的涟漪。创建一个管状体，命名为“涟漪”，半径为 10、25，高度为 1。单击“自动关键点”按钮，将时间滑块移动到第 20 帧，修改“涟漪”的半径为 120、115，将涟漪调细，如图 8-35 所示。

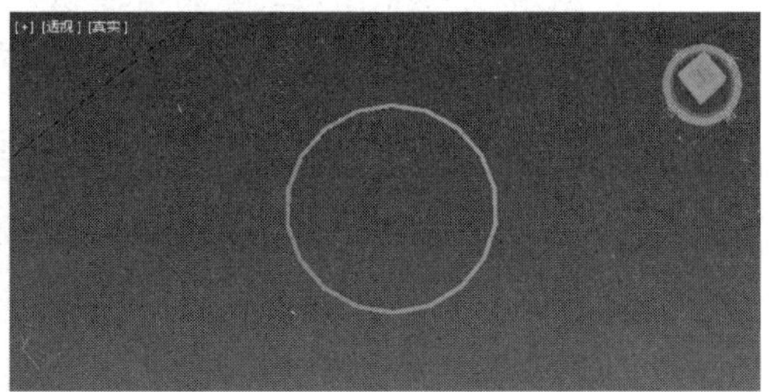

图 8-35 涟漪第 0 帧和第 20 帧动画

02 保持“涟漪”对象处于选择状态，单击工具栏上的按钮进入曲线编辑器，选择“涟漪”，如图 8-36 所示。

03 在曲线编辑器中选择菜单“编辑”→“可见性轨迹”→“添加”命令，如图 8-37 所示。

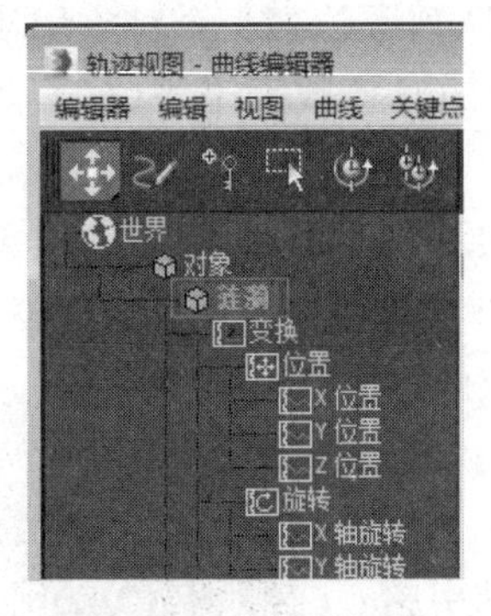

图 8-36 曲线编辑器

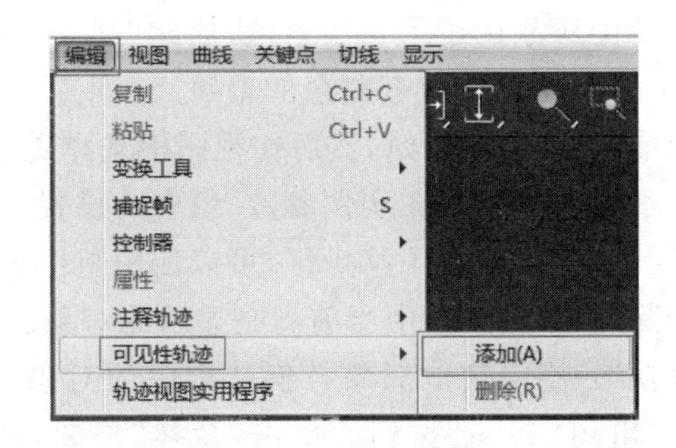

图 8-37 添加轨迹

04 单击“涟漪”的“可见性”属性，再单击工具栏上的添加关键帧工具，在右侧窗口中的第 10 帧和第 20 帧分别添加关键点，并将第 10 帧和第 20 帧的“可见性”参数改为 0，代表涟漪从第 10 帧和第 20 帧消失，如图 8-38 所示。

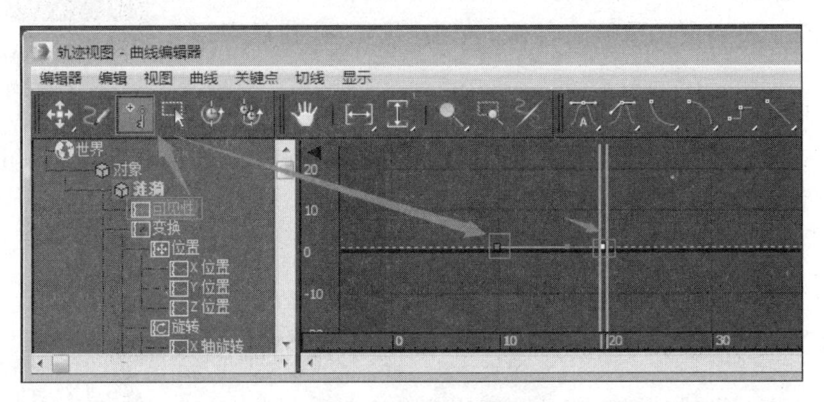

图 8-38 编辑轨迹曲线

05 原地复制涟漪。选择任何一个涟漪，将其时间轴的所有关键点向后移动 10 帧，然后使用选择并链接工具将内圈的涟漪链接到外圈的涟漪上，如图 8-39 所示。

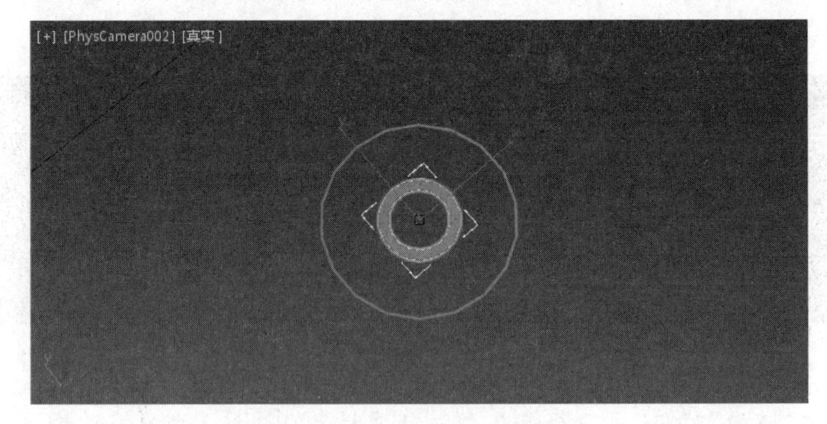

图 8-39 链接后的涟漪

06 创建一个四棱锥，作为粒子发射替身形体，将粒子的“视口显示”改为“网格”类型，将“粒子数百分比”改为100%，将“粒子类型”改为“实例几何体”。在场景中拾取创建好的两个四棱锥，将“自旋时间”改为0帧，将粒子的“增长耗时”值改为0，粒子大小和速度根据需要适当调整，如图8-40所示。

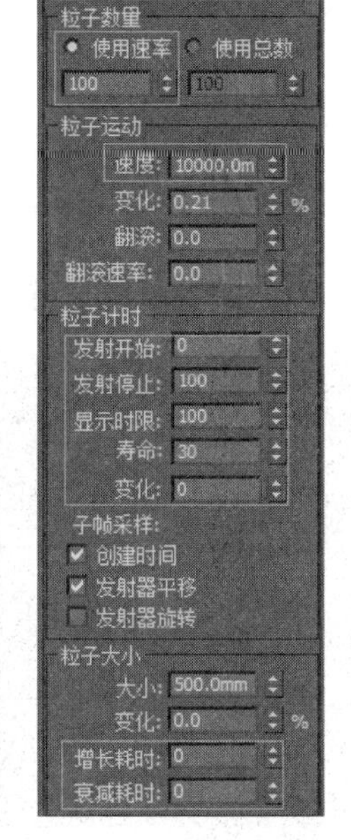

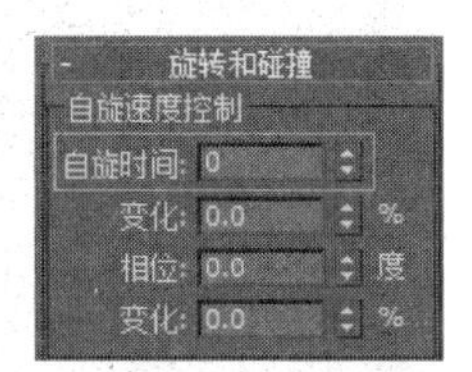

图8-40 粒子参数设置

07 在前视图中将粒子发射器垂直向下复制到雨滴消亡时的位置，如图8-41所示。

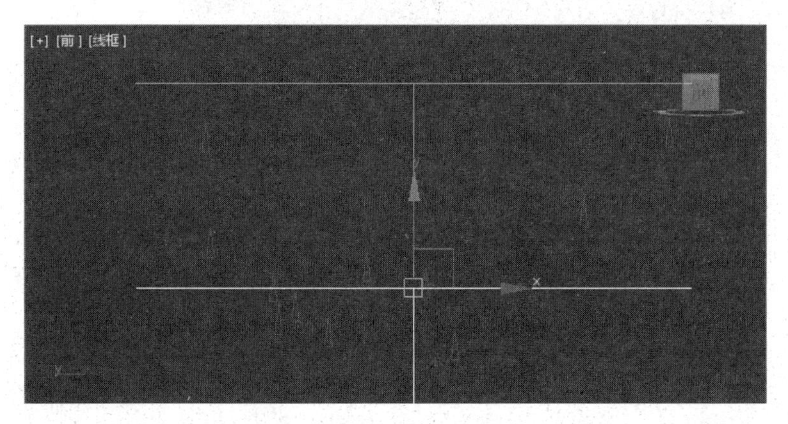

图8-41 复制粒子发射器

08 把下面的粒子发射器的替身更改为“涟漪”的父对象，在“粒子类型”卷展栏的“实例参数”下选择“使用子树”复选框和“出生”单选按钮，如图8-42所示。

09 播放动画，发现涟漪粒子也在向下移动，将其“速度”改为0，如图8-43所示。再次播放动画，上面的雨滴还没有掉下来，下面的涟漪就展开了。把下面的粒子发射器的发射开始时间改为第25帧，发射停止时间改为第125帧，如图8-44所示。

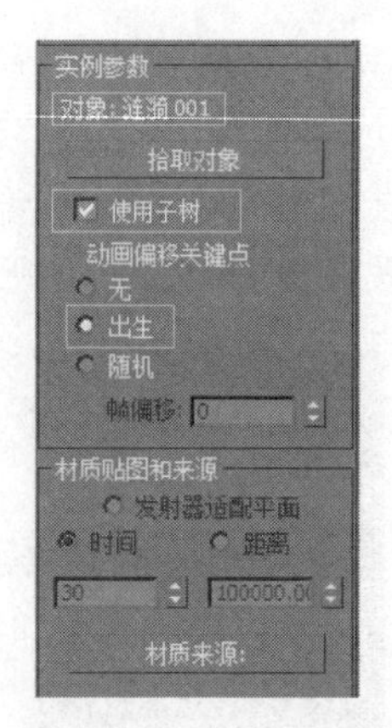

图 8-42 实例参数设置

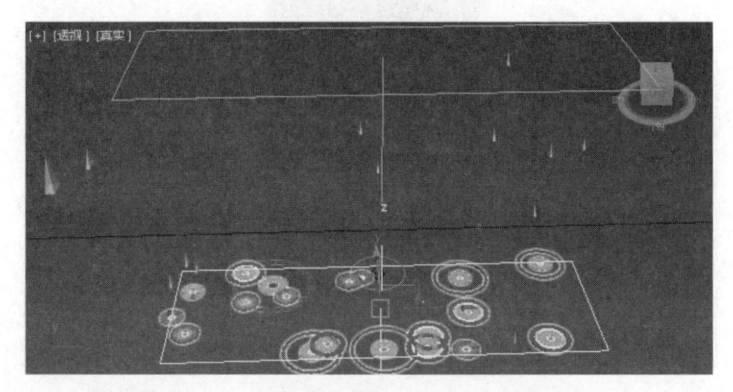

图 8-43 修改第二个发射器的粒子速度

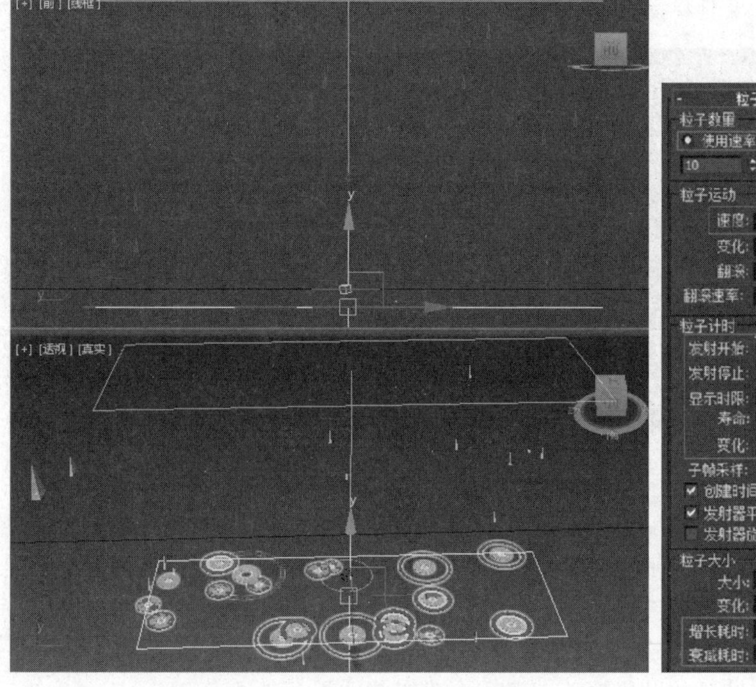

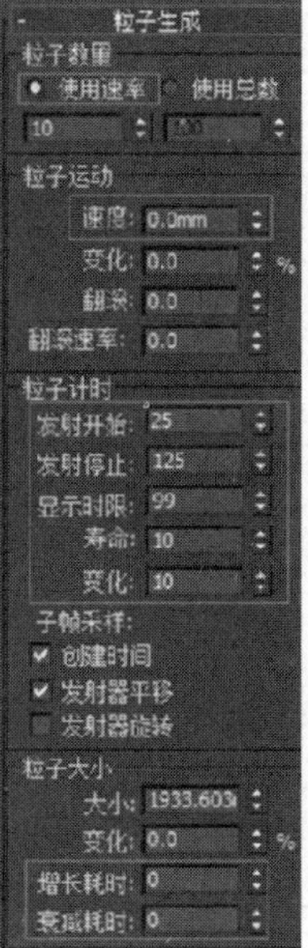

图 8-44 时间推移

10 给场景贴图，隐藏粒子发射器，渲染输出动画，完成下雨时水面涟漪的动画效果，如图 8-45 所示。

图 8-45 水面涟漪动画效果

动手演练 使用暴风雪粒子制作婚礼花瓣飘落动画

01 在环境贴图通道中添加背景文件“天空”，并修改成“屏幕贴图”方式，如图 8-46 所示。

图 8-46 环境贴图

02 在顶视图中创建 160×100 的平面，命名为“花瓣”。打开材质编辑器，将“花瓣”的材质指定为标准材质，漫反射贴图为“花瓣.tif”，在透明贴图通道中添加“花瓣-透明贴图.jpg”，添加“UVW 贴图”修改器，如图 8-47 所示。

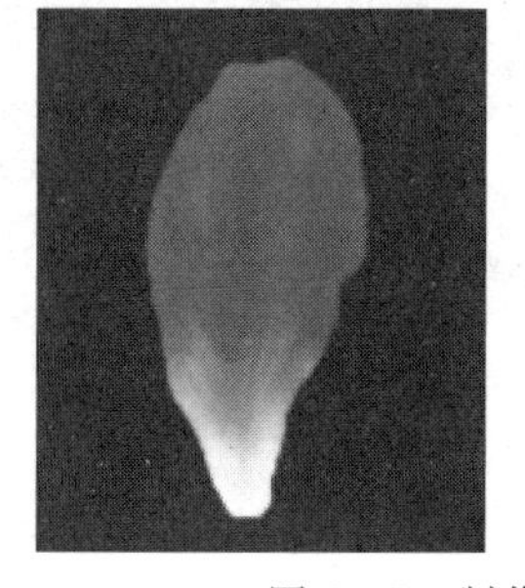
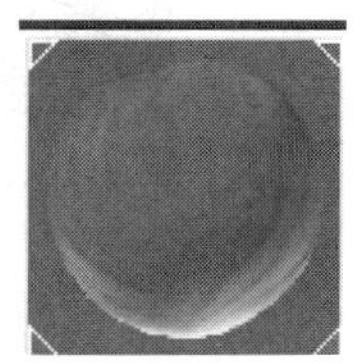

图 8-47 制作花瓣

03 在顶视图中创建暴风雪粒子系统，并移动到合适位置上，修改其参数，如图 8-48 所示。

04 切换到“粒子生成”卷展栏，修改参数，如图 8-49 所示。

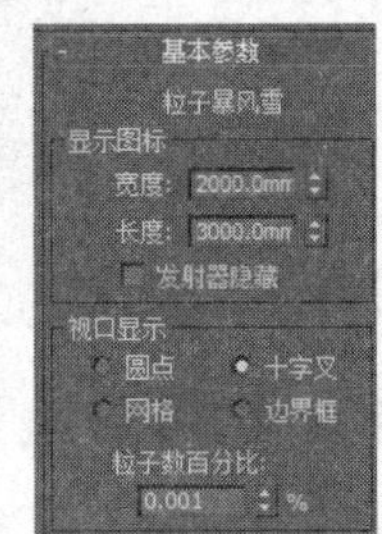

图 8-48 暴风雪粒子系统参数设置

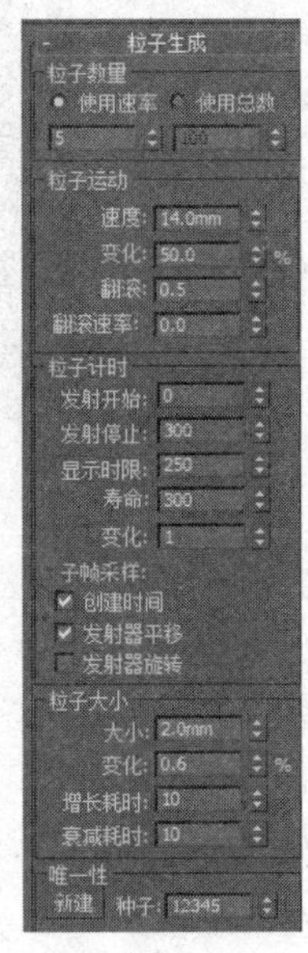

图 8-49 “粒子生成”卷展栏

05 在“粒子类型”卷展栏中将粒子类型改为“实例几何体”，单击“拾取对象”命令按钮，在场景中拾取“花瓣”对象，然后单击“材质来源”按钮。对场景进行渲染，最终效果如图 8-50 所示。

图 8-50 婚礼花瓣飘落动画的最终效果

动手演练 使用暴风雪粒子制作字母下落动画

本例主要介绍粒子多次繁殖的参数控制，用来模拟影视片头中下落物体的效果。共有A、B、C、D 4 种粒子，A 粒子死亡后产生 4 个 B 粒子，4 个 B 粒子死亡后产生 16 个 C 粒子，16 个 C 粒子死亡后产生 64 个 D 粒子。

01 创建 A、B、C、D 4 种几何体。在前视图中使用“文本”对象，创建 A、B、C、D 4 个字母，分别给每个字母添加“挤出”命令，得到三维物体。分别给每个字母赋予材质，如图 8-51 所示。

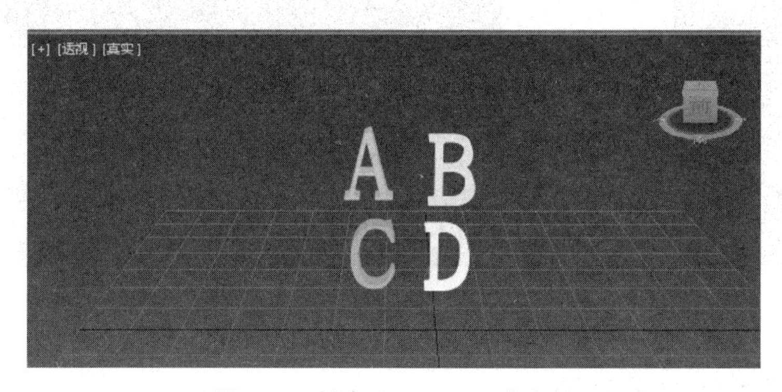

图 8-51 创建 A、B、C、D 4 个字母

02 在前视图中创建暴风雪粒子发射器，使其第一个粒子的替身是 A。在“粒子生成”卷展栏中设置粒子“增长耗时”为 0，如图 8-52 所示。

03 将粒子繁殖效果改为“消亡后繁殖”，共繁殖 3 次，“倍增”是 4，如图 8-53 所示。

04 在“寿命值队列”参数组中分别添加第 20、40、80 帧的粒子寿命值，在这 3 个时间点上粒子的替身分别是 B、C、D，如图 8-54 所示。

05 在环境贴图通道中贴入背景文件“天空”，并修改成“屏幕贴图”方式。对场景进行渲染，最终效果如图 8-55 所示。

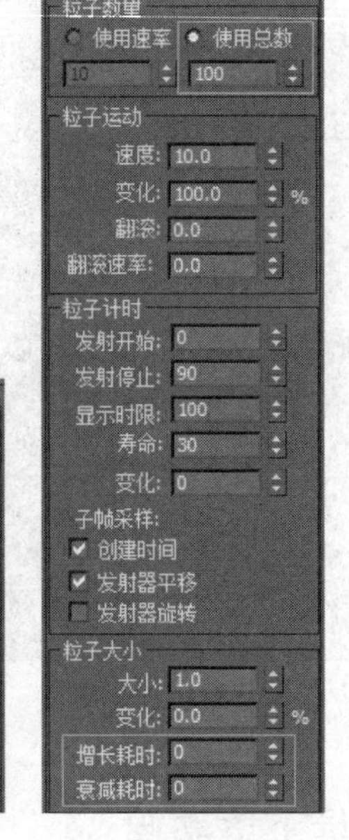

图 8-52　粒子发射器参数

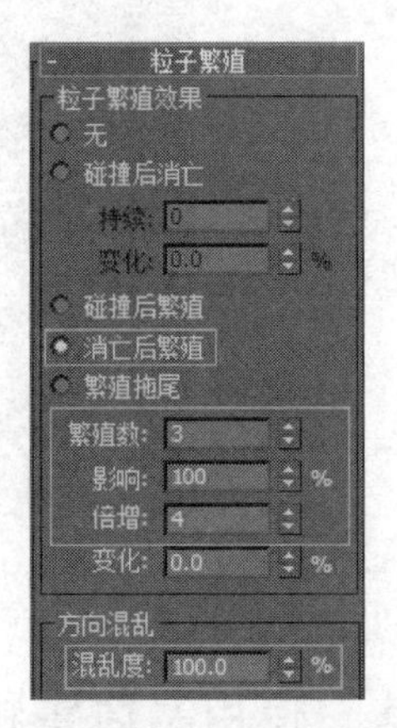

图 8-53　粒子繁殖参数设置

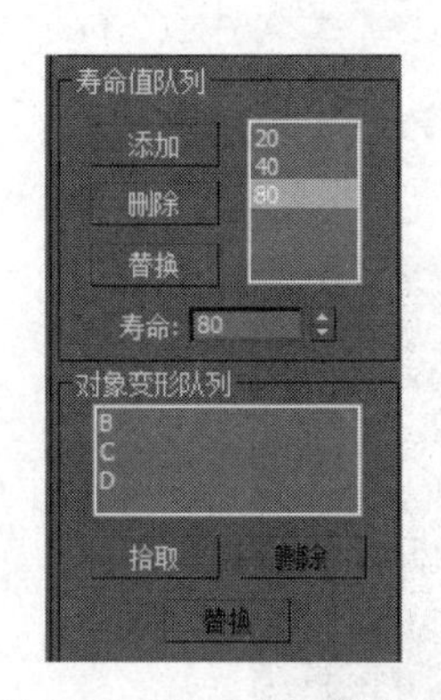

图 8-54　粒子寿命值设置

图 8-55　字母下落动画的最终效果

8.2.4　超级喷射粒子系统

超级喷射粒子系统能够喷射受控制的粒子。此粒子系统与简单的喷射粒子系统类似，只是增加了所有新型粒子系统提供的功能。超级喷射粒子系统图标和粒子效果如图 8-56 所示。

要创建超级喷射粒子系统，执行以下操作。

(1) 在创建面板上，确保(几何体)已激活，在对象类别列表中选择“粒子系统”，然后单击“超级喷射”按钮。在任一视图中拖动以创建超级喷射发射器。喷射的初始方向取决于创建发射器的视图。通常，在正交视图中创建该图标时，粒子向屏幕外喷射；在透视图中

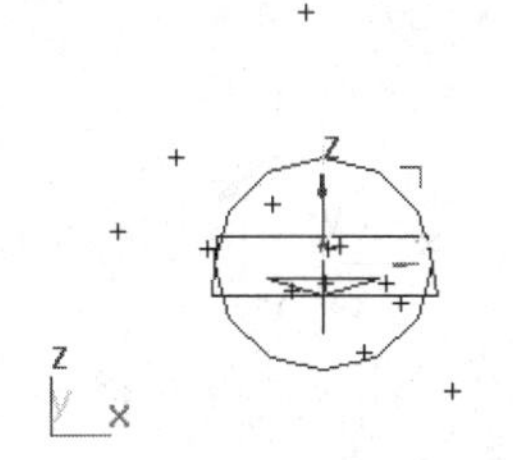

图 8-56 超级喷射粒子系统图标和粒子效果

创建该发射器时，粒子向上喷射。

(2) 调整各个参数以更改喷射效果。

超级喷射粒子系统包括 8 个卷展栏，如图 8-57 所示。

其中的 7 个卷展栏与暴风雪粒子系统一致，在这里不再重复说明，下面只介绍“气泡运动”卷展栏的参数。气泡运动提供了在水下气泡上升时所看到的摇摆效果。通常将粒子设置在较窄的粒子流中上升时，会使用该效果。气泡运动参数可以调整气泡“波”的幅度、周期和相位，如图 8-58 所示。

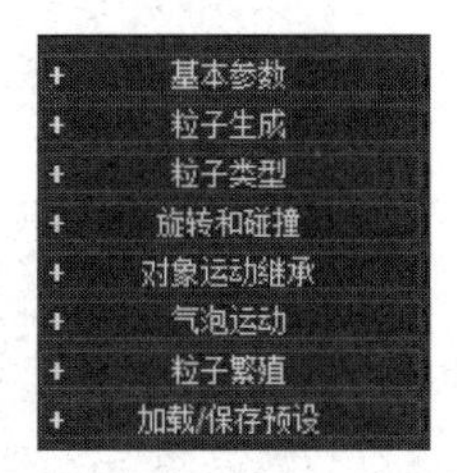

图 8-57 超级喷射粒子系统的卷展栏

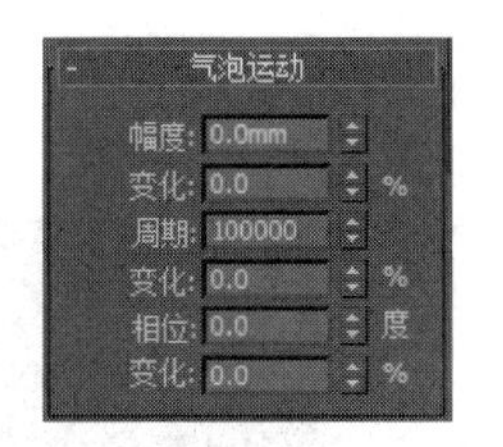

图 8-58 “气泡运动”卷展栏

“幅度”：粒子当前运动位移与以正常速度运动产生位移的差值。

“变化”：每个粒子所应用的幅度变化的百分比。

“周期”：粒子通过气泡“波”的一个完整振动的周期。

“变化”：每个粒子的周期变化的百分比。

“相位”：气泡图案沿着矢量的初始变换。

“变化”：每个粒子的相位变化的百分比。

动手演练 使用超级喷射粒子制作火焰动画效果

01 打开素材文件“第 8 章 粒子系统与空间扭曲\素材文件\案例 8-8 超级喷射-火焰效果\原始文件.max”。

02 在前视图中创建超级喷射粒子系统，并沿 Z 轴镜像，使发射方向向外，调整其大小和位置，使发射器与大鸟的嘴对准，如图 8-59 所示。

03 使用“选择并链接”工具，将粒子发射器与大鸟的辅助对象 Dummy 01 链接。粒子将随着骨骼一起运动。

04 选择粒子发射器，进入修改面板，修改参数。“基本参数”卷展栏如图 8-60 所示。

05 “粒子生成”卷展栏如图 8-61 所示。

06 打开材质编辑器，为粒子赋予标准材质，如图 8-62 所示。漫反射贴图使用“渐变贴

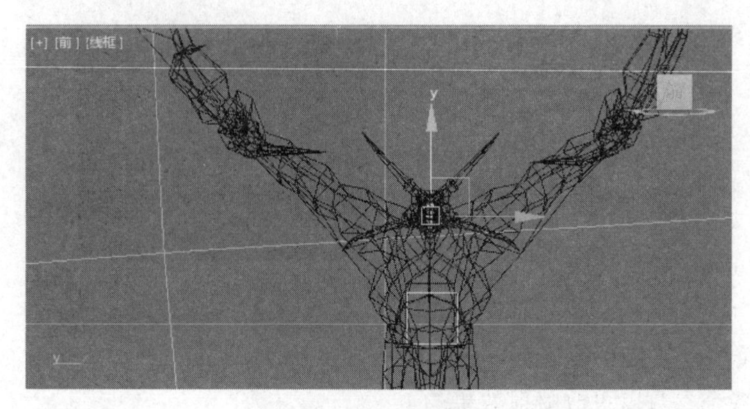

图 8-59　创建粒子发射器

图”，其渐变参数设置如图 8-63 所示。透明贴图也使用渐变贴图，其渐变参数设置如图 8-64 所示。

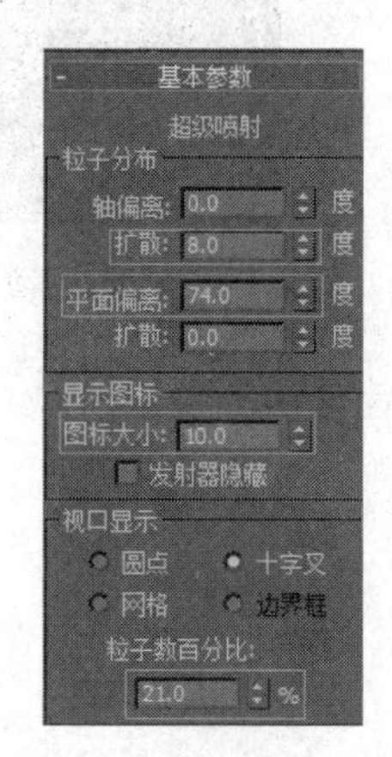

图 8-60　“基本参数”卷展栏

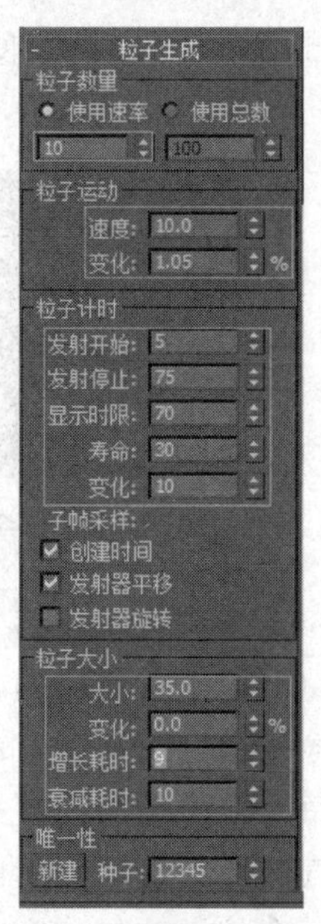

图 8-61　“粒子生成”卷展栏

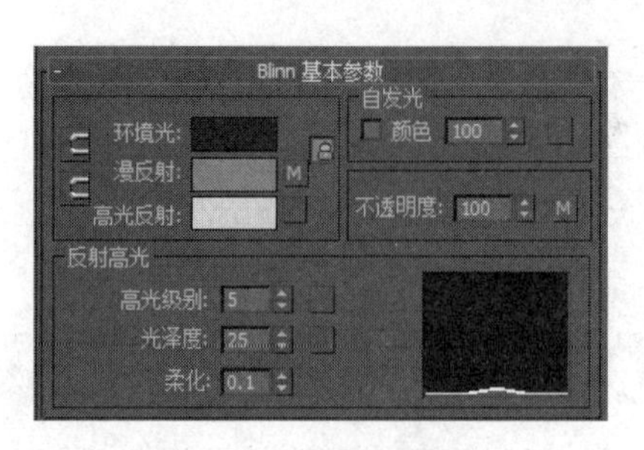

图 8-62　粒子的材质

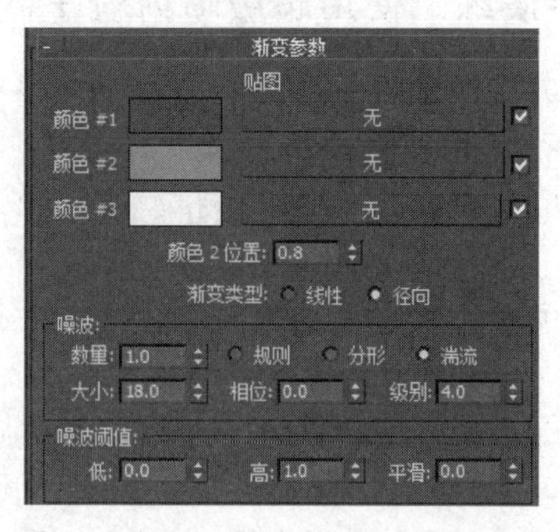

图 8-63　漫反射贴图的渐变参数设置

07 播放动画，查看火焰动画效果，图 8-65 是火焰动画最终效果。

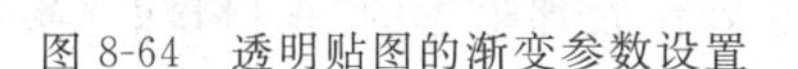

图 8-64 透明贴图的渐变参数设置

图 8-65 火焰动画最终效果

8.2.5 粒子阵列系统

粒子阵列系统必须从某个三维几何形体上发射，可以沿三维几何形体的顶点、边、面上自定义粒子阵列发射点，如图 8-66 所示。

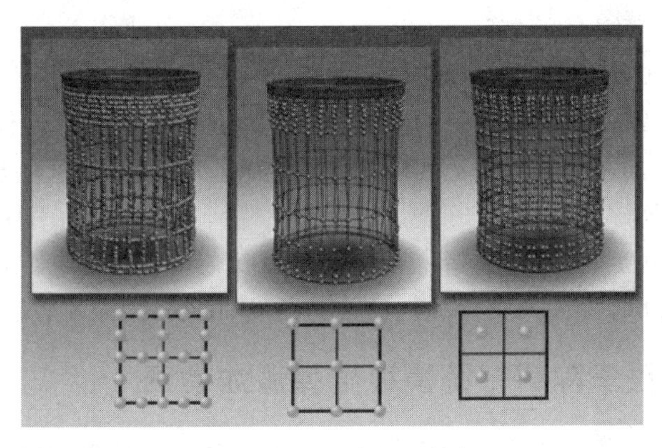

图 8-66 粒子阵列发射点

粒子阵列也可用于创建复杂的对象爆炸效果。

要创建粒子阵列系统，需要执行以下操作。

(1) 创建要用来定义粒子阵列发射点的对象，为粒子阵列提供发射器图案(或爆炸对象)。

(2) 在创建面板上，确保(几何体)已激活，在对象类别列表中选择“粒子系统”，然后单击“粒子阵列”按钮。在视图中的任意位置拖动以创建粒子系统对象。

在“基本参数”卷展栏上，单击“拾取对象”按钮，然后单击要用来定义粒子阵列发射点的对象。

在“粒子阵列”卷展栏上调整各个参数，以达到所需的效果。

用于定义粒子阵列发射点的对象可以是包含可渲染面的任意对象。粒子系统不会在渲染场景中出现。其在场景中的位置、方向和大小不会影响粒子效果。创建后可以在修改面板中修改粒子阵列的参数。此外，多个粒子系统还可以共享一个对象。用于定义粒子阵列发射点的对象仅为粒子提供模板，粒子系统实际生成的是粒子。

粒子阵列系统有 8 个卷展栏，与超级喷射粒子系统的卷展栏类似，如图 8-67 所示。

但是粒子阵列系统的每一个卷展栏的参数又有其自身特性。例如，在“粒子类型”卷展栏中增加了“对象碎片”粒子类型，可以将对象自身随机炸为碎片，如图 8-68 所示。

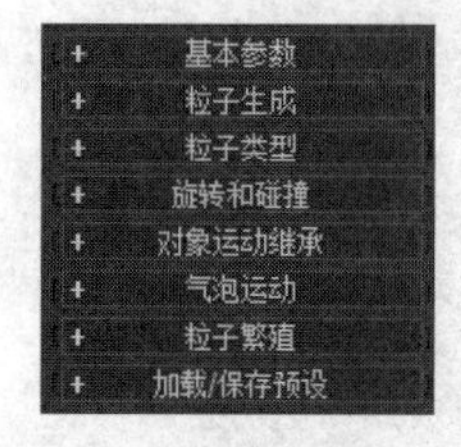

图 8-67　粒子阵列系统的卷展栏

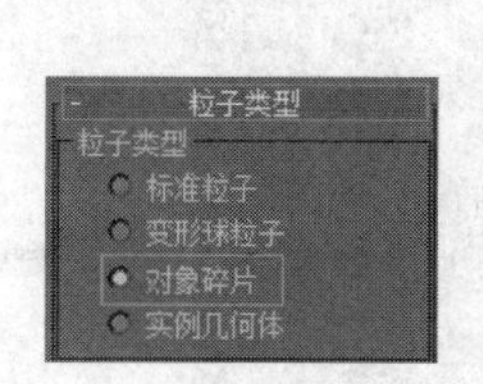

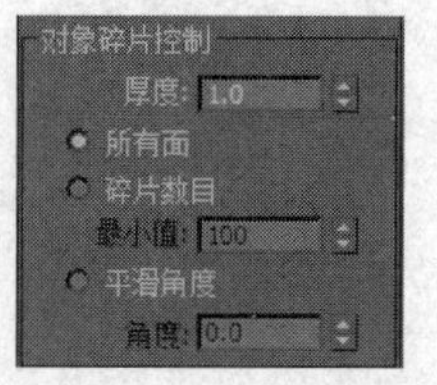

图 8-68　对象碎片及其参数

要设置粒子阵列系统的参数，需要在“基本参数”卷展栏底部附近的“视口显示”参数组中选择“网格”。如果选择了“对象碎片”粒子类型，则“对象碎片控制”参数组中的选项变为可用，并且作为发射器的对象将炸为碎片，而不是发射粒子。

“厚度”：设置碎片的厚度。如果值为 0，碎片是没有厚度的单面碎片；如果值大于 0，碎片在爆炸时将挤出指定的厚度，碎片的外表面和内表面使用相同的平滑度，碎片的边不会平滑化。

以下 3 个选项指定对象的破碎方式。

“所有面”：对象的每个面均成为粒子。这将产生三角形粒子。

“碎片数目”：对象破碎成不规则的碎片。“最小值”参数确定几何体中“种子”的最小面数。每个种子面收集周围的相连面，直到种子的所有可用面均用尽为止。剩余的面将成为独特的粒子，从而增加碎片数。

“平滑角度”：“角度”数值框中指定相邻面的法线之间的夹角，若两个相邻面的法线夹角大于此值，则在爆炸时分为两个碎片。通常，“角度”值越大，碎片数越少。

动手演练　使用粒子阵列系统模拟导弹爆炸动画

本例主要利用粒子阵列系统的对象碎片模拟物体发生爆炸的场景。

01　打开素材文件“第 8 章 粒子系统与空间扭曲\素材文件\案例 8-10 粒子阵列-导弹爆炸-初始.max”，如图 8-69 所示。

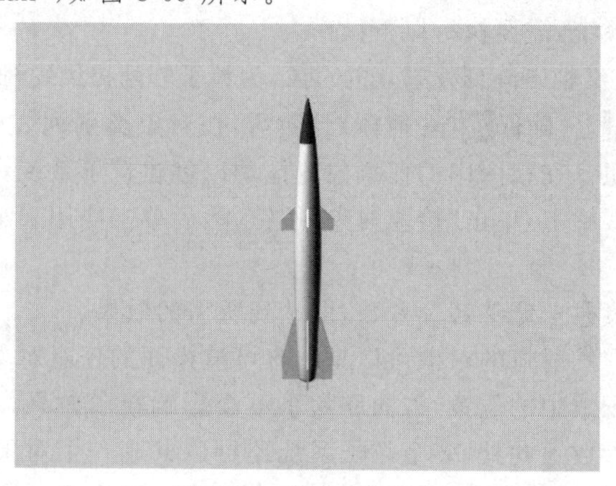

图 8-69　素材文件导弹

02 在环境贴图通道中添加背景文件“星空.jpg”，并修改成“屏幕贴图”方式，如图 8-70 所示。

图 8-70 添加环境贴图后的场景

03 在场景中设置摄影机，调整视图。制作导弹第 0～60 帧的移动动画，如图 8-71 所示。

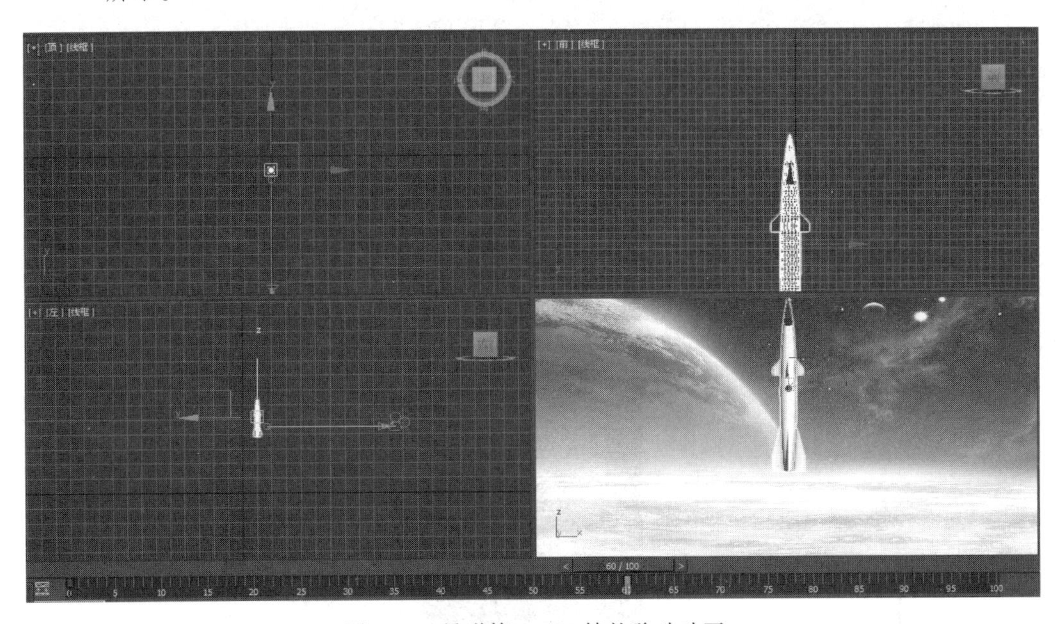

图 8-71 导弹第 0～60 帧的移动动画

04 为了使导弹在爆炸后消失，在第 61 帧设置关键点，制作导弹的缩小动画，使导弹的缩小比例为 1%，这时场景中就看不到导弹了，如图 8-72 所示。

05 在场景中创建粒子阵列发射器，拾取导弹作为发射器，“视口显示”为“网格”类型，“粒子数百分比”为 100%，如图 8-73 所示。

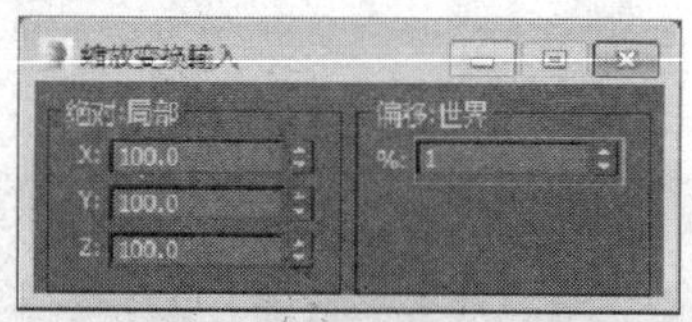

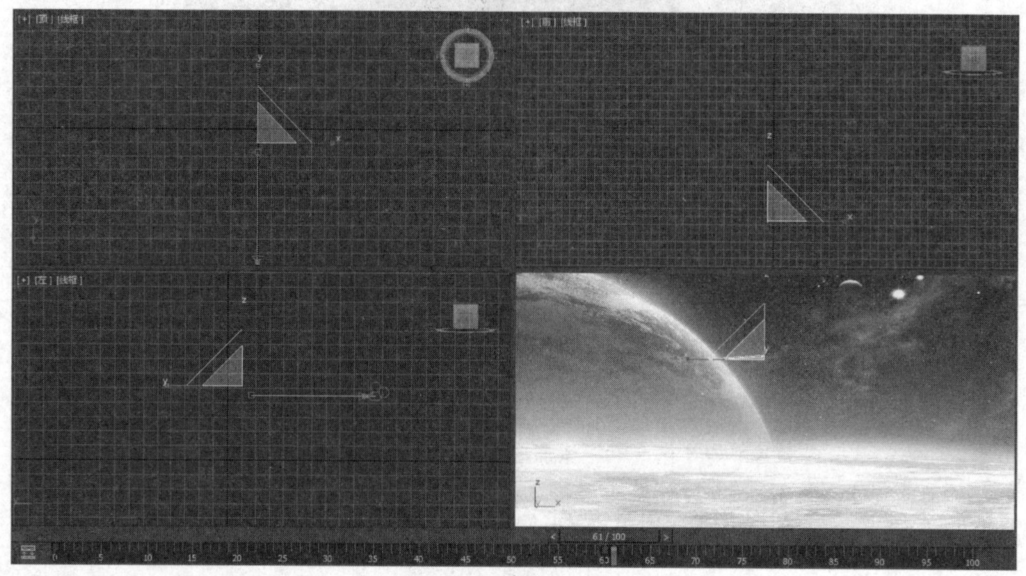

图 8-72 导弹在第 61 帧消失

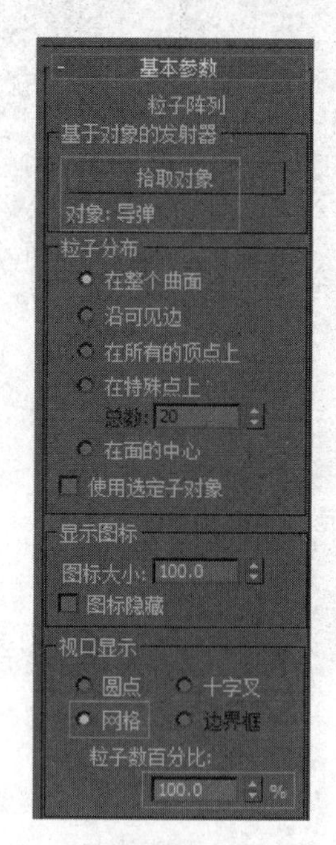

图 8-73 “基本参数”卷展栏设置

06 “粒子生成”卷展栏参数和“粒子类型”卷展栏参数如图 8-74 所示。

07 播放动画，第 64 帧动画效果如图 8-75 所示。

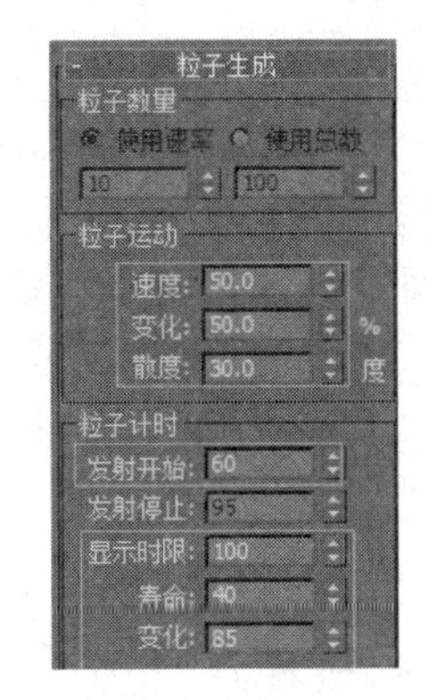

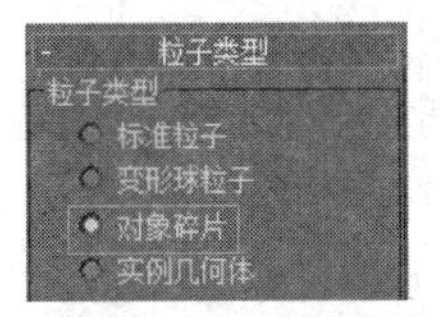

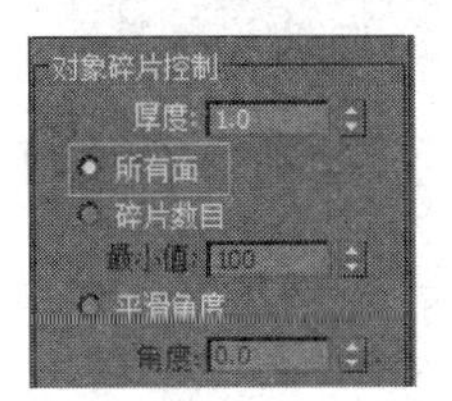

图 8-74 粒子参数设置

图 8-75 第 64 帧动画效果

8.2.6 粒子云系统

如果希望粒子能够填充特定的体积,可以使用粒子云系统。粒子云可以创建一群鸟、一个星空或一队在地面行军的士兵。粒子云系统与超级喷射粒子系统参数相似,界面基本相同,只是粒子的种类有所变化。该系统适合模拟云喷射、玻璃瓶中的泡沫以及路上的汽车等。粒子云系统图标以及粒子效果如图 8-76 所示。

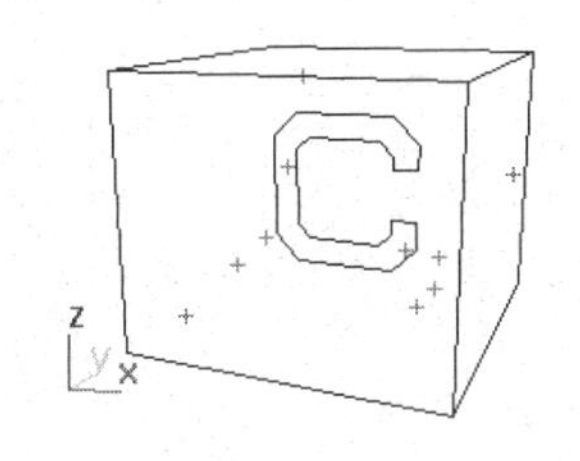

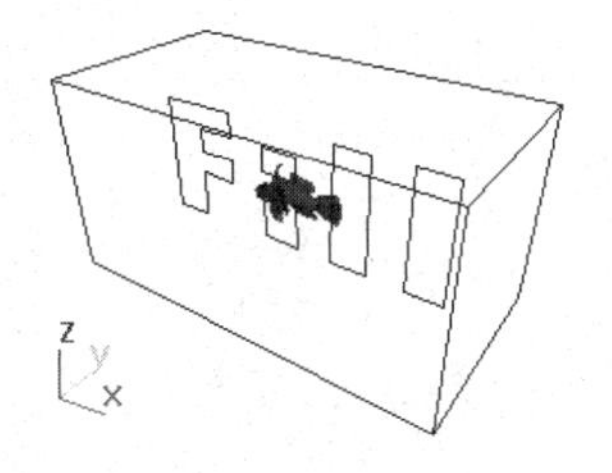

图 8-76 粒子云系统图标以及粒子效果

要创建粒子云系统,可以执行以下操作。

(1) 在创建面板上,确保(几何体)已激活,在对象类别列表中选择“粒子系统”,然后单击“粒子云”按钮。在视图中拖动以创建粒子云发射器。

(2) 添加粒子云发射器的方式与创建立方体基本体相同：先拖出长度和宽度，然后松开鼠标按键，通过垂直移动鼠标设置高度，然后单击结束。

发射器会显示字母 C，代表粒子云。在命令面板上调整各个参数。

粒子云系统各个参数的意义参考 8.2.4 节。下面通过案例来说明该系统的应用特点。

动手演练 使用粒子云制作气泡动画

本例主要利用粒子云系统的几何体粒子来制作气泡动画，模拟海底气泡上升的场景。

01 打开素材文件“第 8 章 粒子系统与空间扭曲\素材文件\案例 8-11 粒子云-气泡动画\初始文件.max”，如图 8-77 所示。

图 8-77 海底场景

02 在顶视图中创建粒子云发射器，长度、宽度、高度分别是 600、600、10，并与场景中的山对齐，如图 8-78 所示。

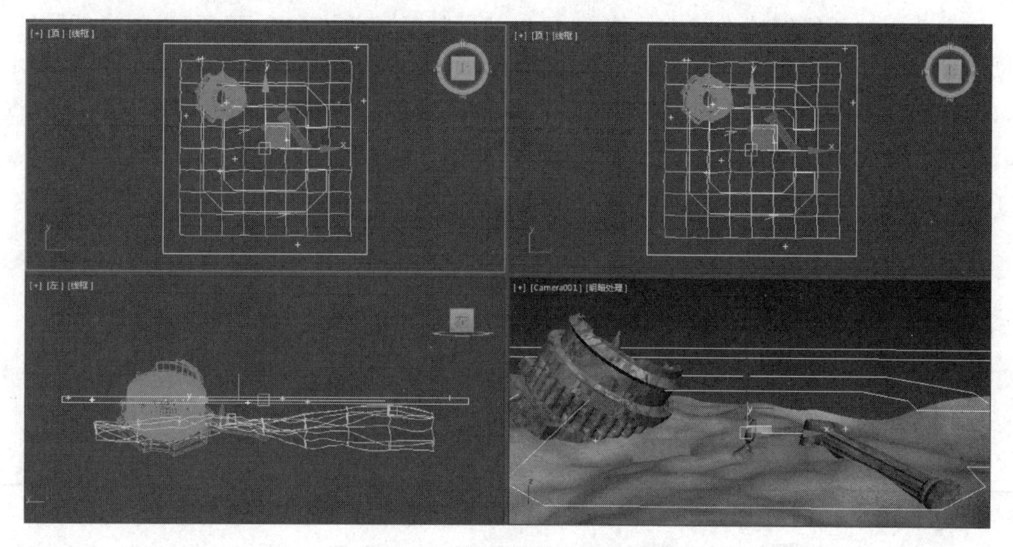

图 8-78 创建粒子云发射器

03　在场景中创建一个半径为16的球体。右击球体，在弹出的快捷菜单中选择“对象属性”命令，在弹出的“对象属性”对话框中禁用“可渲染”复选框，如图8-79所示。

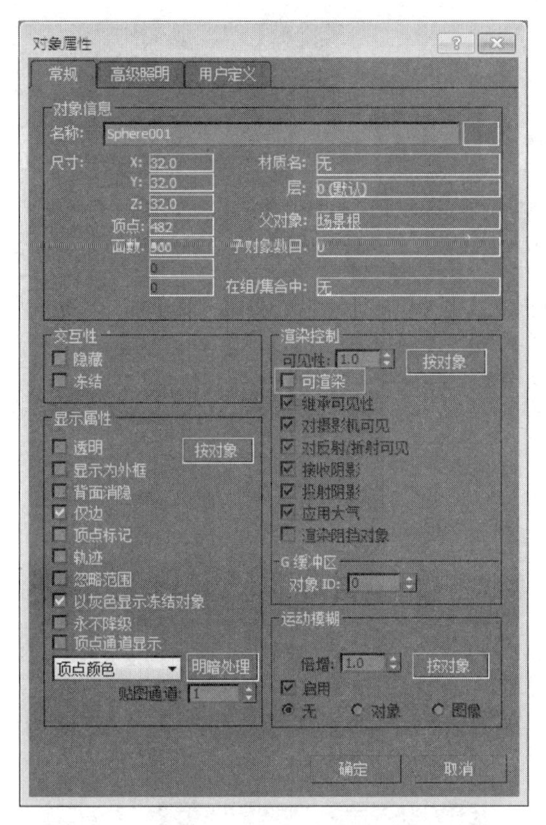

图8-79　“对象属性”对话框

04　选择粒子云发射器，进入修改面板，在“粒子类型”卷展栏中选中“实例几何体”单选按钮，单击“拾取对象”按钮，在场景中拾取球体，如图8-80所示。

05　修改“粒子生成”卷展栏中的参数，如图8-81所示。

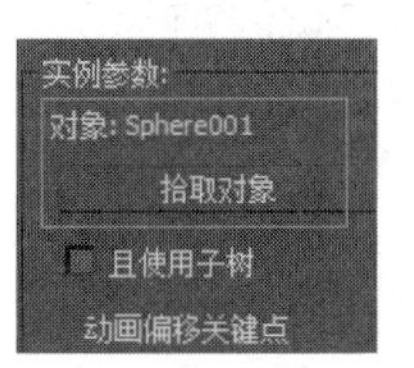

图8-80　设置粒子类型

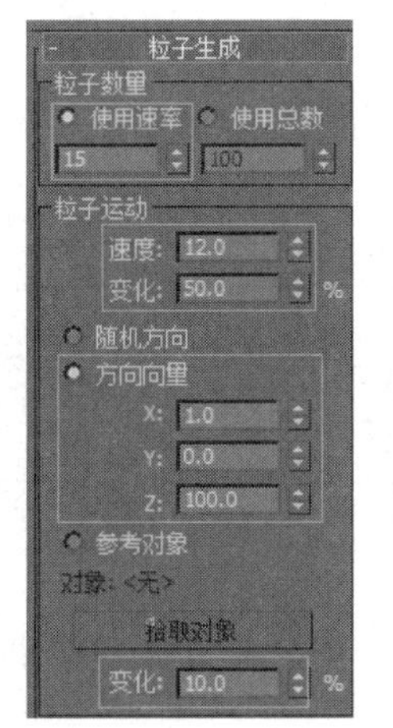

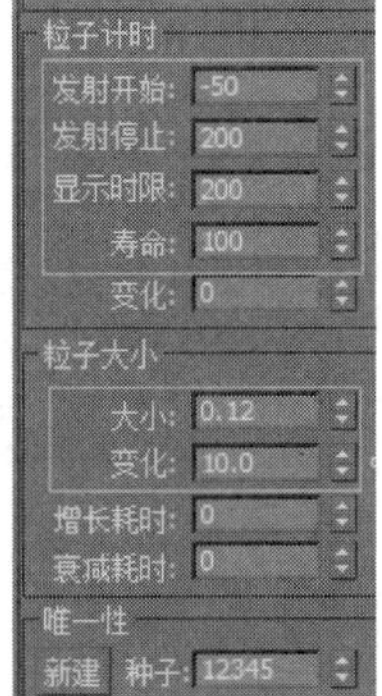

图8-81　“粒子生成”卷展栏参数

06 打开材质编辑器，选择一个空材质球，命名为“气泡”，勾选“双面”复选框，单击“高光反射”前的 C 按钮锁定高光反射颜色，如图 8-82 所示。

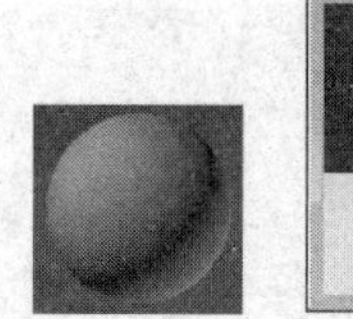
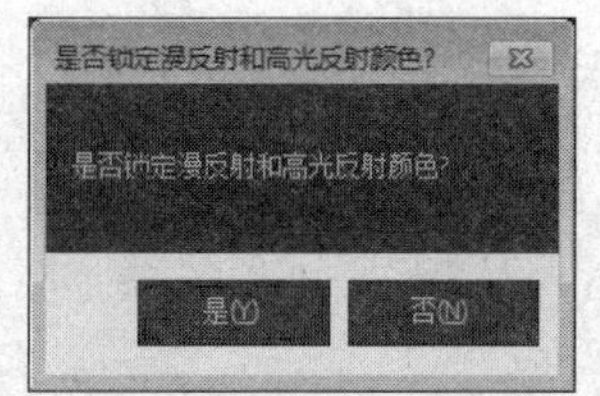

图 8-82 锁定“高光反射”

07 保持环境光为黑色，添加漫反射颜色贴图 BUBBLE3.TGA，将“自发光”的颜色设置为白色，如图 8-83 所示。

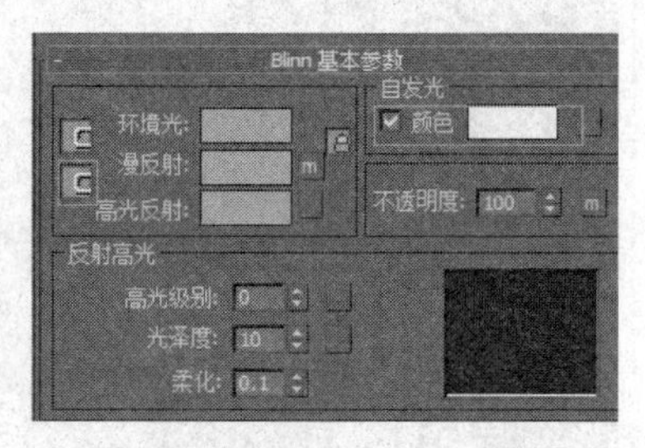

图 8-83 设置漫反射颜色贴图和自发光颜色

08 在“贴图”卷展栏中将漫反射颜色通道中的贴图复制到“不透明度”贴图通道中，如图 8-84 所示。

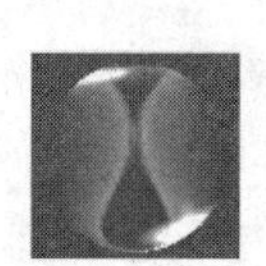
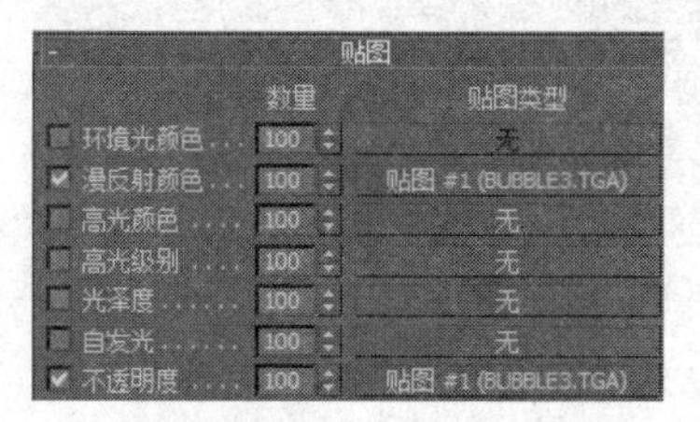

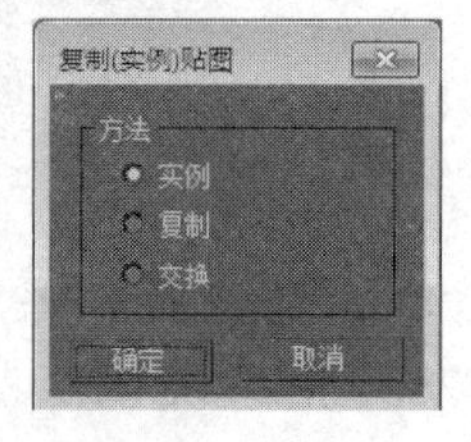

图 8-84 复制贴图

09 选择粒子云发射器，将材质指定给粒子。第 105 帧的渲染效果如图 8-85 所示。

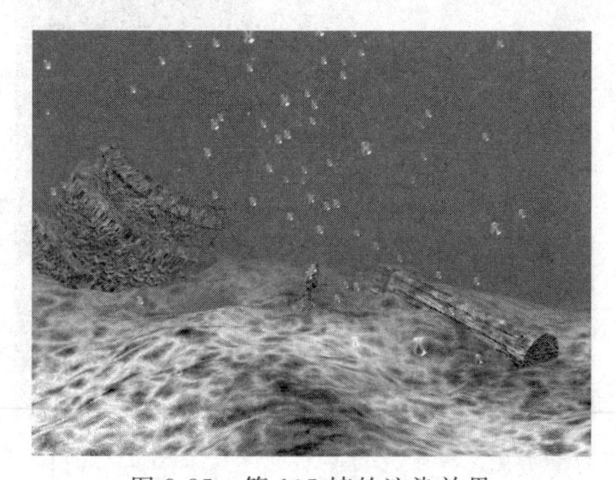

图 8-85 第 105 帧的渲染效果

8.3 空间扭曲与变形

空间扭曲是影响其他对象外观的不可渲染对象。空间扭曲可以创建出使其他对象变形的力场,从而生成涟漪、波浪和风吹等效果。空间扭曲的行为方式类似于修改器,但空间扭曲影响的是世界空间,而修改器影响的是对象空间。

空间扭曲只会影响和它绑定在一起的对象,空间扭曲绑定显示在对象修改器堆栈的顶端,而且空间扭曲总是在所有变换或修改器之后应用。当把多个对象和一个空间扭曲绑定在一起时,空间扭曲的参数会平等地影响所有的对象。不过每个对象与空间扭曲的距离或者它们相对于扭曲的空间方向可以影响扭曲的效果,因此,只要在扭曲空间中移动对象,就可以改变扭曲的效果。用户也可以在一个或多个对象上使用多个空间扭曲。

在 3ds Max 中,单击创建面板的空间扭曲工具,会看到如图 8-86 所示的“对象类型”卷展栏。

要使用空间扭曲,可以遵循以下步骤。

(1) 创建空间扭曲。

(2) 把对象和空间扭曲绑定在一起。在主工具栏上,单击(绑定到空间扭曲),然后在空间扭曲和对象之间拖动。

图 8-86 “对象类型”卷展栏

(3) 调整空间扭曲的参数。

“力”空间扭曲用来影响粒子系统和动力学系统。所有“力”空间扭曲都可以和粒子一起使用,而且其中一些可以和动力学一起使用。“力”空间扭曲可以为粒子施加动力来改变粒子的运动状态,还能使粒子沿着一条路径运动。

“力”空间扭曲有 9 种,分别为重力、风、旋涡、推力、马达、粒子爆炸、路径跟随、阻力和置换。下面逐一介绍这些“力”空间扭曲。

8.3.1 重力

重力空间扭曲可以在粒子系统所产生的粒子上对自然重力的效果进行模拟。重力具有方向性。沿重力箭头方向运动的粒子会加速,逆着重力箭头方向运动的粒子会减速。

创建重力的步骤如下。

(1) 在创建面板上,单击(空间扭曲),从列表中选择“力”,然后在“对象类型”卷展栏中单击“重力”按钮。

(2) 在视图中拖动。

(3) 视图中显示出重力空间扭曲图标。对于平面重力空间扭曲(默认值),图标是一个一侧带有方向箭头的方形线框;对于球形重力空间扭曲,图标是一个球形线框。

平面重力空间扭曲的初始方向是执行拖动操作的视图中的活动构建网格的负 Z 轴方向。用户可以旋转重力空间扭曲对象改变该方向,图 8-87 是重力空间扭曲作用在粒子上的效果。

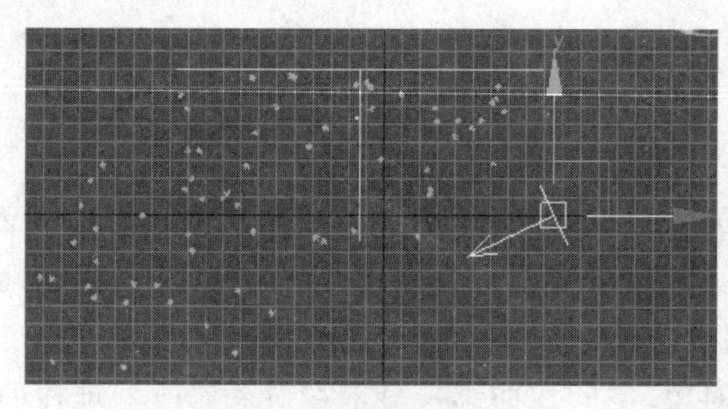

(a) 平面重力空间扭曲

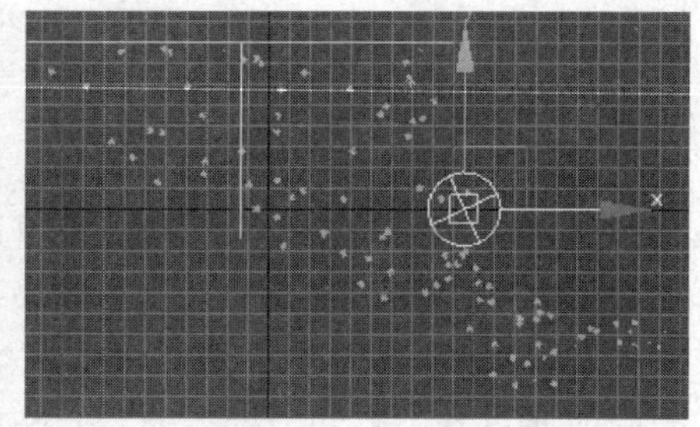

(b) 球形重力空间扭曲

图 8-87 施加在雪粒子上的重力空间扭曲效果

重力空间扭曲的“参数”卷展栏如图 8-88 所示。

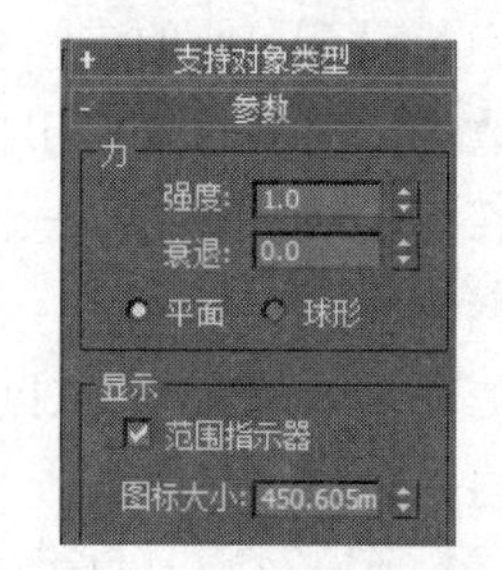

图 8-88 重力空间扭曲的“参数”卷展栏

1. “力”参数组

“强度”：对象的移动与重力空间扭曲图标的方向的相关程度。增加“强度”值会增加重力的效果。小于 0 的强度会创建负向重力，该重力会排斥沿相同方向移动的粒子，并吸引沿相反方向移动的粒子。“强度”值为 0 时，重力空间扭曲没有任何效果。

“衰退”：设置“衰退”值为 0 时，重力空间扭曲用相同的强度贯穿于整个世界空间。增加“衰退”值会导致重力强度从重力扭曲对象所在的位置开始随距离的增加而减弱。默认设置是 0。

平面重力空间扭曲效果垂直于贯穿场景的重力空间扭曲对象所在的平面。

球形重力空间扭曲效果为球形，以重力空间扭曲对象为中心。该选项能够产生喷泉或行星效果。

2. “显示”参数组

“范围指示器”：启用该选项时，当“衰退”值大于 0 时，视图中的图标指示重力为最大值一半时的范围。“力”使用“平面”选项时，范围指示器是两个平面；“力”使用“球形”选项时，范围指示器是一个带两个环箍的球体。

“图标大小”：以活动单位数表示的重力扭曲对象的图标大小。

动手演练 使用超级喷射和重力制作节日礼花动画

01 在环境贴图通道中添加背景文件“节日背景.jpg”，并修改成“屏幕贴图”方式。

02 创建超级喷射粒子发射器，命名为“礼花 1”，粒子类型设置为“标准粒子”，形状是“立方体”，其他参数设置如图 8-89 所示。

03 打开材质编辑器，为粒子添加材质。选择第一个材质球，命名为“烟花 1”，如图 8-90 所示。

04 在漫反射贴图通道中添加“粒子年龄”贴图类型，将“粒子年龄参数”卷展栏中的“颜色＃1”的 R、G、B 值设置为 255、100、227，将“颜色＃2”的 R、G、B 值设置为 255、200、0，将“颜色＃3”的 R、G、B 值设置为 255、0、0。将材质指定给粒子，如图 8-91 所示。

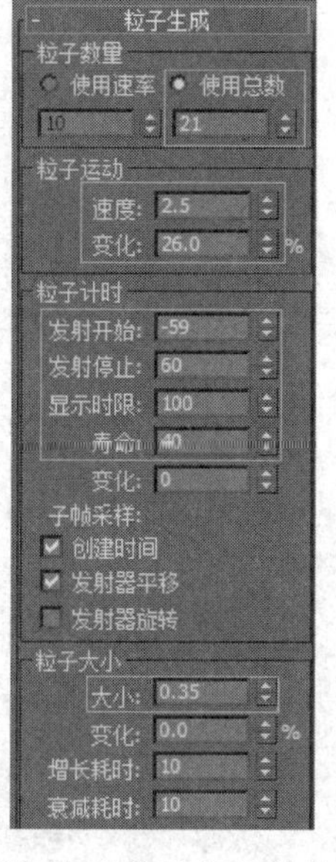

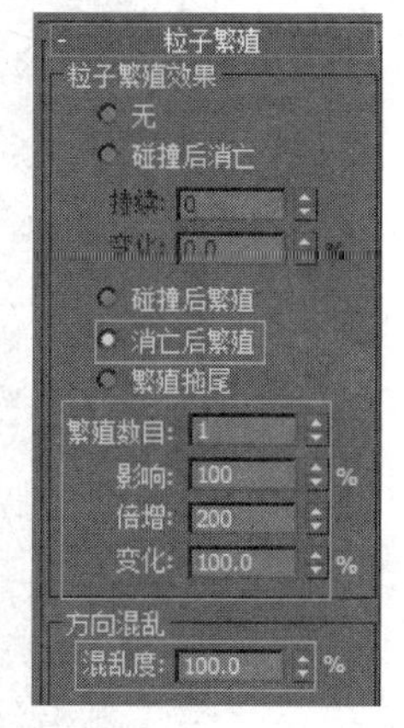

图 8-89 “礼花 1”粒子发射器的参数设置

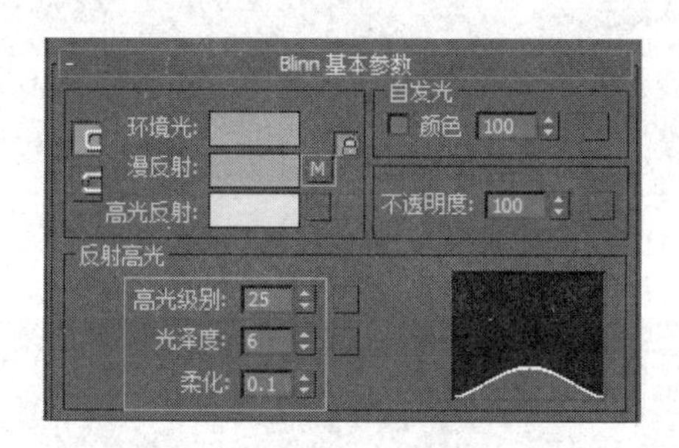

图 8-90 “烟花 1”材质参数设置

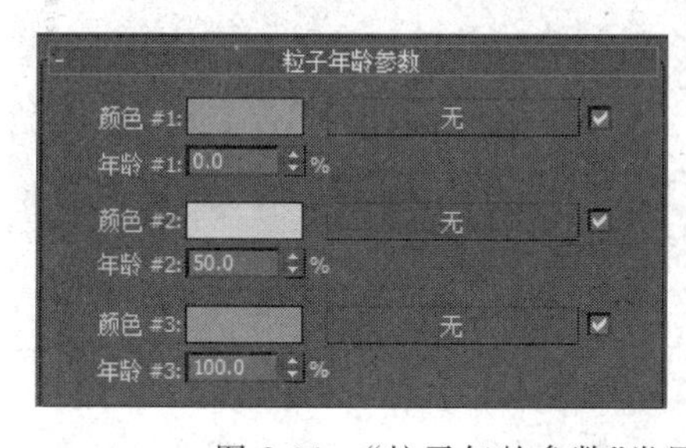

图 8-91 “粒子年龄参数”卷展栏

05 确认超级喷射粒子发射器处于选定状态，右击该粒子发射器，在弹出的快捷菜单中选择“对象属性”命令，在打开的对话框中将“G 缓冲区”的“对象 ID”设置为 1，选择“运动模糊”下的“图像”单选按钮，将“倍增”设置为 0.8，如图 8-92 所示。

06 在顶视图中创建重力空间扭曲，强度为 0.02，绑定到“礼花 1”上。

07 使用同样的方法创建“礼花 2”“礼花 3”和“礼花 4”粒子发射器。完成效果如图 8-93 所示。

图 8-92 “对象属性”对话框

图 8-93 礼花绽放效果

8.3.2 风

风空间扭曲可以模拟风吹动粒子所产生的效果。风具有方向性。顺着风的方向运动的粒子会加速,逆着风的方向运动的粒子会减速。在使用球形风空间扭曲情况下,运动朝向或背离风空间扭曲图标。

要创建风空间扭曲，执行以下操作。

在创建面板上，单击(空间扭曲)。从列表中选择“力”，然后在“对象类型”卷展栏中单击“风”按钮。在视图中拖动，视图中显示出风空间扭曲图标，如图 8-94 所示。对于平面风空间扭曲(默认值)，图标是一个一侧带有方向箭头的方形线框；对于球形风空间扭曲，图标是一个球形线框。

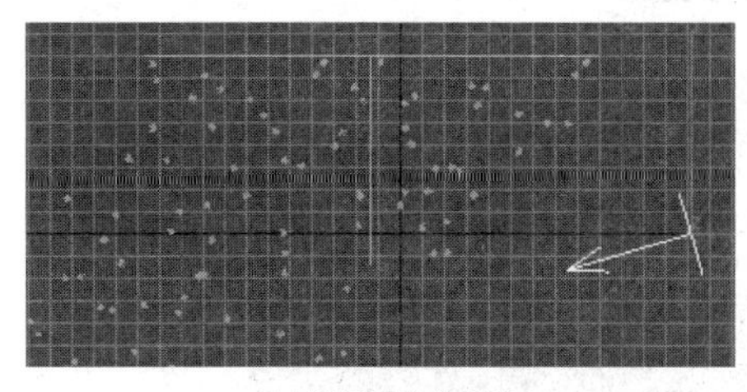

(a) 平面风空间扭区

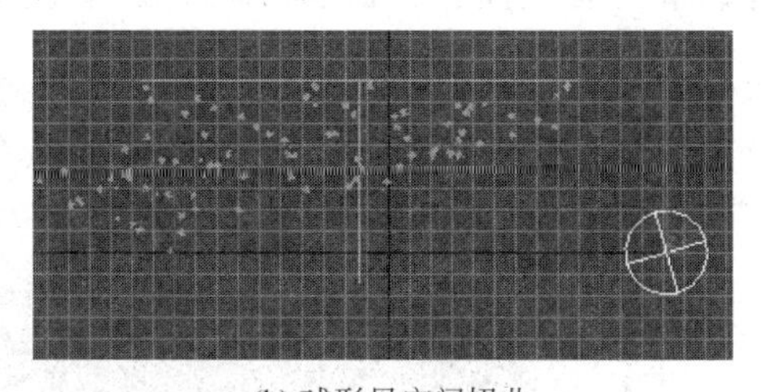

(b) 球形风空间扭曲

图 8-94　雪粒子上的风空间扭曲效果

平面风空间扭曲的初始方向是执行拖动操作的视图中的活动构建网格的负 Z 轴方向。可以旋转风空间扭曲对象改变其方向。

风空间扭曲改变了雪粒子的方向。风空间扭曲在效果上类似于重力空间扭曲，但前者添加了一些湍流参数和其他自然界中的风的功能特性。

风空间扭曲的“参数”卷展栏如图 8-95 所示。

图 8-95　风空间扭曲的“参数”卷展栏

1. “力”参数组

这些参数和重力空间扭曲的参数类似。

“强度”：增加“强度”值会增加风力效果。小于 0 的强度会产生吸力，它会排斥以相同方向运动的粒子，而吸引以相反方向运动的粒子。强度为 0 时，风空间扭曲无效。

“衰退”：设置“衰退”值为 0 时，风空间扭曲在整个世界空间内有相同的强度。增加“衰退”值会导致风空间扭曲强度从风空间扭曲对象所在的位置开始随距离的增加而减弱。默认值为 0。

“平面”：风空间扭曲效果垂直于贯穿场景的风空间扭曲对象所在的平面。

“球形”：风空间扭曲效果为球形，以风空间扭曲对象为中心。

2. “风力”参数组

这些参数是风空间扭曲特有的。

“湍流”：使粒子在被风吹动时随机改变路线。该数值越大，湍流效果越明显。

“频率”：当其值大于 0 时，会使湍流效果随时间呈周期变化。这种微妙的效果只在绑定的粒子系统生成大量粒子时才能看到。

“比例”：按比例调整湍流效果。当“比例”值较小时，湍流效果会更平滑、更规则；当“比例”值增大时，紊乱效果会变得更不规则、更混乱。

3. “显示”参数组

“范围指示器”：当“衰退”值大于 0 时，视图中显示的图标表示风力为最大值一半时的范围。“力”使用“平面”选项时，范围指示器是两个平面；“力”使用“球形”选项时，范围指示器是一个带两个环箍的球体。

“图标大小”：以活动单位数表示的风力扭曲对象的图标大小。拖动鼠标创建风力对象时会设置初始“图标大小”值。该值不会改变风力效果。

动手演练　使用粒子云制作火山喷发动画

本例介绍利用粒子云和超级喷射粒子系统制作火山喷发动画的方法。

01　打开素材文件“\第8章 粒子系统与空间扭曲\素材文件\案例8-13 粒子云-火山喷发\初始文件.max”，如图8-96所示。

图8-96　火山场景

02　选中“火山”对象，单击进入孤立选择模式，在前视图中创建粒子云发射器，长度、宽度、高度分别是20、20、20，移动位置，使粒子云发射器位于场景中火山的顶部，如图8-97所示。

图8-97　创建粒子云发射器

03　设置“粒子生成”卷展栏中的参数，如图8-98所示。

04　在场景中创建一个直径为0.5的小球，在“粒子类型”卷展栏中设置粒子类型为“实

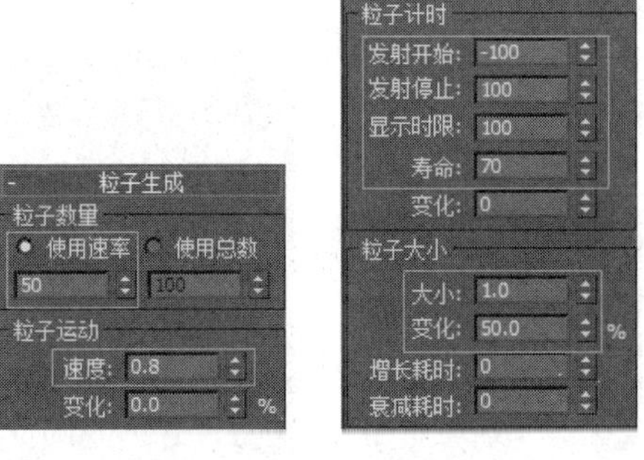

图 8-98 “粒子生成”卷展栏

例几何体”，单击“拾取对象”命令按钮，在场景中拾取小球，第一个粒子云发射器的效果如图 8-99 所示。

图 8-99 第一个粒子云发射器的效果

05 在场景中再创建第二个粒子云发射器，调整位置，使之与第一个粒子云发射器对齐，如图 8-100 所示。

图 8-100 创建第二个粒子云发射器

06 设置“粒子生成”卷展栏中的参数，如图 8-101 所示。

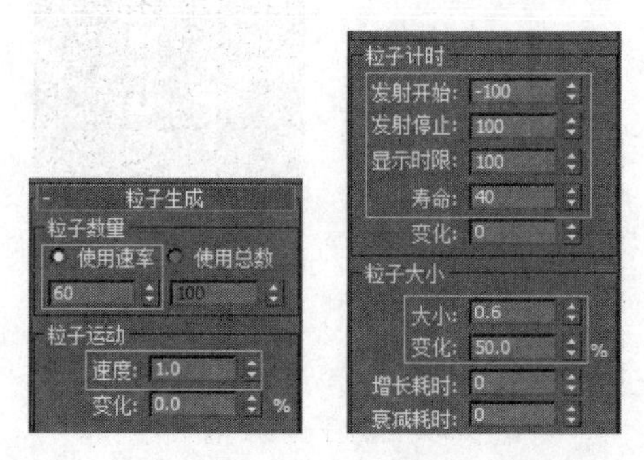

图 8-101 “粒子生成”卷展栏

07 在“粒子类型”卷展栏中设置粒子类型为“实例几何体”，单击“拾取对象”命令按钮，在场景中拾取小球。第二个粒子云发射器的效果如图 8-102 所示。

图 8-102 第二个粒子云发射器的效果

08 在顶视图中添加重力空间扭曲，“强度”参数为 0.02。单击“绑定到空间扭曲”按钮，将第二个粒子云发射器绑定到重力对象上，如图 8-103 所示。

图 8-103 将第二个粒子云发射器绑定到重力对象上

09 创建超级喷射粒子系统，与上述两个粒子云发射器对齐，其“基本参数”卷展栏如图 8-104 所示。

10 在“粒子生成”卷展栏中修改参数，如图 8-105 所示。

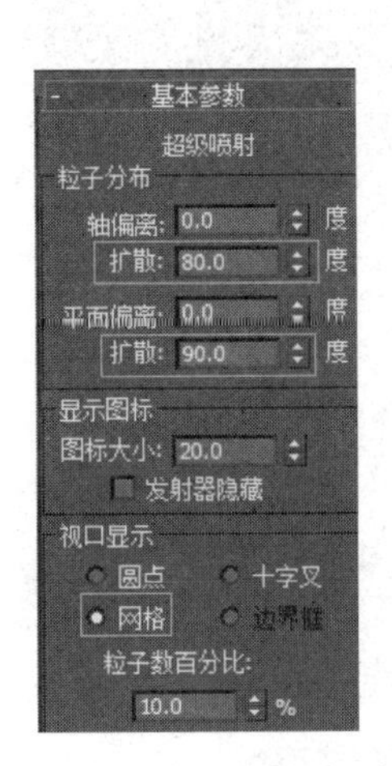

图 8-104 超级喷射粒子系统的“基本参数”卷展栏

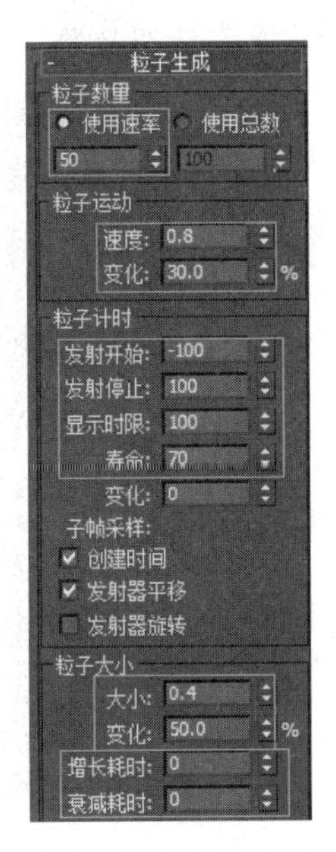

图 8-105 “粒子生成”卷展栏

11 在“粒子类型”卷展栏中将“标准粒子”改为“面”。在“粒子繁殖”卷展栏中选择“繁殖拖尾”，并将“影响”值设置为 80，将“倍增”值设置为 8，将“方向混乱”的“混乱度”值设置为 3，选择“继承父粒子速度”复选框，如图 8-106 所示。

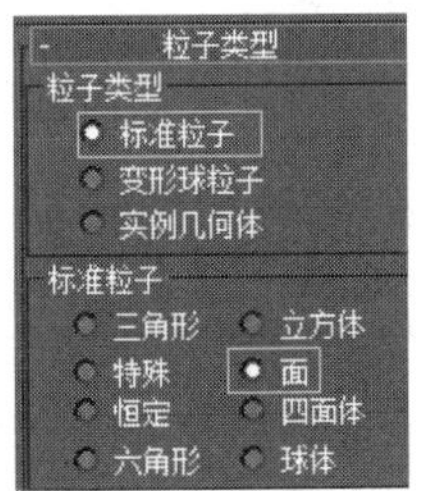

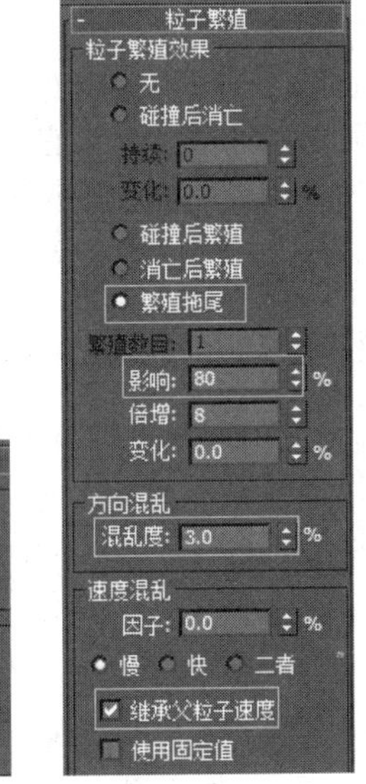

图 8-106 “粒子类型”和“粒子繁殖”卷展栏设置

12 在前视图中再复制出两个超级喷射粒子发射器，在“粒子生成”卷展栏中将“粒子大小”分别改为 0.3 和 0.5。

在前视图中创建风空间扭曲，将“强度”值设置为−0.01，调整角度。在工具栏中单击绑定到空间扭曲按钮，将超级喷射粒子发射器绑定到风空间扭曲。

13 打开材质编辑器，为粒子设计材质，漫反射颜色和自发光颜色根据火的特点设计，注意在透明度贴图通道中添加烟雾贴图。最终的火山喷发效果如图 8-107 所示。

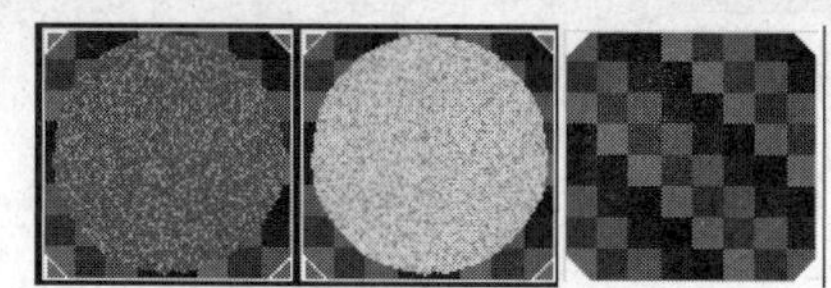

图 8-107 最终的火山喷发效果

8.3.3 旋涡

旋涡空间扭曲将力应用于粒子系统,使它们在急速的旋涡中旋转,然后让它们向下移动,形成长而窄的喷流或者旋涡井。使用旋涡空间扭曲可创建黑洞、涡流、龙卷风和其他漏斗状对象。

动手演练 使用旋涡空间扭曲制作龙卷风动画

01 在顶视图中创建一个平面,如图 8-108 所示。

02 在顶视图中使用“线”命令创建一条路径,如图 8-109 所示。

03 制作平面的路径约束动画,如图 8-110 所示。

04 添加背景贴图。将“背景”图片拖动到视图中,如图 8-111 所示。

参数
长度: 50.0
宽度: 50.0
长度分段: 4
宽度分段: 4

图 8-108 创建平面

05 打开“环境和效果”窗口,打开材质编辑器,将“环境和效果”窗口中的环境贴图通道拖动到一个材质球上,命名为“背景”,在“坐标”卷展栏中将“贴图”设置为“屏幕”,如图 8-112 所示。

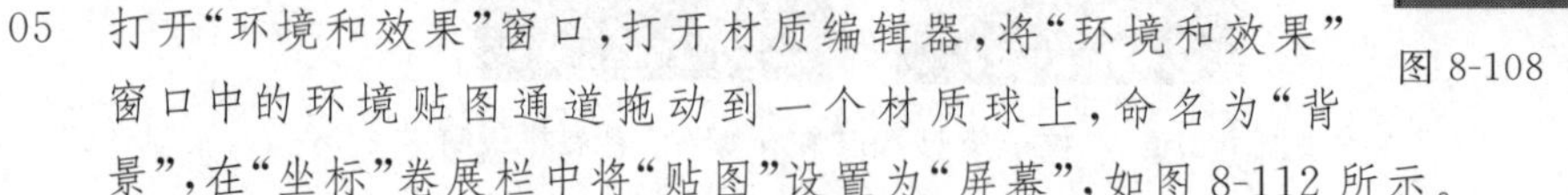

06 在顶视图中创建粒子阵列,在修改面板中的“基本参数”卷展栏中拾取平面对象,作为粒子阵列发射器,如图 8-113 所示。

在“粒子生成”卷展栏中设置有关参数,如图 8-114 所示。

07 在“空间扭曲”面板中创建旋涡空间扭曲,方向向上,参数如图 8-115 所示。

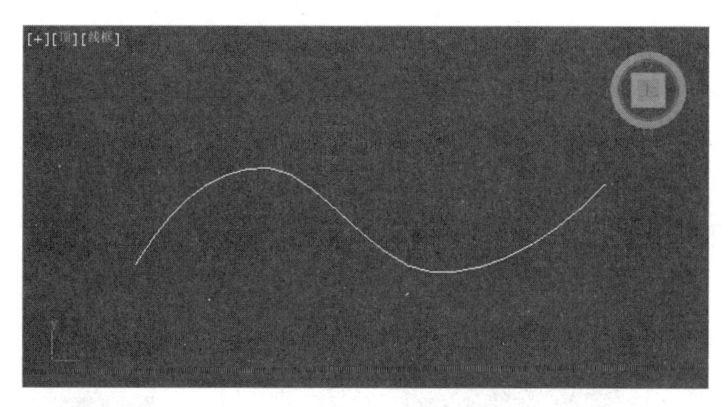

图 8-109 创建路径

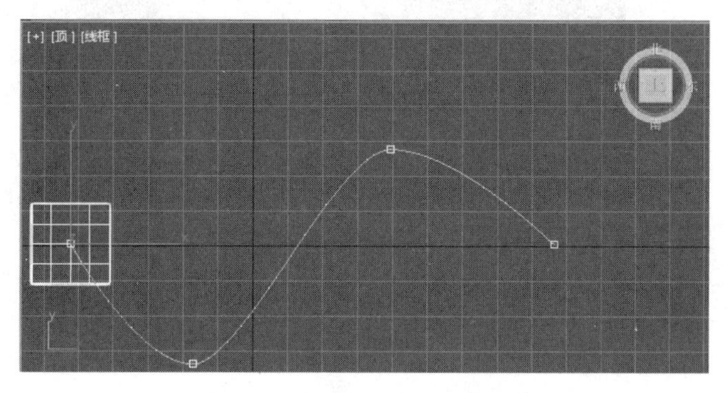

图 8-110 平面的路径约束动画

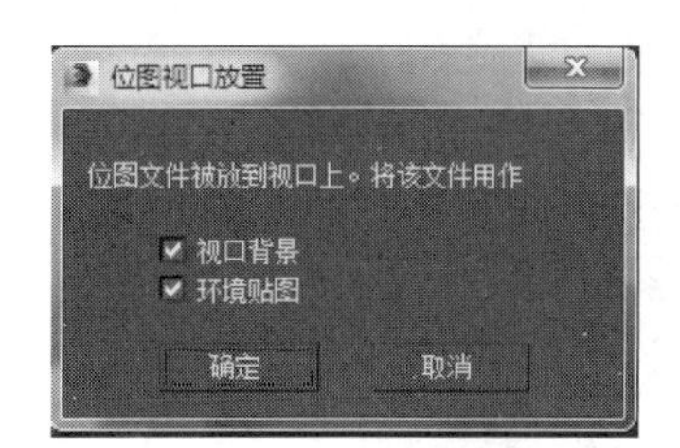

图 8-111 背景贴图

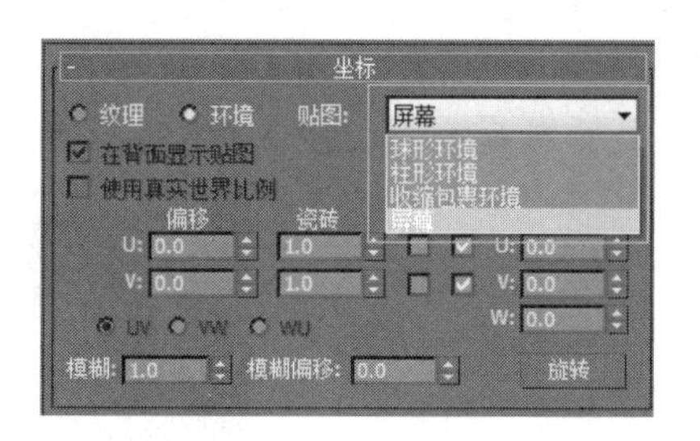

图 8-112 屏幕贴图

图 8-113 拾取粒子阵列发射器的对象

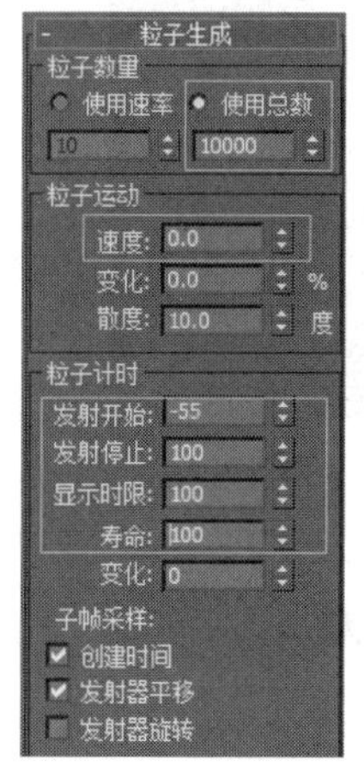

图 8-114 在“粒子生成”卷展栏中设置参数

在工具栏中单击绑定到空间扭曲按钮，从旋涡拖动到粒子阵列。查看动画效果，发现粒子以螺旋形增长，但是旋涡不能随着平面对象的运动而运动。在顶视图中，调整旋涡和平面对象的位置，使它们对齐，单击“选择并链接”工具，使旋涡链接到平面。这样，旋涡就能跟随平面运动了。

08 在顶视图中创建风空间扭曲，方向向上，参数如图 8-116 所示。在工具栏中单击“绑定到空间扭曲”按钮，从风空间扭曲拖动到粒子阵列。

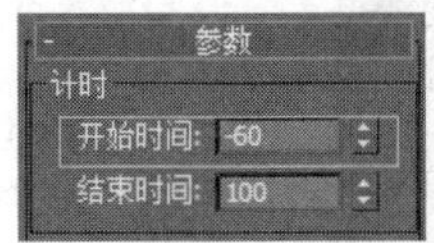

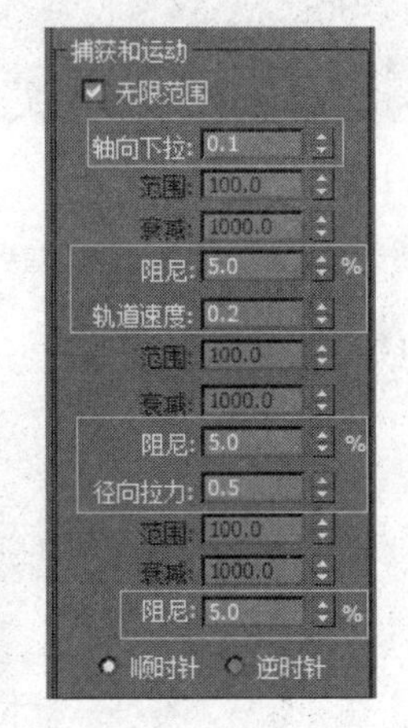

图 8-115 旋涡参数设置

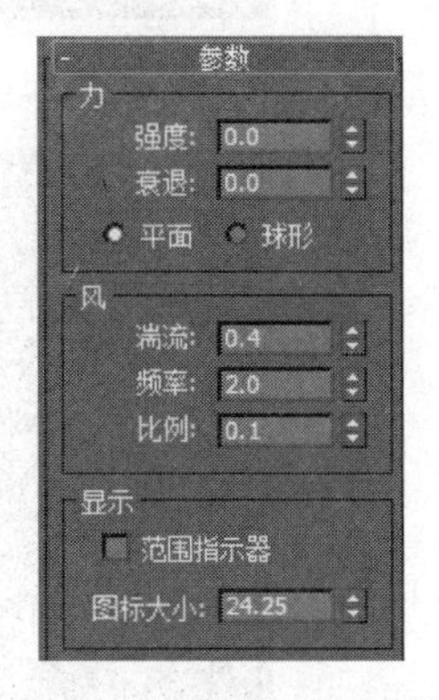

图 8-116 风空间扭曲的“参数”卷展栏

09 在顶视图中复制一个风空间扭曲，参数设置如图 8-117 所示。在工具栏中单击绑定到空间扭曲按钮，从第二个风空间扭曲拖动到粒子阵列。

播放动画，可以看到粒子沿路径呈旋涡状运动，如图 8-118 所示。

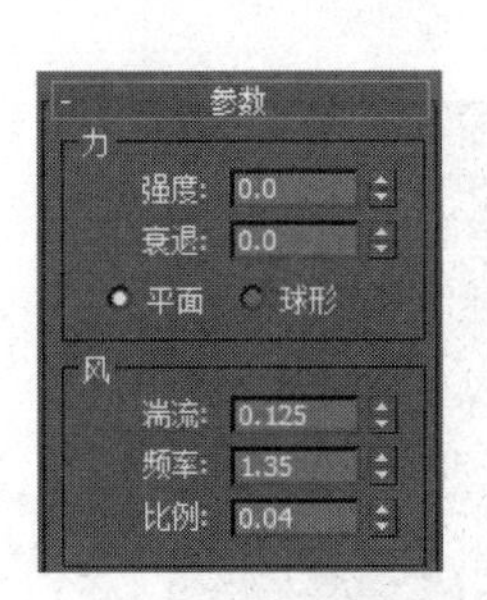

图 8-117 第二个风空间扭曲参数设置

图 8-118 龙卷风效果

8.3.4 推力

推力空间扭曲能够为粒子系统应用正向或负向的均匀力。正向推力与液压传动装置上的垫块方向一致。推力没有宽度界限，其宽度方向与推力的方向垂直。使用推力空间扭曲可以驱散云状粒子。

动手演练 利用推力空间扭曲制作喷火壶喷火动画

01 打开素材文件“第 8 章 粒子系统与空间扭曲\素材文件\案例 8-15 推力空间扭曲-喷射器\喷火壶.max”，该文件内为一个喷火壶模型，如图 8-119 所示。

图 8-119 喷火壶模型

02 在顶视图中创建粒子阵列发射器，在场景中拾取“发射体”作为粒子阵列发射器。其他参数设置如图 8-120 所示。

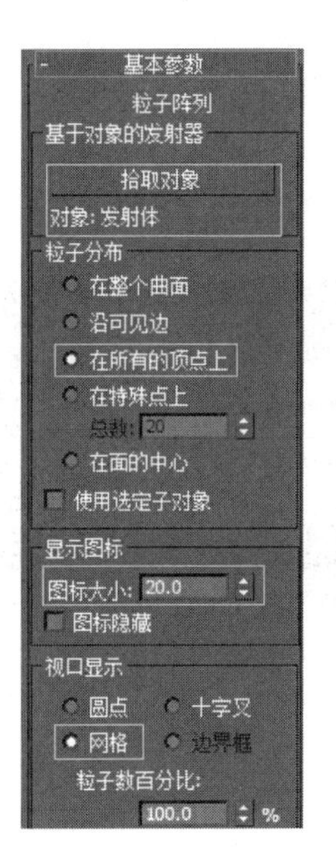

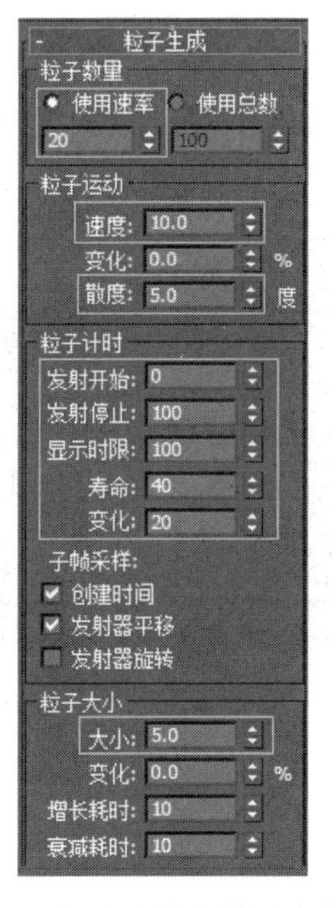

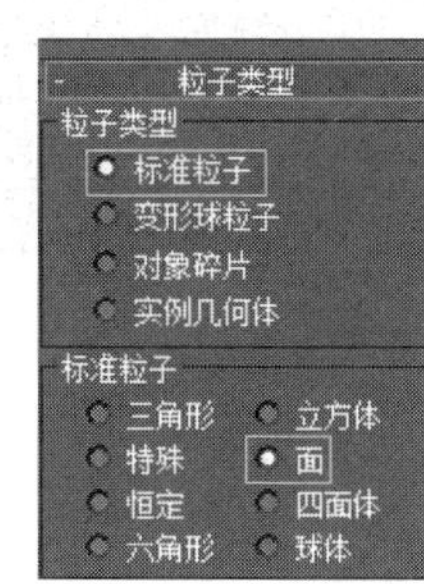

图 8-120 粒子阵列发射器参数设置

03 在顶视图中创建推力空间扭曲，调整位置，单击“绑定到空间扭曲”按钮，将其与粒子绑定。修改推力参数，如图 8-121 所示。

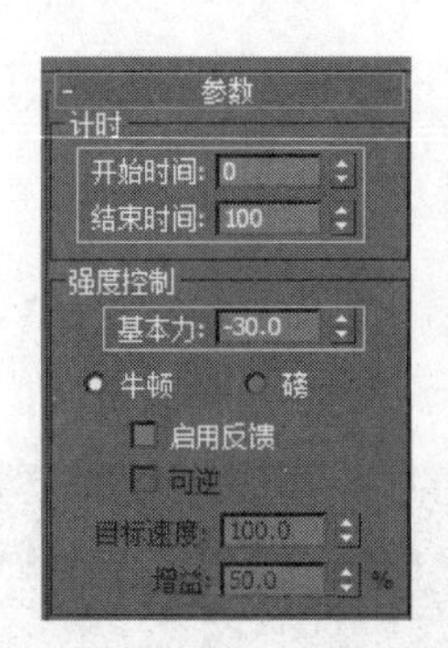

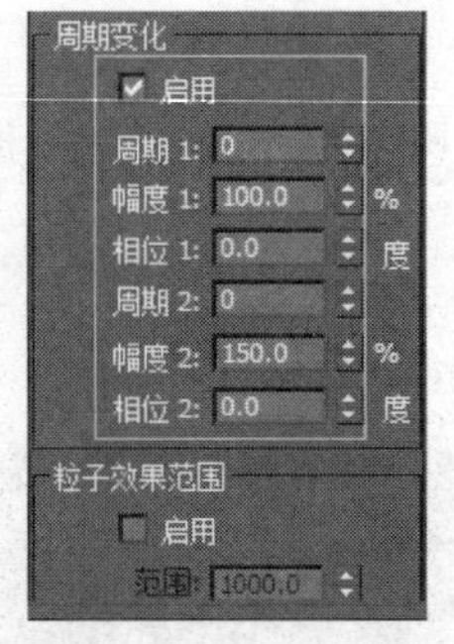

图 8-121　推力参数设置

04　播放动画，可以看到粒子喷射的力量加大，并出现有节奏的变化，如图 8-122 所示。

图 8-122　推力作用下的粒子变化

05　打开材质编辑器，给粒子赋予材质。漫反射贴图使用渐变贴图，参数如图 8-123 所示。

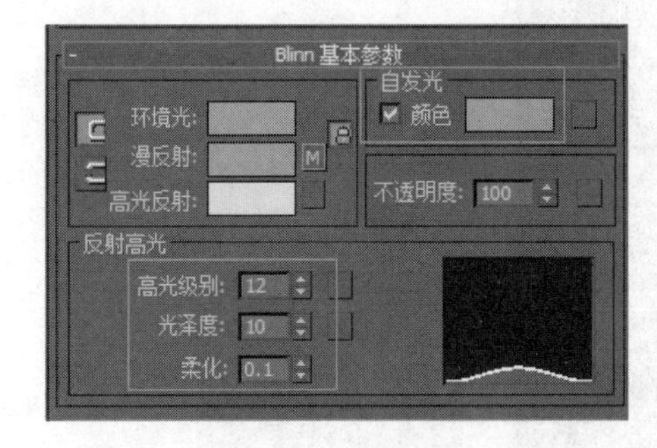

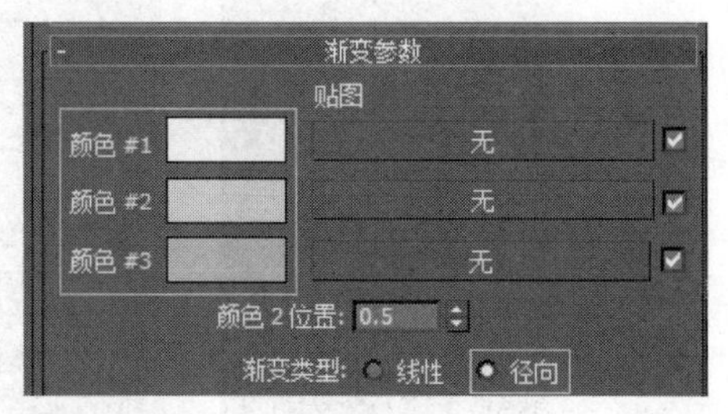

图 8-123　粒子材质参数

06　再次播放动画，在推力作用下的喷火壶粒子动画最终效果如图 8-124 所示。

8.3.5　马达

马达空间扭曲的工作方式类似于推力空间扭曲，但马达空间扭曲对受影响的粒子或对象施加的是旋转力而不是定向力。马达空间扭曲图标的位置和方向都会对围绕其旋转的粒子产生影响。

图 8-124 喷火壶动画最终效果

动手演练 利用马达空间扭曲制作粉碎机动画

01 打开素材文件“第 8 章 粒子系统与空间扭曲\素材文件\案例 8-16 马达空间扭曲-粉碎机”。该文件为一个粉碎机的模型。创建暴风雪粒子系统，如图 8-125 所示。

图 8-125 创建暴风雪粒子系统

02 设置暴风雪粒子系统参数，如图 8-126 所示。

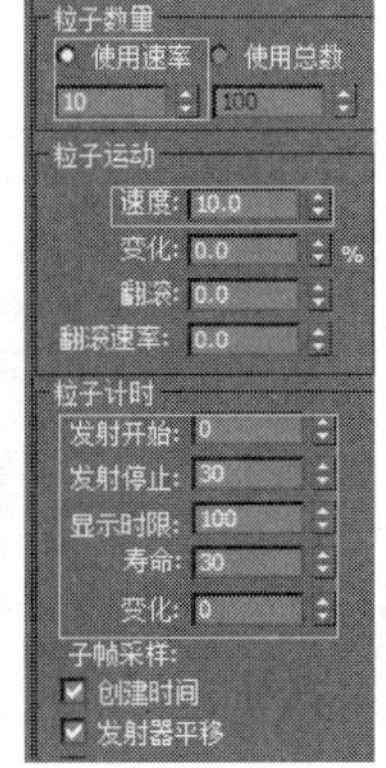

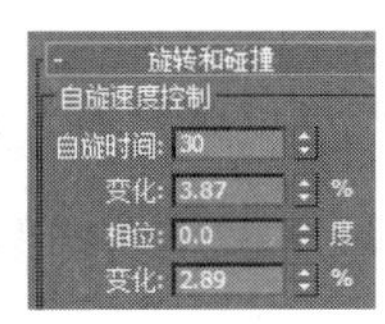

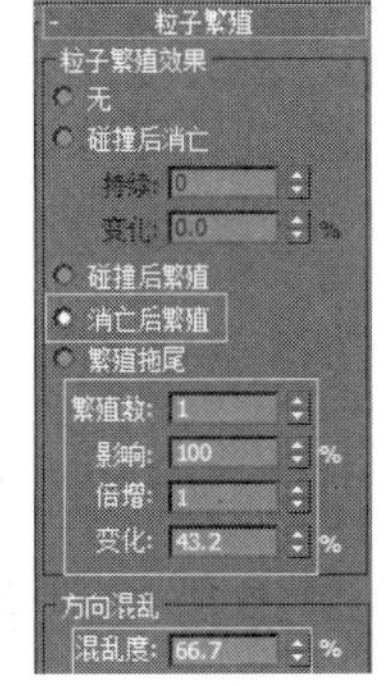

图 8-126 暴风雪粒子系统参数设置

03 添加马达空间扭曲，并且绑定到粒子上，修改马达空间扭曲参数，如图8-127所示。

04 播放动画，可以看到施加在粒子上的旋转力逐渐增大，并出现有节奏的周期变化，如图8-128所示。

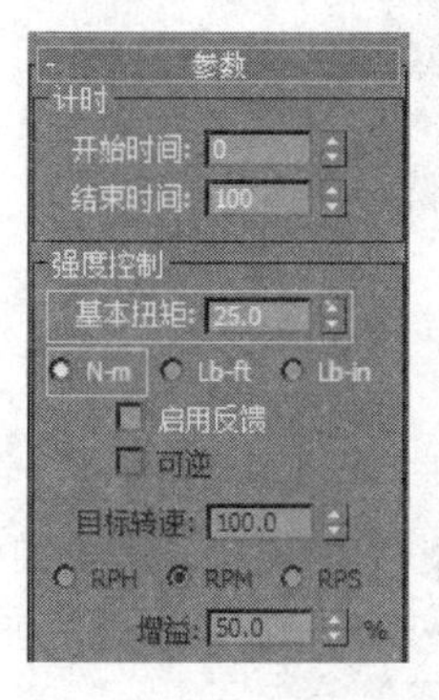

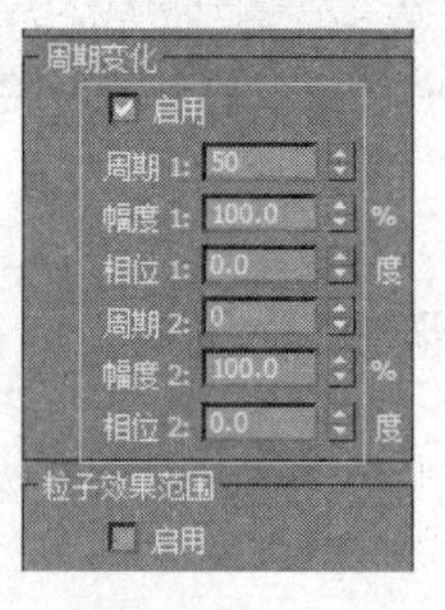

图8-127 马达空间扭曲参数

图8-128 粉碎机动画最终效果

8.3.6 粒子爆炸

粒子爆炸空间扭曲能产生使粒子系统发生爆炸的冲击波。

动手演练 使用粒子爆炸空间扭曲制作战斗机喷雾动画

01 打开素材文件"第8章 粒子系统与空间扭曲\素材文件\案例8-17 粒子爆炸空间扭曲-初始.max"，该文件已经创建了一个飞机模型和粒子系统，粒子系统与飞机链接在一起，沿固定路径运动，需要为其添加粒子爆炸效果。

02 在场景中创建粒子爆炸空间扭曲。单击超级喷射粒子系统，绑定到粒子爆炸空间扭曲。

03 选择粒子爆炸空间扭曲图标，在"基本参数"卷展栏中设置爆炸参数，如图8-129所示。

04 打开材质编辑器，为粒子设计材质，漫反射颜色和自发光颜色根据火的特点设计，注意在透明度贴图通道添加烟雾贴图。

第95帧战斗机喷雾动画效果如图8-130所示。

8.3.7 路径跟随

路径跟随空间扭曲可以强制粒子沿指定路径运动。

动手演练 使用路径跟随空间扭曲制作溪流动画

01 为场景添加渲染背景，并在材质编辑器中修改成"屏幕贴图"方式。

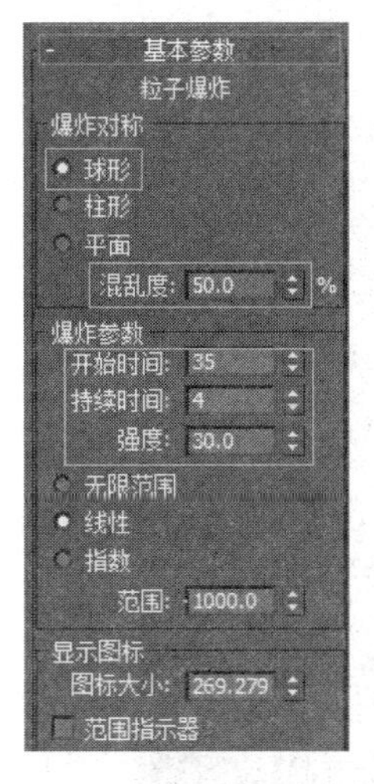

图 8-129 粒子爆炸基本参数

图 8-130 第 95 帧战斗机喷雾动画效果

02 在顶视图中创建路径，使路径在透视图中与小溪的流向一致，命名为"路径线"，如图 8-131 所示。

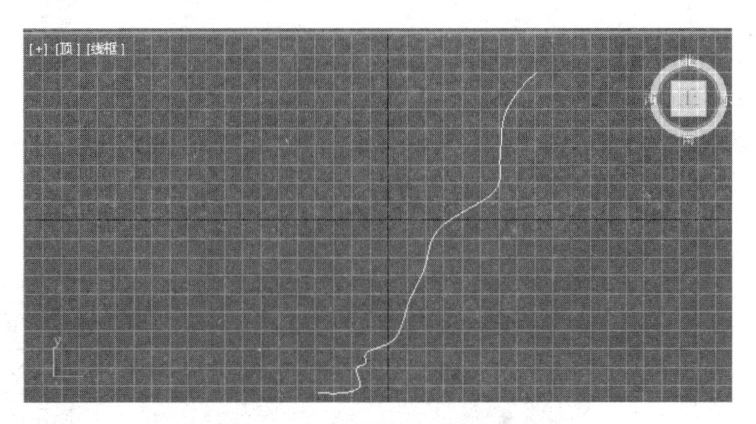

图 8-131 在顶视图中创建路径

03 在顶视图中创建超级喷射粒子系统，移动到路径的起始位置，如图 8-132 所示。

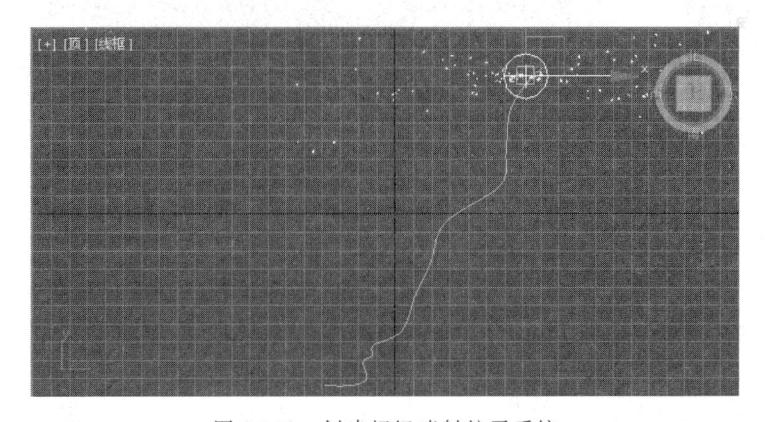

图 8-132 创建超级喷射粒子系统

04 修改超级喷射粒子系统参数，主要参数如图 8-133 所示。

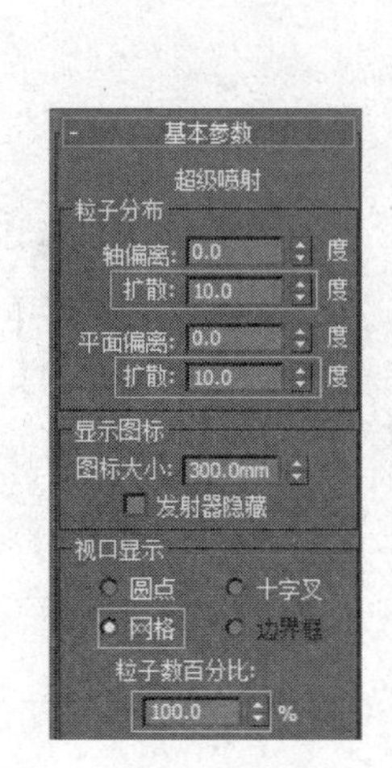

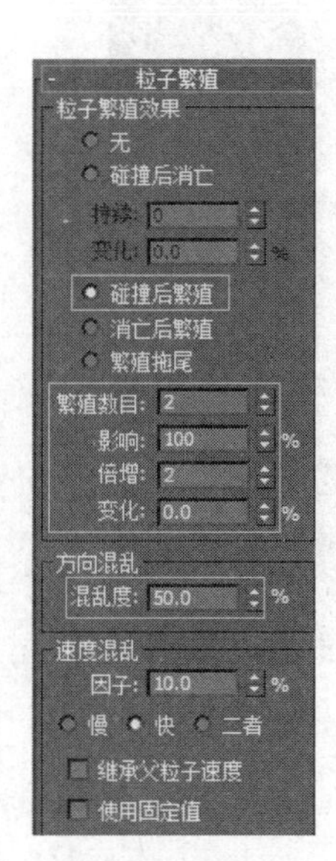

图 8-133 超级喷射粒子系统参数设置

05 打开材质编辑器，为粒子设计材质，漫反射贴图和透明度根据水的特点设计，水材质效果如图 8-134 所示。

06 创建路径跟随空间扭曲，并与粒子系统绑定在一起。进入修改面板，单击“拾取图形对象”命令按钮，在场景中拾取“路径线”。播放动画，溪流的透视图效果如图 8-135 所示。

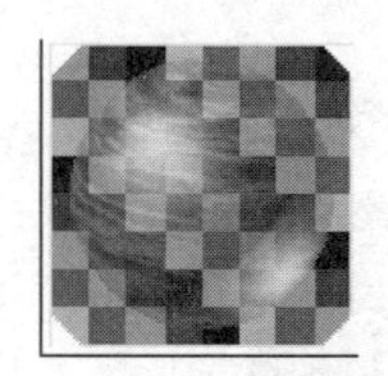

图 8-134 水材质

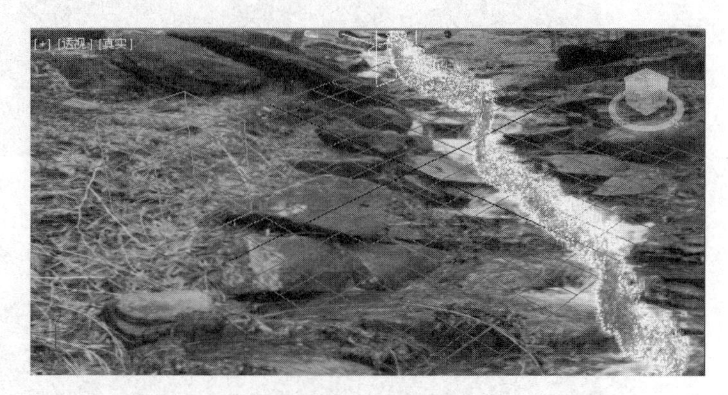

图 8-135 溪流的透视图效果

8.3.8 阻力和置换

阻力空间扭曲是一种在指定范围内按照指定量来降低粒子速率的粒子运动阻尼器。应用阻力的方式可以是线性、球形或者柱形。阻力可用来模拟风阻、致密介质对运动物体的影响。

置换空间扭曲以力场的形式推动和重塑对象的几何外形。置换空间扭曲对几何体和粒子都有影响。

8.4 导向器

导向器用于使粒子偏转。要创建导向器,需要执行以下操作。

(1) 在创建面板上,单击(空间扭曲)。从列表中选择“导向器”,然后在“对象类型”卷展栏上单击“全导向器”按钮,如图 8-136 所示。

(2) 在视图中拖动鼠标以定义导向器。导向器显示为一个线框矩形。

导向器的效果主要由其大小及其在场景中相对于和它绑定在一起的粒子系统的方向控制。其“参数”卷展栏如图 8-137 所示。

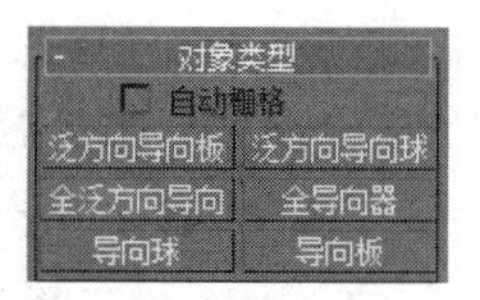

图 8-136 导向器

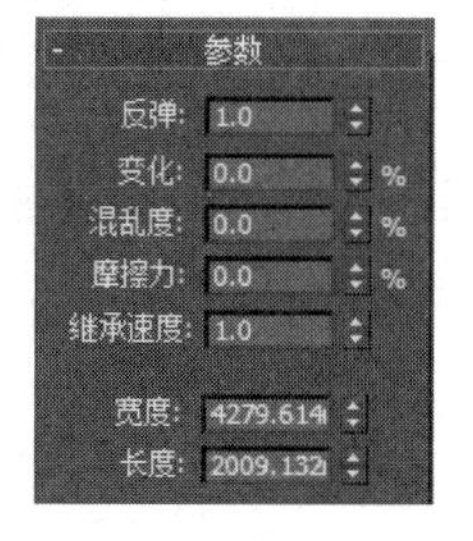

图 8-137 导向器的“参数”卷展栏

“反弹”:控制粒子从导向器反弹的速度。当设置为 1 时,粒子会以和撞击时相同的速度从导向器反弹;当设置为 0 时,粒子根本不反弹;当设置为大于 0、小于 1 的值时,粒子会以比撞击速度小的速度从导向器反弹;当设置为大于 1 的值时,粒子会以比撞击速度大的速度从导向器反弹。默认设置为 1.0。

“变化”:每个粒子偏离“反弹”值的百分比。

“混乱度”:偏离完全反弹角度(当将“混乱度”设置为 0 时的角度)的变化量。

“摩擦力”:粒子在接触到导向器表面时减慢的量。数值 0 表示粒子根本不会减慢,数值 50 表示粒子会减慢至原速度的一半,数值 100 表示粒子在撞击表面时会停止。默认值为 0。范围为 0~100。

“继承速度”:当该值大于 0 时,导向器的运动会对粒子产生影响。例如,如果想让一个经过粒子阵列的导向球影响这些粒子,则应加大该值。

“宽度”:设定导向器的宽度。

“长度”:设定导向器的长度。

下面以导向板和导向球为例说明导向器的应用。

8.4.1 导向板

导向板起着平面防护板的作用,它能排斥由粒子系统生成的粒子。例如,使用导向板可以模拟被雨水敲击的公路。将导向板和重力空间扭曲结合在一起可以产生瀑布和喷泉效果。图 8-138 展示了两股粒子流分别撞击两个导向板的效果。

动手演练 使用导向板制作旋转烟雾动画

01 为场景添加渲染背景,并在材质编辑器中修改成“屏幕贴图”方式,如图 8-139 所示。

图 8-138 导向板效果

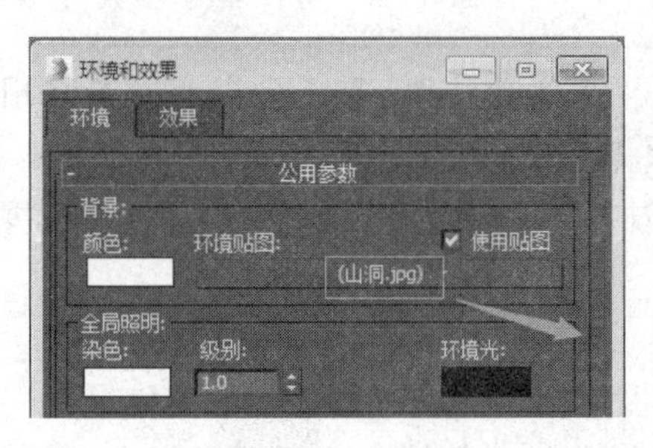

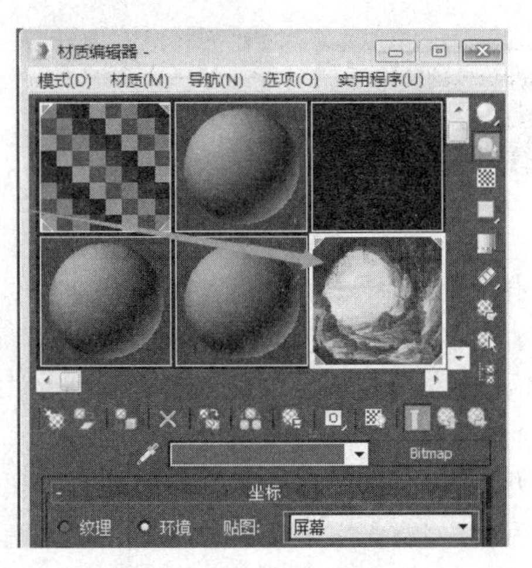

图 8-139 环境贴图

02 在前视图中创建圆环,半径 1 为 150,半径 2 为 1.1。调整位置和角度,使圆环位于山洞的入口位置,如图 8-140 所示。

图 8-140 创建圆环

03　在顶视图中创建球体，半径为 6.0，分段为 10，如图 8-141 所示。

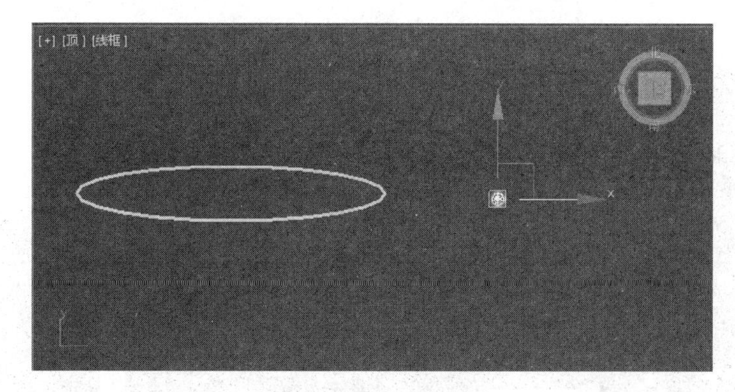

图 8-141　创建球体

04　在顶视图中创建粒子阵列，单击“基本参数”卷展栏的“拾取对象”按钮，在场景中拾取圆环。在“粒子类型”卷展栏中选择“实例几何体”，在“实例参数”中单击“拾取对象”按钮，拾取场景中的球体。在“粒子生成”卷展栏中设置粒子阵列的参数，如图 8-142 所示。

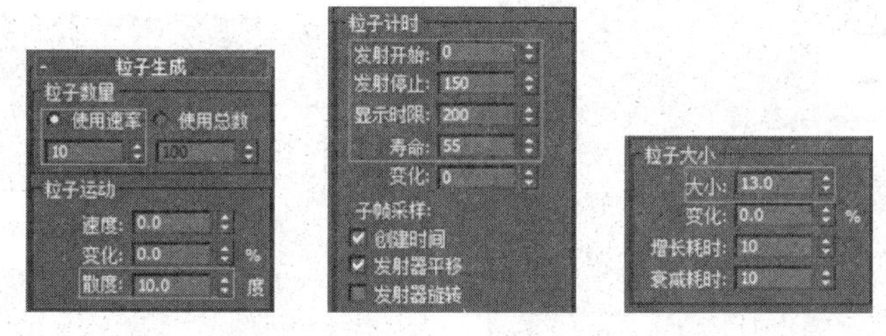

图 8-142　“粒子生成”卷展栏中的参数设置

05　在顶视图中创建旋涡空间扭曲，设置参数，并与粒子阵列绑定，如图 8-143 所示。

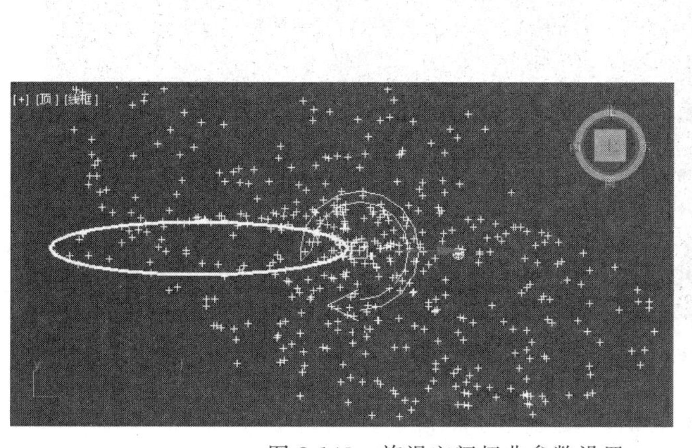

图 8-143　旋涡空间扭曲参数设置

06 在顶视图中创建导向板，并与粒子阵列绑定，将“反弹”参数设置为 0.1，如图 8-144 所示。

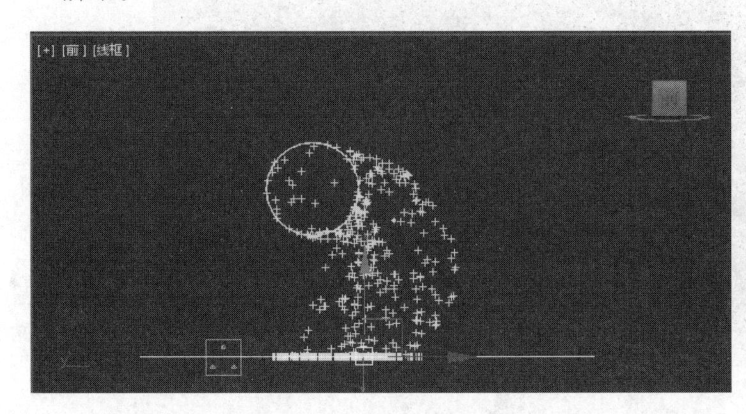

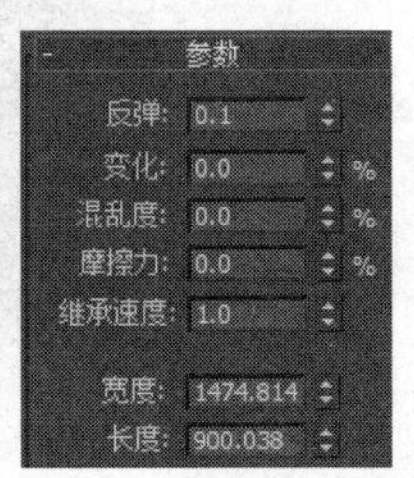

图 8-144 创建导向板

07 打开材质编辑器，为粒子设计材质，在不透明度贴图通道中添加“衰减”贴图，如图 8-145 所示。

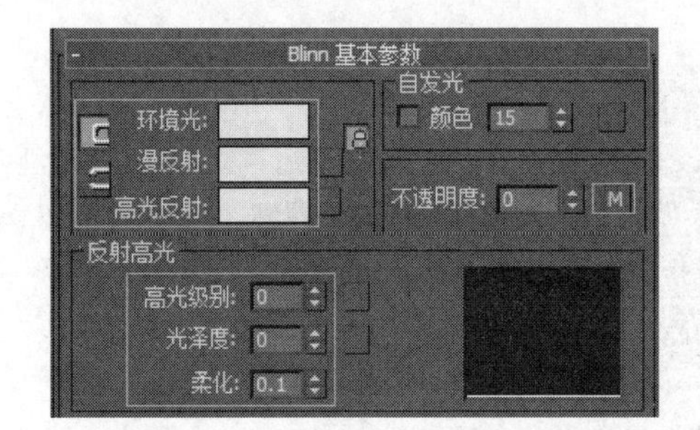

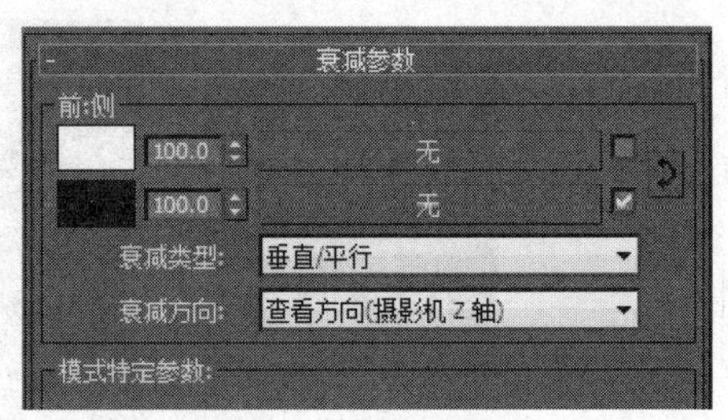

图 8-145 衰减贴图参数设置

08 为场景创建摄影机，调整摄影机的位置，如图 8-146 所示。

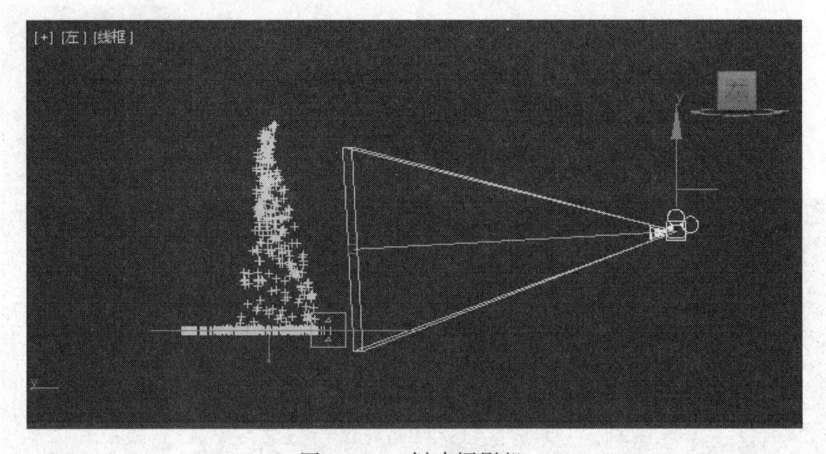

图 8-146 创建摄影机

09 渲染场景，查看最终效果，如图 8-147 所示。

图 8-147 旋转烟雾动画最终效果

8.4.2 导向球

导向球起着球形粒子导向器的作用，如图 8-148 所示。

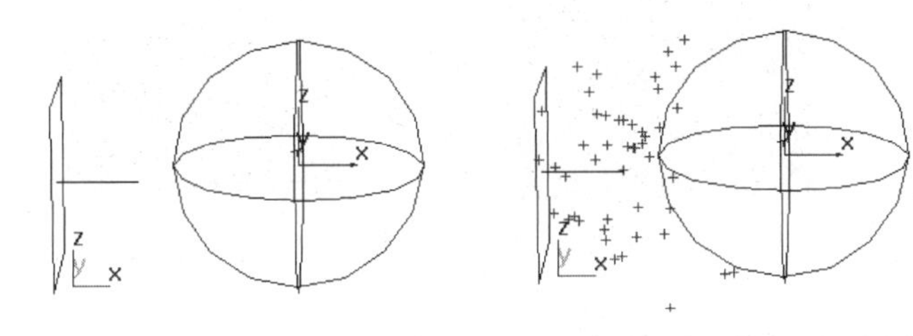

(a) 导向球视图图标（左侧有粒子系统） (b) 导向球排斥粒子

图 8-148 导向球

动手演练 使用喷射粒子系统和导向球模拟喷泉效果

01 在顶视图中创建喷射粒子发射器，旋转发射器，使其方向向上，修改其参数，如图 8-149 所示。

02 在场景中添加重力空间扭曲，单击工具栏中的绑定到空间扭曲按钮，将重力空间扭曲绑定到粒子系统上，粒子受到重力的影响，明显变小。调整“重力”“速度”“寿命”“视口计数”“渲染计数”等参数，使其产生一个较好的喷泉喷出的动画效果，如图 8-150 所示。

03 在底部创建一个球体，使粒子发射器对齐到球体上。为球体赋予标准材质和大理石贴图，如图 8-151 所示。

04 复制出一个粒子发射器，调整速度、方向和寿命，使粒子喷射到球体上，如图 8-152 所示。

05 选择远离球体的粒子发射器，使用“仅影响轴”工具移动中心轴，使其对齐到球体中心。然后使用阵列工具列出 6 个粒子发射器。顶视图中的效果如图 8-153 所示。

06 播放动画，可以发现粒子穿透了球体，与最初设想的弹射出水花不符合，粒子遇到这种情况时需要使用导向球来实现弹射效果。

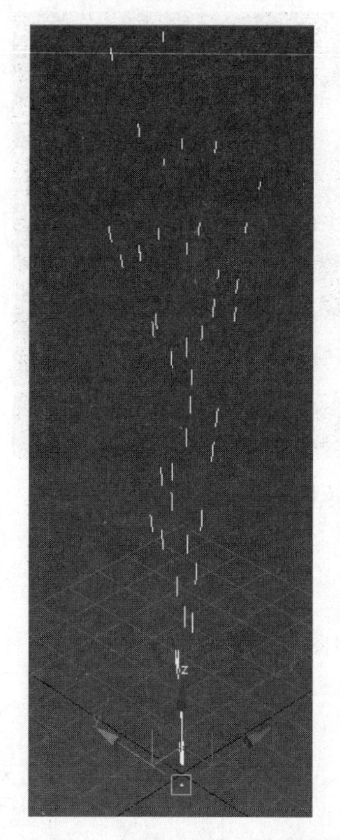
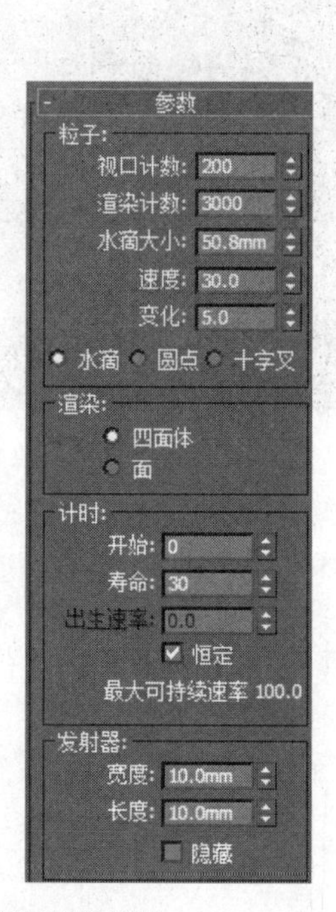

图 8-149　创建喷射粒子发射器

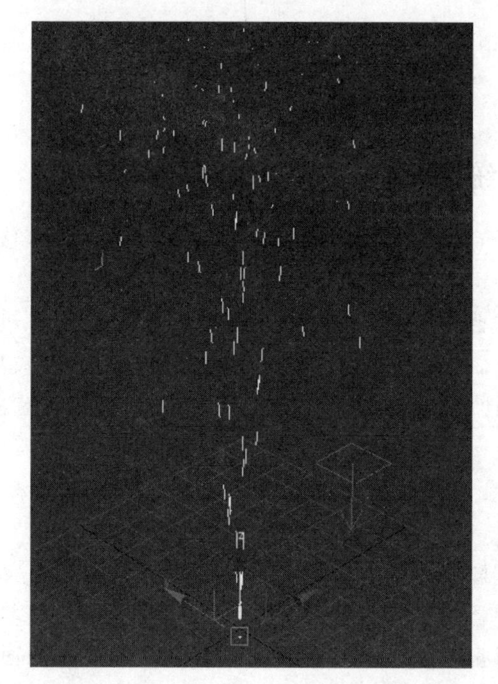
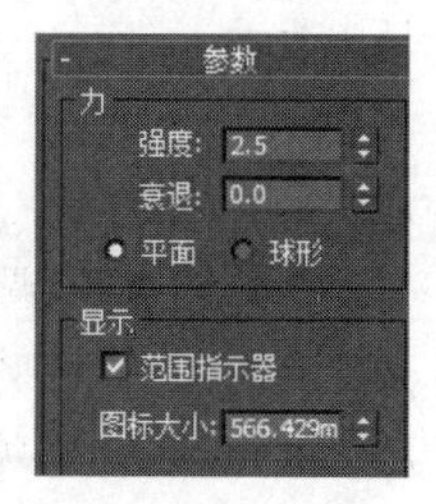

图 8-150　在场景中添加重力空间扭曲

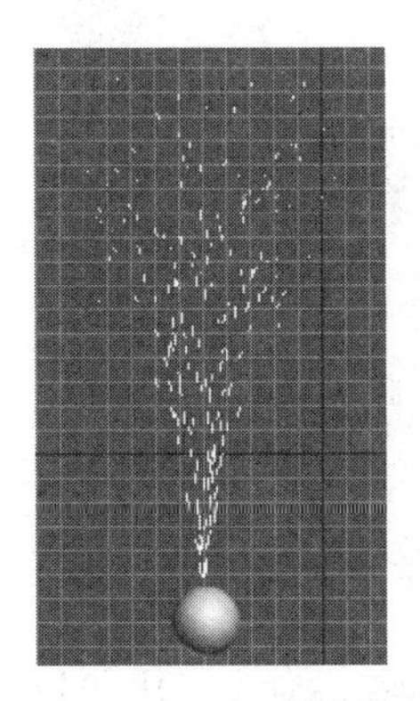

图 8-151 创建球体

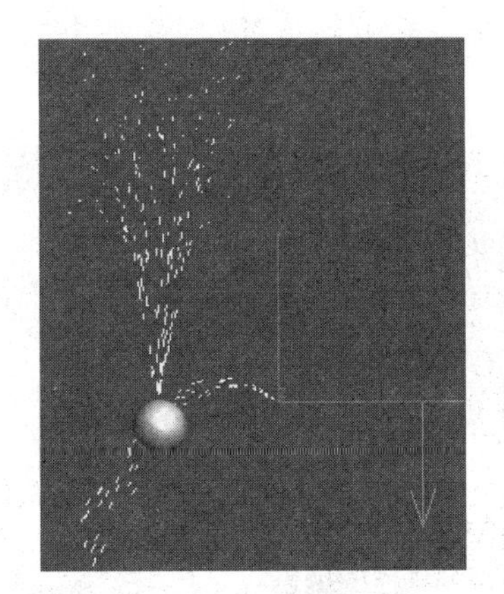

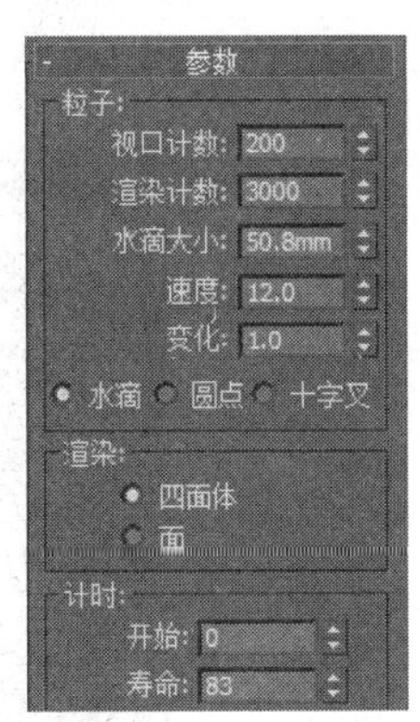

图 8-152 复制粒子发射器

在创建面板中，选择空间扭曲对象，在下拉列表中选择“导向器”，创建一个与球体大小类似的导向球，使之与球体对齐，如图 8-154 所示。

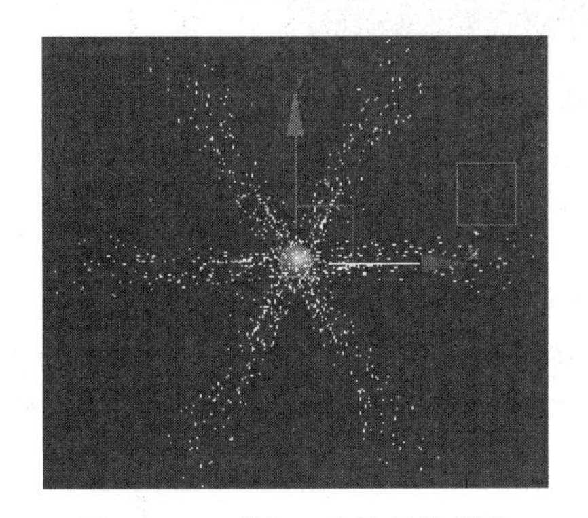

图 8-153 列出 6 个粒子发射器

图 8-154 创建导向球

07 单击绑定到空间扭曲按钮，将 6 个倾斜发射器的粒子绑定到导向球上。播放动画，可以看到，绑定正确的粒子接触到球体以后会自动散开。更改导向球的参数，以实现更加真实地模拟水花四溅的效果，如图 8-155 所示。

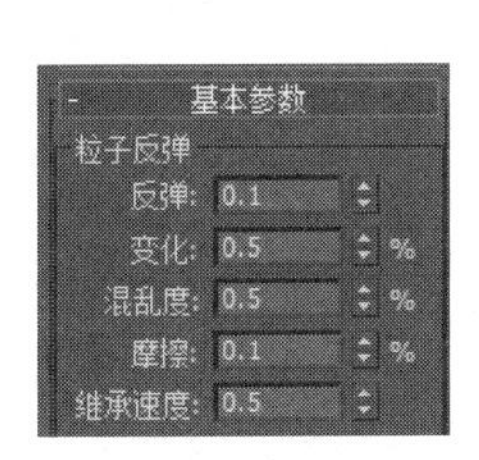

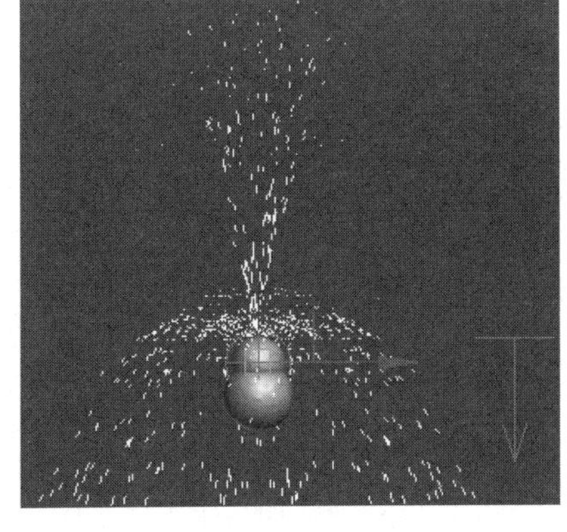

图 8-155 绑定 6 个倾斜发射器

08 为场景添加视图背景和渲染背景，把渲染贴图方式修改为“屏幕贴图”。最终效果如图 8-156 所示。

图 8-156 喷泉最终效果

本章小结

本章介绍了粒子系统与空间扭曲技术。粒子系统包喷射、括雪、超级喷射、暴风雪、粒子阵列、粒子云等。粒子系统用于气态物体和液态物体运动模拟。空间扭曲用于对粒子系统和几何物体施加力的影响。

第 9 章

Chapter 9

MassFX 动力学系统

本章学习重点

- 掌握 MassFX 动力学系统的基本概念。
- 掌握刚体的创建及使用方法。
- 掌握 mCloth 布料动画及使用方法。
- 掌握动力学约束的创建和使用方法。

MassFX 动力学系统是 3ds Max 非常有趣的一个模块，通常用来制作一些真实的动画效果，如物体碰撞、掉落、机械装置运转等。MassFX 根据物理原理进行计算，会产生比较真实的效果。使用 MassFX 动力学系统的步骤如图 9-1 所示。

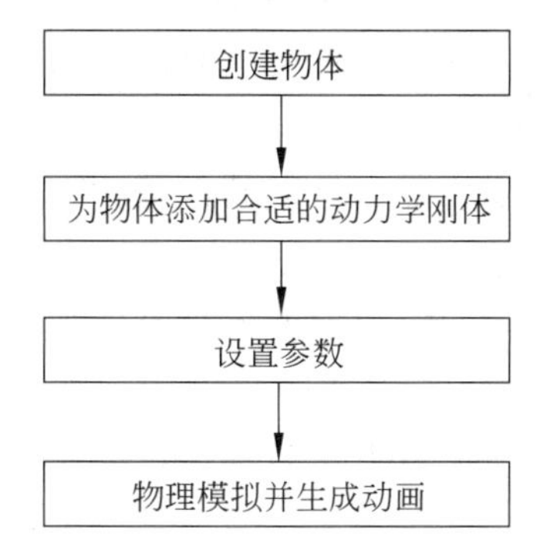

图 9-1　使用 MassFX 动力学系统的步骤

9.1　创建 MassFX 动力学系统

第 7 章使用曲线编辑器制作的篮球弹跳动画有一些失真，不能真实地反映出篮球受重力作用与地面发生碰撞和反弹的情况。使用 MassFX 动力学系统能够克服这些不足，实现真实的效果。

MassFX 动力学系统支持刚体动力学、软体动力学、布料模拟、流体模拟，并且拥有物理属性，如质量、摩擦力、弹力，可以用来模拟真实的碰撞、绳索抖动、布料飘动、马达旋转、汽车运动等效果。

在 MassFX 工具栏的空白处右击，在弹出的快捷菜单中选择“MassFX 工具栏”命令，如图 9-2 所示，在视图中会看到 MassFX 工具栏，如图 9-3 所示。

图 9-2　打开 MassFX 工具栏的命令

图 9-3　MassFX 工具栏

在图 9-3 中，单击(世界参数)工具按钮，3ds Max 将打开“MassFX 工具”对话框并定位到世界参数面板，如图 9-4 所示。

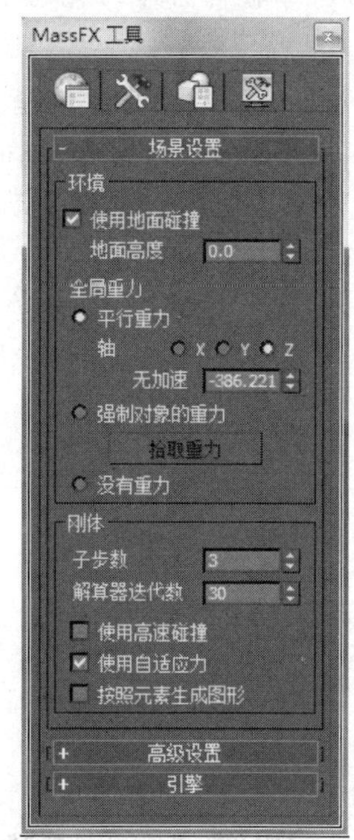

图 9-4　“MassFX 工具”对话框

MassFX 工具栏中其余工具按钮的功能如下。

刚体按钮，可以为创建好的物体添加刚体修改器，可以添加动态(即动力学)、运动学、静态 3 种刚体。

mCloth 修改器，可以为一个物体添加布料修改器。

约束按钮，可以建立约束对象，约束类型有刚性、滑块、转轴、扭曲、通用、球、封套 7 种。

碎布玩偶按钮，可以为 Biped 添加玩偶修改器，模拟碎布玩偶的动画效果。

重置模拟按钮，可以将之前的模拟重置为初始状态。

模拟按钮，可以开始模拟动力学效果。

步进模拟按钮，可以逐帧模拟动力学效果，方便查看每时每刻的状态。

“MassFX 工具”对话框中包含 4 个面板。

世界面板。

模拟工具面板。

多对象编辑器面板。

显示选项面板。

1. 世界面板

世界面板包含 3 个卷展栏，分别是“场景设置”“高级设置”“引擎”。

1)“场景设置”卷展栏

(1)“环境”参数组。

通过这些设置可以控制地面碰撞和重力。要模拟重力，可以使用 MassFX 包含的力或 3ds Max 中的重力空间扭曲，也可以选择不使用重力。

“使用地面碰撞”启用时，MassFX 的地面是一个高度无限的平面，是一个静态刚体，与主栅格平行或共面。此刚体的摩擦力和反弹力值为固定值。默认设置为启用。

“地面高度”是在启用“使用地面碰撞”时地面刚体的高度。以系统单位指定。

“全局重力”应用于启用了“使用世界重力”的刚体和启用了“使用全局重力”的 mCloth 对象。重力方向采用 MassFX 中的内置重力方向。可以通过以下设置调整全局重力。

- “轴”：应用重力的全局轴。对于标准上/下重力，将“轴”设置为 Z，这是默认设置。使用 Z 轴时，正的“加速度”值将对象向上拉，负的“加速度”值将对象向下拉。地球的重力加速度大约为 $-981.001cm/s^2$。
- “强制对象的重力”可以使用重力空间扭曲将重力应用于刚体。首先将重力空间扭曲添加到场景中，然后使用“拾取重力”按钮将其指定为在模拟中使用。此选项使用与 MassFX 重力相同的比例，但只有正值。使用此选项的主要优点是，用户可以通过旋转重力空间扭曲对象在任何方向应用重力。
- “没有重力”：选择该项时，重力不会影响模拟。

(2)“刚体”参数组。

如果碰撞和约束看起来在模拟中无法正常使用，可以尝试调整这些设置。

“子步数”：每个图形更新之间执行的模拟步数。每秒的模拟参数由以下公式确定：(子步数+1)×帧速率。如果帧速率为 30FPS，则子步数为 0 时每秒为 30 个模拟步数，子步数为 1 时每秒为 60 个模拟步数，子步数为 2 时每秒为 180 个模拟步数，依此类推。“子步数”的最大值为 159，在帧速率为 30FPS 的动画中将生成每秒 4800 个模拟步数。使用的“子步数”值越高，生成的碰撞和约束结果就越精确，但会降低性能。

“解算器迭代数”：全局设置，约束解算器强制执行碰撞和约束的次数。如果模拟使用了许多约束，或关节错误公差设置得非常低，则可能需要更高的迭代数。通常此值不高于 30。

“使用高速碰撞”：全局设置，用于切换连续的碰撞检测。

“使用自适应力”：启用时，MassFX 会根据需要收缩组合防穿透力来减少堆叠和紧密聚合刚体中的抖动。

“按照元素生成图形”：启用该项并将 MassFX 刚体修改器应用于对象后，MassFX 会为对象中的每个元素创建一个单独的物理图形。禁用时，MassFX 会为整个对象创建一个物理图形。该选项的作用如图 9-5 所示。

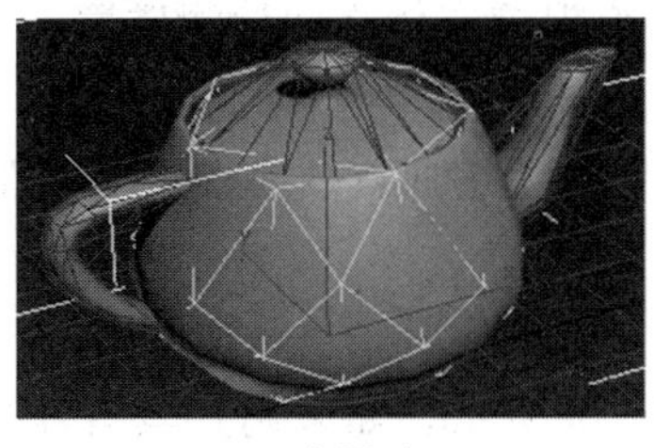

(a) 启用时

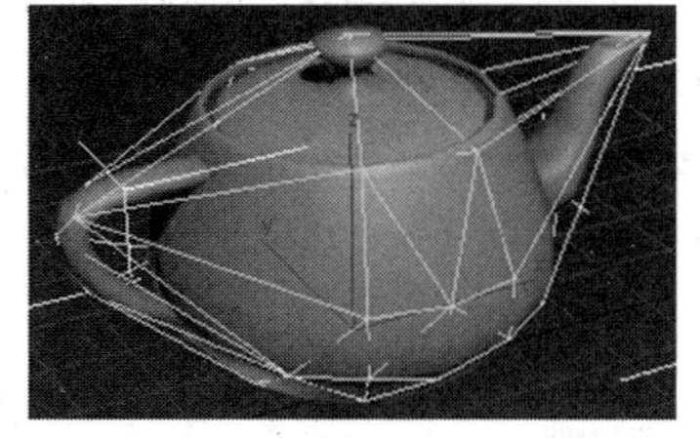

(b) 禁用时

图 9-5 “按照元素生成图形”复选框的作用

注意：“按照元素生成图形”复选框仅适用于后续创建的刚体。无法在整个对象的图形与每个元素的图形之间切换现有的刚体修改器。

2）“高级设置”卷展栏

“高级设置”卷展栏如图 9-6 所示。下面分别介绍各个参数的意义。

（1）“睡眠设置”参数组。

在模拟中，移动速度低于某个速度的刚体会自动进入睡眠模式并停止移动。这会使 MassFX 转向其他速度更快的对象，从而提高性能。如果被其他未睡眠刚体碰撞，则睡眠对象会醒来并再次开始移动。

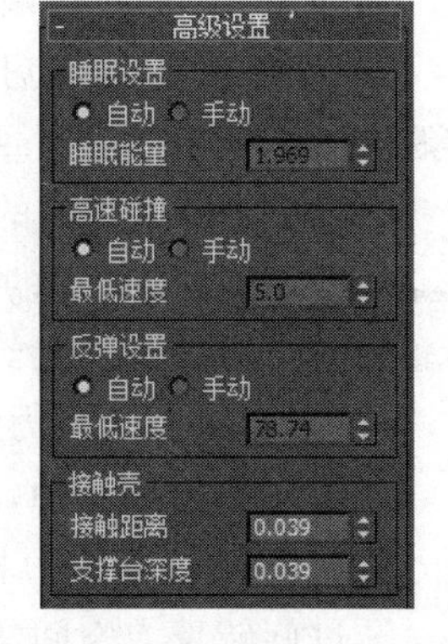

图 9-6 “高级设置”卷展栏

确定刚体何时睡眠的方法如下。

- “自动”：MassFX 自动计算刚体合理的线速度和角速度睡眠阈值，低于该阈值即应用睡眠。为此，MassFX 使用试探式算法或基于经验的方法。
- “手动”：要覆盖移动和旋转的自动值，请选择“手动”并根据需要调整“睡眠能量”。睡眠机制测量对象的移动量（组合平移和旋转），并在其运动低于“睡眠能量”阈值时将对象置于睡眠模式。该阈值独立于质量。

（2）“高速碰撞”参数组。

当启用了“使用高速碰撞”时，以下设置确定了 MassFX 计算高速碰撞的方法。

- “自动”：MassFX 使用试探式算法来计算合理的速度阈值，高于该值即应用高速碰撞方法。
- “手动”：要覆盖速度的自动值，选择“手动”并设置所需的“最低速度”值。模拟中移动速度高于此速度的刚体将自动进入高速碰撞模式。

（3）“反弹设置”参数组。

这些设置用于确定刚体何时反弹。

- “自动”：MassFX 使用试探式算法来计算合理的最低速度阈值，高于该值即应用反弹。
- “手动”：要覆盖速度的自动值，选择“手动”并设置所需的“最低速度”值。模拟中移动速度高于此速度的刚体将反弹。

（4）“接触壳”参数组。

使用这些设置确定周围的体积，MassFX 在模拟的实体之间检测碰撞。

“接触距离”设置允许移动刚体重叠的距离。

“支撑台深度”设置允许支撑台重叠的距离。当使用捕获变换设置实体在模拟中的初始位置时，此设置可以发挥作用。

3）“引擎”卷展栏

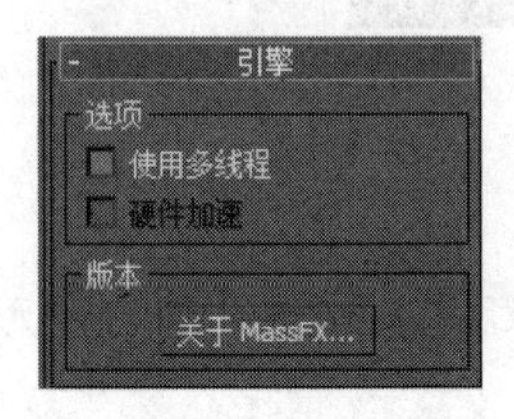

图 9-7 “引擎”卷展栏

“引擎”卷展栏如图 9-7 所示。如果用户具有相应的硬件，则可以使用这些选项加快模拟速度。建议用户禁用这两个选项以避免模拟时出现问题，因为启用这两个选项的模拟性能差异通常不是很大。

“使用多线程”启用时，如果 CPU 具有多个内核，可以多线程运行，以加快模拟的计算速度。该选项在某些条件下可以提高模拟性能，但连续进行模拟的结果可能会不同。

“硬件加速”启用时，如果用户的系统配备了 Nvidia GPU，即可使用硬件加速来执行某些计算。该选项在某些条件下可以提高模拟性能，但连续进行模拟的结果可能会不同。

单击“关于 MassFX”按钮将打开一个对话框，其中显示 MassFX 的基本信息，包括 PhysX 版本。

2. 模拟工具面板

在“MassFX 工具”对话框上，单击打开模拟工具面板，如图 9-8 所示。

1）“模拟”卷展栏

“模拟”卷展栏有“播放”“模拟烘焙”“捕获变换” 3 组参数，下面分别介绍。

（1）“播放”参数组。

重置模拟。停止模拟，将时间滑块移动到第一帧，并将所有动力学刚体的变换重置为其初始变换。

开始模拟。从当前帧运行模拟。默认情况下，该帧是动画的第一帧，它不一定是当前的动画帧。

开始没有动画的模拟，与“开始模拟”类似，只是模拟运行时时间滑块不会前进。

将模拟前进一帧。运行一帧的模拟并使时间滑块前进一帧。

（2）“模拟烘焙”参数组。

单击“烘焙所有”按钮，将把烘焙模拟的动画转换为关键帧动画，并将动画对象转换为运动学对象，同时重置模拟并运行。

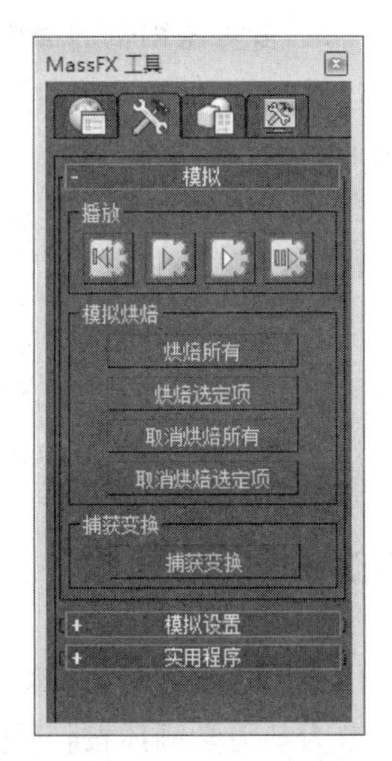

图 9-8 模拟工具面板

“烘焙选定项”按钮与“烘焙所有”按钮功能类似，只是烘焙仅应用于选定的动力学对象。

单击“取消烘焙所有”按钮，删除通过烘焙设置为运动学状态的所有对象的关键帧，从而将这些对象恢复为初始动力学状态。

“取消烘焙选定项” 按钮与“取消烘焙所有”按钮功能类似，只是取消烘焙仅应用于选定的对象。

（3）“捕获变换”参数组。

“捕获变换”按钮将每个选定的动力学对象（包括 mCloth）的初始变换设置为其当前变换，然后再使用重置模拟时将使动力学对象返回到这些变换，而不是回到默认值。

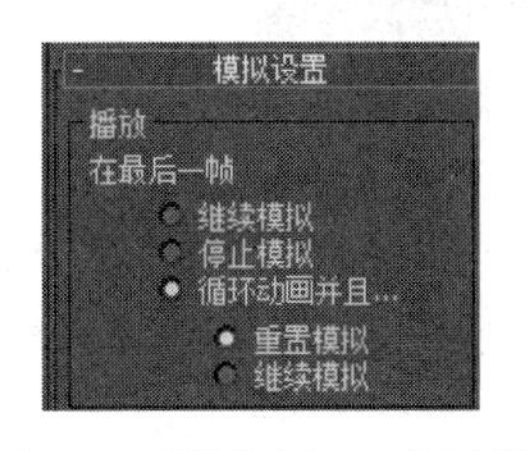

图 9-9 “模拟设置”卷展栏

2）“模拟设置”卷展栏

“模拟设置”卷展栏如图 9-9 所示。它用于确定选择当动画进行到最后一帧时是否继续进行模拟以及如何进行模拟。可以选择以下 3 种方式。

“继续模拟”：即使时间滑块到达最后一帧，也继续运行模拟。

“停止模拟”：当时间滑块到达最后一帧时停止模拟。

“循环动画并且...”：选择此选项，将在时间滑块到达最后一帧时重复播放动画。有“重置模拟”和“继续模拟”两个可用选项。

3）“实用程序”卷展栏

“实用程序”卷展栏可以打开对应的实用程序，如图 9-10 所示。

图 9-10 “实用程序”卷展栏

“浏览场景”：打开“MassFX 资源管理器”对话框。

“验证场景”：确保各种场景元素不违反模拟要求。

“导出场景”：使模拟可用于其他程序。

3. 多对象编辑器面板

通过“MassFX 工具”对话框上的多对象编辑器面板，可以为模拟中的对象(刚体和约束)指定局部动态设置。这些设置与修改面板上刚体修改器或约束辅助对象的对应设置之间的主要区别在于：多对象编辑器面板可同时为所有选定对象设置属性，而修改面板一次仅能设置一个对象的属性。

4. 显示选项面板

“MassFX 工具”对话框中的显示选项面板包含用于切换物理网格视图显示的控件以及用于调试模拟的 MassFX 可视化工具。

9.2 创建刚体

要创建刚体对象，首先选择一个或多个几何体对象，单击 MassFX 工具栏上的将选定项设置为动力学刚体按钮，转换为动力学刚体对象。在场景中选择一个或多个 MassFX 刚体时，可以使用多对象编辑器面板中的卷展栏编辑它们的所有属性。

多对象编辑器面板包括 7 个卷展栏，如图 9-11 所示。

1. “刚体属性”卷展栏

“刚体属性”卷展栏如图 9-12 所示。

图 9-11 多对象编辑器面板的 7 个卷展栏

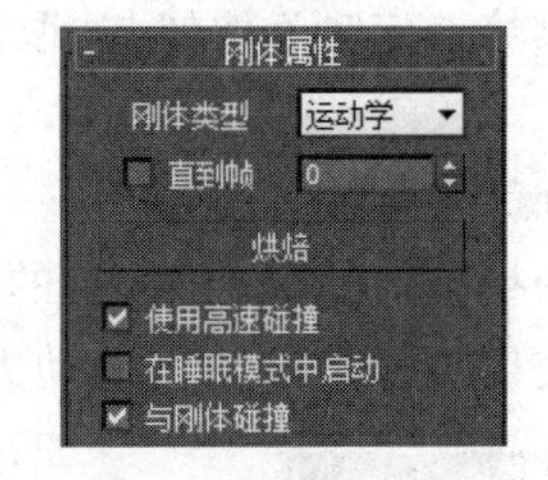

图 9-12 “刚体属性”卷展栏

“刚体类型”：所有选定刚体的模拟类型。可用选项包括“动态”“运动学”和“静态”。

“直到帧”：启用该复选框后，MassFX 会在指定帧处将选定的运动学刚体转换为动力学刚体。此项仅在“刚体类型”设置为“运动学”时可用。

“烘焙/取消烘焙”：这是一个切换式按钮，将烘焙或取消烘焙的选定刚体的模拟运动转换为标准动画关键帧。

“使用高速碰撞”：如果启用此选项并在世界参数面板中选择了“使用高速碰撞”，高速碰撞设置将应用于选定刚体。

“在睡眠模式中启动”：如果启用此选项，选定刚体将使用全局睡眠设置，以睡眠模式开始模拟。这意味着，在受到未处于睡眠状态的刚体的碰撞之前，选定刚体不会移动。

“与刚体碰撞”：如果启用此选项（默认设置），选定的刚体将与场景中的其他刚体发生碰撞。

2. “物理材质”卷展栏

“物理材质”卷展栏如图 9-13 所示。该卷展栏提供了使用物理材质的基本工具，用于确定刚体与模拟中的其他元素的交互方式。

“预设”：从下拉列表中选择预设材质，以将“物理材质属性”卷展栏上的所有值更改为预设的值，并将这些值应用于选择内容。要使用场景中其他刚体的设置，可以单击吸管工具，然后选择场景中的刚体。

图 9-13 “物理材质”卷展栏

“创建预设”：基于当前值创建新的物理材质预设。打开“物理材质名称”对话框，可以在其中输入新预设的名称。单击“确定”按钮后，新材质会变为活动状态并添加到“预设”列表中。

“删除预设”：从列表中移除当前预设并将列表设置为“（无）”。

3. “物理材质属性”卷展栏

“物理材质属性”卷展栏如图 9-14 所示。在这里可以控制刚体与模拟中的其他元素的交互方式：密度、质量、摩擦力、反弹力等。设置这些属性后，可以通过“物理材质”卷展栏将其保存为一个预设。

“密度”：此刚体的密度，单位为 g/cm^3。

“质量”：此刚体的质量，单位为 kg。

“静摩擦力”：两个刚体开始互相滑动时的难度系数。

“动摩擦力”：两个刚体保持互相滑动状态时的难度系数。

“反弹力”：对象撞击到其他刚体时反弹的轻松程度和高度。

4. “物理网格”卷展栏

“物理网格”卷展栏如图 9-15 所示。在“网格类型”列表中选定刚体物理网格的类型，可用类型为“球体”“长方体”“胶囊”“凸面”“凹面”“原始”和“自定义”。“球体”“长方体”和“自定义”是 MassFX 基本的物理网格，模拟速度比其他网格类型更快。为了获得最佳性能，应尽可能使用简单的网格类型。

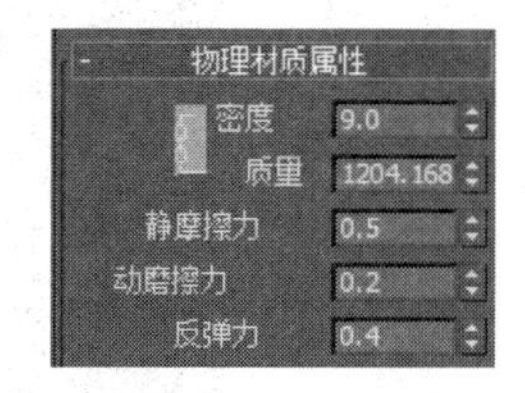

图 9-14 “物理材质属性”卷展栏

图 9-15 “物理网格”卷展栏

5. “物理网格参数”卷展栏

根据具体的“网格类型”设置，此卷展栏的内容会有所不同，如图 9-16 所示。

6. “力”卷展栏

使用“力”卷展栏可以控制重力，以及将力空间扭曲应用到刚体，如图 9-17 所示。

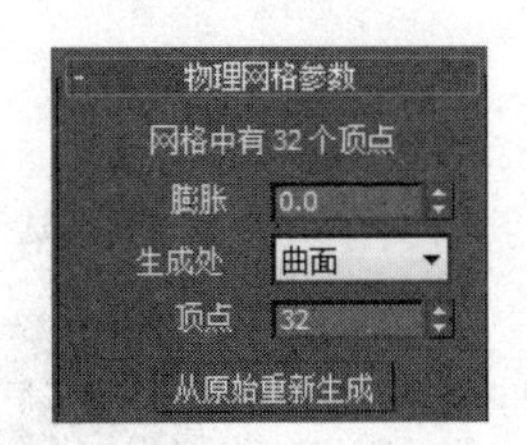

图 9-16 “物理网格参数”卷展栏

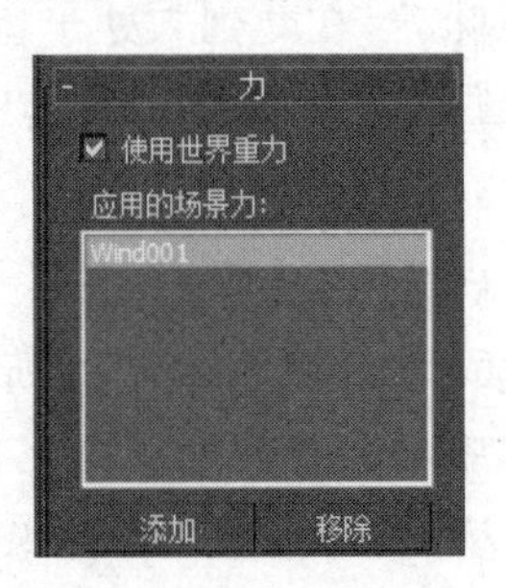

图 9-17 “力”卷展栏

“使用世界重力”：禁用后，选定的刚体将仅使用在此处应用的力，并忽略全局重力设置。启用后，刚体将使用全局重力设置。

“应用的场景力”：列出场景中影响模拟中选定刚体的力空间扭曲。

“添加”按钮：将场景中的力空间扭曲应用于模拟中选定的刚体。将力空间扭曲添加到场景中以后，单击“添加”按钮，然后单击视图中的力空间扭曲。

“移除”按钮：可防止应用的力空间扭曲影响选定的刚体。首先在“应用的场景力”列表中将其高亮显示，然后单击“移除”按钮。

7. “高级”卷展栏

“高级”卷展栏如图 9-18 所示。

1）“模拟”参数组

“覆盖解算器迭代次数”：如果启用此选项，将为选定刚体使用在此处指定的解算器迭代次数设置，而不使用全局设置。在这里将数值设定为解算器强制执行碰撞和约束所需的次数。如果模拟使用许多约束，或关节错误公差设置得非常低，则可能需要更高的迭代次数。该值通常不需要高于 30。

“启用背面碰撞”：仅可用于静态刚体。为凹面静态刚体指定原始图形类型时，启用此选项可确保模拟中的动力学对象与其背面碰撞。以长方体为例，将其转换为可编辑多边形格式，移除一面，然后选择原始图形类型使其成为静态刚体。如果以后要将动力学对象放置在长方体内部，应为长方体启用“启用背面碰撞”以防止对象穿过面落下。

2）“接触壳”参数组

使用这些设置确定周围的体积，MassFX 在模拟的实体之间检测碰撞。

“覆盖全局”：启用该项后，MassFX 将为选定刚体使用在此处指定的碰撞重叠设置，而不使用全局设置。

“接触距离”：允许移动刚体重叠的距离。如果此值过高，将会导致对象明显地互相穿透；如果此值过低，将导致对象抖动，这

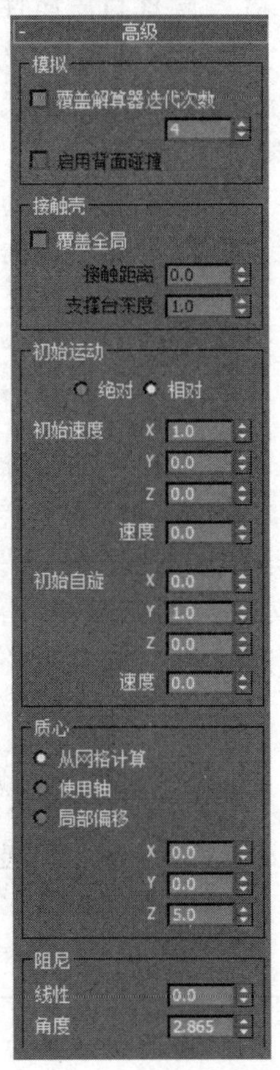

图 9-18 “高级”卷展栏

是因为对象互相穿透一帧之后，在下一帧将强制分离。最佳值取决于多种因素，包括场景中对象的大小、摄影机可能发生互相穿透的最小距离、重力加速度和解算器迭代次数设置、物理图形的膨胀量以及模拟的帧速率。

“支撑台深度”：允许支撑台重叠的距离。当使用捕获变换设置实体在模拟中的初始位置时，此设置可以发挥作用。

注意：更改“接触距离”值会自动同步修改“支撑台深度”值，两者之差保持不变。例如，假设“接触距离”为10.0，“支撑台深度”为8.0(差为-2.0)，如果将“接触距离”更改为6.5，“支撑深度”将自动更改为4.5(差仍然为-2.0)。但是，更改“支撑台深度”值不会影响“接触距离”值。

3)“初始运动”参数组

“绝对”和“相对”选项设置只适用于开始时为运动学类型(通常已设置动画)，之后在指定帧处(通过“刚体属性”卷展栏上的“直到帧”数值框指定)切换为动力学类型的刚体。通常，这些实体的初始速度和初始自旋的计算基于它们变为动力学之前最后一帧的动画来进行。该选项设定为“绝对”时，将使用“初始速度”和“初始自旋”的值替换基于动画的值；该选项设置为“相对”时，指定值将添加到基于动画计算得出的值。

“初始速度”：刚体在变为动态类型时的初始方向和速度。X、Y、Z参数保持为规格化向量，因此很难对其进行编辑或描绘。要显示“初始速度”方向，并使用“旋转”工具进行更改，应使用“初始速度”子对象层级。

“初始自旋”：刚体在变为动态类型时旋转的起始轴和速度。X、Y、Z参数保持为规格化向量，因此很难对其进行编辑或描绘。要显示“初始自旋”轴，并使用“旋转”工具进行更改，应使用“初始自旋”子对象层级。

4)“质心”参数组

这些选项用于设置刚体在未添加约束的情况下的自旋所围绕的点。

“从网格计算”：表示基于刚体的几何体自动为刚体确定适当的质心。

“使用轴”：使用对象的轴作为其质心。

“局部偏移”：用于设置与质心的X、Y和Z坐标的距离。

5)“阻尼”参数组

阻尼可减慢刚体的速度。通常用来减少模拟中的振动，或使对象看上去正在穿过密度较大的物质。

“线性”：表示为减慢对象的移动速度所施加的力大小。

“角度”：表示为减慢对象的旋转速度所施加的力大小。

动手演练　动力学刚体动画

01 打开素材文件“第9章 MassFX动力学系统\素材文件\01动力学物体\动力学属性.max”，把平面设置为静态刚体，把小盆和小球设置为动力学刚体，动力学刚体对象不能主动施力，但是会受到重力影响。

02 单击按钮模拟动画效果。

03 修改“小盆”的“图形类型”为凹面体，再次模拟，会发现小球落到了小盆里，如图9-19所示。

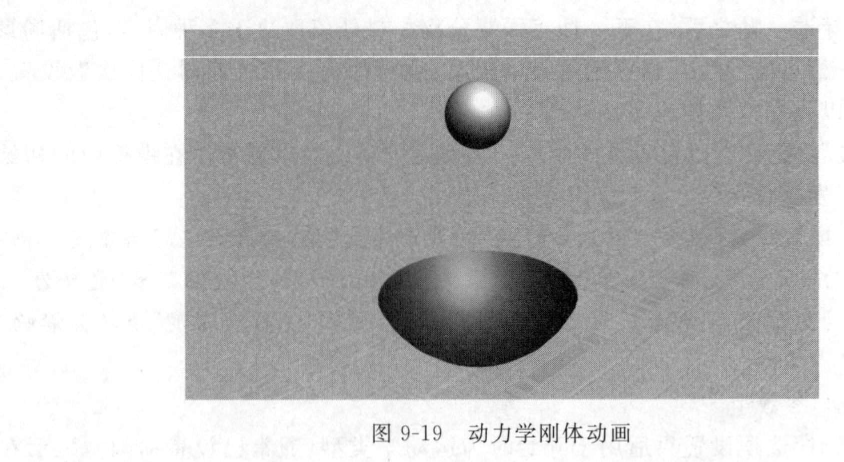

图 9-19　动力学刚体动画

04　单击模拟工具面板中的“烘焙所有”命令按钮，生成动画，单击播放按钮▷，查看动画效果。

动手演练　投篮动画

01　打开素材文件“第9章 MassFX 动力学系统\素材文件\02 运动学属性\投篮.max”，把球场、篮板和篮筐设置为静态刚体。

02　制作篮球的前5帧关键帧动画。然后把篮球设置为运动学刚体，在“直到帧”数值框中输入4。运动学刚体对象能够施力，并保持自身的状态。单击按钮模拟动画效果。调整重力大小，使篮球刚好落入篮筐内。如果系统的重力不理想，可以使用外加重力。最终效果如图9-20所示。

图 9-20　运动学刚体动画最终效果

动手演练　保龄球动画

01　打开素材文件“第9章 MassFX 动力学系统\素材文件\03 动力学物体\保龄球.max”，把球道设置为静态刚体，把6个球瓶设置为运动学刚体。将“直到帧”参数设置为 100 帧，对“保龄球”前 100 帧制作关键帧动画。

02 调整弹力和摩擦力大小，使碰撞过程更自然。单击按钮模拟动画效果，如图 9-21 所示。

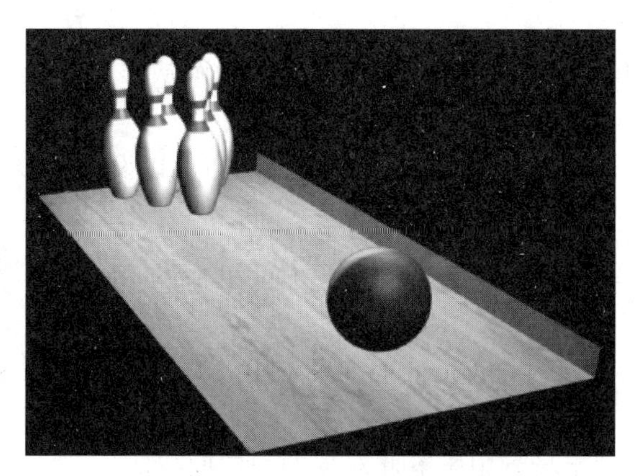

图 9-21 保龄球动画

9.3 创建 mCloth

mCloth 是一种特殊的布料修改器，用它设计的布料可以用于 MassFX 模拟。通过 mCloth，布料对象可以完全参与物理模拟，既影响模拟中其他对象的行为，也受到这些对象行为的影响。

使用 MassFX 工具可以将 mCloth 修改器应用到对象或从对象中移除 mCloth 修改器。选择对象，然后在 MassFX 工具栏上单击按钮，即可将选定对象设置为 mCloth 对象，如图 9-22 所示。

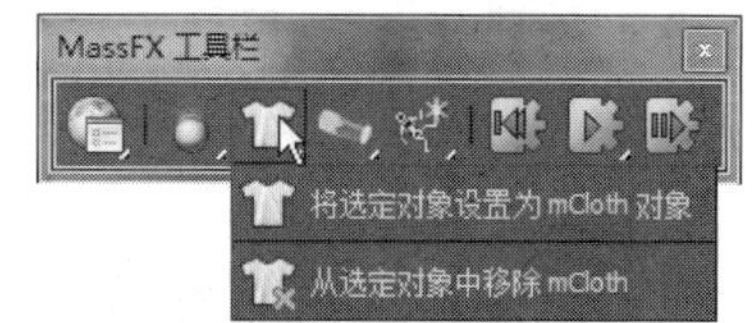

图 9-22 mCloth 修改器

将选定对象设置为 mCloth 对象。将未实例化的 mCloth 修改器应用到每个选定对象，然后切换到修改面板来调整修改器的参数。

如果对象已经应用了 mCloth 修改器，此命令仅切换到修改面板。

从选定对象中移除 mCloth 修改器。

进入修改面板可以修改 mCloth 的参数值，其卷展栏如图 9-23 所示。

1. “mCloth 模拟”卷展栏

“mCloth 模拟”卷展栏，如图 9-24 所示。

图 9-23 mCloth 的卷展栏

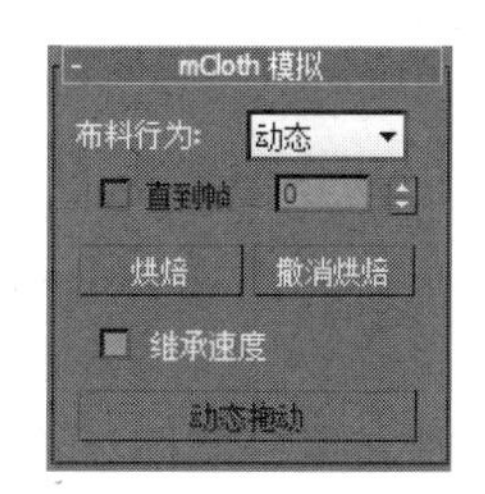

图 9-24 “mCloth 模拟”卷展栏

"布料行为"：确定 mCloth 对象是以动力学状态还是运动学状态参与模拟。

"烘焙"和"撤消烘焙"：可以将 mCloth 对象的模拟运动转换为标准动画关键帧以进行渲染。烘焙选定的 mCloth 对象后，可以使用"撤消烘焙"功能移除关键帧并将布料还原到动力学状态。

"继承速度"：启用时，mCloth 对象可通过使用动画从堆栈中的 mCloth 对象下面开始模拟。

"动态拖动"：不使用动画即可模拟，且允许拖动布料以设置其形态或测试其行为。

2. "力"卷展栏

使用"力"卷展栏可控制重力，并将力空间扭曲应用于 mCloth 对象，如图 9-25 所示。

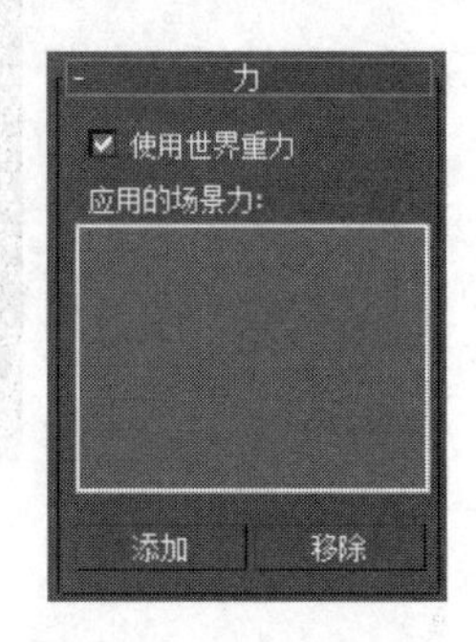

图 9-25 "力"卷展栏

"使用世界重力"：启用时，mCloth 对象将使用 MassFX 世界重力设置。

"应用的场景力"：列出场景中影响此对象的力空间扭曲。

"添加"：将场景中的力空间扭曲应用于模拟中的对象。将力空间扭曲添加到场景中后，单击"添加"按钮，然后单击视图中的力空间扭曲。

"移除"：可防止应用的力空间扭曲影响对象。首先在"应用的场景力"列表中高亮显示它，然后单击"移除"按钮。

3. "捕获状态"卷展栏

"捕获状态"卷展栏如图 9-26 所示。

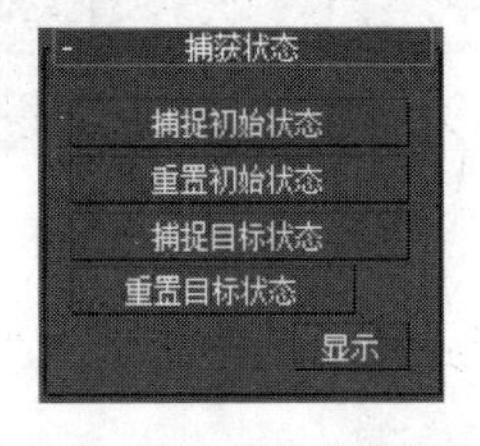

图 9-26 "捕获状态"卷展栏

"捕捉初始状态"：将所选 mCloth 对象缓存的第一帧更新到当前位置。

"重置初始状态"：将所选 mCloth 对象的状态还原为应用修改器堆栈中的 mCloth 之前的状态。

"捕捉目标状态"：抓取 mCloth 对象的当前变形，并使用该网格来定义三角形之间的目标弯曲角度。

"重置目标状态"：将默认弯曲角度重置为应用修改器堆栈中 mCloth 之前的网格的弯曲角度。

"显示"：显示布料的当前目标状态，即所需的弯曲角度。

4. "纺织品物理特性"卷展栏

"纺织品物理特性"卷展栏如图 9-27 所示。

1）"预设"参数组

"加载"：打开"mCloth 预设"对话框，用于从保存的文件中加载纺织品物理特性设置。要将预设从列表中移除，请高亮显示该预设的名称，然后单击"删除"按钮。

"保存"：打开一个对话框，用于将纺织品物理特性设置保存到预设中。输入预设名称，然后按回车键或

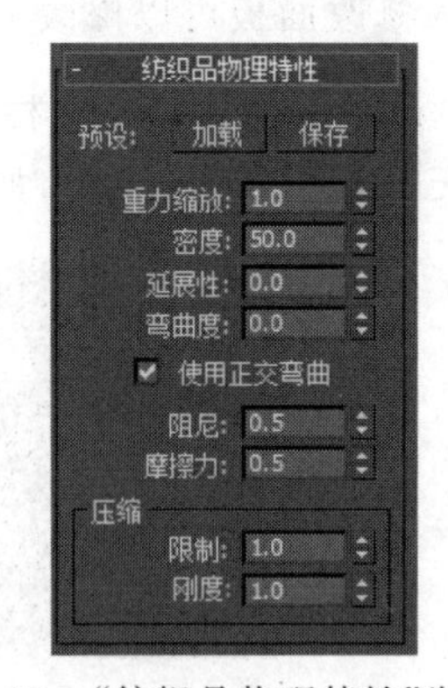

图 9-27 "纺织品物理特性"卷展栏

单击“确定”按钮。

“重力缩放”：设置当全局重力处于启用状态时重力的倍增值。使用此选项可以模拟湿布料或重布料等效果。

“密度”：表示布料的密度，以 g/cm^2 为单位。此参数主要在布料与其他动力学刚体发生碰撞时产生影响。布料质量与其碰撞的刚体质量的大小对比决定其对其他刚体运动的影响程度。

“延展性”：表示拉伸布料的难易程度。

“弯曲度”：表示折叠布料的难易程度。

“使用正交弯曲”参数表示计算弯曲角度而不是弹力。在某些情况下，该方法更准确，但模拟时间更长。

“阻尼”：表示布料的弹性，它影响布料在摆动后还原到基准位置所经历的时间。

“摩擦力”：表示布料在与自身或其他对象接触时抵制滑动的程度。

2）“压缩”参数组

“限制”：表示布料边可以压缩或折叠的程度。

“刚度”：表示布料边抵制压缩或折叠的程度。

5．“体积特性”卷展栏

“体积特性”卷展栏如图 9-28 所示。默认情况下，mCloth 对象的行为类似于二维布料。但是，通过“启用气泡式行为”选项，可以使该对象的行为如同封闭了空气的气泡。勾选“启用气泡式行为”可以模拟封闭体，如轮胎或气垫。“压力”参数表示充气布料对象的空气的密度。

图 9-28 “体积特性”卷展栏

6．“交互”卷展栏

“交互”卷展栏如图 9-29 所示。

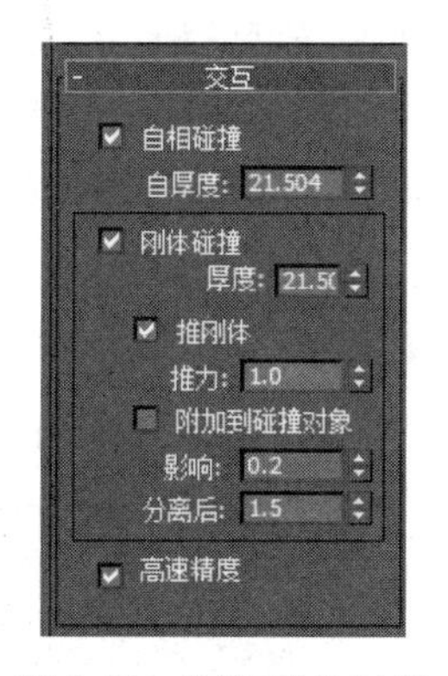

图 9-29 “交互”卷展栏

“自相碰撞”：启用时，mCloth 对象将阻止自相碰撞。

“自厚度”：用于设置自相碰撞的 mCloth 对象的厚度。如果布料自相碰撞，则可增加该值。

“刚体碰撞”：启用时，mCloth 对象可以与模拟中的刚体碰撞。

“厚度”：用于设置与模拟中的刚体碰撞的 mCloth 对象的厚度。如果其他刚体与布料相交，则尝试增加该值。

“推刚体”：启用时，mCloth 对象可以影响与其碰撞的刚体的运动。

“推力”：mCloth 对象对与其碰撞的刚体施加的推力的强度。

“附加到碰撞对象”：启用时，mCloth 对象会粘附到与其碰撞的对象上。

注意：对于要粘附到刚体上的布料，MassFX 必须至少将一个子步用于模拟中的刚体，且布料必须直接与刚体的物理图形接触。为获得最佳结果，参数设置如下：

（1）在“场景设置”卷展栏的“刚体”参数组中使用大于 0 的“子步数”值。使用不同的值实验。设置为不同值的结果可能有很大变化。

(2) 稍微增加刚体物理图形的大小。修改“物理网格参数”卷展栏中的参数设置。

(3) 使用较小的布料厚度值。从 0 开始,然后在调整刚体物理图形大小的同时逐渐增加布料厚度值,直到获得满意且不穿透的粘附关系为止。

“影响”:表示 mCloth 对象对其附加到的对象的影响。

“分离后”:表示与碰撞对象分离后布料的拉伸量。

“高速精度”:启用时,mCloth 对象将使用更准确的碰撞检测方法,这样会降低模拟速度。

7. “撕裂”卷展栏

“撕裂”卷展栏对 mCloth 对象中的撕裂进行全局控制,如图 9-30 所示。可以使用“组”卷展栏在顶点子对象层级定义撕裂。

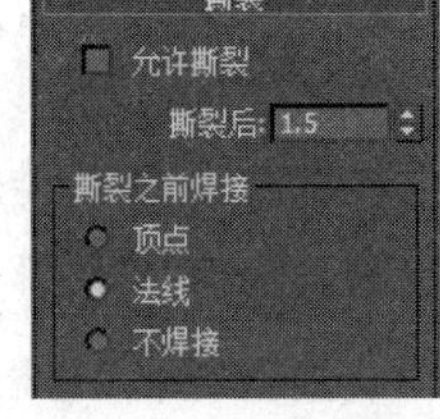

图 9-30 “撕裂”卷展栏

“允许撕裂”:启用时,布料将在受到充足的力的作用时撕裂。

“撕裂后”:用于设定布料边在撕裂后拉伸的量。

“撕裂之前焊接”:设置在出现撕裂之前 MassFX 如何处理预定义撕裂。

- “顶点”:在预定义撕裂中焊接(合并)顶点,此选项会更改 mCloth 对象的原始拓扑。
- “法线”:对齐预定义的撕裂边的法线,将其混合在一起。此选项保留 mCloth 对象的原始拓扑。
- “不焊接”:不对撕裂边执行焊接或混合。

图 9-31 “可视化”卷展栏

8. “可视化”卷展栏

“可视化”卷展栏如图 9-31 所示。“张力”启用时,通过顶点着色的方法显示纺织品中的张力。拉伸的布料以红色表示,压缩的布料以蓝色表示,其他以绿色表示。可以使用数值栏设置张力的范围,可通过在布料的红色和蓝色区域之间拖动来完成此操作。值越大,着色越深。

9. “高级”卷展栏

“高级”卷展栏如图 9-32 所示。

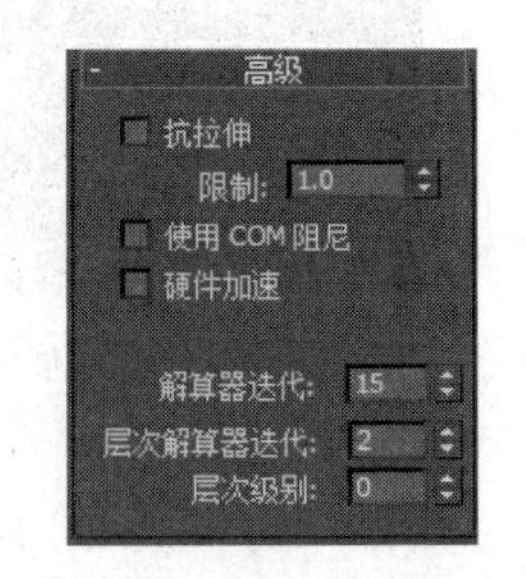

图 9-32 “高级”卷展栏

“抗拉伸”:启用时,可以防止较低的解算器迭代次数值的过度拉伸。

“限制”:设置拉伸的范围。

“使用 COM 阻尼”:启用时,会计算阻尼对布料动画产生的影响。

“硬件加速”:启用时,模拟将使用 GPU。

“解算器迭代”:设置每个循环周期内解算器执行的迭代次数。使用较高的值可以提高布料的稳定性。

“层次解算器迭代”:设置层次解算器的迭代次数。在 mCloth 中,应用层次解算器迭代可以将施加在特定顶点上的力向相邻顶点传播。此处使用较高的值可提高传播的精度。

“层次级别”：设置力从一个顶点传播到相邻顶点的速度。增加该值可增加力在布料上扩散的速度。

动手演练 布料下落

01 打开素材文件“第9章 MassFX动力学动画\素材文件\04布料下落\布料下落.max”，把布料下面的静物设置为静态刚体。

02 把布料设置为mCloth对象。单击模拟动画效果。调整“纺织品物理特性”卷展栏中的参数，使布料的物理特性更自然，如图9-33所示。

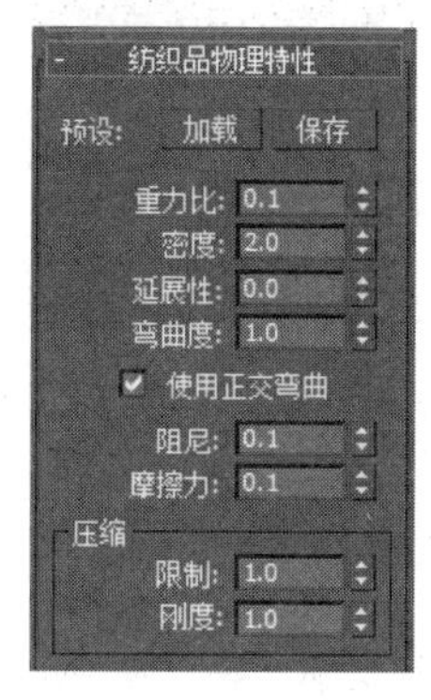

图9-33 设置布料的物理特性

动手演练 布料悬挂

01 打开素材文件“第9章 MassFX动力学系统\素材文件\05布料悬挂\布料悬挂.max”，把布料上面的静物设置为静态刚体。

02 把布料设置为mCloth对象。调整“纺织品物理特性”卷展栏中的参数，使布料的物理特性更自然，如图9-34所示。

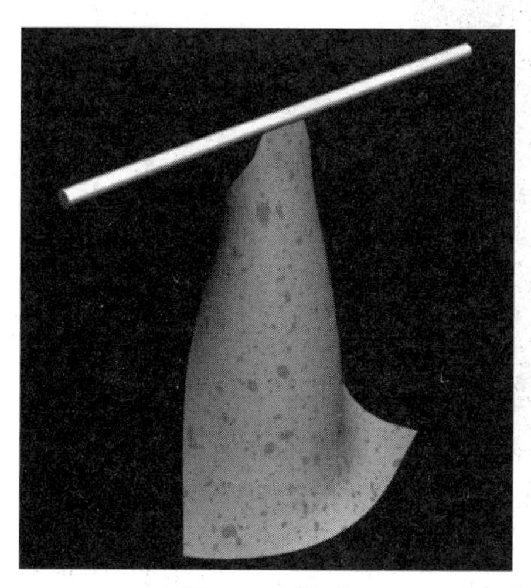

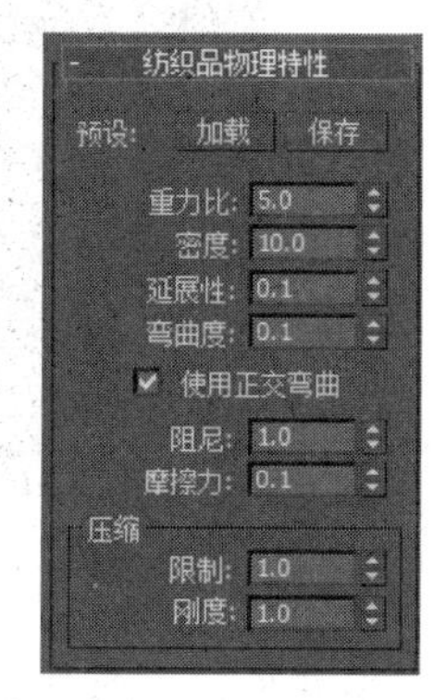

图9-34 设置mCloth对象的物理特性

03 在场景中创建风空间扭曲对象，修改风力大小，单击“绑定到空间扭曲”按钮，使风空间扭曲和布料绑定在一起。在“力”卷展栏中单击“添加”按钮，在场景中拾取Wind001，如图9-35所示。

04 选择布料对象，在修改面板中，进入mCloth的顶点级别，选择上面的几个顶点，在“组”卷展栏中单击“设定组”按钮，然后再单击“节点”按钮，如图9-36所示，在场景中拾取横杆对象作为节点。单击按钮模拟动画效果，发现布料的上部已经被固定在横杆上了。

图9-35 在场景中加入风空间扭曲

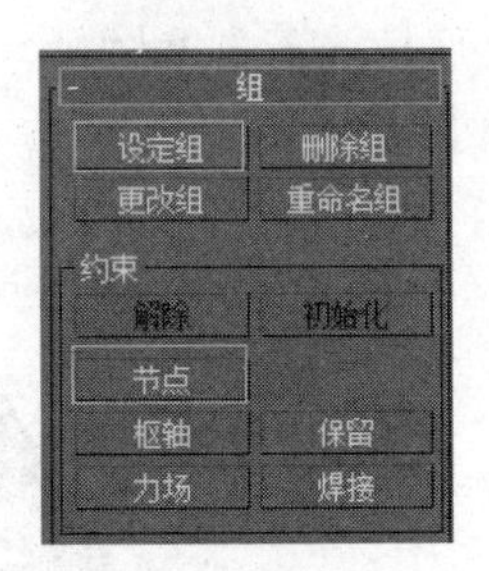

图9-36 设定组

动手演练 红旗飘飘

01 打开素材文件“第9章 MassFX动力学系统\素材文件\06红旗飘飘\红旗飘飘.max”，把旗杆设置为静态刚体。

02 把旗帜对象设置为mCloth对象。调整“纺织品物理特性”卷展栏中的参数，使布料的物理特性更自然，如图9-37所示。

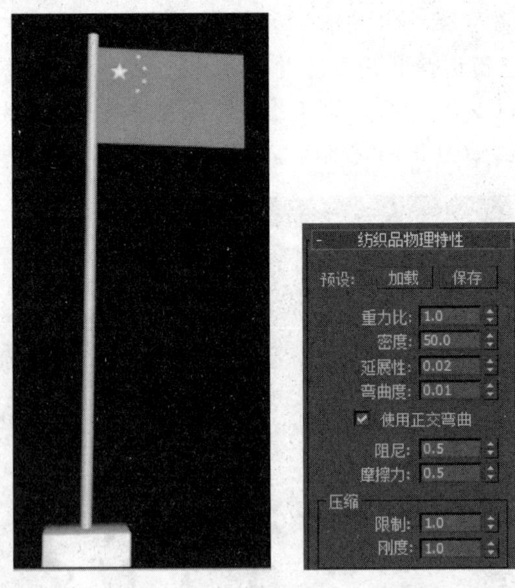

图9-37 设置旗帜的物理特性

03 在场景中创建风空间扭曲，修改风力大小，单击“绑定到空间扭曲”按钮，使风空间扭曲和布料绑定在一起。在“力”卷展栏中单击“添加”按钮，在场景中拾取

Wind001，如图 9-38 所示。

04 选择旗帜，在修改面板中，进入 mCloth 的顶点级别，选择左侧一列的所有顶点，在“组”卷展栏中单击“设定组”按钮，然后再单击“节点”按钮，在场景中拾取旗杆作为节点，如图 9-39 所示。

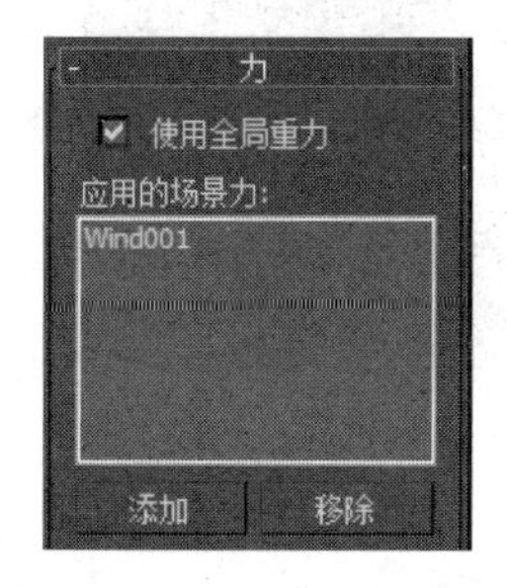

图 9-38 创建风空间扭曲

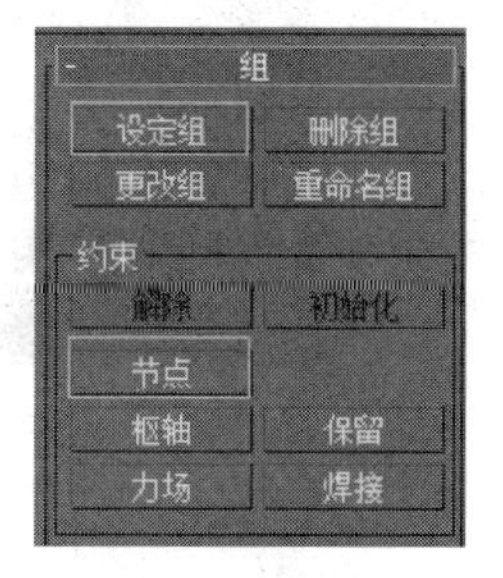

图 9-39 设定组

05 单击按钮模拟动画效果，发现布料的左边已经被固定在旗杆上了。调整重力大小、纺织品物理特性和风力大小，使得红旗飘扬得更自然。

动手演练 布料撕裂

01 打开素材文件“第 9 章 MassFX 动力学系统\素材文件\07 布料撕裂\布料撕裂.max”。设置左右画轴为静态学刚体。

02 把布料设置为 mCloth 对象，如图 9-40 所示。调整“纺织品物理特性”卷展栏中的参数，使布料的物理特性更自然。

图 9-40 把布料设置为 mCloth 对象

03 选择布料，在修改面板中，进入 mCloth 的顶点级别，选择左侧一列的所有顶点，在“组”卷展栏中单击“设定组”按钮，然后再单击“节点”按钮，在场景中拾取左画轴对象作为节点。同样拾取右画轴对象作为节点。

04 制作右画轴的关键帧动画，使右画轴在第 0～60 帧向右移动。图 9-41 是第 60 帧时右画轴的位置。

05 选择布料，在修改面板中，进入 mCloth 的顶点级别，选择需要设置布料撕裂的顶点，在“组”卷展栏中单击“制造撕裂”按钮，下面的列表中会出现撕裂组，如图 9-42 所示。

图 9-41 制作右画轴的关键帧动画

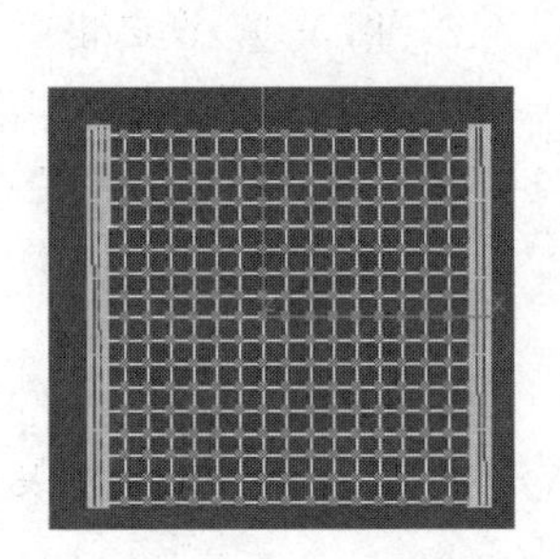

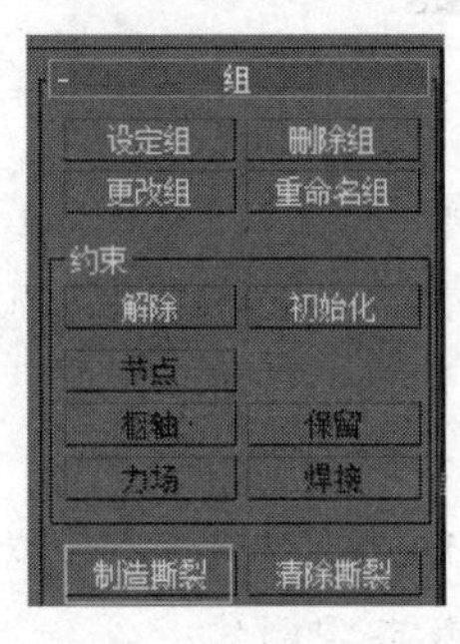

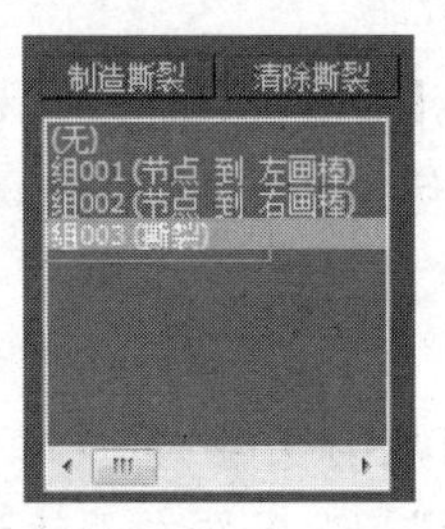

图 9-42 选择撕裂组

06 打开“撕裂”卷展栏，调整“撕裂后”参数和“纺织品物理特性”卷展栏中的值，如图 9-43 所示。单击按钮模拟动画效果，观察撕裂效果。

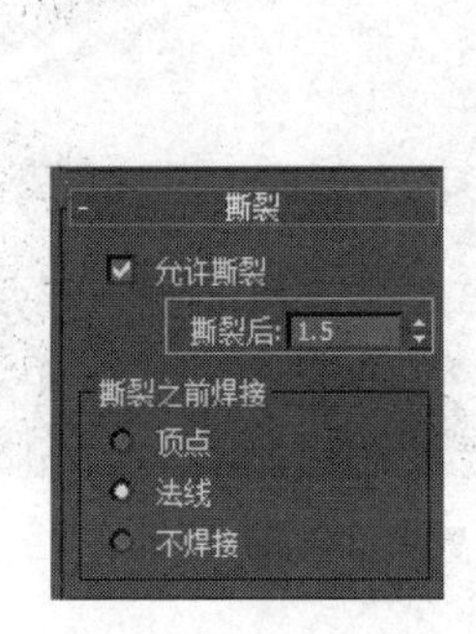

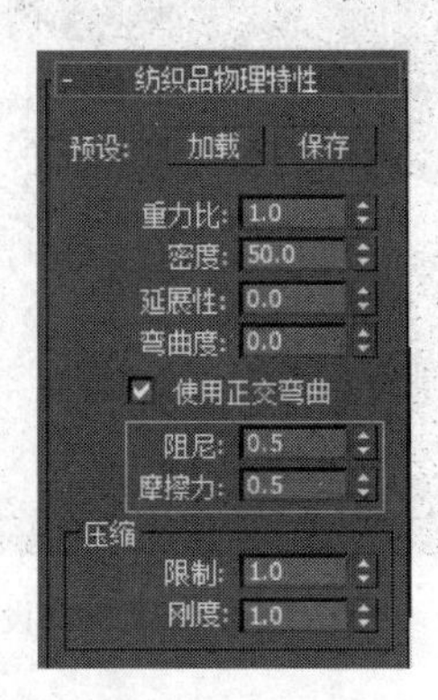

图 9-43 撕裂参数设置

9.4 创建约束

9.4.1 创建刚体约束

在 MassFX 工具栏中长按按钮右下角的三角形，会弹出创建约束按钮，如图 9-44 所示。

这些按钮都用于创建 MassFX 约束辅助对象，它们之间唯一的区别是约束类型的默认值不同。

调用创建约束命令之前，选择两个对象以表示受约束影响的刚体。第一个对象用作约束的父对象，而第二个对象用作约束的子对象。父对象不能是静态刚体，而子对象不能是静态或运动学刚体。如果选定的对象没有应用 MassFX 刚体修改器，将打开一个确认对话框，用于为对象应用修改器。

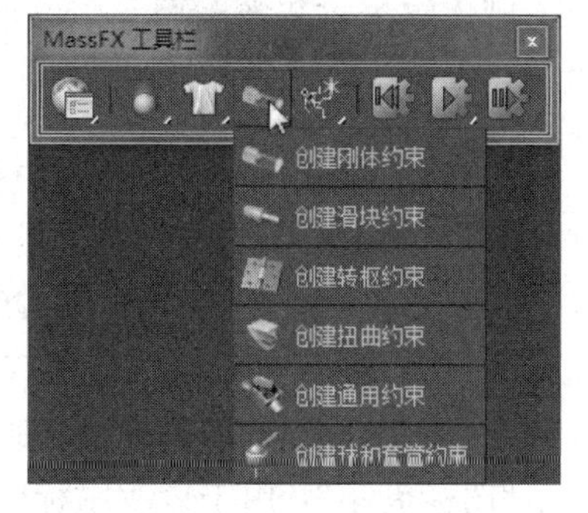

图 9-44 创建约束按钮

在调用创建刚体约束命令后，在视图中进行拖动，以设置约束的初始位置及其显示大小。然后将创建约束并将其链接到父对象。

创建刚体约束工具，可以将新的 MassFX 约束辅助对象添加到带有适用于刚体约束的设置项目中，刚体约束使平移、摆动和扭曲全部锁定。此命令与“对象”(或“模拟”)菜单→“约束 - MassFX”→“刚体约束”命令的功能相同。

创建滑块约束工具，可以将新的 MassFX 约束辅助对象添加到带有适用于滑块约束的设置的项目中。滑块约束类似于刚体约束，但是它会启用受限的 Y 变换。此命令与“对象”(或“模拟”)菜单→“约束 - MassFX”→“滑块约束”命令的功能相同。

创建转枢约束工具，可以将新的 MassFX 约束辅助对象添加到带有适用于转枢约束的设置的项目中。转枢约束类似于刚体约束，但是“摆动 1”限制为 100°。此命令与在 MassFX 菜单“约束”命令上的“创建转枢约束”命令和“对象”(或“模拟”)菜单→“约束-MassFX”→“滑动约束”命令的功能相同。

创建扭曲约束工具，可以将新的 MassFX 约束辅助对象添加到带有适用于扭曲约束的设置的项目中。扭曲约束类似于刚体约束，但是“扭曲”设置为“无限制”。此命令与“对象”(或“模拟”)菜单→“约束 - MassFX”→“扭曲约束”命令的功能相同。

创建通用约束工具，可以将新的 MassFX 约束辅助对象添加到带有适用于通用约束的设置的项目中。通用约束类似于刚体约束，但“摆动 1”和“摆动 2”限制为 45°。此命令与“对象”(或“模拟”)菜单→“约束 - MassFX”→“通用约束”命令的功能相同。

创建球和套管约束工具，可以将新的 MassFX 约束辅助对象添加到带有适合于球和套管约束的设置的项目中。球和套管约束类似于刚体约束，但“摆动 1”和“摆动 2”限制为 80°，且“扭曲”设置为“无限制”。此命令与“对象”(或“模拟”)菜单→“约束 - MassFX”→“球和套管约束”命令的功能相同。

9.4.2 刚体约束参数面板

将 MassFX 约束对象添加到带有适用于刚体约束的设置的项目中，刚体约束使平移、摆动和扭曲全部锁定。默认情况下，刚体约束是不可断开的，无论对它应用了多强的作用力或使它违反其限制的程度有多严重，它都将保持效果并尝试将刚体移回约束的范围。不需要刚体约束时，使用键盘上的 Delete 键删除即可。

刚体约束参数面板有5个卷展栏,如图9-45所示。

常规
平移限制
摆动和扭曲限制
弹力
高级

图9-45 刚体约束参数面板

1. "常规"卷展栏

"常规"卷展栏如图9-46所示。

"连接"参数组:"父对象"设置刚体作为约束的父对象,"子对象"设置刚体作为子对象,按钮可以删除约束的父对象或子对象,按钮可以把约束放置在约束的父对象的轴上。

"行为"参数组:用于设置约束行为和约束限制。

"图标大小":用于修改图标的显示大小。

2. "平移限制"卷展栏

"平移限制"卷展栏如图9-47所示。

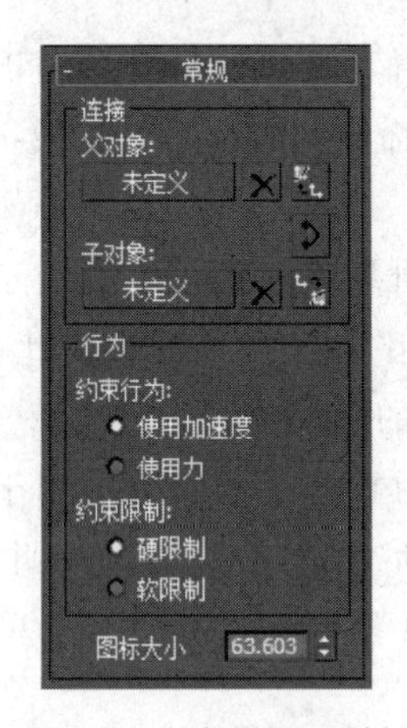

图9-46 "常规"卷展栏

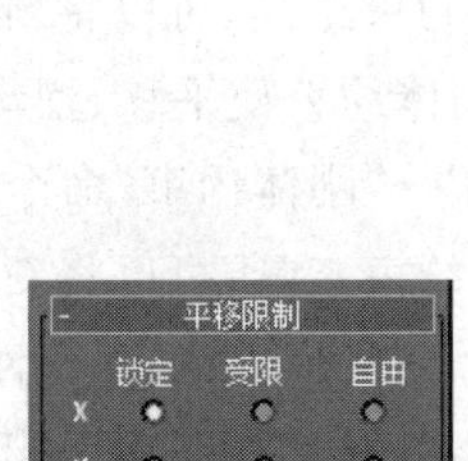

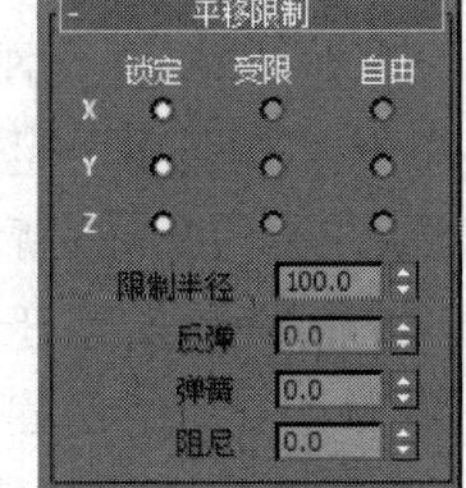

图9-47 "平移限制"卷展栏

X/Y/Z:为每个轴选择沿轴约束运动的方式。

"锁定":防止刚体沿此轴局部运动。

"受限":允许对象按"限制半径"大小局部移动。

"自由":允许刚体沿着各自的轴自由运动。

"限制半径":用于设置约束的父对象和子对象沿着受限轴偏移的距离。

反弹:对于任何受限轴,碰撞时对象偏离限制而发生反弹的程度。值为0时没有反弹,值为1时完全反弹。

"弹簧":受限轴在超出限制的情况下将对象拉回限制点的强度。

"阻尼":受限轴平移超出限制范围时所受的移动阻力大小。

3. "摆动和扭曲限制"卷展栏

"摆动和扭曲限制"卷展栏如图9-48所示。

"摆动Y"和"摆动Z":设置围绕约束的局部Y轴和Z轴的摆动。

"角度限制":当"摆动"设置为"受限"时,允许离开中心的角度。

"反弹":当"摆动"设置为"受限"时,碰撞对象超出限制范围而反弹的程度。

"弹簧":当"摆动"设置为"受限"时,将对象拉回限制点的强度。

“阻尼”：当“摆动”设置为“受限”且超出限制范围时，对象受到的摆动阻力大小。

“扭曲”参数组中各项的作用与上面相似。

4. “弹力”卷展栏

“弹力”卷展栏如图 9-49 所示。

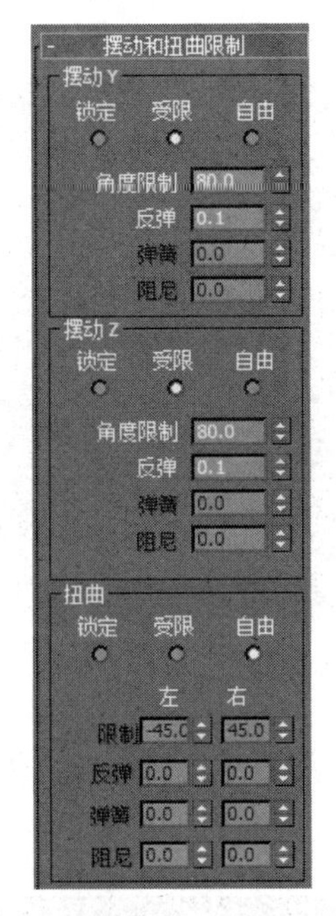

图 9-48 “摆动和扭曲限制”卷展栏

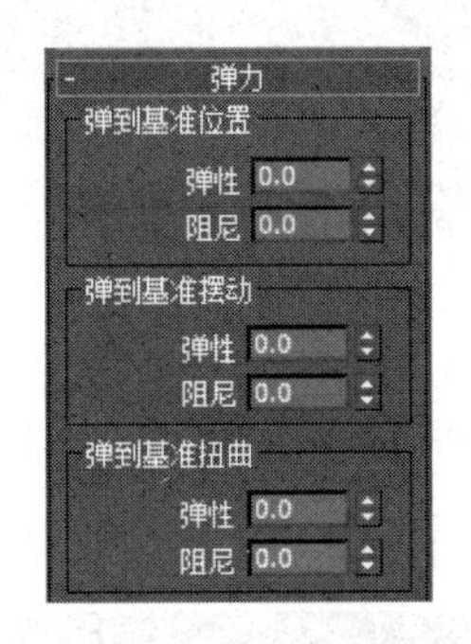

图 9-49 “弹力”卷展栏

“弹性”：“弹到基准位置”将约束的父对象和子对象推回到它们在第一帧上的相对平移偏移，但“弹到基准摆动”和“弹到基准扭曲”会影响其旋转。“弹性”值越大，应用的力越大。

“阻尼”：在“弹性”值不为 0 时，“阻尼”值用于限制弹簧力的阻力。这会减弱弹簧的效果。

5. “高级”卷展栏

“高级”卷展栏如图 9-50 所示。

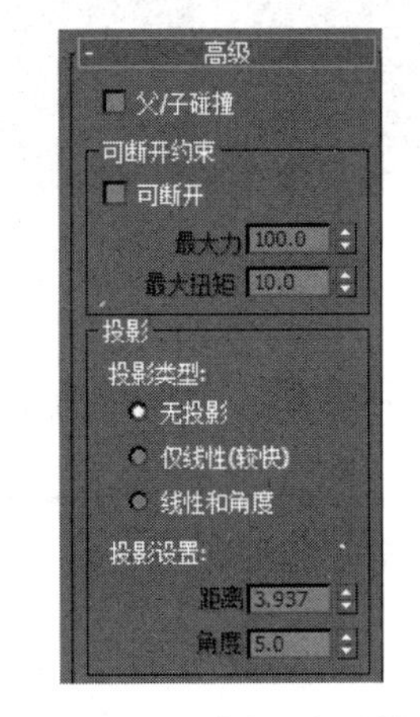

图 9-50 “高级”卷展栏

“父/子碰撞”：启用该复选框表示由某个约束所连接的父对象和子对象之间将无法连接。

“可断开”：启用该复选框时，在模拟阶段可能会破坏此约束。可以设置断开时的“最大力”和“最大扭矩”值。

“投影”：如果约束的父对象和子对象违反约束限制，将通过强迫它们回到限制范围来解决此问题。“距离”是投影生效时超过约束限制范围的最小距离，小于此距离时不使用投影。“角度”设置超出约束限制范围的最小角度，小于此角度时不使用投影。

动手演练 利用转轴约束制作刚体动画

01 创建圆锥体,命名为“陀螺”,在 MassFX 工具栏中将其转换为动力学刚体。

02 选择陀螺,单击 MassFX 工具栏中的刚体约束工具,创建转轴约束,并在透视图中向上移动约束辅助对象,如图 9-51 所示。

图 9-51 创建转轴约束

03 单击模拟工具,可以看到陀螺在约束的扇形平面上运动。图 9-52 显示了陀螺在不同的帧中所处的位置。

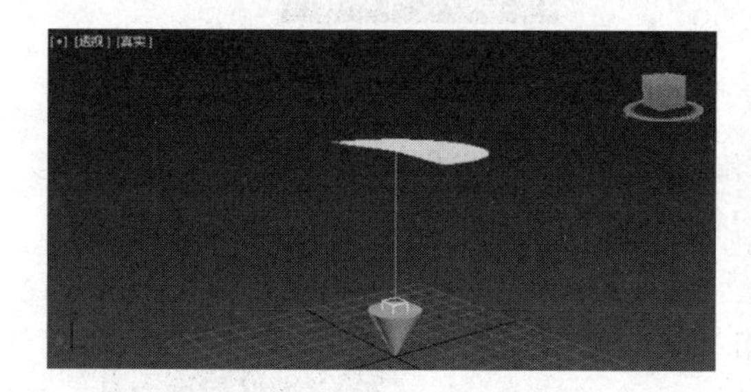
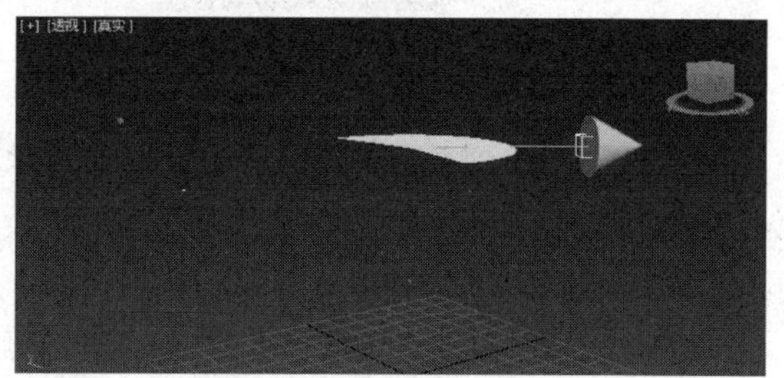

图 9-52 陀螺在不同的帧中所处的位置

动手演练 利用扭曲约束制作摆动动画

01 创建环形结和两个圆柱体,分别命名为“旋转结”“底座”“杆”,将 3 个对象都转换为动力学刚体。

02 选择旋转结,在 MassFX 工具栏中单击刚体约束工具,创建扭曲约束,并在透视图中向上移动约束辅助对象,如图 9-53 所示。

03 选择约束辅助对象,进入修改面板,单击“父对象”下面的“未定义”按钮,在场景中选择杆,单击模拟工具,可以看到约束的结果。

04 在修改面板中单击删除父对象,重新拾取底座为父对象,单击模拟工具,可以看到,旋转结的父对象不同,运动状态也是不同的。

图 9-53 创建扭曲约束

本章小结

本章介绍了 MassFX 动力学系统动画设计方法，内容包括 MassFX 动力学系统参数设置、创建刚体、mCloth 对象和刚体约束等。

参考文献

[1] 腾龙视觉. 3ds Max 2011 高手成长之路[M]. 北京：清华大学出版社，2011.
[2] 彭国华，陈红娟. 三维动画制作技法[M]. 北京：电子工业出版社，2011.
[3] 唯美映像. 3ds Max 2014 入门与实战经典[M]. 北京：清华大学出版社，2014.
[4] 王强，牟艳霞，李少勇. 3ds Max 2014 动画制作[M]. 北京：清华大学出版社，2015.
[5] 张凡，谌宝业. 3ds Max 游戏场景设计[M]. 北京：中国铁道出版社，2009.
[6] 亓鑫辉. 3ds Max 2014 火星课堂[M]. 北京：人民邮电出版社，2013.
[7] 王琦. 3ds Max 2015 标准教程 [M]. 北京：人民邮电出版社，2014.
[8] 龙马工作室. AutoCAD＋3ds Max＋Photoshop 建筑设计[M]. 北京：人民邮电出版社，2015.
[9] 李苏阳. 3ds Max 动画设计与制作[M]. 北京：电子工业出版社，2010.
[10] 王琦. Autodesk 3ds Max 2015 标准教程[M]. 北京：人民邮电出版社，2014.
[11] 赵志刚，张世彤. 3ds Max 2008 建筑空间表现技法[M]. 北京：电子工业出版社，2009.
[12] 张泊平. 虚拟现实理论与实践[M]. 北京：清华大学出版社，2017.
[13] 王亮. 虚拟现实建模技术及其工程应用[D]. 郑州：华北水利水电学院，2011.
[14] 雷娜娜. 数字西安三维景观系统的构建[D]. 西安：长安大学，2009.
[15] 刘进. 室内外环境设计数字化表现研究[D]. 西安：长安大学，2008.
[16] 况扬. 3D Studio Max 中粒子系统的研究[J]. 科技广场，2009(3)：112-113.

图书资源支持

感谢您一直以来对清华版图书的支持和爱护。为了配合本书的使用,本书提供配套的资源,有需求的读者请扫描下方的"书圈"微信公众号二维码,在图书专区下载,也可以拨打电话或发送电子邮件咨询。

如果您在使用本书的过程中遇到了什么问题,或者有相关图书出版计划,也请您发邮件告诉我们,以便我们更好地为您服务。

我们的联系方式:

地　　址:北京市海淀区双清路学研大厦A座701

邮　　编:100084

电　　话:010－62770175－4608

资源下载:http://www.tup.com.cn

客服邮箱:tupjsj@vip.163.com

QQ:2301891038(请写明您的单位和姓名)

资源下载、样书申请

书圈

扫一扫,获取最新目录

用微信扫一扫右边的二维码,即可关注清华大学出版社公众号"书圈"。